高等学校软件工程专业系列教材

U0645349

智能软件工程

朱少民 陶伊达 ◎ 编著

清华大学出版社

北京

内 容 简 介

《智能软件工程》是一部系统化阐述软件工程理论与实践的教材,紧扣智能化时代的软件研发需求,全面覆盖软件工程的核心内容与最新发展趋势。全书以软件开发生命周期为主线,详细讲解了需求分析、系统设计、编码实现、测试与质量保障、运维与优化等关键环节,并结合人工智能(AI)、云计算等新兴技术,探讨了 AI(特别是大模型、智能体等)技术在软件工程中的应用。通过理论与实践的结合,本书不仅帮助读者掌握传统软件工程的基本方法,还引导其理解如何利用大模型完成需求、设计、编程、测试、运维等工作,从而优化开发流程,显著地提升软件研发的效率与质量。

本书的主要特点在于其内容的前沿性与实用性。书中融入了目前先进的软件工程理念、优秀的科研成果和业界实践,并通过丰富的案例分析和实际操作,展示了 AI 技术如何赋能软件研发与管理。本书语言简洁流畅,结构清晰,既注重理论深度,又突出实践应用,适合高等院校软件工程、计算机科学及相关专业的学生作为教材使用,同时也为软件工程师、项目经理及技术管理人员提供了宝贵的参考资源。无论是初学者还是有经验的从业者,都能从中获得系统的理论与全方位的实践指导。

图书在版编目(CIP)数据

智能软件工程 / 朱少民,陶伊达编著. -- 北京:清华大学出版社,2025.8.
(高等学校软件工程专业系列教材). -- ISBN 978-7-302-69872-2

Ⅰ. TP311.5

中国国家版本馆 CIP 数据核字第 2025SF6412 号

责任编辑:黄 芝 薛 阳
封面设计:刘 键
责任校对:韩天竹
责任印制:刘 菲

出版发行:清华大学出版社
   网 址:https://www.tup.com.cn,https://www.wqxuetang.com
   地 址:北京清华大学学研大厦 A 座   邮 编:100084
   社 总 机:010-83470000   邮 购:010-62786544
   投稿与读者服务:010-62776969,c-service@tup.tsinghua.edu.cn
   质量反馈:010-62772015,zhiliang@tup.tsinghua.edu.cn
   课件下载:https://www.tup.com.cn,010-83470236
印 装 者:三河市铭诚印务有限公司
经 销:全国新华书店
开 本:185mm×260mm 印 张:24.75   字 数:615 千字
版 次:2025 年 9 月第 1 版   印 次:2025 年 9 月第 1 次印刷
印 数:1~1500
定 价:79.80 元

产品编号:106513-01

前　　言

在当今智能时代，以 OpenAI o 系列、DeepSeek R 系列为代表的人工智能应用火爆出圈，人工智能技术正以前所未有的速度渗透到各个领域，而软件研发天生就属于数字化领域，受到的影响更为深刻，也就意味着：软件工程领域正经历着自 1968 年本学科诞生以来最大的一次范式变革，大模型不仅重构了需求分析、代码生成、测试验证等核心环节，更催生出"软件即模型(SaaM)"的软件全新形态，将我们带入了软件工程 3.0 时代。

在软件工程 3.0 时代，研发范式转向模型驱动开发、模型驱动运维，人机交互智能成为常态，数据和模型的价值愈发凸显，项目计划、需求文档、代码、测试用例、测试报告等内容可自动生成，这些变革为软件工程带来了全新的机遇与挑战。传统教材中结构化开发流程与瀑布模型主导的知识体系已难以适应智能时代的工程实践需求。在这样的背景下，为了帮助软件工程或计算机相关专业的学生、软件从业者掌握前沿的软件工程技术与理念，以适应智能时代的软件工程教育的变革、满足智能时代对软件人才培养的迫切需求，我们基于多年的教学与实践积累，融合了软件工程演化历程及对智能化趋势的思考，精心编写了这本《智能软件工程》教材，旨在帮助读者从软件工程 3.0 出发，全面掌握智能化时代的软件研发方法与实践。

本书在写作思路上，既要继承 SWEBOK v4 确立的软件工程知识体系，又要构建面向 AI 原生开发的智能软件工程方法论，即紧密围绕软件工程 3.0 时代的特点，以软件开发生命周期为主线，将人工智能技术与软件工程的各个环节深度融合。本书在内容组织上，先从软件工程的诞生、发展讲起，详细剖析了软件工程 1.0、2.0 的特点与局限，自然地引出软件工程 3.0 时代的变革与创新。然后，深入讲解需求分析、系统设计、编码实现、测试与质量保障、运维与优化等软件工程关键环节，着重阐述了人工智能技术在这些环节中的应用，如LLM 驱动的需求分析、AI 辅助的软件架构设计、智能编程、智能测试、智能运维等。最后，本书展望智能化浪潮下软件工程的未来。同时，通过丰富的案例分析和实际操作示例，帮助读者更好地理解和应用所学知识。

全书共 10 章。第 1 章介绍软件工程的基本概念、发展历程，重点阐述了软件工程 3.0 时代的特征；第 2 章探讨过去的软件开发方式，为后续理解现代软件开发模式做铺垫；第 3～9 章分别深入讲解软件需求、设计、开发、质量保障、持续集成与持续交付、维护、运维等方面的知识，融入智能技术在各环节的应用；第 10 章展望智能化浪潮下软件工程的未来，分析现状、挑战与发展趋势。为方便读者深入学习，在各章末附加了思考题与参考文献，并提供线上资源(包括论文、LLM 生成的完整资料与示例代码)，读者可通过扫描目录处二维码获取，便于自学、讨论和实验操作。

对于如何使用本教材，建议教师根据课程安排和学生基础，灵活选择教学内容。对于初学者,教师可以先从基础章节入手,帮助学生建立扎实的软件工程基础;对于有一定基础的学生,教师可以重点讲解人工智能技术在软件工程中的应用部分,引导学生深入探索前沿知识。在教学过程中,可以结合实际项目案例,组织学生进行小组讨论和实践操作,提高学生的实际应用能力。学生在学习时,应注重理论与实践相结合,积极思考每章的思考题和习题,通过实际操作加深对知识的理解。同时,关注人工智能技术的最新发展动态,将其与教材内容相结合,拓宽自己的视野。

在本书的编写过程中,得到了许多同仁的帮助,在此一并感谢。感谢清华大学出版社给予大力支持,也感谢身边的同事,他们在资料收集、案例分析等方面提供了宝贵的建议和支持;感谢家人,在编写过程中给予我们的理解和鼓励,让我们能够全身心投入这项工作中。同时,我们参考了大量的文献资料,在此向这些文献的作者表示衷心的感谢。

尽管我们在编写过程中力求做到内容准确、全面,但由于软件工程领域发展迅速,加之编者水平有限,书中难免存在不足之处。例如,对于 AI 技术在软件工程中的应用,可能探讨得还不够深入;在案例选取上,可能无法涵盖一些更复杂的应用场景。我们衷心希望读者能够提出宝贵的意见和建议,以便在后续的修订中不断完善本书,使其更好地服务于广大师生和读者。

希望本书能成为高校软件工程、计算机相关专业教学的教材或重要参考,也可供软件工程师、项目经理及技术管理人员参考使用。希望本书能够为广大的师生、读者打开智能软件工程的大门,帮助大家在这个充满机遇与挑战的领域中不断探索,共同推动软件工程行业的发展。

作 者

2025 年 6 月

目　录

案例文档等
电子材料

第 1 章   什么是软件工程

随着 OpenAI 推出的全新对话式通用人工智能工具——ChatGPT 火爆出圈,人工智能再次受到工业界、学术界的广泛关注,并被认为向通用人工智能迈出了坚实的一步,在众多行业和领域有着广泛的应用潜力,甚至会颠覆很多领域和行业,特别是在软件研发领域中,它必然会引起软件开发模式、方式和实践发生巨大的变化,为此,本书提出了"软件工程 3.0"。

用软件版本号的方式,如 1.0、2.0、3.0 来分别定义第一代、第二代、第三代软件工程,符合软件工程的规则,而且简洁明了。为了定义"软件工程 3.0",需要先定义"软件工程 1.0"和"软件工程 2.0"。

在讨论软件工程 1.0、2.0 和 3.0 之前,首先回顾一下在什么背景下诞生了软件工程? 软件工程又有什么含义? 如何看待其学科地位?

1.1   软件工程诞生

20 世纪 60 年代是一个充满创新和挑战的时代,此时计算机科学正处在它的黄金发展期。然而,随着计算机硬件的飞速发展,软件开发却陷入了一场前所未有的危机。

20 世纪 60 年代初,软件开发的世界一片混沌,如布鲁克斯(Frederick P. Brooks)在《人月神话》(见图 1-1)一书中描述的软件开发场景——众多史前巨兽在焦油坑中痛苦地挣扎却无力摆脱场面,它们挣扎得越猛烈,焦油纠缠得就越紧[1]。程序员们像一群在黑暗中摸索的探险者,没有指南针,没有地图,只能依靠直觉和经验来编写代码。他们面对的是复杂且不断膨胀的软件项目,这些项目常常超出预定的时间和预算,质量问题层出不穷,维护起来更是困难重重。

随着时间的推移,这场危机开始显现出它真正的面目。项目延期、预算超支、软件质量低下,这些问题像瘟疫一样在软件开发领域蔓延。人们开始意识到,如果不采取行动,这场危机将会摧毁整个软件行业的未来。

面对"软件危机",人们调查研究了软件开发的实际情况,逐步认识到工程化的方法对软件系统的研发和维护的必要性。于是,一个转折点出现了。1968 年,NATO(North Atlantic Treaty Organization,北大西洋公约组织)在当时的联邦德国组织并召开了国际会议讨论软件危机问题。来自世界各地的软件领域的专家、科学家们聚集在一起分享他们的经验和见解,共同探讨,以获得问题的解决途径。他们开始借鉴传统工程领域(如土木工程、建筑工程等)的经验,试图将软件开发转变为一种更加系统化、可预测和可控的过程。在这次会议上,正式提出了"软件工程"(Software Engineering,SE)这一术语,从此一门新的工程学科诞生了,并得以不断发展,逐渐成熟起来。

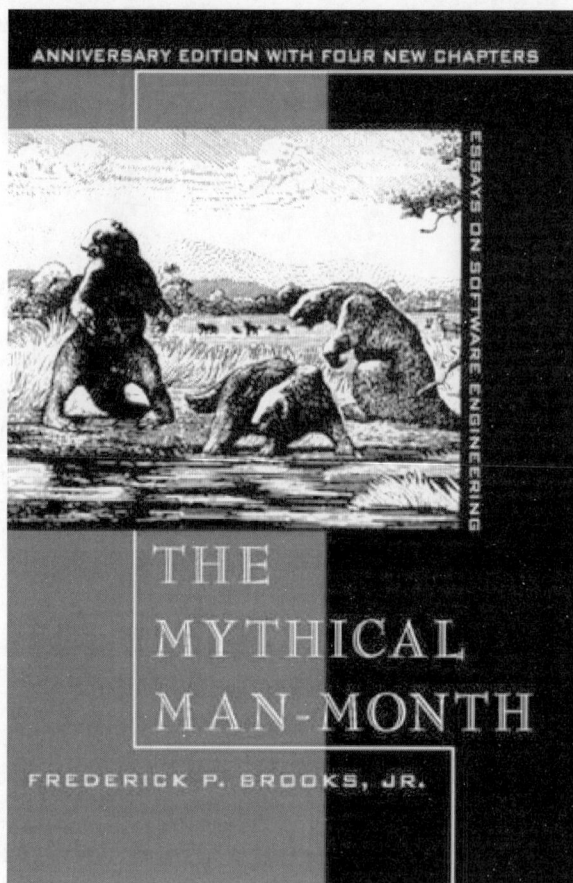

图 1-1 《人月神话》原著封面

1.1.1 软件工程的定义

软件工程学科诞生后,人们为软件工程给出了不同的定义,例如,最早的定义是由 F. L. Bauer 给出的:**软件工程是为了经济地获得能够在实际机器上高效运行的、可靠的软件而建立和应用一系列坚实的软件工程原则**。而美国卡耐基·梅隆大学软件工程研究所(SEI)给出的定义则是:软件工程是以工程的形式应用计算机科学和数学原理,从而经济有效地解决软件问题。但目前普遍使用的软件工程定义是由 IEEE 给出的,更能准确地说明软件工程:软件工程是将系统的、规范化的、量化的方法应用于软件的开发、运行和维护之中。

软件工程学科包含为完成软件需求、设计、构建、测试和维护所需的知识、方法和工具。软件工程不局限在理论之上,更重要的是在实践上,能够帮助软件组织协调团队、运用有限的资源,遵守已定义的软件工程规范,通过一系列可复用的、有效的方法,在规定的时间内达到预先设定的目标。针对软件工程的实施,无论是采用什么样的方法和工具,先进的软件工程思想始终是最重要的。只有在正确的工程思想指导下,才能制定正确的技术路线,才能正确地运用方法和工具达到软件工程或项目管理的既定目标。

软件工程(SE)又是一门交叉性的工程学科,与"计算机科学""数学""工程科学""管理科学""应用领域业务知识与实践"有着深刻的联系(SE 聚合了其他学科的内容,如图 1-2 所示)[2]。这些学科和知识领域在软件工程中起着不同的作用,共同塑造了软件工程的理论基础、实践方法和应用场景。以下从各个维度进行探讨,并结合智能时代的特点分析其与过去的不同之处。

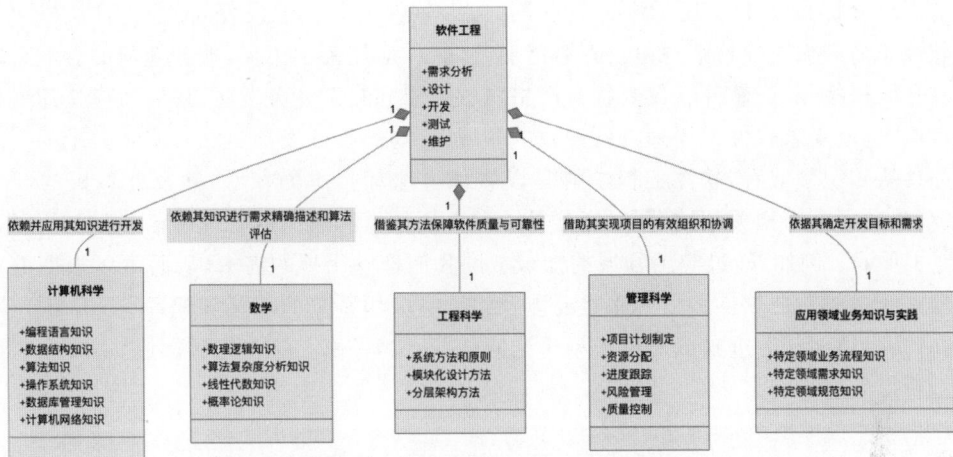

图 1-2 软件工程学科和其他学科的关系示意图

(1) SE 与计算机科学的关系及作用:计算机科学为软件工程奠定了理论和技术基础,提供了算法、数据结构、编程语言、操作系统、分布式系统等核心知识。软件工程更注重实践性和工程化,旨在解决实际问题并交付高质量的软件产品,而计算机科学更关注理论研究和知识扩展。例如,在开发电商系统时,哈希表结构用于用户信息的快速查找,提升系统性能。在智能时代,人工智能和机器学习技术兴起,软件工程与之深度融合。开发智能客服软件时,需运用机器学习算法实现智能问答功能,同时要应对模型训练数据质量、算法可解释性等新挑战,二者联系更加紧密和复杂。

(2) SE 与数学的关系及作用:数学为软件工程提供了形式化方法、逻辑推理、概率统计等工具,如数理逻辑用于形式化方法,精确描述软件需求,减少歧义并验证软件的正确性(如模型检测)。算法的设计和优化直接依赖数学知识,数学用于评估算法复杂度,如排序算法的时间复杂度分析,帮助选择最优算法。智能时代,数学在机器学习、数据挖掘领域的应用更为深入。在智能时代,数学(如微积分、线性代数、概率论)是构建模型和优化算法的核心。

(3) SE 与工程科学的关系及作用:软件工程借鉴了工程科学的系统化方法和原则,能够系统化地开发复杂的软件系统,并且从软件需求分析到维护的全生命周期都遵循工程科学的标准化和规范化,确保软件质量与可靠性,以及引入"工程经济学"思想用于权衡技术可行性与经济成本。在智能时代,随着软件系统规模和复杂性剧增,工程科学方法的应用更加注重系统性和综合性。开发物联网软件时,需运用工程科学方法实现软件与硬件的协同优化,提升系统整体性能。

(4) SE 与管理科学的关系及作用:软件工程中的项目管理(如进度、成本、风险管理)直接借鉴了管理科学的理论和工具,包括关键路径法、挣值管理、风险矩阵等,以及管理科学中的组织行为学和心理学为软件工程团队的高效协作提供了理论支持等。在智能时代,软件工程需要应对快速变化的需求和技术环境,要求更精细的管理策略,包括敏捷思维、数据驱动决策等。同时,在人工智能项目中,管理科学还需应对数据管理、算法伦理等新挑战。

（5）SE 与应用领域业务知识与实践的关系及作用:应用领域业务知识与实践是软件工程的目标导向。软件旨在解决特定领域问题,因此必须深入了解该领域的业务知识(如业务规则、流程等),以确保软件能够满足特定领域的需求。例如,应用领域的知识决定了软件工程的需求分析和设计方法。例如,物联网(IoT)软件需要考虑设备间的通信协议,而开发医疗软件时需遵循医疗行业规范。在智能时代,软件应用范围更广,业务知识的影响愈发显著。在金融科技领域,软件不仅要符合严格监管要求和复杂业务逻辑,还要适应快速变化的市场环境,这就要求软件工程师具备深厚的领域业务知识,开发出更贴合实际需求的产品。

如果从知识领域看,软件工程学科是以软件方法和技术为核心,涉及计算机的硬件体系、系统基础平台等相关领域,同时还涉及一些应用领域和通用的管理学科、组织行为学科,如图 1-3 所示。例如,通过应用领域的知识帮助我们理解用户的需求,从而可以根据需求来设计软件的功能。在软件工程中必然会涉及组织中应用系统的部署和配置所面临的实际问题,同时又必须不断促进知识的更新和理论的创新。为了真正解决实际问题,需要在理论和应用上获得最佳平衡。

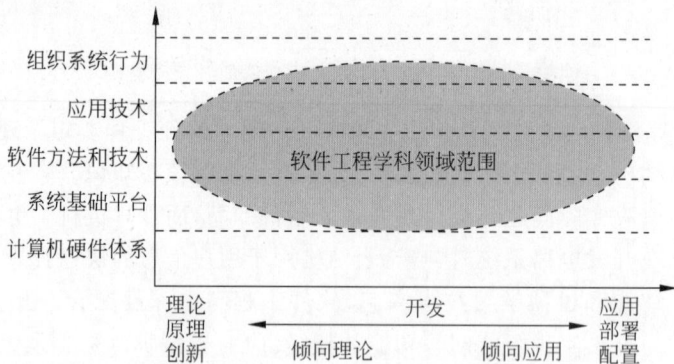

图 1-3　软件工程学科领域范围示意图

1.1.2 从三个视角看软件工程

软件工程,从表面上看,是用工程的观点来组织软件的开发和维护,但实际上,软件工程更是帮助人们以全新的管理观点来审视整个软件过程,来消除风险、降低成本以及提高软件产品和服务的质量。工程观点和管理观点是相辅相成的,工程观点可以揭示哪些工程过程关键点、哪些技术方面需要关注、需要监控,即告诉人们什么东西需要管理,工程观点服务于管理的对象和目标;而管理观点则告诉人们如何进行管理,如何去管理风险、管理成本、管理质量和管理人员。

所有管理和工程的视点要建立在当前特定的软件领域之上,也就是说,管理的实施、工程方法付诸实践必定依赖特定领域的技术,即通过相应的技术方法和手段来完成工程项目,包括管理的实施。所以软件工程自然会建立在计算机科学理论和软件开发技术之上,然后从管理和工程等角度去分析软件研发和运维之中所遇到的问题,并解决这些问题。所以,我们需要从多视角去观察、分析和理解软件工程,如图 1-4 所示。从工程的视角出发,形成软件工程方法学;从管理的视角出发,形成软件工程管理学;从技术的视角出发,形成软件开发技术、测试技术和运维技术等。各视角相互关联,共同推动软件工程的发展与实践。

观看视频

（1）**工程视角**聚焦于软件系统的构建过程，强调运用系统、科学的方法来进行软件开发和维护。该视角形成了软件工程方法学，涵盖一系列开发模型（如瀑布模型、敏捷开发模型）、设计模式（如单例模式、工厂模式）以及各种技术流程。这些方法和模式为软件开发提供了系统的指导，帮助开发团队有条不紊地开展工作，提高开发效率和软件质量。例如，要求我们做好需求分析和定义之后才能进行设计，而在设计中，最好从总体设计、架构设计开始，逐步细化，完成模块、接口、UI的设计。

（2）**管理视角**着重于对软件项目的整体规划、组织、协调和控制，以确保项目按时、按预算交付高质量的软件产品。从管理视角出发形成了软件工程管理学，涉及项目管理、资源管理、质量管理等多方面。项目管理确保项目按照预定计划推进，资源管理保障资源的合理分配和有效利用，如明确项目的目标和范围；制定项目计划，合理分配人力、物力和财力资源；质量管理则致力于提高软件产品的质量，满足用户的需求和期望，如持续集成、持续测试，及时发现问题并解决问题。在实际项目中，会运用到各种管理工具和技术，如甘特图用于项目进度管理，成本估算模型用于成本管理，以提高管理的效率和效果。

（3）**技术视角**关注于支持软件工程活动的各种技术手段和工具。基于技术视角形成了软件开发技术、测试技术和运维技术等。软件开发技术涵盖了从编程技术、数据结构与算法、数据字典设计、软件架构设计到网络通信的各种技术实践；测试技术包括单元测试、集成测试、系统测试等多种测试方法，用于确保软件的质量；运维技术则涉及软件的部署、监控、维护和优化，保证软件在运行过程中的稳定性和可靠性。同时，技术视角还关注新兴技术的应用，如人工智能、机器学习、云计算等，为软件的创新和发展提供支持。

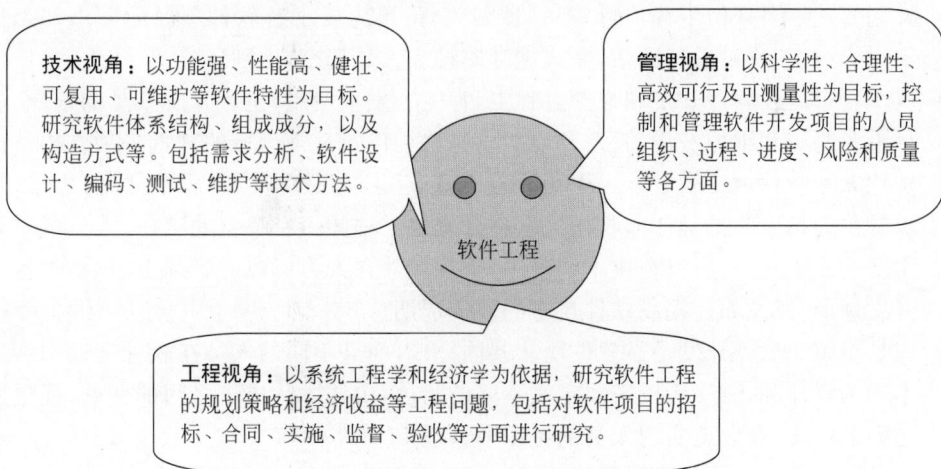

技术视角：以功能强、性能高、健壮、可复用、可维护等软件特性为目标。研究软件体系结构、组成成分，以及构造方式等。包括需求分析、软件设计、编码、测试、维护等技术方法。

管理视角：以科学性、合理性、高效可行及可测量性为目标，控制和管理软件开发项目的人员组织、过程、进度、风险和质量等各方面。

软件工程

工程视角：以系统工程学和经济学为依据，研究软件工程的规划策略和经济收益等工程问题，包括对软件项目的招标、合同、实施、监督、验收等方面进行研究。

图 1-4　软件工程的多视角观察

1.1.3　软件工程方法学

工程学是从科学中分离出来，以科学、数学和经验证据的形式将知识应用于结构、机器、材料、设备、系统、过程和组织之上，并实现这些对象的创新、设计、构造、操作和维护。工程学将研究注意力集中在工程方法上，即如何低成本、高效地实现所要求的目标。工程学科涵盖了广泛的更专业的工程领域（如化学工程、土木工程、电气工程、机械工程等），每个领域都特别强调应用数学、应用科学和应用类型的特定领域知识。

软件工程方法学实际上是研究软件开发和维护过程中有效的系统方法,确定软件开发的各个阶段,规定每一阶段的活动、产品、验收的步骤和完成准则。

- 软件方法学实际上就是研究在软件工程中可以采用的软件研发和运维的方法、技术和工具,即完成软件构建和维护所需要的有效方法和技术。在应用方法和技术过程中,自然会使用一定的工具来完成相应的任务,使用软件工具会避免因人而异的理解或对方法的误理解偏差,使用工具会更有效地采用方法,提高软件设计的质量和软件生产效率,降低软件开发、维护的成本。
- 软件方法学离不开软件过程(如开发流程)。首先,实现软件过程的定义、监控、管理和改进,也就是规定完成软件开发和维护过程中各个阶段性任务的内容、实施步骤、启动条件和完成准则。其次,过程问题,不仅表现为过程本身的问题,而且常常表现为方法的问题或工具的问题。
- 软件开发环境是方法和工具的结合,或者说是基于合适的软件开发模型建立的、一组相关的软件工具集合,以支持一定的软件开发方法的实施。

1.1.4 软件工程管理学

软件工程管理学,通过对软件开发各阶段的活动进行管理,以确保软件开发或维护项目在预定的时间和预算内完成,并满足高质量的要求。软件工程管理的任务是有效地组织人员和资源,采取适当的方法和技术,并利用有效的工具来完成预定的软件开发和维护任务。软件工程管理的内容包括软件计划管理、成本管理、人员组织、配置管理等。

- 计划管理。对任何工程项目,都是计划先行,事先要了解软件项目的需求和工作范围,然后对工作量进行预估,完成进度安排和人员调度,识别风险。
- 成本管理。在软件开发和维护过程中,肯定会发生费用,包含开发人员的薪酬、软硬件设备购买和维护费用、开发环境的支撑费用以及日常运行的其他各项支出。这种费用就是软件项目的成本。作为软件企业就要考虑如何控制成本、降低成本,期望以较少的投入获得最佳的收益。软件开发是一项知识密集型的工作,人员成本是最主要的成本之一,所以在成本管理中,重点应放在人力资源的管理上,包括如何缩短开发周期,以及如何提高软件自身的使用周期。
- 人员组织。软件开发是靠软件团队共同完成,而且不同的人员在软件活动中会承担不同的责任和任务,所以需要定义不同的角色,协调团队成员之间的关系,促进团队之间的配合,有效地实现人员的组织和管理。
- 软件配置管理。软件配置管理就是在系统的整个开发、运行和维护过程中定义配置项,建立其基准线,从而可以控制各个配置项的状态和变更,验证配置项的完整性和正确性。
- 质量管理是指确定质量方针、目标和职责,并通过质量体系中的质量策划、质量控制、质量保证和质量改进来使其实现的所有管理职能的全部活动,包括技术评审、软件测试、缺陷跟踪、过程检查和过程改进等。
- 软件度量。随着软件系统的规模、复杂度等的不断增加,有效的软件管理的需求也相应地增加。度量可以帮助我们更好地了解产品状况,发现产品的潜在问题,从而进行更有效的管理。

1.1.5 软件工程要素

我们知道,软件工程的活动是智力活动,在其过程中,始终要强调以人为本,人的因素是非常重要的因素,包括个人的能力、团队的能力和组织的管理水平。软件工程在人员管理上和传统的工程学相距甚远。

软件工程涉及面很广,例如,从软件项目管理看,自然涉及人员与组织、成本、风险、软件配置项、基线、质量等要素。从软件技术本身看,会涉及设计模式、编程语言、开发平台、网络、通用组件、中间件、接口、数据库、人机界面、服务器、客户端等要素。如果抛开一些具体的因素,则主要考虑的因素有软件质量、标准、过程、方法、技术、工具、团队等。在过去,**人们常常强调软件工程的三要素,即流程、方法和工具。**

(1)软件工程首先要建立流程,有了清晰的流程,就可以很好地控制软件开发和维护的整个过程。软件流程可以定义软件整个生命周期所有进行的活动和受到的相应约束。

(2)流程确定之后,方法就显得重要,流程的实施需要借助方法,或者说,软件工程方法为软件开发提供了"如何做"的技术。方法可以分为需求建模方法、需求分析方法、设计方法、编程方法、测试方法等。

(3)软件工具为软件工程方法提供了自动的或半自动的实现手段,甚至为软件开发和维护构造一个有机的支撑环境。软件工程的过程则是将软件工程的方法和工具综合起来以达到合理、及时地进行计算机软件开发的目的。

但是软件流程、方法和工具还不能概括软件工程的全部要素。例如,软件工程思想是最为重要的内容,实践上,软件工程的流程和方法是建立在思想基础之上,或者说,软件工程的流程和方法受制于思想、由思想决定。例如,软件企业的质量文化就有其思想根源。如果企业全体员工富有零缺陷管理、缺陷预防等理念,每个人会将自己的本职工作做到尽善尽美,质量能达到非常高的水平。但我们想通过完善的流程达到非常高的质量水平,那是很难的。全面的质量管理和类似的理念会促进流程的不断改进,正是这种改进促进了更加成熟的软件工程方法的不断出现。支持软件工程的根基就在于对质量的关注。

在实际工作中,最佳实践非常有用。因为没有放之四海皆准的理论和方法,而最佳实践正是在流程和方法的多年应用中提炼出来的经验结晶,适合特定的组织和具体应用场景,得到了实践的论证。

软件工程的各个要素是相互关联、相互作用的。方法的使用有一定的局限性,即某个具体方法是应用在某个特定的阶段,例如,需求定义的方法是应用在需求工程阶段,而编程方法应用在编程阶段。工具是方法的具体实现,或者说,工具是建立在方法基础之上的一种更为有效的手段。同时,软件工具又能促进软件开发方法的推广和发展。

所有概括起来,软件工程的基本要素应该由人员、思想、流程、方法、工具、最佳实践组成,如图 1-5 所示,即"软件工程＝人员＋思想＋流程＋方法＋工具＋最佳实践"。

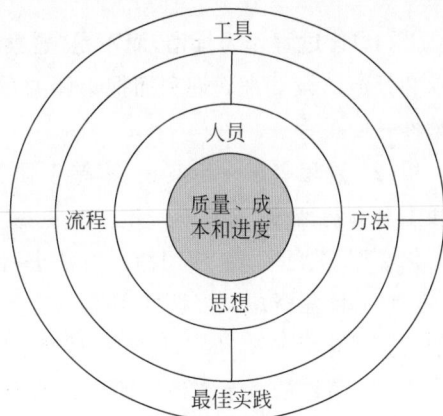

图 1-5 软件工程的基本要素

1.1.6 软件工程的基本思想

即使给软件套上"工程学",并不意味着软件工程可以照搬其他工程学的成果。例如,传统的软件工程定义只用很短的时间来完成设计,但却用很长的时间来构建软件,这种方式在其他的工程学方面可能会存在,但在软件开发中,这种方式会带来一系列的问题。所以,在软件工程中,要借鉴其他工程学的成果和经验,并研究软件开发自身的问题,适应软件开发需求的新挑战,解决软件开发出现的新问题。

第一代软件工程是一些文本类的、静态的东西,第二代软件工程是一些结构化的东西,在整个过程中可以不断提需求,改进一些东西。这时人们面临的问题是没人指导,而一旦获得成功,自己研究的东西也就成了最佳实践的一部分。第三代软件工程可能就是伊万·雅各布森(Ivar Jacobson)博士提出的核心统一过程(Essential Unified Process,EssUP)。

EssUP 以轻量级和友好的方式呈现在人们的面前,使过程实施更简单、更灵活且更具可扩展性。核心统一过程包含 8 个过程,而这 8 个过程就是 8 个实践,并将这 8 个过程(实践)做成 8 种颜色的卡片,如图 1-6 所示,用以指导开发人员改进软件工程方法。每张卡片附有三页的指南,开发人员只需要采用这种方法,而不一定非要读懂这些指南。在指南中,还附有一些帮助的信息,如遇到某类问题时,什么书可以更好地帮助开发人员。开发人员甚至可以用这些卡片来做项目游戏,也就是项目管理。软件工程因此变得简单、有趣。

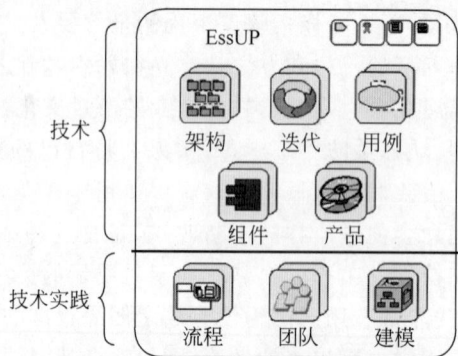

图 1-6 EssUP 的 8 大过程(实践)

(1) **让过程作为指南,而不是"警察"**。EssUP 致力于过程的返璞归真,通过更简单的表示和开放的设置来欢迎和拥抱集体的贡献,以帮助指导和协调软件开发,而不是规定和监管软件开发过程。

(2) **过程等于一组实践,不等于惯例**。过程的存在也不意味着必须遵守它。虽然过程和工具日益增多,这并不一定带来更高质量的软件。例如,敏捷方法就是一种轻量级方法,简化文档,关注实践,应用精益方法进行软件开发。

(3) **精益概念**。强调使用实际需要的实践,并调整过程使其适应项目的需要。摒弃复杂的公式化元模型,取而代之的是简单的、可感知的分类法。

(4) **简练的表示方法**。使用卡片和指南表来提供实践及相关工件的一致、简单的解释。卡片法借鉴了面向对象设计方法 CRC 卡片和极限编程"用户故事"卡片的成功经验。

（5）**专业人员是知识的主体**。知识对于实施软件开发实践是至关重要的。

（6）开放的和可扩展的。

1.1.7　软件工程知识体系 SWEBOK

软件工程自身的内涵是非常丰富的，不是一门课所能涵盖的，它可以以一门专业存在，也可以一级学科而存在。作为一门课，相当于"软件工程导论"，侧重介绍软件工程中所涉及的基本流程、方法、技术和工具等，但还是有必要系统地了解软件工程知识体系。关于软件工程知识体系，一般首选软件工程知识体系指南（Guide to the Software Engineering Body of Knowledge，SWEBOK），它是 IEEE 计算机学会（IEEE Computer Society）职业实践委员会（Professional Practices Committee）和软件工程协调委员会（Software Engineering Coordinating Committee）联合主持的一个项目的成果。SWEBOK 的建立极大地推动了软件工程理论研究、工程实践和教育的发展，国内大多数软件工程专业在制定本科培养方案时也都参考了 SWEBOK。

1993 年，IEEE 计算机学会和 ACM 联合发起为软件工程职业化制定相应的准则和规范，作为产业决策、职业认证和课程教育的依据，经历了以下三个阶段。

（1）稻草人阶段（1994—1996 年）：产生软件工程本体知识指南的雏形，主要是为该指南确定恰当的组织结构。

（2）石头人阶段（1998—2001 年）：草稿完成，进入试用阶段。1999 年 4 月，Thomas B. Hilburn 等发布了 SWEBOK 1.0 版的技术报告，完成了对软件工程学科的系统、简洁和完整的描述，同时还推出了相应的软件工程师认证（CSDP）。

（3）铁人阶段（2003—2004 年）：以 SWEBOK 第 2 版的发布标志着该阶段结束，后续（2008 年）还推出了面向大学应届毕业生的初级软件工程师认证（CSDA）。

2014 年 2 月 20 日，IEEE 计算机学会发布了软件工程知识体系 SWEBOK v3.0，这个版本将之前的 SWEBOK 和 CSDA、CSDP、SE2004（软件工程本科课程大纲）、GSwE2009（软件工程硕士课程大纲）、SEVOCAB（软件工程术语）等标准进行了统一，同时增加近年来软件工程研究与实践的新成果。SWEBOK v3.0 新增了 4 个基础知识域（软件工程经济学、计算基础、数学基础和工程基础）和一个软件工程职业实践知识域，这样由原来的 10 个知识域（Knowledge Areas，KA）扩展到 15 个知识域，其中包含 11 个软件工程实践知识域。每个知识域均用一章予以描述，并将各个 KA 进一步分解为若干专题，在专题描述中引用有关知识的参考材料。

2024 年 10 月 29 日，SWEBOK v4 发布，最新的版本更加强调软件工程作为一门系统性学科的特点，增加了对跨学科协作和工程化思维的讨论，同时对知识域的内容进行了重新组织和扩展，增加了更多的实践指导和案例分析，并确保其覆盖最新的软件工程实践和技术，如人工智能（AI）、大数据与数据工程、云计算、物联网、区块链技术等领域。SWEBOK v4 更加深入地探讨了敏捷开发方法、DevOps 与持续交付，包括 Scrum、Kanban、SAFe 等框架的应用，以及自动化工具链、基础设施即代码（IaC）和监控工具的使用。

SWEBOK v4 新增的知识域有以下三个。

（1）**软件安全性**（Software Security）：专注于软件开发中的安全性问题，包括威胁建模、安全设计原则、安全测试等内容。

（2）**人工智能与机器学习**（AI/ML in Software Engineering）：新增了对 AI 和机器学习在软件工程中的应用的讨论，涵盖了智能系统开发、数据驱动的软件工程等主题，并讨论了 AI 驱动的代码生成、错误检测和测试优化工具的应用。

（3）**云计算与分布式系统**（Cloud Computing and Distributed Systems）：新增了对云计算架构、微服务、容器化技术等的介绍。

SWEBOK v4 增加了对软件工程师职业伦理和社会责任的讨论，特别是在隐私保护、数据伦理和人工智能伦理方面的内容。

除了上述新增的知识域和三个基础知识域（计算基础、数学基础和工程基础），SWEBOK v4 对上一个版本（v3）中 12 个软件工程知识域中需求、设计、测试、维护、质量等实践知识域进行了适当扩展，这些扩展内容包含在下列介绍之中。这 12 个软件工程知识域分别如下。

（1）**软件需求**（Software Requirements）。是真实世界问题而必须展示的特性，包含需求获取、需求分析、需求描述、需求确认、需求跟踪、需求验证、需求澄清、需求变更、需求控制等专题。SWEBOK v4 增加了对敏捷需求管理、用户故事和需求优先级排序的讨论。

（2）**软件设计**（Software Design）。根据 IEEE，设计是定义一个系统或组件的体系结构、组件、接口和其他特征的过程，包含通用设计概念、软件设计中的关键问题、软件结构和体系结构、用户界面设计、软件设计质量分析和评估、软件设计符号、软件设计策略和方法以及软件设计工具等专题。SWEBOK v4 扩展了对现代设计模式（如微服务架构、事件驱动架构）的介绍。

（3）**软件构造**（Software Construction）。是指通过算法实现、编码、单元测试、集成和编译等工作，创建一个可工作的、有价值的软件，它包含软件构建基础、管理构造、实际考虑因素、构造技术和软件构建工具等专题。

（4）**软件测试**（Software Testing）。是在有限测试用例集合上，根据所期望的结果，对软件阶段性成果和最终产品进行验证和确认，以发现问题。它包含软件测试基础、测试级别、测试技术、测试相关测量、测试流程、软件测试工具等专题。SWEBOK v4 新增了自动化测试、持续测试（Continuous Testing）和测试驱动开发（TDD）的内容。

（5）**软件维护**（Software Maintenance）。是软件投入运行后，为了适应运行环境所发生的变化、修正出现的问题、增强软件功能和满足用户新的需求而对软件进行变更的工作。它包含软件维护基础、软件维护中的关键问题、维护技术、维护流程、软件维护工具等专题。SWEBOK v4 增加了对技术债务管理和持续交付的讨论。

（6）**软件配置管理**（Software Configuration Management）。为了系统地控制配置的变更和维护在整个系统生命周期中的完整性和可追踪性，在不同时间点上标识软件各个配置项。它包含 SCM 过程管理、软件配置标识、软件配置控制、软件配置状态审核、软件配置审计、软件发布管理和交付、软件配置管理工具等专题。

（7）**软件工程管理**（Software Engineering Management）。处理软件工程的管理与度量。它包含启动和范围定义、软件项目规划、软件项目制定、监控流程、审查和评估、关闭、软件工程度量、软件工程管理工具等专题。

（8）**软件工程过程**（Software Engineering Process）。涉及软件工程过程本身的定义、实现、评定、度量、管理、变更和改进。它包括软件过程定义，软件生命周期，软件过程评估和改进,软件测量,软件工程过程工具等专题。

(9) 软件工程模型和方法(Software Engineering Models and Methods)。目的是使软件工程活动系统化、可重复,最终更加成功。使用模型提供了解决问题的方法、符号以及模型构建和分析的过程。方法提供了对最终项目软件和相关工作产品的系统规范、设计、构造、测试和验证的方法。常用的软件过程模型有瀑布模型、快速原型模型、增量模型、螺旋模型、迭代模型、统一过程模型、敏捷模型等;它包含建模、模型类型、模型分析、软件工程方法等专题。

(10) 软件质量(Software Quality)。软件生命周期过程的软件质量管理,包括质量目标、评审、总结报告等。它包含软件质量基础、软件质量管理流程、实际考虑因素、软件质量工具等专题。SWEBOK v4 扩展了对 DevOps 和持续集成/持续交付(CI/CD)对质量保障的影响的分析。

(11) 软件工程职业实践(Software Engineering Professional Practice)。这个知识域关注软件工程师在软件工程职业、责任和道德上所必须具备的软件工程知识、技能和态度。它包含专业、团队动力学和心理学、沟通技巧等专题。

(12) 软件工程经济学(Software Engineering Economics)。主要关注在软件工程中如何结合技术决策与经济分析,以实现业务目标和价值最大化。它强调软件工程活动中的经济属性,并通过系统化的方法将技术决策与经济考量相结合,帮助工程师在有限资源下做出最优决策。

1.2 软件工程1.0

1968 年,北大西洋公约组织(NATO)在德国召开了一次国际会议,如图 1-7 所示,会议主题为"软件工程"。这是"软件工程"(Software Engineering)一词首次被正式提出。

图 1-7 1968 年在德国召开的"软件工程"会议现场

这一概念的提出是为了应对当时的软件危机:随着软件规模和复杂性的增加,传统的开发方法难以保证软件的质量、成本和交付时间。NATO 希望通过引入工程化的方法,将软件开发从混乱的状态中解救出来，走向有纪律、有流程的规范化之路，即开启"软件工程1.0"的时代。

"软件工程1.0"，即之前人们常说的"传统软件工程"，这时的软件工程自然深受建筑工程、水利工程等的影响，吸收其几百年实践积累下来的方法和经验，以及沉淀下来的思想。软件工程1.0体现了以下特征。

（1）产品化：只是交付符合质量标准的组件、构件和系统，没有认识到软件的柔性和数字化特性，把软件当作传统工业的产品，严格遵守从产品定义、设计到开发、测试和维护的过程。

（2）结构化：受传统建筑工程的影响，重视框架和结构的设计，表现为以架构设计为中心，进行结构化分析、结构化设计、结构化编程等。

（3）过程决定结果：流程质量决定产品质量，一环扣一环，相信良好的过程产生良好的产品，关注过程胜过关注人，非常关注过程评估和过程改进，如 CMMI（Capability Maturity Model Integration，能力成熟度模型集成）是其典型代表。

（4）重视质量管理：引入传统的质量管理体系，包括以顾客为中心的全面质量管理和缺陷预防。

（5）阶段性明确：需求评审通过才能开始设计；设计评审通过才能开始实施（编程），编程结束再进行测试等，瀑布模型是其典型代表。

（6）责任明确：角色定义清晰，分工细致。

（7）文档规范化：强调规范的文档，定义了大量的文档模板。

（8）计划性强：具有完整的计划并严格控制变更。

（9）注重项目管理：围绕项目开展管理工作，包括风险预防、里程碑控制、关键路径法等。

1.2.1 瀑布模型的不足

瀑布模型是传统软件工程的经典模型，能够简单、清楚地描述软件开发的最基本过程。瀑布模型将软件过程分为5个阶段，从需求分析、设计、编程、测试直至维护，如图 1-8 所示。瀑布模型和制造业中工序的概念非常相似，一道工序接着一道工序进行，按照顺序进行而形成完全线性的过程。瀑布模型呈现了以下一些特征。

（1）各个阶段以串行关系相连，下一阶段的工作完全依赖上一阶段的工作成果。上一阶段工作没有完成，下一阶段的工作就不能开始；上一阶段工作完成后，才开始下一阶段的工作，缺乏并行和交错，类似 DOS 系统的单线程、单任务的运行模式。

（2）瀑布模型过高地估计了软件项目参与人员的能力，假设每个过程都经历相对理想的过程，没有返工，好像是瀑布，水从上往下流，不能往上流，与软件开发的迭代思想直接相冲突。

（3）测试的工作发生在编程之后，和先进的、成熟的全程软件测试理念相冲突。

瀑布模型的缺点表现在以下三方面。

（1）后期的变化、迭代、改动困难。

（2）不支持重用。

（3）没有一个联系各个阶段的统一模型。

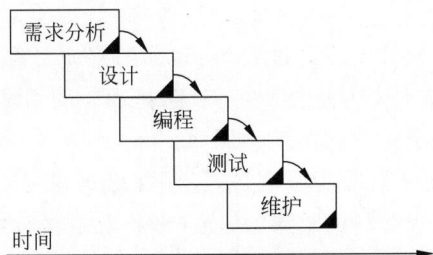

图 1-8　软件过程的瀑布模型

但实际情况是用户的需求不能在预期的时间里了解清楚、分析透彻,需要时间不断挖掘用户的需求。世界是变化的,唯一不变的是变化本身,用户的需求还在变化,所以软件功能的实现也要适应这种变化。再者,开发人员的知识和能力是有缺陷的,对事物的认识深度有一个渐进的过程,不能一蹴而就,软件过程是一个循环往复、不断提升的过程,所以迭代思想更符合实际情况,更能节省成本。

正如 Brooks 在《人月神话》中提到,传统的瀑布模型是错误的。"瀑布模型的基本谬误是它假设项目只经历一次过程,而且体系结构出色并易于使用,设计是合理可靠的,随着测试的进行,编码实现是可以修改和调整的。换句话说,瀑布模型假设所有错误发生在编码实现阶段,因此它们的修复可以很顺畅地穿插在单元和系统测试中。"

1.2.2　V 模型诠释软件过程

观看视频

V 模型是在快速应用开发(Rapid Application Development,RAD)模型基础上演变而来,由于将整个开发过程构造成一个 V 字形而得名。V 模型强调软件开发的协作和速度,将软件实现和验证有机地结合起来,在保证高质量的情况下缩短了软件开发周期。

通过对 V 模型的水平和垂直的关联和比较分析(图 1-9),理解软件开发和测试的关系,理解 V 模型具有面向客户、效率高、质量预防意识等特点,帮助我们建立一套更有效的、更具有可操作性的软件开发过程[3]。

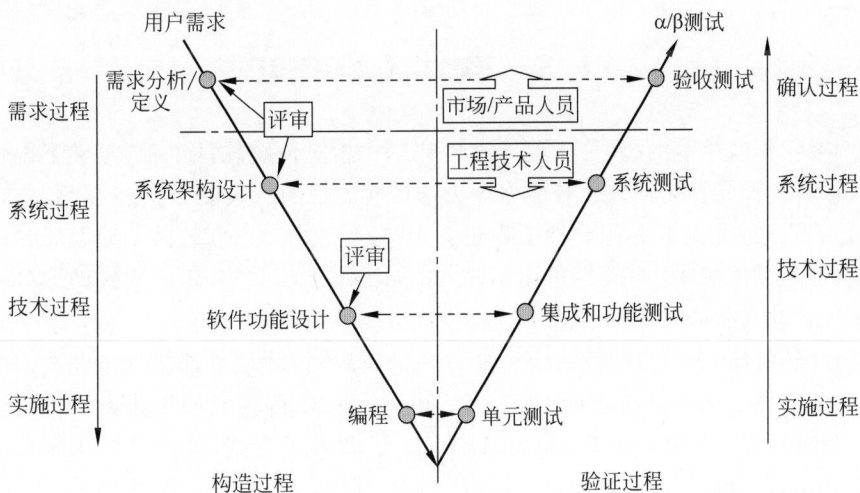

图 1-9　V 模型诠释软件过程

1. 从水平对应关系看

左边是设计和分析,是软件的改造过程,同时伴随着质量保证活动——审核的过程,也就是静态的测试过程。右边是对左边结果的验证,是动态的测试过程,即对设计和分析的结果进行测试,以确认是否满足用户的需求。例如:

(1) 需求分析和功能设计对应验收测试,说明在做需求分析、产品功能设计的同时,测试人员就可以阅读、审查需求分析的结果,从而了解产品的设计特性、用户的真正需求,确定测试目标,可以准备用例(Use Case)并策划测试活动。

(2) 当系统设计人员在做系统设计时,测试人员可以了解系统是如何实现的,基于什么样的平台,这样可以设计系统的测试方案和测试计划,并事先准备系统的测试环境,包括硬件和第三方软件的采购。

(3) 当设计人员在做详细设计时,测试人员可以参与设计,对设计进行评审,找出设计的缺陷,同时设计功能、新特性等各方面的测试用例,完善测试计划,并基于这些测试用例开发测试脚本。

(4) 在编程的同时进行单元测试,是一种很有效的办法,可以尽快找出程序中的错误,充分的单元测试可以大幅度提高程序质量,减少成本。

从上述可以看出,V 模型使我们能清楚地看到质量保证活动和项目同时展开。项目一启动,软件测试的工作也就启动了,避免了瀑布模型所带来的误区——软件测试是在代码完成之后进行的。

2. 从垂直方向看

水平虚线上部表明,其需求分析、定义和验收测试等主要工作是面向用户,要和用户进行充分的沟通和交流,或者是和用户一起完成。水平虚线下部的大部分工作,相对来说,都是技术工作,在开发组织内部进行,主要由工程师、技术人员完成。

从垂直方向看,越在下面,白盒测试方法使用越多,到了集成、系统测试,更多的是将白盒测试方法和黑盒测试方法结合起来使用,形成灰盒测试方法。而在验收测试过程中,由于用户一般也要参与,所以使用黑盒测试方法。

1.3 软件工程 2.0

在 2008 年作者编写的《软件工程导论》一书中,相对传统软件工程,定义了现代软件工程,那时,作者还没能预见到人工智能像今天这样所展现的巨大能力。15 年后,作者将以敏捷/DevOps 开发范式为核心的软件工程定义为"软件工程 2.0",软件工程 2.0 是深受互联网、开源软件运动的影响,并最终建立在 SaaS(Software as a Service,软件即服务)、云计算之上的一个移动互联的时代。

没有互联网(Internet),就没有云计算和 SaaS,就不能将软件部署在企业内部的数据中心,那么持续交付(Continuous Delivery,CD)就没有意义,因为我们无法做到将包装盒形式的软件产品持续交付到客户手中,敏捷、DevOps 也就难以实施,虽然可以在内部实现持续集成(Continuous Integration,CI),但其价值会大大降低。

之后的开源软件运动让我们首先认识到"软件过程"和"软件管理"并非那么重要,至少不是第一要素,第一要素还是人;其次是软件架构必须简单、解耦,如采用 SOA、微服务架构来解耦,使之更具可扩展性;再者是代码的可读性、可测试性,使代码具有可维护性,而流程、管理有价值,但其作用在过去被高估了。

随着市场变化越来越快,不确定性增大,市场竞争更激烈,客户或用户始终希望我们能够按时交付高质量的产品,又希望软件有灵活性,能够具有随需应变的能力,能够通过及时必要的修改来满足业务的新需求。

除了开源软件运动、市场因素,软件还是一种知识型产品,软件开发活动是智力活动,需要很高的创造性,并依赖每个研发人员的创造力、主动性等。所有这些引导人们进行新的思考并不断认识软件工程,从而在 2001 年,17 位软件开发轻量型流派掌门人联合签署了敏捷软件开发宣言,如图 1-10 所示。

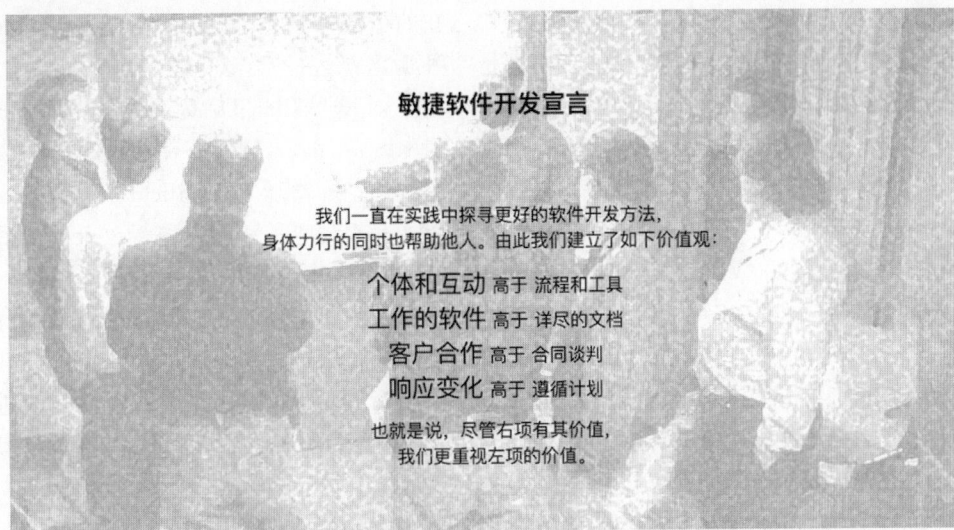

图 1-10　敏捷联盟官网的敏捷软件开发宣言截图

之后逐渐形成了敏捷/DevOps 开发模式、精益软件开发模式等,即软件工程进入 2.0 时代。软件工程 2.0 的特征可以简单概括为下列几点。

(1) SaaS(软件即服务):软件更多地以一种服务存在。

(2) 强调价值交付:只做对用户有价值的事情,加速价值流的流动。

(3) 以人为本:个体与协作胜于流程和工具,充分发挥个人和团队的创造性和潜力。

(4) 拥抱变化:敏捷开发或轻量级过程,加速迭代,以不变应万变。

(5) 自我管理的团队:像一家初创公司一样运营,具有主动性并能够承担风险,具有自治能力,能自主建立目标和制定计划,不断反思,持续改进。

(6) 持续性:阶段性不明确,持续构建、持续集成、持续测试、持续交付,以时间换空间,消除市场风险。

(7) 开发、测试和运维的融合:强调测试开发融合,开发与运维融合,推崇全栈工程师等。

(8) 真正把用户放在第一位:用户、产品经理尽可能参与团队研发过程,注重用户体验,千人千面。

(9) 知识管理:将软件工程纳入知识管理的范畴,强调要将项目的计划、估算等工作授权给从事具体工作的研发人员,如任务安排不再由管理者下达,而是由研发人员自主选择适合自己的任务。

（10）更有乐趣：史诗（Epic）、用户故事、站立会议等让软件研发工作更有趣、更健康。

1.3.1　敏捷开发历史

敏捷方式可以追溯到 1620 年,英国哲学家弗朗西斯·培根（Francis Bacon）发表了他的代表作之一《新工具》。《新工具》是对亚里士多德《工具论》的批判继承,全书分为两卷,第一卷着重批判经院哲学的观点,主张人应该是自然的解释者,只有认识并发现了自然的规律,才能征服自然;第二卷论述了归纳方法,为归纳逻辑奠定了基础。培根认为单纯的感觉甚至某些实验所能告诉人们的信息中有太多偶然性的因素,而且之前形式逻辑中的枚举归纳依赖于对已知事例的一一列举,其结论建立在已知的少数事例上,因此他在《新工具》中主张合理的归纳应该以大量的事实为基础,而且是一种循序渐进的研究过程。这样的科学方法可以写成"假设—实验—评估"或理解为"计划—做—检查"（Plan-Do-Check）。直到 300 年后,贝尔实验室的统计学家沃特·休哈特（Walter A. Shewhart,1891—1967）依据这样的科学方法,将"统计控制"下的制造描述为"规范—生产—检验（Specification-Production-Inspection)"这样的三步过程,借助统计分析的帮助,不断对产品和过程进行改善。之后,现代质量控制之父戴明（W. Edwards Deming,1900—1993,休哈特的学生）将这个过程修改为著名的戴明环——PDSA（Plan-Do-Study-Action,计划—做—学习—行动）环。根据戴明的说法,日本参与者在 20 世纪 50 年代又进一步将 PDSA 改为今天人们熟悉的 PDCA（Plan-Do-Check-Action,计划—做—检查—行动）,用于质量管理、业务流程等持续改进,并得到广泛应用。所以,敏捷方式更合理的追溯是 20 世纪 20—50 年代,可看作 PDCA 思想的延伸,将 PDCA 用于软件研发过程中,如图 1-11 所示。

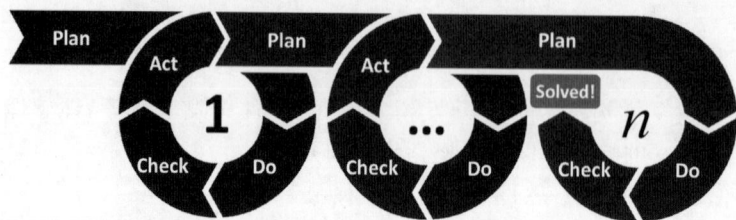

图 1-11　PDCA 循环（来自维基百科）

其间,丰田公司聘请戴明培训公司中数百名经理,并在他的经验之上创立了著名的丰田生产体系——"精益制造",按订单生产,减少库存,尽力避免各种生产环节产生的浪费,并持续改进产品质量。精益思想,包括其实践＋看板,对敏捷开发有较大影响,或者说,精益思想已逐渐融入敏捷研发之中。要理解敏捷开发模式,可以参考相关文献或本节后面的知识点。

在敏捷开发中,目前最流行的是 Scrum 开发模式,而 Scrum 可以追溯到 1986 年。在那一年,日本著名的一桥大学教授、享有世界"知识运动之父"美誉的 Hirotaka Takeuchi 与 Ikujiro Nonaka 在 1986 年 1 月号《哈佛商业评论》上发表了一篇文章《一种崭新的新产品开发游戏》（"A new new product development game"）,首次提到新产品开发应该是"橄榄球（Scrum）"方式——"团队试图作为一个整体完成所有任务,将球传来传去",而不应该是传统的"接力赛"方式——序列式的开发（即"瀑布模型"开发模式）。他们是在通过研究那些比竞争者更快发布新产品的公司（如富士-施乐的复印机、本田的摩托车引擎、佳能的照相机等）而提出这种 Scrum 的研发方式。这种整体方法有 6 个特点：内建不稳定、自组性项目团队、微妙的控制、重叠开发阶段、多样化学习和学习的组织内转移等。

（1）内建不稳定。高层管理往往只是指明战略方向，制定极具挑战性的目标。这种挑战性目标会传递压力给团队，而高层管理人员给予项目团队极大的自由（新产品概念、具体工作计划等则由项目团队自行决定、完成），团队反而能体会到这种不稳定性，更能激发团队的斗志。

（2）自组织性项目团队。像一家初创公司一样运营，具有三大特征：自治、自我超越和交流成长。能够自行运作、承担主动性和风险，自己制订计划和进度表，突破原来的惯性思维，每天都在渐进地改进完善，不断提升。

（3）微妙的控制。虽然项目团队大部分是靠自己管理，避免那种严格的控制，但并不是不受控制，而是强调"自我控制""通过来自同事的压力来控制""爱的控制"，如鼓励工程师听取客户和经销商的意见，监测团队动态变化，必要时增加或剔除成员等。

（4）重叠开发阶段。不像传统的序列式开发模式，开发的各阶段中，使得团队始终保持信息通道畅通，增强了合作精神，获得更高的速度和更大的灵活性，更能适应变化，提高对市场的敏感性。

（5）多样化学习。表现在两方面：跨越多个层次（个人、团体和企业）、多个专业性（不同领域的学习）。

（6）学习的组织内转移。定期开展将学习的知识转移给接下来的新产品开发项目或组织的活动。知识也可以通过将项目活动作为标准实践，而在组织中传播。

之后，1994 年 6 月，贝尔实验室（Bell Labs）软件产品研发部 James O. Coplien 在佛罗里达州奥兰多举行的第五届 Borland 国际年会上发表了一篇论文《Borland 软件工艺——流程、质量和生产力的新视角》，这篇文章主张研发团队每天开一个短的会议能显著增加团队效率。Jeff Sutherland 从上面两篇文章中获得了灵感，创建了一种新的软件开发方法——Scrum。作为 Scrum 开发方式的实验，完成了一项 Easel 公司极具挑战的产品开发任务，而且程序缺陷较之前版本少很多、没有超出预算等。随后，Jeff 和他的同事 Ken Schwaber 对Scrum 方法进行了进一步研究，并在奥斯汀举办的 ACM OOPSLA（面向对象编程系统、语言以及应用程序）1995 年大会上联合发表了一篇论文，正式推出了 Scrum 开发模式。此后的几年，他们发扬光大，将 Scrum 的实践经验以及业界的优秀实践融合起来，形成今天人们熟知的 Scrum。

而在 Scrum 提出之前，1991 年，水晶开发模式（Crystal Clear）已先行得到应用，它强调不存在一种适合所有开发流程的、规模相同的团队，而是分为不同规模的团队，即透明水晶模式、黄色、橙色、红色等。水晶开发模式以绩效为先，强调经常交付，流程虽然重要，但是次要的，并聚焦研发人员、沟通与协作、反思改进，提倡与专家用户建立方便的联系，配有自动测试、配置管理和经常集成功能的技术环境。

之后，各种开发模式如雨后春笋般涌现出来，如图 1-12 所示，却引来无数争议，而且越吵越厉害。

1994 年，Jennifer 提出动态系统开发方法（Dynamic Systems Development Method，DSDM），强调发布周期相对固定，功能特性动态调整。

1996 年，Martin Fowler、Kent Beck 等将极限编程（XP）方法第一次引入 C3 项目。

1997 年，Jeff DeLuca 正式提出 FDD 方法。

1999 年，Martin Fowler 著作《重构：改善既有代码的设计》首次系统地阐述了"重构"。

1999 年，Kent Beck 出版了《解析极限编程：拥抱变化》。

1999 年，Andrew Hunt 等出版了《注重实效的编程》(*The Pragmatic Programmer*)。

1999 年，Jim Highsmith 提出"自适应软件开发(Adaptive Software Development, ASD)"，着眼于人员协作和团队自我组织、自我思考和学习。

2000 年，Martin Fowler 的文章《持续集成》("Continuous Integration")发表。

2000 年，ThoughtWorks 开源了第一个持续集成工具 CruiseControl。

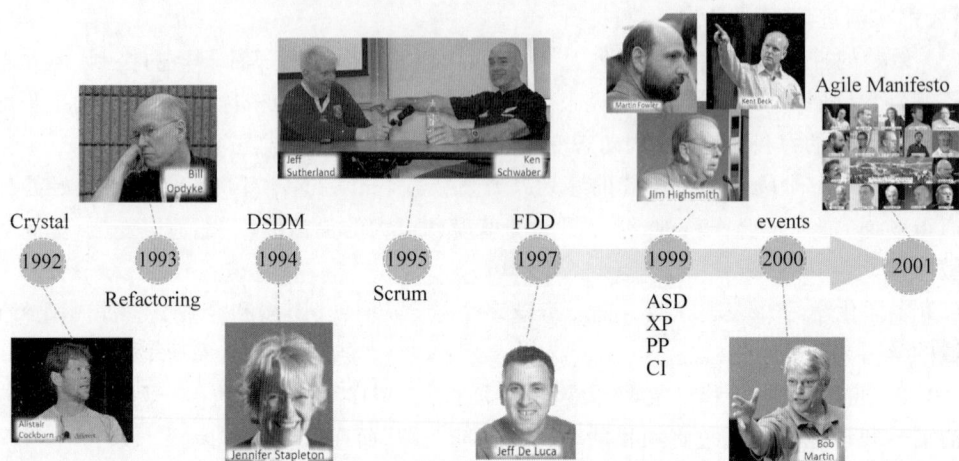

图 1-12　敏捷开发模式发展的历史

2000 年 9 月，来自芝加哥的 Bob Martin 用电子邮件提倡召开一次会议，解决争吵。"我想在 2001 年 1 月至 2 月在芝加哥举行一场小型(两天)会议。本次会议的目的是让所有轻量级方法领导者进入一个房间。所有人都被邀请，而我有兴趣知道我还应该接近谁。"他为此建立了一个维基站点，讨论会议主题和会议地点，例如，有人反对"轻量级"这个词，反对更激烈的是会议地点"芝加哥"，因为寒冷的冬天，芝加哥真没什么好玩的。

2001 年 2 月 11 日至 13 日，17 位不同的"轻量级"开发模式(如 Scrum、极限编程、自适应软件开发、特性驱动开发、动态系统开发方法等)"掌门人"决定在美国犹他州雪鸟(Snowbird)滑雪胜地聚会，试图找到他们的共同点，就实质性问题达成了共识，虽然开始时大家有较大的担忧。虽然与会者不能在具体方法上达成一致，但是他们可以为共同拥有的方法论取一个名字：敏捷(来源于《敏捷竞争者和虚拟组织：给客户更多的策略》)，并发布了"敏捷软件开发宣言"。

我们一直在实践中探寻更好的软件开发方法，身体力行的同时也帮助他人。由此我们建立了如下价值观：

个体和互动 高于 流程和工具

工作的软件 高于 详尽的文档

客户合作 高于 合同谈判

响应变化 高于 遵循计划

也就是说，尽管右项有其价值，我们更重视左项的价值。

敏捷宣言发布后,敏捷思想快速传播,不少公司开始尝试敏捷开发模式。可以这样说,所有符合敏捷宣言所阐述的价值观及其背后的 12 项原则的开发框架,都可以说是敏捷开发模式。

与此同时,麻省理工学院(MIT)的学者开始研究日本的制造体系,特别是丰田生产体系,并借用了名词"精益"来描述改善效率的这套体系,包括消除浪费(Muda)、减少波动(Mura)和降低负荷(Muri),今天人们习惯把"精益和看板软件开发系统"看成敏捷开发家族中的成员之一。

知识点:丰田模式

下面介绍丰田模式的原则和要素,是为了帮助读者更好地理解敏捷开发模式。

丰田模式的关键原则归纳如下。

(1) 建立看板体系(Kanban System),改变传统由前端经营者主导生产数量,重视后端顾客需求,即按"逆向"思维方式去控制生产数量。

(2) 强调实时存货(Just In Time),在必要的时候,生产必要的量。

(3) 标准作业彻底化,对生产中的每个活动、内容、顺序、时间控制和结果等所有工作细节都制定了严格的规范。

(4) 排除浪费,即排除生产现场的各种不正常与不必要的工作或动作时间人力的浪费。

(5) 重复问 5 次为什么,透过现象看本质,以严谨的态度打造完美的制造任务。

(6) 生产平衡化,即"取量均值性",为的是将需求与供应达成平衡,降低库存与生产浪费。

(7) 充分运用"活人和活空间",即鼓励员工都成为"多能工"以创造最高价值。

(8) 养成自动化习惯,对不符合条件的东西进行自动监视管理,包括对人操作不规范的自动监控。

(9) 弹性改变生产方式,来解决现场生产问题。

为了实现这些原则,丰田模式需要 4 个要素(4P)构成完整的丰田体系。

(1) 长期理念(Philosophy):这就需要建立学习型和高效的组织,绝不松懈地坚持质量,以适应环境的变迁,能够长期为顾客及社会创造与提升价值。

(2) 正确的流程(Process):流程是以低成本、稳定地与高效地达成最佳质量的关键。

(3) 借助员工与合作伙伴(People and Partner)的发展,为组织创造价值,人是决定的因素,所以要尊重员工的智慧和能力,并不断激励他们做得更好。

(4) 持续解决根本问题(Problems)是组织型学习的驱动力:组织型学习强调持续学习,而持续学习的核心在于辨识问题的根源,并预防问题的发生,持续改进。

1.3.2　敏捷开发原则

敏捷运动并非反方法论,事实上,敏捷倡导者倒是希望恢复"方法论"这个词的可信度,恢复平衡、接受建模。敏捷倡导者接受文档,但不是数百页从未维护过且很少使用的大部分文章。敏捷倡导者也会制定计划,但在日新月异的环境中认识到规划的局限性。

敏捷宣言只是呈现了其价值观,但对具体实施缺少实质的指导意义,有些参会人员还开玩笑说:敏捷宣言是"糊涂"声明。对敏捷方法论的兴趣(有时甚至是巨大的批评)都是关于价值观和文化的糊涂。所以,敏捷宣言发布之后的几个月,参会人员一起努力,制定了敏捷宣言背后的 12 项原则,帮助我们专业的其他人以更灵活的方式思考软件开发,方法和组织。

为了更好地体现敏捷宣言所阐述的价值观,就要认真贯彻敏捷宣言背后所蕴含的 12 条原则。

(1) 我们最重要的目标,是通过持续不断地及早交付有价值的软件使客户满意。

(2) 欣然面对需求变化,即使在开发后期也一样。为了客户的竞争优势,敏捷过程掌控变化。

(3) 经常地交付可工作的软件,相隔几星期或一两个月,倾向于采取较短的周期。

(4) 业务人员和开发人员必须相互合作,项目中的每一天都不例外。

(5) 激发个体的斗志,以他们为核心搭建项目。提供所需的环境和支援,辅以信任,从而达成目标。

(6) 不论团队内外,传递信息效果最好效率也最高的方式是面对面地交谈。

(7) 可工作的软件是进度的首要度量标准。

(8) 敏捷过程倡导可持续开发。责任人、开发人员和用户要能够共同维持其步调稳定延续。

(9) 坚持不懈地追求技术卓越和良好设计,敏捷能力由此增强。

(10) 以简洁为本,它是极力减少不必要工作量的艺术。

(11) 最好的架构、需求和设计出自自组织团队。

(12) 团队定期地反思如何能提高成效,并依此调整自身的举止表现。

至于在软件项目管理中选择哪一种开发模型,取决于上下文,包括组织文化、产品、应用领域、项目团队等背景和特点,表 1-1 给出简单的对比。选择一个合适的生命周期模型,并应用正确的方法,对于任何软件项目的成功是至关重要的。企业在选择开发模型时应从项目时间要求、人员状况、预算情况、需求明确程度、风险状况等方面选择合适的生命周期模型。

表 1-1　各种软件过程模型的特点及适用范围

模 型 名 称	技 术 特 点	适 用 范 围
瀑布模型	简单,分阶段,阶段间存在因果关系,各个阶段完成后都有评审,允许反馈,不支持用户参与,要求预先确定需求	需求易于完善定义且不易变更的软件系统
敏捷模型	积极响应需求变化,用最短的时间提交给客户最有价值的功能,并在整个项目周期中持续改善和增强	需求难以确定、不断变更的软件系统
快速原型模型	不要求需求预先完备定义,支持用户参与,支持需求的渐进式完善和确认,能够适应用户需求的变化	需求复杂、难以确定、动态变化的软件系统

1.3.3　极限编程

极限编程(Extreme Programming,XP)是一种软件工程方法学,是敏捷软件开发中最富有成效的几种方法学之一,基本思想是"沟通、简单、反馈、勇气"。如同其他敏捷方法学,XP 和传统方法学的本质不同在于它更强调可适应性而不是可预测性。XP 的支持者认为软件需求的不断变化是很自然的现象,是软件项目开发中不可避免的,也是应该欣然接受的现象;与传统的在项目起始阶段定义好所有需求再费尽心思地控制变化的方法相比,有能力在项目周期的任何阶段去适应变化,将是更加现实、更加有效的方法。一般来说,XP 被认为对于少于 12 人的小团队很有用。然而,XP 在一些超过 100 人的开发小组中获得成功。并不是 XP 不能够推广到更大的团队,而是很少有更大的团队来试着用它。

XP 项目一开始就是收集用户故事(User Story)。用户故事由用户编写,是一段与技术无关的文本,其目的在于提供一些特殊场景的详细描述,而不是用来估计系统的复杂性。用户故事的所有细节必须在它实现之前得到客户的确认。紧接着就是制定发布计划。发布计划确定在系统的哪个发布版本中有哪些用户故事需要实现。每个发布版本都要经过好几次迭代,每次迭代实现一些用户故事,如图 1-13 所示。一次迭代包括如下阶段。

(1)计划:选择要实现的用户故事及其要明确的细节。

(2)编码:实现用户故事。

(3)测试:至少每个类都要有相应的单元测试。

(4)验收测试:如果测试成功,新功能开发完成;如果失败,则进入下一次迭代。

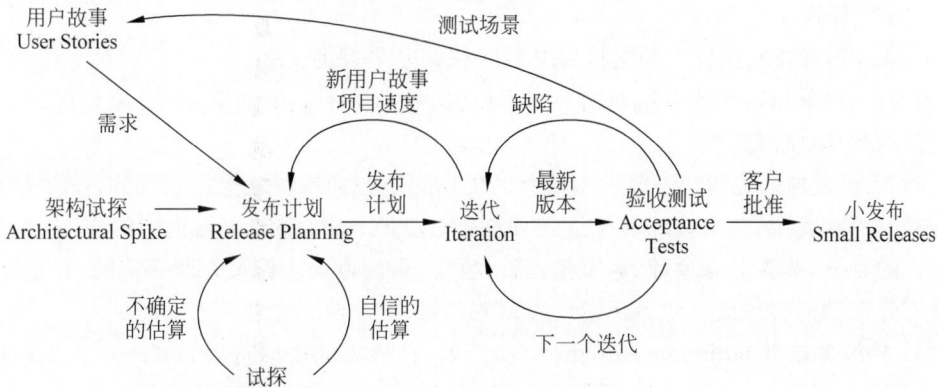

图 1-13　XP 流程示意图

1. XP 的优秀实践

XP 相对于 Scrum,更贴近软件开发,有 12 项优秀实践,如表 1-2 所示,其中最核心的实践是结对编程、测试驱动开发、代码重构、持续集成、代码规范和代码集体所有等。

表 1-2　XP 推荐的软件研发实践

编程实践	简单设计、代码规范、结对编程、测试驱动开发、代码重构
团队实践	代码集体所有、持续集成、系统隐喻、每周 40 小时工作制
过程实践	现场客户、计划博弈、小型发布(快速发布)

其中,小型发布(Small Releases)是指将软件以最小可行功能为单位进行频繁、增量式的发布,确保每次发布都是可运行的、经过完整测试的版本,并优先交付对用户价值最高的功能,从而适应用户需求的变化,并能降低风险。

(1)**系统隐喻**。和传统软件工程不同的是,XP 不需要事先进行详细的设计,而是依据可参照和比较的类和设计模式,通过系统隐喻来描述系统如何运作、以何种方式将新的功能加入系统,在迭代周期中不断地细化架构。对于大型系统,系统架构设计是至关重要的,前期需要一个准备阶段完成这项工作。

（2）**简单设计**。代码的设计只要满足当前功能的要求，尽可能地简单，不多也不少。传统的软件开发理念，强调设计先行，在编程之前构建一个完美的、详细的设计框架，其前提是需求稳定。而 XP 拥抱需求变化，认为需求是会经常变化的，因此设计不能一蹴而就，而是一项持续进行的过程。简单设计应满足以下几个原则。

- 成功执行所有的测试。
- 不包含重复的代码。
- 向所有的开发人员清晰地描述编码以及其内在关系。
- 尽可能包含最少的类与方法。

简单的代码更易于工作，简单设计也包括系统架构设计，简单的架构也有利于设计的重构。

（3）**代码规范**。代码规范更好地保证了代码的可读性，有利于代码的重构和维护，而且通过有效的、一致的代码规范来进行沟通，尽可能减少不必要的文档，因为维护文档和产品的一致性是非常困难的一件事情。这里包含双重含义：

- 通过建立统一的代码规范，来加强开发人员之间的沟通，同时为代码走查提供了一定的标准。
- 减少项目开发过程中的文档，XP 认为代码是最好的文档。

当然，不可能用代码代替所有的文档，只是尽量消除不必要的文档，因为与规范的文档相比，代码的可读性低。

（4）**代码重构**。是指在不改变系统行为的前提下，重新调整、优化系统的内部结构以减少复杂性、消除冗余、提高系统的灵活性和性能。在 XP 中，强调代码重构的作用，是对"简单设计"的补充，改善既有设计，但不是代替设计。重构也是迭代过程所必需的、经常性的活动，特别是在功能实现前后或各个迭代周期的前后。

（5）**持续集成**（Continuous Integration，CI）。持续集成提倡每天构建一个以上的版本，并通过版本的验证，自动构建、自动部署、自动测试。CI 已成为软件研发最为普遍的一种优秀实践，能够提高代码重构的成功性和代码的质量（即大大减少回归缺陷），也可以使团队保持一个较高的开发速度。

（6）**结对编程**。是指两个（在技能上相当或接近的）开发人员以交替方式共同完成软件的某个功能或组件的代码——即某程序员在写代码的同时，另一个程序员在旁边观察（代码评审），确保代码的正确性与可读性，并以 1～3h 的间隔相互交换工作。结对编程可以看作"互为评审（Peer Review）"这种实践的最彻底的体现，更能比较彻底地提高代码质量，甚至效率也有可能得到提升。在具体实施时，一些关键的程序代码可以按结对编程方式进行，而其他大部分代码仍可以按传统方式进行，但可以适当加强代码走查和互为评审的力度，如持续代码评审——团队每天留 0.5 小时进行代码评审。

（7）**测试驱动开发**（Test Driven Development，TDD）。和传统开发（开发在前、测试在后）完全不同，强调测试在前、开发在后——即在写产品代码之前先写测试用例（测试脚本），先运行测试用例不通过，再写产品代码让测试通过。代码只有通过测试的时候才被认为完成了。整个软件系统用一种周期化的、实时的、被预先编好的自动化测试方式来保证代码正常运行，这也是彻底的单元测试。

（8）**代码集体所有**。开发团队的每个成员都有更改代码的权利，所有的人对于全部代码负责，没有程序员对任何一个特定的模块或技术单独负责。这样，程序员不会被限制在特定的专业领域，整个团队的能力、灵活性和稳定性等都得到增强。但一分为二地看问题，有时也需要认真考虑代码存取权限(代码知识产权的保护)、代码有序的管理等问题。

(9) **小型发布**(快速发布)。要快速发布，每次发布的周期要短(2～3周)，每次发布的特性要少，从而容易估计每个迭代周期的进度，便于工作量和风险的控制、及时处理用户的反馈。要做到快速发布，就需要"测试驱动开发、代码重构、持续集成"等实践的支撑。

(10) **计划博弈**。要求结合项目进展和技术情况，确定下一阶段开发与发布的系统范围。但随着项目的进展，计划会进行适当调整，一成不变的计划是不存在的。因此，项目团队需要根据项目实际进展情况、需求变更、风险等及时进行项目评估，再根据资源、进度、质量状态、需求优先级等因素来调整或优化项目计划。还有一些具体做法，如项目团队每天举行简短的例会，回顾昨天的工作，了解研发过程中的困难，确定当天的主要任务(每日计划)。

(11) **现场客户**(用户)。从理论上要求在整个软件开发过程中，客户一直和研发团队在一起，参与需求的分析、定义和优先级排序(调整)，确定验收标准和产品评审，而且能随时回答团队问题。团队也可以及时、主动地向客户介绍开发状态、演示(半)产品，及时获取客户的反馈。但实施起来有些困难，可以采用有效的远程沟通方式，包括电话会议、远程网络会议等，或让用户代表——产品经理或业务人员等扮演用户角色。

2. XP 的特点

(1) 快速反馈。当反馈能做到及时、迅速时，将发挥极大的作用。一个事件和对这一事件做出反馈之间的时间，一般被用来掌握新情况以及做出修改。与传统开发方法不同，与客户发生接触是不断反复出现的。客户能够清楚地洞察开发中系统的状况，能够在整个开发过程中及时给出反馈意见，并且在需要的时候能够掌控系统的开发方向。

(2) 假设简单。认为任何问题都可以"极度简单"地解决。传统的系统开发方法要考虑未来的变化，要考虑代码的可重用性。XP 拒绝这样做。

(3) 增量变化。XP 的提倡者总是说：罗马不是一天建成的。一次就想进行一个大的改造是不可能的。XP 采用增量变化的原则。例如，可能每三个星期发布一个包含小变化的新版本。这样一小步一小步前进的方式，使得整个开发进度以及正在开发的系统对于用户来说变得更为可控。

(4) 包容变化。可以肯定的是，不确定因素总是存在的。"包容变化"这一原则就是强调不要对变化采取反抗的态度，而应该包容它们。例如，在一次阶段性会议中客户提出了一些看起来戏剧性的需求变更。作为程序员，必须包容这些变化，并且拟定计划使得下一个阶段的产品能够满足新的需求。

1.3.4 行为驱动开发

敏捷一般推荐用"用户故事"描述需求，其模式如下。

```
As a [角色]      (作为一个用户角色)
I want to [功能] (我要做什么事)
So that [利益]   (达到什么目的)
```

例如：

我作为账户持有人，
我想从 ATM 提取现金
这样就可以在银行关门后取到钱

但用户故事缺乏可测试性，所以最好在开发（设计、编码）前明确每个用户的验收标准。

行为驱动开发（Behavior-Driven Development，BDD）是一种敏捷软件开发的技术，可以看作"验收测试驱动开发（Acceptance Test Driven Development，ATDD）"的延伸，在软件设计、编程前用场景来定义用户故事的验收标准，通过场景来澄清需求。ATDD 只是强调在开发前要先明确每个用户的验收标准。

行为驱动开发的根基是一种"通用语言"。这种通用语言同时被客户和开发者用来定义系统的行为。由于客户和开发者使用同一种"语言"来描述同一个系统，可以最大程度地避免表达不一致带来的问题。表达不一致是软件开发中最常见的问题，由此造成的结果就是开发人员最终做出来的东西不是客户期望的。使用通用语言，客户和开发者可以一起定义出系统的行为，从而做出符合客户需求的设计。但如果只有设计，而没有验证的手段，就无法检验我们的实现是不是符合设计。所以 BDD 还是要和测试结合在一起，用系统行为的定义来验证实现代码。

行为书写格式：

故事标题（描述故事的单行文字）
As a [角色]
I want to [功能]
So that [利益]

（用一系列的场景来定义验证标准）
场景标题（描述场景的单行文字）
Given [前提条件] And [更多的条件]...
When [事件]
Then [结果]
And [其他结果]...

行为实例：

故事：账户持有人提取现金
As a [账户持有人]
I want to [从 ATM 提取现金]
So that [可以在银行关门后取到钱]

场景 1：账户有足够的资金
Given [账户余额为 $100]
And [有效的银行卡]
And [提款机有足够现金]
When [账户持有人要求取款 $20]
Then [提款机应该分发 $20]
And [账户余额应该为 $80]
And [应该退还银行卡]

BDD 的实践还包括：

- 确立不同利益相关者要实现的远景目标。
- 使用特性注入方法绘制出达到这些目标所需要的特性。

- 通过由外及内的软件开发方法,把涉及的利益相关者融入实现的过程中。
- 使用例子来描述应用程序的行为或代码的每个单元。
- 通过自动运行这些例子,提供快速反馈,进行回归测试。
- 使用"应当(should)"来描述软件的行为,以帮助阐明代码的职责,以及回答对该软件的功能性的质疑。
- 使用"确保(ensure)"来描述软件的职责,以把代码本身的效用从与其他单元(element)代码带来的边际效用中区分出来。
- 使用 mock 作为还未编写的相关代码模块的替身。

1.3.5 Scrum 开发框架

在敏捷开发模型中现在比较盛行的是 Scrum,作为压轴戏留到最后讲解。Scrum 的原意是英式橄榄球争球队,将软件开发团队比成橄榄球队,有明确的最高目标,熟悉开发流程中所需具备的最佳典范与技术,具有高度自主权,高度自我管理意识,紧密地沟通合作,以高度弹性解决各种挑战,确保每天、每个阶段都朝向目标有明确地推进。

Scrum 开发流程通常以 2～4 周(或者更短的一段时间)为一个阶段,由客户提供新产品的需求规格开始,开发团队与客户于每一个阶段开始时按优先级挑选该完成的规格部分,开发团队必须尽力于这个阶段后交付成果,团队每天用 15 分钟开会检查每个成员的进度与计划,了解他们所遭遇的困难并设法排除。

Scrum 是一种迭代式增量软件开发过程,包括一系列实践和预定义角色的过程骨架。其流程如图 1-14 所示。

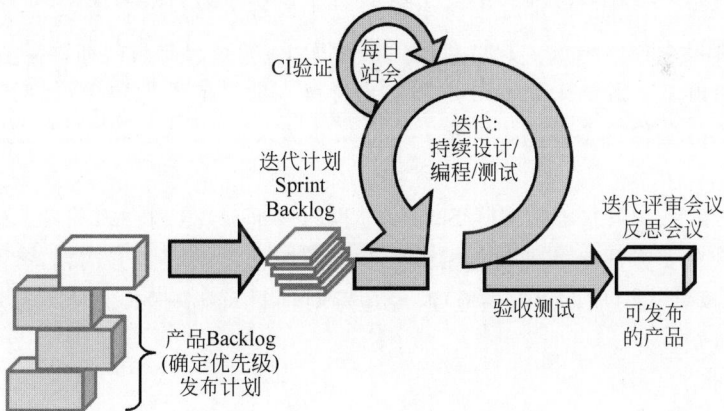

图 1-14　Scrum 开发流程

1. 5 大价值观

(1) 承诺(Commitment):鼓励承诺,并授予承诺者完成承诺的权利。

(2) 关注(Focus):集中精力做好工作,关注并完成承诺。

(3) 公开(Openness):Scrum 提倡公开、透明,不管是计划会议、平时工作、每日站会还是最后的总结回顾,都需要大家公开信息,以确保大家及时了解工作进度,如有问题及时采取行动来解决。

(4) 尊重(Respect):团队是由不同个体组成的,成员间相互尊重是很必要的。

（5）勇气（Courage）：有勇气承诺任务，采取行动完成任务。

2. 3 种角色

（1）产品负责人（Product Owner）：负责维护产品需求的人，代表利益相关者的利益。

（2）Scrum Master：为 Scrum 过程负责的人，确保 Scrum 的正确使用并使得 Scrum 的收益最大化，负责扫除一些阻碍项目进展的问题。

（3）开发团队（Team）：自我管理开发产品的人组成的跨职能团队，建议一个 Scrum 团队 5～9 人。多于 9 人的，可以运用 SOS（Scrum of Scrums）模式来管理。

按照对开发过程的参与情况，Scrum 还定义了其他一些角色。这些角色被分为两组，即猪组和鸡组。这个分组方法的由来是一个关于猪和鸡合伙开餐馆的笑话，如图 1-15 所示。

图 1-15　猪和鸡合伙开餐馆的笑话

一天，一头猪和一只鸡在路上散步。鸡对猪说："嗨，我们合伙开一家餐馆怎么样？"猪回头看了一下鸡说："好主意，那你准备给餐馆起什么名字呢？"鸡想了想说："叫'火腿和鸡蛋'怎么样？""那可不行"，猪说，"我把自己全搭进去了，而你只是参与而已。"

（1）"猪"的角色。 猪是在 Scrum 过程中全身投入项目的各种角色，他们在项目中承担实际工作。他们有些像这个笑话里的猪。产品负责人、Scrum Master 和开发团队都是猪的角色。

（2）"鸡"的角色。 鸡并不是实际 Scrum 过程的一部分，是利益相关者，必须考虑他们。敏捷方法的一个重要方面是使得利益相关者参与到过程中的实践。例如，参与迭代的评审和计划，并提供反馈。用户、客户、供应商、经理等对项目有影响的，但又不实际参与项目的角色都是鸡组成员。

3. 3 个工件

（1）产品订单（Product Backlog）：按照优先级排序的需求代办事项。

（2）迭代订单（Sprint Backlog）：要在迭代中完成的任务的清单。

（3）迭代燃尽图（Burndown Chart）：在迭代长度上显示所有剩余工作时间逐日递减的图，因整体上总是递减而得名。

4. 5 个活动

（1）迭代计划会（Sprint Planning Meeting）：在每次冲刺之初，由产品负责人讲解需求，并由开发团队进行估算的计划会议。

（2）每日站会（Daily Standup Meeting）：团队每天进行沟通的内部短会，因一般只有 15 分钟且站立进行而得名。

（3）评审会（Review Meeting）：在冲刺结束前给产品负责人演示并接受评价的会议。

（4）回顾会（Retrospective Meeting）：在冲刺结束后召开的关于自我持续改进的会议。

（5）迭代（Sprint）：一个时间周期（通常为 2 周到 1 个月），开发团队会在此期间完成所承诺的一组需求项的开发。

Scrum 模型的一个显著特点就是响应变化，它能够尽快地响应变化。所以随着软件复杂度增加，项目成功的可能性相比传统模型要高一些。图 1-16 是 Scrum 模型和传统模型的对比。

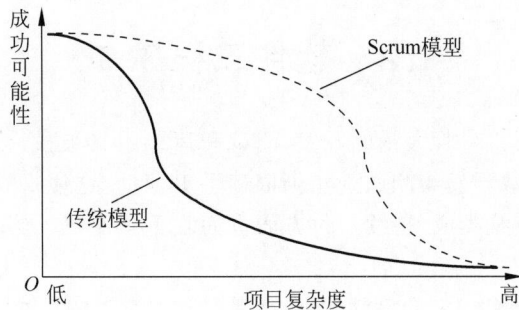

图 1-16　Scrum 模型和传统模型的对比

Scrum 使我们能在最短时间内关注最高的商业价值。它使我们能迅速及不断地检验可用软件，以此来确定是立即进行发布还是通过下一个迭代来完善。

1.3.6　软件即服务

软件即服务（SaaS）是通过 Internet 提供软件的模式，用户不用再购买软件、无须维护软件，而是直接使用基于互联网的软件，即享受软件供应商所提供的软件服务，可能是免费的，也可能需要付费，如许可费、月租费等。SaaS 如同煤气、电等服务一样，软件服务提供商负责软件系统的安装、管理和维护，而使用者只要付相对很低廉的服务费即可。由 SaaS 延伸出各种类似的概念，如按需软件服务、应用服务提供商（Application Service Provider，ASP）和托管软件服务。对于许多中小企业来说，SaaS 是企业信息化的有效途径，可以免除一次性的 IT 投资，可以大大减少计算机机房建设、雇用 IT 人员、软硬件购买和维护等各项成本，而且所享受的服务成熟、稳定和可靠。

与软件产品模式不同，软件服务模式在产品发布程序、软件部署和维护等多方面有较大差别。首先，软件服务模式的产品发布要复杂得多，涉及软件产品部署和实施的前期活动和后期活动。

（1）前期活动：这些活动与软件需求分析、设计、编程和测试过程并行进行，在测试结束前完成，如软件产品的部署（Deployment）规划、部署设计、部署设计的验证等。

（2）后期活动：这些活动发生在产品完成测试之后，如软件产品的部署（实施）、软件产品运行监控的设立，也可以看作从软件开发到软件维护的过渡阶段。

其次，软件服务模式的部署是一个必不可少的、关键的环节。软件部署涉及软件系统的技术要求、业务要求，要认真分析这些要求对系统部署的影响，从而决定系统运行环境的设计，包括业务分析、技术要求的确定、逻辑设计、部署的详细设计、设置优化等，最后根据部署的设计来进行实施。

再者,软件服务模式的软件维护需要考虑版本的网站或数据的迁移、多种升级方式的错开和验证,并要处理好客户之间的关系,对于功能变化较大的新版本升级,一般要事先得到用户的许可或同意。

对于软件服务模式,当产品发布到运行环境(服务器)中,在用户开始使用之前,还要进一步验证。所以,对软件服务模式的产品发布中的最后实施阶段,其时间性非常强,一般放在周末或晚上时间(9:00pm—6:00am)。如果提供 7×24 小时不间断的软件服务,就需要采用 DNS、服务器、目录等快速切换方式来实现无缝升级。

1.4 软件工程 3.0

在软件工程 2.0 时代,尽管大量的开发、测试和运维工具被投入使用,然而其自动化水平却依旧处于低位。多数开发与测试工作仍依赖手工劳动,这使得软件企业的研发成本居高不下,且软件研发在持续集成、持续交付方面也面临重重困难,与用户和市场的要求存在着较大差距。

但幸运的是,人工智能(AI)的蓬勃发展,尤其是像 GPT-4 这类大语言模型(LLM)的相继推出,正助力我们逐步缩小这一差距。借助 AI 技术,软件研发的自动化水平能够得到显著提升,持续构建与持续测试也将成为现实。2022 年 11 月发布的 ChatGPT 令人惊艳,进而引发了 2023 年各类大模型的爆发式涌现。我们得以见识到基于 LLM 生成代码、生成测试用例等强大能力,甚至无须编写一行代码,仅通过自然语言的对话,便能完成一个应用程序的开发,这在过去的确是我们难以想象的。正如谷歌工程主管在文章《程序员的职业生涯将在三年内被 AIGC 终结》中所提出的观点:"ChatGPT 和 GitHub Copilot 预示着编程终结的开始""这个领域将发生根本性的变化""当程序员开始被淘汰时,只有两个角色可以保留:产品经理和代码评审人员"。

GPT-4 的进化速度也很快,从单模态 GPT-4 快速发展到多模态 GPT-4v、GPT-4o,具有更强大的能力,例如,今天的 LLM 能够分析架构设计和 UI 设计等,未来更强大的大模型能够执行一系列复杂的任务,如代码生成、错误检测、软件设计等,对软件研发的影响会更为显著。

今天的 LLM 能够理解业务需求,从而 LLM 有能力全程参与整个软件研发生命周期,LLM 将对软件工程带来革命性的影响,我们相信,LLM 将软件工程带入一个新时代:软件工程 3.0 时代——智能软件工程时代。2023 年,可以认为是软件工程 3.0 时代的元年,如图 1-17 所示[5]。

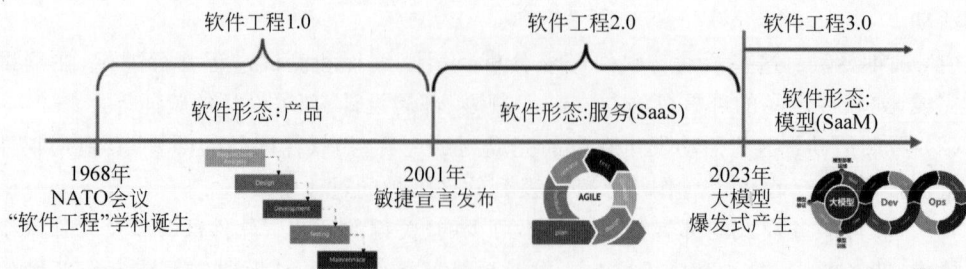

图 1-17 软件工程三个时代的划分示意图

1.4.1　软件工程 3.0 的特征

在软件工程 3.0 时代，虽然人们会关注一些要素，如算力、算法、数据等，但人依旧是决定的因素。一方面，算力的提升和优化依赖人，算法的改进或新的算法、数据治理、模型的训练等更依靠广大的软件研发人员、数据科学家和算法工程师；另一方面，由于幻觉和能力等限制，大模型还不能完全自主处理复杂的软件工程问题，这个过程也需要人的参与，更需要人对整个过程的规划、协调，以及对大模型输出的结果进行检查、审视。软件工程 2.0 是建立在软件工程 1.0 之上，而软件工程 3.0 是建立在软件工程 2.0 之上的，软件工程 2.0 思想和所积累的方法和实践会被继承下来，如以人为本、CI/CD 等，但同时软件工程 3.0 也有自己的一些特征，下面就简要阐述一下这些特征，在第 2 章及后面内容会逐步展开讨论。

1. 软件新形态：SaaM

在之前，软件的每个功能需要我们实现，即要为特定的功能编写特定的代码，这个功能才有可能交付到用户那里，为用户所用。如果没有编写代码，这个功能特性是不会存在的。但是，在软件工程 3.0 时代，软件形态也发生了变化。例如，像 ChatGPT 这样的应用，它具有很多能力，如生成代码、生成测试用例、翻译、阅读文章生成摘要、回答问题、生成图片、解释图片等，但我们没有为这些功能编写任何代码。这是过去软件所没有的，我们把这种软件形态称为"**软件即模型**"（**Software as a Model，SaaM**），不过，这里的"模型"是指机器学习模型、大型语言模型（Large Language Model，LLM）或其他人工通用智能（Artificial General Intelligence，AGI）模型。正如前面所说，软件工程 3.0 是建立在软件工程 2.0 之上的，软件工程 2.0 的软件形态 SaaS 依旧存在，把 SaaS 和 SaaM 两种形态结合起来，可以形成一种组合形态——模型即服务（Model as a Service，MaaS），这是很自然的。

2. 软件研发新范式

在软件研发范式上也发生了变化，因为像 GPT-4 这类大模型支持更智能、更高效和协作的开发方法，使软件工程领域发生了革命性的变化。**软件开发的新范式是模型驱动开发、模型驱动运维**，如图 1-18 所示。即研发人员在开发、测试前，先要训练好软件研发大模型（也可能包括业务大模型、代码大模型、测试大模型等），并部署这个研发大模型，然后基于这个大模型去做需求分析、去做设计、去做编程和测试，即借助大模型来理解需求、自动生成 UI、自动生成产品代码、自动生成测试脚本等。具体而言，研发大模型将在生成和评审需求文档、自动生成高质量的代码、生成全面的测试用例等一系列工作中产生巨大价值，从而显著提高软件开发的效率和质量。

3. 人机交互智能是常态

人机自然对话成为可能，可以告诉新一代软件研发平台我们想要生成的内容，即人工智能生成内容（Artificial Intelligence Generated Content，AIGC），如软件需求定义文档、需求或用户故事的验收标准、代码、测试用例、测试脚本等，软件研发进入 AIGC 时代，软件研发过程就是人与计算机的自然交互过程，如图 1-19 所示。

在这个过程中，研发人员和大模型协同工作，大模型（或基于 LLM 构建的工具或系统）作为助手（Assistant）、副驾驶、合作伙伴等角色存在，研发人员通过提示词不断引导大模型生成出所需的、更准确的内容。例如，需求分解过程，一定是在研发人员的引导下，逐步细化，生成颗粒度越来越细的需求项。也就是说，研发人员围绕要完成的任务，给出合适的提

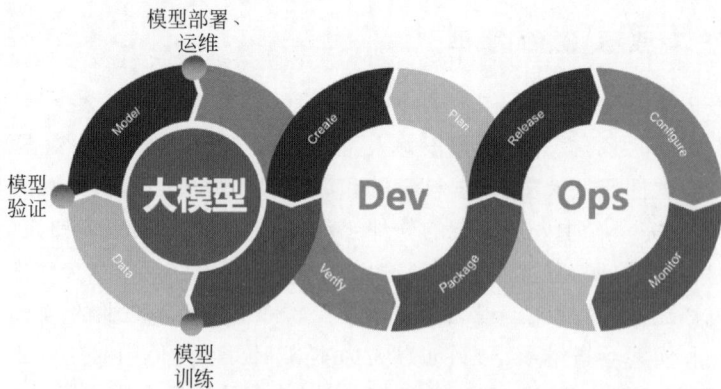

图 1-18　软件工程 3.0 开发范式示意图

图 1-19　人机协同开发软件的场景（图片由 AI 生成）

示，这就是后面要介绍的提示工程。同时，LLM 生成的内容需要开发人员检查、评审，确保不会接收错误的内容，而研发人员的工作成果也可以让基于 LLM 的工具帮忙检查或评审，从而真正构成人机协同工作的环境。未来，人机交互智能一定能超越 LLM 自身的智能，人机交互智能也能超越人自身的智能，人机结对编程、人机结对测试将成为常态。

4. 数据更具价值

业务数据和研发过程数据更具价值。过去很多实验和研究表明，数据质量比模型规模对模型输出的结果有更大的影响。例如，一个 7B 的代码大模型生成的代码质量好于一个 70B 的通用大模型生成的代码质量。所以，我们要投入更多的精力，去构建、采集或维护研发过程的数据，成为 LLM 训练或微调的语料。

5. 模型更具价值

可产生代码的模型比程序代码更有价值。大模型在智能软件开发中,代码本身不像之前那样有价值,因为大模型能够自动化地生成规范的代码,还能够解释代码、评审代码并能优化代码,形成闭环。这样,大模型不仅能极大地提升开发效率,而且能够减少人为编写的错误,提高了代码的质量和可靠性。随着大模型能力的提升,它能够理解和整合大量的上下文信息,生成更符合整体架构和设计模式的代码。有了这样强大的大模型,想要哪部分代码,都可以通过大模型生成。

6. 提出好的问题更具价值

提出好问题比解决问题本身更具有深远价值。大模型,作为汇聚人类知识的智慧库,其能力在研发人员的手中得到放大,实现了人机智能的和谐融合。在这种背景下,提出好问题显得尤为宝贵,因为它们转换为高效的提示,能够激发模型产出更卓越的输出。好问题不仅能够挖掘并利用大模型的涌现能力,而且能够引导生成更为轻便、灵活、经济的解决方案。此外,精心设计的问题有助于减少开发过程中的迭代次数,避免资源的无效消耗,并助力开发者深入理解模型的潜力与边界。

软件工程 3.0 宣言

虽然软件工程 3.0 刚启动,需要未来几年、十几年的探索与实践,不断丰富与完善,但通过过去近两年的实践、观察和思考,我们认为软件工程 3.0 时代具有这样的价值观:

人机交互智能 胜于 研发人员个体能力

"业务和研发过程"数据 胜于 流程和工具

可产生代码的模型 胜于 程序代码

提出好的问题 胜于 解决问题

我们也认可右边依旧有价值,但左边更有价值

作者更相信,我们能够应对安全、法律、伦理等方面所带来的挑战,软件工程的未来是值得特别期待的。

1.4.2 软件工程三个时代的比较

在软件工程 3.0 时代,新一代软件研发平台展现出了强大的能力,它能够理解需求、设计、代码等,推动软件研发从过去的信息化时代迈入真正的数字化时代,这无疑是一种具有重要意义的进步。此时,软件研发人员的工作重心不仅在于提示工程以及服务于大模型和大数据平台,涵盖模型创建、训练、调优、使用等各个环节,而且他们的工作方式也发生了重大变化,对他们的要求也更高了,更多地体现在对业务的深度理解、系统性思维和逻辑思维等方面。

回顾软件工程 2.0 时代,虽然已经开始面向 CI/CD(持续集成/持续交付),但在实际推进过程中却存在许多障碍。而进入软件工程 3.0 时代后,得益于设计、代码、测试脚本等的生成,真正的持续交付得以实现,能够及时响应客户需求,交付客户所需的功能特性。

为了让读者更好地理解软件工程 1.0、软件工程 2.0 和软件工程 3.0,有必要对它们进行一个比较完整的比较,如表 1-3 所示。

表 1-3　三代软件工程的比较

比较项	软件工程 1.0	软件工程 2.0	软件工程 3.0
标志性事件	1968 年 10 月在德国 Garmisch 举行的软件工程大会	2001 年 2 月签署、发布《敏捷软件开发宣言》	2023 年 3 月 OpenAI 发布大语言模型(LLM)GPT-4
基本理念	过程决定结果,如 CMM,其思想来源于传统建筑工程等	软件研发是一项智力劳动,以人为本、尽早持续交付价值	基于 LLM 底座,快速生成所需的代码和其他所需内容
软件形态	(普通的)工业产品	软件即服务(SaaS,包括 PaaS、IaaS)为主	软件即模型(SaaM)并提供"模型即服务(MaaS)"
运行环境	单机(PC、主机)	网络、Cloud	万物互联 IoT、人机融合
支撑内容	纸质文档	信息化	数字化
主要方法	结构化分析、设计和编程面向对象的方法	面向对象的方法 SOA、微服务架构(一切皆服务)	模型驱动、人机交互智能
流程	以瀑布模型、V 模型为代表阶段性明确(需求分析、设计、编程、验证、维护)	敏捷(如 Scrum)/DevOps(计划、编程、构建、测试、发布、部署、运维、监控)提倡 CI/CT/CD,但还做不到	模型驱动研发和运维(计划、创建、验证、打包;发布、配置、监控)真正达成所需即所得,真正做到持续交付服务
工作中心	以架构设计为中心	以价值交付为中心,持续演化	以"大模型＋数据"为中心,提供个性化服务
团队	规模化团队	(两个披萨)小团队	团队可能不存在,个体化
研发人员	分工明确、细致	提倡全栈工程师开发和测试融合	业务/产品人员、验证/验收人员(两头成为主导研发的人员)
自动化程度	手工	半自动化(如只是测试执行、部署、版本构建等自动化)	自动化(AIGC)代码/脚本/设计等生成
对待变化的态度	严格控制,建立 CCB(变更控制委员会)	拥抱变化(其实还是怕变化)	(真正地)拥抱变化
需求	确定的、可理解的、可表述的 PRD 文档	用户故事具有不确定性、可协商的	回归自然语言,构建提示词序列
质量关注点	产品的功能、性能、可靠性等	服务质量 QoS、用户体验	数据质量

小　　结

　　软件工程的诞生源于对复杂软件系统开发的需求,其核心目标是通过科学的方法和工程实践,提高软件开发的效率和质量。软件工程的发展可以划分为三个阶段:软件工程 1.0、2.0 和 3.0。

　　(1) 软件工程 1.0:软件工程 1.0 是传统的软件开发模式,其主要特征是以结构化分析、设计和编程为核心,强调严谨的开发流程和文档化的管理方法。V 模型是这一阶段的典型代表,强调需求、设计、实现和测试阶段的严格划分,适用于需求明确且变化较少的项目。

（2）软件工程2.0：随着互联网、云计算和开源软件运动的兴起,软件工程进入了2.0时代。这一阶段以敏捷开发和DevOps为核心范式,强调快速迭代、持续交付和团队协作。SaaS(软件即服务)成为主流的软件形态,软件架构逐渐向SOA(面向服务架构)和微服务方向发展,追求系统的解耦性和可扩展性。相比1.0时代,软件工程2.0更加关注人的因素,强调团队的自组织能力和灵活性。

（3）软件工程3.0：智能软件工程时代。2023年被认为是软件工程3.0时代的元年。以LLM为代表的人工智能技术为软件工程带来了革命性的变化,开启了"智能软件工程"的新时代。软件工程3.0的核心特征包括以下几方面。

- **软件形态的转变**。软件从"软件即服务"（SaaS）进一步演化为"软件即模型"（SaaM）。在这一形态下,软件的功能不再完全依赖人为编写的代码,而是通过大模型的能力实现。例如,ChatGPT可以生成代码、测试用例、文档等,而无须为每个功能特性单独编写代码。这种形态进一步发展为"模型即服务"（MaaS）,将SaaS与SaaM结合,为用户提供更强大的服务能力。
- **研发范式的变革**。软件开发从传统的编码驱动转向模型驱动。研发人员通过训练和部署大模型,利用其强大的能力完成需求分析、设计、编程和测试等工作。例如,大模型可以自动生成高质量的代码、全面的测试用例以及架构设计方案,从而显著提高开发效率和质量。这种模式强调人机协同,研发人员通过提示工程（Prompt Engineering）引导模型生成所需内容,并对生成结果进行检查和优化。
- **数据与模型的价值提升**。在软件工程3.0时代,数据和模型的价值超过了传统的程序代码。高质量的数据对模型的输出效果至关重要,而大模型的能力使得代码本身的价值被弱化。研发人员的重点将转向数据的采集、清洗和维护,以及模型的训练和微调。
- **提出好问题的重要性**。在人机协同的开发模式中,提出高质量的问题（Prompts）比解决问题本身更具价值。好的问题能够激发大模型的潜力,生成更优质的解决方案,从而减少开发过程中的迭代次数,提高资源利用效率。

软件工程3.0的提出不仅是对技术发展的回应,更是对软件开发模式的一次重新定义。通过结合LLM的能力,软件开发正从以人为主的智力劳动转向人机协同的智能化模式。未来,随着大模型能力的进一步提升,软件工程将更加高效、灵活和智能化。

思　考　题

1. 基于软件工程的定义,谈谈自己是如何理解软件工程的？
2. 为何要将"软件工程"分为两大部分：软件工程方法学、软件工程管理学？
3. 在软件工程要素中,哪一项是决定的因素？为什么？
4. 为何说V模型才能更好地诠释软件工程1.0的研发过程？
5. 软件工程2.0中Scrum为何比较流行？极限编程更能反映开发的一些特色实践,为何没有被普遍采用？

6. 软件工程定义为 1.0、2.0、3.0 这三个时代，有何现实意义？

参 考 文 献

[1] Brooks F P. 人月神话[M]. 北京：清华大学出版社，2023.

[2] IEEE Computer Society. Guide to the Software Engineering Body of Knowledge v4. 0[OL/B]. https://www. computer. org/或 https://www. computer. org/education/bodies-of-knowledge/software-engineering

[3] 朱少民. 软件测试方法和技术[M]. 北京：清华大学出版社，2022.

[4] 朱少民，李洁. 敏捷测试[M]. 北京：人民邮电出版社，2021.

[5] 朱少民，王千祥. 软件工程 3.0[M]. 北京：人民邮电出版社，2025.

第2章 过去我们是如何开发软件的

西方科学的发展是以两项伟大成就为基础,即希腊哲学家发明的(欧几里得几何中)形式逻辑体系,以及文艺复兴时期发现通过系统的实验可能找出因果联系。

——爱因斯坦

了解过去,是为了更好地迎接未来。尽管我们已经迈入了软件工程3.0时代,但实际上,大多数企业仍处于软件工程1.0和2.0向3.0过渡的阶段。在软件工程2.0的基础上,越来越多的企业开始引入人工智能(AI)元素和技术,使得软件工程不仅具备敏捷开发的特性,还拥有智能化的能力,以应对日益复杂和快速变化的市场需求。正如孔子所言,"温故而知新",回顾和理解过去的发展历程,有助于我们更好地规划和实施未来的软件工程实践。

本章将首先介绍软件工程的基本思维和主要活动,这些基础知识至关重要。随后,将探讨在传统软件工程(1.0)向敏捷软件工程(2.0)演进过程中发挥了重要作用的开源软件运动(Open Source Community,OSC),以及敏捷软件工程中的精益开发、DevOps等。通过这些内容的学习,读者将对软件开发的流程、实践和工具有一个全面的认识,为后续章节的深入学习奠定坚实的基础。这样,不仅能够帮助我们理解当前的软件开发现状,还能为智能软件工程的学习做好充分的准备。

2.1 软件研发的三种基本思维

之前,读者可能觉得软件开发就是编写程序(Coding),除非是开发一个很小的软件,甚至都称不上软件,只能算一段练手的程序。例如,写一个两个客户端可以相互发送文字消息的、类似聊天的程序,或者通过调用已有的公共API来显示各个地方的气温,可能就是这么一回事,一个人一两天或一两周就能完成,但那样的程序只是原型,只是玩具,而不是真正的软件产品,无法给用户使用,不像手机上的QQ、天气预报App那样不仅好用,而且可以同时支持几百万在线用户、支持不同型号的手机,还有一些强大的功能。要开发出像QQ、微信、天气预报App这样的软件,不是一两个人能够做得到的,必须要有一个很强的团队,而且需要团队协作;也不仅是写程序,要有需求分析、设计、测试、运维等一系列活动;也不能想怎么着就怎么着,没有章法肯定不行,需要策划、需要规范、需要流程,通过有机的管理,良好地组织团队开展工作,就是从系统工程的视角去审视软件研发与运维的过程。

同时,我们清楚,软件研发首先也是一个产品创造或再造、完善的一个过程,软件研发过程就是一个软件产品诞生及其之后的演化过程,但如果一个产品方向就错了、没有定义好,就没有生命力,诞生没多久就死亡了。软件研发可能需要从产品角度去审视,即产品思维。

软件产品开发还受时间、资源等条件限制,交付出去的产品还需要具有良好的质量,这就需要从质量、成本、进度等多方面去把握,达到最佳的平衡,这就是项目思维。

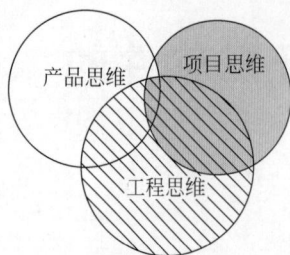

图 2-1 产品思维、项目思维和工程思维之间的联系

所以说,开发一个软件,需要团队和人员管理,需要流程和过程管理,需要合适的技术,从不同的视角来提升软件研发的质量和效率,即通常所说的 PPT(People、Process、Technology,人员与组织、流程与规范、技术与工具)。但更需要项目管理、产品管理和工程管理,需要产品思维、项目思维和工程思维,才能更高效地、高质量地、按完成研发任务,如图 2-1 所示。下面针对产品思维、项目思维和工程思维进行讨论,更好地理解项目管理、产品管理和工程管理之间的区别和联系。

2.1.1 产品思维

软件研发,是开发出一个软件产品(软件服务可以被看作一种产品,为了叙述方便,不严格区分产品和服务),借助产品的特性为用户服务,解决用户的问题,向用户输出价值。做对事情比正确的做事方式方法重要,创造(或定义)出一个正确的产品,比软件开发方法和技术更重要,所以产品思维更重要[1],是本节首先要讨论的。

我们经常说,做产品要对市场进行调研,清楚市场的需求;要了解客户,特别是要知道客户的痛点在哪里;甚至要懂得人性,知道人性有什么弱点。可以看出,产品思维的出发点是市场、用户。"做产品的逻辑就是做人的逻辑,人生逻辑大于商业逻辑",产品思维首先是基于用户的思维,具有同理心,要去研究目标群体——人的心理结构是什么样的?目标群体内心是如何活动的?顺应用户的潜意识,了解用户的真实想法,从而了解用户的真实诉求。基于人的心理反应倒过来去想我的产品要怎么做,要遵循哪些人类共有的心理逻辑。

- 解决什么问题?真有这种问题吗?
- 为谁解决?可以进一步细分市场吗?
- 有多少人需要?市场规模有多大?
- 产品具体价值(流量、转化率、现金流等)有多大?
- 之前人们是如何解决的?我们的解决方案有优势吗?

同理心

同理心泛指心理换位、将心比心。亦即设身处地地对他人的情绪和情感的认知性的觉知、把握与理解,体现在 4 方面:社交自信、平稳心情、敏感度和不墨守成规。在同理心内涵中最具有代表性的不同面向,分别如下。

(1) 观点采择(Perspective-Taking):自发地理解他人内在感受的倾向。

(2) 幻想(Fantasy):想象自己是一个虚构的角色时产生的想法和行为。

(3) 关怀(Empathic Concern):同情和关心痛苦的人。

(4) 个人痛苦感(Personal Distress):在紧张不安的状态下感受到的焦虑和苦恼。

同理心分为 4 个等级,从 A−1、A0 到 A+1、A+2,逐步提升。等级 A−1 缺乏同理心,A0 有基本的同理心,但不够主动。下面侧重介绍后两个等级:A+1(主动同理心)、A+2(高阶同理心)。

A+1：能够站在对方的角度考虑问题，想对方之所想，急对方之所急；能够使人不知不觉地将内心的想法、感受说出来；能够让人觉得被理解、被包容；能够用心倾听；在安排事务时，尽量照顾到对方的需要，并愿意做出调整。

A+2：将心比心，设身处地去感受和体谅别人，并以此作为工作依据。有优秀的洞察力与心理分析能力，能从别人的表情、语气判断他人的情绪。投其所好，真诚，说到听者想听，听到说者想说；以对方适应的形式沟通。

产品思维就是用户思维，体现在从用户角度想问题，扮演用户角色、设身处地为用户着想，理解用户的真实想法，帮助用户实现目标，注意观察用户行为，注重用户体验。有时需要通过用户的言语，绕过用户心理的防范，才能够获取用户的真实需求。具有同理心，我们就更能从用户角度去思考，设身处地为用户着想，理解用户在什么情况下会有一种愉悦心情，在什么场景下会表现出愤怒和恐惧。

（1）产品思维的核心是产品及其使用者。关注做什么产品、关注做对产品——做出的产品确实是用户想要的，而不关注如何做。可以不断试错、不断迭代、不断演化，但必须向着客户期望的方向努力，逼近客户所想要的产品。产品思维关注产品结果，关注要交付的产品特性。虽然产品思维不关注项目的进度，但关注交付的时间，因为交付时间和市场需求要相匹配，不能过早也不能过迟，在市场需要的时候适时交付相关的产品特性。产品思维关注目标群体（用户）、需求和商业价值。

（2）产品思维是一种连接主义的学习思维。产品连接客观世界、过去与将来，产品连接当前用户以及其周围的潜在用户，产品思维关注和用户/市场的交互，能够随时向用户学习和适应市场，而且我们清楚市场具有不确定性，用户更具有不确定性，要看到这种不确定性，清楚市场的变化所带来的风险，所以不仅要持续关注市场、关注用户，而且要尽力看透市场或用户喜好的发展趋势，预测市场或用户心理的变化。所以，产品的思维还要有前瞻性。

（3）产品思维是一种持续迭代演化、逐步求精的动态思维。关注用户的反馈，积极获取用户的反馈，和用户保持交流。产品推出后，用户开始使用产品，就会产生真实的感受，至少有一部分用户愿意分享使用软件产品的感受，这些感受更能真实地反映软件产品这方面的特性是否适合用户的需求。如果获得用户的正面反馈，产品经理将获得经验和自信。如果用户的反馈是负面的，说明产品有问题，产品经理要反思自己忽视了哪些细节、哪些地方思考得不对等。所以，产品思维关注用户的反馈，促进我们和用户交流，促进我们不断反思，不断提升产品的价值。

（4）产品思维是一种创新或创造思维、跨界思维或发散思维。如勇于探索、敢于试错、打破平衡。产品需要创新，区别于其他产品，能够吸引用户。这种创新思维有助于我们从不同的维度（商业模式、用户操作方式、用户界面、流程、技术等）去创新，但这种创新思维往往是用户驱动的，和用户思维结合起来。

2.1.2 项目思维

产品思维关注做对产品、做出用户所需要的功能特性，而**项目思维更关注项目自身的目标实现**，关注项目的产出，重点关注已定义的功能或软件的交付，甚至不管交付物来自错误的需求。项目思维时间观念比较强，把任何活动看作有始有终的、明确的时间段过程。在这

过去我们是如何开发软件的

段时间内要完成特定的目标——交付物及其质量要求,需要预算、资源(人力、物力)等,但同时预算、资源、时间都是有限的,构成项目的约束条件,要做好进度、质量、成本等控制,最终实现按时、按质、按量交付软件,虽然我们希望多快好省地完成项目,但进度、质量、成本等要素之间是相互制约的,所以**项目思维是一种平衡性思维,具有艺术性**(平衡艺术),要在多个目标、约束条件之间达到相对最佳的平衡,如图 2-2 所示[2]。一般情况下,保持质量不受影响,就在任务、进度和成本之间平衡,加快进度就需要增加研发人员(增大成本)或者砍掉一个功能特性(减少要做的任务)。甚至有时为了赶进度,要交付的功能特性一个也不能少,加人也不是好办法(甚至更糟糕,见《人月神话》),只好牺牲一些质量。

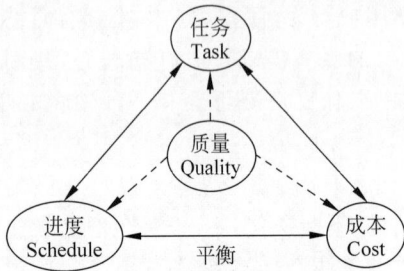

图 2-2　项目管理的平衡思维

(1)项目思维是一种计划的思维、逻辑的思维。 一开始就假设,由假定到推理(估算),设法弄清楚如何去实现预期的结果,最终得出项目规划——计划。项目管理者就是通过事先周密的计划来规划各项活动,创建一个具有目标要求和工作节点的时间轴。虽然我们强调计划是一个动态调整优化的过程,但计划书毕竟是大家达成的协议,对应大型项目,有时改变一个计划也是不容易的,项目的计划性特征还是很显著的。项目思维强调计划的合理性、客观性、完整性或系统性等。项目计划体现了客观理智地分析项目的范围、任务、风险等,科学地估算工作量,按阶段划分来设定合理的进度、安排合理的资源,制定出切实可行的计划。这种项目思维是有章可循的,先有计划,后按计划执行;重视度量,收集数据,用数据来说话。

(2)项目思维也是一种风险防范思维。 有一本项目管理的书《与熊共舞》,其中说明在项目管理中,风险无处不在。

- 需求会经常变更,给设计、编程、测试等活动都会带来影响,常常给进度带来风险。
- 软件研发工作量的估算一般也不够准确,也会给进度带来风险。
- 业务复杂性会导致研发人员对业务理解的偏差,这给产品交付的质量带来风险。
- 单元测试不足会给系统测试带来潜在的影响,测试覆盖率不确定,自然是产品质量潜在的、比较大的风险。
- 代码内部逻辑的复杂性、代码不规范,给软件后期维护带来风险。

……

风险很多,无法将所有的风险置于管理之中,需要关注严重的风险,即那些发生概率比较高且一旦发生会带来较大的负面影响或损失的风险,如图 2-3 所示。即优先考虑高度风险区的风险,然后再考虑中度风险区的风险,而不用关心那些低度风险区的风险。所以,项目思维的另一个特点是按优先级高低来处理问题。

(3)项目思维也是管理者的思维,注重沟通与管理。 不仅是团队内部的沟通协作,还要注重项目利益相关者(项目干系人)的沟通,管理好干系人的期望。沟通是管理的润滑剂,应协调各种矛盾,提升团队士气,调动团队成员的积极性。强调过程监督和控制,不断调整测试计划,试图达到最佳状态。

概括起来,项目思维是计划的思维、平衡的思维,也是风险意识很强的思维,注重假定和推理,更注重在不同要素之间获得最佳平衡,以应对会出现的各种风险。项目思维也是管理

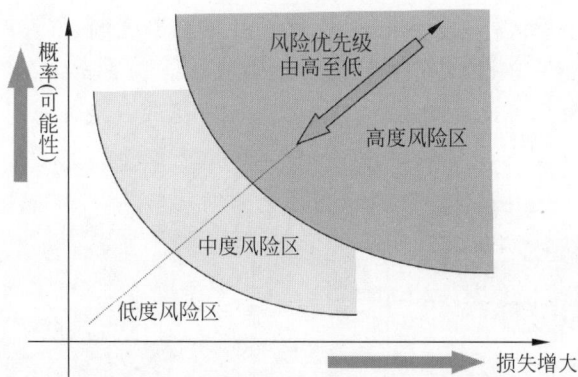

图 2-3 不同优先级的风险划分示意图

的思维,管理各种资源,加强沟通和协调,不断推动项目的进展。

2.1.3 工程思维

产品思维偏于感性,喜欢从人性、社会性角度去思考问题,从"人机交互"角度去思考,从用户、用户行为、应用场景、业务流程等角度去思考问题。而**工程思维属于理性思维**,喜欢从方法、技术角度去思考问题,从"数据交互"角度去思考,从数据流、业务规则、业务逻辑、异常条件、异常数据等角度去思考问题,例如:

- 用户不登录能看到哪些数据?
- 系统登录时需要用户输入什么数据?
- 对用户名和口令应建立哪些验证规则(如字母大小写是否敏感、口令长度、含哪几类字符等)?
- 口令或用户名如果输错了将给予什么提示?
- 口令输错多少次之后账户将被锁定?
- 用户可能会输入哪些特殊字符?
- 黑客有没有可能暴力破解口令?
- 黑客能否在字符串类型域中输入 script 脚本?

从这样的思维过程,可以看到工程思维的轮廓。**工程思维之所以是理性的、科学的和逻辑严密的,是因为**工程本身具有系统性、复杂性、集成性和组织性,而且会涉及人们的生命安全和财产安全[3]。工程方法强调以人为本、安全第一,要考虑自然、环境、经济、管理、人文、伦理、社会、技术,做到工程与自然的和谐、工程与社会的和谐,持续优化,达到高度的安全性。

井盖为什么是圆的?

这里就以微软公司早期的经典面试问题为例说明。我们该如何回答这个问题呢?如果是应聘产品经理,就采用产品思维,从用户角度出发,并想到一些应用场景,直觉地回答这个问题:圆的井盖好看、不容易掉下去、方便施工人员移动(通过滚动)等。如果是应聘研发工程师,就需要理性,从工程思维的角度来回答。

过去我们是如何开发软件的

首先可以说，问题本身问得就有问题，井盖并不都是圆的，有些是方形的、三角形的或其他形状的，井盖的形状取决于井口是什么形状的。如果要纠正这个问题，这样问可能更好：有人喜欢把井盖设计成圆形，为什么？把井盖设计成圆形有更多的好处吗？把井盖设计成圆形有哪些意义？

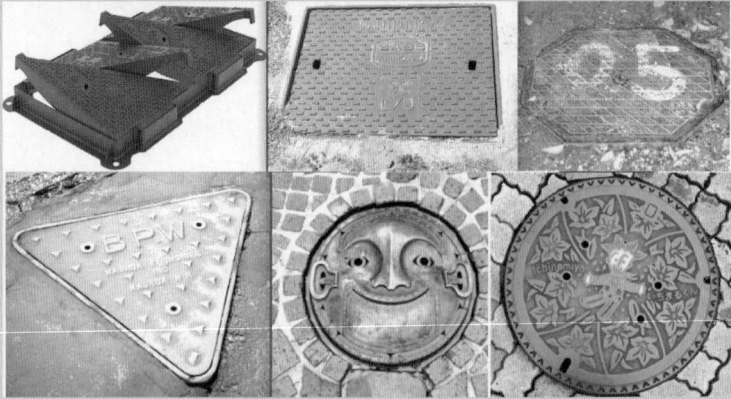

下面就回答把井盖设计成圆形的好处。首先大多数井口是圆形的，因为整个井洞是圆形的，因为圆形受力均匀，最能承受周围土地的压力，这是关键。虽然从施工角度看，圆形难度大，但井洞安全无恙是我们首要考虑的、必须保证的，没有安全，其他（美观、经济）都是零。维护人员为了作业顺着井洞爬上爬下，采用圆形，开采土石方是最少的，这方面是最经济的（经济性也是工程经常考虑的一个重要因素）。下水道是圆形的，不仅受力好，也适合排污和清理，这是环境要求。圆形自然而然地成为下水道主要的形状，圆形的井盖只是为了覆盖圆形的洞口。方形的盖子确实容易掉入洞口，但从工程上是有办法防范的，如加大盖子尺寸或在洞口下面加上横档，这的确增加了工程的成本。从施工现场看，运井盖的车辆成批运送，不是总能完全靠近每一个洞口，所以有时还需要工人手工运输，但井盖一般都很重，圆井盖可以滚动，的确适合移动，而且圆形无方向性，安装时无须校对角度，适合安装，甚至可以旋转锁定井盖，但方井盖或三角形井盖就需要对准位置，增加了施工难度。

工程思维类似项目思维，我们常常将"工程"和"项目"组合起来，形成"工程项目"，但工程思维不同于项目思维。从一个工程看，资源、成本、质量这些概念也都在，似乎也离不开资源调剂、成本控制、质量保障等要求，似乎也是工程思维的出发点，工程思维也关注质量和效率、关注流程，按步骤、按流程实施工程。实际上，两者有比较大的区别，项目思维侧重从资源调度、进度控制、风险管理等来实现项目的目标，包括计划、平衡、沟通等，侧重管理。如果简单地说，项目思维更多体现在管理思维上，而工程思维侧重用工程技术与方法来解决问题，从提出工程问题到分析问题、解决问题，更多体现了工程方法和系统工程的思想。

工程思维，首先是一种技术思维，更多地是想通过技术手段、通过工具来解决问题。产品思维定义一个软件产品，工程思维就会想如何选择合适的技术架构、如何设计系统内部的逻辑结构、选择什么编程语言来实现，从而在性能、可靠性、安全性等方面满足软件系统的要求。追求高性能和高可靠性、用机器来模拟人的行为（机器人）和推崇机器学习等，这些其实都是技术思维的体现。就一个直播 App 的开发为例，产品思维会考虑用户如何使用这个 App 以及如何获得良好的体验，如用户不注册就能看到几个精彩视频选段和目前受欢迎的主播列表，但点击某主播头像，这时要求用户注册账号，注册完成后就能点击某主播头像进入主播房间看直播，看直播过程中可以互动（点赞、打赏、和主播聊天等）。而工程思维会考虑如何实现这样的场景，满脑子都是音频和视频、视频存储格式、摄像头兼容性、视频编码、视频解码、内容分发、音视频同步、最大容量、性能瓶颈、高速缓存、播放器 SDK 等。

工程思维是一种抽象思维。 需要将复杂的工程问题进行简化，去掉不必要的信息，抓住问题的主要特征，构建起能够描述问题的抽象模型。模型可以指代为了解决特定视点而简化某些事物的任何抽象，从而成为不同研发人员或不同团队之间沟通的最好载体。借助模型，不仅有利于团队沟通，有助于看清问题的本质，而且建立了一种大家认可的标准，从而有效、彻底地解决问题，如过程模型、架构模型等。

- 如何看清软件研发过程，从而建立研发流程？这就需要建立软件过程模型，包括瀑布模型、V 模型、RUP 统一过程模型、XP 模型、Scrum 模型、BDD 模型等。
- 如何看清楚系统的架构？就是借助架构模型来表达团队共同的系统结构关注点，有助于软件系统的结构和设计中做出特定的权衡。软件系统架构，通常用不同的视图来描述，如 UML 将系统架构分为静态视图（如类图、对象图、组件图、部署图、包图等）和行为视图（用例图、序列图、通信图、状态图、活动图），C4 模型使用容器、组件和代码来描述一个软件系统的静态结构（图 2-4）等。

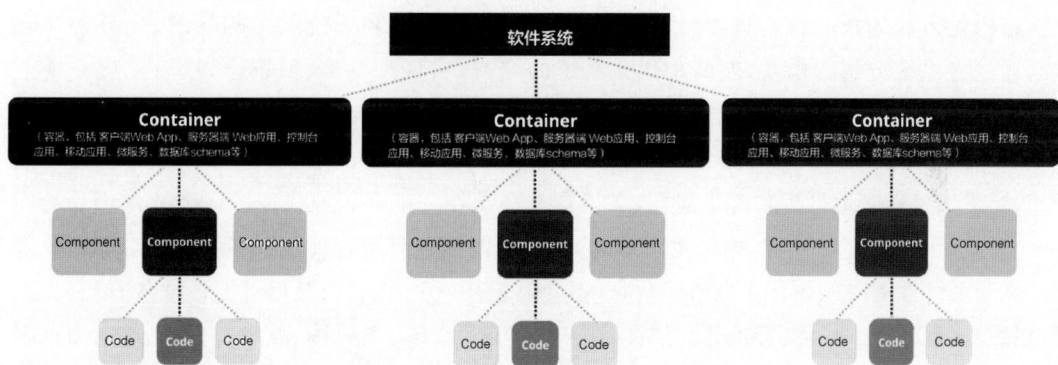

图 2-4　软件系统架构 C4 模型示意图

工程思维是一种上下文驱动思维。 上下文（Context）在软件工程中是一个非常重要的概念，无论是选择怎样的过程模型，还是选择怎样的系统架构。系统架构的第一层"软件系统"就是系统上下文，需要考虑该系统与用户、其他软件系统之间的关系，明确系统之间的接口，实现安全、无缝的集成。构建一个软件新系统，需要考虑的上下文，不仅是与之相连、相关的已有系统，还需要考虑其他上下文因素。

- 谁使用这个系统？有哪些用户？用户数量是多少？同时在线的用户有多少？
- 处在什么业务领域？是性命攸关还是使命攸关的行业？
- 是产品线开发还是一次性的项目？是现场开发还是外包到乙方的项目？
- 是全新版本开发还是在已有版本上进行版本升级（功能增强、修改等）？

- 团队掌握哪些开发技术？其技术水平如何？
- 公司的薪水是否有竞争力？团队是否稳定？

不同的上下文，工程的解决方案是不一样的。

工程思维是一种分析性思维、批判性思维，也是逻辑演绎的思维。 软件工程的核心是分析问题和解决问题，在这个过程中有很多假定和推理，需要我们做出正确的判断。在做出判断前，要质疑，所以软件工程中分析性思维或者说纵向思维是主导性思维，虽然也需要创造性思维、水平思维。分析性思维强调假定、推理过程，如果假定有问题、推理过程有问题，就需要质疑，所以常常需要用批判性思维武装我们的头脑，在评审需求、评审设计时，应具备良好的批判性思维，质疑其中模糊的、有歧义的描述，质疑某些缺乏可信度的信息来源或脱离实际的假设，从而发现需求和设计中的问题。如果假定或推理不可信，那么结论就不可信；如果觉得结论不靠谱，那问题就出现在虚构的假设或不合理的推理之中。例如，在综合考虑各种因素时，在许多情况下需要运用批判性思维。

- 利益相关方所提供的信息是否出于自己的利益？所以更相信利益无关方所提供的信息。
- 如果支持结论的证据不是客观事实或缺乏可信度，那么这个结论就值得质疑；如长时间从事于某工作的这一事实，并不等于对此拥有丰富的经验。

软件系统常常是一个复杂的系统，将复杂的问题逐步分解为简单问题，各个击破。工程思维往往是逻辑演绎思维，实际上，1968年软件工程诞生时，就提倡结构化分析与设计的方法，结构化方法的核心就是自顶向下分解，包括业务的分解和系统结构的分解，先分解再合成，通过将系统分解为模块，厘清和优化系统的结构，实现高内聚、低耦合，然后实现一个个模块，然后经过单元测试、集成测试，最终合成为一个系统。

工程思维是一种系统性思维。 不管是分析问题还是解决问题，而非"头痛治头，脚痛治脚"，要正确又彻底地分析和解决问题，必须具有系统性。工程思维往往把一个软件产品看成一个系统，由哪些组件构成，内部逻辑结构是怎样的，能否分解为前端、中间件、后端等组成部分，强调系统性解决问题。在分析问题时，不局限于某一个方面，而是尽可能地从各方面（如人与组织、流程、技术、环境、管理等）寻找问题产生的原因，类似鱼骨图、故障树分析方法，通过多层分解，不断细化、演绎推理，将思考的触角伸到该主题相关的地方，不漏过任何影响因素，确保分析的完整性。系统思维方式可以帮助我们更好地理解系统内部构成之间的关系、系统与外部之间的关系。例如，在软件测试中，系统思维可以帮助我们更好地理解测试方法。

- **白盒方法**：就是探讨系统内部结构，面向系统结构进行有针对性的逻辑覆盖测试，也称为结构化方法。
- **黑盒方法**：就是探讨系统外部关系，把系统看成整体，了解系统的数据输入/输出、系统运行的环境以及可能受到的限制条件，也称为数据驱动方法。

这里也看到工程思维，不仅是系统思维方法，而且离不开逻辑和数据。

工程思维不是数学思维而是比较择优的思维。 工程方案不是唯一的，一定有多种解决方案，其中必有一种相对优秀的方案，这样又把问题转换为"如何对解决方案的评价"，评价方法成了关键，且这种评价是多因子的综合评价，每个因子会有不同的权重。软件工程也就是在不断优化过程中发展起来的，从量变到质变。

软件工程思维也可以分为宏观思维和微观思维。宏观上，要思考将事实与工程原则、价值观和想法区分开来，认识到技术、法律/法规、经济、环境和安全所带来的影响，思考解决哪些关键问题（类似产品思维）、技术解决思路、方案评估标准、制定工程规范的原则、简化工程、如何开展质疑活动等。微观上，要思考具体的业务数据、具体的假定、识别和应用适当的模型、质疑不完整或含糊不清的信息、为设计结论提供适当的证据、分析解决方案和测试数据的差异等。

工程思维比较抽象、模型化，是系统的、科学的、量化的思维，经验、类比、评估、迭代等元素也存在，并不断趋于成熟。最后，通过一张表格（如表 2-1 所示）了解产品思维、项目思维和工程思维之间的区别，而通过图 2-1 了解它们之间的关系。产品思维和项目思维之间交集偏少，而工程思维和项目思维、产品思维交集较多。需要说明的是，表中"强"或"不强"是相对的，是三者之间比较而成立，而且产品思维有系统性只有好处、没有坏处，但这不是它的重点。这里讨论三种思维，是为了区分产品管理、项目管理和软件工程，更好地理解本门课程——软件工程。通过讨论三种思维，引导学生培养自己不同的思维，但干什么工作或处在相应的角色，就从不同的思维方式去思考。思维方式是干好特定角色的必要条件，不是充分条件。例如，我们是软件工程师，需要具有工程思维，但有工程思维是不够的，还需要掌握工程方法、实践和工具等。

表 2-1　产品思维、项目思维和工程思维之间的区别

	产品思维	项目思维	工程思维
目标	做出正确的产品	按时按质按量完成交付	解决问题、价值定向
思维导向	做正确的事 价值、用户、市场	正确地做事 交付物、任务、规范	做正确的事并正确地做事 质量与效率、规范
思维要素	应用场景、用户痛点、用户体验	干系人、资源、沟通、风险、进度、成本等	上下文、团队、系统、流程、方法技术、策略等
思维特征	理想、连接着人性 跨界、交叉思维	一切皆资源 现实、平衡性、协调性	上下文驱动 实践性、综合性、权衡
主要思维方式	创造性思维	前瞻性思维	分析性思维（含批判性思维、逻辑思维）
思维取向	感性、具体	感性和理性相结合	理性、抽象、严谨
思维过程	小心求证、快速迭代	滚动细化、实时监控	演绎与归纳、趋于成熟
系统性	一般	强	很强
技术性	不强	中等程度，偏管理	很强
选择性	多个结果择优	结果唯一性	多个解决方案择优
不确定性	强	弱	中等
适应性	强	一般	一般
学科支撑	社会学、心理学	组织行为学、运筹学	系统工程学、软件工程学
代表性工具	思维导图、SWOT	甘特图、风险矩阵	因果图、故障树、FMEA 等

2.2　软件工程中的主要活动

在此之前，我们最为熟悉的软件研发活动是写程序——编程（Coding），这可以归为项目实施。在实施之前，是设计，如盖房子先要进行建筑、结构和给排水的设计。在写代码之前，

也需要进行程序设计或软件设计,有了设计好的数据结构、类图或程序流程,就可以按照这个设计来编程,或者说,编程是设计的具体实现。再往前看,设计也需要依据,不能想当然,而是根据待开发软件的实际需求来进行设计,即按照业务要求和软件质量的要求来进行设计,清楚要实现哪些功能特性和非功能特性。如果回到最初——"我们为什么要开发这个软件"这样的问题,就涉及产品定义、产品愿景或问题定义,即开发这个软件主要是为了解决什么业务问题、解决什么痛点等。概括起来,这里谈到以下 4 项主要活动。

- 产品定义:回答"为什么要开发这款软件?"
- 需求定义:回答"我们要做什么样的软件?"
- 设计:针对需求,回答"如何又快又好地做出这个软件?"
- 编程:实现上述需求、设计的意图。

通过设计、编程所构建的软件,还需要验证软件是否真的满足需求,或通过测试来发现软件中所存在的问题,以说明不能满足事先定义的要求。经过验证后的软件,还需要安装或部署到实际应用环境,供用户使用,这就是我们经常说的"系统运维"。

综上所述,不论是在软件工程 1.0 时代,还是在软件工程 2.0 或 3.0 时代,软件工程中主要的活动基本相同,即产品定义、需求定义、设计、编程、测试、运维等。不同的是如何组织这些活动、如何规定这些活动的先后次序,这些活动可以是串行的,其实也是可以并行的。

2.2.1 产品定义

正如前面所说,产品定义是要设法回答"为什么要开发这个软件?"这个问题,也就是经常所说的项目背景、立项的意义。有时,我们是先碰到问题或发现人们的一个痛点,为此开发一个新的软件产品来解决问题或痛点;也有时候,是客户将业务需求或问题抛给研发团队,帮他们解决问题。不管是什么场景,产品定义活动要明确下列几个问题。

- 这个产品要解决什么问题? 不解决什么问题?
- 这个问题值得解决吗? 有价值吗? 价值究竟有多大?
- 市场上有类似的产品吗?
- 别人为什么要用我们的产品? 类似的产品不够好吗?
- 产品的用户是谁(给谁用),即产品的目标人群是谁?
- 基于这个产品,将带来怎样的经济效益?

例如,要开发一个"天气预报"移动应用软件,要解决什么问题呢? 自然是解决"用户随时随地想了解天气情况"这样的问题。这还不够,是否要播报空气质量、只是国内天气预报还是全球天气预报、是否实时播报等问题也需要澄清,这些问题的澄清,让我们知道哪些问题要解决、哪些问题可以不解决。

天气情况,包括空气质量,几乎每个人都很关心,因为出门在外、出去旅行,需要决定穿什么衣服、是否要擦防晒霜、是否要带雨伞、是否要戴口罩,等等。开发"天气预报"移动应用软件一定是有价值的,只是要了解市场是否有类似产品。退回到十几年前,可能这类 App 还很少,但今天已经不少,如图 2-5 所示,更要回答"类似的产品不够好吗?"这样的问题。目标用户是手机用户,可能是旅行者、健身运动爱好者或商务工作者,他们不一定看电视的天气预报,而且电视的天气预报时间太宽泛、城市地点太少,而用户想了解未来一两个小时或某个时刻某个区域(某个镇、城市某个区、某个景点等)是否下雨、雾霾 PM2.5 指数有多高、下雨的概率有多大、日出/日落是什么时间,等等。

如果鉴于目前有比较多的天气预报 App,产品定义更需要聚焦到一些特定用户,如为户外运动爱好人员特别开发的天气预报 App,会侧重考虑他们的需求和应用场景,让他们使用起来更直观、更方便。这样的话,通过建立不同户外活动、不同产品的社区,推送一些户外运动产品的广告,甚至销售建立户外运动产品,从而形成该 App 的营利模式。所以,我们需要聚焦所解决的问题,才能用有限的资源比较彻底地解决问题,让产品获得优势。产品是否有价值,就看目标用户有没有拒绝的理由。如果我们相信,用户无法拒绝使用该产品,就说明该产品有价值,比其他产品更好地解决了用户的问题。

有一个工具——产品愿景板(Product Vision Board)可以帮助我们更好地完成产品定义,这个工具出自产品管理专家 Roman Pichler 之手,如图 2-6 所示,它分为 5 部分。

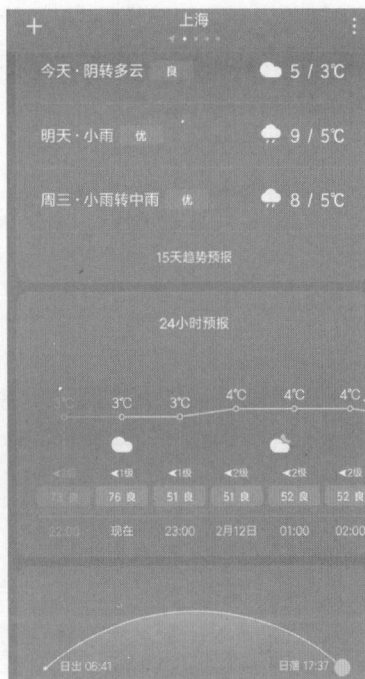

图 2-5　天气预报 App 界面

- 愿景陈述:可以分阶段陈述,也可以用一句话描述,如上面天气预报 App 的愿景可以声明为"用户能够随时随地知晓天气与空气"。
- 目标群体:定位哪一类用户,如户外活动爱好者还是智能手机重度使用者?
- 需求:要解决用户哪些问题? 用户从中得到哪些收益?
- 产品:这个产品需要实现哪几个最重要的功能特性?
- 价值:能给公司带来多大的商业价值? 即营利模式、投入产出分析等。

类似的工具还有产品画布(Product Canvas)、用户画像(Persona)等。

图 2-6　产品愿景板示意图

2.2.2　需求定义

需求定义,更准确地说,是"需求工程",该项活动内容比较多,包括需求获取、需求整理、需求建模、需求定义、需求评审与确认、需求管理等一系列活动,如图 2-7 所示,它们之间在逻辑上存在先后关系,但在实际工作中常常表现为迭代关系。需求分析,简单地说,就是基于产品定义,通过市场分析和用户的调查,收集、整理和评审所获得的原始需求信息,去伪存

过去我们是如何开发软件的

真,确定客户真正的意图和目的,进一步明确产品需要满足的具体要求,包括业务需求、相关利益人(干系人)的需求和软件功能/非功能需求,以及确定这些需求项的优先级、软件产品所能达到的目标。

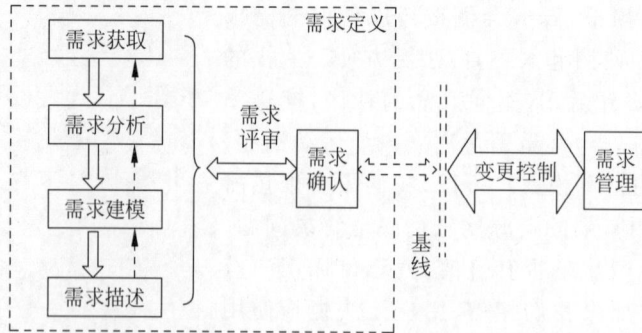

图 2-7　需求工程各项活动之间关系示意图

软件产品需求定义是软件研发过程中非常重要的环节,它是软件设计、编程和测试的源头和依据。如果需求定义错误,后续的设计、编程做得再好,软件产品依旧缺乏价值,不会让用户乐于使用。需求工程所要达到的目标如下。

- 明确业务需求和系统建设目标,识别出不同的用户角色。
- 开发出符合客户要求的系统需求,包括功能性需求和非功能性需求。
- 以确定系统需求项的优先级,从而制定合适的软件版本发布策略。
- 形成规范的需求定义文档。

📋 **概念**

- **基线**:就是经过正式评审和认可的一组软件配置项(文档或其他软件产品),此后这组配置项将作为下一步开发工作的基础,而且只有通过正式的变更控制流程才能被更改。例如,被批准或签发过的设计说明书是当前软件版本编码工作的基础,它可以成为该版本软件的基线。

- **配置项**:就是逻辑上组成软件系统的各个部分或单元及其特定的信息描述,包括各类文档、支撑数据、程序模块的内容、版本号等信息。受控软件经常被划分为各类配置项,这类划分是进行软件配置管理的基础和前提。

1. 需求获取

需求获取主要指收集来自不同来源和不同层次的需求信息,包括识别潜在用户的需求。这可能包括与利益相关者的会议、问卷调查、访谈和观察,其目的是通过多种途径收集和理解用户的需求信息,确保在软件开发前清晰地了解用户希望通过软件解决的问题,从而形成全面的用户视图或用户需求说明书。例如,开发一款医院信息管理系统,与医生、护士、医院管理人员等进行一对一或小组访谈,了解他们在日常工作中的业务流程和需求,如医生希望病历录入更便捷、准确,护士希望护理任务安排和提醒更清晰等。

2. 需求分析

需求分析是对获取的需求进行归纳、整理和分析,梳理需求之间的关系,识别需求的本质和隐含需求,以确保需求是可行的、一致的,并且没有遗漏。这包括对需求信息去伪存真、对需求进行分类、优先级排序和潜在冲突的识别。例如,分析在线预订系统的需求时,业务分析师可能会发现用户需要一个日历视图来选择日期,同时要确保这个功能在不同设备上都可用。需求分析还包含下列一些工作。

- 定义需求的优先级,对于团队协作系统,如看板、Wiki、即时聊天等功能会具有更高优先级。
- 识别冲突和歧义,当多个用户对同一功能有不同的需求或理解时,进行分析和协调。例如,在一个项目管理软件中,团队成员和项目经理对于任务进度的显示方式存在不同看法,需要通过分析来消除歧义。
- 建立需求模型,如绘制数据流图、实体关系图等。例如,对于一个财务管理系统,通过数据流图来展示财务数据的流入、处理和流出过程,帮助更好地理解和分析需求。

3. 需求建模

在开始实际的建筑设计工作之前,可以先用塑料、泡沫等材料建一个模型,和业主交流要建一个怎样的大楼。如同建筑模型,软件模型也比较常见,更何况软件本身就是数字化的、抽象的,更需要直观的表达方法。

需求建模就是在更高层次上对需求进行抽象,并通过可视化方式(一般是图形化、公式化)来定义软件的需求,更直观地呈现业务关系、数据关系、系统的构成等。需求建模典型的例子包括业务流程图、用例图、活动图、数据流程图等,例如,数据流图(Data Flow Diagram,DFD)需求分析方法,采用自顶向下逐步细化的结构化分析方法表示目标系统,包含 4 种基本元素(模型对象)——数据流、处理、数据存储和外部项。而最常用的方法和工具是 IBM UML、OMG SysML 等。

4. 需求描述

需求描述(定义)主要是以清晰、准确、规范的方式形成需求文档,这份文档详细描述了软件的功能需求、非功能需求、假设和限制条件,并具有完整性、一致性、无二义性等。之前比较正式的说法是需求规格说明书(Requirements Specification),而工业界会称之为"市场需求文档"(Marketing Requirement Documentation,MRD)或"产品需求文档"(Product Requirement Documentation,PRD)。

5. 需求评审与确认

需求评审是指开发方和客户方共同对需求文档进行评审,检查需求是否满足正确、完整、可行、无歧义、一致和可验证、可跟踪等质量要求。需求评审是为了及时找出需求中潜在的问题,并做出相应的修改建议,然后与相关的组或人员就这些问题进行协商并达成一致意见。双方对需求达成共识后做出承诺。

需求确认,要确定产品需求文档中详细而具体的内容——对所开发软件的功能、性能、用户界面及运行环境等做出详细的说明,如对应业务需求的功能点、具体的性能指标、支持的运行平台、需求项的优先级等,并评估基于这些软件功能项能否满足用户的业务需求。

6. 需求管理

需求管理贯穿整个软件开发过程,其主要任务是跟踪需求的状态、对需求的变更进行控制和管理,确保需求的稳定性和项目的顺利进行。例如,如果客户请求添加一个新的功能,如会员积分系统,业务分析师需要评估这一变更的影响,并更新需求文档。

- 建立需求变更控制流程,当出现需求变更时,按照规定的流程进行评估、审批和实施。例如,在软件开发过程中,用户提出增加一个新的报表功能,需求管理人员需要评估该变更对项目进度、成本和其他需求的影响,经过相关方审批后再进行实施。

- 跟踪需求状态,记录需求的提出、分析、实现、验证等各个阶段的状态。例如,在一个软件项目中,使用需求管理工具跟踪每个需求的当前状态,是已实现、正在开发还是待处理等,以便及时掌握项目需求的进展情况。
- 进行需求版本管理,当需求发生变更时,对需求规格说明书进行版本更新和管理,保证团队成员使用的是最新的需求文档。例如,在一个大型软件项目中,随着需求的不断变更和完善,对需求规格说明书进行版本编号,如 V1.0、V1.1 等,同时记录每个版本的变更内容和原因。

2.2.3　设　计

需求分析是回答"做什么样的软件",设计则是告诉我们"软件如何做"的问题。软件设计是根据需求分析的结果,考虑如何在逻辑、程序上去实现所定义的产品功能、特性等,可以分为概要设计和详细设计。概要设计一般包含软件体系架构设计、系统部署设计、数据结构设计、接口设计等,详细设计一般包括模块内部细节、算法、用户界面(User Interface,UI)、数据库存储过程和等设计。

- 体系结构设计:高层次的设计,将软件需求转换为数据结构和软件的系统结构,并定义子系统(组件)和它们之间的通信或接口。
- 详细设计:通过对结构表示进行细化,得到软件详细的数据结构和算法,包括对所有的类都详尽地进行描述,给编写代码的程序员一个清晰的规范说明。

设计过程就是将用户需求转换成软件表示,设计的结果将作为编码的框架和依据,以提高编码的效率和质量,从保证软件系统的可靠性、性能和安全性、可扩展性、可维护性、可复用性和可移植性等要求出发,并期望达到下列结果。

- 软件组件的体系结构设计良好,从而使这些组件能满足已定义的系统需求。
- 定义各个软件组件内部和外部的接口,包括数据接口、参数接口和应用接口等。
- 通过详细设计来描述软件中可构建和可验证的软件单元或组件。
- 在软件需求与设计之间建立可跟踪、可控制的机制,保证它们之间的一致性。

阶段性的成果最终体现在产品规格说明书(Functional Specification)、技术设计文档(Development Design Document)、测试用例(Test Case)和软件配置文档(Software Configuration Document)上。设计也要评审,其评审的目的是保证软件设计和需求分析保持一致,使设计更好地符合用户需求和业务需求,确保软件系统能满足系统功能性和非功能性的需求,包括系统结构的合理性、处理过程的正确性、数据库的规范化、模块的独立性等。

1. 软件体系架构设计

软件体系架构是一个抽象的系统规范,包含一定形式的设计模式和结构化元素,对系统各组件的可见特性、结构及其相互之间关系的描述。软件体系架构可以从不同角度来描述系统框架、结构元素和它们之间的关系,如图 2-8 所示。例如:

- 概念角度,研究所采用的设计模式、软件开发框架和技术。例如,采用 SOA 设计模式、.NET 架构或开源的 JavaEE 架构。
- 运行角度,研究系统运行环境的变化,描述系统的动态结构。

- 构造角度,包含功能分解与层次结构,描述系统的主要模块、组件或构件及其之间的关系。
- 代码角度,如何在开发环境中组织包、类和库函数等,以及如何达到更好的代码复用、重构的目的。

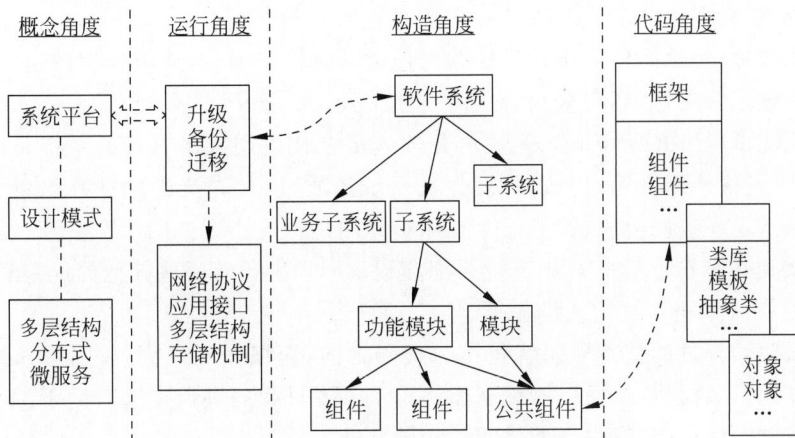

图 2-8　从不同角度看软件体系结构设计的内容

软件体系架构设计属于高层次的设计,从全局的视角来完成系统的规划,关注系统整体及其构成,包括系统运行环境的设计,侧重考虑系统上线后的性能、安全性、可维护性(如数据备份及其恢复)、高可靠性(如冗余设计)、可扩展性、可移植性等。体系架构设计往往会引入一些通用的设计框架和设计模式,需要设计多种不同的软件体系架构并进行对比,从中选出最为合理的软件体系架构。体系架构设计的基本任务如下。

- 设计软件系统结构,如系统层次结构的划分、分布式结构的布局。
- 确定设计元素,为设计元素分配特定功能。
- 确定设计元素之间的关系,完成相应的通信、同步与数据存取的协议和接口的设计。
- 分析系统的规模和负载等,使系统满足性能、安全性等要求。
- 对不同的设计方案进行比较和分析,选择最优的解决方案。
- 编写设计文档,并完成其评审。

2. 软件详细设计

详细设计就是考虑在技术上如何实现已设计好的体系架构、如何实现已定义的软件功能,其主要任务是为软件体系结构中的每个模块确定所采用的算法、程序流程和数据结构等给出详细的描述,确定每个模块的接口细节。例如,在面向对象设计中就是具体描述技术性的类和子类,如业务对象类、用户接口和数据处理类及其子类。

2.2.4　编程

编程就是人们常说的"写代码",采用一种或多种具体的程序语言(C/C++、Java、PHP/ASP/JSP,…)进行编码,将设计转化为计算机语言描述的程序,使之可以运行在计算机之上。现在采用汇编语言写程序的比较少,一般采用高级语言,如 Java、C/C++、Python、PHP、Ruby、Go 等。不过,解释性编程语言,可以直接在开发环境上运行,无须编译、连接。

编程还会涉及调试(Debug)、源代码库管理、版本构建、单元测试等活动。

- **调试**,之所以用"Debug"这个词,是因为程序缺陷的俗称是"Bug",所以调试可以理解为"排除程序故障"。如设置断言（Assert）语句判断问题出在哪里，或者设置断点，一步一步跟踪程序的运行来发现缺陷产生的原因。

- **源代码库管理**属于软件工程中的配置管理，包括代码检入/检出、版本分支、版本合并等，包括采用 Git、Subversion 等工具进行管理。
- **版本构建**，是从源代码构建目标软件包会涉及依赖项分析、依赖软件包安装、构建配置项设定等工作，还有采用合适的构建工具，如 Ant、Maven 等。
- **单元测试**（Unit Testing），一般由开发人员在代码层次上进行。系统是由单元（类、函数、模块或组件等）构成的，要保证系统的质量，首先要构建良好的单元质量。单元测试是在编码阶段、针对每个程序单元而进行的测试。

其中，关键内容会在第 5 章中进行详细介绍。编程中还有一些其他的优秀实践，如测试驱动开发、防御式编程和契约式编程等。

- **测试驱动开发**的基本思想就是在写代码之前，先编写测试代码，然后只编写使测试通过的产品代码，从而以测试来驱动整个开发过程的进行。这有助于编写简洁可用和高质量的代码，有很高的灵活性和健壮性。
- **防御式编程**的基本思想是程序具有良好的健壮性（容错性），能够处理异常数据或异常操作，不因传入错误数据而被破坏，哪怕是由其他子程序产生的错误数据。这种思想是将可能出现的错误造成的影响控制在有限的范围内。
- **契约式编程**要求不同的研发人员遵守事先的约定（契约），包括对接口参数、不变量、前置条件、后置条件等进行约定，大家按照契约来完成编程任务。现在有较多新的编程语言（如 Eiffel、Perl、Clojure）支持契约式编程，如 Swift 支持对参数进行约束检查。

编程和测试是并发进行的，例如，单元测试和编程很难分离出来，两者完全处在并行、交互的过程中。一个良好的开发环境，要求编程过程中随时根据需要进行单元测试。任何一次代码的检入（Check-in）之前，都要进行单元测试。只有测试通过了，代码才能检入源代码配置库中。

2.2.5 测试

测试为了验证软件产品是否满足事先定义的需求、是否真正符合用户的实际需求而进行的活动，从这个角度给"测试"的定义是"软件测试就是一系列活动，这些活动是为了评估一个程序或软件系统的特性或能力，并确定其是否达到了预期结果"。在绝大多数情况下，测试是无法证明软件没有问题的，测试往往被看作一个"样本实验"，样本来自测试数据、操作或应用场景等，所以测试有一个原则就是"测试是不能穷尽的"，所以可以从逆向思维的角度给"测试"下一个定义：软件测试就是为了发现软件产品中的缺陷而开展的活动，包括发现软件需求、设计、代码中的问题。

软件测试还应该被看作"验证（Verification）"和"有效性确认（Validation）"这两类活动构成的整体，缺一不可。如果只做到其中一项，测试是不完整的、不充分的。

- **"验证"**是检验软件是否已正确地实现了产品规格书所定义的系统功能和特性。验证过程提供证据表明软件相关产品与所有生命周期活动的要求相一致，设计是否符合需求，实现是否符合设计，即验证软件实现（即交付给客户的产品）是否达到了事先所定义的需求和所设计的功能规范。

- **"有效性确认"** 是确认所开发的软件是否满足用户实际需求的活动。因为软件需求定义和设计可能就存在错误，上述一致性不能保证软件产品符合客户的实际需求，而且客户的需求也是在变化的，如果需求定义是半年前确定的，这种变化的可能性就比较大。

软件测试贯穿软件研发整个过程，一般分为静态测试和动态测试。

- 静态测试包含需求评审、设计评审、代码评审和代码静态分析。
- 动态测试包含单元测试、集成测试、系统测试、验收测试、在线测试等。

如果从测试层次看，又分为单元测试、集成测试、系统测试和验收测试。单元测试，属于代码层次，也可以说是底层测试。

- 接口层次的集成测试（Integration Testing）。单元没有问题，不能代表系统没有问题，因为单元之间的接口可能存在问题。集成测试的主要目的就是发现单元之间的接口问题，即在单元测试的基础上，按照设计要求持续进行集成而进行的相应测试，最终能确保单元能够成功地集成为一个可用的系统。
- 系统层次的系统测试。在众多单元成功集成为系统之后，就可以针对应用软件的整体系统行为及其表现进行验证，即针对产品的外部质量进行验证，如系统功能测试、系统可靠性测试、系统性能测试、系统易用性测试等。图 2-9 显示了所进行的系统测试——针对系统给定的输入，验证其输出是否符合预期结果。
- 业务层次的验收测试。验收测试就是确认产品是不是真正满足客户/用户的实际业务需求。所以，验收测试一般要求和用户共同完成，并在现场（实际的用户环境）进行。

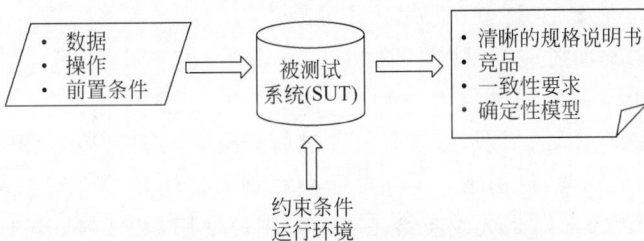

图 2-9　对已知的输入/输出进行检测示意图

软件测试还可以根据质量属性、产品特点，分为不同类型的测试，包括功能测试、性能测试、安全性测试、可靠性测试（等同"可用性测试"）、易用性测试（含用户体验测试、A/B 测试等）、兼容性测试等。

2.2.6　部署与运维

随着软件产品销售模式越来越少，软件服务模式（软件即服务，SaaS）逐渐占据主导地位，软件部署、运行、维护等活动将是生命周期中重要的组成部分。软件服务提供商要使软件运行过程平稳，有许多工作要做，不仅要在软件运行时进行有效监控，而且在早期软件需求分析、设计等活动中就开始认真考虑和策划软件部署和运维的需求。

1. 软件部署

简单地说，软件部署就是软件系统的安装，但不是一个简单的软件系统安装，而是为完

过去我们是如何开发软件的

成系统安装而进行系统规划、部署设计和实施的全过程。系统规划、部署设计是为了准备部署的环境,包括测试环境、预发布环境(或准生产环境)和生产环境(即产品实际运行的环境),需要整合虚拟化的或逻辑化的资源(如容器、网络节点、服务器集群等)进行统一的管理,这部分工作应该不是经常的。将发布的新版本部署到测试环境、生产环境上去,这是经常性的工作,可能一个月、一周一次,也有可能一天两次,即持续发布(或持续交付)实践的体现。纯软件的部署,一般借助相应的工具或脚本,可以实现全自动的过程。

软件部署设计和系统设计一起考虑,对于软件即服务(SaaS)的模式,部署设计和系统设计密不可分,在逻辑设计上要统一考虑。软件部署逻辑、物理设计完成后,必须通过验证才能进入实施阶段。部署设计的验证,首先是在实验室(研发)环境中进行,也就是和软件的系统测试结合起来做,包括性能测试、安装测试等,这被称为软件部署的实验性系统验证。实验室环境还不是真正产品运行的环境,部署设计的进一步验证需要在实际的运行环境中进行,这就是原型系统的验证。Beta测试,将系统(试用版)有限地部署给选定的一组用户,以确定其能否满足业务要求,所以可以被看作原型系统验证的一部分。如果将部署的验证和实施的过程涵盖软件系统及其支撑环境(硬件和网络环境)的部署,那么部署的工作包括下列这些活动。

- 开发实验性系统(构建网络和硬件基础结构、安装和配置相关的软件)。
- 根据测试计划/设计执行安装测试、功能测试、性能测试和负载测试。
- 测试通过,开始规划原型系统。
- 完成原型系统的网络构建、软硬件的安装和配置。
- 数据备份或做好可以恢复(Roll-back)的准备。
- 将数据从现有应用程序迁移到当前解决方案。
- 进行相关的设置、定制和数据初始化处理。
- 针对所有基本功能进行原型验证。
- 完成所有的部署。

实际运行系统(软件)的部署,通常分阶段进行,有助于隔离、确定和解决服务可能在实际运行环境中遇到的问题,特别是对那些可能会影响大量用户的大型部署尤其重要。分阶段部署,也称为"灰度发布",是先发布给一小部分用户使用(如部署到特定的某个服务器集群),然后逐步扩大用户使用范围,直至将其发布给所有用户。

2. 运维

现在,人们习惯上称为"运维",即包括运行支持与系统维护。运维活动,首先保证软件系统能够正常运行,包括系统实际运行时具有良好的可靠性、稳定性、性能等。在SaaS流行的今天,就是确保软件能够每周7天、每天24小时这样地不间断运行;还需要做好数据备份、日志分析、安全监控等后台管理工作,同时处理用户反馈,解决用户可能遇到的各种问题(即通常说的技术支持、用户服务等)。软件产品的运行环境(即前面提到的生产环境或实际的用户环境)不同于研发环境,还需要单独为产品运行进行后台设置、在线测试、日常管理操作等工作。在软件运维和客户支持的过程中,建立并维护不同级别的服务体系,帮助客户有效地使用软件,力求获得如下结果。

- 确定和管理由于引入并发操作软件而带来的操作上的风险。
- 按要求的步骤和在要求的操作环境中运行软件。

- 提供操作上的技术支持，以便解决操作过程中出现的问题。
- 确保软件（或系统）有足够的能力满足用户的需求。
- 基于实施情况，确定客户所需要的支持服务级别（Service Level Agreement，SLA）。
- 通过提供适当的服务来满足客户的需求。
- 针对客户对产品本身及其相应的支持服务的满意程度进行持续的评估。

在软件运行过程中，不仅需要日常的技术支持，维持其正常运行（如性能、安全性等要求）所需的软硬件环境，系统进行变更、移植与升级，而且系统出现问题需要及时得到解决，通过发布新的软件补丁包来修正软件中的问题。因为软件测试的覆盖率不可能做到百分之百，所以软件在交付给用户之后有可能存在某些问题，而且用户的需求总在发生变化，特别是在开始使用产品之后，对计算机系统有了真正的认识和足够的了解之后，会提出适用性改善、功能增强或增加新功能的要求。所以，软件交付之后不可避免地要进行修改、升级等维护工作，也就是通常所说的"软件迭代""软件演化"的过程。

2.3 开源软件运动

现在开源软件已经有很多，可以说无处不在，最典型的早期代表是 LAMP，即 Linux＋Apache＋MySQL＋PHP，涵盖了操作系统、Web 服务器、数据库和编程语言等，而今天开源软件最杰出的成果如下。

- Kubernetes：开源的容器编排平台，简化了容器化应用的部署、扩展和管理。
- Docker：开源的容器化平台，广泛用于开发、部署和运行应用。
- Git：开源的分布式版本控制系统，提供了高效、可靠的代码版本管理，支持分支和合并操作。
- TensorFlow 和 PyTorch：两大主流的开源深度学习框架，提供了丰富的工具和库，支持复杂的神经网络构建和训练。
- React、Vue. js 和 Angular：当前最流行的开源前端 JavaScript 框架和库，用于构建动态用户界面，提供了高效的组件化开发模式，提升了开发效率和代码可维护性。
- Ansible 和 Terraform：分别是开源的自动化工具和基础设施即代码（IaC）工具，简化了配置管理和基础设施部署，提升了运维效率。
- Apache Spark：快速、通用的、开源的大数据处理引擎，提供了高性能的分布式计算能力，支持批处理和流处理。
- Rust 编程语言：开源的系统编程语言，以安全性和并发性著称，提供了内存安全和线程安全的编程特性，减少了常见的编程错误。
- Jenkins：开源的自动化服务器，广泛用于持续集成和持续交付（CI/CD），提供了灵活的插件体系，支持多种构建、测试和部署工具。

开源软件运动促进了思想的开放、软件经验的共享等，也促进了软件过程的不断变革，对一些传统软件工程理念带来了冲击，对软件工程实践产生极其深远的影响。

开源软件的开发和传统软件的开发在组织、方式上发生了很大的变化。许多软件的开发是基于互联网的环境展开的，参与项目开发的团队成员分布在世界各地，人们往往采用同步开发和异步开发相结合的方式进行。

由于互联网的存在和软件开发协作的需求,来自世界各地的很多人可能同时完成同一个模块或组件的开发工作,同步开发是必要的。从开源软件开发过程来看,许多不同阶段的任务是同时进行的,而不像传统软件工程那样按严格规定的次序进行。另外,由于时区的差异,又不能保证所有的人在同一时间工作,可采用异步开发来协调这种关系。如果很好地利用异步开发模式,可以使项目在 24 小时每时每刻都有人在上面工作,可以大大地提高项目进展速度。开源软件的开发,从本质上讲,是以互联网为基础的支撑平台,一种由社会-技术过程、开发条件和动态产生的各种关联事件组成的、复杂的开发网络。

- 日常管理成本被最小化。版本控制需要强大灵活的支持,使得许多并行的开发人员可以同时在相互重叠的源代码文件上工作。需要为需求、设计、测试等各类文档制定标准模板,并在一个良好组织的 Web 站点上及时发布各类文档。
- 开源软件的设计,努力提取其共性而形成参考体系结构,并使其易于移植。通常不会针对特定平台发行某个软件版本,而是将各种平台的共性抽象到一个发行版中,通过配置工具来帮助构建系统。
- 人员组织——开源项目的核心小组成员及其责任分配是自发形成的,并不是硬性指派产生。项目成员之间没有像企业中等级清楚且严厉的上下级关系,软件开发组织的管理方式,和过去有很大不同。
- 非正式交流(如邮件列表、论坛等)在开源软件开发的活动中发挥着积极的重要作用,协调项目成员间的任务及其关系。例如,其中一个基本原则是技术交流应当在公共论坛中进行。
- 多数商业软件公司在进入售后支持阶段时就可能面临悲惨的失败命运。而开源项目的用户支持工作却有良好的成绩,因为大量的用户愿意提供关于开源产品的反馈信息,积极参与功能设计,用户的参与度比商业软件要高得多。
- 对于许多开源项目而言,开发人员并不刻意遵循特定的软件工程方法和过程。有些项目甚至没有特定的用户和发布截止期限,出现了许多新的概念,如"经常发布""简化设计""永远的 Beta""代码集体拥有"和"编码标准"等。
- 采取独特的、灵活的方式来解决目标设定、资源配置和进度安排等问题,如共享的 TO-DO 列表用于跟踪那些需要完成的任务,个人的 TO-DO 列表帮助开发人员保持进度,里程碑列表则基于用户和开发者的反馈设置了灵活的截止期限。

有关开源软件协同开发原理的经典论述,可以追溯到开源社区领袖之一的 Eric Redmond 编写的《大教堂与集市》(*The Cathedral and the Bazaar*,见 http://en.wikipedia.org/wiki/The_Cathedral_and_the_Bazaar)。作者形象地将传统的严格管理的软件开发活动比喻为建造大教堂的行为,而将分布于世界各地、借助互联网的开源社区的协同开发活动看作比较自由散漫的"集市"行为。作者根据亲身经历系统地论述了集市型开发的基本方法和哲学问题,阐释了开源社区成功的内在原因,对于非开源的软件开发也有很好的参考价值。开源软件开发积累了许多成功的经验,例如:

- 早发布、常发布、听取用户的建议。
- 把用户当作协作开发者和测试人员。
- 精妙的数据结构和笨拙的代码所构成的组合(软件)肯定好于笨拙的数据结构和精妙的代码。

- 最好的设计是最精简的设计,即再也没有什么东西可以去掉,而不是"再也没有什么东西可以添加了"。
- 好的程序员知道如何写代码,伟大的程序员知道重用或重构什么代码。

2.4 精 益 开 发

1990 年,麻省理工学院的 James P. Womack 等教授提炼总结了丰田公司的生产方式和多年实践,出版了《精益生产方式——改变世界的机器》,由此"精益制造"的概念开始为世人所认识和效仿。在精益制造的基础上,又诞生了精益开发——这得益于 Mary Poppendieck 和 Tom Poppendieck 的提炼,将传统的精益制造原则应用于软件开发上,并在敏捷开发会议上进行了多次演讲,从而让敏捷开发社区逐渐接受了"精益开发"这个概念。

和精益制造原则的概念相近,精益开发可以总结为如下 7 条原则。

(1) **尊重一线人员**。工作在一线的人最了解实际情况,特别是智力劳动活动,软件开发人员熟知自己所用的工具、流程和规则,更清楚现状、风险和将要发生什么,能制定更好的应对措施,更有能力提出正确的改进意见。

(2) **消除浪费**。任何不能为客户增加价值的行为即是浪费,如不明确的需求、不必要的功能、被废弃的代码、缺陷、等待处理、低效的内部沟通、某个研发环节的延迟、过度的管理等。为了消除浪费,必须以价值流来识别浪费,并指出浪费的根源并消除它,识别和消除浪费的过程是持续不断的。

(3) **增强学习**。软件开发是持续学习的过程,从而能够面对各种挑战。最佳的改善软件开发环境的做法就是增强学习,例如:

- 代码完成后马上进行测试可以避免缺陷的累积。
- 通过给最终客户演示产品快速收集用户的反馈来明确用户的需求。
- 使用短周期的迭代(含重构和集成测试)可以加速学习过程。

(4) **尽量延迟决定**。直到能够基于事实而非不确定的假定和预测来做出决定,因为软件开发中存在许多不确定性,包括需求、设计和工作量估算等。系统越复杂越能够容纳变化,使我们有空间可以推迟一些关键的决定。

(5) **构建质量**。质量不是检验出来的,而是在整个开发过程中构建出来的(即慢慢形成的)。如果从研发的各个阶段(需求、设计、编程等)都能保证产出物的质量,就能以最低的成本达到产品的质量目标,即最大程度地减少浪费。

(6) **快速交付**。只有将产品交付给用户,才产生价值。交付越快,进入市场越早,客户就能更早地使用产品,使产品尽早产生价值。

(7) **整体优化**。局部的优化,若不能带来整体的改善,将是没有价值的。

2.4.1 看 板

看板(Kanban)源自精益制造,成为精益开发的一种实践或工具,正如丰田生产方式之父——大野耐一所说:"丰田生产方式的两大支柱是'准时化(Just in time,JIT)'和'自働化',看板是运营这一系统的工具"。看板可以看作一种可视化卡片,随时呈现生产工序中组件的流动状态,从而改善协作、优化管理,显著提高交付速度,更有效地控制生产过程,降低

过去我们是如何开发软件的

浪费。

看板传递信息、拉动价值流的过程如图 2-10 所示,在需要时,后道工序通过看板向前道工序发出信号——请求一定数量的输入,前道工序只有得到看板发来的请求后,才按需生产,这将带来生产库存(也称为"在制品",Work In Progress,WIP)的降低,甚至实现生产过程零库存,从而降低生产成本。看板信号由下游向上游传递,拉动上游的生产活动,使产品向下游流动。拉动的源头是最下游的客户价值,也就是客户订单或需求。

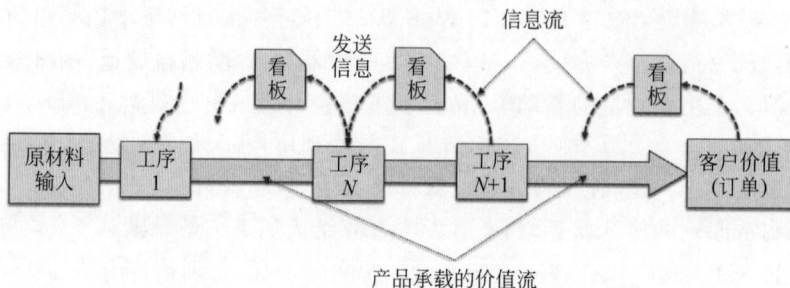

图 2-10 看板传递信息、拉动价值流的过程

降低库存还能暴露制造系统中的问题。湖水中的岩石是一个经典的隐喻,水位代表库存多少,岩石代表问题。水位高,岩石就会被隐藏,即库存多时,设备运转不良、上一环节输出的质量差、停工等待、供应不及时等问题都会被掩盖起来,如图 2-11(a)所示。没有了临时库存的缓冲,就会出现"水落石出"的局面——上述问题就会暴露出来。暴露问题是解决问题的先决条件,让问题不断暴露出来并解决,这样就能持续提升生产率和质量。

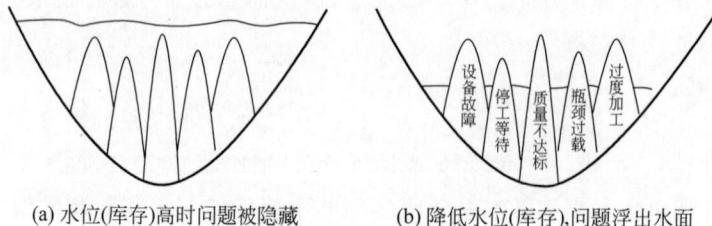

(a) 水位(库存)高时问题被隐藏　　　(b) 降低水位(库存),问题浮出水面

图 2-11 湖水岩石效应

丰田生产方式的**"自働化"**是指出现问题时(如某个环节有次品),机器能够自动感知异常,并立刻停机(Auto-No-Mation)。这相当于把人的智慧赋予了机器。传统的自动生产线,不能感知异常状态,继续生产次品,造成较大的浪费。丰田生产方式的"自働化"把质量内建于每一个制造环节,出现异常时,杜绝继续产出次品,并且不把不合格产品输入下一环节。这是"内建质量",而不是让质量依赖于最后的检测环节。因为立刻停机,所以需要马上解决问题或逼着问题被快速解决,从而形成"停止并修正"的企业文化,构建企业持续改进的坚实基础。

2.4.2　精益软件开发实践

精益制造在丰田取得了成功,但软件研发和制造业差别很大,例如,软件比较抽象、需求具有很大的不确定性、每一个开发的任务都不相同等,所以无法照搬精益制造的实践,需要从软件研发自身特点出发,发展一套精益软件开发的实践体系,其中为此做出杰出贡献的有

Mary Poppendieck，Don Reinertsen 和 David J. Anderson 等。例如，Don Reinertsen 致力揭示产品开发流的本质，并提出相匹配的原则方法，在其著作《产品开发流的原则》中提炼了精益产品开发的 175 条原则。而 David 最早在软件开发中应用看板实践，并不断完善软件开发的看板实践，在其著作 *Kanban：Successful Evolutionary Change for Your Technology Business* 中详细介绍了看板的价值、原则和 5 个核心实践。

下面就侧重介绍这 5 个核心实践。

1. 可视化工作（价值）流

软件产品（包括阶段性产品）不是实实在在的物体，而是抽象的信息，为了有利于管理，必须让这些信息可见，即把可视化工作流作为精益开发的基础实践，先让价值和价值流动具体可见，然后再进行管理和优化。图 2-12 是看板开发方法中的一个典型可视化案例，被称为看板墙。图中的每个卡片代表一个价值项，如功能需求、缺陷、技术概念验证等。它们所在的列，表示其所处的阶段。这些价值项，每经过一个阶段（图中的列）都会产生新信息，价值得以增加。例如，需求经过分析阶段，注入了新信息，价值更高。价值流是价值项从左至右的流动过程，是信息产出过程，也是价值增加的过程。

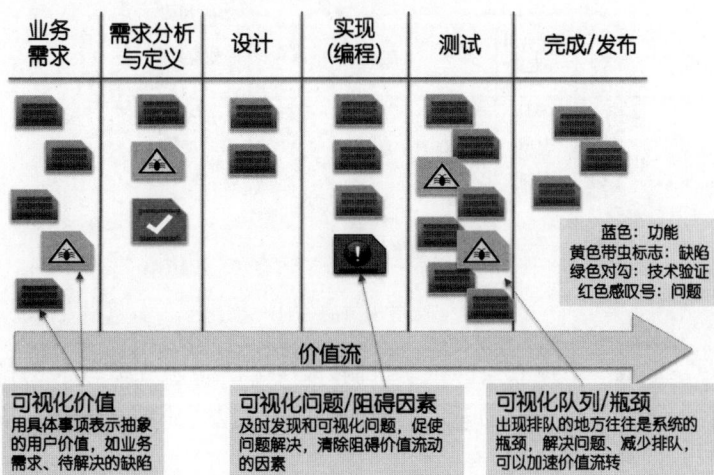

图 2-12　可视化工作流

价值流动可能会被阻碍。例如，编码因对第三方接口错误而无法进展；测试因环境没准备好而停滞。图 2-12 中的 ❗ 卡片，就是问题和阻碍因素的可视化。标识阻碍因素并推动其解决，促进价值流动。最终限制整个研发的价值流动的地方就是某些研发环节——瓶颈，所以解决这类瓶颈问题也是改善价值流动的主要任务。发现看板墙上的瓶颈并不困难，找到最长的队列就可以了，如图 2-12 中的"测试"列。这和我们平常所见"交通越拥堵，排队的车就越长"是一样的道理。

2. 显式化流程规则

显式化流程规则是指明确定义和沟通团队所遵循的流程规则，如团队协作规则、需求评审规则等。价值项的"流转规则"是看板开发方法中最典型流程规则——定义了一个价值项从某个阶段进入下一阶段所必须达到的要求（类似流程中常用到的入口/出口准则），如从敏捷需求分析进入实施阶段的流程规则，可能包括：

- 绘制了明确的业务流程图。

- 为每个用户故事定义了验收标准。
- 定义了不同组件之间的接口或数据结构。
- 所有定义的内容通过了评审。

"流转规则"的显式化,让质量内建于各个阶段——这与精益制造中内建质量的思想是一致的,而且可以基于规则进行持续改进。没有显式化的规则作为依据,讨论改进就没有基础,而变得主观和随意。改进的结果通常是进一步完善显式化的规则,正如传统软件研发中,也强调"先定义流程,再持续改进流程"。

3. 限制在制品数量

限制在制品(WIP)数量是看板开发方法的核心机制。如图 2-13 所示,标题下的数字标识了该阶段允许的 WIP 上限。在 WIP 数小于上限时,才可以从上一环节拉入新的工作,如需求、设计阶段 WIP 数分别是 3、2,小于上限(4),所以可以拉入新的工作,但测试阶段 WIP 数是 6,达到了上限,就不允许拉入新工作。

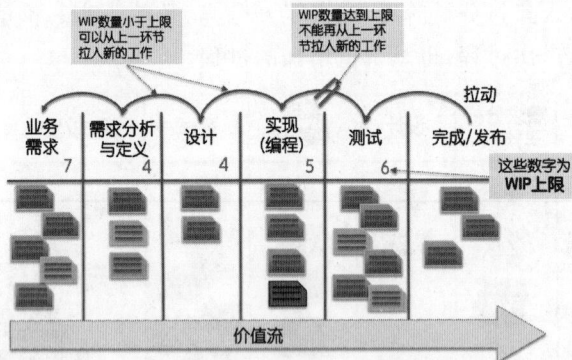

图 2-13　限制在制品(WIP)数量

限制 WIP 数量形成一个更有效的拉动机制,减少了价值项在阶段间的排队等待,缩短了软件交付的时间,加速了价值流动。同时,限制 WIP 数量,让湖水岩石效应产生作用,更快地暴露问题,推进团队解决问题,提升研发效能。

4. 度量和管理流动

快速、顺畅的价值流动是看板开发方法的目标,以带来稳定和可预测的价值交付能力、快速的价值产出和快速反馈,确保具有很强的业务竞争力。度量为改善价值流动和客户反馈提供客观的数据,其中,累积流量图是常用的一种度量方法,如图 2-14 所示,虚线是累积已经开始的价值项(如用户故事)数目,实线是累积完成价值项的数目,实线的斜率反映的是价值交付的速率,即每周可交付的价值项数量。两条斜线的垂直距离表示某个时刻已经开始但未完成的价值项数目,即这个时刻的 WIP 数。两条斜线的水平距离表示价值项从开始到完成的周期时间,它是价值流动效率的一个重要衡量。

累积流量是一种不错的价值流度量方法,但要看某个时刻(某周)WIP 具体数量时,还不够方便,这时也可以使用 WIP 数量或系统流量(每周交付价值的数量)的实时曲线、直方图等方式来描述,更能准确地呈现 WIP 数量或交付周期的变化趋势。

5. 协同改进

应用可视化、限制 WIP 数量和价值流度量,能够暴露产品开发中的问题和瓶颈。但发

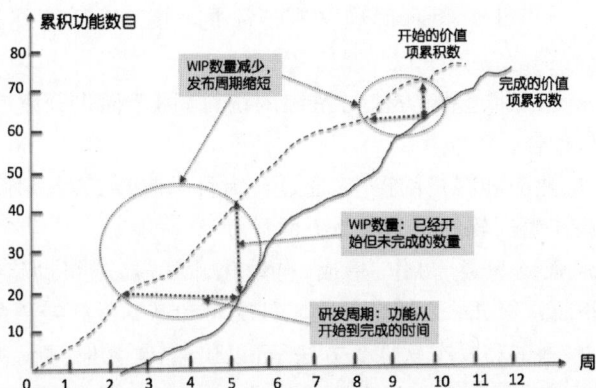

图 2-14　累积流量图

现问题还不够,重要的是如何去解决问题。为了更好地解决问题,团队协作是必需的。例如,图 2-13 描述了测试 WIP 数量达到上限,不能从上游"实现"拉入更多的工作。这样,实现阶段已完成的工作无法进入下游"测试"环节,实现阶段的 WIP 数量很快也会达到上限,也无法开展新的工作。要改变这种状态,开发人员就必须关注下游的问题,并做出反应,如提高代码质量或给测试人员帮助。开发人员和测试人员的协作使价值流动更加顺畅。通过拉动机制,看板暴露了限制价值流动的瓶颈,并激发团队协作,改善价值流动,最终提升端到端的价值流转,实现产品开发的目标。

很多时候解决瓶颈问题的方案在别处,例如上面所讨论的,解决测试的瓶颈最有效的办法是提高上游的代码质量,即瓶颈之前环节的输出质量,调整职责分配,甚至重新设计工作流。为了彻底解决问题,更需要系统性地分析问题和解决问题,如采用运筹学、排队理论等科学方法来解决问题。

最后总结一下,看板不是一个开发框架或流程,而是一种引导改革的方法或实践,需要结合企业的实际情况来实施,包括流程的可视化、设定合适的 WIP 上限并辅以度量,通过上述拉动机制来暴露问题,并借助团队协作解决问题,持续改进,不断优化相关的流程、WIP上限的值,达到高效、顺畅的产品开发价值流。

2.5　开发与运维的融合：DevOps

如果在软件研发项目中,从一开始就考虑软件部署和运维的需求,在系统架构设计阶段将系统运维的需求融入进去,甚至完成系统部署的逻辑设计和物理设计,并开发运维工具。软件部署之后,研发部门也将给予大力支持,而且需要进行部署验证(PQA),以客户需求为中心,运维和研发是贯通的、协作的,没有在两个部门之间形成一座高高的隔离墙,这基本就是 DevOps(Development 和 Operations 的组合)。DevOps 代表一种文化、运动或实践,旨在促进软件交付和基础设施变更软件开发人员(Dev)和 IT 运维技术人员(Ops)之间的合作和沟通,使软件发布更加快捷和可靠,真正做到持续交付、持续运维。

2.5.1　DevOps 的概念及其工具链

虽然 DevOps 这个概念现在还没有标准的定义,但可以追溯一下其过去 9 年的历史发

过去我们是如何开发软件的

展过程(2009—2017),列出几个相对明确又有所不同的定义,从而能够比较全面地了解 DevOps 的内涵。

2009 年:DevOps 是一组过程、方法与系统的统称,用于促进开发、技术运营和 QA 部门之间的沟通、协作与整合。

2011 年:快速响应业务和客户的需求,通过行为科学改善 IT 各部门之间的沟通,以加快 IT 组织交付满足快速生产软件产品和服务的目标。

2015 年:DevOps 强调沟通、协作、集成、自动化和度量,以帮助组织快速开发软件产品,并提高操作性能和质量保证;强调自动化软件交付和基础设施变更的过程,以建立一种文化和环境,通过构建、测试和发布软件等方法,可以快速、频繁地、更可靠地发布软件。

2016 年:DevOps 的目标是建立流水线式的准时制(JIT)的业务流程,以获得最大化业务成果,例如,增加销售和利润率,提高业务速度,减少运营成本。

2017 年:一个软件工程实践,旨在统一软件开发(Dev)和软件操作(Ops),与业务目标紧密结合,在软件构建、集成、测试、发布到部署和基础设施管理中大力提倡自动化和监控。DevOps 的目标是缩短开发周期,增加部署频率,更可靠地发布。

简单地说,DevOps 是敏捷研发中持续构建(Continuous Build,CB)、持续集成 (Continuous Integration,CI)、持续交付(Continuous Delivery,CD)的自然延伸,从研发周期向右扩展到部署、运维,不仅打通研发的"需求、开发与测试"各个环节,还打通"研发"与"运维"。DevOps 适合"软件即服务(SaaS)"或"平台即服务(PaaS)"这样的应用领域,其显著的特征如下。

- 打通用户、PMO、需求、设计、开发(Dev)、测试、运维(Ops)等各上下游部门或不同角色。
- 打通业务、架构、代码、测试、部署、监控、安全、性能等各领域工具链。

DevOps 在软件构建、集成、测试、发布到部署和基础设施管理中大力提倡自动化和监控,形成软件研发完整的生态。这很大程度上依赖于工具,在 DevOps 上现在已形成完整的工具链。

图 2-15 相对简单地展示了 DevOps 工具链,包含最常见的 5 类工具(构建、测试、工件管理、部署和评估等工具),而相对完整的 DevOps 工具链,需要覆盖大概 14 类工具,按交付过程列出如下。

- **编码/版本控制**:维护和控制源代码库中的变更。
- **协作开发**:在线评审工具、在线会议平台等。
- **构建**:版本控制、代码合并、构建状态。
- **持续集成**:完成自动构建、部署、测试等调度。
- **测试**:自动化测试开发与执行、生成测试报告等。
- **打包**:二进制仓库、Docker 镜像仓库。
- **部署**:完成在服务器(集群)上自动部署软件包。
- **容器**:容器是轻量级的虚拟化组件,它以隔离的方式运行应用负载。它们运行自己的进程、文件系统和网络栈,这些资源都是由运行在硬件上的操作系统所虚拟化出来的。
- **发布**:变更管理、发布审核、自动发布。

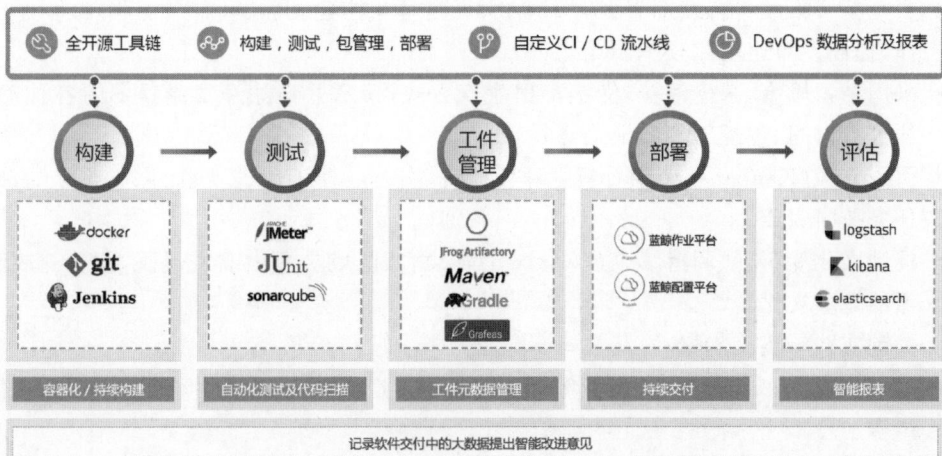

图 2-15　贯穿软件生命周期的 DevOps 工具链

- **编排**：当考虑微服务、面向服务的架构、融合式基础设施、虚拟化和资源准备时，计算系统之间的协作和集成就称为编排。通过利用已定义的自动化工作流，编排保证了业务需求是和基础设施资源相匹配的。
- **配置管理**：基础设施配置和管理，维护硬件和软件最新的、细节的记录——包括版本、需求、网络地址、设计和运维信息。
- **监视**：性能监视、用户行为反馈。
- **警告 & 分析工具**：根据事先设定的警戒线发出警告、日志分析、大数据分析等。
- **应用服务器、数据库、云平台等维护工具**。

2.5.2　经典案例：凤凰项目

《凤凰项目》（*The Phoenix Project*）是由 Gene Kim、Kevin Behr 和 George Spafford 合著的一本畅销书，通过小说的形式深入探讨了 IT 运维、DevOps 和精益开发在企业中的应用与实践。虽然小说本身是虚构的，但其所展示的实践案例被广泛认为是现代精益开发和 DevOps 转型的典范。

小说讲述了一家名为 Parts Unlimited 的虚构公司，其核心项目——"凤凰项目"——旨在重振公司的业务，提升市场竞争力。然而，项目在实施过程中遇到了严重的瓶颈和问题，包括以下几方面。

- **频繁的需求变化**：业务需求不断变更，导致开发进度紊乱。
- **沟通不畅**：开发团队、运维团队与业务部门之间缺乏有效沟通，信息孤岛严重。
- **高缺陷率**：频繁出现的软件缺陷影响了项目进度和质量。
- **缺乏自动化**：部署和测试过程手动化程度高，效率低下，易出错。

1. 引入精益开发与 DevOps 实践

为了应对上述挑战，项目负责人 Bill Palmer 决定引入精益开发和 DevOps 的理念与实践，具体措施如下。

- 建立跨职能团队，将开发、运维和测试团队整合为一个跨职能的团队，促进协作与信息共享。

- 实施持续集成与持续部署(CI/CD),引入自动化构建、测试和部署流程,减少手动操作,提高发布速度和频率。
- 采用精益思维,减少浪费,借鉴丰田生产方式,识别并消除开发流程中的各种浪费,如等待时间、重复工作和缺陷修复。
- 引入看板(Kanban),使用看板管理任务流,实时监控工作进度,优化资源分配,确保任务按时完成。
- 推动文化变革,强调持续改进(Kaizen),鼓励团队成员提出改进建议,营造开放和学习的企业文化。

2. 关键实践与实施步骤

- 识别价值流,分析整个开发流程,识别出对客户真正有价值的环节,消除不增值的步骤。
- 实施小批量和快速迭代,将大型任务拆分为小批量的工作单元,进行快速迭代和反馈,缩短开发周期,提升响应速度。
- 建立可视化管理,通过看板或仪表盘将项目进度、瓶颈和绩效指标可视化,便于团队成员实时了解项目状态。
- 自动化测试与部署,实现全面的自动化测试覆盖,确保每次代码变更都能快速验证其正确性;自动化部署流程,减少人为错误,提高发布效率。
- 持续监控与反馈,引入监控工具,实时跟踪系统性能和用户反馈,及时发现和解决问题,保持系统稳定性和可靠性。

3. 实施成效

通过引入精益开发和 DevOps 实践,"凤凰项目"取得了显著的成效。

- 提升交付速度:持续集成与持续部署显著缩短了从开发到上线的时间,提高了发布频率。
- 提高代码质量:自动化测试和持续监控减少了缺陷数量,提升了软件的稳定性和可靠性。
- 优化资源利用:跨职能团队的协作提高了资源利用效率,减少了因沟通不畅导致的时间浪费。
- 增强客户满意度:快速响应需求变化,及时交付高质量的软件功能,提升了客户的满意度和信任度。
- 促进团队成长:持续改进和开放的企业文化激发了团队的创新力和主动性,提升了整体团队的士气和凝聚力。

4. 案例启示

"凤凰项目"的成功实施展示了精益开发和 DevOps 在实际项目中的巨大价值,具体启示如下。

- 跨职能协作的重要性。打破部门壁垒,建立跨职能团队,有助于提高项目协调性和响应速度。
- 自动化是关键。自动化不仅能提升效率,还能减少人为错误,确保软件质量和系统稳定性。
- 持续改进的文化,鼓励团队持续反思和改进,是实现长期成功的基石。

- 以客户为中心,通过快速迭代和持续反馈,确保软件开发始终围绕客户需求展开,提升客户满意度。

"凤凰项目"作为一个精益开发和 DevOps 转型的典型案例,生动地展示了现代软件开发方法的优势和实践路径。通过系统化的精益思维、自动化工具的引入以及文化变革的推动,项目团队成功克服了诸多挑战,实现了高效、高质量的软件交付。这一案例可以让我们更好地理解软件工程的内涵,进一步理解软件工程思想、以客户为中心的态度、积极的团队沟通、自动化工具、软件质量等价值,引起我们更多的思考,有利于学习下面各章内容。

思 考 题

1. 产品思维、项目思维和工程思维各自的核心特征是什么?在实际的软件开发过程中,如何有效地整合这三种思维方式,以提升项目的成功率和产品的市场竞争力?

2. 在软件工程主要活动中,产品定义与需求定义有何不同?请通过实际案例说明在项目初期如何有效区分和处理这两者,以确保项目目标的明确和实现。

3. 看板作为精益软件开发的重要工具,如何在实际项目中优化开发流程和资源分配?

4. 请详细探讨 DevOps 在提升软件交付速度和质量方面的具体作用。

5. 开源软件运动对现代软件工程带来了哪些重要影响?

6. 在软件开发的设计、编程、测试、部署与运维等主要活动中,如何通过应用精益开发的理念和实践来优化每一个环节?

参 考 文 献

[1] 刘飞.产品思维:从新手到资深产品人[M].北京:中信出版社,2019.
[2] 朱少民,等.软件项目管理[M].3 版.北京:人民邮电出版社,2024.
[3] [美]马克 N·霍伦斯坦.工程思维[M].5 版.北京:机械工业出版社,2018.
[4] 何勉.精益产品开发:原则、方法与实施[M].北京:清华大学出版社,2017.
[5] 李泽阳.DevOps:企业级 CI/CD 实战[M].北京:清华大学出版社,2024.
[6] [美]吉恩·金,等.凤凰项目:一个 IT 运维的传奇故事[M].北京:人民邮电出版社,2019.

过去我们是如何开发软件的

第 3 章 如何定义好的软件需求

　　软件需求是软件开发的源头,如果源头就错了,后面的设计、编程和测试做得再好,也没多大价值。从这个角度看,需求非常重要,它决定了开发的方向是否正确、是否做正确的事——即是否开发出用户所需要的软件。准确捕捉并实现用户需求是提高用户满意度和产品市场接受度的关键,是项目成功的基础;一旦明确需求,则为开发团队提供了明确的开发指南,有助于实现预期的功能和性能。

　　如果定义了错误的方向,定义了错误的需求,有可能会造成软件开发工作前功尽弃,或者是后期返工很大。项目开始时,就把需求搞错了,导致项目失败,或造成开发的代价很大。例如,之前有一些经典的案例可以佐证。

- 2005 年,澳大利亚税务局(ATO)启动了一个项目来改革其商品和服务税(GST)的数据处理系统。由于需求收集不充分和需求变更管理不善,项目最终在 2009 年被取消,造成了大约 1.07 亿澳元的损失。项目失败的主要原因是需求定义不清晰,以及在项目实施过程中需求频繁变更。
- 2010 年,微软推出了 Kin 手机,这是一款面向年轻用户的智能手机。但由于需求定义错误,Kin 手机未能满足目标用户的实际需求,导致产品在市场上表现不佳,仅两个月后就被下架。项目失败的主要原因是对目标市场和用户需求的误解。
- 英国国家医疗服务体系(NHS)的国家电子病历系统(National Programme for IT)项目是英国历史上最昂贵的 IT 项目之一,最终在 2011 年被取消。项目失败的主要原因包括需求管理不善和需求频繁变更。项目开始时,需求定义不够明确,导致在实施过程中需求不断变化,无法满足实际的医疗需求。此外,缺乏有效的沟通和协调也加剧了问题。
- F-35 联合攻击战斗机项目在软件开发过程中遇到了许多问题,其中包括需求的不断变化和缺乏清晰规划所导致的软件系统性能标准未能满足预期等方面的挑战。

　　所以,在软件研发中,需求定义是至关重要的一环。若需求定义不清晰、不稳定或经常变动,将导致软件开发过程中的许多问题,如进度延误、成本增加、设计错误等。本章将全面讨论和解决软件研发中的需求问题,从需求获取开始,逐步深入需求的各个环节,最终确保定义好软件需求,为软件后续的设计、实现打下坚实的基础,也尽量减少需求变更对项目造成的负面影响。

3.1　软件需求工程概要

　　本节先简要介绍软件需求工程的概要,让读者了解完整的软件需求工程的全貌,从而能够理解本章为何有这些内容，以及各节内容之间的关系。为此，我们可以让大模型帮助生成一张"软件需求工程全景图"，如图 3-1 所示。

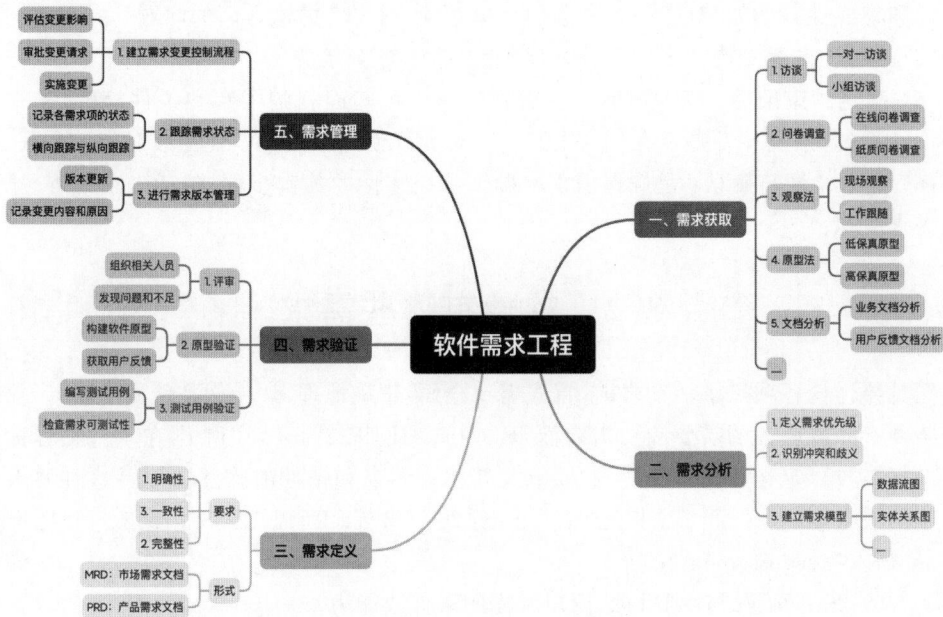

图 3-1　软件需求工程全景图

批判性思维训练

这张全景图不一定全对，但基本是对的。读者学完本章内容之后，也可以通过和大模型不断交互的方式重新生成一张更准确的软件需求工程全景图，这也就是我们经常讲的，对大模型输出的内容，都要带着批判性思维去分析和判断，然后再接受其输出结果，而且我们也是在学习、实践中成长起来的。

从图 3-1 了解到，一般将软件需求工程分为"需求获取、需求分析、需求定义、需求验证和需求管理"这 5 个阶段。需求获取会拿到第一手需求信息，需求经过整理、去伪存真，然后编写（在智能软件工程中，往往是"生成"）需求文档，再经过评审之后最终确定所定义的需求。之后，需求还可能会发生变更，需要进行跟踪管理。

根据《软件工程知识体系指南》（SWEBOK）以及相关需求工程标准，需求获取通常包括以下几个关键步骤。

（1）**定义问题**：简要地将用户面临的问题进行记录，确保对问题有初步的了解。通过与用户的沟通，确认和澄清问题的具体细节，确保双方对问题的理解一致。

（2）**分析问题根本原因**：旨在深入理解问题的本质，例如，采用如鱼骨图、5 个为什么等工具，系统地分析问题产生的深层原因，识别出关键因素。

（3）**分析涉众**：以识别所有受软件项目影响的相关方，确保需求的全面性和准确性。

- 涉众识别：列出所有可能受项目影响的个人、团队或组织，如最终用户、管理层、技术支持团队等。
- 需求收集：通过访谈、问卷调查、工作坊等方式，收集各涉众的需求和期望。

如何定义好的软件需求

- **利益分析**：评估不同涉众的需求优先级，权衡各方利益，确保需求的平衡和可行性。

（4）**定义系统边界**：以明确软件系统与外部环境的接口和交互方式，确保系统功能的全面性和集成性。例如，对于一个复杂的订单系统，需要考虑这方面的问题——是否和其他系统共享数据、是否支持在线访问、如何与其他系统交互等。

（5）**确定约束条件**：以识别项目在实施过程中可能面临的限制和条件，确保需求的可实现性。例如，系统开发是否有预算限制？是否允许使用新技术？在完成时间上有限制吗？

（6）**需求验证与确认**：是确保需求准确性和完整性的关键步骤，包括需求审查、原型验证和需求跟踪。

3.2　软件有哪些需求

在具体讨论各项需求活动之前，首先需要全面、正确地理解"什么是软件需求"。需求就是对某种产品或服务的需要和要求。而 ISO/IEC/IEEE 29148：2011 则在软件工程标准词汇表中将"需求"定义为"转化或表达要求及其相关约束和条件的陈述"，而且这种要求会存在于不同层次，如软件组件需求、软件需求、系统需求等。所以 IEEE 24765 国际标准是这样解释"需求"（requirement）的：

- 为了解决问题或达到目标，用户所需的条件或能力；
- 为了满足协议、标准、规范或其他限定性文档，系统、系统组件、产品或服务需要具备的条件或能力。

其中，《项目管理知识体系指南（PMBOK）》中还增加了说明，即需求包含来自资助者（sponsor，如所在的公司或公司某高级管理人员）、客户（customer）和其他相关利益者（stakeholder）的、量化的、文档化的要求（needs）、需求（wants）和期望（expectations）。可以看到，上述需求定义中并没有提到产品的功能、非功能性，而有不少人一谈到需求，就说需要哪些功能，而忽视了资助者、客户和其他相关利益者，忽视了他们的要求和期望，这显然是错误的。而功能往往是我们设计出来的，所以可以说系统功能是我们给出的解决方案。虽然当系统功能定义并通过评审之后，可以把系统功能当作软件要实现的需求。

正确的思考方式，是从业务需求开始，然后再思考不同用户角色的需求，再到系统的功能需求和非功能性需求，这就是这里要讨论的需求层次。将需求分为三个层次来理解比较好，如图 3-2 所示。

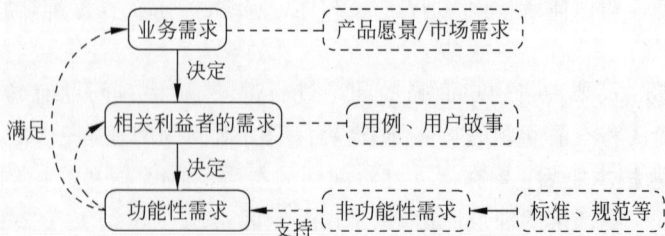

图 3-2　软件需求的层次结构（业务流程图）

- **业务需求**：解决什么关键问题，核心的诉求是什么；达到什么目标，这相当于产品的愿景。

- 相关利益者的需求：每个用户角色有什么特定的需求？从用户行为去分析，即对应用例或用户故事，运维、技术支持等相关人员的需求，一般也可以并入用户角色的需求。
- 功能和非功能需求：软件为了满足上述业务需求、相关利益者的需求而具备的功能和非功能性（系统的能力）。

3.2.1 业务需求

有的需求模型会在业务需求上面增加一层：目标。目标是需求模型的最高层次，通常由企业战略和业务目标驱动。目标定义了组织希望通过软件系统实现的高层次目的。例如：

- 提高市场占有率。
- 增加客户满意度。
- 提升运营效率。

这些目标通常是定性的，反映了企业的愿景和长远规划。

为了解决问题或达到目标，也可以理解为业务需求。任何一款软件，必须有明确的目的，去解决用户的什么具体问题，提供什么样的能力帮助用户解决这些问题。其次，还要考虑到相关的协议、标准、规范等约束条件。业务需求往往包括业务流程、业务规则和业务数据，也包括业务可管理、可持续发展等需求。

（1）业务流程：业务流程是企业为了实现其业务目标而进行的一系列有序活动和步骤，包括每个步骤的输入、输出、活动和参与者。有效的业务流程设计对于提高企业效率和实现业务目标至关重要，我们可以为业务流程建模，如业务流程图。

（2）业务规则：是指导业务行为的约束条件和准则，确保业务流程的执行符合企业的政策和法规。如信贷审批流程中的信用评分规则决定了是否批准贷款，股票购买必须按100股的倍数来购买，每100股称为一手等。

（3）业务数据：包括在业务处理过程中输入的数据、输出的数据，如一些表单、报表等，我们可以为业务数据建模，包括实体-关系图（E-R图）、数据流图（Data Flow Diagram，DFD）。

3.2.2 用户角色需求

软件产品是为用户服务的、给用户使用的，所以我们会关注最终用户、用户需求，我们可能会问：

- 谁是软件产品的使用者？
- 用户会如何使用我们开发的产品？
- 针对每个功能，用户会如何操作？

看起来这样的提问是必要的，这里的"用户"似乎也很明确，大家都能理解，是指最终用户。但是，如果笼统地说"用户"，还是比较抽象的，其实我们忽略了特定的用户角色，不容易想象和分析用户的行为，而现实中或实际业务中存在不同的用户角色。例如，电商平台会有游客、普通买家、VIP买家和厂家直销商（卖家）、平台代理商（卖家）、平台客服、平台管理员等多种用户角色。要理解电商平台的用户需求，我们需要站在不同角色的角度、设身处地去想，才能更好地理解、把握用户的需求，才能挖掘出更多的用户需求。

观看视频

所以,在明确了业务需求之后,需要进一步区别不同的用户角色,因为不同的用户角色有不同的需求或期望。**用户角色需求可以通过用例、用户故事、使用场景等方式来描述,以确保系统能够满足不同用户的具体需求和使用情境**。所以,首先需要确定用户在业务处理或业务流程中扮演的角色,可以通过绘制业务流程图,识别出各种角色,从而知道不同用户扮演的角色。

> (1) **用户角色(User Role)**:明确定义不同的用户角色,如管理员、普通用户、客户服务代表等,每种角色具有特定的权限和功能需求。
>
> (2) **用例(Use Cases)**:用例是描述系统如何满足用户特定目标的一种技术性需求文档。每个用例描述了一个或多个场景,这些场景展示了系统如何与用户交互来实现一个特定的目标。例如,订单管理系统中的"创建订单"和"查看订单状态"可以是两个不同的用例。
>
> (3) **用户故事(User Stories)**:用户故事是敏捷开发中用来描述用户需求的简短描述。每个用户故事通常包括一个简短的描述、价值和验收标准。例如,"作为一个客户,我希望能够快速找到产品信息,以便做出购买决策。"
>
> (4) **使用场景(Usage Scenarios)**:使用场景描述了用户在特定情境下如何使用系统来完成任务。这些场景通常通过序列图或流程图来展示,以便详细说明用户与系统之间的交互和流程。

针对本书统一的案例团队协作系统(TMS),可以定义下列角色。

- 系统管理员
- 知识管理员
- 项目经理/协调员
- 内容创建者
- 协作参与者
- 访客用户

甚至可以让大模型帮助生成各角色所承担的责任,以及和其他角色之间的协作关系。

> 提示词:请分析团队协作系统 TMS 的用户角色,并分析这些角色之间的协同关系
>
> 【大模型输出】
>
> 在团队协作系统 TMS 中,定义了 6 种角色:系统管理员、知识管理员、项目经理/协调员、内容创建者、协作参与者和访客用户。以下是这些角色之间的协同工作关系:
>
> **1. 系统管理员**
>
> 职责:
>
> - 负责 TMS 的整体系统维护与管理。
> - 配置系统设置和用户权限。
> - 确保系统的安全性和稳定性。
>
> 与其他角色的协同如下。
>
> - 知识管理员:提供权限和技术支持,确保知识库的正常运行。

- 项目经理/协调员：协助配置项目管理工具和权限设置。
- 内容创建者和协作参与者：提供技术支持，解决使用中的技术问题。
- 访客用户：管理访客的访问权限，确保系统安全。

2. 知识管理员

职责：

- 负责管理和组织团队知识库内容。
- 确保知识的分类、整理和有效利用。
- 审核和发布团队博文和文档。

与其他角色的协同如下。

- 系统管理员：请求技术支持和权限设置。
- 项目经理/协调员：提供项目相关的知识和文档支持。
- 内容创建者：审核和编辑他们提交的内容。
- 协作参与者：指导他们使用知识库，提供所需的文档和资料。
- 访客用户：控制他们对知识库的访问权限。

3. 项目经理/协调员

职责：

- 负责项目的整体规划和协调。
- 分配任务并跟踪进度。
- 组织团队会议和日程安排。

与其他角色的协同如下。

- 系统管理员：配置项目管理工具和权限。
- 知识管理员：获取项目所需的知识和文档。
- 内容创建者：分配任务和收集项目相关的内容。
- 协作参与者：分配任务、监督进度并提供反馈。
- 访客用户：在必要时邀请访客参与项目讨论或提供反馈。

4. 内容创建者

职责：

- 创建和编辑团队所需的各种内容，如博文、文档、思维导图等。
- 确保内容的准确性和高质量。

与其他角色的协同如下。

- 系统管理员：请求技术支持和权限设置。
- 知识管理员：提交内容进行审核和发布。
- 项目经理/协调员：按照任务要求创建项目相关内容。
- 协作参与者：收集他们的反馈和建议，优化内容。
- 访客用户：根据项目经理的要求，可能为访客提供特定的内容查看权限。

5. 协作参与者

职责：

- 参与团队沟通和协作。

- 完成分配的任务并提供反馈。
- 参与团队博文和知识的创建与分享。

与其他角色的协同如下。

- 系统管理员：请求技术支持和权限设置。
- 知识管理员：使用和贡献知识库内容。
- 项目经理/协调员：接受任务分配并汇报进度。
- 内容创建者：提供内容创建的反馈和建议。
- 访客用户：协作参与者在必要时与访客用户共享信息或进行合作。

6. 访客用户

职责：

- 访问团队协作系统的特定部分，通常是受到邀请后参与特定项目或讨论。
- 提供外部的意见和建议。

与其他角色的协同如下。

- 系统管理员：被赋予适当的访问权限。
- 知识管理员：根据权限访问知识库的特定内容。
- 项目经理/协调员：参与项目讨论或提供反馈。
- 内容创建者和协作参与者：在必要时与访客用户共享内容和进行协作。

通过以上角色定义和协同关系，TMS能够高效地实现团队协作、信息共享和任务管理，提高整体工作效率和协作效果。

知识点：提示词工程

提示词工程（Prompt Engineering）是自然语言处理（NLP）和人工智能领域中的一个重要概念，基于对语言、沟通和AI技术有深刻的理解，对AI系统输入的精心设计和优化，以提升LLM输出或任务处理上的性能和用户体验，实现更自然、更高效、更智能的人机交互。提示词工程始终围绕用户的具体目标或需求进行设计，并使用简洁、明确、无歧义的语言来构建提示词，避免不必要的复杂性和冗余，确保AI能够准确理解任务意图。提示词工程强调结构化构建，主要包含下列元素。

- 上下文：为AI提供任务背景等上下文信息。
- 任务说明（指令）：清晰表述要处理的具体任务或问题。
- 关键信息：提供完成任务所必需的核心信息、示例或数据。
- 期望结果：描述所期望的答案类型或输出格式。
- 限制条件：指出任何特定的限制或规则。

通过定量和定性的方法评估提示词的有效性，关注AI的响应速度、准确性和用户满意度，并建立反馈循环，利用用户和AI的响应来评估和优化提示词，实现持续的性能提升。当然，还需要考虑伦理和合规性、融入创新思维等。

基于此，还可以让大模型按照SysML规范，生成Mermaid格式的需求图，如图3-3所示。SysML（Systems Modeling Language）是一种用于系统工程的建模语言，它扩展了

UML(Unified Modeling Language)以支持系统工程的需求。Mermaid 是一个简单的图表绘制工具，虽然它不直接支持 SysML，但可以使用 Mermaid 来创建一个近似的需求图。以下是一个基于 Mermaid 的需求图示例，它展示了 TMS 中各个角色的需求和关系。

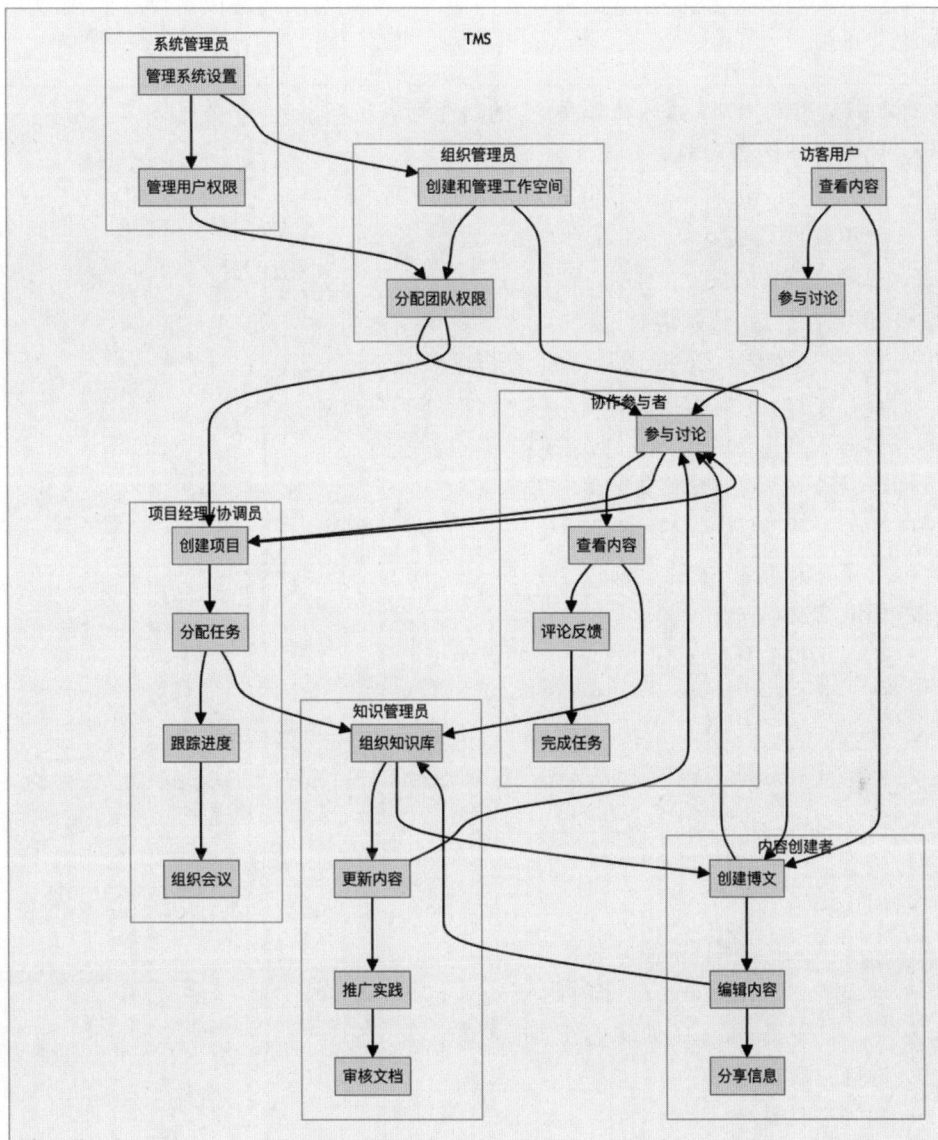

图 3-3　GPT-4o 生成的 SysML 需求图

如果觉得不对，可以通过 Mermaid 相关的工具进行编辑脚本来完善需求图。关于需求建模，后面还会有更深入的讨论，而针对用户角色需求的表示，基于敏捷开发模式，会采用用户故事来表达，后面也有专门的章节来讨论。

3.2.3　系统的功能需求

系统需求是需求模型的最底层，具体描述了软件系统需要具备的功能和特性，以满足用户需求和业务需求。系统需求可以分为功能需求和非功能需求。

系统的功能需求(Functional Requirements)是描述软件系统必须执行的特定功能和行为的详细说明,即系统在达到其设计目标和满足用户期望时,必须具备的具体功能。这些需求通常描述了系统的行为、交互及处理数据的能力。功能需求通常以用户故事、用例或功能列表的形式呈现。

对本书的案例"TMS 团队协作系统"的功能列表:

1. 团队协作沟通功能

- 类似于 Slack 或 Bearychat 的团队沟通工具。
- 频道(组团沟通)和二级话题消息沟通。
- 私聊(一对一)。
- 支持 @消息、收藏消息、富文本消息目录。
- 有不同的频道,如外链、甘特图、任务看板等。
- 日程安排、待办事项和提醒,支持邮件通知、桌面通知等。
- 沟通消息标记表情和标签,方便分类过滤检索。
- 剪贴板上传图片,拖曳文件上传。
- 文件上传,从 CSV、Excel 导入 Markdown 表格。
- 自定义频道组、皮肤色调。

2. 团队博文(Wiki)

- 类似于精简版的 Confluence 或蚂蚁笔记。
- 博文空间,便于博文组织和权限隔离。
- 支持 Markdown、HTML 富文本、思维导图、图表等多种创作方式。
- 基于博文模板创建,可发布私有、公开模板。
- 博文目录、标签、父子级博文(支持 5 级)。
- 博文关注、收藏、版本比较、权限、点赞、分享、开放游客访问。
- 博文评论。
- 博文多人协作编辑(需开启协作权限)。
- 导出 PDF、Markdown、HTML、Excel、PNG。
- 基于 WebSocket 的博文更新实时通知。

3. 国际化翻译管理

- 翻译项目管理。
- 翻译语言管理。
- 翻译导入/导出。
- 翻译管理。

4. 其他功能

- 图像(系统界面的截图)、GIF(系统操作的动态)展示。
- 系统设置。
- 用户管理。

功能需求是软件开发的基石,它们直接影响到系统的设计、实现与测试。如果功能需求不明确或不完整,可能导致系统无法满足用户需求,进而影响项目的成功。功能需求的三个关键属性是正确性(Correctness)、完备性(Completeness)和适合性(Appropriateness)。

（1）**正确性**指的是软件系统执行的功能需求必须准确无误地符合预期的业务规则和逻辑。例如,一个在线购物平台的功能需求是"用户可以添加商品到购物车",它意味着用户能够将其要购买的商品放入购物车后,系统能准确地反映出这一操作,包括购物车增加了相应的商品信息,包括商品的数量、价格等。

（2）**完备性**指的是软件系统的功能需求应该覆盖所有用户或客户的业务需求,没有遗漏。例如,对于一个银行的自动取款机(ATM),其功能需求应该是完备的,包括但不限于取款、存款、查询余额、转账等。如果 ATM 缺少了查询余额的功能,那么它就不满足完备性的要求。

（3）**适合性**指的是软件系统的功能需求恰到好处地满足特定的业务场景,即不能脱离业务的实际应用场景。例如,一个图书馆管理系统可能需要一个功能需求是"用户可以搜索图书"。适合性意味着搜索功能应该提供足够的搜索选项(如按标题、作者、ISBN 等),但同时不应该包含过于复杂或对大多数用户不实用的高级搜索算法,这可能会增加系统的复杂性而对大多数用户并无实际帮助。

3.2.4　系统非功能性需求

系统的非功能需求(Non-Functional Requirements)描述除功能之外的系统其他质量特性,这些特性通常与软件的内部设计和实现有关,而不是软件执行的具体任务。如性能(效率)、安全性、兼容性、可靠性等,可以参考 ISO/IEC 25000 质量模型——SQuaRE(Software Quality Requirements and Evaluation)标准。

- **效率**(Efficiency)涉及软件使用系统资源的能力和响应时间,外部体现为系统的性能。例如,一个电子商务网站的非功能性需求可能是支持每秒数千次的交易处理,同时确保页面加载时间不超过 3s。
- **可靠性**(Reliability)指软件在面对错误输入或异常情况时,仍能正常运行的能力。例如,自动取款机(ATM)的软件需要能够处理断网或电源故障,确保用户交易的完整性和资金安全。
- **易用性**(Usability)涉及软件的易理解和用户界面的友好性。例如,一个移动应用程序的非功能性需求可能包括直观的用户界面设计,使用户能够快速学会如何使用应用程序。
- **兼容性**(Compatibility)指软件与其他系统或组件交换数据和协同工作的能力。例如,一个企业级软件系统可能需要与多种数据库系统兼容,如 MySQL、Oracle 和 SQL Server。
- **安全性**(Security)涉及保护软件免受恶意攻击和未授权访问。例如,一个在线银行系统必须具备高级加密和多因素认证,以确保交易的安全性。
- **可维护性**(Maintainability)指软件在生命周期内进行修改和升级的容易程度。例如,一个软件系统应该使用清晰的代码结构和文档,以便于未来的维护和升级。
- **可移植性**(Portability)指软件从一个环境迁移到另一个环境的能力。一个桌面应用程序可能需要移植到移动平台,如从 Windows 移植到 iOS 或 Android。

非功能性需求对于软件的整体质量和用户体验至关重要。它们通常在软件设计和架构阶段被定义,并在整个开发过程中持续关注和实现。

3.2.5　其他需求类型

前面讨论了业务需求、用户角色需求和系统的功能、非功能性需求,这些需求都是来自客户(或用户)的需求,是软件主要的需求。但还有一些需求,来自研发团队的内部,要么是团队之前工作没做好,产生了缺陷和技术债务所带来的需求,要么是团队内部对系统部署、技术支持等提出的需求。特别是在今天 DevOps 流行,我们更应该要关注运维方面的需求。

- **运维需求**(Operational Requirements)涉及软件部署、监控、维护和支持等方面的需求,包括易部署性、可监控性、灾难恢复和业务连续性等。例如,一个 Web 应用软件能够容易地被部署到生产环境中,包括自动化部署和回滚机制,以及需要不间断(24×7)的监控系统来跟踪性能指标和错误日志,确保系统稳定运行,并快速响应任何潜在的运维问题。
- **缺陷修正**(Defect Resolution)指识别、记录、修复软件中的缺陷或错误,并验证修复结果的过程。例如,一个软件产品在发布后,用户报告了一个登录问题。开发团队需要迅速响应,重现问题,定位缺陷,并发布一个修复版本。
- **技术债务**(Technical Debt)是指在软件开发过程中,由于采取了捷径或权宜之计而产生的程序结构混乱、代码可读性降低,增加了额外工作量或长期维护成本。例如,为了快速发布一个功能,开发团队可能暂时忽略了代码重构,导致代码质量下降。长期来看,这可能需要更多的时间和资源来解决由此产生的问题。在此后的迭代开发中,需要偿还技术债务。例如,在每一个新的版本中,重构之前 10%～15% 的遗留代码。

这些需求和考虑因素对于确保软件项目的长期成功、用户满意度和社会责任至关重要。它们通常需要跨学科团队的合作,包括开发人员、项目经理、质量保证工程师、运维团队和法律顾问等。

3.3　真实需求的获取

在软件工程领域,全面、准确的需求获取对于软件项目的成功起着决定性的关键作用,因为需求是源头,软件设计和实现是建立在需求之上。我们首先要做正确的事,就是要开发正确的软件,也就是要拿到正确的需求,所以需求获取作为软件开发过程中的关键环节,其重要性不容小觑。无论是新启动的软件项目,还是针对已有软件系统的升级改进,真实需求的获取都是必须攻克的首要难题。

在实际的软件开发场景下,需求的来源广泛且复杂,涵盖了用户期望、业务目标、技术限制等多个方面。由于各种因素的相互交织与影响,使得获取真实需求成为一项极具挑战性的任务。对于不同类型的软件项目,无论是从零开始的创新性项目,还是基于已有业务的优化项目,都需要一套行之有效的方法来确保需求的真实性和准确性。那么,在这样复杂的背景下,究竟怎样才能有效地获取真实需求呢?

本节将深入探讨如何系统地、科学地获取真实需求，确保软件开发过程的每一步都建立在坚实的需求基础之上。首先讨论一般情况下需求获取的过程与方法，然后就"已有的业务或市场、全新的产品"两种完全不同的情况做进一步的讨论，以帮助读者在复杂多变的环境中，准确捕捉用户的核心需求，从而避免软件研发偏离轨道，确保最终产品能够满足市场和用户的实际需要。

3.3.1　需求获取的过程

在软件开发过程中，需求获取是确保项目成功的关键步骤之一，然而，许多团队在实际操作中往往忽视这一环节，导致项目后期出现诸多问题。一般情况下，先获取需求，再进行整理与分析，有时一面获取、一面分析，发现获取不足，再补充需求。虽然这两者没有硬性隔离的界限，需求获取和需求分析两者相辅相成，但一般来说，需求获取是准备阶段，而需求分析与需求定义更紧密一些，需求定义是基于分析结果，明确地记录和描述具体的需求规格，我们会把需求分析和定义放在一起来讨论，这里优先讨论"需求获取"。需求获取的重要性体现在以下几方面。

- **确保项目目标明确**。通过详细的需求获取，团队能够清晰地理解客户的期望和项目的具体目标。
- **降低项目风险**。未充分获取需求可能导致功能遗漏或误解，从而造成项目开发过程中需求变更频繁，增加项目的风险。
- **提高客户满意度**。深入的需求获取能够确保最终交付的产品真正满足客户的需求和期望，并增强客户的信任感。

尽管需求获取的重要性显而易见，但其常因为时间紧、沟通不畅、缺乏系统化工具和方法等原因而被忽视。下面就详细介绍一下需求获取的过程。但在介绍之前，也应该认识到，不同的项目背景，需求获取的过程、方法和工具有比较大的差别。例如，通常会考虑下列 4 种情况。

- **已有业务**：目标是优化和改进现有系统，应注重用户反馈与问题改进，通过实地调研获取具体需求。
- **开创性产品**：目标是探索全新功能或服务，重点是创意开发与用户痛点洞察，方法以创新为导向。
- **现有市场**：目标是满足行业标准或竞争产品的需求定位，注重市场竞争分析与用户细分需求的挖掘。
- **潜在市场**：目标是发掘潜在用户群或未满足的需求，需通过趋势分析、用户未知需求挖掘等方式获取需求。

1. 常见的需求获取过程

现在讨论一般情况下需求获取的常见过程——一个持续与用户、客户或潜在用户沟通的过程。在沟通过程中，将获取的需求信息记录下来。我们结合一个"Web 团队协作系统"案例来说明需求获取的常见过程与方法，它支持基于频道模式的团队沟通协作、轻量级任务看板、富文本的团队博客等功能需求。

（1）**明确产品愿景，理解核心问题**。在开发一款团队协作系统（如 TMS）之前，首先需要清楚产品的目标和愿景，明确客户希望解决的核心问题。例如，TMS 的目标是通过提供多样化的沟通方式（如频道沟通、任务看板、团队博文等），解决团队协作中的沟通障碍，提升任务管理的效率,实现简单、有效的团队协作。

(2) 收集背景资料。在需求获取前,通过互联网、行业报告、用户反馈等途径,收集相关领域的信息和业务背景。例如,了解当前市场上类似协作系统(如 Slack、Confluence)的功能特点、用户痛点,以及目标用户的 IT 使用习惯。这些资料有助于为后续的需求挖掘做好充分准备。

(3) 确定调查范围与用户角色。明确产品可能影响的范围和目标用户群体,识别不同用户角色(如项目经理、开发人员、市场人员等)。例如,在 TMS 中,项目经理可能更关注任务看板和甘特图功能,而开发人员可能更需要 Markdown 支持和实时沟通功能。通过划分用户角色,为后续的调研和访谈提供针对性指导。

(4) 制订调研计划与访谈大纲。制订详细的调研计划,包括需要了解的事项、目标用户、操作流程以及注意事项。例如,在调研 TMS 的需求时,可以设计访谈大纲,涵盖用户对频道沟通、任务管理、团队博文等功能的需求,以及他们在实际使用中的痛点和期望。

(5) 准备调研工具。使用调研问卷、功能原型、逻辑图等工具,帮助更高效地收集和确认需求。例如,在调研 TMS 时,可以准备一个简单的原型界面,展示频道沟通、任务看板等核心功能,帮助用户更直观地表达需求。

(6) 开展调研与访谈。通过实地调研、线上访谈等方式,深入了解用户的实际需求。例如,询问用户在团队协作中遇到的具体问题(如沟通效率低、任务分配混乱),以及他们目前的工作方式、业务场景和流程。记录用户对功能的期望,例如,是否需要实时通知、任务优先级管理等。

(7) 生成与修改调研分析报告。根据调研记录,利用工具(如大语言模型)生成初步的调研报告,并结合实际情况进行修改和完善。例如,整理出用户对 TMS 的核心需求,如频道沟通的实时性、任务看板的可拖曳操作、博文协作的权限管理等,形成一份完整的需求文档,作为后续需求分析的输入。

(8) 持续沟通与反馈。调研是一个反复迭代的过程,需要与项目干系人持续沟通,确保需求理解的准确性。例如,在 TMS 的开发过程中,定期与用户确认需求是否满足预期,调整调研方向,挖掘更多细节需求,如国际化翻译管理、移动端响应式设计等,确保产品功能更加贴合用户实际需求。

2. 不同场景的需求获取过程

(1) 已有业务的需求获取过程。

- 收集用户反馈:通过用户反馈、社区讨论、支持论坛等获取用户在使用过程中的真实体验和意见。
- 分析现有问题:利用数据分析工具,发现用户行为数据中存在的功能瓶颈或操作痛点。
- 开展访谈或实地观察:深入访谈实际使用系统的用户,观察他们的工作方式和使用过程中的障碍点。
- 整理需求优先级:将优化需求按照用户影响度、平台性能和商业价值等因素进行排序。

(2) 开创性产品的需求获取过程。

- 用户痛点洞察:通过深度访谈、陪同用户的行为观察,发现目前未被解决的问题和机会点。

- 头脑风暴与创意生成：组建跨领域团队，通过多轮创意思路碰撞，提炼出可能的创新方向。
- 验证和原型测试：快速制作低保真原型或功能演示产品，与潜在用户协作完成初步实验点的验证。
- 迭代开发：结合第一轮需求收集的结果，进一步优化和扩展创新产品的功能和服务细节。

（3）现有市场的产品需求获取过程。

- 研究竞争产品：通过对竞争产品功能、定位、定价等的全面分析，了解行业痛点和标准功能。
- 用户群体细分与需求提取：明确目标市场的具体人群，通过问卷调查或座谈会获取细分群体的真实需求。
- 行业标准学习：了解行业法规或规范（如金融监管、医疗认证等），确保产品满足合规要求。
- 市场调研与功能差异化设计：通过调研找到现有市场中的未满足需求，结合用户反馈提出改进方案。

（4）潜在市场的产品需求获取过程。

- 研究趋势与未来技术：收集行业趋势报告和技术预测，找到可能催生新市场需求的突破方向。
- 用户画像定义：确定潜在用户群体的特点（如年龄层、消费习惯、使用能力等），预测他们可能的需求。
- 从相邻领域获取灵感：通过分析相邻行业或不同场景下的需求，将已有场景的解决方案迁移过来。
- 制定假设与用户实验：基于发现的潜在需求，制定使用假设和商业模型原型，通过小规模实验验证可行性。

案例：TMS 需求获取过程

针对团队协作系统 TMS 的需求获取，可以遵循以下步骤系统地获取 TMS 团队协作系统的需求，并确保产品开发始终以用户为中心，满足市场和用户的实际需求。

（1）理解产品定位和目标用户：首先，了解 TMS 的定位是一个基于频道模式的团队沟通协作系统，它结合了轻量级任务看板、团队博文 Wiki 以及国际化翻译管理等功能。

（2）分析现有资料：根据提供的网页内容，分析 TMS 的主要功能和特点，包括团队沟通、博文系统、国际化翻译管理等。

（3）识别关键功能和用户需求：识别 TMS 的关键功能，如团队协作沟通、频道任务看板、国际化翻译、实时通信等，并分析这些功能对应的用户需求。

（4）市场调研和竞品分析：进行市场调研，了解同类产品的功能和市场表现，分析 TMS 相对于竞品的优势和不足。

（5）用户访谈和问卷调查：设计问卷调查，收集更广泛的用户反馈；与 TMS 的现有用户或潜在用户进行访谈，了解他们的使用体验和改进建议。

（6）观察用户行为：观察用户如何在实际工作中使用TMS，注意他们在使用过程中遇到的问题和不便之处。

（7）原型测试和用户反馈：基于当前的TMS版本，设计原型并进行用户测试，收集用户对界面设计和功能实现的反馈。

（8）分析用户反馈：对收集到的用户反馈进行归类和分析，识别最紧迫和最重要的需求。

（9）需求优先级排序：根据需求的重要性和紧迫性，对需求进行优先级排序，确定开发顺序。

（10）撰写需求文档：将分析结果整理成需求文档，明确每个需求的详细描述、优先级和预期影响。

（11）与开发团队沟通：与开发团队进行沟通，确保他们对需求有清晰的理解，并讨论实现的可行性。

（12）持续迭代和优化：根据用户反馈和市场变化，持续迭代和优化TMS的功能，确保产品始终满足用户需求。

（13）利用数据分析：收集和分析用户使用TMS的数据，如活跃度、功能使用频率等，以数据支持需求决策。

（14）合规性和版权问题：考虑到TMS可能用于商业用途，需要关注并解决第三方开源依赖库的版权授权问题。

3.3.2 传统的需求获取方法

需求获取方法多种多样，我们可以通过多样化的市场调研、深入的专题讨论、系统的信息搜索等方式来捕捉和定义需求。这些方法不仅包括收集翔实的市场信息，还涵盖对数据的深入分析和洞察，从而帮助企业全面了解当前的市场需求、竞争环境以及潜在的商业机会。通过结合定量与定性的研究手段，企业能够精准识别目标用户的痛点和期望，评估竞争对手的优势与劣势，并发现未被满足的市场空白。这一过程不仅优化了产品或服务的定位，还为战略决策提供了坚实的依据，使企业能够在动态变化的市场中保持竞争力并实现持续增长。

需求获取方法很多，如问卷调查、深度访谈、焦点小组、用户观察工作坊、原型设计、文档/报表分析、竞争对手分析、市场趋势分析、头脑风暴等。下面就侧重介绍问卷调查、深度访谈、焦点小组这三种方法，其他方法，读者可以举一反三，或在网上搜索相关资料或问大模型。

1. 问卷调查

问卷调查是一种结构化的需求获取方法，通过设计一系列有针对性的问题，向目标用户群体收集定量和定性数据。这种方法广泛应用于市场调研、用户满意度评估、新产品开发等领域，具有以下特点。

- 高效覆盖：能够在较短时间内收集大量用户反馈，适合大规模数据收集。
- 成本效益：相对于深度访谈或焦点小组，问卷调查的实施成本较低。
- 数据可量化：选择题、评分题等形式，便于后续的数据分析和统计。

- 匿名性强：用户可以匿名填写，减少社会期望效应，获取更真实的反馈。

一般应用操作步骤如下。

（1）目标确定：明确调查目的和需要获取的信息类型，例如，用户对现有协作功能的满意度、新功能需求、使用体验中的痛点等。

（2）问卷设计：制定问题（如行业和团队规模、被调查者的角色、功能使用情况、用户体验、期望得到什么新功能等），确保问题简明、具有针对性、涵盖多种题型（如选择题、开放式问题）。

（3）样本选择：确定调查对象，确保样本具有代表性。确保问卷覆盖不同类型的用户和不同角色，以及来自不同规模和行业的团队，以获取多元化的反馈。

（4）问卷分发：通过线上平台（如腾讯问卷、问卷星、金数据等）或线下方式发送问卷。

（5）数据收集与分析：收集问卷回复，使用统计工具进行数据分析，提取关键需求和趋势。

（6）结果应用：根据分析结果，制定相应的产品改进策略或新功能规划。

通过问卷调查，不仅能够高效地收集广大用户的反馈，还能精准地识别出用户的真实需求和期望。问卷调查作为需求获取的重要方法，应与其他方法（如用户访谈、焦点小组等）结合使用，以实现全面、深度的需求理解。

2. 深度访谈

深度访谈是一种质性需求获取方法，通过与目标用户进行一对一的深入对话，深入了解其需求、动机、体验和困难。这种方法广泛应用于用户研究、产品开发和市场分析，具有以下特点。

- 深入理解：能够挖掘用户的潜在需求和隐性痛点，获取丰富的背景信息。
- 灵活性高：访谈过程可以根据用户的回答灵活调整，探索更多相关话题。
- 建立信任：面对面的交流有助于建立信任关系，促使用户更开放地分享真实想法。
- 质性数据：获取详细的描述性信息，有助于形成全面的需求画像。

一般应用操作过程，分为准备阶段、执行阶段和分析阶段，其中，准备阶段的操作步骤如下。

（1）明确目标：确定访谈的具体目标，如了解用户对现有功能的满意度或探索新的需求。

（2）设计提纲：制定访谈提纲，包含开放性问题，确保覆盖关键话题。

（3）选择受访者：挑选具有代表性的用户群体，确保样本多样性和代表性。

执行阶段操作步骤如下。

（1）建立联系：通过邮件、电话等方式联系受访者，安排访谈时间和地点，尽量选择舒适的环境。

（2）进行访谈：按照提纲引导访谈，保持开放和倾听，关注用户的每一个细节，记录重要信息（可录音以备后续分析），确保信息的全面性和准确性。

（3）灵活应变：根据访谈进展，适时调整问题深度和方向，深入探讨关键点。

分析阶段操作步骤如下。

（1）整理数据：转录访谈记录，整理关键信息和共性需求。

（2）提炼洞察：分析用户反馈，识别主要需求、痛点和改进建议。

如何定义好的软件需求

（3）形成报告：编写需求分析报告，提供具体的改进方案和行动建议。

根据前面"问卷调查"，我们比较清楚目标、受访者、整理数据等要求，所以这里以"TMS团队协同系统"为例，主要介绍如何更好地设计访谈提纲，把它分为5部分，每部分给出两三个问题示例。

（1）基础使用情况。

- 您通常如何使用TMS的团队沟通功能？
- 您喜欢用什么在线方式进行沟通？
- 哪些功能是您日常工作中最常用的？

（2）用户体验。

- 在使用TMS过程中，您遇到过哪些问题或不便？
- 对于任务看板的拖曳功能，您有何改进建议？

（3）功能需求。

- 您希望TMS新增哪些协作工具或功能？
- 您认为TMS的哪些功能最有助于提升团队协作效率？
- 对于国际化翻译管理，您有哪些具体的需求或期望？

（4）整体反馈。

- 您对TMS的整体使用体验有何意见或建议？
- 请分享一个您希望通过TMS解决的具体团队协作问题。

（5）开放问题。

- 这类工具，您之前用过哪些？对哪个工具印象深刻？
- 您对TMS整体使用体验有何意见或建议？
- 请分享一个您希望通过TMS解决的具体团队协作问题。

3. 焦点小组

焦点小组（Focus Groups）是一种定性研究方法，通过组织一小群具有代表性的参与者，在主持人的引导下进行讨论，以深入了解他们的观点、需求和体验。这种方法广泛应用于市场调研、用户体验评估和产品开发等领域，具有以下特点。

- 互动性强：通过小组讨论，激发参与者之间的互动，挖掘更深层次的见解。
- 多样化观点：集合不同背景和角色的参与者，获取多元化的意见和建议。
- 灵活性高：主持人可以根据讨论进展，灵活调整话题和提问方向。
- 即时反馈：能够迅速捕捉参与者的即时反应和情感态度。

一般应用操作步骤如下。

（1）确定目标。明确焦点小组的研究目标，如了解用户对现有功能的满意度、探索潜在需求（例如，探索用户在协作过程中遇到的挑战和未被满足的需求）或评估新功能的可行性，如测试用户对拟引入的"思维导图"新功能的兴趣。

（2）设计讨论提纲。根据已制定的目标来设计详细的讨论提纲，涵盖关键话题和具体问题，确保讨论的方向和深度。

（3）招募参与者。选择具有代表性的用户群体（如项目经理、开发人员、设计师和内容编辑等），确保样本的多样性和相关性。通常每组包含6～10名参与者。

（4）组织和执行。安排合适的时间和地点，确保讨论环境舒适。由专业主持人引导讨论,鼓励所有参与者积极发言,覆盖所有关键话题,记录关键信息(可进行录音和录像以便后续分析)。

(5) 分析与总结。对讨论记录进行整理和分析,识别出共性需求、主要痛点和创新建议,形成需求分析报告。

通过焦点小组,TMS团队能够深入了解不同用户群体的真实需求和使用体验,发现潜在的改进机会和创新方向。这不仅有助于优化现有功能,提升用户满意度,还能指导新功能的开发,增强TMS在团队协作工具市场中的竞争力。结合其他需求获取方法,如问卷调查和深度访谈,焦点小组将为TMS提供全面、翔实的用户洞察,确保产品在不断变化的市场环境中持续成长和进步。

3.3.3 针对新产品的其他方法

在新产品开发过程中,除了问卷调查、用户访谈(包括与行业专家、知名博主、科技评论员等交流讨论)和焦点小组等常见的需求获取方法之外,还会采用一些其他的方法,如趋势分析与研究、用户洞察方法等,这样能够全面捕捉市场动态与用户需求,确保我们能够理解用户的潜在需求或用户需求的变化趋势等,从而创建符合市场趋势的新产品。

1. 趋势分析与研究

趋势分析与研究通过收集和分析市场、技术、社会经济等方面的数据,识别当前和未来的市场动向,预测行业发展方向。在新产品开发过程中,趋势分析是需求获取的重要方法之一。通过识别和分析相关趋势,企业能够洞察市场动态、用户需求和技术进步,从而制定有效的产品策略,为新产品的定位、新功能的设计提供科学依据。趋势分析可以包括技术趋势、行业与市场趋势、社会文化趋势、经济趋势、社会心理趋势、环境趋势、人口变化趋势等。这里讨论对新产品更有影响的前三个趋势。

技术是推动新产品创新的核心力量。新兴技术(如人工智能、物联网、区块链技术、虚拟现实与增强现实等)的出现和发展不仅改变了产品的功能和性能,还影响了用户的使用习惯和期望,我们从中可以获取灵感和需求方向。例如,根据一份关于物联网未来发展趋势的报告,发现物联网在医疗健康领域有巨大的应用潜力,进而思考开发一款基于物联网的远程健康监测设备,满足对老年人进行实时健康管理的潜在需求。从需求获取角度看,其价值体现在以下几方面。

- 功能创新:利用新技术增强产品功能,提高用户体验。
- 效率提升:通过技术优化产品制造和运营流程,降低成本。
- 差异化竞争:采用独特技术打造差异化产品,提升市场竞争力。

行业与市场趋势,更是我们关注的另一方面。了解行业动态和市场竞争状况是新产品成功的关键。市场规模、增长率、竞争格局等因素直接影响产品的定位和战略制定,例如,我们会根据市场需求和竞争情况确定产品的定位和目标用户。在这方面,我们会注重下面4方面。

- 市场规模与增长率:评估目标市场的潜力和发展速度。
- 竞争格局:分析主要竞争对手的产品特点、市场份额和策略。
- 客户需求变化:识别用户需求的演变和新兴需求点。
- 创新与技术应用:关注行业内的新技术应用和创新动向。

社会文化趋势反映了人们的价值观、生活方式和消费习惯的变化，这些变化直接影响产品的设计和市场接受度。我们会分析社会文化的变化对人们需求的影响，关注不同年龄群体的价值观和生活方式的变化，来细分市场，精准定位产品功能。例如，以一款音乐播放软件为例，为满足年轻用户的需求，可以设计用户自定义播放界面、歌曲分享到社交平台等功能。在这方面，我们会观察以下几方面。

- 消费心理：品牌忠诚度、购买动机、消费习惯的变化。
- 生活方式变化：健康生活、工作与生活平衡、数字化生活等趋势。
- 社会价值观：多样性与包容性、伦理消费、社会责任感的提升。
- 心理健康关注：对心理健康产品和服务的需求增加。

2. 用户洞察

用户洞察方法通过深入理解用户行为、需求和偏好，确保新产品贴合目标用户的实际需求，提高用户满意度和市场接受度。主要方法包括建立用户画像、情景模拟与角色扮演、用户体验旅程地图等，下面侧重讨论用户画像、情景模拟与角色扮演。

（1）建立用户画像（User Personas）。用户画像是对目标用户群体的虚拟代表描述，包含用户的基本信息、行为模式、需求和痛点。提供明确的目标用户视角，有助于产品设计和营销策略制定。对新产品，可以通过假设和推测来构建潜在用户的画像。例如，设想开发一款低空飞行汽车预订应用，其潜在用户可能包括商务出行者、旅游爱好者等。其中，商务出行者可能更关注出行的效率和舒适性，希望能够快速预订到适合商务会议安排的飞行时间和座位；旅游爱好者则更注重飞行过程中的观光体验等。构建用户画像时，我们会仔细筛选用户特征，如年龄段、区域、文化水平、兴趣爱好、消费习惯、消费能力等，识别用户的共性特征和差异，细分用户群体，从而确定某一款应用更适合具有哪些特征的潜在用户（即哪一类或几类用户群体）。例如，开发一款新型的虚拟现实游戏设备，目标用户可能是年龄为18～35岁、喜欢科技和游戏、具有一定消费能力的人群。

（2）情景模拟与角色扮演。通过模拟用户在特定情境下的操作和决策，深入理解用户在实际使用过程中的需求和挑战。我们可以扮演潜在用户的不同角色，在各种可能的场景下使用产品，提高团队对用户需求的共情能力。例如，开发一款无人零售商店的智能购物系统，团队成员可以模拟顾客从进入商店、挑选商品、支付结算到离开商店的整个购物过程，体验过程中可能会发现顾客在商品查找、价格比较、支付方式选择等方面的需求和痛点。邀请外部人员参与情景模拟，获取更客观的反馈。例如，在开发一款新型的健康管理设备时，先基于用户画像和市场趋势，设计典型使用场景，然后邀请不同年龄段、不同健康状况的人员参与情景模拟，观察他们在使用设备过程中的行为和反应，收集他们对设备功能、操作界面、数据展示等方面的意见和建议。

（3）用户体验旅程地图。用户体验旅程地图是一种可视化工具，用于描绘用户在使用产品或服务过程中经历的各个阶段和触点。它不仅展示用户的具体操作步骤，还包括用户在每个阶段的情感变化、需求和潜在痛点，如图3-4所示。通过这种方式，团队可以全面了解用户的体验，识别改进机会，优化产品设计和服务流程。其主要环节如下。

- 事先通过用户访谈、问卷调查、现场观察等方式获取用户角色、目标、动机、行为、痛点等相关的信息。
- 识别关键阶段：划分用户与产品或服务交互的主要阶段，如认知、考虑、购买、使用、支持等。

- 列出每个阶段的触点：确定用户在每个阶段与产品或服务接触的具体点，例如，访问网站、联系客服、使用功能等。
- 描绘用户行为和情感，记录用户在每个阶段的具体操作和决策过程。描绘用户在各阶段的情感状态，如兴奋、困惑、满意、不满等，帮助理解用户体验的高低点。
- 识别痛点与挖掘机会，如通过分析用户在旅程中的困难和不满，识别需要改进的环节，并基于用户需求和期望，找到潜在的改进和创新机会，提升用户体验。
- 最后可视化旅程地图，使用图表软件或专门的旅程地图工具，清晰展示各阶段、触点、用户行为和情感，包括用户角色、关键数据支持和具体建议。

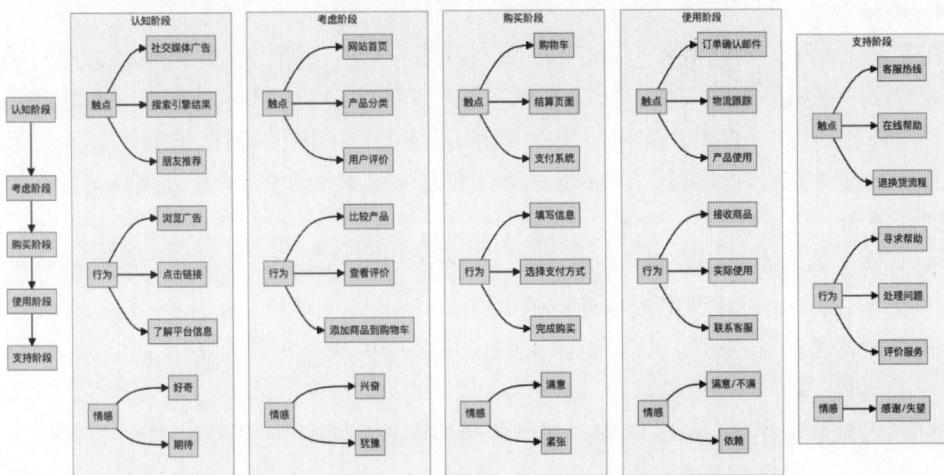

图 3-4　由大模型生成的分阶段用户体验旅程地图

3. 创意激发与头脑风暴

（1）**组织跨领域头脑风暴**。邀请来自不同背景的成员参与头脑风暴，如技术人员、设计师和市场营销专家。不同领域的专业人士能够带来多样化的视角和思维方式，激发创新性的需求想法。例如，在开发一款融合艺术与科技的产品时，可以邀请艺术家、工程师和营销专家共同参与。艺术家能够从审美和创意角度提出产品的外观设计和用户体验建议；工程师则关注技术实现的可行性和潜在挑战；营销专家从市场需求和用户接受度出发进行分析。通过多方协作，共同为产品需求定义提供丰富的创意和思路。

（2）**引入外部创意资源**。与其他行业的企业或创新团队进行合作，共同开展头脑风暴。例如，在开发一款面向教育领域的创新产品时，可以与游戏开发公司合作，借鉴游戏设计中的激励机制和互动方式，应用到教育产品中，以提升学生在学习过程中的趣味性和参与度。通过跨行业的合作，能够获得新的灵感和需求启示，推动产品创新。

（3）**运用类比法寻找灵感**。参考其他领域的成功产品，寻找灵感和需求启发。例如，在开发一款新型家庭娱乐设备时，可以借鉴智能手机的发展历程，思考如何将智能手机的便捷性、个性化和社交功能应用到家庭娱乐领域，以满足用户在家庭环境中的多样化娱乐需求。通过类比不同领域的成功经验，能够发现新的需求和创新点。

（4）**应用逆向思维法进行创新**。从现有产品或解决方案的不足出发，反向推导新的需求和创新方向。例如，传统健身设备通常体积庞大且功能单一。通过逆向思维，可以考虑开发一款小巧便携、功能集成且智能化的健身产品,满足用户在不同场景下的健身需求,同时克服传统设备的缺点。逆向思维有助于发现现有产品的痛点,并基于此进行突破性创新。

3.3.4 针对已有产品的其他方法

前两节讨论的方法,如问卷调查、用户访谈、焦点小组、趋势分析、头脑风暴等,许多时候都是可以应用在已有产品的需求获取中,而且调查对象、访谈对象更清楚,甚至和用户建立了比较好的关系,这些工作更容易开展。对已有产品,我们可以去用户那里观察他们是如何使用软件的,并从中发现问题,通过交流,获取用户更多的期望;有了用户行为数据、业务交易数据,更适合采用数据分析方法。

1. 现场观察

在需求工程中,"现场观察"(On-site Observation)是一种有效的需求获取方法,特别适用于理解用户在实际使用环境中的行为和需求。现场观察是指需求工程师亲自前往用户的实际使用环境,直接观察用户如何与软件互动,记录用户的操作流程、遇到的问题以及使用习惯。通过这种方式,能够深入理解用户的真实需求和工作流程,从而发现目前软件产品中潜在的问题和改进机会。

- 真实了解用户行为:亲自观察用户在自然环境中的操作,能够获取未经修饰的真实数据,避免用户在回忆或描述时的偏差。
- 发现隐性需求:通过观察,能够识别用户未明确表达但实际存在的需求,如操作中的不便、潜在的功能需求等。
- 深入理解应用场景:了解用户在具体情境下使用软件的方式,有助于设计更符合实际需求的功能和界面。
- 促进与用户的深度交流:现场观察过程中,通过深度的交流,可以快速澄清疑问,获取更多细节信息。

在这个过程中,我们注意与用户讨论观察的结果,验证发现的问题和需求,确保理解的准确性。通过深入的讨论,可以进一步了解用户的期望和偏好,获取更多有价值的信息。同时,也要保持开放心态,避免预设假设,开放地接受和理解用户的真实需求和反馈。

2. 用户行为数据分析

用户行为数据包括两部分,后端是系统存储的日志数据,前端是跟踪用户操作软件界面的数据,可以针对两部分的数据分析,更客观、更科学地了解用户行为。

(1) 分析软件系统的日志记录,深入剖析用户操作行为。例如,在视频网站中,通过细致分析用户的播放记录、暂停次数、快进快退行为等,可以全面了解用户对不同类型视频的观看习惯和偏好。如果发现某类视频的暂停次数显著增加,可能表明该视频在某些情节设置或播放质量方面存在问题,需要针对性地进行优化,如改善视频内容质量或调整播放技术。

(2) 评估用户在页面上的停留时间与点击热点。以新闻资讯类应用为例,利用热图分析技术,可以明确用户在不同页面的停留时长、点击频率高的区域以及关注度较低的板块。如果某个频道的页面停留时间较短且点击率不高,这可能意味着该频道的内容推荐机制或页面布局存在不足,需重新审视内容展示方式或优化页面结构,以提升用户的阅读体验和参与度。

3. 业务交易数据分析

下面通过两个行业(电商业务、金融业务)的具体情况讨论,来帮助读者更好地理解基于业务交易数据分析获取已有系统的需求。

(1)针对电商业务,深入分析订单数据及购物车遗弃率。例如,若在某个特定时间段内,购物车遗弃率突然上升,需迅速调查潜在原因。这可能包括支付流程的复杂性、商品价格的频繁波动或页面加载速度过慢等问题。基于分析结果,可以提出有针对性的优化需求,如简化支付步骤、稳定商品定价策略或提升网站性能,从而降低遗弃率,提升转化率。

(2)在金融业务中,详尽分析投资交易数据及资金流向。以股票交易软件为例,若发现用户在特定时间段内频繁进行某类股票的交易操作,需深入了解其背后的投资策略和具体需求。这可能涉及增加高级投资分析工具、提供实时资讯服务或优化用户交互界面,以更好地满足用户的投资需求,提升软件的竞争力和用户黏性。

3.3.5 智能需求获取方法

观看视频

前面已经掌握了过去常用的需求获取方法,这些方法其实也被大模型掌握了,只是大模型不能去现场和用户、专家、意见领袖等进行直接交流,但我们可以代它去执行,即在去之前,先让大模型帮我们设计一个访谈大纲、设计需要提问的问题,甚至随身带着类似ChatGPT或DeepSeek那样的App,让这类App协助我们更好地完成访谈。

过去,我们采用了诸如机器学习、社会网络分析和反馈机制等技术,从开源社区的问题报告和聊天平台中挖掘隐秘的用户需求。甚至使用基于深度多任务学习的方法和基于双向LSTM结构的上下文感知对话模型,来提升需求获取的能力。这些探索在某些应用场景中是非常有意义的。然而,随着大模型技术的发展,现在可以通检索增强技术(RAG)和智能体,向基于大模型的工具或系统提出明确的需求,系统就会搜索相关网络资源(包括企业内部网络、知识库、文档库等)并实时整理出所需内容反馈给我们,帮助我们挖掘用户需求。

回到团队协作系统TMS,让大模型帮忙收集或获取需求,例如,让DeepSeek尽可能先搜索网络资源,然后整理出一份需求列表,如下所示。

一、团队沟通业务需求

1. 支持多种沟通场景

- 团队成员需要能够通过即时消息(如私聊、群聊)快速沟通。
- 支持异步沟通(如留言、通知),避免打断工作流。

2. 按项目或主题组织沟通

- 团队需要能够创建不同的沟通频道,按项目、部门或主题分类。
- 支持在频道内发起话题讨论,避免信息混乱。

3. 确保重要信息触达

- 重要消息需要能够通过@功能或特殊标记提醒相关人员。
- 支持消息的收藏和固定,便于后续查找。

4. 文件共享与协作

- 团队成员需要能够快速上传、下载和预览文件(如图片、文档)。
- 支持对共享文件进行分类管理和版本控制。

---

5. 通知与提醒机制

- 团队成员需要能够收到任务、会议或重要消息的提醒。
- 支持自定义通知方式(如桌面通知、邮件通知)。

二、轻量级任务管理业务需求

1. 任务创建与分配

- 团队成员需要能够快速创建任务,并指定负责人和参与人。
- 任务需要包含标题、描述、截止日期、优先级等基本信息。

2. 任务状态与进度跟踪

- 团队成员需要能够查看任务的状态(如待办、进行中、已完成)。
- 团队需要能够直观了解整体任务进度,避免任务延误。

3. 任务依赖与优先级管理

- 团队需要能够设置任务之间的依赖关系,确保任务按顺序执行。
- 支持根据任务优先级(如高、中、低)进行排序和分配资源。

4. 任务提醒与自动化

- 团队成员需要能够收到任务截止提醒,避免错过截止日期。
- 支持重复任务设置,减少重复性工作的手动操作。

三、博文 Wiki 业务需求

1. 博文创建与编辑

- 团队成员需要能够快速创建和编辑博文,支持富文本和 Markdown 格式。
- 支持图片、表格等多媒体内容的插入和排版。

2. 博文组织与权限控制

- 团队需要能够按项目或主题对博文进行分类管理。
- 支持设置博文的访问权限,确保敏感信息仅对特定成员可见。

3. 博文版本与协作

- 团队成员需要能够查看博文的修改历史,支持版本回滚。
- 支持多人同时编辑博文,避免内容冲突。

4. 博文评论与互动

- 团队成员需要能够对博文进行评论和点赞,促进知识分享和讨论。
- 支持将博文导出为 PDF 或 Markdown 文件,便于外部使用。

四、国际化与翻译管理业务需求

1. 翻译项目管理

- 团队需要能够创建翻译项目,管理多语言内容。
- 支持导入和导出翻译内容,便于与外部工具协作。

2. 翻译协作与审核

- 团队成员需要能够协作翻译内容,支持多人同时编辑。
- 支持翻译内容的审核流程,确保翻译质量。

五、系统管理与扩展业务需求

1. 用户与权限管理

- 团队需要能够根据角色(如管理员、普通用户)分配权限。
- 支持细粒度的权限控制,确保数据安全和隐私。

2. 系统集成与扩展

- 团队需要能够与第三方工具(如 GitHub、Jenkins)集成,实现数据同步。
- 支持通过 API 或 Webhook 实现自动化流程。

假如我们更关心"二、轻量级任务管理业务需求"中的"任务状态与进度跟踪",可以再引导或追问下去,获得这方面更详细的业务需求,如图 3-5 所示。

针对"二、轻量级任务管理业务需求"中"任务状态与进度跟踪",我们想获得更细致的业务需求,包括考虑当今的工作环境和开发人员的体验。请好好挖掘一下"任务状态与进度跟踪"业务需求。

Q 已搜索到 47 个网页

针对"任务状态与进度跟踪"这一业务需求,结合当今的工作环境(如远程办公、跨时区协作、敏捷开发等)以及开发人员的体验,以下是更细致的业务需求分析:

1.任务状态的可视化与实时更新

- **需求背景**:在远程办公和跨时区协作中,团队成员需要实时了解任务状态,避免信息滞后或误解。
- **具体需求**:
  - 提供多种视图(如看板、甘特图、日历、列表等),满足不同用户的偏好和项目需求 [1] [4]。
  - 支持任务状态的实时更新和同步,确保所有团队成员看到的信息一致 [7] [10]。
  - 允许自定义任务状态(如"待办""进行中""已完成"),并支持状态流转规则的设置 [1] [4]。

2.任务进度的透明化与跟踪

- **需求背景**:项目管理者需要清晰了解整体进度,开发人员需要明确自己的任务优先级和截止时间。
- **具体需求**:
  - 提供进度条或百分比显示,直观展示任务的完成情况 [2] [7]。
  - 支持任务依赖关系的设置,确保前置任务完成后,后续任务才能开始 [6] [10]。
  - 提供任务时间预估与实际耗时的对比分析,帮助团队优化资源分配 [9] [13]。

3.自动化提醒与通知

- **需求背景**:在快节奏的工作环境中,开发人员容易忽略任务更新或截止时间。
- **具体需求**:
  - 支持任务截止日期的自动提醒(如邮件、桌面通知、移动端推送) [7] [11]。
  - 提供任务状态变更的实时通知(如任务被分配、完成或阻塞) [4] [10]。
  - 允许自定义提醒规则(如提前1天提醒、每日任务汇总等) [1] [6]。

4.任务阻塞与问题管理

- **需求背景**:开发过程中常遇到任务阻塞或技术问题,需要快速解决以避免项目延误。
- **具体需求**:
  - 提供任务阻塞标记功能,明确任务无法推进的原因(如依赖未完成、技术问题等) [7] [13]。
  - 支持问题跟踪和解决流程,确保阻塞任务能够快速分配给相关人员处理 [9] [11]。
  - 提供阻塞任务的优先级调整功能,确保关键任务优先解决 [4] [10]。

图 3-5　LLM 进一步获取业务需求的一个示例

5. 数据分析与报告

- **需求背景**：项目管理者需要通过数据分析优化团队效率，开发人员需要了解自己的工作表现。
- **具体需求**：
  - 提供任务完成率的统计报告，帮助管理者评估团队效率 ② ⑦。
  - 支持个人工作量的可视化分析（如任务数量、耗时等），帮助开发人员优化时间管理 ⑨ ⑬。
  - 提供项目健康度报告（如任务延期率、阻塞任务数量等），帮助管理者及时调整项目计划 ⑥ ⑩。

6. 跨平台与移动端支持

- **需求背景**：开发人员需要在不同设备上查看和更新任务状态，尤其是在移动办公场景中。
- **具体需求**：
  - 提供跨平台支持（Web、桌面、移动端），确保任务状态和进度实时同步 ① ④。
  - 支持离线模式下的任务更新，网络恢复后自动同步数据 ⑦ ⑪。
  - 提供移动端的快捷操作（如快速标记任务完成、添加评论等），提升开发人员的操作效率 ⑨ ⑬。

7. 任务历史与版本管理

- **需求背景**：开发人员需要追溯任务的历史变更，管理者需要了解任务的完整生命周期。
- **具体需求**：
  - 提供任务变更的历史记录（如状态变更、负责人变更、评论更新等） ④ ⑩。
  - 支持任务版本的创建和回滚功能，确保任务信息可追溯 ⑦ ⑬。
  - 提供任务变更的审计日志，帮助管理者了解任务的动态变化 ⑨ ⑪。

8. 集成与扩展性

- **需求背景**：开发人员通常使用多种工具（如GitHub、Jenkins、Slack等），需要任务管理系统与其他工具无缝集成。
- **具体需求**：
  - 支持与代码托管平台（如GitHub、GitLab）集成，自动同步任务状态与代码提交 ⑦ ⑬。
  - 提供API接口，支持自定义集成和自动化流程 ④ ⑩。
  - 支持与沟通工具（如Slack、Microsoft Teams）集成，实时推送任务更新 ① ⑥。

图 3-5 （续）

通过人机交互，可以收集足够的待建系统的业务需求。这依赖我们和大模型交互的能力，所幸的是，今天大模型有思考、推理能力，对提示词要求没有那么高。万一第一次交互效果不好，可以多次尝试，可以获得更好的输出。

3.4 智能需求分析与定义

需求分析与定义是软件开发生命周期中至关重要的环节，它不仅是需求获取阶段的自然延伸，更是去伪存真的过程，将零散、模糊的用户需求转换为清晰、规范、真实的需求的关键过程。通过系统化、结构化或面向对象的分析方法，需求分析与定义能够有效整合多方信息，梳理复杂需求，确保所有利益相关者对项目目标、功能范围及优先级达成一致共识。

在需求分析与定义过程中，团队可以借助多种工具和方法来提升分析的深度与广度。例如，用例图（Use Case Diagram）能够直观地展示系统功能与用户交互；活动图（Activity Diagram）可以清晰地描述业务流程和逻辑；场景分析（Scenario Analysis）则通过具体的使用场景挖掘用户的潜在需求。此外，数据流图（DFD）、实体关系图（ERD）等工具也能帮助团队从不同维度识别关键业务数据的结构和关系。

本节将详细介绍需求分析与定义的核心方法与步骤,结合实际项目中的应用实例,深入探讨如何通过科学的需求分析提升需求的质量,避免因需求不明确或变更频繁导致的开发延误和成本超支,确保开发成果能够真正满足用户期望和业务目标。

3.4.1 去伪存真

谈到"挖掘真实的需求",常常会提及"X-Y 问题"(X-Y problems,见 https://xyproblem.info),即如果我们(特别是产品经理)不会提问,用户其实要解决问题 X,但往往用户给出了其中的一个解决方案 Y。然后我们把 Y 当作需求、把手段当目的,做出的产品是次品——不能真正解决问题,项目失败;或者在研发过程中,经过大量的交互和浪费的时间,用户最终清楚地知道,他们确实要解决 X 这样的问题,而之前提出的 Y 甚至不是适合 X 的解决方案。

出现 X-Y 问题,往往是因为缺少思考、缺少推敲,缺少再追问一句"为什么要这么做"。有些人不清楚想解决的用户需求是什么,而认为开发 Y 功能能够满足用户就直接去做 Y 的需求,不是推敲解决用户需求的 X 问题是什么。

作者常常喜欢举一个简单的例子,某个同学打球回来,往宿舍走,路上碰到另一个同学,对他说:"帮我从食堂带两个馒头"。那"带两个馒头"是这位打球同学的需求吗?其实是这位同学给出了解决方案,需求是什么?有可能是:

R1:肚子饿了,需要充饥、填饱肚子。

R2:肚子饿了,且要省钱。

R3:好几天没吃到馒头,特别想吃馒头。

对于上面三个需求,其实解决问题的方案是不一样的。如果是 R1,去食堂,什么东西好带就买什么,因为都可以充饥。如果是 R2,尽量买和馒头价格相近的东西,贵的食物就不能买。如果是 R3,买其他食品都不能解决问题,只能买馒头。所以,当那位同学说,"帮我从食堂带两个馒头",可以反问"为什么要带馒头?"或问"只能带馒头吗?""还想吃什么?"等。

如何避免 X-Y 问题,而挖掘出真实的需求?这就要求我们不要猜测,而是善于提问、循循诱导。

- 多问几个为什么?
- 要解决这个问题的原因是什么?
- 现在的情况怎样?希望得到怎样的结果?

让用户把真实需求说出来,尽可能地还原真正的需求,了解问题所在、用户的真实的内心期望。从逻辑维度(从上往下)和时间维度(从前往后)分别思考问题,甚至有更多角度来分析用户的回答,尽可能地找到正确的问题,做到有的放矢。

- **从上往下思考**。所提出的问题属于哪个领域?这个领域最大的问题是什么?会有哪些子问题?对同一个问题会有不同的解决方案吗?哪个方案更能彻底解决问题?能解决本质问题吗?还是各个击破?
- **从前往后思考**。这个问题是什么时候出现的?问题的背景是什么?之前为何没解决?如果不解决,未来会发生什么?什么时候解决更为合适?

如何定义好的软件需求

3.4.2 结构化分析方法

结构化分析(Structured Analysis,SA)是软件工程中一种经典的需求分析方法,旨在通过系统化的建模技术,将复杂系统分解为更小、更易管理的部分(如模块、组件等),从而明确系统的功能、数据流和行为。以下是结构化分析方法的详细介绍。

结构化分析方法的核心思想是自顶向下、逐层分解。通过将复杂系统分解为多个层次的功能模块,逐步细化需求,直到每个模块的功能足够简单、易于实现。这种方法强调逻辑建模,而非物理实现,确保需求分析的独立性和通用性。结构化分析方法依赖于多种图形化工具,主要包括以下三种模型。

- **功能模型**:**数据流图**(Data Flow Diagram,DFD),用于描述系统中数据的流动和处理过程,展示数据如何从输入经过一系列加工转换为输出。
- **行为模型**:**状态转换图**(State Transition Diagram,STD),用于描述系统对外部事件的响应,展示系统状态的变化及触发条件。
- **数据模型**:**实体关系图**(Entry Relation Diagram,ERD),用于描述系统中的数据实体及其之间的关系,适用于数据库设计。

基于这三个模型,可以专业地完成需求的结构化分享,其关键步骤如下。

(1) 需求获取与整理:通过与用户交流、观察工作流程等方式获取原始需求,将需求分类整理为功能需求和非功能需求。

(2) 完成功能建模、行为建模、数据建模(下面会详细讨论)。

(3) 数据字典与加工规格说明,即定义系统中所有数据元素的属性(如名称、类型、取值范围),并描述每个加工的逻辑规则(如决策表、决策树)。

结构化分析的主要优点如下。

- 清晰直观:图形化工具(如 DFD、ERD)使系统功能和数据流易于理解。
- 模块化设计:通过逐层分解,将复杂系统简化为可管理的模块。
- 逻辑性强:强调逻辑建模,避免过早涉及技术实现细节。

但也存在着一定的局限性。

- 灵活性不足:适用于需求稳定的系统,难以应对频繁变更的需求。
- 迭代支持有限:传统结构化分析缺乏对迭代开发的支持。
- 实时系统适用性低:更适合数据处理系统,对实时控制系统的支持较弱。

目前主要采用快速迭代的方法,所以结构化方法受到的限制还比较大,这样其应用就比较少,在这里做比较简单的介绍。更详细的内容,可以参考其他的资料,或直接问大模型。

1. 数据流图

数据流图(DFD)是一种图形化技术,用于描述信息流和数据从输入到输出的过程中所经历的变换,分为描述系统与外部实体的交互的环境图(顶层 DFD)和展示系统内部的数据处理流程的分层 DFD。它不涉及具体的物理实现细节,而是专注于系统的逻辑功能。DFD帮助开发团队和利益相关者直观地理解系统的功能、数据交互以及信息流动路径。其核心元素主要有以下几个。

- **外部实体**(**External Entity**):表示与系统交互的外部对象,如用户、其他系统或设备。通常用矩形表示。

- **加工/处理（Process）**：对数据进行处理的逻辑单元，表示对数据进行处理或转换的功能模块。通常用圆形或矩形表示。
- **数据存储（Data Store）**：表示系统中存储数据的位置，如数据库或文件。通常用圆柱体或开口矩形表示。
- **数据流（Data Flow）**：表示数据在系统中的流动路径。通常用箭头表示。

下面是团队协作系统的顶层 DFD、细化的任务管理业务的 DFD，分别如图 3-6 和图 3-7 所示。

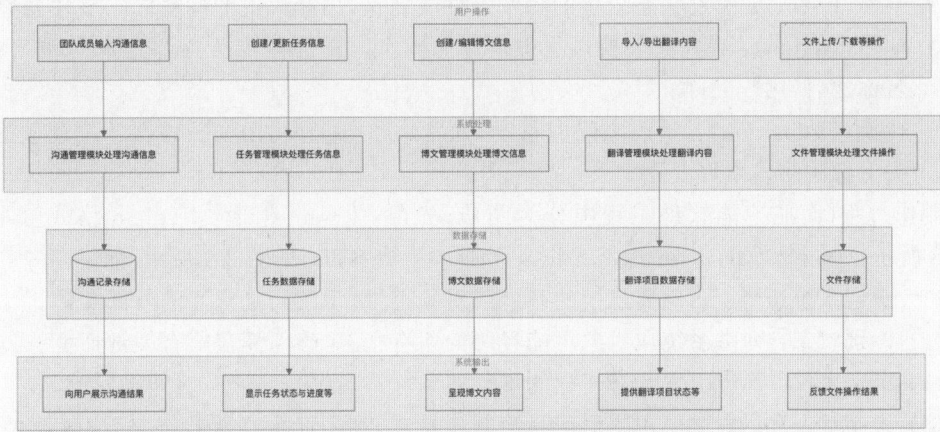

图 3-6　由豆包大模型生成的 TMS 顶层 DFD

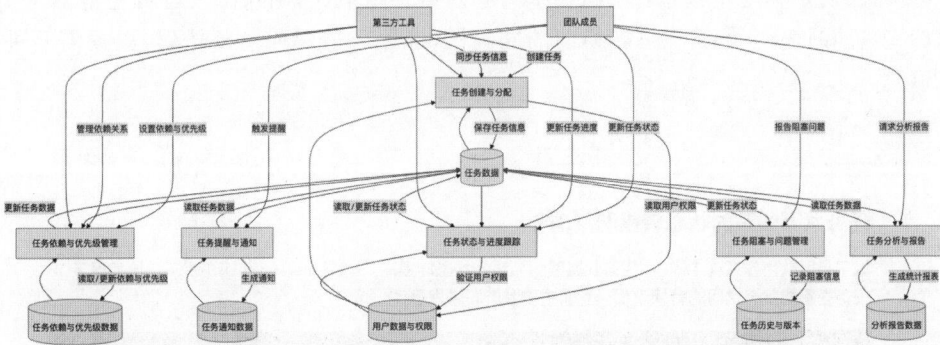

图 3-7　由 OpenAI o1-mini 生成 TMS 任务管理模块的 DFD

数据流图的绘制步骤如下。

（1）确定系统边界：明确系统的范围，识别与系统交互的外部实体。

（2）识别数据流：确定系统中数据的流动路径，包括输入和输出数据流。

（3）定义处理过程：识别系统中对数据进行处理的功能模块，并描述其功能。

（4）确认数据存储：确定系统中需要存储数据的位置，如数据库或文件。

（5）建立数据流动的连线：使用箭头连接外部实体、处理过程和数据存储，表示数据的流动方向。

（6）细化和优化：确保图表布局清晰，避免交叉线条和混乱连接。详细命名数据流、处理过程和数据存储，确保名称具有清晰的意义。

如何定义好的软件需求

2. 状态转换图

状态转换图(STD)是一种用于描述系统或对象在不同状态之间转换的图形化工具。它广泛应用于软件工程、系统设计和业务流程建模中,帮助理解和分析系统的动态行为。STD核心元素如下。

- 状态(State):系统或对象在某一特定时刻的条件或情形。通常用椭圆表示。
- 初始状态(Initial State):系统开始时的状态,用一个实心圆表示。
- 终止状态(Final State):系统结束时的状态,用带有圈的实心圆表示。
- 事件(Event):引发状态变化的触发条件或动作,用箭头上的标签标明事件名称。
- 动作(Action):在状态转换过程中执行的操作。通常在转换箭头上标注,位于事件名称之后,用"/"分隔。
- 转换(Transition):状态之间的移动,通常由事件触发,用箭头连接不同的状态,箭头上标注触发事件。

制作过程(而在智能软件工程中分为两步,先由 o1-mini 生成 Mermaid 格式脚本,如图 3-8 所示;再导入 Mermaid Live Editor 工具中生成 STD,如图 3-9 所示)如下。

(1) 确定系统边界:明确要建模的系统或对象范围,识别与之交互的外部实体。

(2) 识别状态:列举系统或对象可能经历的所有状态,确保涵盖所有关键情境。

(3) 定义事件:确定引发状态变化的事件或条件,包括用户操作、时间触发等。

(4) 绘制状态和转换:使用图形工具绘制各状态,利用箭头连接状态,标注触发事件和可能的动作。

(5) 标注初始和终止状态:明确系统的起始点和结束点,确保图表逻辑完整。

(6) 验证和优化:检查状态转换图的准确性,确保无遗漏或逻辑错误,根据需要进行优化和调整。

o1-mini

浏览了1个文件 ∨

任务状态跟踪的状态转换图(STD)

以下是团队协作系统 **TMS** 中**任务状态跟踪**模块的状态转换图,使用 Mermaid 语法表示。该图展示了任务在不同状态之间的转换过程,涵盖主要状态和触发事件。

```mermaid
stateDiagram
    [*] --> 待办

    待办 --> 进行中 : 开始任务
    待办 --> 取消 : 取消任务

    进行中 --> 已完成 : 完成任务
    进行中 --> 阻塞 : 遇到阻塞
    进行中 --> 取消 : 取消任务

    阻塞 --> 进行中 : 解除阻塞
    阻塞 --> 取消 : 取消任务

    已完成 --> [*]
    取消 --> [*]
```

图 3-8　第一步大模型生成 STD 脚本

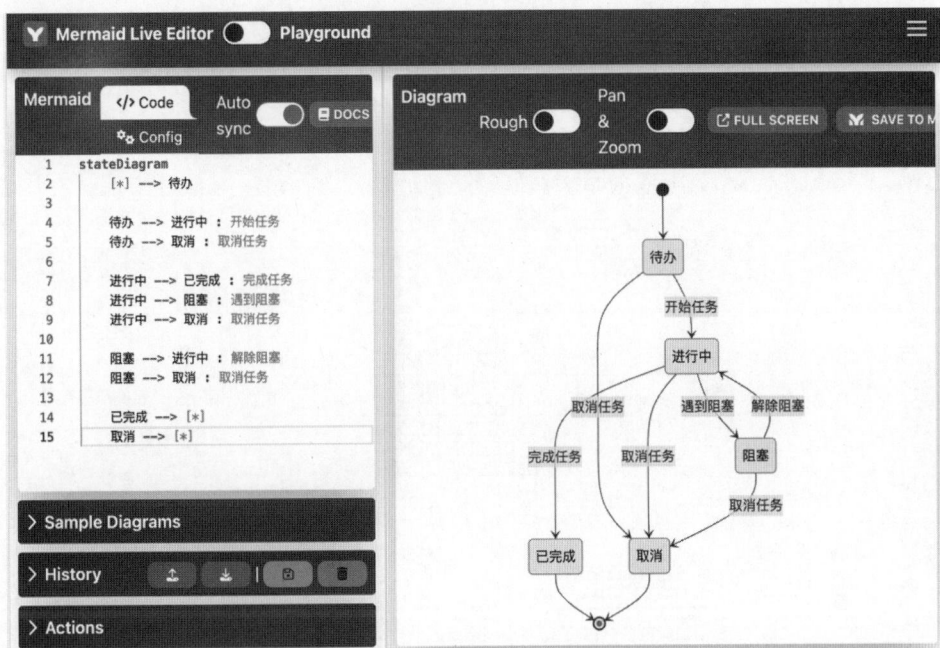

图 3-9　在工具中导入脚本生成图

3. 实体关系图

实体关系图(ERD)是一种用于建模和描述系统中数据结构及其相互关系的图形化工具。ERD在数据库设计、系统分析和软件工程中广泛应用,帮助开发者和分析师理解和规划数据的组织方式,如图3-10所示,其核心元素如下。

- 实体(Entity):系统中可以独立存在的对象或概念,通常代表一个具体或抽象的事物。用椭圆形或矩形表示,内部标注实体名称。
- 属性(Attribute):描述实体特征的数据项,直接标注属性名称,用直线连接实体。
- 关系(Relationship):描述实体之间关联的方式,用菱形表示,连接相关实体,并标注关系,如一对一($1:1$)、一对多($1:N$)、多对多($M:N$)等关系。
- 基数(Cardinality):描述实体之间关系的数量限制,即在关系线上标注1、N(多)、M(多)等符号。
- 主键(Primary Key):唯一标识实体实例的属性,即在该属性下画线或使用"PK"标记。
- 外键(Foreign Key):在一个实体中引用另一个实体的主键,用于建立实体之间的关联,通常使用"FK"标记。

制作过程(记住:第一次作为提示词,可以更好地引导大模型)如下。

(1) 确定系统边界:明确要建模的系统或子系统范围,识别涉及的主要实体。

(2) 识别实体:列出系统中所有相关的实体,确保涵盖所有关键对象或概念。

(3) 定义属性:为每个实体列出其相关属性,确定每个属性的数据类型和约束(如是否为主键)。

(4) 确定关系:识别实体之间的相互关系,定义关系的类型($1:1$、$1:N$、$M:N$)。

(5) 定义基数:为每个关系标注基数,明确实体之间的数量限制。

如何定义好的软件需求

（6）绘制 ERD：使用图形工具绘制实体、属性和关系，连接各元素并标注名称及基数。

（7）验证和优化：检查 ERD 的完整性和一致性，确保所有实体、属性和关系准确无误。根据需要进行调整和优化。

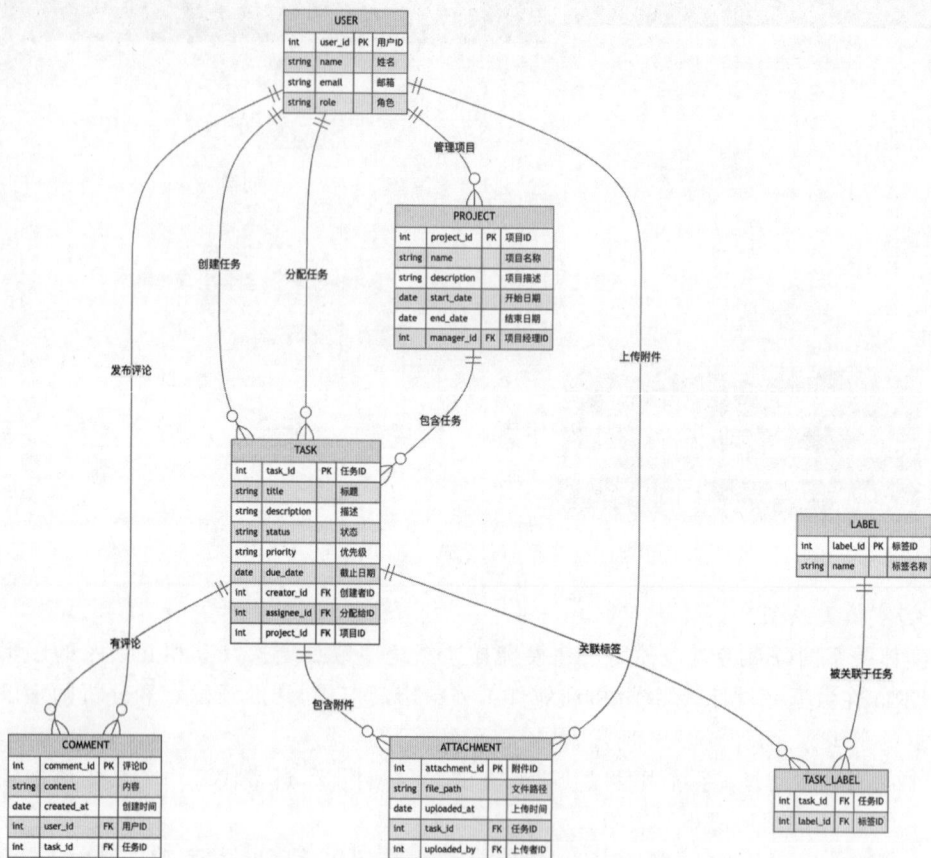

图 3-10　由 OpenAI o1-mini 生成 TMS 的 E-R 图

3.4.3　面向对象的分析方法

面向对象的分析（Object-Oriented Analysis，OOA）是一种在软件工程中广泛应用的方法论，特别适用于需求工程阶段。通过识别问题域中的对象、类及其关系，构建出与实现无关的分析模型，为后续设计和实现提供基础。以下将详细介绍面向对象分析方法的核心概念、主要任务、分析步骤及其在需求工程中的应用。

面向对象分析的核心是将现实世界中的事物抽象为对象，并通过对象的属性和行为来描述问题。对象通过类、封装、继承等机制组织在一起，形成复杂的系统。

- **对象**（Objects）：系统中的实体，具有特定的属性和行为。例如，在团队协作系统 TMS 中，用户、任务、项目等都是对象。
- **属性**（Attributes）：描述对象特征的数据项。例如，任务对象的属性包括任务 ID、标题、描述、截止日期等。
- **类**（Classes）：具有相似属性和行为的对象的抽象。例如，用户类定义了所有用户对象的共有属性(如用户 ID、姓名)和行为(如创建任务、分配任务)。

- **方法**(Methods)：对象能够执行的操作或行为。如任务对象的方法可能包括开始任务、完成任务、设置优先级等。
- **封装**(Encapsulation)：将对象的属性和行为封装在一起,隐藏内部实现细节,只暴露必要的接口。例如,任务对象的内部状态(如状态、优先级)对外部不可直接修改,只能通过其提供的方法进行操作。
- **继承**(Inheritance)：类之间的层次关系,通过继承机制,子类可以继承父类的属性和方法,减少重复代码。例如,管理员类可以继承自用户类,拥有额外的管理权限。

面向对象分析的主要任务如下。

- **识别类和对象**：从问题域中提取类和对象,定义它们的属性和方法。
- **刻画类的层次结构**：通过继承等关系组织类,形成类的层次。
- **描述对象之间的关系**：包括关联、聚合、依赖等。
- **对对象的行为建模**：通过时序图、活动图等描述对象的行为和交互。

为了完成这些任务,一般会经过下列分析步骤。

(1) 确定系统范围与目标,明确需求背景,定义系统边界。

(2) 识别关键场景(用例)：确定用户角色(参与者),即找出系统的主要用户和外部交互实体,然后定义用例、描述用例,即使用自然语言描述用例的基本流和分支流。

(3) 构建用例模型——用例图,即从用户角度描述系统的功能需求,包括用户角色(参与者)和用例,并详细描述用例之间的交互。

(4) 识别分析类,从用例中提取类,分配职责。

(5) 建立类/对象模型,包括类图和子类等。

(6) 建立对象行为模型,包括时序图和活动图。

下面详细讨论用例图、类图、时序图和活动图等。

1. 用例图

用例图(Use Case Diagram)是统一建模语言(Unified Modeling Language,UML)中的一种静态模型,它通过图形化的方式展示系统的功能需求及其与外部实体(如用户或其他系统)的交互关系。用例图主要应用于系统分析与设计阶段,帮助开发团队理解各个参与者的角色及其与系统的交互方式,从而为后续的设计和实现提供依据。

用例图主要由以下几个基本元素组成。

(1) **参与者**(**Actor**)：与系统交互的外部实体,可以是用户、其他系统或硬件设备。

(2) **用例**(**Use Case**)：系统提供的功能或服务(但不涉及具体的实现细节),满足参与者的某种需求。通常使用动词短语命名,如"登录系统""生成报告"。

(3) **关系**(**Relationships**)：分为以下 4 种。

- 关联关系(Association),表示参与者与用例之间的交互关系,用实线连接。
- 泛化关系(Generalization)：表示参与者或用例之间的继承关系,用带箭头的实线表示,适用于描述角色或功能的层次结构。
- 包含关系(Include)：表示一个用例在执行过程中必然包含另一个用例,用带箭头的虚线表示,箭头指向被包含的用例。
- 扩展关系(Extend)：表示一个用例在某些条件下可以扩展另一个用例,用带箭头的虚线表示,箭头指向被扩展的用例。

用例图的设计步骤如下。

(1) 确定系统边界:明确系统的范围,决定哪些功能属于系统内部,哪些属于系统外部。

(2) 识别参与者:列出所有与系统交互的外部实体,理解他们的需求和目标。

(3) 识别用例:根据参与者的需求,定义系统应提供的功能。

(4) 建立关系:连接参与者与用例,明确他们之间的交互方式。

(5) 优化和细化:检查图表的完整性和准确性,确保没有遗漏关键功能或角色。

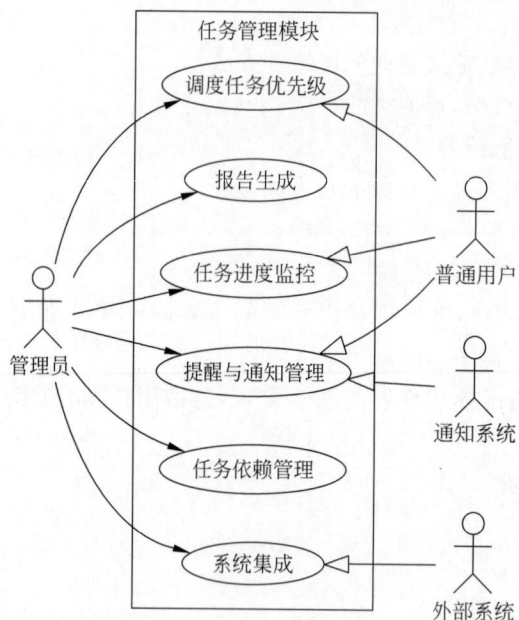

图 3-11 由 LLM 生成的用例图

如果由大模型来参与设计,即人机交互设计,上述过程就可以简化为以下三步。

(1) 输入准确的、完整的提示词(包括含有简要元素表示和设计思路等必要的提示信息、充分的上下文内容,如上传业务文档)让大模型生成用例图。

(2) 研发人员检查验证(即上面第(5)步),确定用例图是否有问题或达到要求。

(3) 如果有问题,将问题反馈作为提示词的一部分,重复进行上面两步;如果达到要求就结束。

这里,可以让大模型生成 plantUML 格式的用例图脚本,然后导入 UML 绘图工具中生成最终的用例图。这里以团队协作系统 TMS 的任务管理业务为例,生成用例图,如图 3-11 所示。

2. 类图

类图(Class Diagram)也是 UML 的一种核心静态结构图,它通过图形化的方式描述系统中的类、接口及其相互关系(如继承、关联、依赖、聚合和组合等)。类图广泛应用于面向对象的系统分析与设计,为开发人员提供清晰的系统结构图,指导代码编写。类图主要由以下几个基本元素组成。

(1) 类(Class):类是具有相同属性、行为(类的方法)和关系的对象的集合。

(2) 接口(Interface):接口是一组方法的声明,定义了类必须实现的行为,使用带有《interface》标识的类图符号表示。

(3) 关系(Relationships)。

- **继承**(Inheritance):"Is-a"关系,即一个类(子类)继承了另一个类(父类)的属性和方法。表示方法:使用一条带有空心三角形箭头的实线,箭头指向父类,表示子类继承自父类。

- **组合**(Composition):"Has-a"关系,是一种强依赖关系,部分对象的生命周期由整体对象控制。表示方法:使用一条带有实心菱形箭头的实线。箭头指向整体类,表示部分对象属于整体对象。

- **关联**(Association)：表示类之间的结构性关系，通常是一对一或一对多。表示方法：使用实线连接两个类，可以添加数量限制和角色名。
- **实现**(Realization)：表示类实现接口的关系。表示方法：使用带空心箭头的虚线，从类指向接口。
- **聚合**(Aggregation)：表示整体与部分的关系，但部分可以独立于整体存在。表示方法：使用带空心菱形的实线，从整体指向部分。
- **依赖**(Dependency)：一个类的实现依赖于另一个类，通常是临时的、较弱的关系。表示方法：使用一条带有箭头的虚线。箭头指向被依赖的类，表示一个类使用了另一个类的对象。

除此之外，还有依赖注入、友元关系(仅限于某些语言，如 C++)等。

类图的一般分析和设计步骤如下。

(1) 识别主要类和接口，分析需求，确定系统中的主要实体和它们的职责。

(2) 定义类的属性和方法，列出每个类的特性(属性)和行为(方法)。

(3) 确定类之间的关系，分析类与类之间的交互，确定它们之间的继承、组合、关联、实现、聚会、依赖、依赖等关系。

(4) 绘制类图：使用 UML 工具或手工绘制，将类、接口及其关系可视化。

(5) 优化和审查：检查类图的准确性和完整性，确保没有遗漏关键类或关系。

类图的分析和绘制步骤，可以作为大模型提示词的补充，帮助大模型进行更换的慢思考，生成如图 3-12 所示的类图。输入的提示词如下。

> 根据规范的类图元素表示法，请认真分析"任务管理模块"的类和接口、属性和方法，确定类之间的关系(继承、组合、关联、实现、聚会、依赖等)，最终生成类图，以 plantUML 格式输出。

这张类图是一次性生成的，还存在一些问题，留到需求评审再揭晓其中的问题，并进行改正、优化，生成接近完美的类图。

下面是常见的设计类图的最佳实践，可以作为审核大模型生成类图的参考标准。

- 保持简洁与清晰：类图应易于理解，避免包含过多细节。关注关键类和关系。
- 使用标准 UML 符号：遵循 UML 标准符号，确保图表的一致性和规范性，便于团队协作。
- 合理命名：类、属性和方法应使用具有描述性的名称，遵循命名规范。
- 避免过度设计：只添加必要的类和关系，避免因为追求完美而导致类图过于复杂。
- 分层次绘制：对复杂系统，可将类图分为多个层次或模块，逐步细化。
- 定期审查与更新：随着需求和设计的变化，及时更新类图，保持其与实际系统的一致性。

3. 时序图

时序图(Sequence Diagram)也是 UML 比较常见的 UML 视图，它通过图形化的方式展示在特定场景下系统中对象之间的动态交互过程，特别强调时间顺序和消息传递。时序图帮助开发团队捕捉用例中各步骤的执行顺序和交互方式，揭示对象之间的协作和通信，从而理解系统的运行机制，为系统的设计和实现提供清晰的指导。

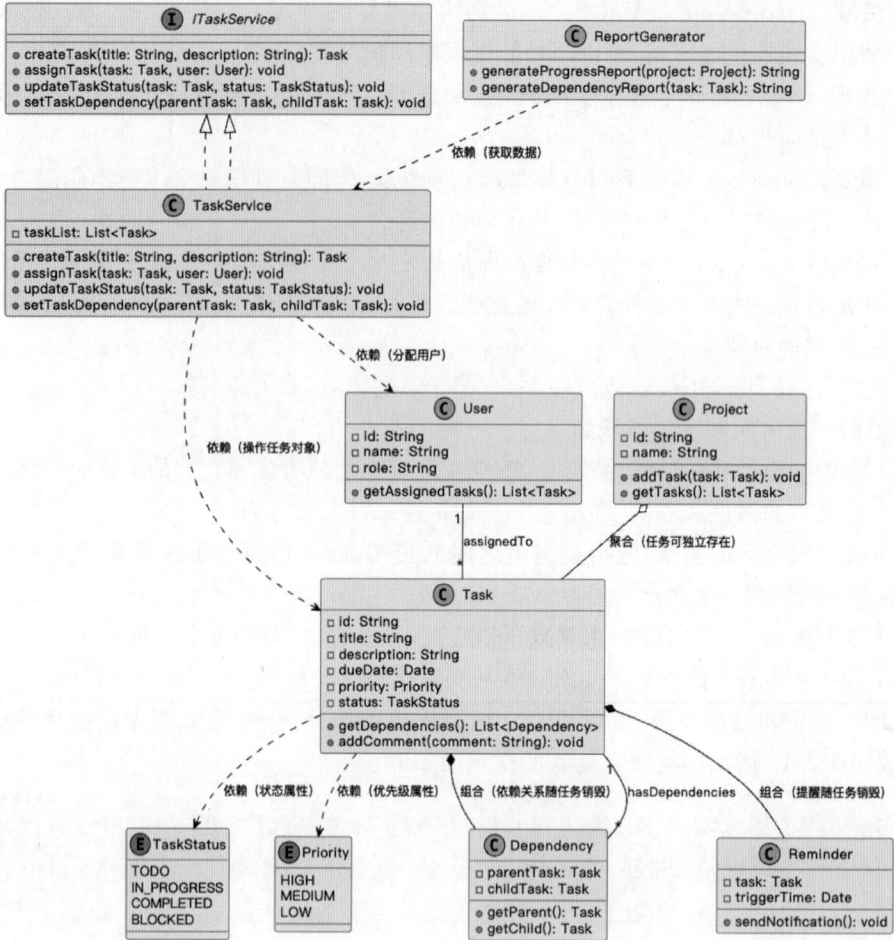

图 3-12　DeepSeek R1 生成的"任务管理模块"的类图

时序图主要由以下几个基本元素组成。

（1）**对象**（Object）：系统中参与交互的实体，可以是类的实例、组件或其他系统。表示方法：位于图的顶部，以矩形框表示，通常包含对象名和类名（例如 user：User）。

（2）**生命线**（Lifeline）：表示对象在交互过程中的存在时间，存在周期，从交互开始到结束。表示方法：垂直虚线，从对象底部延伸至交互结束。

（3）**消息**（Message）：对象之间的通信行为，包括方法调用、数据交换或事件等。消息类型分为以下几种。

- 同步消息（Synchronous Message）：请求方等待接收方处理完成后再继续执行。用"实心箭头＋实线"表示，箭头指向消息的接收方。

- 异步消息（Asynchronous Message）：请求方不等待接收方处理完成，立即继续执行。用"空心箭头＋实线"表示。

- 返回消息（Return Message）：接收方处理完成后返回的结果。用"虚线箭头"表示。

（4）**激活条**（Activation Bar）：表示对象在某一时间段内执行某个操作或方法的时间段。表示方法：生命线上的细长矩形条，垂直覆盖消息处理的时间范围。

（5）**组合片段**（Combined Fragment）：用于描述消息传递的条件或循环结构，使用"alt"

表示条件分支,"loop"表示循环区域,"opt"表示仅在条件满足时执行(可选),"par"表示多个并发操作。

可以继续让大模型生成任务管理模块的时序图,如图 3-13 所示,而时序图的一般设计步骤如下。

（1）明确交互场景：确定要描述的业务流程或系统交互(如用户登录、支付流程),并识别参与交互的对象和外部角色(如用户、第三方服务)。

（2）绘制对象与生命线：在顶部水平排列所有参与对象,并添加生命线。

（3）定义消息传递顺序：按时间顺序从上到下排列消息,并区分同步异步和返回消息,完成"发起者发送消息给接收者,接收者处理消息并返回结果"这个过程。

（4）添加激活条：在生命线上添加激活条,显示对象在接收消息时的活动状态。

（5）添加逻辑控制：使用 alt、opt、loop 等描述分支、循环等复杂逻辑。

（6）优化与审查：检查时序图的完整性和准确性,确保交互流程清晰且无遗漏,删除冗余步骤,保持简洁性。

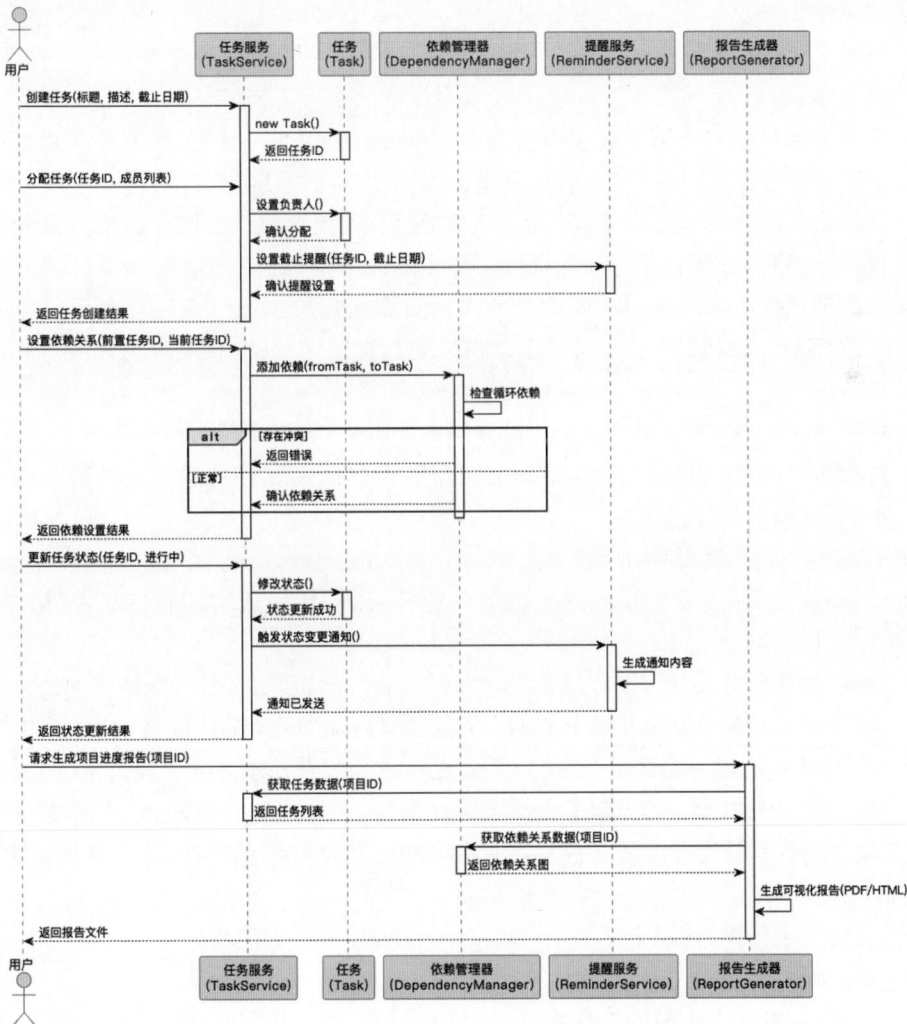

图 3-13　由 DeepSeek 生成的"任务管理模块"时序图

第3章

如何定义好的软件需求

4. 活动图

活动图(Activity Diagram)是 UML 中的一种行为图,主要用于描述业务流程或系统操作的动态行为,尤其适合展示复杂流程中的并发、分支、同步等逻辑。它主要应用于业务流程建模,描述业务工作流,也能应用在系统功能设计、算法流程可视化。活动图中的主要概念或元素如下。

- **活动**(Activity):表示流程中的一个具体操作或任务,其用圆角矩形、内部标注操作名称(如"提交订单")表示。
- **开始节点**(Initial Node):流程的起点,只有一个,用实心圆点表示。
- **结束节点**(Final Node):流程的终点,分为活动终止节点(结束整个流程)和流程异常终止节点(结束当前分支),用空心圆套实心圆表示。
- **决策节点**(Decision Node):根据条件选择不同分支路径。用菱形表示,有多个出口,每个出口标注条件。
- **合并节点**(Merge Node):将多个条件分支合并为单一流程,也用菱形表示,但不标注条件。
- **分叉节点**(Fork Node):将单一流程拆分为多个并行执行的分支,用水平或垂直粗线表示。
- **结合节点**(Join Node):将多个并行分支同步合并为单一流程,用水平或垂直粗线表示。这里注意区分合并节点,合并节点是合并多个互斥分支(条件分支)的流程,而且任意一个分支执行完毕即可执行后续流程,而结合节点是同步多个并行分支的流程,且必须等待所有并行分支执行完毕才能继续。
- **对象节点**(Object Node):流程中涉及的数据或对象,之前介绍过。
- **泳道**(Swimlane):按参与者或系统模块划分责任区域(垂直或水平分区),并标注角色名称。
- **控制流**(Control Flow):表示活动之间的执行顺序,以带箭头的实线表示。
- **对象流**(Object Flow):表示活动与对象节点之间的数据传递。以带箭头的虚线表示,可在线上标注操作。

如果设计活动图,其过程如下。

(1)明确流程目标:首先确定需要描述的业务流程,然后识别核心参与者(用户、系统模块)和关键步骤。

(2)绘制泳道划分责任:按参与者或功能模块划分泳道,明确各区域职责。

(3)定义节点与流:添加开始节点,按顺序排列活动节点,通过控制流连接,并使用决策节点和合并节点处理分支逻辑,使用分叉节点和结合节点处理并行流程。

(4)标注条件与对象:在决策节点出口标注条件,添加对象节点表示数据传递。

(5)验证与优化:检查流程是否覆盖所有可能路径,确保分叉与结合节点成对出现,避免逻辑错误。

(6)简化复杂分支,使用子活动图(Sub-Activity)分解嵌套流程。

如之前所述,利用大模型来生成活动图,主要是三步:让大模型生成活动图的plantUML 脚本,再导入 UML 工具生成图,然后检查活动图是否有问题。在活动图生成中,遇到问题会多一些,可能在开始有一行"left to right direction"是多余的,"back to"也不对,需要改成相应的泳道等。经过两三次的来回,完成活动图的设计。我们甚至可以让 DeepSeek R1 打开"联网搜索"学习活动图的相关知识和表示,然后再打开"深度思考(R1)",上传业务需求文档,结合当前业务生成活动图。图 3-14 是 DeepSeek 生成的 TMS 顶层的活动图。

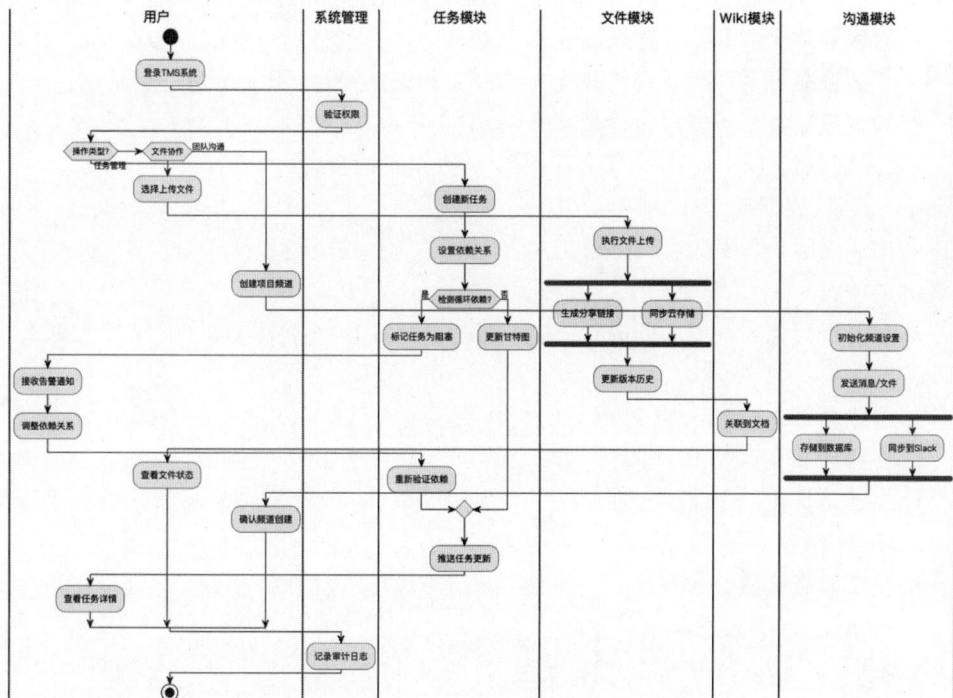

图 3-14　DeepSeek 生成的 TMS 顶层的活动图

3.4.4　面向敏捷的分析方法

在第 1 章中介绍了敏捷开发范式中的 BDD、Scrum 等落地框架,如果正在使用 BDD、Scrum(目前应用比较广泛的),那我们的需求分析就需要面向敏捷来展开,厘清史诗(Epic)、产品特性、用户故事(User Story,US)、验收标准(Acceptance Criteria,AC)等概念,并能结合业务定义特性、Epic、US、AC 等内容。

- **Epic**:代表企业级某个业务目标,为团队提供产品愿景,指导需求优先级排序,通常跨多个迭代或版本来实现。
- **产品特性**:具有独立业务价值的功能集合,满足用户可感知的价值,通常也需几个迭代完成,可以通过 MMF(最小可市场化特性)验证市场可行性,确保投资回报。
- **用户故事**:从描述用户角色的行为,即某用户角色对具体功能的特定需求,遵循"As a <用户角色>,I want to do <做什么>,so that <实现什么目标/价值>"模板。

在敏捷开放范式中,我们从模糊的史诗逐步细化到明确的用户故事,即先确定 Epic,再将 Epic 进行分解成特性,然后基于特性细化成用户故事,而且每个层级均需验证业务价值,即遵守敏捷的"价值驱动"原则。

现在还是以团队协作系统 TMS 为例,让大模型帮我们定义本系统的 Epic,得到结果如下,更详细的内容可以参考本书电子资料中的"TMS Epic"。

> **Epic 描述**
>
> 作为一家快速发展的科技公司,我们的跨职能团队(开发、产品、测试、设计)分布在全球多个时区,亟须一套统一的协作系统来解决以下核心问题。
>
> - **沟通碎片化**:重要信息淹没在多个工具中,关键决策难以触达所有成员。
> - **任务依赖混乱**:跨项目任务优先级冲突频繁,导致资源浪费与进度延迟。
> - **知识孤岛**:文档与沟通记录分散,新成员难以快速获取上下文。
> - **工具割裂**:Jira、GitHub、Slack 等工具数据不同步,操作效率低下。
>
> **Epic 愿景(或期望)**:
>
> - **沟通无障碍**:团队成员可以随时随地通过平台进行实时沟通,减少信息滞后和误传。
> - **任务透明化**:每个任务的状态、负责人和截止日期一目了然,确保责任到人,进度可控。
> - **协作高效化**:跨部门、跨地域的协作更加顺畅,项目资源得到合理分配,减少重复劳动。
> - **决策迅捷化**:管理层能够通过平台实时获取项目数据,快速响应市场变化,调整项目策略。
> - **员工满意度提升**:高效的工作流程和透明的管理机制,提升员工的工作体验和满意度,促进人才保留和发展。
>
> **近期目标**:通过 TMS 系统实现端到端的团队协作闭环,通过任务依赖自动检测减少 20% 的规划时间,提升 30% 的项目交付效率,降低跨团队沟通成本 50%。

基于这个愿景,我们让大模型尽可能列出 TMS 的特性,它列出了 4 大特性:团队沟通业务需求、轻量级任务管理业务需求、系统集成与扩展功能和数据分析与报告工作,并展开到颗粒度更小的层次,形成第二层次的特性,如图 3-15 所示。

基于特性,可以进一步让大模型生成所有用户故事。在生成用户故事前,可以让大模型对业务进行分析,明确 TMS 中的各种用户角色。大模型没有简单地把它划分成两种角色:普通用户和管理员,而是把 TMS 放在一个软件企业的真实环境中,结果列出了 8 种角色:项目经理、开发人员、测试人员、产品经理、内容管理员、系统管理员、普通成员、外部协作者。其实,可以把"开发人员、测试人员、产品经理"合并为一种角色"团队成员",这样就减少到 6 种角色:项目经理、团队成员、内容管理员、系统管理员、普通成员、外部协作者。

再进一步,就可以按特性、按用户角色生成用户故事。例如,以前面讨论比较多的特性"轻量级任务管理业务需求",可以针对下列 4 个特性:

- 任务创建与分配操作
- 任务状态与进度跟踪
- 任务依赖与优先级管理
- 任务提醒与自动化设置

分别按角色(如项目经理、团队成员等)来生成用户故事。大模型大概用了不到 10 分钟生成了 96 个用户故事,详见本书电子资料中的"用户故事-任务管理"。这里给出"任务创建

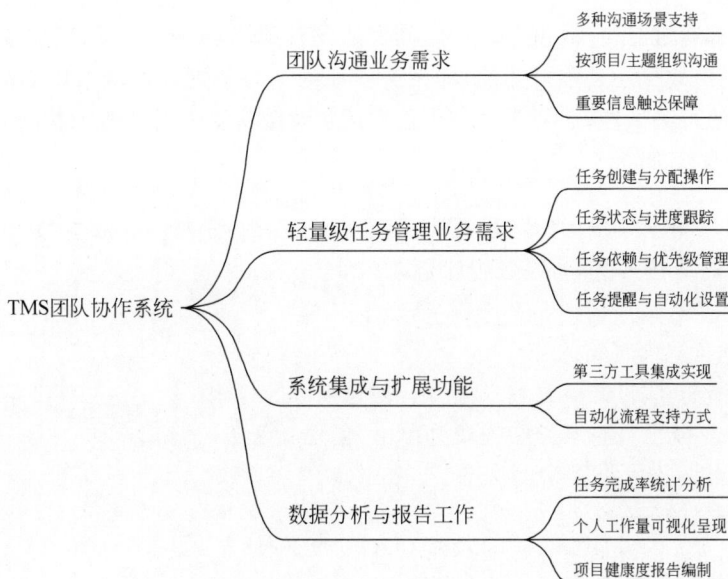

图 3-15　TMS 两个层次的特性

与分配操作"特性,每个角色 5 个用例,如表 3-1 所示。

表 3-1　"任务创建与分配操作"部分用户故事

项目经理角色	团队成员角色
用户故事 1.1 作为 项目经理,我想要 创建新任务并指定负责人和参与人,以便 确保任务有明确的责任人,推动项目按计划进行。	用户故事 2.1 作为 团队成员,我想要 快速创建新任务并提交给项目经理审批,以便 提出新的工作需求或改进建议。
用户故事 1.2 作为 项目经理,我想要 为任务设置标题、描述、截止日期和优先级,以便 清晰传达任务要求和紧急程度,优化资源分配。	用户故事 2.2 作为 团队成员,我想要 查看分配给我的任务列表,以便 了解我的工作优先级和截止日期,合理安排时间。
用户故事 1.3 作为 项目经理,我想要 批量创建和分配任务,以便 提高任务分配的效率,节省时间。	用户故事 2.3 作为 团队成员,我想要 更新任务的状态(如从"进行中"到"已完成"),以便 实时反映工作进展,保持信息透明。
用户故事 1.4 作为 项目经理,我想要 查看和编辑已创建××××务的信息,以便 根据项目进展和需求变化及时调整任务细节。	用户故事 2.4 作为 团队成员,我想要 为任务添加备注或附件,以便 记录工作细节或提供相关资料,支持任务完成。
用户故事 1.5 作为 项目经理,我想要 为任务添加标签或类别,以便 更好地组织和筛选任务,提升项目管理的可视化	用户故事 2.5 作为 团队成员,我想要 请求重新分配任务或调整截止日期,以便 应对工作量变化或遇到的阻碍,确保任务按时完成

如何定义好的软件需求

敏捷的需求通过"用户故事"来定义,其实还没有到位,虽然感觉用户故事的颗粒度已经很小了,其实用户故事还是不可测的,即无法验证的。为了更好地澄清用户故事,确保用户故事具有良好的可测试性,需要为每一个用户增加验收标准。假如我们让大模型为"用户故事1.1"明确验收标准,得到的结果如下。

> **用户故事:** "作为 项目经理,我想要 创建新任务并指定负责人和参与人,以便 确保任务有明确的责任人,推动项目按计划进行."
>
> 验收标准:
>
> **1. 任务创建界面可访问**
> - 前提条件:项目经理已登录并具有创建任务的权限.
> - 操作:导航至"任务管理"模块并单击"创建新任务"按钮.
> - 预期结果:显示任务创建表单.
>
> **2. 填写必要的任务信息**
> - 前提条件:项目经理在任务创建表单中.
> - 操作:填写任务标题、描述、截止日期、优先级等基本信息.
> - 预期结果:所有必填字段均可输入并验证格式(如截止日期为未来日期).
>
> **3. 指定负责人和参与人**
> - 前提条件:在任务创建表单中.
> - 操作:在"负责人"字段选择一名团队成员,并在"参与人"字段选择一个或多个团队成员.
> - 预期结果:系统允许选择已注册的团队成员,并显示所选成员的姓名.
>
> **4. 成功创建任务**
> - 前提条件:项目经理已填写所有必填信息并指定负责人和参与人.
> - 操作:单击"保存"或"创建"按钮.
> - 预期结果:任务成功创建,显示在任务列表中,并且负责人及参与人收到任务分配通知.
>
> **5. 任务数据持久化**
> - 前提条件:任务已成功创建.
> - 操作:刷新页面或重新登录系统.
> - 预期结果:新创建的任务依然存在于任务列表中,所有信息(包括负责人和参与人)准确无误.

这是相对灵活的验收标准。也可以要求按照BDD(行为驱动开发)中GWT格式来定义用户故事的验收标准。GWT代表:
- Given[前提条件],假定某种场景、前置条件下。
- When[操作],当什么事件发生或做什么操作时。
- Then[预期结果],那么会发生什么?

GWT是一种基于特定的关键词(如Given、When、Then)的结构化语言,也可以理解为需求特定领域语言(DSL),被称为"Gherkin"。基于GWT,可以让大模型生成用户故事1.1的GWT格式的验收标准,如下所示。

场景 1：访问任务创建界面

Given 项目经理已登录 TMS 系统

When 项目经理导航到"任务管理"模块并单击"创建新任务"按钮

Then 系统应显示任务创建表单

场景 2：填写必要的任务信息

Given 项目经理位于任务创建表单页面

When 项目经理填写任务标题为"设计数据库架构"

And 填写任务描述为"设计并优化现有数据库架构以提升性能"

And 选择截止日期为"2025-02-15"

And 设置优先级为"高"

Then 系统应接受所有输入并验证格式正确

场景 3：指定负责人和参与人

Given 项目经理位于任务创建表单页面

When 项目经理在"负责人"字段选择"张三"

And 在"参与人"字段选择"李四"和"王五"

Then 系统应显示所选负责人和参与人的姓名

场景 4：成功创建任务

Given 项目经理已填写所有必填信息并指定负责人和参与人

When 项目经理单击"保存"按钮

Then 系统应成功创建任务

And 任务应显示在任务列表中

And "张三""李四"及"王五"应收到任务分配的通知

场景 5：任务数据持久化

Given 项目经理已成功创建任务

When 项目经理刷新页面或重新登录 TMS 系统

Then 新创建的任务应依然存在于任务列表中

And 所有任务信息(包括负责人和参与人)应准确显示

本书电子资料中提供了更多示例,请参考"用户故事 1.1～1.5 验收标准定义"。

3.4.5 场景分析方法

在普遍使用敏捷开发范式的今天,需求常常被描述成用户故事,用户故事更多地体现用户行为,而用户行为一定会发生在特定的场景下,场景可以理解为行为发生的前置条件或环境、时间和空间的组合等。场景分析(Scenario Analysis)方法就是通过描述用户在特定情境下的行为和需求,即通过构建和分析具体的使用场景,揭示用户在实际操作中的特定需求,帮助团队全面理解系统如何全面满足用户的实际需求。它不仅关注"系统需要做什么",还深入探讨"用户在何种情况下使用系统"以及"系统如何响应用户的操作"。

1. 要素

场景分析的核心在于系统性模拟产品使用可能遇到的各种情景,其要素如下。

（1）**角色与参与者**：明确业务中的关键角色（如用户、系统、外部服务），分析其行为动机与交互模式。

（2）**环境与约束**：包括时间、空间、技术条件等外部环境因素，例如，"用户在地铁通勤时使用手机"这一空间约束。

（3）**事件流与分支**：描述正常流程、异常情况及应对措施，如电商订单支付失败后的退款流程。

（4）**价值与目标**：明确场景解决的核心问题（如提升转化率）和用户期望的最终价值。

2. 步骤

基于这些要素的描述，场景分析按下列步骤进行。

（1）明确分析目标与边界：确定分析范围，避免需求泛化。

（2）识别关键变量（如用户行为、政策变化、技术趋势），通过敏感性分析筛选出对业务影响最大的驱动因素。

（3）构建场景框架：PSPS 模型（角色-场景-痛点-解决方案）。

（4）三步演化建模（非形式化→半形式化→形式化）：通过自然语言描述需求，逐步转换为结构化模型，适用于复杂系统。

（5）细化场景与验证：用户故事与用例图，通过"作为<角色>，我想要<目标>，以便<价值>"的格式描述需求，结合 UML 用例图可视化交互流程。用户故事与用例图分别在 3.4.4 节和 3.4.3 节进行了讨论。

（6）价值流分析：追踪用户从"了解商家"到"售后服务"的全链路体验，识别关键优化点。

（7）冲突检测与闭环验证：例如，在任务依赖管理中，检测循环依赖并生成告警，确保逻辑一致性。

（8）场景优先级与策略生成：根据发生概率与战略重要性，筛选高价值场景。

（9）设计 MVP（最小可行产品），优先实现高频、高痛点的核心功能。

3. 应用场景与工具方法

（1）需求挖掘。

- 痛点识别：通过假设"无此功能时的用户痛苦程度"验证需求必要性。例如，微信的即时通信功能若缺失，用户将难以维系社交关系。
- MECE 法则：穷尽所有可能分支（如用户登录成功/失败/超时），确保需求覆盖无遗漏。

（2）业务流程优化。

- 活动图：分角色绘制流程，见 3.4.3 节。
- 异常处理设计：针对"任务依赖冲突""系统宕机"等异常场景，预设容灾方案。

（3）风险管理与战略规划，如跨领域协同，在轨道交通控制系统中，通过场景模拟验证 ATP（列车自动防护）系统的安全逻辑。

3.5　需求评审

许多时候，用户告诉我们的并不是他们真正的需求。例如，当用户对我们说"我需要有一个大铁锤"，很可能他是给出了解决办法，有意无意地将自己真正的意图埋藏在心里，而他的真实需求是"要在墙上打个洞"。同时,业务有特定的领域知识、有多种不同的用户角色,其流程也可能相当复杂,我们一般也没有足够时间和每一个用户角色进行沟通、交流,这样,要完全理解用户的需求、掌控业务流程和规则,几乎是不可能做到的事情[1]。更何况将收集到的需求要进行整理和分析,这个过程中又会丢掉一些需求信息,而且要把整理出来的需求结果写下来,又如何保证准确、完整和全面呢?

虽然有一些建模语言(如统一建模语言),但其应用不够成熟,况且项目进度压力往往比较大,项目团队也没有足够时间去完成需求建模或需求的详细描述,在敏捷中则是通过极其简单的"用户故事"来描述,还要拥抱需求变化,在需求上投入就更有限。所有这些因素,都会进一步引起需求上出现更多的问题。

在需求定义(文档)中潜在的一个问题,看似不大,但随着产品开发工作的不断推进,经过很多环节之后,**小错误会不断扩大**,**问题可能会变得严重**,我们会为此付出巨大的代价。正如俗话说**"小洞不补、大洞吃苦"**。而且,缺陷在前期发现得越多,对后期的影响越小,后期的缺陷就会减少得越快,最终遗留给用户的缺陷就很少。如果没有需求评审,那么在测试执行阶段会发现主要的缺陷,会有很多缺陷还遗留到产品发布之后,质量明显降低,如图 3-16 所示。

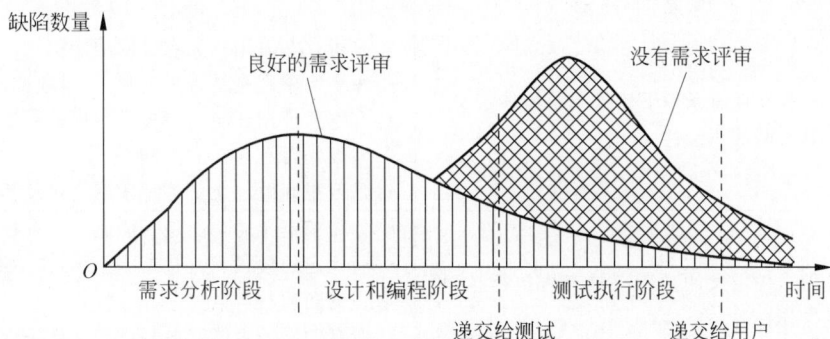

图 3-16　需求评审对缺陷分布的影响

假如在需求定义阶段犯一个错误,将一个功能定义得不合理,然后设计和编程都按照需求定义去实现了这个功能,只等到测试阶段或发布到用户那里,才发现不对。这时候,要修正问题,必须重新设计、重新编程和重新测试,代价是不是很大? 问题发现得越迟,要重做的事情就会越多,返工量就越大。也就是说,缺陷发现或解决得越迟,其带来的成本就越大。

从正面看,需求评审也能够带来不少益处。通过产品需求评审,研发人员能够更好地理解产品的功能性和非功能性需求,使软件需求能够被明确描述,其可测试性能够得到保证,避免在后期产生不同的理解而引起的争吵。通过产品需求评审,也为后期设计、编程和测试打下良好的基础,为范围确定、工作量估算等工作提供足够的信息。评审得越充分,后期需求变更的机会就减少,项目风险进一步降低。

3.5.1　如何确定传统软件需求的评审标准

通过对需求进行正确性检查,以发现需求定义中的问题,尽早地将缺陷发现出来,降低成本,并使后续过程的变更减少,降低风险。在进行需求评审之前,需要确定评审的标准。只有建立了标准,才有了评审的依据。如果没有依据,就无法判断对与错,很难更准确地、更快速地发现问题。所以,在进行需求、涉及评审时,制定一个明确的、客观的质量评判标准是必要的。

根据上面需求的层次性,可以针对不同的需求层次(业务需求、用户角色需求、功能性/非功能性需求)分别建立评审标准,这样更有针对性。例如,针对业务需求,下列各项内容都应该具备。

- 业务流程图,并体现其用户角色。
- 业务规则,涉及各项业务及其输入/输出的约束、条件、边界等。
- 业务操作,有哪些正常操作,又有哪些异常操作。
- 业务数据,包括业务规则中涉及的数据、输入/输出、外部接口等各项数据。
- 其他业务要求、影响,如业务可管理性、业务发展/变化规律等。

而对用户角色需求层次,要求用例能覆盖所有一级、二级功能项。但三个层次在评审标准上也有共同的诉求,如正确性、一致性,不存在违背客观事实、客观规律的描述,没有遗漏项,没有二义性,确保需求描述完整、清楚、准确。根据 IEEE 建议的需求说明的标准,需求评审应遵守的需求质量标准如表 3-2 所示。

表 3-2　软件系统需求质量标准

特性要求	基 本 描 述	说　　明
正确性	检查在任意条件下软件系统需求定义及其说明的正确性	• 是否存在对用户无意义的功能? • 每个需求定义是否都合理、经得起推敲? • 有哪些证据证明用户提供的规则是正确的? • 假设是否有存在的基础? • 是否正确地定义了各种故障模式及其处理方式
可行性	需求中定义的功能应具有可执行性、可操作性等	• 如需求定义的功能是否能通过现有技术实现? • 所规定的模式、数值方法是否能解决需求中存在的问题? • 所有功能是否能够在某些非常规条件下实现? • 是否能够达到特定的性能要求
规范性	需求定义符合业界标准、规范的要求	• 本行业有哪些特定要求? • 是否用行业术语来描述需求? • 符合业务描述的习惯吗
可验证性	每项需求应该能找到一种方法或通过设计测试用例来进行验证,从而判断该项需求是否得到正确实现	• 系统的非功能需求(如性能、可用性等)是否有特定的指标? • 这种指标能否有办法获得? • 输入/输出数据是否有清楚的格式定义从而容易验证其精确性
优先级	每项需求因其重要性不同而其实施的先后次序是不同的,即得到一个特定的优先级	• 有没有将所需求的功能或非功能特性分为高、中、低三个优先级别? • 是不是级别越高,用户使用该功能越频繁
合理性	每项特性的合理程度	• 如果某项功能有多种实现方法,目前是否选择了最好的方法
完备性	涵盖系统需求的功能、性能、输入/输出、条件限制、应用范围等的程度,覆盖度越高,完备性越好	• 是否有漏掉的功能或输入/输出条件? • 是否考虑了不同需求的人机界面? • 功能性需求是否覆盖了所有异常情况的处理和响应? • 是否识别出了与时间因素有关的功能

特性要求	基 本 描 述	说　　明
无二义性	对所有需求说明只有一个明确统一的解释。面对同一项描述,不同的人有着相同的理解。如果存在二义性,将会导致人们误解需求而开发出偏离需求的产品	• 措辞是否准确、不存在模棱两可的含义? • 是否将系统的实际需求内容和所附带的背景信息分离开来? • 需求描述是否足够清楚和明确使其已能够作为开发设计说明书和功能性测试的依据? • 为了避免歧义性,尽量把每项需求用简洁明了的用户性的语言表达出来
兼容性	软件可以和系统中的硬件和其他(子)系统无缝地集成起来	• 是否说明了软件对系统中硬件的依赖性? • 是否说明了环境对软件的影响? • 相互之间的接口都定义清楚了吗
一致性	所定义的需求之间没有相互排斥、冲突和矛盾,前后一致	• 不同需求项(描述)之间是否有矛盾? • 某些业务规则是否存在冲突? • 所规定的模型、算法和数值方法是否相容
易追溯性	每一项需求定义可以确定其来源	• 是否可以根据上下文关系找到所需要的依据或支持数据? • 后续的功能变更都能找到其最初定义的功能吗

3.5.2　如何评审敏捷需求——用户故事

从整体、宏观角度看,敏捷开发中的需求评审标准和表 3.2 所描述的内容相同。

- 从内容评审上,要求正确性、可行性、规范性、可验证性、优先级、合理性、完备性、无二义性、兼容性、一致性和易追溯性等。
- 从文档评审上,要求规范性、易理解性、一致性、准确性、易修改性等。

要善于区分用户故事中所描述的内容是用户的活动、商业价值,体现用户的真正需求,而不是解决方案。但就具体的"用户故事"的评审标准,可以概括为一个单词"INVEST",即包含 Independent(独立的)、Negotiable(可协商性)、Valuable(有价值的)、Estimable、(可估算的)、Small(足够小的)和 Testable(可测试的)[4]。

(1) **每个故事首先是有价值的**,即对客户具有价值,帮助客户在业务上解决一个什么问题。没有价值的东西,用户自然不需要,即使设计、编程做得再好,也毫无意义。传统软件开发往往说要交付一个软件功能,而敏捷开发则强调向客户交付价值。让用户故事有价值的一个好办法就是让客户来写出这些用户故事。

(2) **一个用户故事的内容要是可以协商的**,用户故事不是合同、不是一种契约,而只是用一种简洁的方式来描述需求,不包括太多的细节。具体的细节在后期沟通时再逐步丰富。一旦客户意识到用户故事并不是一个契约,是可以协商的,客户就乐意帮助我们写出一个又一个的用户故事。

(3) **用户故事具有独立性**,能够描述很具体而完整的一个用户行为,使用户故事之间没有依赖性。如果用户故事之间存在这样或那样的依赖关系,那么当我们给一个用户故事定义其优先级、估算其工作量、安排任务等工作就变得很困难。通过用户故事的分解或组合,尽量减少其依赖性。

(4) **用户故事足够小**,小到能够估算。故事的颗粒度越大,估算越不准确,估算和实际

109

第 3 章

如何定义好的软件需求

差异越大,带来的项目风险也就越大。如果用户故事过大,甚至一个迭代(如一个 Sprint 只有一周,5 个工作日)内都不能完成,那迭代就无法进行了。

(5) **一个用户故事要是可测试的**,以便于能够验证它是否得到完整的实现。如果一个用户故事不能被验证,那么就无法判断某个工程师的工作是否已完成、这个用户故事是否能交付给客户。

除了 INVEST 标准之外,也要挖掘用户故事背后隐藏的前提、假设、约束或条件。根据用户行为及其涉及的场景、假定或条件,为每个用户故事建立其验收标准。只有列出了用户故事的各种验收标准,用户故事描述的需求才算明确、完整,才具有良好的可测试性。

3.5.3 智能需求评审

我们手工写的文档可以交给大模型来评审,大模型生成的文档可以由我们来进行人工评审。当然,由 GPT-4o 生成的需求,可以让 DeepSeek R1 模型来评审。

如果让大模型来评审需求,可以分为以下两步。

(1) 让 LLM 先评审需求文档、指出问题。

(2) 再让 LLM 帮助优化文档,或提出修改意见。

我们让它评审电子材料中的需求文档:"团队协作系统 TMS 的业务需求(未评审的)",结果 OpenAI o1 发现了 9 个主要的问题,详见电子材料中的"OpenAI o1 评审 PRD 的意见",这里列出 9 个问题(省去说明)。

- 文档结构与编号不统一。
- 引用标识不明或缺失。
- 需求层级与业务价值的关联不够清晰。
- 缺少对非功能性需求的说明。
- 依赖管理和自动化需求较为宏观,缺少细化场景。
- 跨项目需求与单个项目需求略有交叉重复。
- 缺乏验收标准或衡量指标。
- 对用户角色和权限的描述较笼统。
- 部分需求尚未提供示例或用例。

评审其实要按标准进行,所以第二次,要求它按表 3-2 中的标准重新进行评审,评审的结果大不一样,详见电子材料中的"OpenAI o1 评审 PRD 的意见",这里列出其评审意见的框架。

1. 正确性
- 无明确的规则验证或支撑
- 数字引用混乱且无解释

2. 优先级
- 优先级缺失或不明确

3. 合理性
- 功能描述过于笼统

4. 完备性
- 非功能需求缺失

- 部分需求仅涵盖"理想场景"

5. 无二义性
- 需求措辞有一定模糊空间
- 背景与需求混杂

6. 兼容性
- 系统运行环境与依赖描述不足

7. 一致性
- 文档内部的结构与编号不一致
- 同一需求点在多个地方出现

8. 易追溯性
- 缺少需求来源或关联说明
- 数字跳转和引用无从查询

总体改进建议
- 完善文档结构与编号
- 明确业务与非功能需求的优先级
- 细化集成与自动化场景
- 补充可量化示例与测试用例
- 添加非功能需求与兼容性说明

也可以要求它按 INVEST 标准对用户故事进行评审。例如,让 OpenAI o1 对由 DeepSeek 生成的用户故事"用户故事-任务管理"(见电子材料)进行评审,评审的结果见"基于 INVEST 标准对用户故事的评审结果"。限于篇幅,这里仅列出大模型发现的部分问题。

1. Independent(独立性)
部分用户故事之间存在隐性依赖,未明确说明。例如:
- 用户故事 PM-5(在甘特图中可视化任务依赖关系)与 PM-6(批量设置任务依赖关系)之间存在逻辑关联,后者的实现可能需要前者的支持。
- 用户故事 TM-4(任务完成后自动更新后置任务状态)依赖于任务依赖关系的设置,但未明确说明这种依赖。

2. Negotiable(可协商性)
某些用户故事的目标过于具体,可能限制了实现方式的灵活性。例如:
- 用户故事 PM-2(在看板或甘特图中查看任务的进度条和完成百分比)直接限定了使用"甘特图"或"看板"作为实现方式,缺乏协商空间。
- 用户故事 TM-9(通过自定义标签标记任务)未说明标签的使用范围,可能导致实现方式过于局限。

3. Valuable(有价值性)
部分用户故事的价值表述较为模糊,未能突出其对用户的直接好处。例如:
- 用户故事 PM-6(批量设置和调整任务的依赖关系)虽然提到了"提高效率",但未具体说明效率提升的场景或用户收益。

• 用户故事 TM-10(查看任务的历史状态变更记录)未明确说明用户通过查看历史记录能够获得什么具体价值。

……

在 3.4.3 节中提到图 3-12 的类图还存在问题,现在就对它进行人工评审,第一次我们发现了一些问题,通过提问或指出问题让大模型重新生成类图。

我们 review 了生成的任务管理的类图,有一些疑问或几个问题:
1. 两个 interface 的作用是什么?
2. 为什么每个 interface 有两个 realization? 是明显的错误吧?
3. 为什么 dependency 类包含 parent 和 child? 如果两个 task 平等地相互依赖,哪个是 parent? 哪个是 child? from/to 是不是比较合理?
4. ReminderService 和 Reminder 之间没有连线,可是 ReminderService 明显 Aggregate Reminder,对吧?
5. user 的 role 为什么是 string, 不是 enum?
先回答这些问题,然后尽可能纠正错误,重新生成更准确的任务管理的类图。

DeepSeek 思考了 10s,就回答了上面 5 个问题,如图 3-17 所示,然后生成了新的类图 plantUML 格式的脚本。

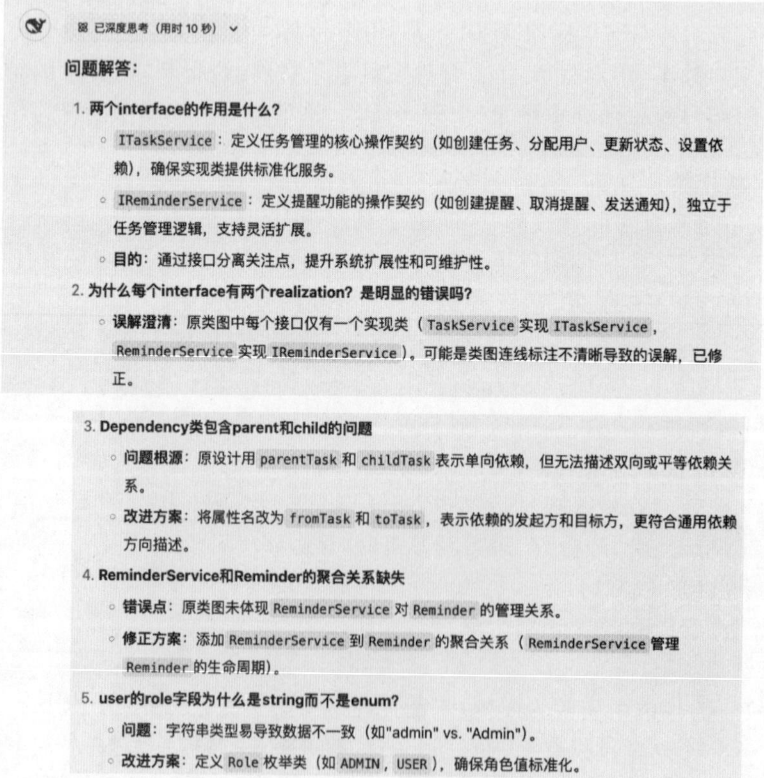

已深度思考(用时 10 秒)

问题解答:

1. **两个interface的作用是什么?**
   - `ITaskService`:定义任务管理的核心操作契约(如创建任务、分配用户、更新状态、设置依赖),确保实现类提供标准化服务。
   - `IReminderService`:定义提醒功能的操作契约(如创建提醒、取消提醒、发送通知),独立于任务管理逻辑,支持灵活扩展。
   - 目的:通过接口分离关注点,提升系统扩展性和可维护性。
2. **为什么每个interface有两个realization? 是明显的错误吗?**
   - 误解澄清:原类图中每个接口仅有一个实现类(`TaskService` 实现 `ITaskService`,`ReminderService` 实现 `IReminderService`)。可能是类图连线标注不清晰导致的误解,已修正。
3. **Dependency类包含parent和child的问题**
   - 问题根源:原设计用 `parentTask` 和 `childTask` 表示单向依赖,但无法描述双向或平等依赖关系。
   - 改进方案:将属性名改为 `fromTask` 和 `toTask`,表示依赖的发起方和目标方,更符合通用依赖方向描述。
4. **ReminderService和Reminder的聚合关系缺失**
   - 错误点:原类图未体现 `ReminderService` 对 `Reminder` 的管理关系。
   - 修正方案:添加 `ReminderService` 到 `Reminder` 的聚合关系(`ReminderService` 管理 `Reminder` 的生命周期)。
5. **user的role字段为什么是string而不是enum?**
   - 问题:字符串类型易导致数据不一致(如"admin" vs. "Admin")。
   - 改进方案:定义 `Role` 枚举类(如 `ADMIN`,`USER`),确保角色值标准化。

图 3-17 Deepseek 解答问题

将 plantUML 格式的脚本导入工具,生成的类图如图 3-18 所示,再经过检查,新的类图基本没什么问题了。在实际项目中,还要再结合上下文场景,会有少量不同的考虑,例如,可能会问 IReminderService 起什么作用? Reminder 功能有什么关注点需要分离?

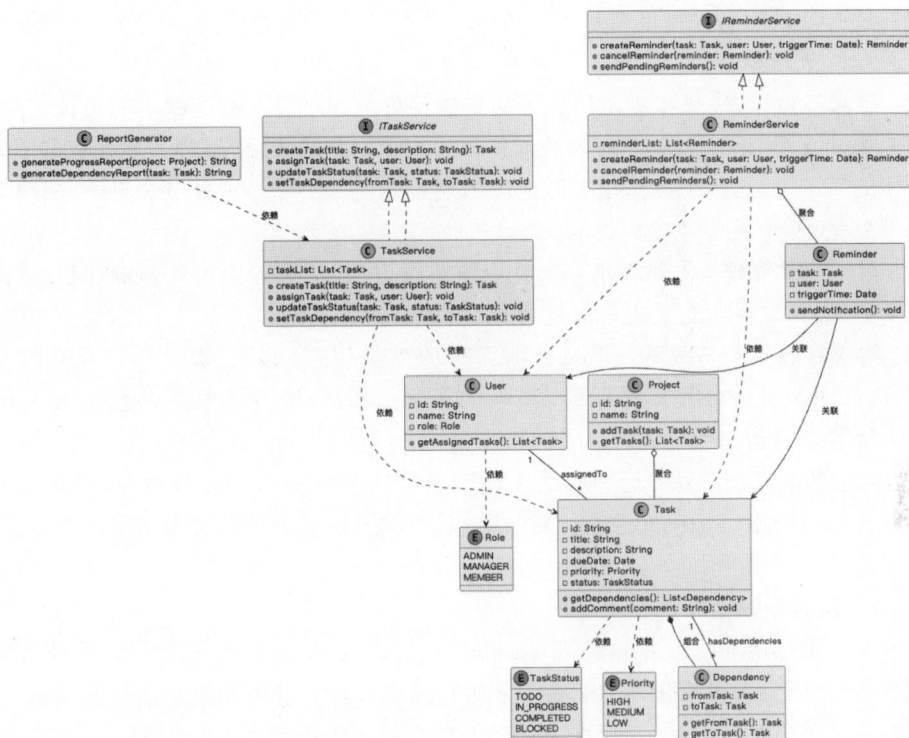

图 3-18　优化后的任务管理类图

3.6　需求跟踪与变更管理

前面介绍了需求获取、需求分析与定义和需求评审,基本完成了一个完整的需求周期。一般来说,需求评审通过了,业务需求就转换为软件系统的需求,然后我们就会基于需求去完成设计与实现,最终通过系统测试、验收测试来验证需求。在软件设计、开发和测试过程中,需求可能会发生变更,我们需要评审变更带来的风险,从而决定能否接受变更。而且,软件产品会经过多次迭代,在这个过程中,需求跟踪显得非常必要,因为有效的需求跟踪与变更管理对于确保这些需求能够准确实现和持续维护至关重要。

需求跟踪通过建立需求跟踪矩阵,系统地监控每项需求从提出到实现的全过程,确保项目的可控性和透明度。同时,需求变更控制机制则保障在项目实施过程中,任何对需求的调整都能被有序管理,减少潜在的风险和资源浪费。通过结合先进的大模型技术,需求跟踪与变更管理不仅提升了效率和准确性,还增强了团队对项目动态变化的响应能力。接下来,将深入探讨需求跟踪与变更管理的具体内容及其在 TMS 项目中的应用。

3.6.1　需求跟踪

需求跟踪(Requirements Tracing)是软件工程中确保需求在整个开发生命周期中得到

有效管理和验证的重要过程。它涉及从需求获取到最终交付的每一个环节,确保每项需求都能被追踪到其源头,并且在实现过程中保持一致性和完整性。需求跟踪的主要内容如下。

(1)需求的识别与记录:将所有需求以文档形式记录(**需求文档**),确保每项需求都有明确的描述和背景信息。每项需求可以被定义为配置项,所以需要为它分配唯一的标识符,以便于后续的跟踪和引用。

(2)需求与设计、代码和测试用例等的映射:确保每项需求都有相应的设计文档、代码和测试用例的支持,记录如何实现该需求并得到验证。如果发现了缺陷,要确保缺陷能够追溯到具体的需求。设计"纵向需求追踪矩阵",将需求与设计、实现和测试用例、缺陷等之间的关系可视化,便于快速查找和验证。

(3)需求变更管理:先要记录需求变更的请求,包括变更的原因和影响评估,然后跟踪需求的变更历史,确保所有变更都有据可查,并更新相关文档。

(4)需求状态更新与跟踪:记录每项需求的当前状态(如"已提出""正在开发""已测试"等),确保团队成员对需求的进展有清晰的了解。其次,维护需求变更的审计日志,帮助管理者了解需求的动态变化。

(5)需求的验证与确认:通过测试和评审等方式验证需求的实现情况,确保最终交付的软件符合用户的期望。在软件交付后收集用户反馈,确保需求的实现满足用户需求,并进行必要的调整。

1. 需求横向跟踪矩阵

需求横向跟踪矩阵(Horizontal Traceability Matrix)是一种用于分析和管理需求之间依赖关系、优先级关系和关联性的工具。其矩阵结构表现为横轴和纵轴都是需求项,其交叉单元表示需求间的关系类型(如依赖、冲突、关联或优先级等关系)或依赖性程度等,其主要目的如下。

- 建立需求间的依赖关系。
- 识别需求的关联性。
- 分析需求实施的先后顺序。
- 评估需求变更的潜在影响。

需求横向跟踪矩阵可以帮助我们更好地管理需求的依赖性,同时也有利于我们进行需求变更的管理。表 3-3 是根据 TMS 系统的任务管理业务而设计的需求横向跟踪矩阵示例(由大模型 openAI o1 生成),供参考。

表 3-3　TMS 任务管理需求横向跟踪矩阵示例

需求项	任务创建与分配	任务状态与进度跟踪	任务依赖与优先级管理	用户与权限管理	系统集成与扩展
任务创建与分配	—	关联(强)	关联(强)	关联(强)	关联(中等)
任务状态与进度跟踪	关联(强)	—	关联(强)	关联(中等)	关联(中等)
任务依赖与优先级管理	关联(强)	关联(强)	—	关联(强)	关联(中等)
用户与权限管理	关联(强)	关联(中等)	关联(强)	—	关联(强)
系统集成与扩展	关联(中等)	关联(中等)	关联(中等)	关联(强)	—

2. 需求纵向跟踪矩阵

需求纵向跟踪矩阵(Vertical Traceability Matrix)是一种用于需求管理和项目管理的

关键工具,用于显示需求与其设计、实现、测试和缺陷之间的关系。它提供了一种清晰的方式来追踪和记录每个需求的起源、设计、实现和测试情况,旨在帮助团队明确和跟踪需求在产品开发过程中各个阶段的源头和演变,能够有效地支持需求的验证、变化管理和风险评估。

- **确保完整性**:确保所有需求在设计和开发过程中得到满足,并且没有遗漏。
- **改进可追溯性**:方便追踪需求从定义到实现的整个生命周期,快速定位变更和相关影响。
- **支持需求变更管理**:在需求变化时,快速识别受影响的部分,并评估变更的影响范围。
- **增强沟通**:为团队成员和项目干系人等提供一个共同理解需求的基础,改善沟通与协作。

需求纵向跟踪矩阵通常包含以下主要元素。

- 需求 ID:每项需求的唯一标识符,用于跟踪。
- 需求描述:对需求的简要描述。
- 源头:需求的来源,可以是客户、市场调研、法律法规等。
- 设计规范:与需求对应的设计文档或规范。
- 实现:实施该需求的代码、模块或组件。
- 测试用例:对应需求的测试用例,以验证需求是否被实现。
- 验证结果:描述需求通过测试的结果(例如:通过、未通过,如果未通过,会关联一个缺陷 ID)。
- 变更历史:需求的任何变化和更新记录,以便审计和追踪。

表 3-4 是根据 TMS 系统的任务管理业务而设计的需求纵向跟踪矩阵示例(由大模型 openAI o1 生成),其中,纵向可以理解为时间轴,需求体现在设计、实现(编程)、测试、变更等不同阶段,供参考。

表 3-4　TMS 任务管理需求纵向跟踪矩阵示例

需求 ID	TMS-001	TMS-002	TMS-003	TMS-004	TMS-005	TMS-006	TMS-007
需求描述	支持任务创建与分配	任务状态与进度跟踪	任务依赖与优先级管理	任务阻塞与问题管理	数据分析与报告	任务历史与版本管理	集成与扩展性
源头	用户反馈	项目需求	项目需求	用户反馈	项目需求	用户反馈	项目需求
设计规范	设计文档 V1	设计文档 V1	设计文档 V1	设计文档 V1	设计文档 V1	设计文档 V1	设计文档 V1
实现模块	TaskManagement	TaskTracking	DependencyManager	IssueManagement	AnalyticsModule	VersionControl	IntegrationModule
测试用例	TC_CreateTask_001	TC_TaskStatus_002	TC_TaskDependency_003	TC_TaskBlocking_004	TC_DataAnalysis_005	TC_TaskHistory_006	TC_Integration_007
验证结果	通过	通过	BUG-001	BUG-002	通过	通过	通过
变更历史	N/A	N/A	需求描述不清晰,需重新定义依赖关系和优先级管理的具体流程	任务阻塞标记功能未实现,需增加阻塞原因的详细描述	N/A	N/A	N/A

115

3.6.2　需求变更管理

需求变更控制是项目管理中的一个重要环节,尤其在软件开发和团队协作系统(如TMS)中,需求的变化是常态。有效的需求变更控制可以确保项目在面对变化时仍能保持方向和目标的一致性。以下是需求变更控制的系统阐述,包括需求变更控制流程、需求变更风险评估(依赖性影响)和决策过程。

1. 需求变更控制流程

需求变更控制流程通常包括以下几个步骤。

(1) 变更请求:用户、客户、项目干系人或任何团队成员都可以提出需求变更请求。请求应包含变更的详细描述、原因及预期效果。

(2) 变更评估:评估变更所带来的影响,包括对项目范围、进度、成本和质量的影响。此阶段还需考虑变更对现有需求的依赖关系。

(3) 变更审查:组织变更审查会议,邀请项目干系人共同讨论变更请求。审查的重点在于变更的必要性、可行性和潜在风险。

(4) 决策:根据评估和审查结果,决定是否批准变更请求。

- 批准:变更请求被接受并纳入项目计划。
- 拒绝:变更请求被拒绝,须向请求者说明原因。
- 延迟:变更请求暂时搁置,待进一步信息或条件成熟后再做决定。

(5) 变更实施和验证:一旦变更请求被批准,相关团队应根据新的需求进行设计、开发和测试。通过测试验证新需求是否满足预期,包括受影响但未发生变更的需求。

(6) 变更记录:所有变更请求及其决策和实施结果应记录在案,并确保所有相关文档和系统都得到更新,以便后续审计和参考。

2. 需求变更风险(含依赖性影响)评估

在需求变更控制中,风险评估是至关重要的一步,尤其是对依赖关系的影响。以下是进行需求变更风险评估的关键要素。

(1) 识别依赖关系:确定变更需求与其他需求之间的依赖关系。例如,某个功能的实现可能依赖于其他功能的完成。

(2) 评估影响:分析变更对依赖需求的影响,考虑以下几方面。

- 功能影响:变更是否会影响其他功能的实现或性能。
- 时间影响:变更是否会导致项目进度的延误,特别是依赖于变更的任务。
- 资源影响:变更是否需要额外的资源或调整现有资源的分配。

(3) 风险等级评估:根据影响程度和发生概率,对风险进行等级划分(如高、中、低)。高风险的变更需要特别关注和管理。

(4) 制定应对策略:针对识别出的风险,制定相应的应对策略。

- 风险规避:修改变更请求以减少风险。
- 风险缓解:采取措施降低风险发生的可能性或影响。
- 风险接受:在风险可控的情况下,接受风险并做好监控。

3. 变更决策原则

(1) 过程透明:所有变更请求及其评估和决策过程应保持透明,确保所有相关人员了解变更的背景和影响。

（2）**干系人积极参与**：关键干系人应积极参与变更评估和决策过程，以确保不同视角的考虑和共识。

（3）**数据驱动**：决策应基于数据和事实，而非主观判断。使用历史数据、用户反馈和市场趋势来支持决策。

（4）**灵活性**：在快速变化的环境中，决策过程应保持灵活，能够快速响应新的信息和变化。

（5）**持续改进**：在每次变更后，回顾变更控制流程的有效性，识别改进点，以优化未来的变更管理。

需求变更控制是确保项目成功的重要环节，通过系统的流程、风险评估和决策过程，团队能够有效管理需求的变化，降低风险，确保项目目标的实现。在团队协作系统（TMS）中，需求变更控制的有效实施将有助于提升团队的协作效率和产品质量。

3.7　业　务　架　构

平日，人们谈得最多的是技术架构，然后是产品架构、数据架构，其实还包括应用架构、业务架构等。本节就来谈谈业务架构，即我们对业务的理解要上升到架构层次，系统地、在更高的抽象层次上去理解业务、业务模式，而不只是简单地了解各种零碎的业务知识、业务功能等。

业务架构是指组织在实现其战略目标时，所采用的结构和流程的整体框架。它通过模块化设计、流程标准化、信息流透明性、灵活性、资源分配优化和决策支持，有效降低业务的复杂性。业务架构的核心在于将业务需求与技术实现相结合，确保系统能够灵活应对市场变化和客户需求。

业务架构也可以理解为企业治理结构、商业能力与价值流的蓝图，明确定义企业的治理结构、业务能力、业务流程、业务数据和商业能力等，帮助我们识别出业务流程中包含的业务要素，更好地理解业务要素之间的关系。其中，业务能力定义企业做什么，业务流程定义企业怎么做。

3.7.1　业务架构的价值与构建

从降低业务复杂性的角度看，业务架构的价值主要体现在以下几方面。

（1）**模块化与清晰的责任划分**：通过将复杂的业务流程分解为可管理的模块，明确各模块的职责和依赖关系，减少业务活动的重叠和冲突。例如，在团队协作系统（TMS）中，业务架构将沟通、任务管理、权限控制等功能模块化，确保每个模块有明确的职责和边界。

（2）**流程标准化与优化**：通过标准化和优化业务流程，去除冗余步骤，减少不必要的复杂性，提升整体效率。例如，在任务管理业务中，业务架构通过标准化任务创建、分配和跟踪流程，减少了手动操作和重复性工作。

（3）**信息流的透明性与可追溯性**：通过设计清晰的信息流，确保数据在业务流程中的有效传递，减少信息孤岛和沟通障碍。例如，在跨项目任务管理中，业务架构通过跨项目甘特图视图和任务列表视图，确保团队成员能够清晰了解任务依赖关系和优先级。

（4）**灵活性与适应性**：通过设计灵活的业务架构，支持快速迭代和调整，确保组织能够及时响应市场变化和客户需求，减少因变化带来的复杂性。例如，在任务提醒与自动化模块中，业务架构支持灵活的任务状态流转规则和自动化提醒功能。

（5）**资源分配的优化**：通过合理的资源分配，确保高优先级任务得到充分支持，减少资源浪费和低效分配带来的复杂性。例如，在任务优先级管理中，业务架构支持根据任务优先级（如高、中、低）进行排序和资源分配。

（6）**决策支持与数据分析**：通过提供数据支持和分析工具，帮助团队做出更明智的决策，减少因决策失误带来的复杂性。例如，在任务依赖与优先级的统计与分析模块中，业务架构提供健康度报告和统计功能。

构建有效的业务架构，一般会遵循以下步骤。

（1）**需求分析**：识别和分析业务需求，包括客户需求、市场趋势和内部目标。通过与利益相关者的沟通，收集需求信息，确保需求的全面性和准确性。

（2）**定义和优化业务流程**：设计和优化业务流程，确保流程高效且能够满足需求。使用流程图、甘特图等工具可视化业务流程，便于理解和沟通。

（3）**组织结构设计与优化**：明确、优化组织内部的角色和职责，确保每个环节都有专人负责。设计灵活的组织结构，以适应业务变化。

（4）**业务领域划分与优化**：将业务活动划分为不同的领域，识别关键业务能力和资源配置。确保各领域之间的协同和信息共享。

（5）**业务服务定义**：明确组织提供的核心服务和产品，确保服务的功能、目标客户和交付方式与市场需求一致。

（6）**信息流设计**：设计信息流，确保数据在业务流程中的有效传递。确保信息流的透明性和可追溯性，以便于后续的分析和优化。

（7）**技术架构支持**：选择合适的技术工具和平台，支持业务流程的实施。确保技术架构能够灵活应对业务变化。

（8）**文档化与沟通**：将业务架构文档化，确保所有相关人员能够访问和理解。定期与团队和利益相关者沟通，确保业务架构的透明性和一致性。

（9）**持续优化业务架构**：如定期评估业务流程的效率和效果、讨论业务架构的有效性和改进措施，识别瓶颈和改进点。使用关键绩效指标（KPI）监控业务流程的表现，或鼓励团队成员和利益相关者提供改进建议。

业务架构通过模块化设计、流程标准化、信息流透明性、灵活性、资源分配优化和决策支持，有效降低了业务的复杂性。在团队协作系统（TMS）中，业务架构通过明确的功能模块、标准化的流程、清晰的信息流和灵活的任务管理，确保了业务活动的高效性和一致性，减少了因复杂性带来的管理难度和效率低下。通过系统化的业务架构设计和优化，组织能够更好地应对市场变化和客户需求，提升整体运营效率和响应能力。

3.7.2　业务架构的框架与工具

为了更好地落地业务架构，需要借助框架或工具来实现。下面将介绍专门针对业务架构的框架和工具。同时，也可以借助像 TOGAF、Zachman、DoDAF 等统一的业务架构框架来实施业务架构，因为业务架构是企业架构的核心组成部分。

因为像 TOGAF、Zachman、DoDAF 等框架非常丰富,由于篇幅所限,无法详细阐述其内容,这里只进行简单介绍,更详细的内容,读者可以访问官方网站获取相关的文档。

1. ArchiMate

ArchiMate 是由 The Open Group 推出的一种开放的企业架构描述语言,支持企业架构的业务、应用和技术等不同层次的描述创建架构视图,并支持与 TOGAF 等企业架构框架高度集成。其中,ArchiMate 支持业务架构的可视化和建模,展示业务架构与其他架构域的关系,并能清晰地表达信息流、业务流程、业务服务、角色和功能之间的关系,如用人形图标表示业务角色,用圆形图标表示业务服务(如订单处理服务),用圆角的矩形图标来表示业务处理,用矩形图标表示业务功能,用方形图标表示业务对象(如订单、库存),用箭头线表示关系(如执行、支持等)。

- **业务流程**是一系列有序的、动态的且具体的活动,描述"如何"完成某项任务或实现某个目标,如接收订单、发货等。
- **业务功能**是组织为实现其目标而执行的一组相关活动,描述"什么"需要被完成,而不是"如何"完成。业务功能是静态的、比较高层次的描述,通常是描述组织能力的,如订单管理、库存管理等。

由大模型生成的、基于 ArchiMate 描述符号的 TMS 业务架构图,见电子材料中的"TMS ArchiMate 业务架构图. xml"。

2. BIZBOK

BIZBOK(Business Architecture Body of Knowledge)是由业务架构协会(Business Architecture Guild)提出的框架,定义了业务架构的关键领域、术语和工具,涵盖了需求分析、流程设计与优化、组织结构设计、信息流设计、技术架构支持和文档化与沟通等内容,提供了业务架构(如业务能力、价值链、组织结构和业务流程等方面)的最佳实践和标准,包括构建业务架构的指南。

- **业务能力地图**(Business Capability Map):列出和描述组织的核心业务能力,帮助识别关键业务能力和资源配置。
- **价值流**(Value Streams):描述组织如何通过一系列的业务活动创造价值,强调从起点到终点的价值创造过程,可以用价值流映射工具来分析。
- **信息流与数据管理**(Information Map and Data Management):描述组织内部的业务流程中的信息流动和数据管理策略,确保数据的准确性、一致性和可用性。
- **组织结构与角色**:描述组织的结构、角色和责任,明确各个角色在业务流程中的职责,可以用 RACI 矩阵来分析。
- **业务服务与产品**:列出和描述组织提供的核心业务服务和产品,确保服务的功能、目标客户和交付方式与市场需求一致。
- **业务流程**:详细描述和支持组织业务活动的一系列步骤和流程,确保流程高效且能够满足需求,用标准化的方法(如 BPMN)或服务蓝图等工具可视化业务流程。

3. DoDAF

DoDAF(Department of Defense Architecture Framework)是美国国防部发布的、用于指导体系结构开发的框架和概念模型,它通过可视化模型描述系统的各个方面(如业务视图、系统视图和技术标准视图等),确保系统的互操作性和集成性。DoDAF 2.0 提供了 8 个视点(View Point),如图 3-19 所示,从干系人的角度,将问题空间划分为更加易于管理的更小的模块,形成众多的模型,以便不同的干系人可以从不同的角度去关注体系内特定利益相关领域的数据和信息,同时也能保持对全局的把握。其中,DoDAF 业务视点,包含 9 个模型,使之能够充分描述业务概念、资源流、业务活动、业务规则和业务事件等,这与业务架构的关键要素相符。

- OV-1 顶层业务概念图
- OV-2 业务资源流表述模型
- OV-3 业务资源流矩阵
- OV-4 组织关系图
- OV-5a 业务活动分解树
- OV-56 业务活动模型
- OV-6a 业务规则模型
- OV-6b 业务状态转换模型
- OV-6c 业务事件跟踪模型

除了业务视点,数据与信息视点、服务视点等也和业务描述关系密切。

- **数据与信息视点**(Data and Information Viewpoint,DIV),采集业务信息需求和结构化的业务流程规则,描述与信息交换有关的信息,如属性、特征和相互关系。
- **服务视点**(Services Viewpoint,SvcV),说明系统、服务以及支持业务活动的功能性组合关系,这些系统功能或服务资源支持了业务活动,方便了信息交换。服务视点中的功能、服务资源、组件可以与业务视点中的体系结构数据关联。

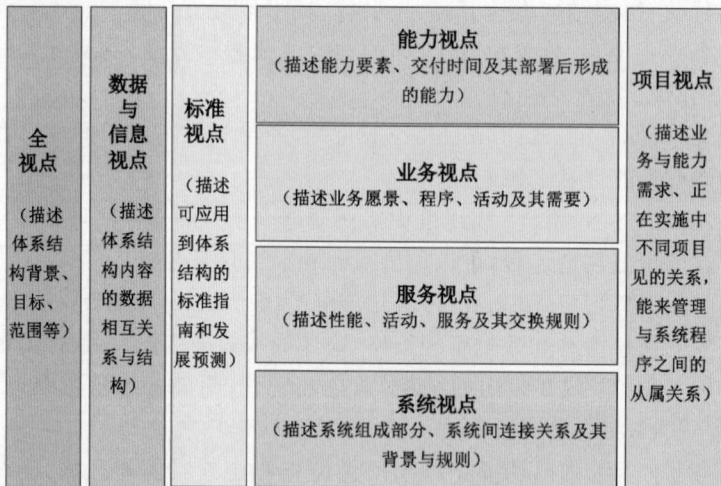

图 3-19　DoDAF 2.0 的 8 个视点

4. TOGAF

TOGAF(The Open Group Architecture Framework)是由开放群组(The Open Group)推出的一个开放式的企业架构框架,提供了一套标准化的方法和工具,帮助企业设计和实施企业架构。在 TOGAF 中,业务架构是企业架构的四大核心域之一(其他三个是数据架构、应用架构和技术架构),其中,业务架构描述组织的业务流程、组织结构、业务服务和信息流等,并分为动机、组织和行为。

- 动机：驱动力、目标、目的、度量。
- 组织：施动者、角色。
- 行为：业务服务、合同、服务质量；流程、事件、控制、产品；功能、业务能力、行动方案、价值流。

业务战略决定业务架构,它包括业务的运营模式、流程体系、组织结构、地域分布等内容。TOGAF 强调基于业务导向和驱动的架构来理解、分析、设计、构建、集成、扩展、运行和管理信息系统,复杂系统集成的关键是基于架构(或体系)的集成,而不是基于部件(或组件)的集成。

TOGAF 的 ADM(Architecture Development Method,架构开发方法)过程中,业务架构的开发和优化是重要环节。通过需求分析、业务流程设计、业务服务定义等步骤,确保业务架构与企业的战略目标一致。而且 TOGAF 提供了一系列工具和模板(如业务流程图、服务蓝图)来支持业务架构的设计和文档化,帮助企业降低业务复杂性。业务架构开发主要的工作如下。

- 选择参考模型、视点和工具。
- 开发基线业务架构和制定目标业务架构。
- 执行差距分析。
- 定义候选路线图组件。
- 解决整个架构格局的影响。
- 进行正式的涉众评审,并最终确定业务架构(架构模式)。
- 编制架构定义文档。

使用 TOGAF 进行业务架构分析,先从"识别战略"开始,即 3.3 节所讨论的"需求获取",了解各业务部门的需求、痛点和期望。然后,进行因素分析,包括外部因素分析和内部因素分析。

- 外部因素分析：包括宏观背景、当前市场趋势、行业空间(即市场潜力和增长空间等)、竞争情况(产品功能、市场定位和用户反馈)、上下游依赖关系等。
- 内部因素分析：包括商业模式、技术壁垒、资源投入等。

我们可以尝试让大模型生成业务架构图,包括识别业务角色、理清场景、绘制流程、列出模块、功能聚类,并分别从业务角色、业务流程的角度分析各模块的功能需求、各模块之间的依赖关系。例如,在业务流程上,针对 TMS 系统,需要业务架构能详细描述任务创建、分配、跟踪等流程,并进行上下游(或各个模块之间的)依赖关系分析。分析任务依赖关系和优先级的冲突,提供解决方案。

基于上述讨论,可以让大模型为 TMS 系统生成基于 TOGAF 的业务架构图,如图 3-20 所示。

5. Zachman 框架

Zachman 框架是由 John Zachman 提出的一种分类和描述企业架构的矩阵框架。它以二维表格的形式,从不同视角(行)和不同抽象层次(列)来描述企业的各方面。虽然 Zachman 框架主要用于企业架构,但它也适用于业务架构,提供了一个不同层面和视角下的结构化方式,通过多个视角(如业务、数据、功能等)帮助我们理解组织的业务架构,帮助我

如何定义好的软件需求

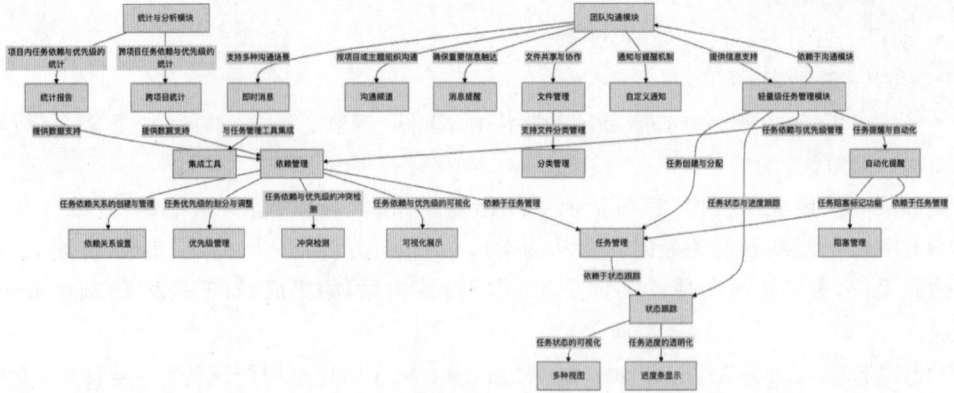

图 3-20　基于 TOGAF 生成的 TMS 业务架构图

们关注组织的业务角色、业务流程、业务服务、信息流等,特别适合面向复杂系统构建企业架构。例如,我们会从下面两个维度去构建企业业务矩阵框架。

- 参与者(涉众):分为计划人员、所有者、设计师、实现人员、分包人、用户,分别对应范围/上下文、业务概念、系统逻辑、技术、物理、组件组装和操作类,代表了在信息系统构造过程中所涉及的人在描述信息系统时所采用的视角。
- 6 个视角(1W5H),用于描述信息系统的某一方面:即什么内容(What)、如何工作(How)、何处(Where)、谁负责(Who)、什么时间(When)、为什么做(Why)。

这样形成 36 个单元格的矩阵,每个单元格都关注企业的一维透视图,如表 3-5 所示。

表 3-5　Zachman 框架(矩阵模型)

	数据 (What)	功能 (How)	网络 (Where)	人 (Who)	时间 (When)	动机 (Why)
范围(上下文)/ 规划者	重要事务列表 实体:事务分类	业务操作流程列表 功能:业务流程分类	业务运行地点 节点:注意业务场所	组织列表 人:主要组织	重大事件列表 时间:业务事件	目标和战略列表 主要目标和关键因素
业务模型(概念)/拥有者	语义实体模型	业务流程模型	物流网络/系统	工作流模型	进度表	业务计划
系统模型(逻辑)/设计师	逻辑数据模型	应用架构	分布式系统架构	人机界面架构	业务处理结构	业务规则模型
技术模型(物理)/构建者	物理数据模型	系统设计	技术架构	展现/表示架构	控制结构	规则设计
详细展现功能模型/组件分包人	数据定义	程序设计	网络架构	安全架构	时间/周期定义	规则规范
产品操作/企业用户	转换的数据	可执行程序	通信设备	培训组织	企业业务	标准

6. BPMN

BPMN(Business Process Model and Notation)是一种图形化表示业务流程的标准。它提供了丰富标准化的符号和规则,用于描述业务流程的逻辑流程和操作。通过流程图形式,清晰地展示业务流程的各个环节和逻辑关系。通过 BPMN 模型,识别和优化业务流程中的瓶颈和低效环节。

价值流映射(Value Stream Mapping)是一种精益管理工具,通过价值流图,清晰地展示价值流的各个环节和瓶颈,也可以帮助我们识别并消除非增值活动、优化价值流。

服务蓝图(Service Blueprint)是一种可视化工具,用于描述和优化服务交付过程中的各个环节,包括前台和后台活动。服务蓝图关注客户体验,确保服务交付过程能够满足客户需求。

RACI(Responsible,Accountable,Consulted,Informed)矩阵是一种责任分配矩阵,用于合理分配或明确业务流程中各个角色的职责和权限,确保每个环节都有专人负责,避免责任重叠和冲突。

小　　结

在软件开发过程中,定义清晰且准确的需求是确保项目成功的关键。第3章围绕需求的层次、获取、分析、定义和评审等方面进行了深入探讨,提供了系统化的方法和工具,以帮助团队在复杂的业务环境中有效地管理软件需求。

首先,需求层次的划分是理解和管理需求的基础。需求通常分为业务需求、用户需求和系统需求。业务需求关注的是组织的战略目标和业务流程,用户需求则强调最终用户的期望和使用场景,而系统需求则具体描述了系统应具备的功能和性能。这种层次化的需求结构有助于团队在不同层面上进行深入分析,确保所有需求都与业务目标保持一致。

其次,需求获取是需求工程中的重要环节。有效的需求获取方法包括访谈、问卷调查、观察和工作坊等。通过与利益相关者的互动,团队可以收集到真实的需求信息。在这一过程中,使用大模型辅助需求工程的能力,可以通过自然语言处理技术分析用户反馈,提取潜在需求,从而提高需求获取的效率和准确性。此外,需求获取的过程应当是迭代的,随着项目的推进,需求可能会发生变化,因此需要定期回顾和更新。

在需求分析与定义阶段,团队需要对收集到的需求进行整理和优先级排序。使用工具如需求矩阵和优先级评估模型,可以帮助团队识别关键需求并进行合理的资源分配。此时,需求的可追溯性也显得尤为重要,确保每个需求都能追溯到其来源,便于后续的变更管理和影响分析。需求定义是将需求转换为具体的功能规格和技术要求的过程。此阶段需要使用标准化的需求文档模板,确保需求描述的清晰性和一致性。通过使用用户故事、用例和功能规格说明书等工具,团队能够更好地传达需求意图,减少误解的可能性。

最后,需求评审是确保需求质量的重要环节。通过组织需求评审会议,团队可以邀请利益相关者对需求进行讨论和反馈,确保需求的完整性和合理性。评审过程中,使用大模型辅助的工具可以快速分析需求的可行性和潜在风险,帮助团队做出更明智的决策。

综上所述,我们通过对需求层次、获取、分析、定义和评审的系统化探讨,提供了一套完整的需求工程方法论。这些方法和工具,我们以团队协作系统(TMS)这个案例进行了具体展示,有利于读者更好地理解本章的内容,积累需求管理的经验。通过有效的需求管理,团队能够更好地满足用户期望,推动项目的成功实施。

如何定义好的软件需求

思 考 题

1. 描述软件需求如何支持企业的整体业务目标。在这一过程中,如何确保软件需求与组织的战略一致性?

2. 在分析用户角色时,应该考虑哪些因素? 如何识别不同用户角色的需求差异,并确保满足各类用户的期望?

3. 阐述功能需求与非功能需求的区别。为什么非功能需求对软件系统的成功至关重要? 给出具体示例。

4. 需求获取的过程有哪些关键步骤? 在实践中,如何选择合适的方法来获取不同类型的需求?

5. 在 3.4 节中讨论"去伪存真"的分析法时,如何确保需求的真实性和相关性? 你认为哪些方法能有效识别伪需求?

6. 在项目实施中,敏捷需求评审与传统需求评审的主要区别在哪里?

7. 在需求跟踪和变更管理中,你认为企业应该如何制定有效的需求变更管理策略,以减少对项目进度和成本的负面影响?

参 考 文 献

[1] IEEE Computer Society. Guide to the Software Engineering Body of Knowledge v4.0.

[2] 金芝,等. 软件需求工程方法与实践[M]. 北京:清华大学出版社,2023.

[3] 蔡赟,等. 用户体验设计指南:从方法论到产品设计实践[M]. 北京:电子工业出版社,2021.

[4] Arora C,Grundy J,Abdelrazek M. 2024. Advancing requirements engineering through generative ai: Assessing the role of llms[J]. In Generative AI for Effective Software Development. Springer, 129-148.

[5] Lubos S,etc. Leveraging LLMs for the Quality Assurance of Software Requirements[J]. In 2024 IEEE 32nd International Requirements Engineering Conference (RE). IEEE,389-397.

[6] Marques N,Silva R R,Bernardino J. 2024. Using ChatGPT in Software Requirements Engineering:A Comprehensive Review[J]. Future Internet 16,6 (2024),180. ACM Trans. Softw. Eng. Methodol. The Future of AI-Driven Software Engineering • 17.

第 4 章　如何设计软件

在线练习

假设一家初创公司决定创建一个团队协作系统（Team Management System，TMS）。在启动初期，团队按照第 3 章描述的方法，采用访谈、问卷等形式获取了用户需求。接下来，为了尽快写出一个原型，在同类软件中抢占先机，开发团队摩拳擦掌，直接开始编写代码。

然而，开发团队逐渐发现了很多问题。首先，因为缺乏清晰的项目结构，团队成员很难协同工作。不同开发人员可能会在系统的不同部分实现相似的功能（如排序功能），导致代码冗余；而某些功能却没有任何开发人员去实现。其次，因为没有清晰的项目模块及接口定义，不同功能的整合也成为大问题。随之而来的，是功能整合导致的各种错误、不断增加的交流成本、降低的团队士气，以及启动资金的快速消耗。

看到这里，我们应该有所察觉，在确定需求和编写代码之间，这家初创公司还有一个重要的步骤没有进行，即对 TMS 的设计。1996 年，Lotus 1-2-3 的创始人 Mitchell Kapor 在发表的《软件宣言》中提出："What is design? …It's where you stand with a foot in two worlds—the world of technology and the world of people and human purposes—and you try to bring the two together.（什么是设计？设计是你身处两个世界——技术世界和人类的目标世界，而你尝试将这两个世界结合在一起）"[1]。这家初创公司已经了解了"人类的目标世界"，即用户需求，并且即将踏入"技术世界"，即软件的开发阶段，而软件设计则是连接这两个阶段的、"承上启下"的重要一步，是构建高质量、可维护且可扩展的软件系统的关键阶段。

软件设计决定了系统体系结构、模块、接口与数据存储结构。正如良好的建筑设计奠定了建筑的成功，良好的软件设计为之后的开发活动提供规划与指导，并直接影响软件项目质量与维护开销，可以说是一个软件项目能否成功的关键。然而，面对多样化的软件需求和开发场景，是否存在一种能够称为"银弹"的通用软件设计方法呢？很显然，这个问题的答案是否定的。软件世界的复杂性和多样性使得单一的设计方案很难适用于所有情境。各种软件应用涌现不息，它们的用户群体、功能要求、使用场景、团队结构都大相径庭，因此，找到一种能够迎合这种多样性的设计理念几乎是不可能的任务。

幸运的是，在软件开发的漫漫历史中，软件工程师们通过不懈的努力和实践逐渐积累了丰富的经验。这些经验随着时间的推移演变为一系列具有普适性的原理、概念和最佳实践。这些设计准则超越了特定领域或技术栈的限制，在各种软件开发项目中被验证和应用。在本章中，将深入学习这些通用的软件设计概念，以及软件体系结构设计的原则和实践。在学习本章后，读者将：

- 了解软件设计的基本原则，包括抽象、模块化、信息隐藏等概念，并理解软件设计的复杂性。

- 了解面向对象设计的基本原则,包括 SOLID 与基本设计模式。
- 了解软件体系结构设计的核心概念、风格与常见类型。
- 了解微服务体系结构中如何设计服务,以及服务之间的通信机制。
- 了解软件设计的最佳实践。能够探讨在特定情境下选择合适体系结构的依据。
- 了解接口设计的基本原则。
- 了解 UI 设计中视觉与交互的概念,以及原型设计的基本类型与流程。
- 了解数据设计的概念、常见的数据存储类型及其应用场景。
- 了解智能化工具在软件设计各个阶段的应用。

4.1 软件设计的基本原则

从 1948 年第一个软件 Manchester Baby 开始,到《人月神话》中被描述为"焦油坑"的 IBM OS/360 操作系统,再到今天似乎无所不能的 ChatGPT,软件开发在这 70 多年中经历了巨变。然而,正如《人月神话》中的很多软件工程观念在今天依然适用一样,几代软件工程师在漫长的开发岁月中积累下的牢骚与经验,经过沉淀与精化,在不同的软件工程时代中经受住了时间的考验,逐步形成了一系列宝贵的软件设计理念与方法论。这些理念超越了具体的编程语言、开发框架或者特定的应用场景,在软件开发的演进中逐步显现出其普适性,为软件工程师提供了通用的设计指导原则。

本节将介绍通用的、普适的软件设计基本原则。为了加深理解,依然以本章开始的 TMS 为例。假设这个系统的主要用户需求包括团队沟通、博文管理、思维导图、任务看板等。请读者先花一些时间,思考如何着手设计这样一个复杂的软件系统。接下来,针对每个设计原则,看看它们是如何应用到 TMS 上来的。

4.1.1 抽象与精化

让我们先试着设计 TMS 团队协作系统的"沟通功能"。用户对于沟通的需求可能包含多个方面,如即时消息、音视频通话、文件共享等。现在,请读者想一想,如果你是初创团队的一员,会如何设计这个功能呢?

如果你发现自己开始考虑"如果网络问题导致即时消息传输失败怎么办?""视频通话卡顿的话是否自动降低分辨率?""Java 有没有开源的文件共享项目可以复用?"这些问题时,你可能已经不自觉地陷入了细节的泥潭中,而无法思考系统的全貌。同理,当团队着手系统设计时,如果一开始就"具体问题具体分析",直接以代码的实现细节指导设计,则可能陷入"一叶障目"的境地,无法对系统进行全局的思考。此时,抽象作为简化复杂问题的利器登场。

Dijkstra 指出:"抽象来自对真实世界中特定对象、场景或处理的相似性的认知,并决定关注这些相似性而忽略不同之处"[2]。在软件设计中,"抽象"(Abstraction)是指通过隐藏复杂细节,将关注点集中在对系统的高层次理解上的过程。抽象有助于简化问题,抓住本质,使得开发者能够更轻松地处理和理解复杂的系统。

在"团队沟通"的例子中,无论是文本、图片、动画还是表情,它们的共同点是都会作为消息被发送。因此,"发送消息"这个过程可以被抽象出来,而具体的算法与实现细节则被隐藏。另外,不同类型的信息都具有创建者、时间戳、点赞数等信息。针对这些共同特征,可以抽象出"信息"这一高层次的概念,此概念包含 ID、创建者、内容、时间戳、点赞数等属性(见 TMS 源码中的 entity/Chat)。此时,团队沟通功能被抽象出"信息"与"发送"两个概念,分别对应于数据抽象与过程抽象。在细节被屏蔽后,软件系统需要解决的本质问题通过"抽象"的方法,得以更加清晰地展现。

在软件设计中,精化(Refinement)是与"抽象"相辅相成的关键概念。精化采用"分而治之"的思想,通过对高层次抽象概念的逐步分解与细化,最终获取可以直接编码实现的细粒度单元。依旧以 TMS 的团队沟通功能为例。上文中,已经抽象出了"信息"这一数据模块。随着设计的推进,开发团队可以逐步精化这一模块,例如,将其进一步分类为"文本信息""图片信息""视频信息"。同样,对于之前抽象出的"发送信息"概念,开发团队可以根据数据模型的设计进一步精化不同类信息的发送模块。例如,可以为"文本信息"和"视频信息"分别设计不同的发送逻辑,以更好地适应信息类型的差异。通过这种逐步的精化过程,得以建立更具体、更细致的数据与过程模型,使系统更符合实际需求。

在软件设计的初期,当许多概念和功能尚未明确定义时,抽象发挥着关键作用。它帮助开发团队隐藏细节,迅速捕捉到复杂系统的核心概念和本质问题,为团队提供了一种高层次的理解,使得开发者在系统尚未具体实现时能够更清晰地思考整体架构。一旦通过抽象建立了软件的初步设计,接下来的关键任务就是精化。精化是搭建通往技术世界的桥梁,它将高层次的抽象概念逐步分解为细粒度的可实现单元。综合而言,抽象和精化在软件设计的不同阶段发挥各自独特的作用。抽象从高层次把握系统的整体结构和关键概念,而精化则实现了从高层次概念到具体实现的过渡,为开发工作提供了有力的支持。这两者协同工作,推动软件设计的演进。

4.1.2　模块化

模块化(Modularity)是指将复杂的软件系统分解为多个功能独立、彼此间依赖最小的模块的方法。每个模块专注于特定的功能或业务逻辑,并通过定义明确的接口与其他模块进行交互。模块化设计可以显著提升系统的结构清晰度。同时,因为模块内部的变化不会对其他模块产生影响,因此模块可以独立开发与测试,提高了系统的灵活性与可扩展性。

例如,对于 TMS 团队协作系统,可以将其分为下列独立的模块,每个模块负责特定的功能。

- 用户管理模块:负责用户注册、登录、权限管理等功能。
- 团队沟通模块:负责即时消息、文件分享、任务看板等功能。
- 团队博文模块:负责博文的发布、协作编辑、导入导出、通知、订阅等功能。
- 翻译管理模块:负责项目的翻译、语言管理等功能。

通过模块化设计,开发者可以专注于自己负责模块的开发,受到其他模块的内部实现的影响较小。同时,当需要新增某个功能时,只需增加一个新的模块或对现有模块进行扩展,而不必大幅度修改系统的其他部分。例如,如果 TMS 要增加会议功能,只需添加一个新的会议模块,并通过接口与现有模块进行交互即可。

模块化思想可以应用于软件不同的抽象层次。例如,一个大型复杂系统可以模块化为多个子项目(Project),每个子项目又可以模块化为不同的模块(Module)。再次应用模块化思想,可以进一步得到多个包(Package),每个包又包含多个不同的类(Class)。

4.1.3 信息隐藏

信息隐藏是指将模块的内部实现细节对外部隐藏,只暴露必要的接口和信息。通过信息隐藏,模块可以自由地改变其内部实现而不影响其他模块,从而减少模块之间的耦合,便于模块的独立开发、测试和维护。

图 4-1 是 TMS 团队博文的部分接口。该模块负责博文的发布、编辑、搜索等功能,每个功能都封装成相应的接口。对于外部模块或用户来说,他们可以直接调用 create(…)创建博文,调用 search(…)搜索博文,而不需要了解创建的细节或者搜索博文的具体算法。同理,TMS 的团队沟通模块中的即时消息和音视频通话等功能,外部模块只需要使用此模块提供的接口来发送消息或发起通话即可,而无须了解消息的传输协议和音视频数据的具体编解码方式。

值得一提的是,信息隐藏不仅是将内部实现细节对外部隐藏,更重要的是通过定义清晰的接口,让外部模块能够专注于业务逻辑的实现,而不必关心底层的细节。

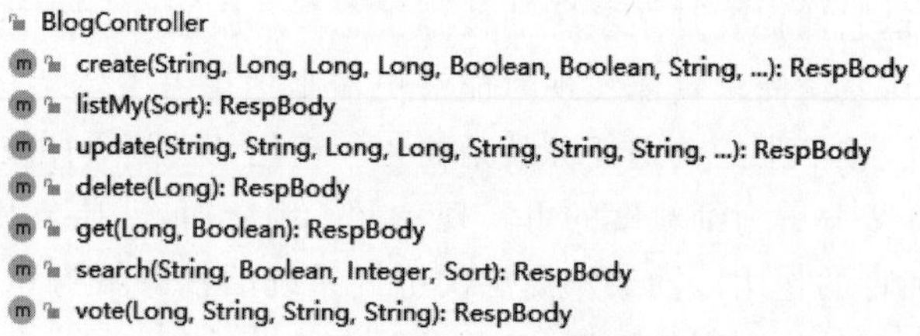

```
□ BlogController
ⓜ □ create(String, Long, Long, Long, Boolean, Boolean, String, …): RespBody
ⓜ □ listMy(Sort): RespBody
ⓜ □ update(String, String, Long, Long, String, String, String, …): RespBody
ⓜ □ delete(Long): RespBody
ⓜ □ get(Long, Boolean): RespBody
ⓜ □ search(String, Boolean, Integer, Sort): RespBody
ⓜ □ vote(Long, String, String, String): RespBody
```

图 4-1　TMS 系统博文相关功能的信息隐藏

4.1.4 关注点分离

关注点分离(Separation of Concerns)是指在将不同的功能和业务逻辑分离到独立的模块或层次中,使每个模块或层次只专注于一个特定的关注点或职责。通过关注点分离,开发者可以更容易地理解和管理系统的各个部分,并且在修改或扩展系统时不会对其他部分产生不必要的影响。

TMS 采用了 Spring Boot Web 应用典型的层次化设计(见图 4-2),将前端展示、业务逻辑和数据存储分开。其中,Controller 层负责接收来自客户端的 HTTP 请求,调用相应的 Service 层方法处理业务逻辑,并将结果返回给客户端;Service 层负责处理系统的业务逻辑,并调用 Repository 层与数据库进行交互;Repository 层是数据访问层,主要职责是提供数据访问的方法,如查询、保存、更新和删除等操作。Model 层代表系统的核心数据结构和实体,如 User、Mail、Message 等,通常对应数据库中的表。这些层次分工明确,各自负责特定的职责,正是"关注点分离"思想的体现。

读者可能会觉得,上述三个设计原则在概念上有些相似。的确,模块化、信息隐藏和关注点分离在软件设计中是紧密联系、相辅相成的。模块化促进了系统的关注点分离,通过将不同功能划到不同模块,实现功能的分离和独立。信息隐藏是模块化的重要特性之一。通过信息隐藏,每个模块只暴露必要的接口,避免外部依赖其内部实现,增加了系统的灵活性和安全性。关注点分离进一步细化了模块的职责,使每个模块关注单一功能,增强了模块化设计的效果。同时,关注点分离也依赖于信息隐藏,因为隐藏内部细节有助于保持模块的单一职责和独立性。

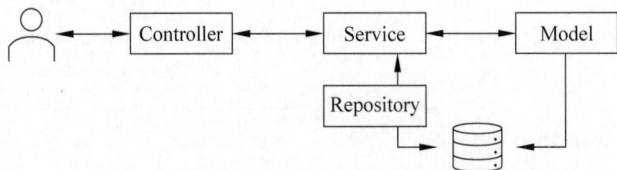

图 4-2　Web 应用"关注点分离"的设计思想

4.1.5　面向对象设计

上文概括了软件设计的基本原则。在程序设计领域,面向对象设计原则(Object Oriented Design Principles,OODP)提供了一种通过对象与类的结构来组织和管理代码的方式。Robert C. Martin 在 21 世纪早期提出了一组经典的面向对象设计原则,它由 5 个基本原则组成,每个原则都从不同的角度关注对象和类的设计,指导开发者如何减少代码中的依赖关系,增加模块间的解耦,提升代码的可复用性,实现高内聚、低耦合的系统架构。这 5 个设计原则的首字母缩写为 SOLID,因此也通常称为 SOLID 原则,如表 4-1 所示。

表 4-1　SOLID 面向对象设计原则

	全　　称	描　　述
S	单一职责原则(SRP) Single Responsibility Principle	一个类应该仅有一个责任(一个类应该只有一个引起其变化的原因)
O	开放封闭原则(OCP) Open/Closed Principle	软件应当对扩展开放,对修改封闭。尽量通过扩展而非修改现有代码来实现功能的变化
L	里氏替换原则(LSP) Liskov Substitution Principle	子类对象可以替换父类对象,且程序的正确性不应发生变化
I	接口隔离原则(ISP) Interface Segregation Principle	不应强迫客户端依赖它不需要的接口,多个特定用途的接口优于一个宽泛通用的接口
D	依赖倒置原则(DIP) Dependency Inversion Principle	高层模块不应依赖于低层模块,二者应通过抽象接口或抽象类来交互,避免直接依赖具体实现

SOLID 原则为开发者构建了高质量代码的底层逻辑框架——它通过单一职责、开闭原则等 5 大基石,系统性地回答了"什么是优秀设计"的方法论问题。而设计模式(Design Patterns)则像是这个理论框架的实践映射集,它聚焦于"如何解决高频出现的具体设计难题"。可以将二者的关系理解为建筑学中的结构力学原理与经典建筑范式的结合:SOLID 原则定义了房屋的抗震标准和承重逻辑(Why & What),设计模式则提供了应对不同地形和功能的标准化施工方案(How)。实际上,设计模式最初正是由建筑师 Christopher Alexander 在其著作 *A Pattern Language* 中提出的,用于描述建筑领域的通用解决方案,这一思想后来被软件工程领域借鉴。正是这种理论指导与实践工具的互补性,使得开发者既需要 SOLID 原则指导架构层面的设计,又需要了解设计模式,快速应对现实开发中典型场景的挑战。

如何设计软件

Christopher Alexander 在 *A Pattern Language* 中定义的"模式",后来也适用于软件工程。"Each pattern describes a problem which occurs over and over again in our environment,and then describes the core of the solution to that problem,in such a way that you can use this solution a million times over,without ever doing it the same way twice."

先来考虑下面三个开发场景。

(1) 一个文件处理工具,支持创建 .csv、.txt、.pdf、.jpg 等不同格式的文件。

(2) 一款角色扮演游戏,支持不同类型的道具。

(3) 一个电商平台,用户分为普通/黄金/钻石会员,不同等级享有不同的折扣率和专属服务。

如果你是开发者,将如何设计这三个场景呢?

作为一个小白,你可能会说,这不就是个条件判断嘛!很简单,用个 if-else 或者 switch,就万事大吉啦!作为一个有一定经验的开发者,你可能会说,直接硬编码 if-else 太乱啦,代码也不好维护,不如封装不同对象的创建逻辑,再用个 Map 作为映射。而作为一个老油条,你可能会立即想到设计模式的应用。实际上,上述三个场景本质上都是在创建相似的对象,而它们也正是"工厂模式"的典型应用场景。例如,在第一个场景中,可以:

(1) 定义抽象工厂接口 FileProcessorFactory,声明 createProcessor()。

(2) 每个文件类型实现独立工厂类(PDFFactory、CSVFactory)。

(3) 客户端代码只依赖接口,新增格式只需扩展新工厂,无须修改旧代码。

在这个设计中,开发者使用工厂方法,定义抽象的 FileProcessorFactory 接口并让 PDFFactory 等子类实现具体对象的创建时,本质上是通过依赖倒置原则将客户端代码与具体文件处理器解耦:客户端仅依赖抽象的工厂接口,而非直接调用 new PDFProcessor()这类具体实现,从而避免了高层模块对底层细节的绑定。这种设计模式也天然支持开闭原则:当需要新增一种文件格式(如 .pptx)时,只需扩展一个 PPTXFactory 类来实现接口,而无须修改现有的工厂选择逻辑或客户端代码,真正实现了"对扩展开放,对修改关闭"。

接下来,继续上面的例子。假设第一个场景中的文件处理器需要支持各类不同的字体。同时,任何字体都可以有不同的风格(如黑体、斜体等)或不同的装饰(如下画线、上下标等),正如人们常用的 Microsoft Word 一样(如图 4-3 所示)。那么,作为开发者,你会如何设计代码,以实现这个功能呢?

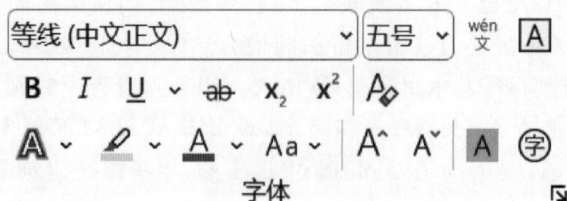

图 4-3　Microsoft Word 中的多种字体和样式

一个最简单粗暴的设计,就是为每种可能的字体、风格和装饰的组合都进行封装。然而,这种设计会出现"组合爆炸"的问题,如图 4-4 所示。因此,需要一种更好的设计,而"装饰器"设计模式正是为这种场景量身定做的。装饰器模式的核心思想是通过动态包裹对象的方式为已有功能灵活叠加新特性，而并非通过僵化的继承体系固化功能组合。这种设计如同给礼物层层包装彩带和蝴蝶结——每一层包装都能增添新的装饰效果，却不改变礼物本身的核心内容，同时允许根据需求随时调整包装层数与样式组合。

```
class SongBold: 宋体 Song + 黑体 (Bold)
class SongItalian: 宋体 Song + 斜体 (Italian)
class SongUnderline: 宋体 Song + 下划线 (Underline)
class SongBoldItalian: 宋体 Song +黑体 (Bold) + 斜体 (Italian)
class SongBoldUnderline: 宋体 Song +黑体 (Bold) +下划线 (Underline)
class SongItalianUnderline: 宋体 Song +斜体 (Italian) +下划线 (Underline)
```

图 4-4　字体＋风格的组合爆炸

以文本处理器中的字体样式叠加为例。可以定义一个基础字体类 Font，它包含核心的显示功能。当需要为文字叠加斜体、下画线等样式时，传统做法可能是通过继承创建 BoldItalicFont、UnderlineBoldFont 等组合类，但这会导致类数量呈指数级增长。装饰器模式则采用更优雅的解决方案，如图 4-5 所示。

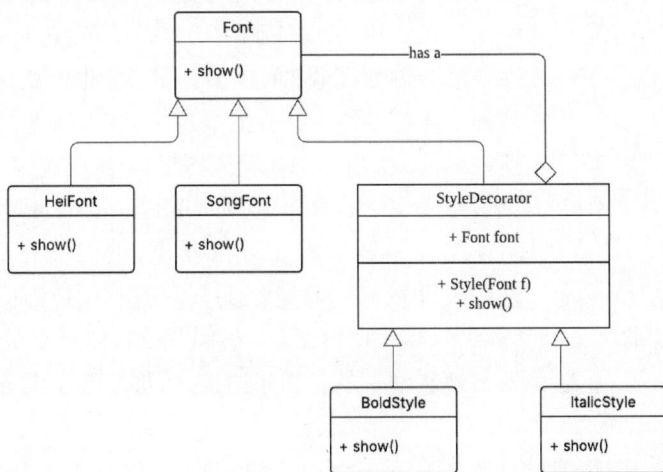

图 4-5　应用装饰器模式的字体风格叠加场景设计

（1）首先，建立基础组件（Component），即 Font 接口，声明统一的文字显示方法 show()。具体字体类如 SongFont（宋体）、HeiFont（黑体）实现该接口，完成基础字体渲染。

（2）创建继承自 Font 的抽象装饰器 StyleDecorator，它内部持有一个 Font 对象。注意，这个关键设计使得装饰器既能保持与基础字体相同的接口，又能在调用时嵌入附加逻辑。

（3）接下来，通过继承 StyleDecorator 创建具体的样式类，如 ItalicStyle，并在 show() 方法中先调用被装饰对象的方法，再实现叠加新样式的逻辑（如实现斜体装饰）。

```
class ItalicStyle extends StyleDecorator {
    public ItalicStyle(Font font) { super(font); }
    @Override
    public String show(String text) {
        String base = super.show(text);          //获取基础字体效果
        return "*" + base + "*" + "(叠加斜体)";     //叠加斜体功能
    }
}
```

如何设计软件

（4）客户端可以按下列代码使用字体叠加。由于 StyleDecorator 既持有 Font 对象，又继承 Font，因此可以将一个字体作为参数，创建一个叠加风格后的新字体。最后，在调用新字体的 show()方法时，它会首先完成基础字体渲染（super. show()），并继续叠加风格。也可以借助图 4-6 理解客户端中 show()方法的调用过程。

```
// 基础字体：宋体
Font text = new SongFont();
// 动态叠加装饰：先斜体再下画线
text = new ItalicStyle(text);
text = new UnderlineStyle(text);
System.out.println(text.show("装饰器设计模式"));
```

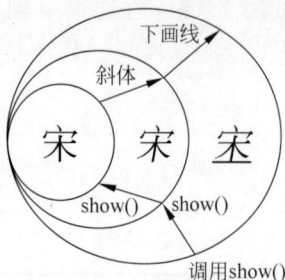

图 4-6 应用装饰器模式，客户端调用 show()方法的流程示意

装饰器设计模式的优势在于，新增样式时只需定义新的装饰器类（如 BoldStyle），无须修改任何已有字体或装饰器代码。开发者可以像搭积木般任意组合基础字体与装饰效果，例如，先加粗再斜体，或先下画线后修改颜色，避免了继承体系下“为每个组合创建子类”的噩梦。其次，此模式保证了职责分离。基础字体类专注于核心渲染逻辑，装饰器类仅处理特定样式增强，二者通过 Font 接口松耦合。当需要调整某个特定样式时，只需修改相应的具体类（如 UnderlineStyle 类），不会波及字体实现或其他装饰器。可以看出，装饰器模式实际上实践了 SOLID 中的开闭原则：通过扩展（新增装饰器）而非修改（调整已有类）实现功能演进。同时，此设计模式也遵循单一职责原则，即每个类仅承担字体渲染或单一装饰职责。同时，装饰器与被装饰对象实现相同接口，也符合里氏替换原则的透明性要求。

除了上述场景，装饰器设计模式在实际开发中也应用广泛。例如，Java 的输入流框架就采用了装饰器模式，以提供灵活、可扩展的流处理功能。其中，InputStream 是所有字节输入流的抽象基类，它定义了基本的读取方法，如读取单个字节、多个字节或跳过若干字节等。然而，InputStream 本身仅提供最底层的字节读取能力，并不具备缓冲、数据转换或加密等高级功能。为了增强输入流的功能，Java 提供了 FilterInputStream 作为装饰器类，它本身也是 InputStream 的子类，并通过包装另一个 InputStream 实现增强功能。而 FilterInputStream 的子类，如 BufferedInputStream、DataInputStream 和 PushbackInputStream 等，都是通过装饰器模式来扩展输入流的功能。例如，BufferedInputStream 通过内部缓冲区提高读取效率，而 DataInputStream 则提供了读取基本数据类型（如 int、double）的能力。通过这种设计，开发者可以通过动态组合不同的装饰器类来构建符合需求的输入流。

本章探讨的工厂方法与装饰器模式，仅是软件设计模式中的两个例子。经典著作《设计模式：可复用面向对象软件的基础》（*Design Patterns：Elements of Reusable Object-Oriented Software*，Erich Gamma、John Vlissides、Richard Helm、Ralph Johnson 合著，此四人常被称为“GoF 四人组”）中系统性地总结了 23 种设计模式，依据其核心目标分为以下三类。

· 创建型模式（如工厂方法、单例模式），聚焦对象创建过程的优化与抽象。

- 结构型模式(如装饰器、组合模式)，致力于通过灵活组合构建复杂结构。
- 行为型模式(如观察者、策略模式)，关注对象间通信与责任分配的动态管理。

每一种模式都是对特定设计问题的经验提炼，反映了软件工程中解耦、复用、扩展的核心哲学，其价值远超代码层面的技巧。例如，观察者模式通过订阅-发布机制实现模块间松耦合通信，至今仍是事件驱动架构的基石；策略模式则通过将算法封装为独立对象，为动态切换业务逻辑提供了优雅方案。由于设计模式本身是一个庞大且实践性极强的主题，单独一个章节难以覆盖所有细节。若读者期望深入探索这一领域，可以以《设计模式：可复用面向对象软件的基础》为基础，参考相关书目与资料。

4.1.6 智能问答：让设计原则不再高冷

软件设计的核心原则与模式，本质上是对复杂工程问题的经验抽象。这种抽象性使得学习者经常陷入两重困境：新手苦于难以建立概念与现实代码的映射，即便熟记 SOLID 原则的定义，面对具体场景仍手足无措；有经验的开发者也未必能游刃有余：他们或许能写出功能正确的代码，却容易因过度设计或模式误用，反而导致系统僵化。更微妙的是，许多设计原则的边界本就模糊：何时该遵循单一职责原则进行拆分？何时又该避免过度解耦带来的碎片化？这些问题的答案往往藏匿在具体业务上下文与团队协作的夹缝中，绝非教科书中的标准案例所能涵盖。

此时，AI 工具(如 DeepSeek、ChatGPT、GitHub Copilot、Claude 等)的价值便凸显出来：它既能像导师般将抽象术语转换为生活化类比，又能如实战教练般提供即时代码反馈。通过对话式学习、动态案例生成和个性化答疑，不同阶段的学习者均可找到突破认知瓶颈的着力点。本章将通过下列具体场景，展现 AI 如何成为学习软件设计抽象概念的"智能教练"。在本章中使用的 AI 是 DeepSeek-V3。

场景 1：概念翻译官

学生在学习 SOLID 中的单一职责原则(SRP)，有如下困惑："单一职责原则要求一个类只有一个改变的理由，但'改变的理由'具体指什么呢？难道一个类不能做多件事吗？"在传统学习路径下，学生需要翻阅教材中(生硬的)定义并自行揣摩，但是可能仍对这个抽象的概念一知半解，并希望有一些更实际的例子。此时，学生可以向 AI 进行提问，让 DeepSeek 解释单一职责原则，其回答如下所示。在这个场景中，AI 通过类比映射将抽象原则具象化，帮助学生在生活经验与代码逻辑间建立认知桥梁。

想象一家餐厅：
违反 SRP 的餐厅：服务员既要接待顾客点餐，又要烹饪菜品，还要洗碗。
→当顾客增多时，服务员可能因任务混杂导致上菜延迟或服务混乱。

遵循 SRP 的餐厅：
- 服务员：专注记录订单和传递菜品
- 厨师：专注烹饪
- 清洁工：专注餐具处理
- 每个角色仅因"订单处理""烹饪需求"或"清洁需求"而变化，职责边界清晰。

补充代码类别：
在代码中，一个 OrderProcessor 类若同时处理订单验证、库存更新和邮件通知，便承担了多重职责。应拆分为

- OrderValidator(验证)
- InventoryUpdater(库存)
- EmailNotifier(通知)

场景 2：代码医生

学生在课程项目中写了一段条件分支代码，用于处理不同的支付方式。在写 if-else 时，学生隐约记得老师讲过，在 SOLID 设计原则中，似乎有比条件分支更好的选择，但是具体细节又记不得了。此时，学生可以向 DeepSeek 提问，其回答如下所示。在这个场景中，AI 化身成"代码医生"，为学生提供即时代码评审，指出违背设计原则的代码，并给出重构方案与示例，加速"理论→实践"的转化。

问题诊断：
- ✖ 违反 OCP：新增支付方式需修改 processPayment 方法
- 🔧 改进建议：
    1. 定义接口 PaymentProcessor 声明 process() 方法
    2. 实现 CreditCardProcessor、PayPalProcessor 等具体类
    3. 创建 PaymentProcessorFactory 根据类型返回对应处理器

重构后代码示例：
```
interface PaymentProcessor { void process(); }

class CreditCardProcessor implements PaymentProcessor {
    public void process() { /* 信用卡逻辑 */ }
}

class PaymentProcessorFactory {
    static PaymentProcessor getProcessor(String type) {
        return switch (type) {
            case "credit" -> new CreditCardProcessor();
            case "paypal" -> new PayPalProcessor();
            default -> throw new IllegalArgumentException();
        };
    }
}

//客户端调用
PaymentProcessor processor = PaymentProcessorFactory.getProcessor(type);
processor.process();
```

场景 3：出题大师

学生刚刚学习了设计模式中的观察者模式，自认为理解深刻，摩拳擦掌地想要实战一下。可是，课程暂时没有设置针对观察者模式的练习，因此，学生向 DeepSeek 提问，希望它能够生成一个针对观察者模式的练习项目。AI 的回答如下所示。在此场景中，AI 可以根据学习目标定制场景化练习，提供可扩展的代码框架与思考题，引导学生在真实问题中应用模式。

项目名称：实时天气预报通知系统

需求描述：
1. 气象站(WeatherStation)作为主题,维护温度、湿度数据

2. 当数据更新时，自动通知以下观察者。
- 手机 App 显示当前数据
- 电子屏广告牌显示天气摘要
- 智能空调根据温度调整模式
3. 支持动态添加/移除观察者

代码框架提示：
- 定义 Subject 接口(含 registerObserver(), notifyObservers())
- 定义 Observer 接口(含 update() 方法)
- 实现 WeatherStation 类
- 实现 MobileApp、DigitalBillboard、SmartAC 等观察者

挑战任务：
- 若需新增一个"降雨概率预警"观察者,应如何扩展?
- 如何防止被已移除的观察者接收通知?

场景 4：互动助教

学生在实现一个电商订单系统时,考虑加入折扣优惠功能。一开始,学生决定可以使用策略模式,毕竟折扣优惠就是多个策略嘛！但是,在实现的过程中,学生又发现,折扣和优惠是可以叠加的,那是不是用装饰者模式会更合适呢?在犹豫不决中,学生向 DeepSeek 说出了自己的困惑,其回答如下。当然,学生可以和 AI 持续互动下去。在这个场景中,AI 担任了老师或者助教的角色,和学生互动并提供引导建议,帮助学生理解不同设计模式间的本质差异,培养设计决策能力。

理解问题：
- 策略模式:定义算法族,使它们可互换(如不同折扣算法:满减、百分比折扣)
- 装饰器模式:动态叠加附加功能(如基础折扣 + 会员等级加成 + 节日特惠叠加)

关键区别：
- **策略模式** 侧重替换整体算法(如切换满减或百分比计算)
- **装饰器模式** 侧重增量叠加功能(如先打 9 折,再减 50 元)

场景建议：
- 若折扣是互斥的(同一时间仅一种折扣生效)→ 策略模式更合适
- 若折扣可叠加(如会员折扣 + 促销优惠)→ 装饰器模式更优

代码结构对比：
```
//策略模式示例
interface DiscountStrategy { double apply(double price); }
class FullReductionStrategy implements DiscountStrategy { … }

//装饰器模式示例
abstract class DiscountDecorator implements Discount {
    protected Discount decoratedDiscount;
    public DiscountDecorator(Discount discount) { … }
}
class MemberDiscount extends DiscountDecorator { … }
```

4.2 软件系统架构设计

在兴建一座建筑之前,必然会有一个建筑的整体结构设计。建筑师团队会针对这个结构设计进行多轮讨论,直到认为此设计是合理、可行的,包括满足客户的需求、构造与材料合

理、各部分协调契合、形成安全的结构等。同样地,在开发一个复杂软件系统之前,开发团队也需要对软件的系统架构进行整体的设计。运用 4.1 节的软件设计理念,开发团队能够明确系统所需要模块、组件,及其相应的属性和功能,接下来,开发团队需要明确这些模块或组件,在何种环境下,如何交互,从而使所有组件连接形成一个可运作的整体,这就是软件系统架构。

软件系统架构的设计是开发团队在项目早期做出的关键决策,它代表软件系统整体的蓝图,对软件的质量和可维护性产生深远的影响,关乎软件的成功。一个良好、有效的软件系统架构设计犹如一种万能黏合剂,将项目各个方面紧密地连接在一起。

- 软件系统架构的设计是对业务需求和功能需求的直接响应。在设计之初,团队需要深入理解客户的需求,明确系统的功能和目标。通过在系统架构中体现这些需求,团队能够确保软件系统是为用户实际需求而建立的,从而提高用户满意度。
- 在一个良好的架构设计中,各个模块和组件在整体设计中的位置和关系都清晰可见,使得开发者更容易理解整个系统的结构和工作原理,从而更有效地协同工作。
- 软件系统架构的合理设计也有助于降低项目风险。通过在设计阶段考虑各种可能的变数,团队能够提前识别和解决潜在的问题,减少在后期开发和测试中的不确定性,有助于确保项目按时、按预算交付。

虽然不同的软件系统采用不同的系统架构设计,但是这些不同的系统架构设计在某些方面具有共性。基于这些共性得到的软件系统架构称为架构模式(Architectural Patterns)、架构风格(Architectural Styles)或者是元架构(Meta-architectural)。架构模式也可以认为是软件社区积累的宝贵经验与最佳实践,为开发团队提供通用的设计原则。开发团队依据自己的需求可以从这些架构模式中选取合适的一种或多种作为设计起点,更快速地设计出合理的系统结构,提高整体系统的可维护性和可扩展性。本节将介绍 5 类软件架构模式,分别为单体架构、分布式架构、面向服务的架构、微服务架构,以及无服务架构。

4.2.1 单体架构

软件工程 1.0 初期,软件项目规模相对较小,复杂性较低,大多数项目采用单体架构(Monolithic Architecture)。单体架构作为一种传统的软件架构模式,其特点是将整个应用程序作为一个单一的、紧密耦合的单元进行设计和开发。不同的功能模块之间共享数据与业务逻辑,最终应用程序作为一个整体单元被部署和运行。单体架构的常见类型包括分层架构、主程序-子程序架构、以数据为中心的架构、管道-过滤器架构等。

1. 分层架构

分层架构也称为 N 层架构,是 Java EE 为企业级应用制定的架构标准,因而为大多数 Web 应用所采纳。在分层架构中,软件系统被抽象划分成 N 个平行的层次。虽然根据软件系统规模的不同,N 的取值可以改变,但是一般来说,分层结构会包含展示层、业务层、持久化层和数据库层,每个层次都有特定的职责。展示层负责处理用户输入和交互,并向用户展示信息;业务层处理应用程序的核心业务逻辑;持久化层负责将业务层的数据持久化到数据库;数据库层则提供数据的存储、检索和管理。

TMS 正是采用了分层架构。展示层处理用户界面和交互,业务层则处理具体的业务逻辑,如创建博文、发起群聊、修改任务看板等,而这些业务逻辑又将由数据驱动。因此,业务层可以通过持久化层,从数据库层获取相关信息,并最终将结果返回给展示层。

在分层架构中,信息按照层次一层一层地传递,这是该架构的重要特征之一。换言之,信息不能够直接跨越不同层级传递。设想一下,如果展示层和业务层可以直接与数据库层进行交互,数据库层的变更(例如,从 SQL 数据库切换到 NoSQL 数据库)将对所有层级产生巨大影响。

分层架构的"层隔离"机制有效地防止了不同层级之间的直接依赖,为系统带来了显著的优势。首先,各层之间的耦合性降低,使得每一层都可以相对独立地进行开发、测试和维护。其次,当某一层发生变化时,只有与之直接交互的相邻层受到影响,而其他层则保持不变。

2. 主程序-子程序架构

主程序-子程序架构是一种经典的软件设计模式,其中整个系统被组织为一个主程序和若干子程序。主程序负责总体控制和协调,而子程序则负责具体的任务和功能。主程序调用子程序时会传递必要的参数,子程序执行特定的操作,并在完成后返回主程序(如图 4-7 所示)。

这种架构通过明确的调用关系和层次结构,简化了程序的设计和理解。然而,随着系统规模的扩大,主程序的复杂度可能会增加,导致维护和扩展变得困难。此外,主程序和子程序之间的紧密耦合也可能限制系统的灵活性。

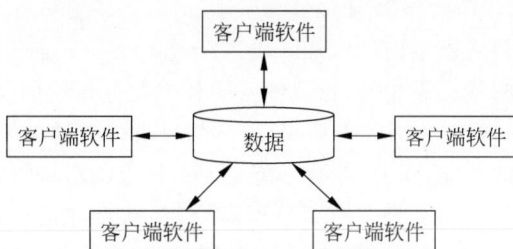

3. 以数据为中心的架构

以数据为中心的架构将数据作为核心,所有操作和功能都围绕数据展开。在这种架构中,数据存储系统(如数据库)处于中心位置,提供数据的持久化和访问功能。应用程序的其他部分(如用户界面、业务逻辑层)通过标准接口(如 SQL 查询)与数据存储系统交互(如图 4-8 所示)。以数据为中心的架构的主要优势是数据的一致性和完整性得到了保障,因为所有操作都通过统一的数据存储系统进行。这种模式在数据库系统和数据密集型应用中尤为常见。

然而,这种架构也存在潜在的瓶颈问题,因为所有操作都集中在数据存储系统上,可能导致性能瓶颈和单点故障。

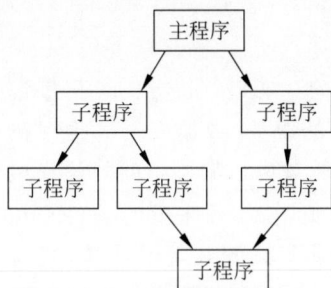

图 4-7　主程序-子程序架构　　　　图 4-8　以数据为中心的架构

4. 管道-过滤器架构

管道-过滤器架构将系统分解为一系列处理步骤,每个步骤被称为过滤器;数据则通过这些过滤器逐步处理和转换。这种架构也称为"数据流架构",因为数据从一个过滤器"流动"到下一个过滤器,直到完成整个处理过程(如图 4-9 所示)。

这种架构的主要优势在于其高内聚性和松耦合性。每个过滤器独立完成特定的任务，也可以独立更换或重新配置，从而提高系统的灵活性和可扩展性。不过，因为数据需要逐步通过每个过滤器进行处理，可能会导致数据处理延迟和性能问题。

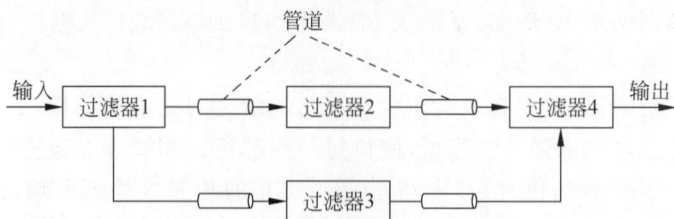

图 4-9　管道-过滤器架构

单体架构将所有功能集成在一个整体中，虽然开发初期简单直接，但随着系统规模的增长、复杂性的提高，可能逐渐变得难以维护和扩展。试想，单体架构中所有的代码和数据被共享，意味着任意一部分出现缺陷时，很难单独地进行修复与更新。而每一次的更新都需要团队重新部署整个应用，风险高且耗时。同时，单体架构的性能和可靠性受到单一服务器的限制，在处理大规模、高并发和高可用性需求时显得力不从心。此外，单体架构也面临着技术栈异构的问题。在大部分情况下，采用单体架构的开发团队在每个模块会使用相同或易于兼容的编程框架与技术栈；如果新成员希望采用不同的技术栈，虽然技术上可行，但是在实现上会比较困难。

为了应对日益增长的软件规模与复杂性，解决单体架构带来的问题，人们开始探索新的软件架构模式，希望能够将软件系统拆分成若干更小规模、更易于独立开发的模块，降低耦合度，从而使模块的更新与维护更易于执行。基于这种思想，涌现出了一系列新的软件架构模式。

观看视频

4.2.2　分布式架构

分布式架构将应用程序划分为多个独立的模块或组件，这些组件分布在不同的服务器上，通过网络进行通信和协调来完成任务。典型的分布式架构包括微内核架构和事件驱动架构。

1. 微内核架构

微内核架构（Microkernel Architecture）是一种面向功能进行拆分的可扩展性架构。此架构的核心思想是，将软件系统各类业务通用的、公共的服务、数据或资源集中在一个内核（Kernel，也称为核心系统）中。相对于传统的单体架构，微内核架构中的内核只包含最基础通用的功能，保持其尽可能精简、小巧。不同的业务则作为可插拔的插件（addons 或者 plugins），独立地进行开发与维护，并且允许用户通过购买或安装等形式添加至核心系统。因此，微内核架构也被称为插件式架构（Plug-in Architecture）。图 4-10 是微内核架构的示意图。

图 4-10　微内核架构示意

微内核架构被广泛采用于桌面应用程序与 Web 应用程序。集成开发环境 Eclipse 就是采用了微内核架构的一个典型应用。在初始安装后，Eclipse 只有编辑与开发的基本功能。然而，用户可以安装在此基础上安装各类插件，将 Eclipse 打造成一个自己专属的集成开发环境。目前较为流行的 IntelliJ IDEA 和 Visual Studio Code 也同样支持个性化插件的开发与安装。Chrome 浏览器也是一个采用微内核架构的代表性应用。用户可以开发、安装各类插件以扩展 Chrome 的功能，定制自己的浏览器。实际上，任何允许开发团队或是第三方开发或者安装插件的应用都可以认为是(部分)采用了微内核架构的思想。

微内核架构中的"插件"模式提高了软件系统的灵活性与可扩展性，一定程度上解决了单体架构"不可拆分"而导致的问题。可以认为微内核架构将软件系统所需要的更新与维护任务从核心系统迁移到了各个插件中，也就是说，核心系统将相对稳定，而任何缺陷修复和更新会被限制在某个相关的插件中，与系统的其他部分隔离。基于此原因，在微内核架构的设计中，开发团队需要注意尽可能减少插件之间的相互依赖，否则将失去微内核架构带来的上述优势。

2. 事件驱动架构

事件驱动架构(Event-Driven Architecture，EDA)是一种现代化的异步分发架构模式，通过事件的触发和异步通信来促进系统的灵活性和可扩展性。在这一架构中，事件(Event)充当系统状态更新的触发器，例如，用户提交订单、传感器数据更新等。服务(Service)则是对这些事件做出响应的业务逻辑单元，负责处理订单、更新后台数据、发送邮件通知等任务。

图 4-11 描绘了一个基本的事件驱动架构。中间关键的组成部分是事件代理，它充当了事件和服务之间的中介，负责收集、分发和协调事件的流动。当事件发生时，其信息被发布至事件代理，这一过程是异步的。事件代理通过消息队列等实现方式维护整个系统的事件流。每个服务都可以通过订阅(Subscribe)的方式注册对特定事件的关注，这意味着服务只关心自己感兴趣的事件，而不需要紧密耦合于其他服务。当事件发生时，事件代理可以将其迅速分发至相关的服务，使得每个服务都能够以松散耦合的方式参与系统的协作。当然，在一个服务的执行过程中又可能发生新的事件(Derived Events)，而这些事件也可以被发布至事件代理，并推送给其他的服务。如图 4-12 所示，事件代理 A 将事件分发给事件处理①(也可以称之为事件消费者)；事件处理①生成新的事件后发布至事件代理 B，代理 B 又将事件分发给事件处理②、③、④，以此类推。

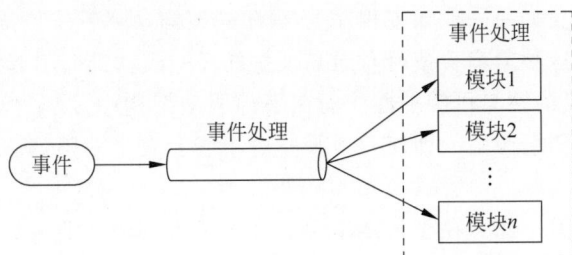

图 4-11　事件驱动架构的基本概念

事件驱动架构适用于需要处理大量并发用户请求及后台任务的软件系统。让我们以一个"在线购物平台"作为例子，考虑其"下单""查询""退货"三类事件。其中，"查询"由客户服务模块处理，"下单"和"退货"都需要财务系统模块，而三个事件都需要涉及库存管理模块。采用事件驱动架构时，客户服务模块、财务系统模块和库存管理模块可以独立开发，互不影响。事件代理负责事件的过滤与协调，并且负责分发不同事件至各自的服务模块。

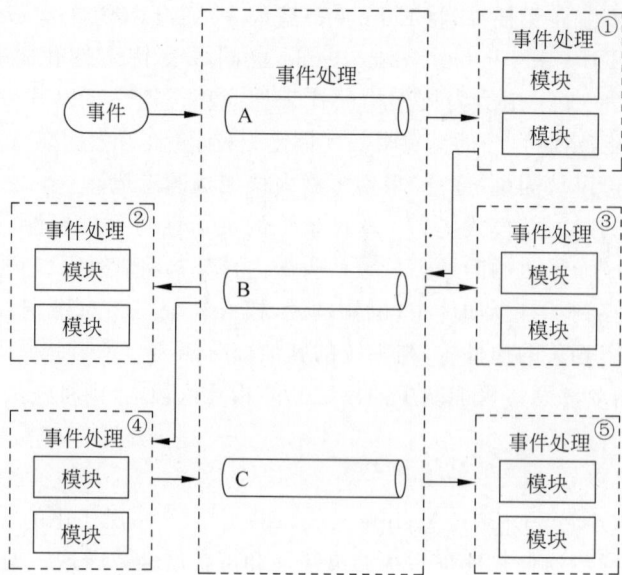

图 4-12　事件驱动架构示意

另外,在线购物平台的一个简单的"下单"事件可能触发一系列的后续事件。如图 4-13 所示,"下单"事件唤起了"订单服务";订单服务完成后产生了一个"新增订单"的事件。此事件触发了"支付""消息通知""库存管理"服务。其中,支付完成后的"付款成功"事件,又继续触发"消息通知""派送服务"。

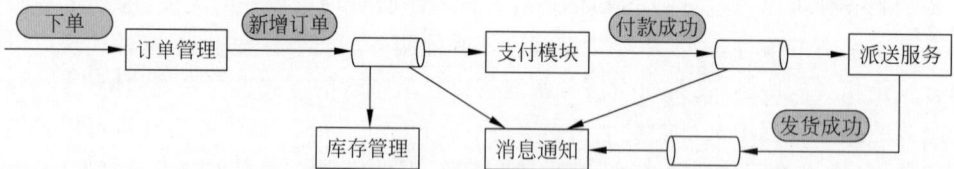

图 4-13　采用事件驱动架构的在线购物平台:下单场景

事件驱动架构的优点之一是对服务的解耦。在图 4-13 中,"下单""付款"及"派送"服务都会向用户发送通知。如果采取如主程序-子程序的架构,则"下单""付款"及"派送"模块需要调用"通知"模块。这种紧耦合使得对通知模块的任一改动都会引起所有依赖它的模块的变动,限制了系统的灵活性与可维护性。而在事件驱动架构中,服务模块之间是独立的,它们通过事件代理进行消息通信。即使一项服务更新或者发生故障,其他的服务也可以正常运行。

事件驱动架构的另一优势在于其异步性。对于耗时较长的业务逻辑,用户应不需要等待其完成才能做其他业务。这类业务可以作为异步任务执行,而用户则会即时收到一条返回信息,可以继续进行其他业务。在如图 4-13 所示的"下单"场景中,"商品库存更新"和"发送邮件通知"可以作为异步任务在后台进行,用户可以继续购物体验。这种灵活性不仅提升了用户响应速度,也使系统能够高效处理各类业务逻辑。另外,诸如审计服务与数据收集等后台服务,都可以在事件驱动架构中作为异步任务实现。

事件驱动架构的以上优势使得它适用于软件工程 2.0 的敏捷开发思想,并且适用于强调可扩展性的软件系统。事件生成器和服务可以由开发团队独立开发与维护,而事件代理则可以采用开源或商用的现有框架,如 Apache Kafka、Amazon EventBridge 等。值得注意的是,搭建事件驱动架构相较于其他架构,如分层架构,具有更高的复杂性。由于事件的异步性质,系统难以像同步系统那样直接监控和调试。测试事件驱动架构的软件系统需要更多关注异步事件的正确触发和处理,以及事件代理的有效协调。此外,因为事件的处理可能在不同的时间点发生,各个服务模块对于共享数据的读写操作可能存在并发冲突,引发数据不一致的情况。

4.2.3 面向服务的架构

面向服务的架构(Service Oriented Architecture,SOA)将软件系统抽象成一系列"服务"。每项服务对应于一个独立的业务,服务之间松散耦合,对外则提供通用的接口标准。开发团队可以重用单独的服务,也可以通过组合多个服务来实现复杂的业务。

图 4-14 是 SOA 架构的示意图。首先,"业务服务"(Business Services)指的是从客户角度来讲需要使用的服务。这类服务指定了用户的输入以及期望的输出结果,而并没有涉及服务具体如何实现。业务具体的实现由"企业服务"(Enterprise Services)提供,这类企业服务可以使用不同的编程语言、技术栈、开源应用或者第三方供应商提供的应用程序实现,并通过共享和组合来实现业务服务。例如,在一个在线购物平台系统中,多个业务都需要"身份验证"的功能。因此,"身份验证"作为一个企业服务,可以由开发团队使用熟悉的技术栈自行实现,或者使用第三方供应商提供的服务(如 Google Authentication Service),并被多个业务服务复用。另外,在线购物平台中的"智能客服",可能会使用"订单查询""产品推荐""聊天"等多项企业服务。这些企业服务可以由不同的团队独立开发、异构实现,或者从第三方服务提供商购买。服务使用者可以通过服务注册表找到需要的服务,发送请求信息或数据至服务;服务则执行任务并返回结果。

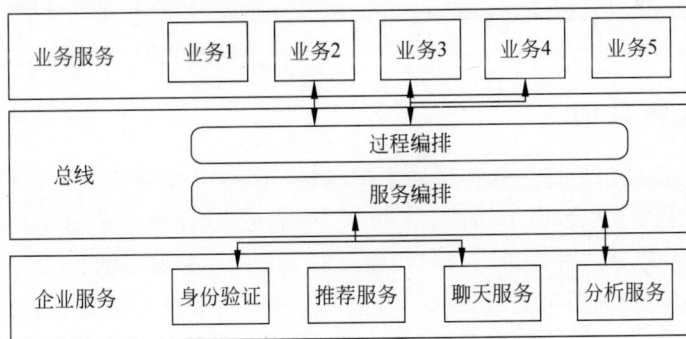

图 4-14 SOA 架构

那么,在不同服务松散耦合与技术异构的情形下,它们如何实现交互与整合呢?首先,不同服务应使用既定的通信协议进行信息交换,以确保系统的一致性和互操作性。实施 SOA 的部分通信协议包括 SOAP(Simple Object Access Protocol,简单对象访问协议)、REST(Representational State Transfer,表征状态转移)、Apache Thrift、Apache ActiveMQ 以及 Java Message Service(JMS)等。这些协议提供了标准的消息格式和通信规范,确保了不同服务之间的有效沟通。

其次,在 SOA 架构中,企业服务总线(Enterprise Service Bus,ESB)扮演着至关重要的角色。ESB 是一种中间件,用于实现不同服务之间的调度、编排与通信。它的主要功能如下。

- 消息路由:确保消息按照预定的规则从一个服务传递到另一个服务。
- 消息转换:确保不同服务中不同格式的数据能够被正确解释和处理。
- 消息编排:协调不同服务之间的消息流,确保它们按照预期的顺序执行。
- 服务调度:确保服务按照既定的计划和优先级执行,以满足业务需求。

ESB 作为信息交换的中心枢纽,通过提供可扩展的消息传递机制,将各个服务连接起来,使它们能够协同工作。通过引入 ESB,SOA 能够更加灵活地组织和管理服务,减少了服务之间的直接依赖,提高了整个系统的可扩展性和可维护性。

SOA 的概念最早于 1994 年提出,但当时并未受到广泛的关注。随着互联网的快速发展,SOA 在 2010 年又重新受到青睐,盛行一时,很多行业巨头都采用了 SOA 架构来解决因资源、数据、团队分布导致的软件开发问题。例如:

- Delaware Electric 采用 SOA 来整合先前无法相互通信的系统,提高了开发效率。
- Cisco 采用 SOA 以确保其产品订购体验在所有产品和渠道上保持一致。其中,"订购流程"作为一项服务,被思科的各个部门和业务合作伙伴整合到其网站中使用。
- Independence Blue Cross(IBC)实施 SOA 以确保处理患者数据的不同利益相关方(IBC 客户服务代理、医生办公室、IBC 网站用户)都能够使用相同的数据源。

SOA 架构的终极目标是为技术异构的分布式服务提供一套通用的交互与复用架构,同时解决软件开发中的各类诸如业务分解与服务编排等问题。这种通用的架构虽然在一定程度上提高了系统的灵活性和可维护性,但它同时也带来了一些挑战。首先,通用架构需要对软件开发涉及的概念与实现进行高层次的抽象以隐藏细节,而适应各种场景的需求可能导致对特定应用场景的优化不足,从而影响整体性能,甚至出现过度开发的现象。另外,通用的架构需要严格的接口规范支持,如 SOAP。然而,此类严格的规范大大增加了软件系统的复杂性,对于开发团队的专业性要求极高,难以作为一种普适的软件架构进行广泛的应用。

4.2.4　微服务架构

微服务(Microservice)作为一种软件架构风格,于 2011 年首次被提出。2014 年,James Lewis 和 Martin Fowler 合写的一篇博文中,对"微服务"这个概念给出了具体的描述。

微服务架构风格是一种将单一应用程序开发为一组小型服务的方法:每个服务在自己的进程中运行,并使用例如 HTTP 资源 API 的轻量级机制进行通信。这些服务围绕业务功能构建,并可由完全自动化的部署机制独立部署。这些服务可能使用不同的编程语言和不同的数据存储技术实现,并采用最小限度的集中管理。

案例研究:Amazon

Amazon 从一家小型书店起家,现在已经发展成为全球最大的电子商务平台。与很多初创公司一样,Amazon 最初采用了一个两层的单体架构,以快速启动业务并满足市场需求。然而,随着公司规模的增大,单体结构显露出的扩展性问题变得明显。亚马逊在处理日益庞大的数据库、长时间的开发和部署周期,以及添加新功能的复杂性等方面遇到了困难。这些问题导致了频繁的系统故障,对 Amazon 造成了巨大的财务损失。

观看视频

Amazon AWS 高级经理 Rob Brigham 在 2015 年的 re:Invent 大会上指出,原有的多层架构虽然在初期迅速启动业务,但随着项目成熟和规模增大,单体应用的模式逐渐显露出架构瓶颈。他形容这种单体应用就像一个巨石,随着时间的推移,这个单体会增加流程开销,导致软件开发生命周期变得缓慢。此时,Amazon 已经开始意识到,单体架构已经开始限制公司的发展,Amazon 迫切需要转向更为灵活的架构。

面对这些挑战,Amazon 架构师们决定采用更为灵活的微服务架构。他们的理念是通过将整个系统的每个功能划分为独立的微服务,使系统更易于扩展、维护和更新。在当时,甚至还没有出现"微服务"这个术语,但亚马逊的目标是构建一个能够更好地适应不断变化的市场、技术环境和用户需求的系统。这一决策引发 Amazon Web Services (AWS)的诞生,并最终奠定了亚马逊在电子商务领域的巨大成功,并成为以"微服务"为代表的软件工程 2.0 时代的典范。

案例研究:Netflix

Netflix 的发展历史可以追溯到 1997 年,当时它是一家以租赁 DVD 为主的在线影片租赁服务公司。随着数字流媒体和互联网的崛起,Netflix 在 2007 年推出了其首个在线视频流媒体服务,并逐渐发展为全球领先的数字流媒体服务提供商。早期的 Netflix 和当时的大部分企业一样,采用单体软件架构。然而,2008 年,Netflix 经历了其历史上最长的服务中断。一个小错误导致了大规模的数据损坏,导致系统连续停机了数天。媒体对此次事故有如下报道:

"Netflix 及其用户目前正经历着该 DVD 邮寄服务公司历史上最严重的系统故障。公司在星期二没有寄送任何光盘,昨天只寄送了'一些',到目前为止今天尚未有任何寄送。"

这次系统故障让 Netflix 深刻认识到其庞大、高度耦合、不断膨胀的单体架构已经难以顺利应对持续增长的用户数量和日益多样的业务需求。Netflix 的工程师们在意识到问题的紧迫性后,采取了逐步的、有计划的措施。他们对系统进行了分离和重构,逐渐孵化出多个独立的微服务。这些微服务不再像过去那样高度耦合,而是更为灵活、独立运行。同时,Netflix 还决定将整个架构迁移到 AWS(亚马逊云服务)上,以利用其云计算的弹性和可扩展性。这次系统故障成为 Netflix 演变和创新的契机。微服务架构让 Netflix 能够更为敏捷地推出新功能,更有效地应对用户数量的不断增长,并在全球范围内提供更加稳定和可靠的服务。

基于上文对单体架构的介绍,以及 AWS 和 Netflix 的例子,可以将微服务架构理解为对单体架构的分解,而分解的单位则是"服务"。每个服务都可以采用不同的技术栈、不同的数据源进行独立开发。服务间可以通过轻量级的通信机制实现软件系统的整合。可以看到,微服务架构实施了"模块化""信息隐藏""关注点分离"等软件设计理念。它的优势是更加灵活,系统易于演化和扩展。新的需求可以随时作为新的"微服务"加入系统中,而出现错误或者不再需要的微服务可以随时被停用或者移除,而不对其他服务产生负面影响。微服务架构很好地符合了软件工程 2.0 的敏捷开发与拥抱变化的思想。

在 4.2.1 节,使用单体的分层架构为 TMS 进行设计。当此系统取得初步成功,用户快速增长,系统规模与复杂性逐步增加时,TMS 团队很快将面临与 Amazon 和 Netflix 同样的问题。现在,让我们采用微服务架构对此系统进行重新设计。图 4-15 是一种可能的微服务架构设计。首先,我们将 TMS 团队协作系统划分为 6 个独立的服务,以更好地实现系统的模块化和灵活性。这 6 个服务分别是:

- 博文服务
- 日程服务
- 聊天服务
- 翻译服务
- 用户服务
- 通知服务

每个服务都具有开放的公共接口,可供用户或其他服务调用。例如,客户端可以通过调用"博文服务"的 REST 接口来进行博文的发布或者订阅,而"博文服务"则可以调用"翻译服务"进行博文翻译,调用"用户服务"以获取用户的信息;"日程服务"可以调用"通知服务"提醒用户接下来的重要安排。这种服务之间的松散耦合性使得系统更易于扩展和维护,同时也为未来的功能扩展提供了良好的基础。

在如图 4-15 所示的微服务架构中,每个微服务都具备独特的特性,采用不同的技术栈和独立的数据源实现。这种多样性使得每个微服务可以根据其具体功能需求选择最适合的技术,从而充分发挥其优势。例如,博文服务可以采用 Java 技术栈,利用 Spring Boot 框架和 MyBatis 作为持久化层,确保博文的高效管理和处理。这个选择基于 Java 的广泛应用和成熟的生态系统,使得博文服务能够稳定可靠地运行。日后,团队可能会添加博文的个性化推荐。个性化推荐也可以作为一个服务,从博文服务获取数据。因推荐算法其涉及机器学习模型,此服务可以选择 Python 技术栈。其中,TensorFlow 被应用作为主要的机器学习框架,为个性化推荐算法提供强大的支持。同时,Flask 框架与 MySQL 数据库的结合为服务端的实现提供了灵活性与可维护性。

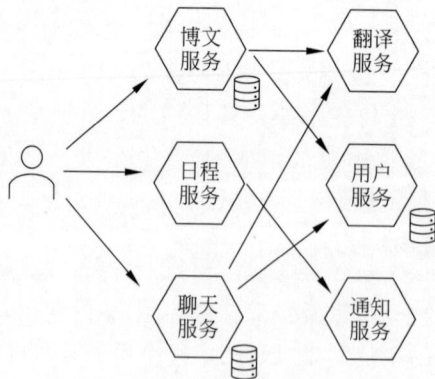

图 4-15　TMS 一种可能的基于微服务架构的设计

这种微服务的多技术栈设计允许不同的开发团队专注于其核心领域,提高了整个软件系统的灵活性。各个微服务的开发与部署过程相对独立,因此一个微服务的改动基本不会对其他微服务产生影响。这种高度的服务松耦合性增强了团队之间的协作效率,同时也为未来的技术升级和扩展提供了更大的空间。

4.2.5 无服务架构

软件工程 2.0 时代的软件形态为"软件即服务"(Software as a Service,SaaS)。微服务架构作为软件工程 2.0 的代表,则将系统作为服务进行划分,即"一切皆服务"。容器技术(Containers)以及 Kubernetes 等工具的发展也使得微服务架构被广泛地使用。

然而,微服务架构作为一个分布式架构,开发者依然需要了解,甚至人工介入服务的部署、计算资源的申请、基础架构的管理等事宜。相对地,"无服务架构"(Serverless)实现了完整意义的服务化,即开发者能访问或使用的只有系统通过 API 网关提供的 API 服务,同时开发者完全不需要了解系统的基础架构或者顾虑对资源的使用。换言之,无服务与传统架构的不同之处在于其完全由第三方管理。

"无服务"(Serverless,确切翻译应为"无服务器")概念最早于 2012 年由 Iron.io 公司提出;2014 年,Amazon 首先发布了商业化无服务应用 AWS Lambda;2016 年,Google 和 Microsoft 也分别跟进,发布了自己的无服务应用 Google Cloud Functions 和 Azure Functions。阿里云与腾讯云等厂商也于 2018 年发布了自己的无服务产品。可以看出,"无服务架构"是近些年软件架构领域的一大热门。

无服务架构包括"后端即服务"(Backend as a Service,BaaS)与"函数即服务"(Function as a Service,FaaS)两种实现。

- 后端即服务(BaaS):主要关注提供整个后端服务,包括数据库、身份认证、消息队列、日志、存储等。这类服务本身并无业务含义,但是支撑业务逻辑运行的重要部分。BaaS 将此类后端设施都运行在云端,开发者无须考虑技术细节与部署过程。
- 函数即服务(FaaS):注重于按需运行的独立功能单元。开发者编写小型的、独立的函数,这些函数运行在云端,在特定事件发生时被触发执行。FaaS 使得开发者能够更灵活地处理特定任务,同时无须考虑算力问题:当计算资源不够时,云服务商将自动化地进行扩展;从开发者角度来看,相当于云端的算力是无限的(当然这是在不考虑计费的情况下)。

在实际应用中,BaaS 和 FaaS 可以结合使用,通过 BaaS 服务提供全面的后端支持,而使用 FaaS 来处理特定的计算任务和事件触发。无服务的愿景是将业务与基础设施、硬件算力、组件部署、系统运维等技术层面的细节完全剥离开来,使得开发者可以纯粹专注于业务。

4.3 微服务架构设计

4.2.4 节介绍了微服务架构的基本概念。那么,开发团队应如何将软件系统设计成微服务架构呢? 或者说,微服务架构的主要特征是什么? 以图 4-15 为例。如果要设计图中的架构,开发团队至少需要能够回答下列三个基本问题。

- 如何定义"服务"?
- 如何实现服务间的沟通?
- 如何搭建支持微服务的基础设施?

本章将具体介绍上述三个问题。值得注意的是,图 4-15 只是 TMS 一个"可能"的微服务架构设计。除此之外,还存在许多其他可能的设计。因此,本章还将讨论构建微服务架构时常用的设计思想。

4.3.1 如何定义"服务"

在微服务架构的上下文中,"服务"指的是软件系统中可独立更新、独立部署的单元或软件组件。一项服务通过开放 API 使其可以被其他服务所使用;同时,一项服务也可以通过调用 API 来使用其他服务。因为 API 封装了服务内部的实现细节,因此一项服务内部的更新应该是独立于其他服务的。同理,一项服务因内部更新而导致的重新部署也应对其他服务产生最小的影响。这即是微服务的核心特性之一:松耦合性。

在明确了"服务"的定义后,我们应如何将自己的软件应用拆分成服务呢?此问题和软件工程领域的很多问题一样,并没有一个像解数学公式那样一步一步可以遵循的步骤,且每一步都是可以验证正确性的。对软件系统架构的设计,例如,在使用微服务架构时如何对服务进行拆分,不同的架构师可能会有不同的理解与设计。这也正是为什么软件设计被认为是"创新"的过程,而不是"机械"的过程。虽然如此,针对微服务架构中服务的拆分还是有一些推荐的原则与经验。本节将基于 Chris Richardson 在 *Microservice Patterns*:*with Examples in Java* 一书中第 2 章的内容,介绍一种可能的服务拆分流程。此流程主要分为"确定领域模型""识别系统操作"与"服务拆分"三个步骤。其中,"确定领域模型"将确定系统涉及的关键概念或者类型;"识别系统操作"将确定针对上一步确定的类型可以进行哪些操作;最后一步将根据前两步的结果进行服务的拆分。下面依然以 TMS 团队协作系统为例进行具体讨论。

确定领域模型:首先,根据用户故事和用户场景的文字描述,可以通过名词来识别系统中的关键概念。例如,在"团队沟通"这个用户场景中,用户可以浏览频道,在感兴趣的频道发布消息,设置任务状态,最终在频道任务看板中管理任务。通过分析此用户场景中的名词,可以识别出以下概念:用户、频道、消息、任务、看板。这些概念又称为"关键类"或者"领域对象"。由需求得出的所有关键类及其关系组成了抽象领域模型。

识别系统操作:接下来,我们需要确定系统操作。系统操作对关键类实施增加、删除与更新操作,一般可以根据用户故事或用户场景文字描述的动词来确定。例如,上文中的沟通场景可以提取出以下操作:浏览频道、发布消息、设置任务状态,以及查看任务看板。注意到这里涉及两种类型的系统操作。首先,"浏览频道"与"查看任务看板"为查询型操作,而"发布消息"与"设置任务状态"为命令型操作。不同类型的系统操作直接影响到每个服务API 的设计,会在下文讨论。此外,每个系统操作的规范定义应基于抽象领域模型包含参数、返回值、前置条件与后置条件。

服务拆分:最后,我们将为识别出的系统操作划分边界,从而拆分出微服务架构中的每项"服务"。服务的拆分有不同的策略,其中常用的两种策略为:基于业务能力的服务拆分与基于子域的服务拆分。

基于业务能力的服务拆分:"业务能力"指的是企业能够完成的事情,或者是能够为企业产生价值的活动。从客户的角度来讲,企业的"业务能力"是他们愿意支付的产品功能或者服务。例如,TMS 的业务对象包括中小团队。他们需要的服务包括团队交流、任务规划、文件协作等。每个业务能力也可以以层级的方式进一步分为子能力。例如,"任务规划"能力可以进一步分解为"任务看板""频道播报""任务分配"等子能力,而每个子能力又进一步包含上一步确定的系统操作。例如，"查看任务看板"是"任务看板"子能力的其中一个系统操作。

确定了业务能力后，就可以进行业务能力到服务的映射。单个业务能力可以映射至多个服务，而多个业务能力有时也可以映射至一个单独的服务。同样，业务能力的拆分与对服务的映射不存在一个唯一的答案。图 4-16 展示了一种可能的服务拆分设计。

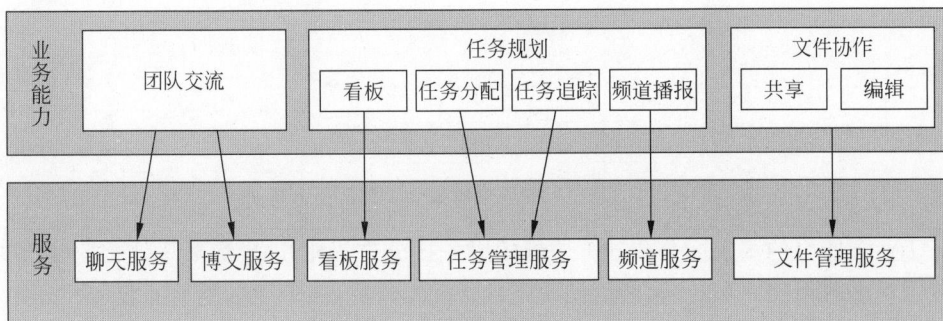

图 4-16　TMS 一种可能的基于业务能力的服务拆分

基于子域的服务拆分："子域"的概念来自领域驱动设计（Domain-Driven Design，DDD），这一设计思想来自 Eric Evans 在 2003 年出版的 *Domain Driven Design：Tackling Complexity in the Heart of Software* 一书。DDD 作为面向对象设计的重要延伸，目标是通过对业务的深入理解更加精准地捕捉业务需求，从而将复杂的业务逻辑转换为清晰的领域模型。

DDD 的关键理念包括通用语言、领域和限界上下文。通用语言指的是在整个软件开发过程中，开发团队和业务专家之间使用的共同语言。通用语言旨在定义公共术语，促进不同角色的沟通与理解，避免概念的混淆、歧义与理解偏差。对通用语言的使用一般贯穿于从需求收集到代码实现的各个开发阶段。

领域指的是软件系统所要解决的特定问题领域，即业务的核心范畴。例如，对于 TMS，其领域就是团队协作与工作效率。子域是对整个领域的划分，即将大的领域拆分成相对独立的子域，每个子域专注于解决更加具体的业务问题。同时，子域根据自身重要性可进一步划分为核心域、通用域和支撑域。

- 核心域：系统中最关键的部分，是最具竞争力的业务。例如，TMS 中的实时协作、任务管理都属于核心域。
- 通用域：同时被多个子域使用，不具有企业特点，可采用通用的解决方案。例如，TMS 中的用户认证、消息通知都属于通用域。
- 支撑域：既不包含具有核心竞争力的功能，也不包含通用功能，但是又是支撑核心功能必需的部分。支撑域具有企业特点，不具备通用性。例如，TMS 中的文件管理是支撑团队协作所必需的，但又并非系统的核心功能。

领域模型划分的边界称为限界上下文。每个子域的上下文都有明确的业务边界定义。在不同的界限上下文中，相同的业务术语可能有不同的含义。这种划分有助于防止业务规则的混淆，确保在特定上下文中使用的术语和规则是一致的。在微服务架构设计中，一个子域可以映射至一个或一组相关的服务。图 4-17 是一种可能的设计。

如何设计软件

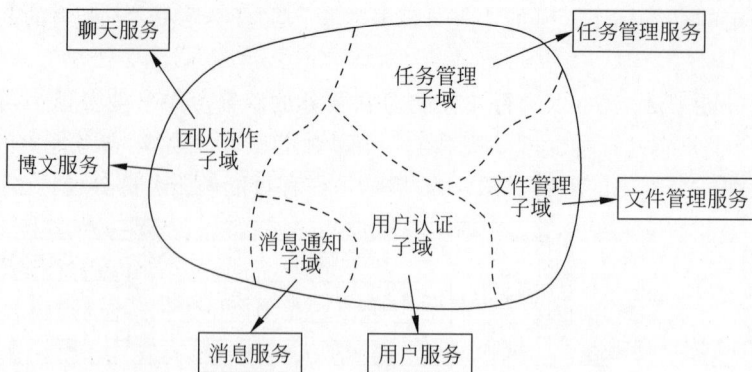

图 4-17　TMS一种可能的基于子域的服务拆分

基于业务能力的服务拆分和基于子域的服务拆分作为常用的服务识别策略,最终的结果出现了很多相似性。那么,两者的区别是什么呢? 首先,基于业务能力的服务拆分并非软件工程领域的原生概念,而是从"企业架构建模"(Business Architecture Modeling)衍生而来。对"业务能力"的定义源自企业对自身的业务结构的理解。因此,这一策略的优势在于它的稳定性。由于"业务能力"关注企业"能做什么"(能为客户提供什么)而非"怎么做",所以就算业务的具体实现发生巨大的变化(如支付业务从线下现金支付发展到线上支付),企业所提供的业务能力(如支付业务)仍保持不变。相对地,DDD是软件工程领域的架构设计方法。对"子域"的定义则由开发团队主导。因此,对子域的划分会用到面向对象思想或者经典的软件设计理念,如信息封装、接口交互、模块复用等。这种服务拆分策略更契合微服务架构的理念,即开发团队具有高度自治性,可以独立负责一个子域或其映射到的服务。这种自治性有助于提高团队的灵活性和响应能力,使得开发团队更能够迭代开发、快速响应业务需求。

从上述分析可以看出,基于业务能力的服务拆分和基于子域的服务拆分的决策者与出发点不尽相同,也具有各自的优势。值得注意的是,两种服务识别策略并不是互斥的,也并非一种策略一定优于另一种策略。设计者需要根据企业结构、业务需求、人员配置等实际情况做出决策。另外,软件架构设计并非一次性的工作。随着软件的演化、新技术与新需求的出现,软件架构也需要进行迭代、重构,以及不断创新。

4.3.2　如何实现服务间的沟通

在单体架构中,不同模块之间通过方法调用实现通信。然而,在微服务架构中,每个服务可能是部署并运行在不同机器上的进程,通常通过网络进行通信。这种通信方式(即进程间通信)允许每个服务独立运行,并使用定义明确的 API 进行交互。本节将介绍在微服务架构中,服务的交互方式以及 API 设计理念。

服务的交互方式: Chris Richardson 在 *Microservice Patterns* 一书中将微服务架构中客户端与服务的交互分为两个维度。第一个维度关注客户端与服务的对应关系,具体包括"一对一"与"一对多"的交互方式。其中,"一对一"(或点对点)代表每个客户端的请求由一个服务来处理,"一对多"代表每个客户端的请求由多个服务处理。第二个维度关注交互方式的异步性。其中,"同步模式"代表客户端的请求需要服务的实时响应,而客户端在等待服务响应的过程中可能导致线程阻塞;"异步模式"代表服务端的响应可以是非实时的,客户端不会因此阻塞。这两个维度进一步确定了客户端与服务的以下5种交互类型。

(1) 请求/响应:一对一同步模式的交互类型。客户端向服务发起请求并等待服务端即刻响应。例如,客户端向用户管理服务发送获取用户信息的请求,此服务即刻响应并返回用户的详细信息。

(2) 异步请求/响应:一对一异步模式的交互类型。客户端向服务端发起请求后可以执行后续操作,不需要等待响应;服务端异步响应请求。例如,客户端通过消息队列向文件共享服务发送传输大文件的请求,然后继续执行其他任务,而文件共享服务在处理完请求后异步发送文件传输成功的通知。

(3) 单向通知:一对一异步模式。客户端发送请求至服务端即可,且不期待服务端给出任何响应。例如,客户端向日志服务发送记录用户活动的通知,但无须等待服务端响应,允许客户端继续执行其他操作。

(4) 发布/订阅:一对多异步模式。客户端发布的通知消息被零个或多个服务订阅。例如,客户端发布了一个新任务消息,而其他多个服务(如频道服务、看板服务、邮件服务等)订阅了这一消息,以便根据新任务消息进行相应的调整。

(5) 发布/异步响应方式:一对多异步模式。客户端发布请求消息,并等待从感兴趣的服务发回的响应。例如,客户端发布了一个查询项目综合状态的请求消息,包括任务进展、团队成员的状态、相关文件的更新情况等。任务管理服务、用户管理服务和文件管理服务接收到请求后异步响应,客户端等待并处理来自感兴趣服务的响应。

一般来说,微服务架构中客户端与服务的交互模式通常是上述5种类型的组合。

API 设计理念:API(Application Programming Interface)作为微服务体系结构的核心组成部分,不仅是服务之间的通信媒介,更是软件系统内外各个组件协同工作的纽带,直接影响着整个系统的灵活性、可维护性与性能。良好的 API 设计是微服务架构成功实施的基石之一。它不仅要考虑服务之间的顺畅通信,还需要兼顾易用性、平台独立性,以及服务演化的可能性。特别地,一个设计良好的 API 应该可以让客户端不受 API 内部实现与演化的影响而进行使用。

API 的设计决策涵盖了通信机制的选择、消息格式的定义、接口的命名规范等多方面。例如,如果开发团队决定使用 HTTP 作为通信机制,那么 API 将由 URL、HTTP 动词、HTTP 请求及响应组成;如果开发团队倾向于使用消息机制,那么 API 将由消息通道、消息类型以及消息格式组成。接下来,将分别介绍基于这两类通信机制的 API 设计。

4.3.3 REST 与消息机制

REST(Representational State Transfer)是一种用于设计分布式 Web 服务软件的架构风格(Architectural Style),最初在 2000 年 Roy Fielding 的博士论文中提出。REST 基于简洁性和可扩展性的原则,通过使用标准的 HTTP 进行通信(注释:REST 本身独立于协议。但是因为 REST API 最常见的实现是使用 HTTP 的,因此本书只介绍基于 HTTP 的 REST API 设计)。在 REST 中,资源通过唯一的 URI(Universal Resource Identifier)进行标识,而操作则通过标准的 HTTP 方法如 GET、POST、PUT 和 DELETE 进行定义。REST 服务的交互是状态无关的,每个请求包含足够的信息,服务端不需要存储客户端的状态。另外,资源的表现形式以及与资源相关的操作在请求和响应中通常以 JSON 或 XML 格式进行传递。

遵循 REST 风格的 API 称为 REST API(RESTful API)。接下来,将讨论 REST API 的主要设计原则。

1. 以资源为核心进行 API 设计

REST 风格中,信息被抽象为"资源"。任何可以命名的信息都可以是资源,如文档、图像、服务、用户等。资源可以是一个个体或者一个集合。每个资源有一个唯一标识符,即 URI 表示。

例如,TMS 团队协作系统涉及的信息可以抽象为用户(users)与博文(blogs)等,可以使用下述 REST API 来表示相应的资源。注意,我们采用了 REST API 命名的最佳实践,即使用复数名词来表示资源。如果要表示单个资源,可以使用/resources/{resourceId}的设计,如下所示。相比于使用单数名词表示单个资源,统一使用复数名词使得 API 的设计具有良好的一致性。

```
/users
/users/1
/blogs
/blogs/2
```

在设计 REST API 时,同时需要考虑到资源的粒度。如果资源的粒度太细,那么客户端可能需要发送很多 REST 请求才能完成一个任务。假设 TMS 的用户需要获取一项任务的信息。如果将任务的名称、状态与人员分别设计成资源,那么,用户需要发送三个请求才能获取到完整的任务信息。由于每个网络请求都有一定的 I/O 开销,大量 I/O 操作的累积效应可能会减缓系统的速度与性能。

在软件系统,特别是大型、复杂的系统中,资源之间可能存在各种关联。REST API 的设计需要在支持资源关联性的同时保持简单与易用性。例如,TMS 需要提供服务,使得管理员可以查找某个特定用户在特定项目中负责任务。一种 REST API 的设计是/users/1/projects/2/tasks。这种设计强制绑定了用户、项目,以及任务的关系,因此不太灵活且难以维护。在 REST API 设计的最佳实践中,一个资源的 URI 不应该比/collection/item/collection 更加复杂。因此,可以使用/users/1/projects 以及/projects/2/tasks 来代替之前的 API 提供的功能。第二种设计采用更简洁的资源路径和更直观的结构,每个资源都有自己的端点(endpoint),提高了 API 的可读性和可维护性。

最后,REST API 的设计应避免依赖于底层的数据实现。例如,TMS 可以让用户列举一个频道内某个标签对应的所有进行中的任务。这个任务可能涉及数据库中 Channel、Tasks,以及 Tags 三个表格。如果设计三个 REST API 分别对这三个数据表进行操作以完成上述任务,那么 API 就和底层的数据实现产生了强耦合,数据库的更新与演化将直接影响 API 及其相应的用户,可维护性低。另外,此设计包含多个细粒度 API,同样也面临着上文提到的 I/O 开销问题。此时,一个更好的 API 设计是对数据实现进行抽象。例如,可以定义一个/channels/1/tasks 的 API 对应上述任务,并将标签信息设计为此 API 的参数。在此设计中,API 独立于具体的数据实现。因此,客户端在底层数据实现更新时不会受到影响。

2. 基于 HTTP 方法定义 API 操作

REST API 使用统一的接口(Uniform Interface)以解耦客户端和服务的实现。对于基于 HTTP 的 REST API,统一接口包括使用标准 HTTP 动词执行对资源的操作,如 GET、POST、PUT 和 DELETE。

- GET:通过 URI 获取特定资源或资源集合。GET 成功后会返回包含所请求资源信息的响应。
- POST:通过 URI 创建一个新资源。请求消息体(Request Body)包含新资源的信息。
- PUT:通过 URI 更新或创建特定资源。请求消息体(Request Body)包含需要更新或者新建的资源信息。
- DELETE:通过 URI 删除指定资源。

GET 和 DELETE 相对比较容易理解。例如,GET /users 与 GET /users/1 分别代表获取全部客户的信息与获取 ID 为 1 的用户信息。DELETE /blogs 与 DELETE /blogs/2 代表删除全部订单信息与删除 ID 为 2 的博文信息。

相对地,POST 和 PUT 两个动词比较容易混淆。POST 作为创建新资源的动词,一般应用于资源集合(Collections);可以认为 POST 用于将新资源添加至已有的资源集合。例如,POST /users 创建一个新用户,POST /users/1/tasks 为 ID 为 1 的用户创建一个新任务。PUT 请求用于更新资源;如果资源不存在,在服务器允许的情况下会创建新资源。与 POST 请求不同的是,PUT 请求一般应用于单个资源,而不是资源集合。例如,PUT /users/1 更新 ID 为 1 的客户信息(如果存在)。

3. API 结果设计

HTTP 使用媒体类型(也称为 MIME 类型)来指定信息格式。对于非二进制数据,大多数 Web API 支持 JSON 格式(MIME = application/json)与 XML(MIME = application/xml)。RESTful API 一般使用 JSON 作为消息的格式,由 HTTP 请求或响应中的 Content-Type 头部指定。

一个成熟的 REST 应基于 HATEOAS(Hypertext as the Engine of Application State) 原则设计。HATEOAS 的基本思想是在 GET 请求返回的资源信息中包含链接 (hyperlinks),这些链接代表了在此资源上可以执行的操作,使得客户端能够动态地导航和发现资源。例如,对于 GET /tasks/123 请求,其响应如下所示。其中,_links 字段提供了与此订单资源相关的超媒体链接,如"files"是指向文件的链接,允许用户获取与任务关联的所有文件。

```
{
  "taskId": 123,
  "status": "complete",
  "_links": {
    "files": {
      "href": "/tasks/123/files"
    }
  }
}
```

如何设计软件

HATEOAS 是 REST 成熟度的最高等级。使用了此原则的系统可以被认为是一个有限状态机：每个请求的响应包含跳转到下一个状态的所有信息；客户端使用 API 前无须了解其他信息。HATEOAS 的设计原则使得 RESTful API 更具自我描述性、灵活性和适应性。

目前描述的 REST API 都默认是同步交互模式，即客户端发送 API 请求后期待服务端立即返回结果。然而，在上文提到过，异步交互也是客户端与服务的常见交互模式。RESTful API 的 POST、PUT 与 DELETE 操作因为涉及数据的更新，有时可能需要花费一定的时间。如果对于这类耗时操作依然采用同步交互模式，那么可能会出现服务延迟，影响用户体验。在这种情况下，可以将相应的 REST API 设置成异步模式。对于耗时的 POST、PUT 与 DELETE 操作，可以令其返回 HTTP 状态码 202 表示"Accepted"，代表请求已接受处理但尚未完成。同时，可以在 202 响应的 Location 头部信息包含一个链接，用于返回异步请求的状态。

```
HTTP/1.1 202 Accepted
Location: /status/tasks/123
```

客户端可以通过轮询此链接来监控请求的执行进度。例如，客户端可以发送 GET /status/tasks/123 来查询此任务的更新状态。下面的例子采用了 HATEOAS，在返回任务状态的同时包含取消此任务的链接。

```
HTTP/1.1 200 OK
Content-Type: application/json

{
    "status":"In progress",
    "link": {
        "rel":"cancel",
        "method":"delete",
        "href":"/status/tasks/123"
    }
}
```

除了 REST，gRPC 也是一个可以用于构建分布式系统的通信协议。gRPC 是基于二进制的协议，可以使用基于 Protocol Buffer 的接口定义语言定义 gRPC API。和 REST 相比，gRPC 支持设计更复杂的 API 操作，而不是只限定于 HTTP 有限数量的动词；另外，gRPC 在大量信息交换的场景下更加高效。对 gRPC 感兴趣的读者可以访问其官方网站了解更多信息。

4. API 网关

假设 TMS 团队协作系统采用微服务架构开发，并且已经积累了一定的用户。然而，有部分用户反映在查看项目详细信息时平台经常卡顿，需要等待较长时间才能看到结果。开发团队在分析后发现，由于"查看项目详细信息"这一请求的结果包含项目信息、任务历史、团队成员、频道消息、相关文件等多类数据，因此这一请求将调用任务管理、用户管理、频道、文件管理等服务，并且从这些服务中获取信息并且进行整合后才会向用户返回结果。这也是"查看项目详细信息"请求出现服务延迟的根本原因。

为了发展用户,公司希望将 TMS 系统跨平台扩展,使其不仅可以通过浏览器访问,也可以作为移动设备 App 使用。同时,为了扩展业务,公司计划将任务看板与团队沟通相关的服务对外开放,供第三方应用访问。在这种情况下,微服务的 API 将为不同类型的客户端提供服务,而不同类型的客户端对 API 返回的数据可能存在不同的要求。例如,针对"查看项目详细信息"这一服务,浏览器端可能希望返回项目具体描述、任务描述、任务进展历史、相关频道信息等结果,而移动客户端只要求返回项目基本信息与任务列表。适应不同类型用户的需求为开发团队增加了大量的工作。

在实施微服务架构的同时,开发团队也逐步意识到分布式带来的底层实现问题,例如,如何动态地发现微服务并适应微服务的演化。例如,随着时间推移,开发团队很可能对服务的划分进行重构,如合并多个小服务,或者将一个重型服务分解成多个服务等。如果客户端直接与服务进行通信,实施服务的重构将变得非常困难。同时,开发团队也需要适应不同微服务的不同网络协议、处理不同网络的性能等问题。

针对上述挑战,可以在微服务架构中采用 API 网关(API Gateway)的模式。API 网关作为一个服务,对外提供单一的入口供客户端访问。API 网关类似于面向对象设计模式中的门面(Facade)模式,封装隐藏了系统架构实现的细节,并针对每个客户端提供一个定制 API,同时集成了一些通用特性(如身份验证、监控、负载均衡、限流等)。

请求路由:API 网关对外提供单一的入口。对于外部访问这个入口地址的请求,API 网关根据适当的规则(如 URI 路径与 HTTP 方法)将请求路由到系统内部相应的微服务。

请求组合:API 网关可以将多个相关的 API 组合成一个粗粒度的 API。例如,API 网关可以将任务管理、用户管理、频道、文件管理等服务组合成一个"查看项目详细信息"服务,并且向外部用户提供唯一的 API:/projectDetails。请求组合对细粒度的服务进行抽象;外部用户无须了解这些服务交互的细节,能够通过一个单独的 API 请求高效地访问逻辑上的"查看项目详细信息"服务。

协议转换:微服务架构内部可能使用了不同的协议,如一些服务使用 REST,而另一些使用 gRPC。API 网关可以实现协议转换,并且为外部客户提供统一的 REST API。

API 定制:上文提到,不同类型的客户端经常有不同的需求。API 网关可以为每个客户端提供专门为满足其需求而定制的 API。

切面功能:API 网关也可以实现切面功能(或称为边缘功能),如身份验证、访问授权、响应缓存、流量控制、负载均衡、指标收集、请求日志等。这些切面功能横切多个服务。在每个后端服务中分别实现(可能导致大量的代码冗余),API 网关可以集中对这些功能进行统一的实现和管理。

5. 消息机制

基于 REST 或 gRPC 的微服务间通信是进程间的同步通信。同时,此类通信也是"一对一"的通信,即一条消息只会被一个服务所读取或处理。当需要支持微服务间的异步通信时,微服务架构通常使用消息机制。消息机制同时适用于"一对一"或者"一对多"的客户端与服务交互方式。

图 4-18 是消息机制模型的基本示意图,主要包含消息和消息通道。消息包含消息主体以及消息头部信息。消息主体基于消息的类型有所不同。如果是命令式消息,则消息主体包含需要调用的操作及参数;如果是事件式消息,则消息主体包含事件的领域或状态等信

息。消息头部信息描述了关于消息主体的元数据,如消息的发送者、消息 ID、消息的回复通道地址(可选)等。

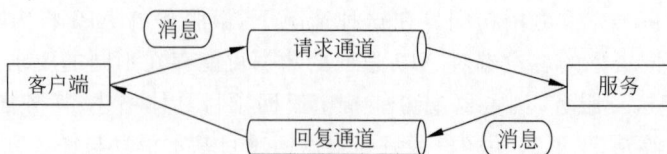

图 4-18　消息机制示意图

消息通过消息通道进行交换。其中,客户端作为消息的发送者,通过将消息发送到通道中,将信息传递给服务(即接收方)。这种模型的核心理念在于异步通信,使得发送者和接收者不需要同时处于活跃状态。常见的消息通道包括点对点通道与发布-订阅通道。

- 点对点通道:适用于一对一交互模式,即消息的发送者将消息发送到一个具体的接收者(消费者)。命令式消息通常使用点对点通道。
- 发布-订阅通道:适用于一对多交互模式,即消息的发送者将消息发布至一个主题,所有订阅了该主题的接收者都能接收到相同的消息。事件式消息通常使用发布-订阅通道。

消息通道的实际传递通常依赖异步通信协议,如 AMQP(Advanced Message Queuing Protocol,高级消息队列协议)。AMQP 提供了一个强大而灵活的框架,支持可靠的消息传递、消息路由和排队,使得消息通道能够在分布式环境中稳健地协调微服务之间的通信。另一方面,消息通道本身则是对底层通信细节的高度抽象。它屏蔽了具体的传输协议和实现细节,使得微服务开发者可以专注于业务逻辑而不必过多关注底层通信机制。

微服务中消息通道的实现通常使用基于消息代理的架构。消息代理作为消息的中转站,负责接收、存储和传递消息,以实现不同服务之间的异步通信。消息代理的优势之一是解耦消息生产者和消息消费者,使得它们不需要了解对方的具体实现(例如,消息发送方不需要知道消息接收方的具体网络位置);另外,消息代理提供缓冲机制,允许生产者和消费者在不同的时间和速率下工作。消息代理提高了服务间交互的灵活性,使得系统能够更好地适应分布式环境。

常用的消息代理包括 Apache ActiveMQ、RabbitMQ、Apache Kafka 等。这些消息代理技术都支持点对点通道与订阅-发布通道,且通常采用队列或主题的方式来实现消息通道的抽象概念。其中,队列用于点对点通信,确保消息只有一个接收者。而主题则用于发布/订阅通道,使得多个微服务能够同时订阅相同的主题,实现消息的广播传递。

6. REST 和消息机制

REST 和消息机制都是在微服务架构中常见的服务交互方式。最后,让我们通过 TMS 的一个任务发布场景,来考虑这两种交互方式的优缺点。为了简化问题,假设此任务只涉及"频道服务""用户服务"以及"任务管理服务",其中,用户通过频道服务发布任务,"频道服务"又将调用"用户服务"和"任务服务"来验证任务的合法性,如任务的成员或时间设置是否合理。

图 4-19 的交互方式设计采用了 REST 进行同步通信。客户端首先发送 POST /channels/1 请求至"频道服务";"频道服务"接着分别发送 GET /users/id 与 GET /tasks/id 至"用户服务"和"任务管理服务"并等待回复;在获取两个服务的回复后,"频道服务"将

发布消息,并且将信息返回至客户端。

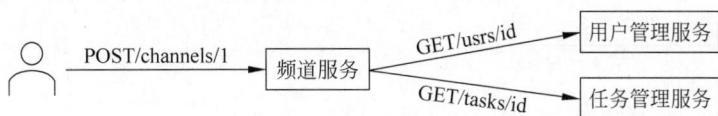

图 4-19　以 REST 机制设计的任务发布场景

REST 设计的优势是简单直观。然而,由于 REST 通常采用同步通信,即发送方需要等待响应,因此可能导致性能瓶颈。例如,在上述例子里,客户端在发送"发布任务"请求后,需要等待所有三个服务的响应才能继续其他的流程。同时,所有三个服务必须同时在线才能够完成"发布任务"的请求。换言之,任何一个服务出现问题都会导致发布任务服务不可用。在更加大型或复杂的微服务系统中,一个请求可能对应更多的服务;REST 设计在这种情况下可能对系统的可用性产生更大的影响。

图 4-20 的交互方式设计采用了消息机制进行异步通信。对于同一个"发表任务"场景,客户端的"发布任务"请求将发送至任务请求通道,由"频道服务"读取;"频道服务"的验证请求也将通过"用户信息请求通道"和"任务信息请求通道"由"用户服务"和"任务管理服务"读取。同时,异步通信的机制使得消息发送方无须阻塞,而是可以通过消息回复通道进行异步读取。消息机制通过将消息发送方与接收方解耦,缓解了 REST 机制导致的系统可用性问题。然而,消息系统作为一个需要独立安装、配置与运维的系统组件,需要对消息顺序、重复消息、事务性消息做出额外的处理,实现起来相较于 REST 更加复杂。

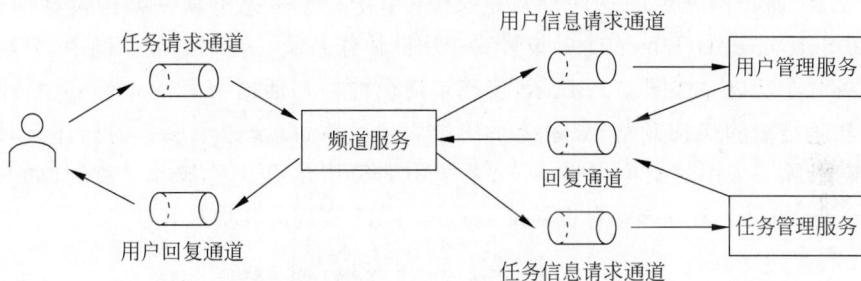

图 4-20　以消息机制设计的任务发布场景

在实际微服务系统中,一种常见的交互设计方式是 REST 和消息机制的结合。其中,内部服务之间使用异步通信,而同步通信仅在客户端应用与前端服务之间使用。图 4-21 展示了在混合交互模式下"发布任务"场景的时序图。在此设计中,客户端与"频道服务"之间采用了 REST 同步通信机制:客户端发送"发布任务"请求后,"频道服务"直接返回一个包含任务 ID 的响应。注意这个任务的状态是"未经验证"的状态。与此同时,"频道服务"与"用户服务"和"任务管理服务"采用消息机制,异步验证用户信息与任务信息。当两者都验证成功后,"频道服务"将任务信息从"未经验证"更新为"验证通过"。此时,"频道服务"可以向客户端发送一个通知,或者由客户端定期向"频道服务"轮询以得知任务的最新状态。

4.3.4　AI 辅助的软件架构设计

软件架构设计作为需求与实现之间的桥梁,奠定了项目的开发方向,并直接影响项目日后的维护与运营,可以说是软件生命周期中最重要的阶段之一。同时,软件架构设计也是最

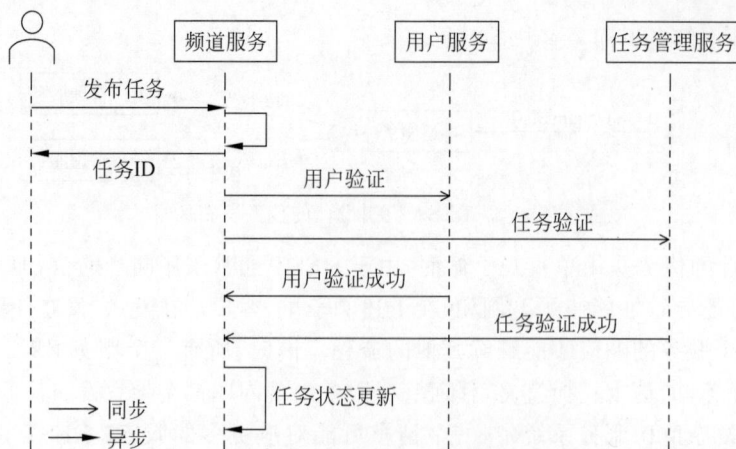

图 4-21　结合 REST 与消息机制的任务发布场景

具有挑战性的阶段；软件架构师需要对需求、技术栈甚至团队结构具有深入、全面的理解。那么，人工智能能否赋能软件架构设计，辅助架构师与开发者更高效地完成这项工作呢？

　　本节将以 TMS 团队协作系统为例，探索 AI 辅助的架构设计过程。在 AI 的选择上，使用了 ChatGPT 社区的两个自定义 ChatGPT，分别为 Software Architect 和 Software Architecture Visualizer。自定义 ChatGPT 是指用户在 ChatGPT 的基础上，根据自己的需求，对 ChatGPT 的行为、知识领域、风格等进行个性化调整，从而使其更符合特定场景或个人喜好的工具，而我们选用的这两个自定义 ChatGPT 正是为了软件架构设计而创造的。首先，使用 Software Architect，令其设计一个团队协作系统。在初始提示词中，只简单列举了此系统的几个功能。如图 4-22 所示，仅基于简单的一句话提示词，Software Architect 已经给出了较为详细的架构概览，如系统采用微服务架构，以及每个服务的描述。对比目前 TMS 的实现，除了采用的架构风格不同，系统中的模块化设计是基本一致的，如 Software Architect 给出的每个服务基本可以对应到目前 TMS 实现的相应模块。

图 4-22　自定义 ChatGPT "Software Architect" 对 TMS 系统的架构设计

除了架构设计概览,Software Architect 的回复中还包含技术栈选择、每个模块的详细设计,以及项目源码目录结构示意。图 4-23 给出了其回复的部分内容。诚然,在详细设计部分,Software Architect 给出的回复还比较笼统。这类回复对于新手比较友好,可能起到介绍与引导作用。然而,软件架构设计是抽象需求与具体实现的桥梁,而目前 AI 给出的设计还是比较简单,停留在需求层面,对开发者代码编写的帮助有限。为了进一步细化设计,可以继续使用更加明确的提示词,如限定某个技术栈,或者要求 AI 对 TMS 的某个服务进行更详细的设计。此过程可以使用的提示词留给读者自行探索。

2. 技术栈选择

- 后端
  - 编程语言: Java/Kotlin (Spring Boot), 或者Node.js (Express)
  - 数据库: PostgreSQL (关系型数据库用于存储用户、项目、任务等结构化数据), Elasticsearch (用于全文检索)
  - 消息队列: RabbitMQ 或 Kafka (用于异步通信)
  - 文件存储: AWS S3 或者 MinIO
  - 实时通信: WebSocket (基于Socket.IO或者Spring WebSocket)
- 前端
  - 框架: React.js 或 Vue.js
  - 实时通信: Socket.IO客户端, 或者WebRTC (用于视频会议)
  - 状态管理: Redux (React), 或者Vuex (Vue)
- DevOps:
  - 容器化: Docker
  - 编排: Kubernetes
  - CI/CD: Jenkins 或 GitLab CI

3. 模块详细设计

3.1 用户管理服务

- 功能: 注册登录、角色权限管理、个人资料修改。
- API: 提供OAuth 2.0支持的认证服务, JWT用于令牌管理。
- 数据库设计:
  - Users 表: 存储用户基本信息 (ID, username, email, password, role 等)
  - Roles 表: 存储用户角色信息
  - Permissions 表: 存储权限信息

3.2 博文Wiki服务

- 功能: 团队知识库、文档共享、多人协作编辑、版本控制。
- API: 支持Markdown编辑、RESTful API用于文档的CRUD操作。
- 数据库设计:
  - Posts 表: 存储文章内容、作者、创建时间等
  - Revisions 表: 存储每篇文章的历史版本
  - Tags 表: 支持文章标签

3.3 实时通信服务

- 功能: 一对一聊天、群组聊天、音视频会议。

以下省略

图 4-23　自定义 ChatGPT "Software Architect"对 TMS 的架构设计(续)

在软件设计过程中,除了文字,图表也是非常重要的表达形式,能够更加直观地展示设计思想并便于沟通。那么,AI 在软件架构的图表设计与可视化方面表现如何呢? 为了回答这个问题,我们使用 Software Architecture Visualizer 这个自定义的 ChatGPT,依旧令其为 TMS 团队协作系统进行架构设计。唯一不同的是,在初始提示词中,加入"将架构可视化"的指示。Software Architecture Visualizer 的回复中包含与图 4-22 类似的文字描述。同时,回复中还包含一段 PlanUML 的代码,如图 4-24(a)所示。将这段代码复制至 PlanUML 网站,可以直接生成如图 4-24(b)所示的系统架构图。此架构设计采用了前后端分离的分层架构,其中,后端包含博文、看板、沟通、协作等模块,通过 REST API 或者 WebSocket 与前端交互,并且共同使用一个中心数据库。此架构已经与目前 TMS 的实现非常相近。

除了对架构的整体设计图,我们也可以要求 Software Architecture Visualizer 为系统的某一具体部分生成特定类型的 UML 图。例如,当我们指示 AI 为 TMS 的看板服务生成时序图时,它给出了具体的时序图场景描述与 PlanUML 代码,如图 4-25 所示。此代码对应的 UML 时序图如图 4-26 所示,描述了用户创建新看板任务所引发的一系列事件。事件的顺序与涉及模块基本符合逻辑。

在上述例子中,使用的提示词都非常简单,而 AI 此时的回复已经采用了一定的架构设计风格(如分层架构与微服务架构),并且包含模块化理念,对系统的功能划分与交互进行了

设计一个团队协作系统，包含博文wiki、实时沟通、团队协作、看板管理等功能。将架构可视化

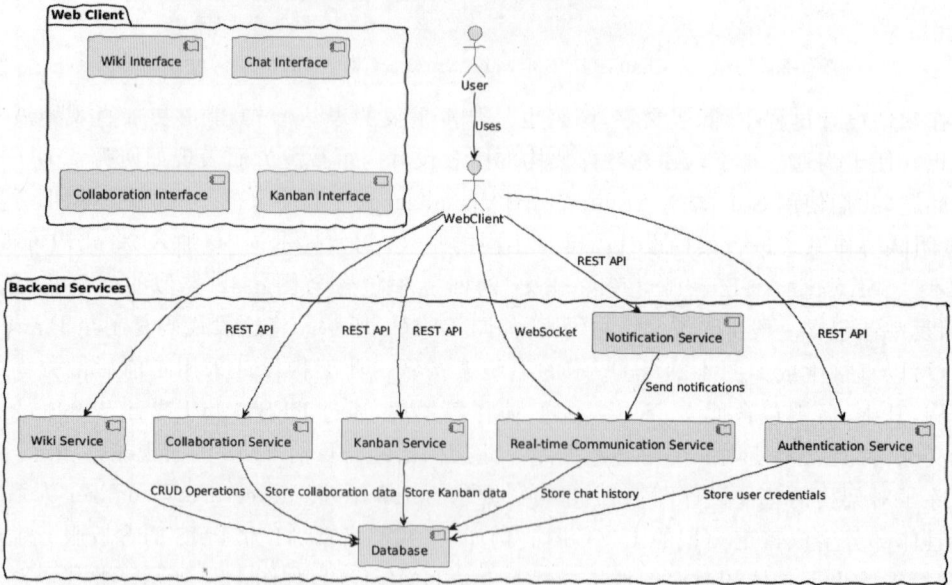

```
@startuml
skinparam handwritten true
actor User

User --> WebClient : Uses

package "Web Client" {
    [Wiki Interface]
    [Chat Interface]
    [Collaboration Interface]
    [Kanban Interface]
}

package "Backend Services" {
    [Wiki Service]
    [Real-time Communication Service]
    [Collaboration Service]
    [Kanban Service]
    [Authentication Service]
    [Notification Service]
    Database
}

WebClient --> [Wiki Service] : REST API
WebClient --> [Real-time Communication Service] : WebSocket
WebClient --> [Collaboration Service] : REST API
WebClient --> [Kanban Service] : REST API
WebClient --> [Authentication Service] : REST API
WebClient --> [Notification Service] : REST API

[Wiki Service] --> Database : CRUD Operations
[Real-time Communication Service] --> Database : Store chat history
[Collaboration Service] --> Database : Store collaboration data
[Kanban Service] --> Database : Store Kanban data
[Authentication Service] --> Database : Store user credentials
[Notification Service] --> [Real-time Communication Service] : Send notifications

@enduml
```

(a)

(b)

图 4-24　Software Architecture Visualizer 为 TMS 生成的 PlanUML 代码与对应架构图

符合逻辑的设计。同时，通过 AI 生成的 PlanUML 代码，开发者可以快速、自动地得到直观的 UML 设计，避免花大量精力创建 UML 图，提高工作效率。

为了生成任务看板服务的时序图，我们假设以下场景：用户在Web客户端上创建一个新的任务，并将其分配给团队成员。看板服务会将新任务存储在数据库中，并通知相关的团队成员。

时序图场景

1. 用户在Web客户端创建新任务。

2. Web客户端将任务创建请求发送到看板服务。

3. 看板服务处理请求并将任务数据存储到数据库。

4. 看板服务向通知服务发送通知请求，通知相关团队成员。

5. 通知服务处理通知并向实时通信服务发送消息。

6. 实时通信服务将通知推送到团队成员的客户端。

PlantUML 时序图代码

```
plantuml                                          复制代码

@startuml
actor User
participant WebClient as "Web Client"
```

图 4-25　Software Architecture Visualizer 为 TMS 的看板模块进行时序图设计

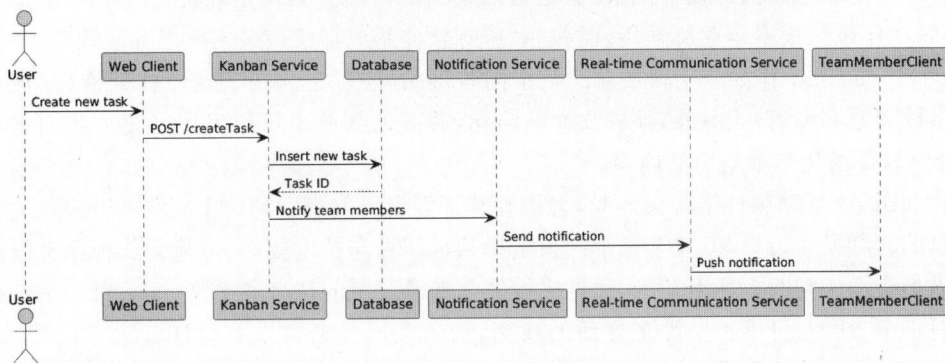

图 4-26　Software Architecture Visualizer 生成的 PlanUML 代码对应的 UML 时序图

当然，和很多其他的生成式 AI 应用一样，AI 辅助的架构设计目前还需要开发者全程的深入参与。特别地，开发者需要对软件需求有着完整、全面的理解，才能向 AI 提供明确、清晰的上下文与提示词。不仅如此，开发者还需要熟悉软件架构、设计思想，以及常用技术栈，才能评估 AI 的回复，发现其中的问题，并且有效地对其进行进一步的引导。例如，上文 Software Architecture Visualizer 给出的 PlanUML 可能有简单的语法错误需要开发者修复；另外，Software Architect 给出的初始 TMS 设计过于泛化和抽象，虽然符合逻辑，但是实用性并不高。因此，若要将 AI 智能架构设计真正应用于实际场景，甚至无缝整合到实际软件开发过程中，开发者还需要提供更多的上下文与更加精确的指示。

4.3.5　最佳实践

软件架构设计作为软件生命周期中最具有挑战性的阶段，根源之一在于其多种不确定性，如需求的不确定性（用户的需求随时会变）、运营的不确定性（大量用户的涌入可能导致现有的架构不再适用）、技术的不确定性（新技术的出现与旧技术的淘汰也会一定程度上影响架构的设计)、人员流动的不确定性(人事重组也会影响架构设计)等。尽管如此,软件架构设计还是有一些最佳实践,作用于不确定性之上,作为开发团队创建高质量的软件系统架构的指导性原则。

首先,明确业务需求和用户需求是软件系统架构设计的关键前提。通过详细的需求分析,开发团队可以明确系统需要实现的功能和非功能性目标(如性能、可靠性、安全性和可扩展性)。另外,通过与利益相关者频繁沟通,团队可以确保所有需求都被正确理解和记录,可以避免在日后开发过程中出现重大偏差。因此,了解需求不仅能够指导架构设计的方向,还能确保最终交付的系统真正满足用户和业务的期望,提高用户满意度和系统的成功率。

除了需求,企业在架构设计的过程中也需要考虑自身特点。例如,对于规模较小的初创公司,他们的目标是尽快将创意转化为产品上线。此时,他们可以选择较为简单的单体架构,能够在短时间内搭建完毕。而对于已经发展至一定规模的企业,他们的目标是扩大业务范围与用户群,可能会在不同地区增设团队。此时,微服务架构可能更加合适。

本节介绍了单体架构、分布式架构与基于服务的架构。值得强调的是,软件架构没有最优的,只有最合适的。这和软件工程的许多其他问题一样:没有正确答案,只有在特定上下文中最合适的答案。另外,本书中篇幅的长度也并非对应于架构的好坏。虽然我们花大量篇幅介绍了微服务架构的设计细节,但是这只是因为微服务架构是软件工程 2.0 中重要的架构,这些年也被很多企业所采用,而并非"所有软件系统都应该采用微服务架构"。举例来说,Stack Overflow 作为一个很成功的技术问答网站,实际上采用的是单体架构(这点可能让很多读者感到惊讶)。另外,随着软件的演化,系统的架构也可能发生变化。我们将在第 8 章介绍软件演化与重架构的内容。

在利用 AI 辅助软件架构设计时,架构师与开发者需要意识到,AI 虽然可以提供关于技术工具的详细操作指导,但对于是否应当选择某种架构与技术栈,它可能无法根据有限的上下文做出合适的判断。原因在于,架构决策往往涉及复杂的取舍和平衡,几乎每一个选择都涉及对资源、性能、可维护性等多方面的权衡,而这类问题通常没有标准答案。尽管 AI 能够帮助我们快速分析需求或者画出架构设计图,但做出最终的权衡性决策仍然是架构师的核心职责。

最后,4.1 节介绍的软件设计原则可以被认为是指导架构设计的通用原则。抽象与精化、模块化、信息隐藏和关注点分离等理念可以指导我们设计出具有高内聚、低耦合、模块化特性的系统。

4.4 接 口 设 计

当软件系统的模块逐渐清晰时,架构师接下来需要考虑的问题是,不同模块间如何通过接口进行高效的沟通?用户如何通过接口使用软件系统,并且获得积极的用户体验?我们可以将接口,或者 API(Application Programming Interface,应用程序编程接口)看作其建立者与使用者之间的契约,规定了使用规则与方法。作为接口的建立者,如何设计接口并不是一个"拍脑袋"的决策。相反,接口设计是软件设计中的重要议题之一。在 4.3 节中,简要介绍了微服务架构中 REST API 的设计理念与使用。本节将展开这个话题,重点讨论接口的通用设计原则与细节。

4.4.1 设计维度

1. 实现透明性

实现透明性维度关注 API 的使用者是否能够访问 API 的内部实现细节。这一维度主要分为两种类型：实现透明的 API 和实现封闭的 API。

实现透明的 API 通常向开发者公开源码或字节码，允许他们深入理解 API 的内部逻辑。例如，Java 标准库的 API 是实现透明的，开发者不仅可以使用这些库提供的接口，还可以通过 JDK 附带的源码查看其具体实现。这种透明性为调试、性能优化和学习提供了重要支持。例如，在使用 java.util.HashMap 时，开发者可以查看其源码中的 put 方法，了解其如何处理哈希冲突，从而更好地调整哈希函数设计以提升性能。然而，实现透明性也可能带来风险。如果开发者过度依赖 API 的内部实现，未来升级或更换 API 时可能导致兼容性问题。

相对地，实现封闭的 API 仅暴露接口规范，而隐藏内部逻辑。例如，云服务提供商的 API(如 AWS 或 Google Cloud)通常通过 REST 或 SDK 提供访问接口，但背后的具体实现对使用者完全不可见。OpenAI 提供的 GPT API，开发者可以通过简单的 HTTP 请求调用自然语言处理功能，但具体的模型架构和训练细节并不公开。这种封闭性提高了系统的安全性和稳定性，同时简化了使用者的关注点。

2. 交互方式

交互方式维度决定了 API 的通信模式，包括无状态和有状态的设计，以及同步和异步的调用方式。

使用无状态 API 时，每个请求是独立的，服务器不会记录任何与之前请求相关的状态。例如，使用电商系统中的 REST API，用户每次提交购物车时需要将所有商品信息包含在请求中，即使这些商品是之前已经添加的。这种设计的优点是易于扩展和管理，服务器无须保存会话信息即可轻松处理大量请求。

有状态 API 在需要长时间保持连接或复杂事务管理的场景下更为常见。例如，聊天应用程序中，客户端与服务器在建立 WebSocket 连接后，可以在同一会话中使用有状态的 WebSocket API 连续发送和接收消息，而无须重复身份验证信息。

同步和异步是交互方式的另一个重要分类。同步 API 在请求和响应之间有直接关联，用户需要等待服务器返回结果后才能继续。相比之下，异步 API 允许请求和响应分离，用户可以继续执行其他任务，同时等待结果返回。

3. 访问控制

访问控制维度决定了 API 的可见性和使用范围，通常分为私有 API、公开 API 和合作伙伴 API。

私有 API 仅供组织内部使用，用于支持内部系统的集成和开发。例如，一个企业内部的人力资源管理系统可能提供私有 API，供 HR 工具查询员工数据或生成工资单。这类 API 通常无须对外部用户考虑认证或安全性问题，但需要确保与内部系统的一致性和稳定性。

公开 API(Public API)向公众开放，是企业推广服务或构建生态系统的重要工具。例如，Twitter 的 REST API 允许开发者获取推文、用户信息以及趋势数据，用于构建社交媒体分析工具。这类 API 通常附带详细的文档和认证机制(如 OAuth)，以保证安全性和合理使用。

合作伙伴 API 则介于私有和公开之间，仅开放给特定的合作伙伴使用。例如，支付宝

API 为合作商户提供支付和退款功能,但需要合作方通过严格的认证流程。这种 API 设计既需要满足业务合作需求,又需要进行功能限制,保障数据安全。

可以看到,API 设计的各个维度相互关联:访问控制维度定义了 API 的开放程度与目标用户;实现透明性维度需要在灵活性与安全性之间找到平衡;而交互方式维度则影响系统的性能和用户体验。开发者需要综合考虑这些维度,才能够设计出高效、灵活且安全的 API,以满足不同场景的需求。

4.4.2 设计原则

1. 在开始之前

4.1 节讨论了软件设计的基本原则,而 API 设计原则与其一脉相承。可以说,遵循了软件设计的基本原则,API 设计也已经成功了一半。例如,当团队对系统进行模块化时充分考虑了信息隐藏与关注点分离,划分的模块符合高内聚、低耦合的性质,那么,边界清晰的模块划分也为接口的设计提供了好的开始。

2. 需要哪些接口

在明确系统模块的同时,开发者需要决定提供哪些接口。这一步骤通常有一些原则可循。例如,接口是否是正交的、必要的? 接口的正交性意味着不同的接口应当承担独立的职责,避免功能重叠;接口的必要性则避免冗余或无实际需求的接口。以团队协作系统为例。假设存在 createTask 和 assignTask 两个接口,前者负责创建任务,后者用于创建任务并且分配任务给具体成员。此时,两个接口的职责有一定重叠。大家想一想,有没有更好的设计呢?

一种方案,团队可以考虑保留 createTask 接口,并且将 assignTask 接口设计为仅负责分配任务。这种设计方案使得两个接口是正交的,即各自有清晰的、独立的职责。不过,如果系统需求中规定创建任务时必须指定分配成员,那么可以采用另一种设计,只保留 assignTask 这个接口(或许用一个更合适的名称),同时删除 createTask 这个完全不必要的接口。

3. 接口符合用户直觉吗

一个符合用户直觉的接口,从接口的"起名"开始就很有讲究。接口名称应尽可能清晰、明确地表述接口的功能,避免用户需要进一步推测。下面举个最基本的例子。

- listUsers():显然,这个接口会列举用户,名称相当直接。
- handleUsers():这个接口究竟如何处理(handle)用户? 它是添加、删除还是更新用户? 如果是后者,如何更新? 对于这个接口,用户需要通过阅读文档甚至代码来进一步了解其具体功能。

在上述例子中,讨论的是接口名称的"表达性",即接口名称是否能够清晰传递其功能的特性。在保持表达性的基础上,接口名称应该尽量简洁。例如,对于一个接口 fetchDataFromDatabase(),更简洁的命名方式可以是 getDBRecords,在不影响表达性的同时更加直观。

使接口符合用户直觉的另一个重要特性是"一致性"。一致性主要体现为对相同的概念使用相同的名称或术语,减少用户的认知负荷。RESTful API 这类面向资源的接口是体现一致性的绝佳例子,因为所有的接口都符合"HTTP 动词"+"资源名称"的模式,例如:

```
POST /documents
GET /documents/{id}
DELETE /documents/{id}
```

开发者在设计类似接口时,也可以遵循"动词"＋"名词"这种格式。例如,可以将所有用户可能的操作,都归结为如表 4-2 所示的 5 个动词;在命名接口时,只需要将动词与操作的资源名称(名词)合并即可[6]。从用户的角度来说,这种标准化的接口名称不需要他们费力记住,同时又符合直觉,极大程度地提高了接口的可用性。

表 4-2　标准化接口的动词＋名词示意

动　　词	描　　述	名词(资源名称)
Create	创建新资源	Blog，Chat，Comment，File，Label，Language，User，Schedule，Task，Todo 等
Get	获取特定资源信息	
List	获取并展示所有资源	
Delete	删除特定资源	
Update	更新特定资源	

相应地,对不同的接口概念应使用明显不同的名称,避免使用概念含糊或者模棱两可的词语。例如,getUserData 这个接口名中,"Data"一词过于宽泛,它指的究竟是什么数据呢? 如果这时又出现一个 updateUserInfo 接口,那么"data"和"info"是指的同一类型的用户数据吗?如果不是,"data"和"info"又分别代表什么呢? 为了避免这类问题,可以选用 getUserProfile、updateUserProfile 类似的接口名称更加精准地描述接口功能,增加接口的一致性。

4. 接口的更新

接口隐藏了复杂、改动频繁的实现细节,对外提供了一个相对稳定的服务与访问入口。然而,我们无法苛求一个百分百完美的接口设计。退一步讲,就算某个接口设计在今天是规范的、教科书般的存在,随着技术的发展与用户需求的变化,未来这个接口可能还是需要进行改动。因此,开发者在设计接口的同时,也需要考虑未来接口更新的可能,并且为其留下空间,避免因接口更新而对用户造成大规模的破坏性变更(如图 4-27 所示)。

图 4-27　OpenAI API 的破坏性更新

在设计 API 的更新时,开发者应重点关注 API 的兼容性。下面以一个订单管理系统为例。假设此系统有如下接口用于返回订单的基本信息。

```
GET /orders/{id}

{
  "id": 101,
  "total": 250.00,
  "status": "confirmed"
}
```

如果开发者在后续接口更新时,将 total 字段改为 amount_due,并删除 status 字段,则会导致所有依赖 total 和 status 的客户端代码崩溃。这种接口更新属于典型的破坏性变更。

```
GET /orders/{id}

{
  "id": 101,
  "amount_due": 250.00
}
```

为了避免这种情况,可以采用如下**向前兼容**的方式,即新增字段而不移除或重命名现有字段。此时,旧客户端仍然可以正常使用,新客户端也可以利用 amount_due 这个新字段。

```
GET /orders/{id}

{
  "id": 101,
  "total": 250.00,
  "status": "confirmed",
  "amount_due": 250.00
}
```

在 API 设计中,另一种常见的做法是使用如下的**版本控制**来避免大规模的破坏性变更。通过这种设计,老版本 API 仍然可用,并且给用户留出迁移时间;同时,新版本可以支持新的需求。

```
GET /v1/orders/{id}
GET /v2/orders/{id}
```

4.4.3　案例研究：使用 Cursor 辅助的接口设计

同软件架构设计一样,软件接口设计在遵循一般原则的前提下,也需要开发者着手实践,在不断地试错中逐步积累经验。然而,每个开发者都必定有新手期,而新手开发者的接口设计经验非常有限。那么,开发者是否能够使用拥有大量经验数据的 AI 来辅助接口设计呢?本节使用 Cursor(Claude-3.5)工具,在 TMS 协作系统上辅助 API 设计。简单起见,假设当前的目标代码为 ChatController:我们在此源码上进行一些 API 设计的任务。

1. 理解现有接口、建议接口名称

开发者在接手一个软件项目时的首要任务之一,就是理解现有的接口。在 TMS 的 ChatController 中,我们发现有一些接口的表达性差:仅凭接口名称,无法得知其功能或目的,如 getAtChats 这个接口。此时,可以向 Cursor 提问,如图 4-28 所示。

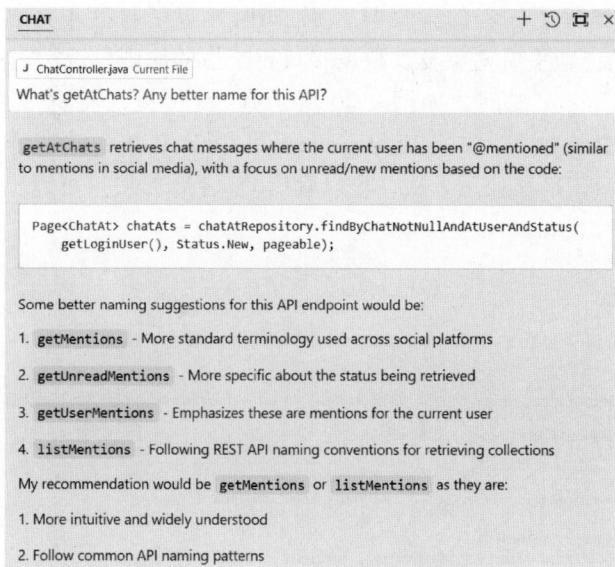

图 4-28　Cursor 对接口名称的建议

Cursor 根据源码理解并解释了 getAtChats 的功能,同时给出了其他的命名建议。如 getMentions 中的 mentions,用词更加准确,更加符合用户直觉。

2. 改进现有接口设计

继续对 ChatController 现有接口的浏览。接下来,发现有以下三个接口:

```
GET /more
GET /more/old
GET /more/new
```

首先,这三个接口的命名并未使用标准化的资源名词,而是使用了"more",导致含义不清。我们可以让 Cursor 解释这三个接口,如图 4-29 所示。

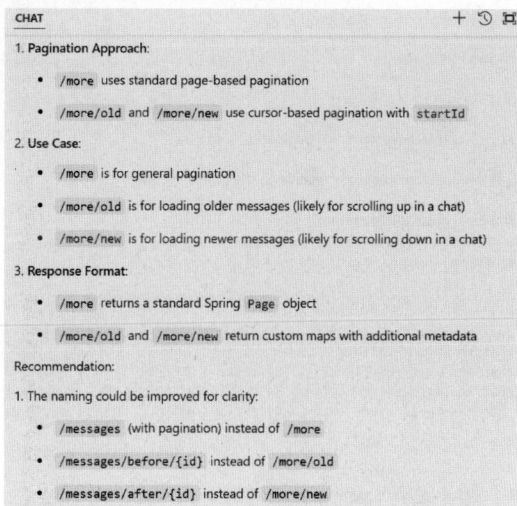

图 4-29　使用 Cursor 解释含义不清的接口

如何设计软件

Cursor 清晰地解释了三者的含义与区别,同时建议了将其重命名为"messages"。然而,这三个接口的功能似乎有些重复。根据接口正交性的原则,有没有什么更好的接口设计呢?同样,可以向 Cursor 提问。如图 4-30 所示,Cursor 提议将这三个接口整合成一个 getMessages 接口,并提供 referenceId、direction 和 limit 参数。Cursor 的回答同时包含这个新接口的实现、解释,以及使用方法。可以看出,整合后的接口可以覆盖原本的三个接口功能,同时更加清晰、直观。

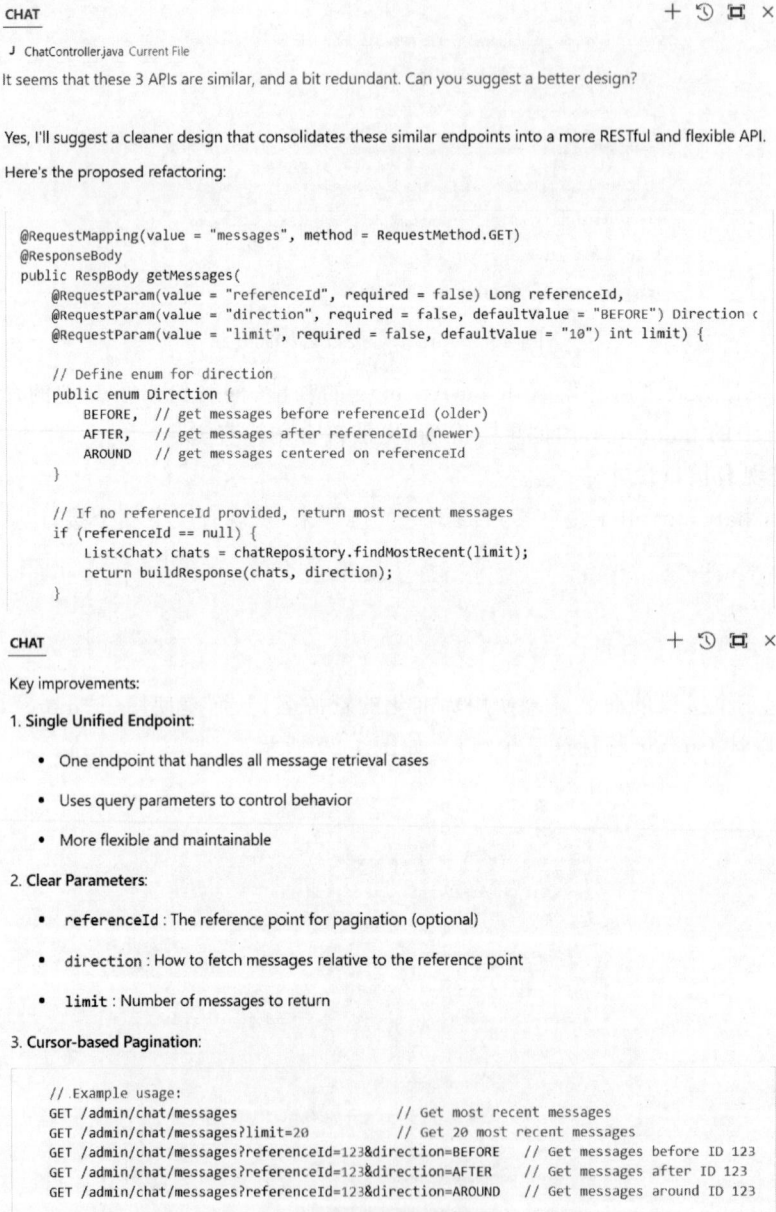

CHAT   + ↺ ⊡ ×

J ChatController.java Current File

It seems that these 3 APIs are similar, and a bit redundant. Can you suggest a better design?

Yes, I'll suggest a cleaner design that consolidates these similar endpoints into a more RESTful and flexible API.

Here's the proposed refactoring:

```java
@RequestMapping(value = "messages", method = RequestMethod.GET)
@ResponseBody
public RespBody getMessages(
    @RequestParam(value = "referenceId", required = false) Long referenceId,
    @RequestParam(value = "direction", required = false, defaultValue = "BEFORE") Direction
    @RequestParam(value = "limit", required = false, defaultValue = "10") int limit) {

    // Define enum for direction
    public enum Direction {
        BEFORE, // get messages before referenceId (older)
        AFTER,  // get messages after referenceId (newer)
        AROUND  // get messages centered on referenceId
    }

    // If no referenceId provided, return most recent messages
    if (referenceId == null) {
        List<Chat> chats = chatRepository.findMostRecent(limit);
        return buildResponse(chats, direction);
    }
```

CHAT   + ↺ ⊡ ×

Key improvements:

1. Single Unified Endpoint:

- One endpoint that handles all message retrieval cases
- Uses query parameters to control behavior
- More flexible and maintainable

2. Clear Parameters:

- `referenceId` : The reference point for pagination (optional)
- `direction` : How to fetch messages relative to the reference point
- `limit` : Number of messages to return

3. Cursor-based Pagination:

```
// Example usage:
GET /admin/chat/messages                            // Get most recent messages
GET /admin/chat/messages?limit=20                   // Get 20 most recent messages
GET /admin/chat/messages?referenceId=123&direction=BEFORE   // Get messages before ID 123
GET /admin/chat/messages?referenceId=123&direction=AFTER    // Get messages after ID 123
GET /admin/chat/messages?referenceId=123&direction=AROUND   // Get messages around ID 123
```

图 4-30　Cursor 对冗余的接口提出重构建议

3. API 更新建议

上文展示了 AI 在接口设计的表达性、简洁性、直观性、一致性等方面都可以有力地辅助开发者。最后，AI 在接口更新与演化的场景下，能起到什么作用呢？现在，假设开发者想为 TMS 团队协作系统预留 AI 聊天的功能。让我们询问一下 Cursor，在这种情况下，ChatController 可能会经历哪些 API 的改动。

如图 4-31 所示，Cursor 提出了几项建议。首先，保留部分现有 API；其次，修改现有枚举类型，增加 AI 聊天与对话类型；最后，新增两个 AI 相关的聊天接口。开发者可以根据此建议，考虑目前的接口设计是否合理且未来可扩展，并进行相应调整。

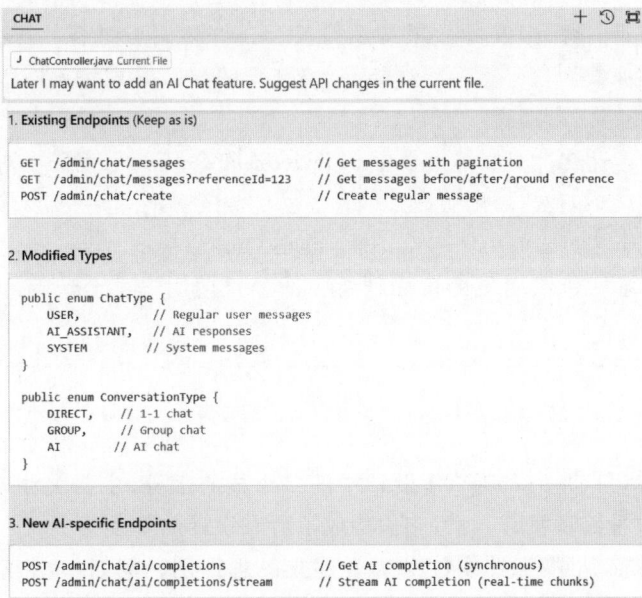

图 4-31　Cursor 对新增的功能提出的 API 调整建议

4.5　UI 设计

用户界面(User Interface,UI)是人与计算机系统交互的媒介，决定了用户如何输入信息、接收反馈并完成任务。根据交互方式的不同，UI 主要分为以下几类。

- 图形用户界面(GUI)，如 Windows 操作系统和移动应用的界面，通过窗口、按钮、图标等元素进行交互。
- 命令行界面(CLI)，如 Linux 终端，用户通过文本指令与系统沟通。
- 语音用户界面(VUI)，如智能助手 Siri，用户通过语音命令控制设备。
- 手势与触控界面，如智能手机和平板电脑的触摸屏交互。

UI 设计(UI Design)是针对用户界面的规划与优化，目的是提升用户体验，使交互过程更加直观、高效和愉悦。在软件设计过程中，UI 设计更是影响产品成功与否的关键因素。优秀的 UI 设计能够增加用户对产品的好感度与满意度，从而提高用户留存率，增强产品的市场竞争力。相反，糟糕的 UI 可能导致用户操作困难，甚至直接放弃使用，直接影响产品的效益(见案例研究)。那么，优秀的 UI 具备什么要素，其设计流程又是什么样的呢？本节将进行讨论。

案例研究：Snapchat 2018 年的 UI 更新

2018 年，Snapchat 进行了一次大规模的 UI 设计更新，目的是优化用户体验并提升内容分发的效率。然而，此次更新却引发了广泛的不满，导致大量用户流失，甚至促使部分用户直接卸载应用。

此次 UI 更新的核心在于引入"Friends"和"Discover"的新选项卡，重新组织聊天和 Stories（故事）功能。其中，好友的 Stories 与聊天合并至 Friends 选项卡，而品牌、推广和名人的 Stories 则单独放置在 Discover 选项卡。这一设计的初衷是让用户更容易区分亲友内容与商业内容，但实际效果却适得其反。许多用户对新界面感到"confusing"和"lost"，无法迅速找到自己熟悉的功能。此外，新的导航方式相比旧版更加复杂，导致用户体验下降，使用门槛提高。

用户的不满迅速在社交媒体上发酵。Twitter 和 Reddit 上充满了对新 UI 的负面评论，许多忠实用户公开表达对旧版设计的怀念。Change.org 上一场要求恢复旧 UI 的请愿活动迅速获得了超过 100 万人签名。据 TechCrunch 报道，App Store 上 83% 的用户对此次更新给出了一星或两星的负面评价。部分长期用户甚至选择卸载应用，并转向 Instagram 等竞争平台。

4.5.1　视觉

视觉设计（Visual Design）是 UI 设计中的一个核心部分，主要关注产品的整体美学一致性。视觉设计包含以下核心元素，它们构成了所有设计的基础。

- 颜色：用来传达情感、吸引注意力并建立品牌识别。例如，蓝色是企业和科技网站常用的颜色，可以传递专业和可靠的感觉。
- 字体：不同的字体风格和排版方式影响可读性和视觉层次。例如，Google 在其搜索引擎和产品中广泛使用自家设计的 Google Sans 字体，以增强一致性和可读性。
- 形状：用于引导用户视线并增强视觉结构。例如，视频网站的"播放"按钮通常采用三角形设计，直观地表达"播放"功能。
- 间距：恰当的留白可以提升可读性，减少界面杂乱感。例如，如图 4-32 所示的 ChatGPT 主界面，除了输入框，其余部分留白，使得用户关注点集中在其主要功能上。
- 图像与图标：视觉元素用于增强信息传达，提高用户理解。同样以图 4-32 为例，输入框底部的图标很好地传达了 ChatGPT 除了文字交互的其他功能，如语音交互、增加附件等。
- 纹理与风格：增加界面细节感，使设计更加生动。

视觉设计通过运用上述核心元素，按一定的设计原则进行排列和组织，从而构建出具有良好用户体验的界面。视觉设计的一般原则如下。

- 对比（Contrast）：通过颜色、大小和形状的对比来突出重点，提高可读性。例如，Netflix 界面的"播放"按钮颜色通常和深色背景形成强烈对比，吸引用户注意"播放"按钮。

- 层次（Hierarchy）：利用尺寸、颜色和位置建立信息优先级，指导用户阅读顺序。例如，电商软件的商品列表页通常使用一致的网格对齐方式，使浏览更高效；而商品详情页面则通过较大字号的商品标题与不同尺寸的图片展示产品特点，以醒目的折扣信息（通常是红色）和"立即购买"按钮的高亮颜色来引导用户注意关键信息并促成购买决策。
- 一致性（Consistency）：界面元素（如按钮、字体、颜色）的统一，使用户体验连贯。例如，Microsoft Office 在不同的应用程序（如 Word、Excel、PowerPoint）中保持相似的菜单结构，提高用户熟悉度。
- 平衡（Balance）：在界面中合理分配视觉元素，避免视觉负担。

视觉设计的核心不仅是让界面更具美感，更是直接影响到用户体验。合理的视觉设计能够优化信息呈现方式，使用户更直观地理解界面，提升操作效率。同时，视觉设计还能通过品牌色彩和风格统一性增强用户对产品的认知度，并通过视觉层次和对比度的调整，引导用户聚焦于关键内容。

图 4-32　ChatGPT 的主界面

4.5.2　交互

如果说视觉设计是 UI 界面的"外观"，那么"交互设计（Interaction Design）"则是产品的"行为"。交互设计关注用户如何与界面进行互动，包括按钮单击、页面跳转、动画反馈等，决定了产品的易用性和流畅度。交互设计主要包括以下几个基本原则。

1. 可见性

可见性（Visibility）是交互设计中的关键原则之一，它指的是用户是否能够轻松找到和理解界面中的重要功能。良好的可见性可以减少用户的学习成本，提高操作效率。

下面以汉堡菜单（Hamburger Menu）和标签式菜单（Tab Menu）作为例子。汉堡菜单一般由三条横线组成（像个汉堡），通常放在图形用户界面顶部角落，用于切换被折叠的导航栏（如图 4-33 所示）。2014 年之前，移动应用广泛使用汉堡菜单。2014 年，Apple 在 WWDC 的演讲中基本否定了汉堡菜单，原因之一就是其可见性低，用户需要额外的点击操作才能发现菜单内容。相比之下，标签式菜单直接在界面底部或顶部展示主要功能选项，用户无须额外点击即可访问关键功能，从而提升了可见性，是一种更直观的导航方式（如图 4-33 所示）。

2. 反馈

反馈（Feedback）指的是系统对用户操作的响应，让用户明确知道自己的操作是否生效。作为交互设计中的重要概念，良好的反馈可以减少用户的不确定感，提高交互体验。以电商

如何设计软件

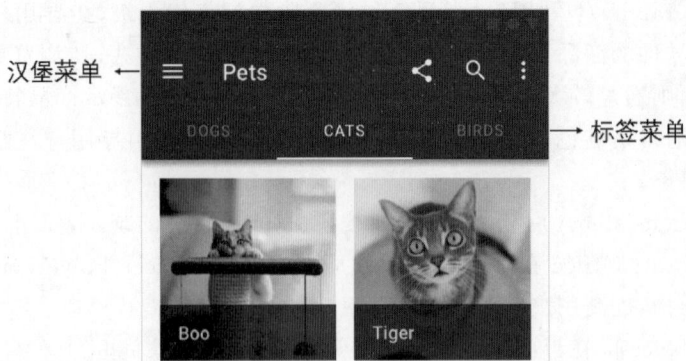

图 4-33　汉堡菜单与标签式菜单(图片来源：Material Design. https://m3.material.io/)

网站的购物流程为例。用户在单击"加入购物车"按钮后,系统通常会提供即时反馈,例如：

- 视觉反馈：按钮颜色变化或弹出确认提示,让用户知道商品已成功添加。
- 动效反馈：购物车图标轻微抖动或数字增加,以直观方式告知购物车数量变化。
- 声音反馈：播放提示音,增强操作确认感。

相反,如果单击按钮后没有任何反馈,用户可能会感到困惑,误以为页面无响应或者重复单击,导致不佳的用户体验。

3. 约束

约束(Constraints)指通过限制用户的操作方式,减少错误并引导用户完成正确的交互路径。一个典型的例子是表单提交按钮的状态控制。在许多电商网站的注册或支付页面中,如果用户没有填写所有必填字段,提交按钮通常会保持"禁用"状态,直到所有必填信息填写完毕后才变为可单击状态。这种设计可有效防止用户提交不完整的信息,从而减少错误。相反,如果网站在表单未完成时仍允许单击"提交"按钮,用户在提交后则会收到大量错误提示信息,影响体验。因此,合理使用约束可以提高操作的准确性,减少交互过程中的错误,使用户能够顺利完成任务。

4. 映射

映射(Mapping)指的是用户操作与系统反馈之间的对应关系,即操作方式是否符合用户的直觉。良好的映射能够让用户在不需要额外学习的情况下,自然地理解和使用界面。

iOS 的滑动手势是"映射"的一个典型例子。用户在 iPhone 上左右滑动,这些操作都符合现实世界中翻页或擦除的直觉,使交互更加自然。另外,当用户登录输入错误密码时,iOS 的输入框会左右晃动,类似于人类摇头的动作。这种直观的映射能够让用户立即理解自己的输入错误。

4.5.3　原型

在软件过程的初始阶段,用户用语言或者文字描述了自己的需求。那么,最终软件应该长成什么样呢? 如果只是通过语言与文字沟通,客户、产品经理、开发者、设计师,每个人心中可能都有一个自己的构想,正所谓,"一千个人眼中有一千个哈姆雷特"。然而,这种认知差异在软件开发中并不是一件好事。试想,开发人员实现的软件界面与设计师构想的不一样,或者产品经理最后呈现的软件产品与客户预想的大相径庭……那画面简直不敢想象。

所以,在软件正式开发之前,软件各方利益相关者需要在产品的 UI 展现形式上达成一致,而"原型设计"正是这其中的关键步骤。

原型设计是将抽象的需求转换为具体的产品框架图的过程。原型能够直观地展现产品创意、界面布局、与交互逻辑,促进软件利益相关者的有效沟通与快速反馈。原型通常分为低保真、中保真和高保真三种类型。低保真原型通常以手绘草图或线框图(Wireframe)形式存在,仅展示基本结构和功能,而不涉及视觉设计和交互细节。中保真原型具有一定的交互功能和视觉元素,如按钮和导航菜单,但仍不包含最终的设计细节。高保真原型则更加接近最终产品外观和交互,如图 4-34 所示。

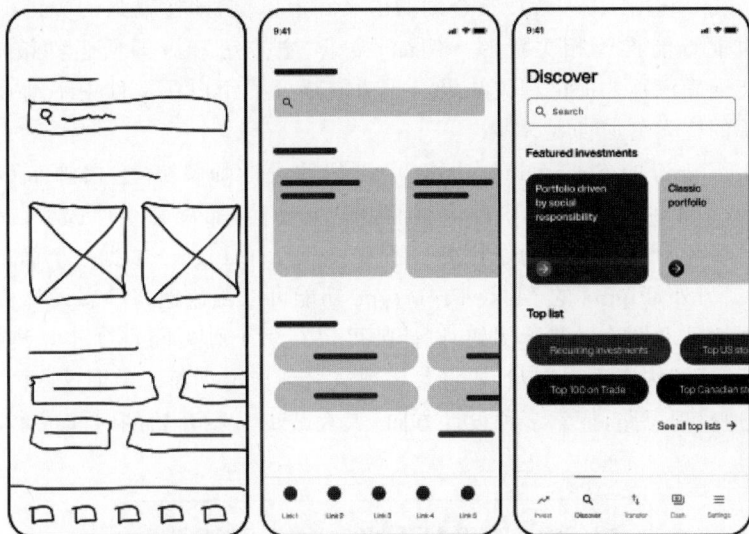

图 4-34　低保真、中保真和高保真原型对比[7]

低保真原型制作成本低,调整迅速,通常用于设计初期的头脑风暴阶段,可以快速探索不同的想法,专注于系统的核心功能与界面架构;中保真原型包含一定的交互功能,能够更有效地与开发人员沟通,确保设计意图的准确传达;相比之下,高保真原型可以更加准确地呈现最终产品的外观,提供完整的视觉和交互体验,更适用于在设计流程的后期阶段展示给产品团队、投资人或客户,使他们能够更直观地理解产品的使用方式。表 4-3 对不同保真模型进行了对比总结。

表 4-3　低保真原型与高保真原型对比

特　　性	低保真原型	高保真原型
制作时间	快速,几分钟到几小时	需要较长时间,几天到几周
成本	低,仅需基本工具	高,需要专业设计软件
交互体验	无交互或仅有简单单击	具备完整交互体验
视觉效果	仅展示基本结构,无颜色、排版	近似最终产品,包括所有视觉元素
适用阶段	早期概念构思、需求讨论	设计后期、开发前、用户测试
用户反馈	适用于信息架构和功能讨论	适用于界面设计和交互体验测试
修改难度	低,容易调整	高,改动成本较大

如何设计软件

4.5.4 智能化工具

在 UI 设计中,常用的低保真原型工具包括手绘纸笔、白板、Balsamiq 等,高保真原型工具则包括 Figma、Sketch、Axure RP 和 InVision 等。目前,很多工具也包含智能化 AI 功能。以 Figma 为例,该工具提供了不同的 AI 工具,支持智能化 UI 设计[8]。

AI 搜索:包括视觉搜索(Visual Search)和 AI 增强的资源搜索(AI-enhanced Asset Search)。使用视觉搜索,设计师可以通过上传图片、选取画布上的区域或输入文本查询,快速查找团队文件中与之视觉相似的设计,使用户更容易发现并复用优质设计资源。在资源搜索功能中,Figma 利用 AI 理解搜索查询的语义和上下文,即使输入的关键词与组件名称不完全匹配,也能智能推荐相关资源。例如,搜索"主按钮"时,即便组件被命名为"btn_large",AI 也能准确识别并提供相关结果。此功能减少了用户在文件中手动查找组件的时间,使设计资源的检索更加直观、高效。

内容生成:Figma 的 First Draft 功能,可以帮助设计师解决"空白画布"带来的困扰。设计师只需输入简单的文本描述,Figma 就能自动生成 UI 布局和组件选项,提供一个初步的设计草稿,让设计师更快进入创作状态。图 4-35 展示了 Figma 根据一个简单的描述而生成的设计初稿。另外,Figma 的 Make Prototype 功能可以快速地将静态设计稿转换为交互式原型,更直观地呈现设计思路。例如,设计师可以在多个画板间自动建立流畅的导航,为"上一页"或"下一页"按钮添加交互,或将菜单项链接到指定页面。借助这些内容生成工具,设计师可以迅速整理思路,探索多种设计方向,大大减少从零开始的时间成本,加速找到合适的解决方案。

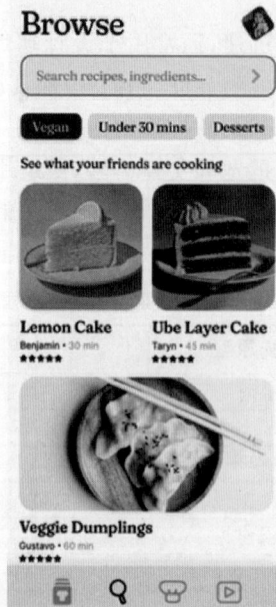

图 4-35　AI 根据简单提示词生成的 UI 设计(图片来源:Figma 官网)

语言处理：Figma 的 AI 工具能够帮助设计师快速填充真实且相关的文本和图片，而不再使用传统的 Lorem Ipsum 和占位符，使设计稿更具说服力和吸引力。此外，Figma 可以自动缩短、重写或者翻译文本，修改语气、长度和语法，使设计内容变得更加符合用户要求。

4.6　数据设计

在软件系统中，数据无处不在。例如，我们的 TMS 团队协作系统中，一个团队由多个成员组成，每个成员有自己的任务，任务可能属于不同的项目，并且有各自的状态（待处理、进行中、已完成）。同时，团队成员之间可以留言讨论，分享附件，任务的进度也需要更新。那么，这些数据应该如何组织？成员和任务之间的关系如何建立？任务的更新如何保证不会丢失数据或发生冲突？当系统用户越来越多，面对成千上万条任务记录，如何才能高效地存取数据？

这些问题的答案，正是数据设计（Data Design）所要解决的。作为软件设计中的重要环节，数据设计决定了软件如何处理信息，以确保高效、稳定且可维护的数据管理。本节将围绕数据组织和存储等方面展开，探讨如何在软件设计中做出合理的数据设计决策。

4.6.1　数据组织

数据组织是数据设计的第一步，决定了软件系统如何表示和管理信息。数据组织的主要步骤包括从需求中提取出核心数据，确定数据的属性以及合适的数据类型，并明确不同数据之间的关系。例如，TMS 团队协作系统中的核心数据及属性可能包括以下几个。

- 用户：代表系统中的每个团队成员，包含姓名、邮箱、角色等信息。
- 任务：表示一个具体的工作项，具有标题、描述、优先级、截止日期、状态（如"未开始""进行中""已完成"）等属性。
- 项目：是任务的集合，每个项目有名称、创建时间、项目成员等信息。
- 评论：允许用户对任务发表意见，包含评论内容、作者、发布时间等。

确定了关键数据后，需要决定每个属性的数据类型。数据类型的选择也是有学问的，合适的数据类型不仅能提高存储效率，还能减少错误。例如，如果用字符串存储日期，可能会因为格式不一致导致解析错误；一般会使用 Timestamp 等类型来专门表示日期与时间数据。

接下来，需要确定数据之间的关系。一般来说，不同数据之间存在一对一、一对多和多对多的关系。例如，在 TMS 团队协作系统中，可能存在以下关系。

- 一对多（One-to-Many）：例如，一个项目可以包含多个任务，一个任务可以有多个评论。
- 多对多（Many-to-Many）：例如，一个项目有多个用户参与，一个用户也可能参与多个项目。
- 一对一（One-to-One）：每个用户都只有一组个人设置，而每个设置也只能归属于一个用户。

到这里，读者可能会感到疑惑：识别数据类型、属性与关系的过程，似乎跟需求分析与设计过程有一定程度的重复。在设计 UML 图时，我们不是也需要识别实体、属性及其关系吗？的确，两者有一定的相似性。为了避免重复工作，可以使用 UML 设计类图，同时通过

如何设计软件

Object Relational Mapping(ORM)框架自动地将类设计与数据设计进行映射。TMS 团队协作系统就使用了 Hibernate 作为 ORM 框架,利用 Spring Data JPA 的各类注解(如 @Entity,@Column)将对象与关系数据库的表进行映射。例如,Project 类被映射为表 4-4,并且通过@ManyToMany、@ManyToOne、@OneToMany 等注解定义了实体之间的关系,如项目-用户、项目-关注者、项目-语言都属于多对多的关系(如图 4-36 所示)。

表 4-4　TMS 中 Project 类对应的数据表

Column Name	Data Type	Constraints
id	BIGINT	PRIMARY KEY,AUTO_INCREMENT
name	VARCHAR(255)	NOT NULL
description	VARCHAR(2000)	
creator	VARCHAR(255)	
updater	VARCHAR(255)	
status	VARCHAR(255)	NOT NULL
create_date	TIMESTAMP	NOT NULL
update_date	TIMESTAMP	
version	BIGINT	NOT NULL
language_id	BIGINT	FOREIGN KEY REFERENCES language(id)

```
@ManyToMany(mappedBy = "projects")
private Set<Language> languages = new HashSet<>();

@ManyToMany(mappedBy = "projects")
private Set<User> users = new HashSet<User>();

@JsonIgnore
@OneToMany(mappedBy = "project")
private Set<Translate> translates = new HashSet<>();

@ManyToMany(mappedBy = "watcherProjects")
private Set<User> watchers = new HashSet<>();
```

图 4-36　TMS 中 Project 类的部分代码,通过 Spring Data JPA 定义了数据间的关系

4.6.2　数据存储

在现代软件系统中,数据存储是保障信息可用性、持久性和安全性的核心环节。数据存储的首要目标是持久化,确保数据在断电、系统崩溃或重启后仍然可用。随着数据量与复杂性的增长,数据存储还涉及高效检索、数据一致性、并发控制和访问权限管理。例如,在一个任务管理系统中,用户可能希望按照优先级、负责人或创建时间筛选任务。因此,数据库需要支持类似的高效查询。同时,多个用户可能会同时修改同一条记录,系统必须确保数据一致性,避免冲突。此外,某些敏感信息应受到访问控制,确保只有授权用户可以查看或修改。

不同的软件系统对数据存储的需求各不相同。在实际开发中,数据库的选择至关重要。最常见的数据库类型包括关系数据库和 NoSQL(非关系型)数据库。关系数据库是最广泛使用的数据存储方案,它采用表结构存储数据,并通过 SQL 进行查询和管理。像 TMS 这样的系统,任务、项目和用户之间存在清晰的关联,关系数据库能够很好地处理这些结构化数据。常见的关系数据库包括 MySQL 和 PostgreSQL。

然而,在某些应用场景下,关系数据库并不是最佳选择。而 NoSQL 数据库(非关系数据库)作为一种替代方案,因其灵活性和可扩展性而受到广泛应用。NoSQL 数据库可以根

据需求采用不同的数据模型和架构,常见的类型主要有 4 种:键值存储、文档存储、列族数据库和图数据库。

　　键值存储适合用于需要快速存取简单数据对(键和值)的系统。例如,在 Web 应用中,键值存储可以用来缓存用户的会话(Session)信息。系统可以创建一个会话 ID(键),并将相关的用户信息(值)存储在数据库中。每当用户发送请求时,系统可以通过会话 ID 快速地查找到对应的用户信息。另外,考虑一个社交网络平台,需要实时统计某个话题的热度。此时,可以使用键值对<话题名称,热度值>来保存每个话题的实时数据。在这些场景中,关系型数据库因其复杂的表结构和性能瓶颈无法高效处理频繁的简单键值对操作。常见的键值存储工具包括 Redis、Amazon DynamoDB 等。

```
{
    "id": 1,
    "title": "Introduction to Database",
    "content": "This is an article about Database.",
    "tags": ["DB", "SQL", "NoSQL"],
    "comments": [
        {"author": "Alice", "content": "Great article!", "date": "2025 - 01 - 22"},
        {"author": "Bob", "content": "Very informative.", "date": "2025 - 01 - 22"}
    ],
    "attachments": ["image1.jpg", "file2.pdf"],
    "followers": ["user1", "user2", "user3"]
}
```

　　文档存储适用于半结构化且动态变化的数据。例如,内容管理系统中的文章涉及标签、评论、附件、关注者等字段,这些字段频繁更新。如果使用关系数据库,开发者可能需要对数据表进行昂贵的分解或关联操作。相比之下,文档存储提供了更为灵活的方式。文档数据库通常采用 JSON 的轻量级格式来存储数据,这种格式与大多数编程语言兼容,且直接与代码对象对应,避免了对象-关系映射等额外操作。例如,可以使用上面的 JSON 存储文章内容信息,其字段和数据可以根据实际需求动态添加或删除,而无须修改数据库表结构(试想一下,如果使用关系数据库,需要多少张表存储这个内容呢?)常用的文档存储工具包括 MongoDB 和 CouchDB 等。

　　列族数据库(Column-Family Store)适用于存储和处理大规模数据,尤其是需要高吞吐量和分布式存储的场景。列族数据库的核心结构类似于关系数据库的表,但数据是按照列族(Column Family)组织的,而不是按行存储。在列族数据库中,每个"行"可以包含多个列族,每个列族包含多个列,每个列的值可以在不同的行中动态变化。例如,在图 4-37 中,每个 user(行)包含两个列族:Profile 和 Contact,不同 user 列族中的列可以不一样。如果需要更新用户的 Contact 信息时,只需读取相应的列族,而不必加载这个用户的其他数据(如 Profile),这种设计提高了查询效率。常用的列族数据库包括 Google BigTable 和 Apache Cassandra。

　　图数据库(Graph Database)适用于存储和查询高度关联的数据。例如,在社交平台或推荐系统上,用户的好友关系、共同兴趣、点赞和分享行为可以形成庞大的数据图谱。这类数据的复杂关系往往难以用传统的表结构表示,而图数据库能够高效处理这类查询,例如,"推荐可能认识的人"或"查找某用户的好友的好友"。常用的图数据库包括 Neo4j 等。

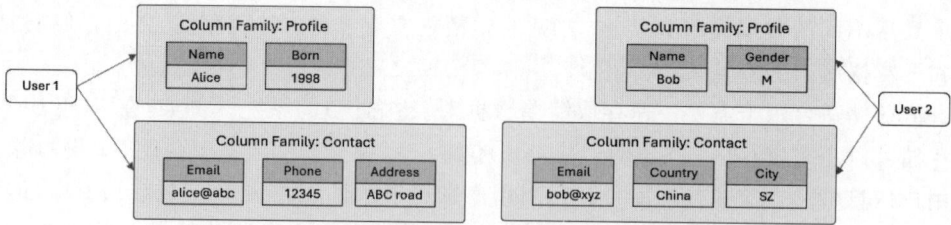

图 4-37　Column-Family 数据存储示意图

4.6.3　AI 辅助的数据设计

随着人工智能技术的发展,AI 工具正逐步融入数据设计阶段。本节以 TMS 团队协作系统为例。如果从模糊的需求描述出发,AI 是否能够辅助进行系统的数据设计呢?在这个例子中,采用的是 ChatGPT 的一款应用 Database Schema Generator (by Jacob Steele)。在下文中,我们直接称其为 AI。

首先,输入对 TMS 的简单描述;AI 列出了系统的主要实体,同时询问我们选择什么类型的数据库和 ORM(如图 4-38(a)所示)。我们给出回复:"prefer MySQL,Hibernate for ORM"之后,AI 的第二轮回复包含①数据设计的文字描述,包括表和字段;②数据库 schema,即创建所有表的 SQL 语句;③实体的 Java 代码,包括 ORM 映射;④进一步的问题,如是否需要创建实体关系图(Entity Relation Diagram,ERD)。因内容较长,图 4-38(b)只展示了部分回复。确定后,AI 生成了 ERD 的脚本,如图 4-38(c)所示。此时,可以将脚本代码复制到 dbdiagram. io,自动生成实体关系图(如图 4-39 所示)。

A team management system where users can manage the team tasks, progress, schedules, and communicate with teammate with chats and resource sharing

Thanks for sharing the project scope! Based on your description, the **Team Management System** will need a well-structured database to handle:

1. **User Management** – Users, roles, authentication

2. **Teams** – Creating and managing teams

3. **Tasks & Progress** – Task assignments, status tracking

4. **Schedules** – Calendar and deadlines

5. **Communication** – Chat system, messages, and file sharing

◆ **Questions Before Proceeding:**

1. **Database Choice** – Do you prefer a relational database (e.g., PostgreSQL, MySQL) or NoSQL (e.g., MongoDB, Firebase)?

2. **ORM Preference** – If relational, should we use an ORM like **SQLAlchemy (Python), Prisma (Node.js), Sequelize (Node.js), or Eloquent (Laravel/PHP)?**

3. **Any Additional Features?** – Should we include notifications, permissions, or integrations (e.g., Google Calendar, Slack)?

(a) AI的初始回答,需要提供更多信息

图 4-38　使用 AI 辅助对团队协作系统的数据设计

- `events` – Holds team schedules and deadlines.

5 Communication (Chat & Resource Sharing)

- `messages` – Stores chat messages.
- `attachments` – Stores files shared in messages or tasks.

📑 **Database Schema (ERD in Text Form)**

Here's the SQL-based schema:

◆ **Users & Roles**

```sql
CREATE TABLE users (
    id BIGINT PRIMARY KEY AUTO_INCREMENT,
    name VARCHAR(255) NOT NULL,
    email VARCHAR(255) UNIQUE NOT NULL,
    password VARCHAR(255) NOT NULL,
    created_at TIMESTAMP DEFAULT CURRENT_TIMESTAMP
);
```

(b) 第二轮回答(部分)

✅ **Fixed ERD Script for dbdiagram.io**

```sql
Table users {
    id BIGINT [primary key, increment]
    name VARCHAR(255)
    email VARCHAR(255) [unique]
    password VARCHAR(255)
    created_at TIMESTAMP [default: "CURRENT_TIMESTAMP"]
}

Table user_roles {
    id INT [primary key, increment]
    name VARCHAR(50) [unique] // Role names like ADMIN, MEMBER, etc.
}

Table user_role_mapping {
    user_id BIGINT
    role_id INT
    created_at TIMESTAMP [default: "CURRENT_TIMESTAMP"]
    indexes {
        (user_id, role_id) [unique]
    }
}
```

(c) 生成的ERD脚本

图 4-38 （续）

  当然,在这个过程中,可以不断优化需求,如让 AI 向 Attachment 表添加"类型"字段。在此不再一一演示。未来,智能化 AI 工具将更深入地融入数据设计流程,为开发者提供更精准的决策支持。

178

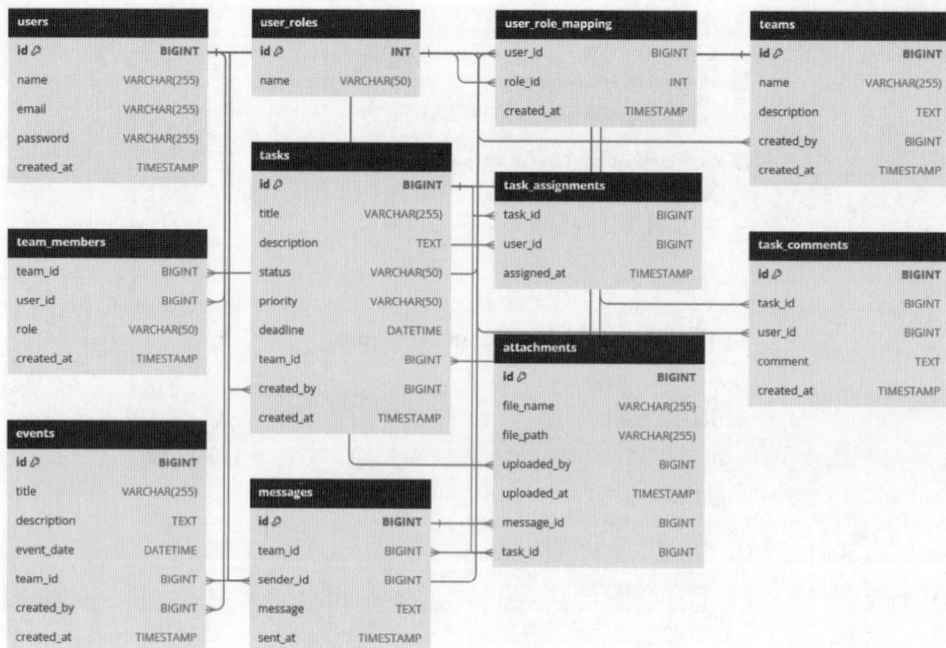

图 4-39　AI 辅助生成的实体关系图

小　结

- 软件设计原则包括抽象与精化、模块化、信息隐藏、关注点分离等。
- 面向对象设计包含 SOLID 5 个基本原则与 23 个设计模式等。
- 常见的软件架构模式包括单体架构、分布式架构、面向服务的架构、微服务架构，以及无服务架构。
- 微服务架构中，"服务"指的是软件系统中可独立更新与部署的单元。常见的服务识别与拆分策略包括基于业务能力的服务拆分与基于子域的服务拆分。常见的服务间沟通机制包括 RESTful API 和消息机制。
- 没有一种架构模式可以适用于所有场景。企业需要根据业务需求与自身特点选择合适的软件架构。
- 生成式 AI 可以根据简单的需求描述，以文字或 UML 代码的形式自动生成逻辑合理的系统架构设计。不过，当提示词缺少上下文与明确指示时，AI 生成的架构设计可能过于泛化，实用性不高，需要使用者进一步引导。
- 接口设计需要考虑实现透明性、交互方式与访问范围，遵循正交性、表达性、一致性等原则，符合用户直觉。Cursor 等 AI 工具在辅助接口设计任务中有不错的表现。
- 视觉设计关注用户界面的美学一致性和信息呈现，使内容清晰易读、层次分明；交互设计关注用户如何操作界面，确保交互流畅、高效，二者共同提升软件产品的可用性与用户体验。
- 原型设计将抽象的需求转换为具体的设计框架图，直观地展现产品创意、界面布局、与交互逻辑，促进软件利益相关方的有效沟通和快速反馈。可以使用智能化工具辅助生成低保真或者高保真原型。

- 数据设计确定了系统的核心数据类型与关系，可以使用智能化工具辅助决策过程与图表生成。
- 数据存储可分为关系型数据库与 NoSQL 数据库。需要根据实际应用场景，选择合适的数据库类型。

思 考 题

1. 列出几种基本的软件设计原则与接口设计原则，并探讨它们的关联。

2. 用户需求在软件架构设计中扮演什么样的角色？

3. 对于本章中提到的每一种架构类型，找到一个使用它的真实软件系统的例子。

4. 考虑类似京东、Amazon 这样大型的电商平台。如果使用微服务架构，可以划分为哪些服务？不同服务提供哪些接口？

5. 假设你的团队需要开发一个校园二手交易平台。你们会选择什么架构？为什么？

6. 使用 AI 对校园二手交易平台系统进行架构设计并绘制 UML 设计图。AI 的架构设计符合你的需求吗？如何使用提示词能够让 AI 在架构设计过程中表现更加出色？

7. 为校园二手交易平台进行原型设计与数据设计。可以使用 AI 工具辅助此过程，并讨论这类工具在设计任务上的表现。

8. 针对一些热门的 AI APIs(如 OpenAI API)，调查其版本更新历史。每次 API 版本更新了什么内容？对用户有什么影响？

参 考 文 献

［1］ Kapor M. A software design manifesto. Bringing design to software. Association for Computing Machinery，1996.

［2］ Booch G，Maksimchuk R，Engle M，et al. Object-oriented analysis and design with applications［M］.(Third ed). Addison-Wesley Professional，2007.

［3］ Richards M. Software Architecture Patterns［M］. O'Reilly Media，2015.

［4］ Richardson C. Microservice Patterns：with Examples in Java［M］. Manning Publications，2018.

［5］ 周志明. 凤凰架构：构建可靠的大型分布式系统［M］. 北京：机械工业出版社：2021.

［6］ Geewax JJ. API Design Patterns［M］. Manning Publications，2021.

［7］ Simic P. Low-fidelity vs. high-fidelity wireframes：the main differences［M］. Online，2022.

［8］ Rasmussen K. Meet Figma AI：Empowering designers with intelligent tools［M］. Online，2024.

如何设计软件

第 5 章 如何高效地进行软件开发

在之前的章节中,我们了解了在软件项目的初期,如何获取用户需求并制订计划,以及如何对软件进行架构设计。接下来,团队需要将概念与抽象的设计真正"落地",通过编写代码实现用户可以运行并使用的软件,这一过程即是通常意义上的"软件开发",对应于 DevOps 环中"编程"与"构建"两个阶段。

本章将重点探讨"编程"与"构建"过程。同时,文档作为软件的一部分,既是日常编程活动的一环,也是构建过程的重要输出。因此,软件文档也将放在本章一起讨论。除了介绍基本概念,本章的重点是讲解如何"高效"地进行软件开发。因此,也将介绍编程、构建、文档的最佳实践与最新智能化实践。最后,代码审查作为软件质量保障的重要环节,与开发效率密切相关,也将在本章进行详细介绍。在学习本章之后,读者将:

- 了解 AI 如何辅助各类编程任务。
- 了解构建系统的概念、类型,以及常用的构建工具。
- 了解软件包管理与依赖管理的基本方法。
- 了解软件文档的分类。
- 理解"构建脚本即代码"与"文档即代码"的最佳实践。
- 了解代码审查的概念、流程与工具。

5.1 AI 辅助编程

编程(Coding/Programming)作为软件开发的核心,是将抽象概念实现为具体代码的过程。开发者需要选择合适的技术栈与编程语言,实现语法正确的代码并通过编译和测试,最终满足用户的需求。如何编写代码并非本书的范畴;读者可以参考专门的编程书籍与资料进行学习。本节将关注编程的"效率"问题,即如何高效地开发高质量的代码。具有一定开发经验的读者都知道,市面上有很多专业的开发环境与工具可以辅助开发,提高效率,即"工欲善其事,必先利其器"。在善于使用工具的同时,近两年,很多开发者开始采用 AI 这一利器来辅助开发过程。Stack Overflow 2023 年的开发者调查显示,44%的受访者已经在日常开发中使用 AI,另有 25%的受访者计划使用 AI;77%的受访者对 AI 工具给出了好评,认为 AI 工具能够提高生产力并加快学习速度。在已经使用 AI 的受访者中,绝大部分(83%)都在写代码这一阶段使用 AI,近半数(49%)在代码调试时使用 AI。另外,三分之一的受访者也会使用 AI 生成文档,或者辅助代码理解(如图 5-1 所示)。从图 5-1 还可以看出,在软件开发阶段对 AI 的使用大大超过了软件计划与部署阶段,说明 AI 已逐步融入软件开发过程,并逐渐改变,甚至重塑开发者的工作流与工作习惯。因此,在这一章,也将与未来接轨,重点介绍 AI 辅助编程(AI-assisted Coding/Programming)的概念与方法。

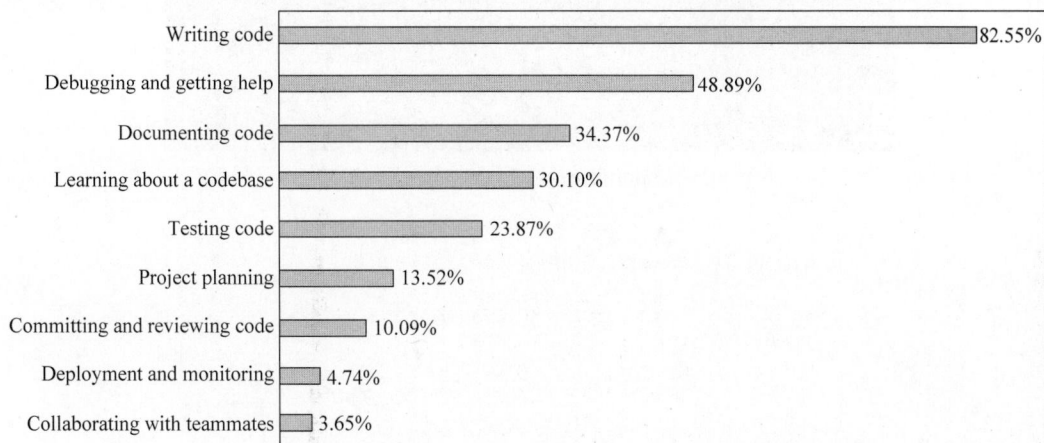

图 5-1　AI 在软件开发中的使用情况(数据来源: Stack Overflow Developer Survey 2023)

5.1.1　代码实现

过去,源代码需要开发人员一个字一个字地在键盘上输入。如今,AI 技术的发展悄然改变了代码实现的过程。开发人员可以使用 AI 辅助工具生成部分代码(代码补全)甚至全部的代码(代码生成)。

1. 代码补全

代码补全(Code Completion),又称为自动补全(Auto-complete),是编程工具中的一个重要功能。在开发人员输入代码的同时,工具可以基于目前不完整的输入,建议或自动补全接下来的代码。最早的代码补全可以追溯到 20 世纪 80 年代。当时,一些集成开发环境(如 Turbo Pascal 和 Visual Basic)开始提供基本的代码补全功能。这些早期工具主要依赖于关键词匹配和简单的语法分析,提供变量名和函数名的自动补全。

随着技术的发展,代码补全功能变得越来越强大。现代 IDE 利用静态分析得到代码的结构和依赖关系,不仅能够识别变量和函数,还能理解代码的上下文和逻辑关系,从而给出更可靠的补全建议。

近两年,生成式 AI 技术的迅猛发展进一步推动了代码补全功能的智能化和实用性。图 5-2 展示了使用 GitHub Copilot 补全代码的例子。在图 5-2(a)中,开发人员想要实现一个计算日期之间差距的方法;在开发人员刚刚声明完方法名与参数时,Copilot 已经进行了合理的代码补全。图 5-2(b)展示了在 TMS 团队协作系统中,实现聊天功能中"标记已读"(markAsRead)的 REST API 时 Copilot 的表现。与上一个例子不同的是,TMS 更加复杂,Copilot 的表现受上下文的影响也更大。此时,Copliot 不仅要根据方法声明,还需要 ChatController 类的前文信息,甚至整个项目的上下文信息来进行代码补全。在如图 5-2(b)所示的例子中,自动补全的代码与开发人员人工写的代码基本一致。

与传统代码补全技术相比较,生成式 AI 技术在理解上下文并生成复杂语义逻辑层面更胜一筹。这种技术在学习新语言或者处理不熟悉的复杂项目时尤为有用,能够帮助开发人员快速上手,从而提高生产力。

181

第 5 章

如何高效地进行软件开发

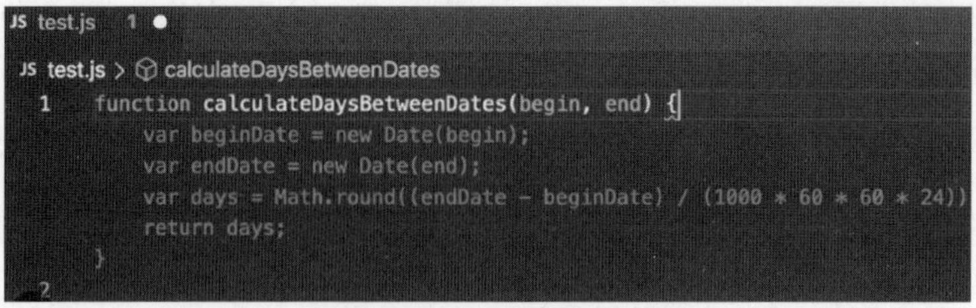

(a) 根据方法名进行代码补全

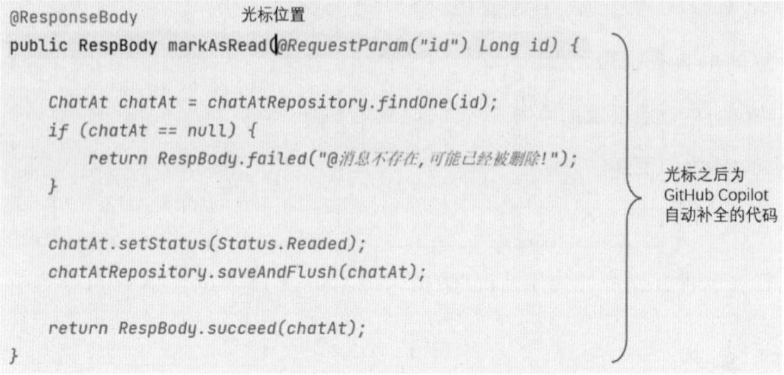

(b) 根据TMS项目上下文进行代码补全

图 5-2　代码补全示例（GitHub Copilot）

2. 代码生成

我们可以认为,代码补全的"最高境界"就是代码生成,即在提供最少上文的情况下"补全"所有代码。此任务最常见的流程是由开发者提供一段自然语言描述,AI 工具根据此描述自动生成相应的代码。假设 TMS 团队协作系统的注册模块中,一个小功能是需要判断用户输入的邮箱是否合法。图 5-3 是 ChatGPT 根据提示词生成的代码。可以看到,此代码不仅完成了提示词要求的功能,还包含代码编译需要的 import 代码,以及运行所需的 main 方法和测试数据。当此类工具与 IDE 整合时,甚至可以达到"零代码"开发、"一键式"运行的效果。

AI"写"代码与开发人员写代码在某些方面是类似的。开发人员需要根据具体的需求进行代码实现,AI 也需要基于提示词中的需求描述生成代码。因此,在使用 AI 进行代码生成时,开发人员首先需要对项目需求进行分解与提炼,并创建合适的提示词。假设我们想使用 AI 辅助实现一个类似 TMS 的在线博客。如果直接使用类似"实现一个在线博客网站"的笼统的提示词,AI 工具返回的结果也大概率不尽如人意。在撰写本节之际,我们对 ChatGPT 使用了"实现一个在线博客网站"的提示词,ChatGPT 返回了一个项目结构示意、与用户注册登录和发帖相关的 Python 代码,以及部分 HTML 网页代码。由于提示词缺乏细节,AI 生成的代码大部分是与用户注册登录相关的通用代码。另外,由于返回 token 限制,AI 也无法生成完整的全部代码。此时,由笼统的提示词生成的代码基本是不可用的。

为了更好地利用 AI 生成代码,可以先将需求分解为更小、更准确、互相独立的小需求。这一点实际上和传统软件过程是一样的:在需求分析与设计阶段,需求被不断精化、分解,对应不同的模块、类、方法,由开发者或者 AI 实现。例如,在线博客可以被分解为"用户管理""博客管理"与"评论管理"模块,每个模块又可以进一步分解成更细的功能。例如,博客管理涵盖创建、编辑和删除博客文章功能,前端需提供文章列表展示页和详情页。分解后,以下是用Java编写的一段代码，用于判断输入是否是合法的邮箱地址：

```java
import java.util.regex.Matcher;
import java.util.regex.Pattern;
public class EmailValidator {
    // 定义邮箱地址的正则表达式
    private static final String EMAIL_PATTERN =
            "^[A-Za-z0-9+_.-]+@(.+)$";

    // 编译正则表达式
    private static final Pattern pattern = Pattern.compile(EMAIL_PATTERN);

    public static boolean isValidEmail(String email) {
        if (email == null) {
            return false;
        }
        Matcher matcher = pattern.matcher(email);
        return matcher.matches();
    }
    public static void main(String[] args) {
        // 测试邮箱地址
        String[] testEmails = {
                "test@example.com",
                "invalid-email",
                "user_name@domain.com",
                "username@.com",
        };
        for (String email : testEmails) {
            System.out.println(email + ": " + isValidEmail(email));
        }


    }
}
```

图 5-3　代码生成示例（ChatGPT）

再将每个具体需求作为 AI 工具的提示词，得到具体代码。例如，当我们对 ChatGPT 使用"实现博客网站文章列表展示页面"的提示词时，得到了包括后端获取博文并渲染到模板、前端展示界面，以及 CSS 样式的一套相对完整的代码，质量和可用性相比之前笼统的提示词输出有了大幅度的提升。

5.1.2　代码理解

除了编写代码，在一个流畅的软件开发过程中，开发人员还会投入大量的精力理解代码。然而，代码理解并非一件容易的事，特别是当代码由他人编写，使用不熟悉的语言，并且缺乏文档、逻辑混乱、架构复杂甚至是几年前实现的遗留代码时，代码理解的问题尤为严峻。而 AI 工具可以自动为代码生成自然语言的解释，帮助开发人员更好地理解代码的功能与结构，并快速掌握代码的意图和逻辑。

AI 代码解释一般也是对话式 AI 编程辅助工具的一部分，且可以与 IDE 整合。以 Cursor 工具为例。该工具与 IDE 整合，结合了代码自动补全、错误检测、智能建议等功能，通过集成大语言模型帮助程序员更快地编写、理解与调试代码。图 5-4 是 Cursor 工具在 TMS 项目上的使用示意。假设你需要编写系统中项目管理甘特图的功能；而作为此任务的一部分，你也需要与团队中编写此功能页面的其他成员交流合作。然而，作为一名 Java

开发者,你不太理解其他团队成员编写的甘特图相关 JavaScript 代码。此时,可以使用 Cursor 工具,选中相应代码并提问,获取该代码段的详细文字解释。此外,也可以单击 ask follow up,持续与 AI 交互,如图 5-4 所示。

图 5-4　代码解释示例(Cursor＋Claude-3.5)

5.1.3　代码调试

无论是开发者实现还是 AI 生成的代码,都不可能是完美的。在很多情况下,代码都是存在问题的;而开发者除了实现代码的另一种工作日常,就是调试代码、发现问题并且修复问题。这一过程中的几个步骤也都可以由 AI 工具进行辅助。

1. 缺陷修复

开发者在明确代码意图后会找出问题代码并进行修复。传统软件工程将此过程分为两个步骤,即错误定位(Fault Localization)与缺陷修复(Program Repair)。其中,错误定位会根据输入代码,指出有可能存在问题的文件、方法甚至代码行;缺陷修复会将有问题的输入代码转换为修复后的正确代码。在传统软件工程研究中,错误定位与缺陷修复通常会使用模式匹配、程序分析、机器学习等方法,根据程序语义以及历史经验发现并修复代码缺陷。

随着 AI 技术的发展,缺陷定位与修复如今可以进行“端到端”的实现:开发者将代码与意图作为提示词输入 AI,AI 可以直接返回修复后的代码。在图 5-5 中,使用 Cursor 对 TMS 的 BlogController.java 进行检测。我们使用了简单的提示词:“当前代码是否有 bug?”,TMS 不仅定位到有问题的代码片段(如第 463 行将 false 写成了 true),还同时提供了修复建议。

2. 测试生成

软件测试是保障代码质量的重要方法,同时也为开发者的代码调试提供重要信息。实际上,测试本身作为一系列数据和代码,也可以使用 AI 辅助生成,提高工作效率。在图 5-3 中,AI 在代码生成的同时也已经生成了一些用于测试的数据(main 方法中的 testEmails)。我们可以将问题的规模扩大。例如,在测试电商网站上的搜索功能时,会涉及成千上万不同查询的产品和地点。与其从头创建这些数据点或花费数小时在网上寻找合适的数据集,可以直接指示 AI 工具去自动生成一个测试数据集。同理,如果想测试一个较为复杂的表单功能,涉及不同的输入框、下拉框、单选按钮等,也可以让 AI 自动生成大量的测试数据,并

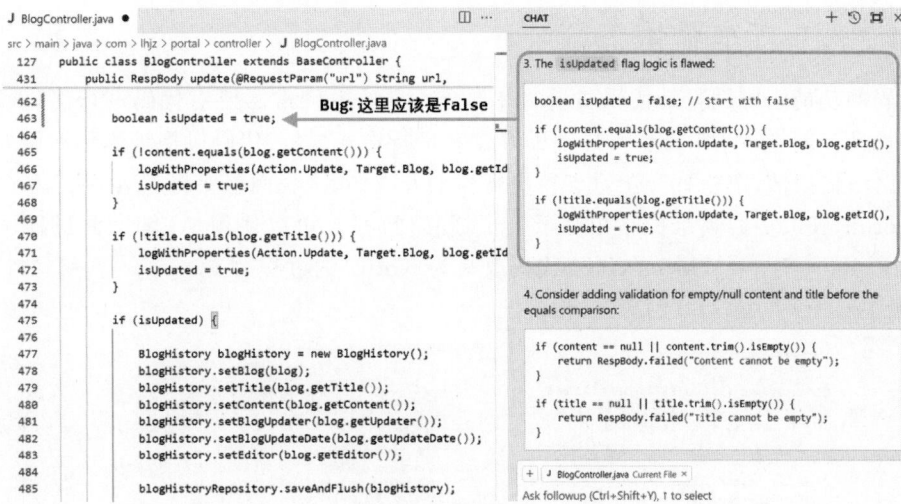

图 5-5　Cursor 缺陷定位与修复示例

结合类似 Selenium 等 UI 测试框架实现高效的自动化测试。

除了测试数据生成,也可以让 AI 直接生成测试用例或测试套件。仍以 TMS 为例。在原先的系统源码中,测试代码较为缺失,如 controller 包中近 30 个 Controller 类只有两个类有相应的测试代码。可以使用 AI 为重要的方法或者类生成相应的测试。例如,对于 TMS 中的 BlogController,使用"generate tests for the create method"提示词,Cursor 能够生成一个完整的 BlogControllerTest 类,包含各种场景下创建博客的测试代码(如图 5-6 所示)。也可以通过"generate tests for major methods in this class"这样的提示词,让 Cursor 直接对整个类的重要方法生成测试代码。我们观察到,Cursor 生成的测试代码不仅正确地使用了 Spring Testing 框架的 Mock 等功能、JUnit 的 Lifecycle 方法,还包含对目标方法不同场景下的断言(assert),可用性较高。

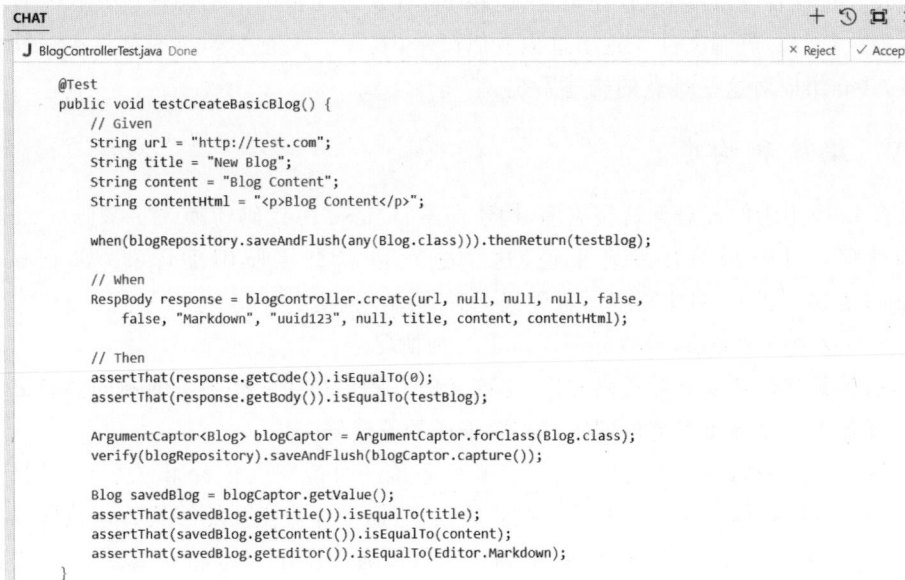

图 5-6　Cursor 测试用例生成示例

如何高效地进行软件开发

5.1.4 代码可维护性

代码的功能正确性只是代码质量的一部分。开发者经常需要对代码进行优化,以提高其可维护性。同样,AI 工具也可以辅助开发者进行格式规范、代码风格等优化。例如,由于 Kotlin 语法更简洁、空指针安全且支持更现代的开发体验,我们想要将 TMS 从 Java 代码迁移到 Kotlin,使其更容易维护。相对于人工迁移(重写),可以使用 AI 辅助此过程。图 5-7 展示了 Cursor 将左侧 TMS 的 Java 代码改写为 Kotlin 的过程。

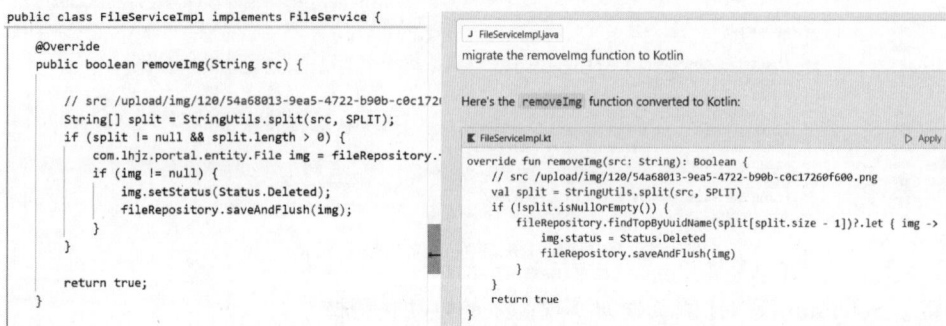

图 5-7　代码迁移示例(Cursor)

除了代码本身,软件文档也是软件可维护性的关键。文档为开发者提供了清晰的系统结构、功能描述和实现细节,使得问题排查、功能扩展和代码重构更加高效。良好的文档可以降低理解代码的难度,减少因开发人员变更而导致的知识流失,从而提升团队协作效率和软件质量。5.3.6 节将详细讨论 AI 如何辅助软件文档的生成与优化。

5.2　软件构建

当开发过程告一段落时,软件构建(Build)将开发过程中产生的源代码转换为计算机能够理解和执行的二进制文件。这个过程看似简单,实际上大有学问。本节将探讨软件构建的难点,并介绍应对这些难点的构建系统、工具与实践。

5.2.1 编译和构建

观看视频

以 Java 应用为例。对于这类应用,构建即是将.java 源代码转换为字节码(.class 或者.jar)的过程。对于新手开发者来说,这个过程可以直接使用编译器(如 javac)编译(compile)实现。那么,构建和编译过程究竟有哪些不同呢?

在回答这个问题之前,可以先考虑以下几种情况。

- 软件系统包括多个源代码文件,这些文件可能分布在文件系统的不同路径之下。编译器需要能够正确定位到所有需要编译的源代码文件。
- 除了开发团队自己编写的源代码,软件系统还可能需要依赖第三方库。同样,第三方库可能存储在文件系统的某些路径之下,而编译器需要能够找到这些库以完成编译。例如,对于 Java 应用,javac 编译器可以通过指定 classpath 参数的方式指明第三方.jar 包的存储位置。

- 当项目规模逐渐扩大，其依赖关系也更加复杂。例如，项目所依赖的多个第三方库之间也存在依赖关系。此时，构建过程需要能够处理复杂的依赖关系，完成正确的构建。另外，中大型项目通常包括多个组件或者模块。模块间的依赖关系使得构建也需要遵循特定的顺序，如模块 A 构建成功之后才能进行模块 B 的构建。而且，中大型项目通常涉及多种编程语言，即需要多个编译器协同工作。

我们现在可能已经意识到，编译器对于简单、小型项目是可以的。然而，当软件规模增加，相应的复杂度提升时，仅依靠单一的编译器已经无法完成构建任务。此时，一种方案是将构建使用的文件路径与步骤写成 Shell 脚本执行。图 5-8 是一个简单的 Shell 脚本，执行了以下步骤。

```bash
#!/bin/bash

# 设置变量
SOURCE_DIR="src"                        # 源代码目录
OUTPUT_DIR="out"                        # 输出目录
MAIN_CLASS="com.example.Main"           # 主类名
CLASSPATH="lib/*"                       # 类路径

# 创建输出目录，确保它存在
mkdir -p "$OUTPUT_DIR"

# 使用javac编译Java源代码，指定输出目录和类路径
javac -d "$OUTPUT_DIR" -cp "$CLASSPATH" "$SOURCE_DIR"/*.java

# 检查编译是否成功
if [ $? -eq 0 ]; then
    echo "编译成功！"

    # 使用jar创建可执行JAR文件，指定主类和输出目录
    jar cfm "$OUTPUT_DIR/app.jar" MANIFEST.MF -C "$OUTPUT_DIR" .

    # 检查JAR文件创建是否成功
    if [ $? -eq 0 ]; then
        echo "JAR文件创建成功: $OUTPUT_DIR/app.jar"
    else
        echo "JAR文件创建失败！"
    fi
else
    echo "编译失败！"
fi
```

图 5-8　一个简单构建过程的 Shell 脚本

（1）设置一些变量，如源代码目录（SOURCE_DIR）、输出目录（OUTPUT_DIR）、主类名（MAIN_CLASS）和类路径（CLASSPATH）。

（2）创建输出目录，确保它存在。

（3）使用 javac 编译 Java 源代码，指定输出目录和类路径。

（4）检查编译是否成功，输出相应的消息。

（5）如果编译成功，使用 jar 创建可执行 JAR 文件，指定主类和输出目录。

（6）检查 JAR 文件创建是否成功，输出相应的消息。

然而，使用 Shell 脚本的方案在可扩展性与可维护性上依然存在大量问题，例如：

- Shell 脚本编写复杂，易出错，且不易调试。在软件规模与复杂性增大时，编写与维护 Shell 脚本会变得非常困难。
- Shell 脚本与运行时环境联系异常紧密。例如，Shell 脚本需要在安装某些工具并正确设置某些环境变量后才能正常运行。这导致在运行时系统环境发生变化时 Shell

脚本的迁移将会非常困难。当运行环境需要更新升级，或者新成员使用了自己熟悉的新运行环境时，团队可能需要花费大量精力才能使 Shell 脚本重新运行起来。而这一问题在软件的生命周期中将会经常发生。

- 当软件规模增加，其依赖关系也变得更加错综复杂。Shell 脚本每次运行时都需要将正确的依赖版本下载到正确位置。然而，由于第三方依赖不受团队控制，所以此过程非常容易出错。另外，随着软件系统规模的扩大，基于 Shell 脚本的构建过程会越来越慢，成为瓶颈。

基于上述原因，当考虑到团队合作、系统复杂度或者软件规模时，基于 Shell 脚本的构建方案并不合适，而是需要有专门的构建系统完成构建任务。图 5-9 展示了现代构建系统需要处理的输入与输出。"输入"即构建过程的影响因素，包括源代码、测试、数据文件、编译源码所依赖的库（如构建需要的第三方日志库）、执行任务所需要的工具（如编译器）或者框架（如运行测试需要的测试框架），以及配置信息（如指定输入与输出路径）等。构建系统的"输出"包括可执行文件（如 .jar）与其他软件工件（如文档、测试结果等）。实际上，现代构建系统本身就是一个软件，用于处理目标软件构建过程中的复杂逻辑。

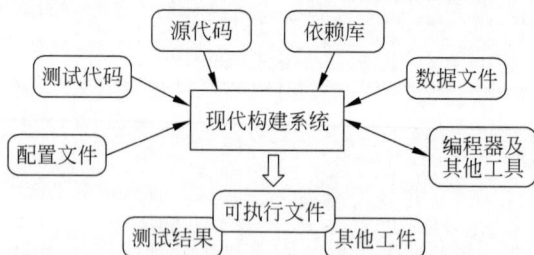

图 5-9　现代构建系统的输入与输出

5.2.2　构建系统类型

软件构建的本质是依赖管理与任务协调。其中，依赖管理对系统需要的第三方库、模块、插件等制品进行下载、安装与配置；任务协调确保编译、测试、打包等任务按照正确的顺序和依赖关系执行。按照构建过程的这两个特点，构建系统可以分成基于任务与基于制品的两种类型[1]。

1. 基于任务的构建系统

在基于任务的构建系统中，"任务"作为构建的基本单元，用于执行某一指定的逻辑。同时，任务的依赖对象也是其他任务。例如，在"执行所有测试用例通过后再打包"这一构建过程中，"打包"作为一个任务，需要依赖"执行测试用例"这一任务完成。如 Ant、Maven 和 Gradle 等常用构建工具都可以被归为基于任务的构建系统类型。

1）Apache Ant

Ant（Another Neat Tool 的缩写）是一个用于构建 Java 项目的开源构建工具。Ant 采用 XML 作为配置文件的格式，通过这些 XML 文件来定义构建任务和依赖关系。一般称这类配置文件为构建脚本（buildfile）。图 5-10 是 Ant 官方网站提供的 buildfile 的例子。我们以图 5-10 为例来理解 buildfile 中的三个核心概念：property，target 和 task。

- property（属性）：property 用于定义属性或变量，这些属性可以在整个构建文件中

```xml
<project name="MyProject" default="dist" basedir=".">
  <description>
    simple example build file
  </description>
  <!-- set global properties for this build -->
  <property name="src" location="src"/>
  <property name="build" location="build"/>
  <property name="dist" location="dist"/>

  <target name="init">
    <!-- Create the time stamp -->
    <tstamp/>
    <!-- Create the build directory structure used by compile -->
    <mkdir dir="${build}"/>
  </target>

  <target name="compile" depends="init"
        description="compile the source">
    <!-- Compile the Java code from ${src} into ${build} -->
    <javac srcdir="${src}" destdir="${build}"/>
  </target>

  <target name="dist" depends="compile"
        description="generate the distribution">
    <!-- Create the distribution directory -->
    <mkdir dir="${dist}/lib"/>

    <!-- Put everything in ${build} into the MyProject-${DSTAMP}.jar file -->
    <jar jarfile="${dist}/lib/MyProject-${DSTAMP}.jar" basedir="${build}"/>
  </target>

  <target name="clean"
        description="clean up">
    <!-- Delete the ${build} and ${dist} directory trees -->
    <delete dir="${build}"/>
    <delete dir="${dist}"/>
  </target>
</project>
```

图 5-10　buildfile 示例

使用。例如,图 5-10 中定义了三个属性,分别为源码(src)、构建(build)和二进制文件(dist)对应的文件夹名称。

- target(目标):target 是 buildfile 中的顶层元素,用于定义一个具体的构建任务或目标。每个 target 都有一个唯一的名称,用于标识该目标。构建时可以指定要执行的目标,从而执行此目标中的(一系列)任务。例如,在图 5-10 中有 4 个 target,分别是 init、compile、dist 和 clean。dist 被设置为项目的默认目标(default＝"dist")。因此,在运行 Ant 时,默认会执行 dist 目标。

- task(任务):task 是 target 内的具体操作或步骤,用于执行特定的构建任务,如编译、复制文件、创建文件夹、打包等。Ant 提供了许多内置的 task,同时也支持用户自定义的 task。task 的执行顺序由其在 target 中定义的顺序决定。例如,在图 5-10 中,init 目标里包含一个 mkdir 任务;compile 目标里包含一个 javac,即编译任务;dist 目标包含一个 mkdir 任务以及一个打包(jar)任务;clean 目标包含两个删除文件夹的任务。

在 Apache Ant 中,target 元素可以通过"depends"参数指定依赖关系,这是构建系统中非常有用的一个功能。通过设置依赖关系,可以确保在执行特定的 target 之前,先执行其他指定的 target。在图 5-11 中,compile 目标依赖于 init 目标,因为编译产生的字节码文件需要放置在 init 目标中创建的 build 文件夹内;dist 目标则依赖于 compile 目标,因为 dist 目

如何高效地进行软件开发

标需要将编译生成的字节码打包成 jar。通过指定目标之间的依赖关系,可以得到一张类似于图 5-11 的依赖网络,箭头表示依赖关系。

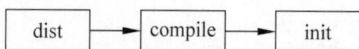

图 5-11 图 5-10 中 Ant 构建脚本中的依赖图

2) Apache Maven

Maven 是一个用于项目管理和构建的开源工具。Maven 使用一个称为 Project Object Model(POM)的 XML 文件来描述项目的结构、依赖关系和构建过程,并使用统一的方式进行自动化构建。Maven 的核心概念包括构建生命周期、构建阶段以及插件目标。Maven 的构建生命周期定义了一系列的阶段,每个阶段代表构建的步骤。Maven 预定义了三个标准的构建生命周期:default、clean、site。其中,clean 生命周期负责清理项目,删除生成的目标文件,以确保项目处于干净的状态;site 生命周期主要用于建立项目站点;default 生命周期则是最常用的生命周期,负责编译源代码、运行单元测试、打包、安装和部署等常见的构建任务。default 生命周期包含以下几个常用的阶段。

- validate:验证项目的结构是否正确,所有必要的信息是否可用。
- compile:编译项目的源代码。
- test:运行项目的单元测试。
- package:将编译后的代码打包成可部署的格式,如 JAR、WAR。
- verify:运行代码检查或集成测试对代码质量进行验证。
- install:将项目打包的产物安装到本地仓库中,可以作为本地其他项目的依赖。
- deploy:将项目打包的产品发布到远程仓库,供其他项目或团队使用。

Maven 生命周期中的阶段按照上述定义的顺序依次执行。如果用户指定了一个特定的阶段,那么这个阶段及其之前的所有阶段会依次执行。例如,用户指定了 test 阶段,那么 validate、compile 和 test 阶段就会依次执行。

一个 Maven 阶段负责一个构建步骤。然而,构建步骤的具体实现方式可能不同。Maven 的插件目标是对构建任务的具体实现。用户可以为一个 Maven 阶段指定零个、一个或者多个插件目标。例如,Maven 的 compiler 插件中包含两个目标:compile 与 testCompile,分别用于编译源码和编译测试代码。Maven 的 compile 阶段默认绑定了 compiler 插件的 compile 目标,以 compiler:compile 表示。所以,Maven 的默认生命周期执行到 compile 阶段时,就会执行 compiler 插件的 compile 目标对源码进行编译。

图 5-12 展示了 Maven 构建生命周期、阶段和插件目标的关系。简单来说,构建生命周期是最大的单元,定义了各个阶段及其顺序;每个阶段又可以指定具体的插件目标,作为最小的执行单元,用于真正执行构建任务。用户在使用 Maven 时,可以指定某一个阶段运行,也可以直接执行某一个插件目标。执行顺序由调用顺序决定。例如,对于下列命令:

```
mvn clean dependency:copy-dependencies package
```

Maven 首先会执行 clean 生命周期中 clean 阶段及其之前的所有阶段;接下来会执行 dependency 插件的 copy-dependencies 目标,将项目的依赖从仓库复制到指定位置;最后执行 package 阶段以及其在默认生命周期中所有之前的阶段。

除了 Maven 内置的默认构建任务,用户也可以通过编写 Maven 的核心配置文件 pom.

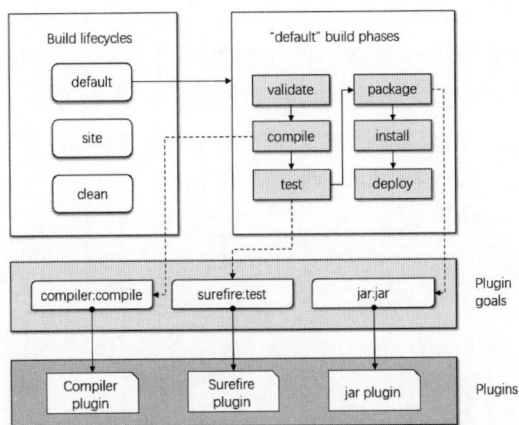

图 5-12　Maven 构建生命周期、阶段、插件、和插件目标的关系

xml 对项目构建活动进行自定义配置。pom 文件的配置内容通常可以划分为 4 个主要部分：relationships(依赖关系)、build settings(构建设置)、general project info(一般项目信息)以及 build environment(构建环境)。

- POM relationships：用于配置项目的 coordinate，即打包后的唯一 ID。另外，还可以用于配置项目的模块、继承关系，以及依赖的第三方库信息等。
- build settings：用于配置 Maven 构建过程的各种行为和选项。例如，可以配置编译器版本、源代码目录、资源文件目录、输出目录等构建参数。也可以配置插件及其目标(Goals)，以定义项目在不同构建阶段的行为，如编译、测试、打包等。
- general project info：一般项目信息部分包含项目的基本信息，如项目的名称、版本、贡献者、版权信息等。
- build environment：用于配置 Maven 的运行环境和行为。这些配置通常包含在 < properties >元素中。例如，用户可以设置 Maven 的版本、Java 版本、编码、构建工具版本等环境变量，也可以定义一些自定义属性，用于在 pom. xml 文件中重复使用。

3）Gradle

Gradle 是目前基于 JVM 语言中最流行的构建系统之一，也是 Android 和 Kotlin Multi-Platform 项目的默认系统。Gradle 结合了 Maven 和 Ant 的优点，提供了强大的构建功能和灵活的配置选项，并拥有丰富的社区插件生态系统，使得项目的构建过程更加高效和可靠。

作为基于任务的构建系统，Gradle 构建过程中的基本单元也是任务，用于执行特定的操作，如编译代码、运行测试、打包文件、部署应用程序等。Gradle 的构建过程由一系列任务组成，每个任务都有一个唯一的名称和特定的功能。在 Gradle 构建脚本中，可以使用 task 关键字来声明任务。每个任务都可以配置自己的属性和行为，如输入参数、输出文件、执行脚本等。可以通过调用任务对象的方法来配置任务，或者直接在任务的声明中进行配置。

同样地，Gradle 的任务之间可以存在依赖关系，即一个任务可能依赖其他任务的执行结果。Gradle 使用任务图(Task Graph)来表示所有任务之间的依赖关系，并根据依赖关系执行相应的任务。通过执行 gradle < task-name > 命令，Gradle 将自动检测并执行该任务

如何高效地进行软件开发

以及其所依赖的其他任务。

Gradle 和 Maven 相比有一些优势。图 5-13 展示了一个 Gradle 构建脚本。此脚本使用 Java 17 对项目进行编译,添加 JUnit 依赖来运行单元测试,使用 FindBugs 进行静态代码分析,并生成包含 Main-Class 的可执行 JAR 文件,同时配置生成 HTML 格式的静态分析报告。然而,如果用 Maven 构建相同的项目,其 pom.xml 长度为 60 行左右。相比之下,Gradle 的构建脚本采用了 DSL 语法,与 Maven 相比极大程度地简化了脚本的复杂度。

```
plugins {
    id 'java' // Java 插件
    id 'findbugs' // FindBugs 插件
}

group = 'com.example'
version = '1.0-SNAPSHOT'
sourceCompatibility = '17'

repositories {
    mavenCentral() // 使用 Maven 中央仓库
}

dependencies {
    testImplementation 'junit:junit:4.13.2' // 添加 JUnit 依赖
}

jar {
    manifest {
        attributes 'Main-Class': 'com.example.Main' // 设置主类
    }
}

findbugs {
    toolVersion = '3.0.1' // FindBugs 版本
    reports.html.enabled = true // 生成 HTML 报告
}

test {
    useJUnit() // 使用 JUnit 运行测试
}
```

图 5-13　build.gradle 示例

另外,Gradle 还具有优秀的性能和增量构建功能。它可以自动检测源文件和依赖项的变化,并只重新构建发生变化的部分,从而显著减少了构建时间和资源消耗,提高了开发者的工作效率。图 5-14 展示了 Maven 和 Gradle 针对 Apache Commons Lang 3 项目的构建时间比较。可以看出,Gradle 在每种构建任务的运行上相较 Maven 有至少两倍的速度提升;对于使用构建缓存技术的大型构建,可以达到近 100 倍的速度提升。Gradle 的用户调研也显示,用户认为 Gradle 能够额外减少约 50% 的构建时间。

2. 基于制品的构建系统

基于任务的构建系统具有强大的灵活性与自由度,用户基本可以使用任意的代码去定制构建需要执行的任务及其配置。然而,和软件工程中(以及生活中)的很多问题一样,系统在某些方面的优势也通常伴随着一些代价。基于任务的构建系统在给予用户足够的灵活性的同时,也使得构建脚本更容易出错,甚至变得像代码一样需要开发者花大量精力进行调试与维护。除了正确性,基于任务的构建系统也不容易进行增量构建与并行构建。针对这些问题,谷歌提出了基于制品的构建系统[1]。

基于制品的构建系统的核心理念是,使用者只需声明需要构建的制品,制品的依赖,以

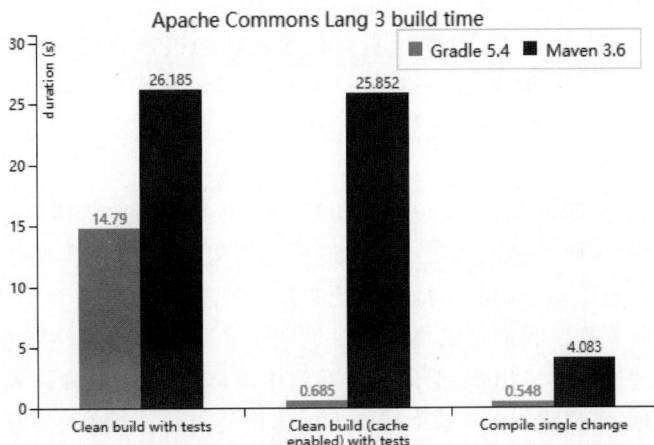

图 5-14　Gradle 与 Maven 的性能比较(图片来源: https://gradle.org/maven-vs-gradle/)

及有限的一些配置,具体的构建流程、配置、任务执行和调度则全部交由构建系统决定。换句话说,使用者只需要声明构建什么,而构建系统则负责如何构建。与基于任务的构建系统相比,可以认为前者是"命令式",即使用者全权决定构建流程的每一个步骤、每一个指令如何执行;而基于制品的构建系统则是"声明式",使用者只需声明构建的"结果",即最终制品,至于构建的具体执行则交由构建系统来做。此时,构建系统对其运行的工具有完全的控制权,因此可以对构建的正确性提供更强的保证,同时可以加入并行构建等机制使得构建流程更加高效。

Bazel 是谷歌内部构建系统 Blaze 的开源版本。下面将以 Bazel 为例介绍基于制品构建系统核心理念的一个具体实现。Bazel 的核心概念是目标,即需要生成的制品。图 5-15 是 Bazel 构建脚本的一个简单示例。其中,java_binary 和 java_library 是 Bazel 支持的两类目标,分别表示可以直接执行的二进制文件,以及可以被二进制文件或者其他库依赖的库文件。每个目标可以指定名称与源文件,其中,名称用于在命令行或者其他目标定义中进行引用,源文件则是用于构建制品所需要的所有源代码文件。

在定义 Bazel 的目标时,可以用 deps 指定其依赖的目标,即构建当前制品之前需要构建好的其他制品。如图 5-15 所示的构建脚本中,MyBinary 目标依赖于 mylib 目标,而 mylib 目标又依赖于其他三个目标。注意,依赖目标可以在同一个包(如 MyBinary 依赖于 ":mylib")、不同的包(mylib 依赖于 //java/com/example/common),甚至不同的文件系统(mylib 依赖于 @com_google_common_guava_guava//jar),通过不同的 URI 表示。用户可以通过指定目标名称来执行构建。例如,当用户执行"build :MyBinary"时,Bazel 会进行下列操作。

(1) 解析工作区中的每个构建脚本并创建制品的依赖图。

(2) 根据依赖图解析出 MyBinary 依赖的每个目标以及这些目标依赖的每个目标。

(3) 递归地构建(或下载外部依赖项的)每个依赖项。在此过程中,Bazel 首先构建每个没有其他依赖关系的目标,并跟踪每个目标仍需要构建哪些依赖关系。一旦构建了目标的所有依赖项,Bazel 即开始构建该目标。这个过程一直持续,直到构建了 MyBinary 的每一个传递性依赖项。

（4）构建 MyBinary 以生成最终的可执行二进制文件。

在此过程的第（3）步，由于 Bazel 系统负责构建具体的执行方式，它可以确定这一步所需要的工具只有编译器。因此，Bazel 可以安全地将此步骤并行化。相对地，基于任务的构建系统（如 Maven）允许用户执行任意自定义的脚本，脚本的执行条件与结果范围复杂，因此很难安全、正确地并行化。

除了并行化的优势，Bazel 的核心理念也使其更容易实现高效的增量构建，即每次构建时，只会对发生变化的源码与制品的最小集合进行重新构建，没有发生变化的部分不会再次构建。增量构建也得益于基于制品的构建系统的核心理念，即系统负责构建的执行，使用者只需声明需要构建的制品。我们可以将此理念类比于函数式编程。在函数式编程范式中，一个函数将输入处理后得到输出，并保证不会有副作用，即每次对同样输入的函数执行结果一定是一样的。同理，可以将 Bazel 系统当作无副作用的函数：当输入的源代码或者依赖不变时，可以保证输出不会变化。相对而言，基于任务的构建系统中使用者自定义的脚本则很可能有副作用，如改变了文件系统的某个状态等，因此难以确保增量构建的正确性。

对于诸如谷歌规模的大型软件，构建系统的重点是正确性、高性能，以及可复现性（Reproducibility），即任何构建实例都可以在任何环境中忠实地复制。例如，如果一个错误报告说软件 Y 的版本 X 在生产环境 Z 中失败，开发人员一定可以在自己的机器上重新构建并且完全复现同样的问题。

```
java_binary(
  name = "MyBinary",
  srcs = ["MyBinary.java"],
  deps = [
    ":mylib",
  ],
)


java_library(
    name = "mylib",
    srcs = ["MyLibrary.java", "MyHelper.java"],
    visibility = ["//java/com/example/myproduct:__subpackages__"],
    deps = [
      "//java/com/example/common",
      "//java/com/example/myproduct/otherlib",
      "@com_google_common_guava_guava//jar",
    ],
)
```

图 5-15　Bazel 构建脚本示意[1]

5.2.3　软件包管理

现代软件建立在庞大的依赖关系之上。这里的"依赖"包括组件与库。"组件"一般是指从正在开发的软件系统经过重构或重新设计而分隔出的独立单元，通常由开发团队或者同公司、同组织的其他团队负责；"库"一般指由第三方供应商提供或第三方开发者开发的软件，开发团队可以使用，但是对其没有控制权。基于控制权的不同，有时也将"组件"称为"内部依赖","库"称为"外部依赖"。在这一节,为避免混淆,统一将"组件"与"库"称为"软件包",即二进制软件制品,如.jar、.war 等格式的文件。

1. 元信息

软件构建的核心是对软件包的管理,而对软件包实施管理的基础则是对每一个软件包都赋予一系列元信息,便于构建系统对软件包进行检索与引用,同时使得开发者在构建错误发生时能够对错误涉及的软件包进行定位与溯源。软件包的元信息包含自身唯一标识、来源信息,以及依赖关系。现分别介绍。

首先,软件包自身唯一标识通常使用语义化版本(Semantic Versioning,简称为SemVer)。SemVer 是一种软件版本控制的规范,定义了如何给软件版本号分配语义化的意义,以及如何根据不同类型的变化来更新版本号。SemVer 使得软件版本号更具有意义和可预测性,更好地辅助依赖管理。根据 SemVer 规范,软件版本号由三部分组成,即主版本号、次版本号和修订版本号,格式为 MAJOR. MINOR. PATCH。具体解释如下。

- 主版本号(MAJOR):当软件包增加重要功能,或者进行向后不兼容的 API 更改时,主版本号加 1,这意味着软件包的新版本与旧版本不兼容。主版本号为 0 一般表示该软件包尚未正式发布。
- 次版本号(MINOR):当添加向后兼容的功能时,次版本号加 1。这意味着新版本添加了新功能,但仍与旧版本兼容。
- 修订版本号(PATCH):当进行向后兼容的缺陷修复时,修订版本号加 1。这意味着新版本修复了一些问题,不过仍与旧版本兼容,且不添加新功能。

除了这三个版本号之外,还可以在版本号后面添加预发布标识符和构建元数据。预发布标识符表示该版本是预发布版本,可能包含不稳定的功能,通常使用连字符(一)分隔。构建元数据用于区分构建版本,通常使用加号(+)分隔。例如,"2.1.0-beta.1+20220310"是一个符合 Semantic Versioning 规范的版本号,表示这是一个主版本号为 2、次版本号为 1、修订版本号为 0 的预发布版本,构建日期为 2022 年 3 月 10 日。另外,beta.1 表示这是该版本的第一个测试版,表示此发布包含尚未完全稳定的功能以供测试和反馈。SemVer 使得开发者和用户可以更清晰地了解软件版本之间的差异,并且可以根据版本号的变化来判断是否需要进行更新和升级,辅助依赖管理。

其次,软件包的来源信息说明了自己来自哪里。例如,对于一个在 GitHub 上开源的软件包,其来源信息可包含 GitHub 仓库的 URL 以及 release ID 等,可帮助使用者溯源。

最后,软件包的依赖关系说明了自己依赖的其他软件包。可以将依赖关系分为三类:编译时(或构建时)依赖、运行时依赖,以及测试时依赖。

- 编译时依赖是指在编译阶段所需的外部库或模块,用于编译和构建项目。这些依赖项必须在编译代码时提供给编译器,以确保代码正确编译。编译时依赖通常包括编译器需要使用的类、接口、方法等。例如,Java 代码中调用了 SLF4j 库中的 logger.info 方法。那么,SLF4J 的 jar 包就需要加入 CLASSPATH 中,使得编译器在编译时可以找到相应的类和方法。此时,SLF4J 以及它自己依赖的 JAR 包都称为编译时依赖。
- 运行时依赖是指在项目运行时所需的外部库或模块,用于执行程序。这些依赖项不需要在编译阶段提供给编译器,但在运行阶段加载到项目中以确保程序的正确执行。与编译时依赖不同,运行时依赖通常不需要在编译时包含在项目的 classpath 中。它们可能会在运行时动态加载,也可以作为项目的可执行文件(如 JAR 文件)的一部分提供。为了区分编译时与运行时依赖,假设有一个使用 Servlet 和 JSP 构建的简单 Web 应用程序。此时,Servlet 和 JSP API 是项目的编译时依赖,这意味着在编译项目时,需要包含 Servlet 和 JSP 的 .jar 包来确保代码正确编译。如果使用 Maven,就需要把 Servlet 和 JSP 相应的 .jar 包加入 pom.xml 文件的 < dependency >一项中。接下来,在运行这个 Web 应用程序时,需要一个 Tomcat 容器来执行代码。此时,Tomcat 就是项目的运行时依赖:我们不需要在 Maven 的 pom.xml 文件中声明 Tomcat 作为依赖项(即编译时不需要),但是运行时需要。

- 测试时依赖指的是项目测试过程中需要的软件包。例如,对于 Java 项目,测试时需要用到 JUnit 依赖。

可以想象,对于大型复杂软件系统,其依赖关系将组成一张复杂的依赖图,图中每个结点(即软件包)的微小变动都将直接影响到构建过程。因此,构建系统的核心是对所有依赖进行管理。

2. 打包方式

前文提到,软件项目构建的结果是二进制制品,此过程称为"打包"。那么,在项目存在很多依赖的情况下,打包过程如何实施呢? 可以考虑以下两种打包方式。

- 方式一:将项目的所有依赖项一起打包到最终生成的软件包中。这样做的一个常见场景是创建一个可执行的 JAR 文件或 WAR 文件,其中包含项目的所有依赖项,以便在没有外部依赖项的情况下部署和运行应用程序。业界也将这种打包方式称为"捆绑式分发模型"(Bundled Distribution Models[1])。例如,Linux 发行版就采用这种模式,用户可以轻松地通过安装单个软件包来获取一个完整的软件包及其所有依赖项,而无须手动安装。在 Maven 中,可以使用 Maven Assembly 插件或 Maven Shade 等插件来将所有依赖项打包到最终的部署包中。需要注意的是,将所有依赖项打包到最终部署包中可能会导致部署包过大,增加部署和传输的时间。此外,部署包中包含的依赖项可能与系统中的其他软件包发生冲突,导致问题。同时,部署包中的依赖项可能会变得过时,需要定期更新。因此,这种方式需要有专门的团队(Dedicated Distributors)负责。

- 方式二:开发者也可以选择将一些依赖项声明为使用者需要手工配置的依赖项,这样它们不会被打包到最终制品中,而是由部署方提供。例如,对于一个 Web 应用,Tomcat 容器无须一起打包,而是由部署人员在部署环境中搭建好。这种方式可以减小软件包构建的时间,但是可能更适用于目标用户是技术人员的情况。

软件包在不断的更新中会产生各种版本。那么,如何正确、高效地进行软件包的版本控制呢? 对于小型团队或是简单的项目,一个最直接的方法是将项目所有的依赖包连同源代码一起进行版本控制,即依赖包也同源代码一样,在有更新时提交至项目仓库;其他成员可以从仓库检出依赖包并进行构建。然而,当项目规模增大,复杂度提升时,此方法慢慢会变得不可扩展。依赖包检出、构建的时间变长,版本维护与更新需要大量的手工工作,合作困难也逐渐增加。

为了解决这些问题,团队可以使用专业或开源的制品仓库(Artifact Repository)。制品仓库是一种用于存储、组织和管理软件制品的中心化存储系统。制品仓库起到了版本控制系统(如 Git)的作用,但它专注于存储和管理构建二进制制品,而不是源代码。常用的制品仓库软件包括 Nexus、Artifactory 等。

5.2.4 依赖管理

观看视频

软件不是一座孤岛。开源与复用使得现代软件建立在盘根错节的依赖关系之上。以"在线购物平台"系统为例,图 5-16 是一个可能的(简化的)依赖图。整个在线购物平台依赖于商品引擎、用户引擎以及支付系统三个组件,其中,商品引擎和用户引擎是由团队自行开发的;而支付系统则使用了同一公司其他团队开发的系统,从而与公司其他业务的支付方式达成一致。这三个组件都依赖于一个第三方开源 Web 框架;支付系统则又依赖于第三方供应商提供的 API。

在 5.2.3 节提到,依赖可以分成内部依赖与外部依赖。其中,外部依赖由第三方个人或者组织提供,开发团队只能使用,而不能控制外部依赖的更新等任何决策。因此,如何在外部依赖出现问题或者版本更新时对软件进行相应的处理是依赖管理的重要问题。在图 5-16 中,Web 框架和支付 API 都属于外部依赖。另一方面,图 5-16 中的支付系统与商品和用户引擎都属于内部依赖,是由同一团队或者同一组织的其他团队提供的。相比于外部依赖,内部依赖出现问题时与其负责团队的沟通更加容易。然而,根据 Hyrum's Law[1] 软件包存在的时间越长,各种直接依赖和间接依赖就更可能出现,由这些依赖导致的问题也会愈加严重。因此,构建系统不能假设依赖的软件包稳定且易于修改;相反地,构建系统需要假设最复杂最坏的情况,如完全不受控的外部依赖,以及复杂的依赖间关系等。本节将讨论构建系统在实行依赖管理时可能碰到的问题以及实际解决方案。

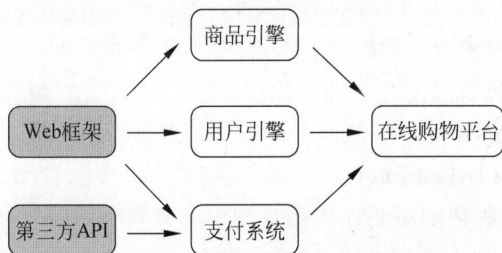

图 5-16 "在线购物平台"可能的依赖图

菱形依赖(**Diamond Dependency**):如图 5-16 所示,在线购物平台依赖于商品和用户引擎,而商品和用户引擎依赖于 Web 框架。这时,这 4 部分就形成了一个"菱形依赖"。试想,如果商品引擎依赖于 Web 框架的 2.0.0 版本,而用户引擎依赖于 Web 框架的 1.1.0 版本,此时,系统的编译没有问题,但是运行时可能会有错误,或者抛出 ClassNotFound 异常(如运行时加载的是 1.1.0 版本,那么用户引擎在运行 2.0.0 版本中独有的 API 时就会抛出异常)。一种解决此问题的方法,就是让系统可以同时存储同一软件包的不同版本,并且可以在运行时加载多个版本。例如,Java 的 OSGi 框架就提供了多版本的类加载机制。

然而,同时维护不同版本的软件包总是增加了依赖管理的复杂度;同时运行同一软件包的不同版本也可能会引发很多其他问题。因此,解决"菱形依赖"的另一方法,就是直接升级"用户引擎",使其依赖于 Web 框架的最新 2.0.0 版本。由于用户引擎直接由开发团队负责,此升级是可以控制的。但是,这种升级是否总是可行呢?在图 5-16 中,除了刚才提到的菱形依赖,其实还存在另外两个菱形依赖,即"在线购物系统-商品引擎-支付系统-Web 框架"与"在线购物系统-用户引擎-支付系统-Web 框架"。此时,假设支付系统需要通过升级来确保其依赖于 Web 框架的最新版本,那么,开发团队无法直接执行此升级,因为支付系统是由公司的其他团队负责的,即需要开发团队与其他团队沟通。如果支付系统是由第三方上游供应商提供的,那么开发团队则更难以控制其升级与否。针对此问题,可以直接在构建系统中对第三方依赖建立"One-version rule",即对所有第三方的外部依赖,都只允许唯一一个版本存在。一些大型科技公司(如谷歌)就采用了这种对策处理菱形依赖问题。

循环依赖(Circular Dependency):图 5-17 展示了另一类依赖管理问题,称为"循环依赖",即软件包 A 的构建依赖于 B,而软件包 B 的构建则又依赖于 A。如果存在循环依赖,一种临时构建方案是错开构建的时间:假设已经有了 A 的 1.0.1 版本,可以通过这个版本构建 B 的 2.1.0 版本;接下来,再通过 B 的 2.1.0 版本构建 A 的 1.0.2 版本,以此类推。这个临时解决方案也称为"构建阶梯",如图 5-18 所示,即通过阶梯状依次构建来"取消"循环的依赖。

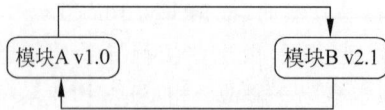

图 5-17　循环依赖示意　　　　图 5-18　处理循环依赖的"构建阶梯"

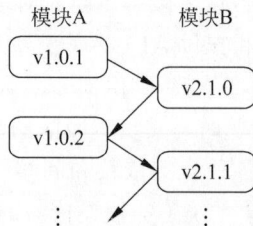

然而,"构建阶梯"并没有真正消除循环依赖。另一种方法,如图 5-19 所示,将 B 依赖的 A 中的部分单独提出来成为一个新的组件 C。此时,B 依赖于 C,从而消除了循环依赖。一些构建系统,如 Maven,也直接不允许循环依赖(否则无法判断先构建循环依赖里的哪一个软件包);开发者需要重新设计系统从而消除循环依赖。

传递依赖(Transitive Dependency):传递依赖指的是"A 依赖 B,B 又依赖 C"的情况,如图 5-20(a)所示。虽然这种依赖链条在依赖管理中非常典型,任何主流的构建系统也都能够处理它,但是传递依赖本身也是存在风险的。试想,A 可能会通过 B 而依赖于 C 中的接口或者 C 产生的输出结果;然而,如果 B 在升级后不需要再依赖 C 了,而且 B 作为 A 的上游依赖又并不知道 A 依赖自己,这种情况下,B 可能会直接删除对 C 的依赖,从而导致 A 发生问题。当这种"依赖链条"过长时,潜在的类似风险也就越大。

为了降低传递依赖的风险,Google 采取的措施是在 Blaze 构建系统中引入"严格传递模式",即每当发现如图 5-20(a)的传递依赖时,构建直接失败;同时,构建系统会唤醒一个 Shell 指令,用于自动引入从 A 到 C 的直接依赖,如图 5-20(b)所示,从而杜绝上文描述的传递依赖风险。

随着软件规模的扩大,系统的依赖关系最终会形成一张异常复杂的依赖图;依赖图中会存在过长的依赖链条,也更可能出现局部的循环依赖或菱形依赖。一般将这种复杂的依赖及其存在的风险称为"依赖地狱"。在软件开发过程中,团队应通过设计与重构(第 8 章)等方法有意识地避免依赖地狱的出现。

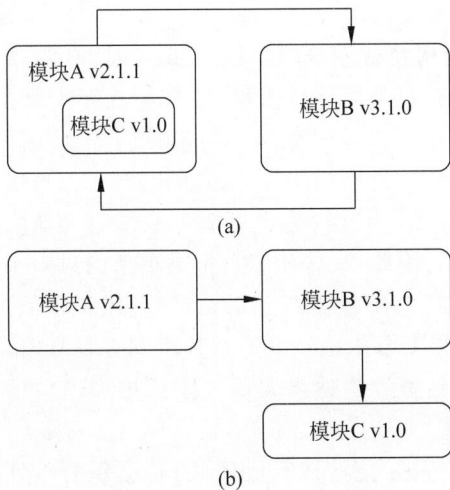

图 5-19　一种循环依赖与解决方法

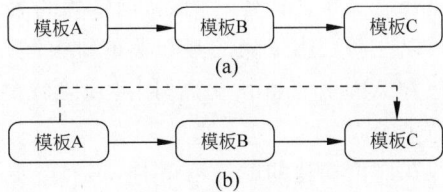

图 5-20　传递依赖与解决方法

5.2.5　最佳实践

构建是将代码转成可执行二进制的关键步骤,也因此在软件开发过程中,特别是DevOps的持续集成与持续部署过程中扮演重要的角色。在第7章会介绍持续集成与持续部署(CI/CD)。本节将介绍支撑CI/CD构建的最佳实践。

1. 构建脚本即代码

"构建脚本即代码"本质上强调了开发团队应该将构建脚本当作代码一样进行编写、调试、维护,以及版本控制,即构建脚本与代码同等重要。这一认知将会为持续集成与持续交付提供重要的支撑。

(1) 开发团队可以使用版本控制系统(如 Git)来管理构建脚本,使其成为代码库的一部分。这样做有助于跟踪构建配置的更改历史,方便团队协作和回溯。同时,通过分支和合并功能,团队可以并行开发不同的构建流程,更好地管理复杂的构建需求。

(2) 确保了构建过程的可重复性和一致性。因为构建脚本中可以清晰地定义构建步骤、依赖的元信息和依赖关系等,因此只要能从版本控制系统中检出包含构建脚本的项目代码,就可以一键从头自动构建出一致、完整的二进制制品,从而减少构建中的错误和不一致性,提高软件交付的可靠性。

(3) 构建文件作为代码的方式也促进了构建过程的可配置性和灵活性。开发团队可以根据不同的环境或需求定义不同的构建配置。例如,可以为CI/CD部署流水线中(详见第7章)的开发、测试和生产环境分别定义不同的构建规则和参数。不同环境的构建脚本又统一进行版本控制,可以独立地更新或回溯,不会造成混乱。

2. 构建的触发策略

通过上文,我们了解了构建任务的内容以及构建系统的工作流程。那么,在软件开发过程中,什么时候需要执行一个构建呢? 一个最直接的答案是:当代码(包括构建脚本)更新时,需要重新构建。但是,构建任务是有时间以及计算资源的开销的。开发团队需要将此开销考虑到构建的执行方案中。另外,如果代码没有改变,但是依赖的第三方库更新了。这时

如何高效地进行软件开发

需要执行一个构建吗?

针对上述问题,团队可以研发适合自身项目的构建触发策略。DevOps 与 CI/CD 实践是鼓励频繁构建、持续集成的,即每当系统组件(包括自身组件与依赖组件)有更新时就触发构建。这种策略可以保持系统持续处于最新状态,也可以及时获取上游依赖的更新与缺陷修复。然而,与软件工程的很多问题一样,在享受频繁、持续构建带来的好处的同时,也需要考虑其带来的成本与风险。除了计算资源与时间开销,频繁构建也可能为系统引入新的问题,修复新问题也会为团队的工作流带来一定影响。因此,一些团队会根据更新的风险来判断是否需要重新构建。例如,当依赖的第三方组件从 1.1.0 更新至 1.1.1 时,风险较低,因此可以在新版本依赖的基础上重新构建;但是,如果上游依赖从 1.1.0 升级到 2.0.0 时,可能包含 API-breaking 更新,因此风险较高,是否需要触发构建需要经过团队更加谨慎地讨论后决定。

在讨论构建的触发策略时,一个重要的因素是考虑自身(或自己团队)对更新的组件的信任度。Humble 与 Farley 在《持续交付》[3]一书中提出,“你对组件更新的掌控性、可视性和影响力越少,你对它的信任就越少,你接受新版本时就越保守”。例如,当更新的组件是内部依赖,即自身团队开发的,那么团队对其的掌控力和信任度就越高,此时可以在组件更新时就触发构建,因为就算因为组件更新导致了构建问题,也可以在团队内部及时讨论并修复。然而,如果更新的组件是外部依赖,即其他团队或者第三方供应商开发的,那么团队无法控制其质量,也无法预测其针对更新问题的解决流程。此时,团队对外部依赖信任度较低,因此可以采用更谨慎的构建触发策略,如只在外部依赖发布稳定新版本才触发自身的构建。

5.2.6 Dependabot 与智能构建

软件的依赖项以及其构建过程中使用的内部和外部软件都属于软件供应链的一部分。这些软件的流程缺口或代码漏洞可能进入软件供应链,为软件埋下安全隐患。因此,软件构建过程需要追踪并管理错综复杂的依赖关系,并处理依赖的更新或漏洞引发的一系列“蝴蝶效应”。然而,人工构建需要花费大量的精力,并且非常容易出错。那么,我们能否借助 AI,将构建与依赖管理过程自动化、智能化呢?

案例研究:软件供应链安全

2020 年,软件公司 SolarWinds 遭到入侵。攻击者通过入侵 SolarWinds 的构建系统,在合法的 Orion 更新包中植入了恶意代码。由于 Orion 平台在全球范围内广泛使用,此次攻击的影响非常大。受影响的客户包括美国财政部、国土安全部、商务部等政府机构,以及多个财富 500 强大型企业。

Apache Log4j 漏洞是 2021 年 12 月曝光的一个严重远程代码执行漏洞。攻击者可以通过特制的日志消息在受影响的系统上执行任意代码。Log4j 在大量应用程序和服务中广泛使用。据统计,Maven Central 中有超过 17 000 个软件包受到此漏洞影响;大多数受影响的软件包甚至不直接依赖 Log4j,而是其间接依赖项。此漏洞对全球的企业、云服务和软件供应链构成了重大威胁,影响范围极广。

Dependabot(https://github.com/dependabot)是自动化依赖管理上较为成功、应用广泛的尝试之一。作为 GitHub 提供的一项自动化工具,Dependabot 用于帮助开发者管理项

目中的依赖项。它的主要功能如下。

- 自动更新依赖项：定期扫描项目的依赖库（如 npm、Maven、RubyGems 等），检查是否有新版本或安全更新可用，并创建拉取请求（Pull Request）来建议将这些依赖项更新到最新版本。开发者可以审查并合并这些拉取请求，从而保持项目依赖的最新状态。
- 安全警报和修复：监控项目中使用的依赖项是否存在已知的安全漏洞。当发现漏洞时，它会自动生成一个拉取请求来更新受影响的依赖项，帮助开发者快速修复安全问题。
- 定制化配置：开发者可以根据项目的需要，定制 Dependabot 的扫描频率、排除特定依赖项、指定某些依赖项的版本范围等。

通过自动扫描依赖项并检查其更新与漏洞，Dependabot 大大地简化了依赖管理的流程，减少了手动更新的工作量，并显著提升了项目的安全性和稳定性。目前，Dependabot 的算法主要由规则驱动，使用依赖项的元数据和安全漏洞数据库实现依赖检查与更新建议。

如 5.2.3 节所述，依赖项的重大变更（主版本更新）会破坏代码兼容性。此时，开发者需要对受影响的代码进行相应的改动。这类改动通常优先级高却又枯燥无味，是很多开发者头疼的问题。然而，规则驱动的 Dependabot 目前无法替开发者进行代码修改如此复杂的决策。那么，AI 驱动的 Dependabot 是否能够胜任这一角色呢？

GitLab 在一项开放议题中提出了"Intelligent Dependency Management with AI"（AI 智能依赖管理）的新功能提议，如图 5-21 所示。在此提议中，AI 可以辅助以下过程。

- 分析依赖在代码中的使用方式与影响范围。
- 分析版本更新，评估其"破坏性"。
- 自动生成或重构代码以适应依赖版本更新，并自动创建合并请求（Merge Request）。
- 合并请求应触发 CI/CD 流水线的测试流程。如果没有测试，AI 可以自动生成测试。

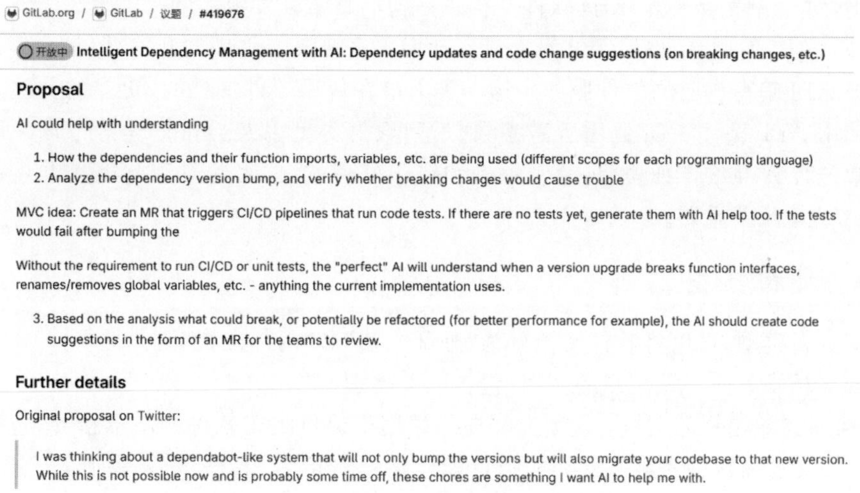
GitLab.org / GitLab / 议题 / #419676

开放中 Intelligent Dependency Management with AI: Dependency updates and code change suggestions (on breaking changes, etc.)

Proposal

AI could help with understanding

1. How the dependencies and their function imports, variables, etc. are being used (different scopes for each programming language)
2. Analyze the dependency version bump, and verify whether breaking changes would cause trouble

MVC idea: Create an MR that triggers CI/CD pipelines that run code tests. If there are no tests yet, generate them with AI help too. If the tests would fail after bumping the

Without the requirement to run CI/CD or unit tests, the "perfect" AI will understand when a version upgrade breaks function interfaces, renames/removes global variables, etc. - anything the current implementation uses.

3. Based on the analysis what could break, or potentially be refactored (for better performance for example), the AI should create code suggestions in the form of an MR for the teams to review.

Further details

Original proposal on Twitter:

> I was thinking about a dependabot-like system that will not only bump the versions but will also migrate your codebase to that new version. While this is not possible now and is probably some time off, these chores are something I want AI to help me with.

图 5-21　GitLab 对智能依赖管理的提议

在本节撰写之时，此功能仍在开放讨论中。不过，基于 Dependabot 的成功以及生成式 AI 在代码生成任务上的惊人表现，两者的结合或许能够在未来建立更加智能化的软件构建过程。

5.3 软 件 文 档

在讨论高效的软件开发时,人们考虑的通常是代码的编写以及将代码转成二进制的构建过程。然而,另一个软件开发的重要因素,即软件文档,却经常被忽略。本节将详细讨论软件文档的目的、类型,以及如何利用软件文档辅助高效软件开发的最佳实践。

5.3.1 读者类型

软件文档,或者文档的最终目的是供人阅读并提供信息。因此,在探讨软件文档的重要性之前,需要先了解软件文档的读者类型:究竟哪些人群是软件文档的受众呢? 首先,可以将软件文档的读者分为"终端用户"和"技术用户"。

终端用户:软件的终端用户是指那些直接使用软件来完成特定任务或获得特定服务的个人或组织。终端用户使用软件文档主要是为了了解软件的功能、操作方法以及解决常见问题,而不太关心软件背后的技术细节和实现方式。举例来说,在选择是否下载某款手机App 时,会查看 App 信息页面,探究其功能和使用方式等。这时,我们扮演的角色即为终端用户。通过软件文档的指导,终端用户能快速上手软件,并在需要时解决问题。

技术用户:技术用户是指对软件内部的技术细节与代码实现有了解与使用需求的用户。可以进一步将其分成"开发者"与"API 使用者"两类。其中,"开发者"即软件自身开发团队的成员。这一类人群是软件开发团队中的核心成员,他们通过阅读软件文档来理解团队中其他成员(包括自己以前编写的)的代码,以便决定新增功能、修复 bug 和有效使用 API等。软件文档包含软件架构设计、模块功能、交互方式、代码示例、数据结构描述和算法实现等关键信息,因此对开发者理解并使用代码都至关重要。此外,软件文档也在团队协作中起着重要作用,帮助团队成员了解彼此的工作成果和意图,确保项目开发的一致性和完整性。可以看出,对于开发者人群,阅读软件文档正是他们日常开发流程的一部分。

另外,"API 使用者"也属于技术人员。他们不直接参与软件的开发,但是会使用软件提供的外部 API 编写自己的软件服务。这一类人群在使用软件文档时,更多的关注点在于如何有效使用 API,关注 API 调用所需参数、返回数据类型以及异常处理等方面。而软件文档中通常包含 API 的详细说明、调用示例和错误处理方法,因此对于此类人群正确地使用和集成 API 也至关重要。

5.3.2 文档类型

根据读者类型,可以将软件文档分为"外部文档"和"内部文档"两大类。

外部文档是面向终端用户的文档,包含以下类别。

- 面向终端用户的文档:这类文档向终端用户提供关于软件的基本指导,包括如何使用、安装和解决问题。这类文档可能包括用户指南、教程、安装手册等,它们的目标是帮助用户快速上手并解决常见问题。
- 面向企业用户的文档:这类文档主要为 IT 人员提供支持。这类文档可能包括培训手册、标准操作程序手册等,用于帮助 IT 人员了解软件的高级功能和管理要点,确保软件能够顺利运行,并辅助他们在整个企业范围内部署和管理软件。

- 即时支持文档：这类文档会在用户需要时提供支持和指导,一般包括常见问题解答页面、操作指南、故障排除指南等,它们的目标是在用户遇到问题时提供快速有效的解决方案,减少用户的困惑和不便。

内部文档是面向技术用户的文档,可进一步分为"行政文档"与"开发者文档"两类。

行政文档：这类文档提供了高层次的行政指导、产品路线图和软件产品需求,主要用于管理团队和项目进度,确保软件开发按计划进行并达到预期目标。行政文档可能包括项目状态报告、会议记录等内容,记录了项目的进展情况、决策过程和关键问题,为团队成员提供了清晰的工作方向和目标。同时,这些文档也为项目经理和管理层提供了评估和监控项目进度的重要依据,帮助他们及时调整资源和策略,保证项目成功交付。

开发者文档为开发人员提供构建和扩展软件的具体信息,引导他们完成软件的开发过程。这类文档对于软件开发团队至关重要,它们帮助开发人员理解软件的需求、架构设计、使用方法和编程接口等关键信息,从而能够高效地开发、测试和维护软件。以下是一些常见的开发者文档类型。

- 需求文档：描述了软件系统的功能、性能、界面和其他非功能性需求。需求文档为开发人员提供了开发的基础,确保他们在开发过程中不偏离项目目标和用户需求。
- 架构和设计文档：详细说明了软件系统的整体架构、模块设计、数据流程和交互逻辑等方面,可能包含 UML 等设计图示。这类文档相当于将需求转换为代码这一过程的桥梁,指导开发者了解系统内部设计,从而编写高质量、可维护的代码。
- 说明性文档,包括 Readme、发布说明、Wiki 页面等。Readme 通常包含软件安装、配置和使用的基本信息;发布说明则记录了每个版本的变更内容和更新说明;Wiki 页面则可能包含更详细的技术文档、面向开发者的 FAQ 等内容,为开发人员提供了方便快捷的信息查询。
- API 文档：作为开发者文档中不可或缺的一部分,API 文档详细描述了软件系统提供的应用程序接口,包括接口名称、参数说明、返回值及错误处理等信息。这些文档帮助开发人员在开发过程中调用和集成各种功能模块,确保不同模块之间的协作和数据交换顺利进行。
- 代码注释：虽然不是独立的文档,但代码注释在开发者文档中起着非常重要的作用。良好的代码注释可以帮助开发人员理解代码的逻辑结构、关键功能和实现细节,提高代码的可读性和可维护性,也方便团队协作和代码审查。
- 非常规文档：这类文档可能不像传统的需求文档或者技术规格书那样直接描述软件的功能和设计,但它们同样对于软件项目的成功和质量具有重要意义。例如,一个好的测试用例描述了软件系统在不同(边界)条件下的预期行为和结果。通过阅读测试用例,开发者就可以了解到这些信息。再如,一个清晰、有意义的代码提交信息描述了该次提交的目的、变更内容和影响范围等信息,有助于团队成员理解代码变更的背景和意图,方便代码审查、版本控制和问题追踪。

5.3.3 文档的重要性

对于终端用户来说,外部文档提供了关于软件使用、安装和故障排除的指导,帮助用户更好地理解和利用软件功能,提升用户体验和满意度。对于技术用户,软件文档记录了系统设计、功能实现和技术细节,为开发人员提供指导和支持,影响着其软件开发过程以及软件的整个生命周期的方方面面。

- 完善 API 使用文档:API 作为软件对外的接口,其文档帮助 API 使用者了解 API 的名称、功能、参数、返回值、使用实例,以及可能出现的异常等信息,辅助 API 使用者高效、正确地使用 API。同时,API 可以进一步分类为内部 API 与外部 API。内部 API 即项目私有的 API,可以由开发者调用,但是不对外开放;外部 API 是开放给第三方用户使用的。对于内部 API,开发者一般可以访问 API 的源码,并结合文档使用 API;而对于外部 API,使用者一般不会直接接触到源码。在这种情况下,API 文档可能是使用者了解 API 的唯一信息来源。
- 提供、补充代码关键信息:软件文档采用自然语言撰写,形式更加灵活,表达的信息也更加丰富,通常可以用来解释、总结代码,这一点特别是在代码本身比较紧凑、晦涩的情况下非常重要。例如,Python 开发者有时会使用"one-liners",将很多任务写到一行代码中完成。尽管这种代码非常紧凑,但是对于不熟悉 Python 语法的使用者可能比较难以理解。此时,可以通过代码注释的方式对 one-liners 进行解释。
- 协助日常的编码、更新、修复工作,有益于软件的长期维护。
- 辅助团队协作与知识共享。

在 2024 年 Stack Overflow 的开发者调查中,关于"what online resources do you use to learn to code?"这一问题,84%的受访者选择了"技术文档"(如图 5-22 所示),充分体现了其重要性。在商业层面,软件文档记录了软件的需求规格和功能特性,有助于对项目进展和成本进行管理和控制,同时也为客户和利益相关者提供了透明的信息沟通渠道,增强了业务合作和信任。完善的文档可以吸引更多使用者,得到更多对软件的反馈,实现良性循环,对开发团队、最终用户和业务方都具有重要价值。

因此,高质量的软件文档在整个软件生命周期中扮演着关键的角色。然而,编写和维护高质量的软件文档并非一件容易的事。

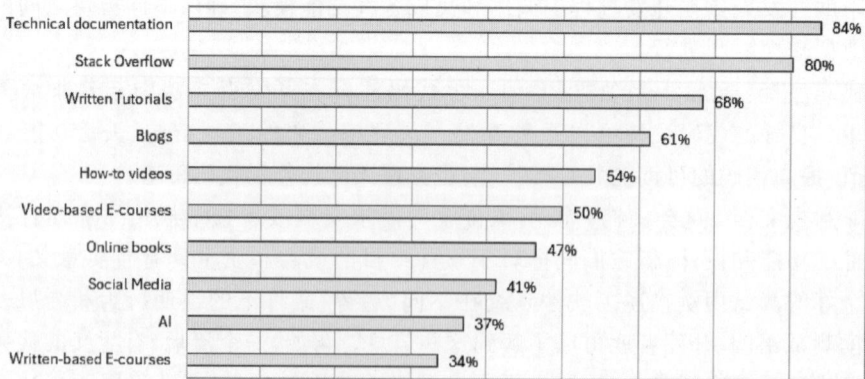

图 5-22 2024 年 Stack Overflow 的开发者调查中,关于"what online resources do you use to learn to code?"这一问题的反馈

5.3.4 编写高质量文档的挑战

根据 Stack Overflow 2016 年的开发者调查(如图 5-23 所示),34.7%的受访者认为"低

质量的文档(Poor Documentation)"是他们工作中的主要挑战,位列第二,仅次于"不符实际的期望(Unrealistic Expectations)"(34.9%)。其中,"低质量的文档"可能包含错误的文档、不完整的文档、过时的文档等。结合图 5-22,我们发现一个现象,即软件文档的重要性是公认的(问一个开发者"软件文档重要吗?"大概率会得到肯定的回答),然而低质量的文档却大量存在。那么,究竟是什么原因导致了这种现象呢?下面将以谷歌早期与文档质量进行的"种种斗争"为例,进行探讨。

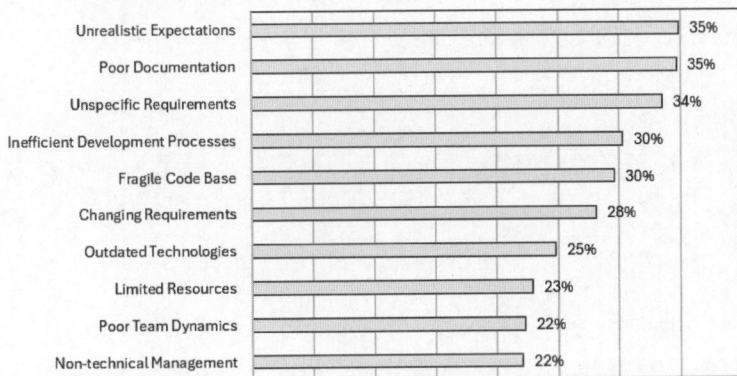

图 5-23　2016 年 Stack Overflow 开发者调查中"Challenges at Work"的反馈

多年来,谷歌的内部调查 Googlegeist 都指出,软件文档质量是影响谷歌开发者生产力的头号问题。软件文档的质量问题主要体现在以下几方面。

- 文档根本不存在。
- 文档找不到。
- 文档是错误的。

造成低质量文档的根本原因是"没有时间"与"没有动力"。在忙碌的日常开发中,开发者很少有时间去编写或更新文档,尤其是当文档不被视为绩效考核的一部分时。因此,尽管所有人都意识到了文档的重要性,体会到了低质量文档带来的问题,但是由于上述原因,写代码的优先级仍是远远高于写文档的。这导致了早期谷歌的"No doc culture",即"文档是所有人的问题,但是不是任何人的工作"("doc is everybody's problem, but nobody's jobs")。

为了解决低质量文档的问题,谷歌早期采取了多种措施,包括"修复文化"的自底向上的方法,以及"修复工具"的自顶向下的方法。其中,自底向上的方法由负责技术文档的团队成员与每个谷歌员工对话,告知他们文档的重要性,并要求他们提供高质量文档;自顶向下的方法则由公司的高层向下推动新的文档系统。然而,两种方法都以失败而告终。这是为什么呢?

自底向上的方法失败的最大原因是"不可扩展"。2015 年,谷歌有 6 万多位员工,而负责技术文档质量的团队成员只有个位数。显然,向每一位员工有效地传达文档重要性是不可行的。同时,技术文档团队也没有足够的话语权让所有员工都必须提交高质量文档。另外,自顶向下的方法或许能在一定程度上解决话语权的问题,即从公司层面推动员工使用新的文档系统对文档进行编写、管理以及维护。然而,这种方法涉及公司管理层的层层决策与公司的预算调整等,相对第一种方法更加难以推动。同时,如何调动员工的积极性,使得大

如何高效地进行软件开发

家都能够自觉地使用新的文档系统,并且积极地对其进行管理与维护,也是第二种方法的最大挑战之一。

GooWiki 案例

2005 年左右,谷歌内部使用 Google Wiki(GooWiki)进行文档与信息共享:谷歌的每一位员工都可以创建、浏览并且更新任何的文档。GooWiki 在早期是一个不错的方案。然而,随着谷歌的规模快速增加,GooWiki 的问题逐渐凸显出来。

首先,GooWiki 上的文档没有"文档所有者"这一信息:任何人都可以更新某一文档,换句话说,就是没有人对这个文档负责。"文档所有权"的缺失导致 GooWiki 上存在大量过时的文档。

其次,GooWiki 对文档的创建过程没有统一的规定,这导致 GooWiki 上存在大量内容重复的文档。另外,GooWiki 上文档结构是扁平的,没有层级关系,这也对使用者对文档的搜索与定位造成了很大的困难。

GooWiki 的另一大问题,是没有报告问题的途径。尽管文档使用者经常发现文档的质量问题,如文档过时或者存在错误,但是他们却无法报告这些问题。相应地,能够修复文档问题的员工,如文档的原作者或者对文档内容有专业知识的员工,则无法得知文档存在的问题。

在这种情况下,GooWiki 的文档质量逐渐恶化。最终,谷歌弃用了 GooWiki。

谷歌技术文档团队在 2016 年的报告[4]中指出,"碎片化"(Fragmentation)是类似 GooWiki 文档工具的最大问题。这种碎片化体现在以下几方面。

- 文档与代码碎片化:文档采用扁平结构,失去了相互间的关联;文档与相关代码之间也没有关联。这导致文档使用者难以搜索与定位自己需要的信息。
- 文档所有权碎片化:文档没有明确的所有权,导致文档无法得到及时的更新与修复。
- 工具碎片化:开发者需要频繁地从他们当前的工作环境(如 IDE)切换到新的文档工具(如 GooWiki),中断了他们的工作流程,影响了他们的工作效率和专注度。

谷歌在文档维护上遭遇的挑战反映了业界在软件文档的撰写与维护上的共性问题,即"碎片化"导致开发者缺乏使用文档工具的动力。因此,如果希望改变这一现状,则需要从根本上解决上述"碎片化"的问题。

5.3.5 最佳实践:文档即代码

本节将描述编写高质量软件文档的最佳实践——"文档即代码"(Documentation as Code)。"文档即代码"的理念很简单:像对待代码一样对待文档。让我们想一想,开发者是如何对待代码的呢?他们会对代码进行版本控制,也会对代码进行质量监控,如代码审查与测试等。当代码出现问题时,开发者也会提交问题描述与代码补丁等。因此,在"文档即代码"的最佳实践中,文档也会像代码一样进行版本控制、质量监控与问题追踪。那么,"文档即代码"应如何实现呢?三个关键点如下。

- 文档使用 Markdown 格式编写。
- 文档和源码一起存储,文件路径结构与源码对应。

- 文档和源码一起进行版本控制与问题追踪。

首先，Markdown 作为软件文档格式有许多优势。Markdown 是一种轻量级标记语言，由 John Gruber 和 Aaron Swartz 在 2004 年共同创建。Markdown 使用普通文本格式，使用者可以通过简单的标记符号，如♯表示标题、*表示斜体、**表示粗体、-表示列表项等编写文档，使文档在纯文本编辑器中也能保持良好的可读性。

早期技术文档的编写者需要具备一定的 HTML 知识（如 GooWiki 上的作者），而 HTML 复杂和冗长的语法特性打消了很多文档编写者的热情，不具备 HTML 知识的开发者更是鲜少贡献文档。Markdown 的简洁性和易用性解决了传统标记语言复杂和冗长的问题，同时大大降低了编写文档的技术门槛。开发者和技术写作者无须学习复杂的标记语言，只需掌握几种基本的标记符号即可编写出结构清晰的文档。同时，由于 Markdown 文件是纯文本格式，它们可以使用任何文本编辑器进行编辑。目前大部分集成开发环境也都支持 Markdown 格式，这意味着开发者无须切换开发工具，编写文档可以和编写代码一样在熟悉的开发环境中进行。此外，Markdown 的可移植性和灵活性也是其重要优势之一。Markdown 文档可以通过各种转换工具生成不同格式的输出，包括 HTML、PDF、DOCX 等，从而满足不同的发布和展示需求。主流的版本控制平台，如 GitHub、GitLab 等，也广泛支持 Markdown 格式。目前，Markdown 已成为项目文档、README 文件、技术博客等的首选格式。

接下来，Markdown 文档与源代码一起，以相对应的文件目录结构进行存储与版本控制。这种做法使文档和代码紧密关联，开发者可以在项目目录中直接找到代码相关的文档，如 API 说明、安装指南和开发者手册等，无须额外的搜索或导航，从而大大减少在开发和维护过程中查找文档的时间，提高工作效率。图 5-24 是一个项目结构的简单示意。在此项目中，文档统一存放在与源码 src 文件夹平行的 docs 文件夹中。其中：

- src/main/com/example/App.java 是一个 Java 类文件，对应的文档存放在 docs/api/com/example/App.md。
- src/main/com/example/utils/StringUtils.java 是一个实用工具类文件，对应的文档存放在 docs/api/com/example/utils/StringUtils.md。
- README.md 与 CHANGELOG.md 作为整个项目的全局性文档放在项目的根目录下。

这种项目组织方式结构清晰，每个源代码文件都有一个对应的文档文件，路径结构一致，使得查找文档变得非常直观和方便，并减少了沟通成本。此外，这种路径对应的策略结合版本控制系统中，更是可以发挥 $1+1>2$ 的作用。例如，当对 App.java 进行功能更新或修复时，开发者可以迅速定位并更新相应的 App.md 文档，并且在同一个提交中更新记录这些变化，确保文档内容始终与代码同步。版本控制平台中，文档有明确的所有权，开发者也可以像代码评审一样对文档及其提交进行评审。当文档出现问题时，开发者也可以利用版本控制平台的功能进行问题追踪，从而增强文档的实时性和准确性。

可以看出，"文档即代码"的实践能够解决"碎片化"挑战。通过采用和代码一样的项目结构、开发工具、版本控制与维护流程，文档不再是一个需要花费额外精力去维护的、"吃力不讨好"的软件制品。相反地，开发者将文档看作项目代码，编写、修复与维护文档也成为他们日常开发工作的一部分。目前，"文档即代码"是业界普遍采用的文档最佳实践。

5.2节描述了"构建脚本即代码"的软件构建实践。"文档即代码"与其理念相同,并共同作为DevOps,特别是软件持续集成与持续交付(CI/CD)的基础。第7章中将对CI/CD进行详细介绍。

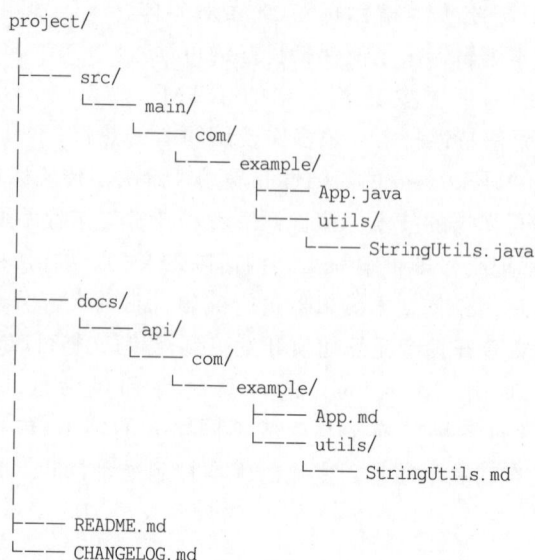

```
project/
|
├── src/
|    └── main/
|         └── com/
|              └── example/
|                   ├── App.java
|                   └── utils/
|                        └── StringUtils.java
|
├── docs/
|    └── api/
|         └── com/
|              └── example/
|                   ├── App.md
|                   └── utils/
|                        └── StringUtils.md
|
├── README.md
└── CHANGELOG.md
```

图 5-24   采用了"文档即代码"最佳实践的项目结构示意

案例研究

g3doc是谷歌公司"文档即代码"的具体实现。图5-25(a)是TensorFlow项目在GitHub上的项目结构(2023年5月)。可以看出,项目文档存在g3doc这个文件夹内,与整个项目一起进行版本控制。g3doc文件夹中存放了Markdown格式的文档,如图5-25(b)所示。同时,文档与代码一样进行版本控制、代码审查、问题修复等流程(如图5-25(c)所示)。

g3doc于2014年年底开始在谷歌内部推广。与之前"自底向上"与"自顶向下"推广失败的情况相反,由于g3doc解决了以往的"碎片化"问题,谷歌内部员工对其接受度很高,在短短一年半的时间内,就有1.6万名员工、一万多个内部项目使用了g3doc[4]。同时,与GooWiki中文档缺少维护的情况不同的是,由于g3doc与开发者日常的工作流程无缝结合(例如,开发者可以使用其日常IDE与版本控制系统对文档进行编写与维护),因此g3doc文档的实时性与质量都有了更好的保障。在2016年的数据中[4],30%的文档提交中同时包含代码(减少文档与代码碎片化);文档的更新频率平均每个月三次(积极维护,减少过时的文档,提高其质量);文档的使用者将近两万,每个月平均有400万的浏览量,说明文档的确能够为开发者提供帮助,同时意味着文档的质量提升,开发者也能够积极参与到文档编写与维护的生态当中来。

5.3.6 AI文档生成

尽管"文档即代码"很大程度地简化了文档的管理流程,但是文档本身仍需要开发者主

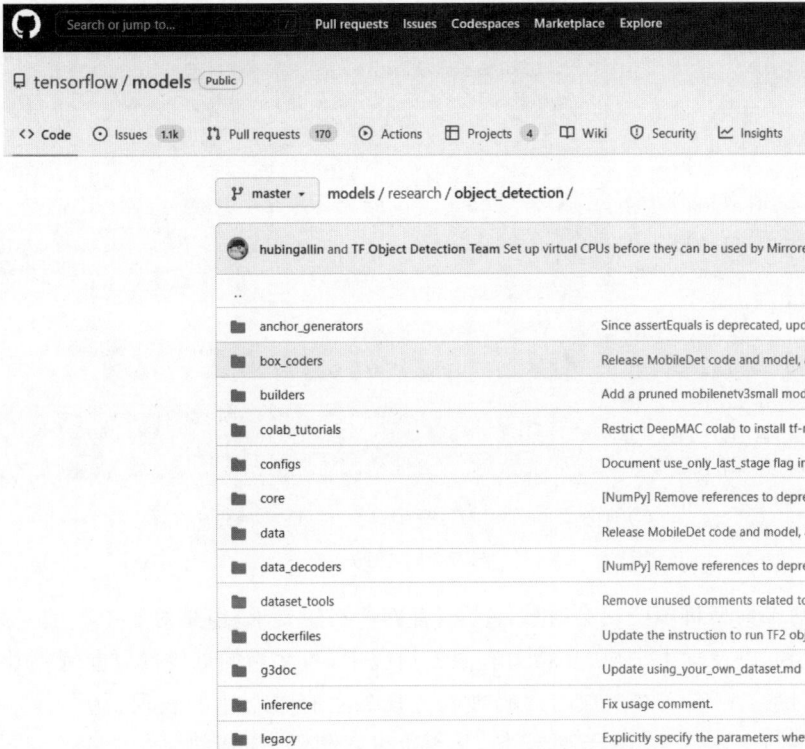

(a) TensorFlow项目结构,文档存放在g3doc文件夹中

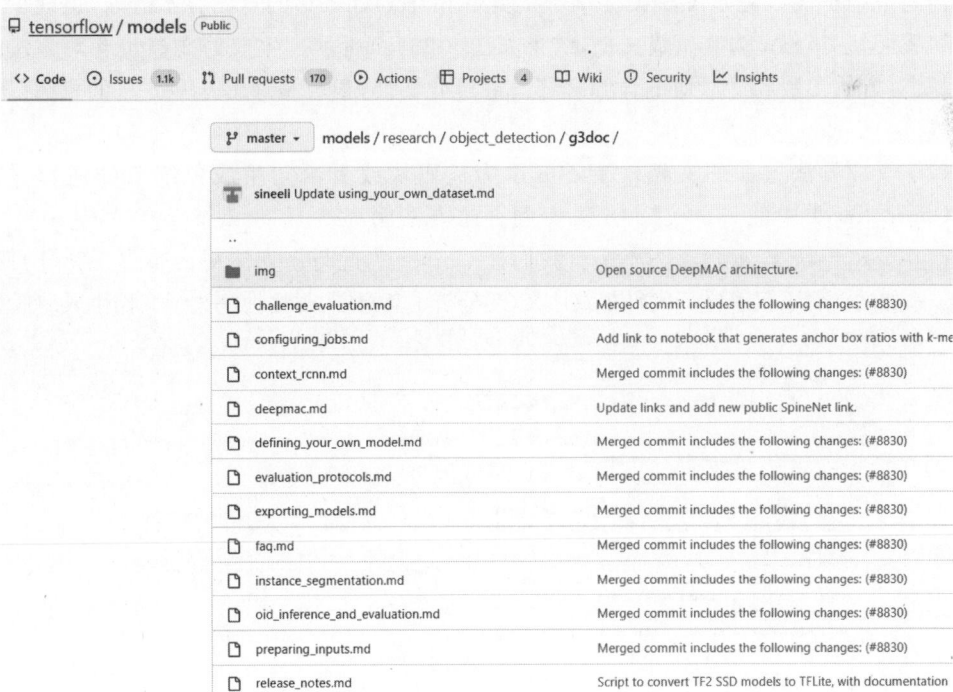

(b) TensorFlow项目的文档采用Markdown格式

图 5-25　g3doc 使用案例

第
5
章

如何高效地进行软件开发

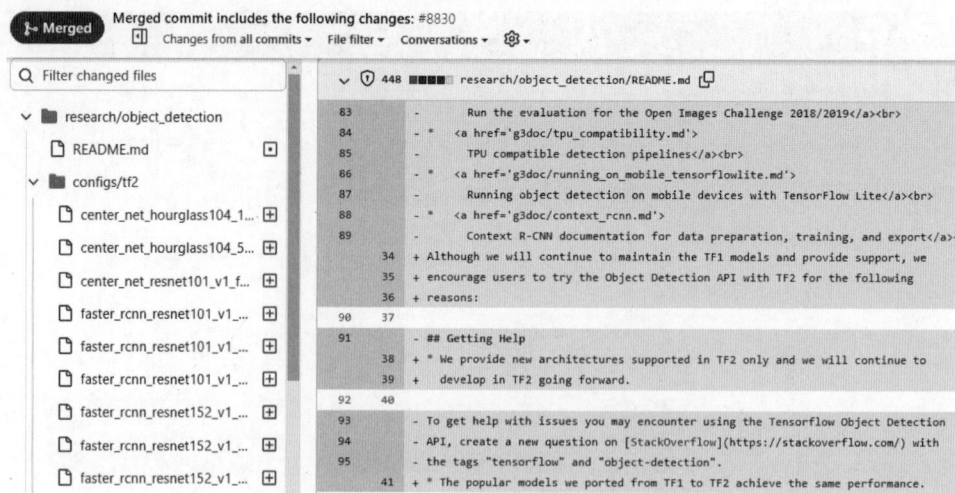

(c) TensorFlow项目的文档与代码一样进行版本控制

图 5-25 （续）

动撰写并更新。大型科技公司会对软件文档有着严格的要求，但是对于中小型企业、初创公司、个人开发者，以及学生来讲，在精力有限的情况下，写文档的重要性可能远不及编写可运行的代码。目前，AI 在文本生成与代码理解等任务上有着不错的表现。那么，"撰写文档"作为代码理解与文本生成"融合"的任务，是否也可以利用 AI 辅助呢？

以 TMS 为例。我们观察到，原系统在一些重要代码上缺失文档与注释，影响了系统的可读性与可维护性。例如，ChatController 类中 moreOld 方法的意图并不清晰，也缺少文档说明。我们让 Cursor 为其生成文档，结果如图 5-26（a）所示。生成的文档包含对方法的描述，以及对方法参数和返回值的详细解释。通过此文档，很容易理解这个方法的意图以及调用方式。

除了类或方法层面的文档，AI 还可以为代码块或者语句生成更细节的注释。仍以 ChatController 类中的 moreOld 方法为例。此方法第 421 行的 map. put（"countMore"，countAllOld-chats. size()）意图不明。我们让 Cursor 为此行添加注释。如图 5-26（b）所示，Cursor 添加的注释不仅解释了代码在做什么，还分析了其意图，很好地完成了文档生成的任务。

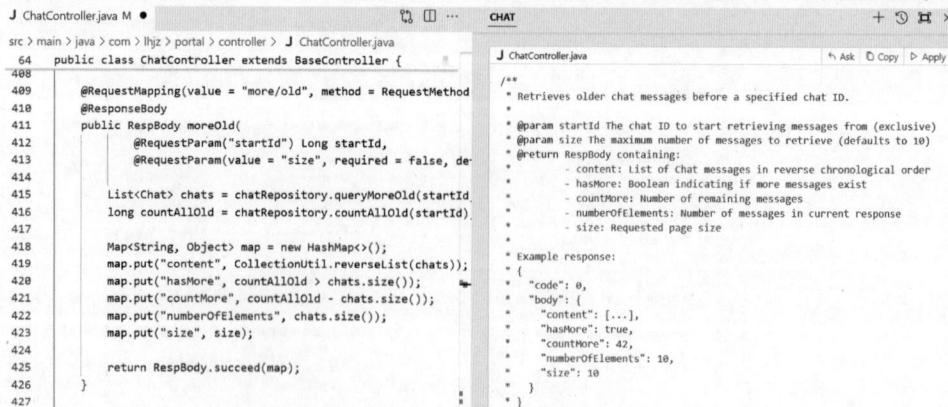

(a)

图 5-26　Cursor 文档与代码注释生成示例

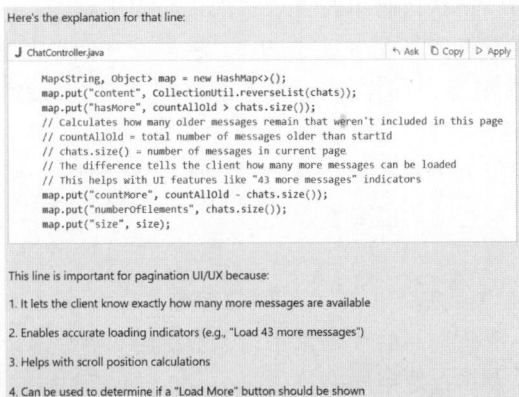

```
Here's the explanation for that line:

J ChatController.java                              ↪ Ask  ⎘ Copy  ▷ Apply

Map<String, Object> map = new HashMap<>();
map.put("content", CollectionUtil.reverseList(chats));
map.put("hasMore", countAllOld > chats.size());
// Calculates how many older messages remain that weren't included in this page
// countAllOld = total number of messages older than startId
// chats.size() = number of messages in current page
// The difference tells the client how many more messages can be loaded
// This helps with UI features like "43 more messages" indicators
map.put("countMore", countAllOld - chats.size());
map.put("numberOfElements", chats.size());
map.put("size", size);

This line is important for pagination UI/UX because:

1. It lets the client know exactly how many more messages are available

2. Enables accurate loading indicators (e.g., "Load 43 more messages")

3. Helps with scroll position calculations

4. Can be used to determine if a "Load More" button should be shown
```

(b)

图 5-26 （续）

2024 年的一篇论文对大语言模型（LLMs）在生成代码文档方面进行了全面的对比分析[4]。论文评估了 GPT-3.5、GPT-4、Bard、Llama2 和 StarChat 等模型生成文档的准确性、完整性、相关性、可理解性、可读性和生成时间。结果显示，除了 StarChat，所有大模型的表现都优于原始文档。这一发现说明了 AI 在软件文档生成任务上的极大潜力。未来，开发者可以先使用 AI 生成代码注释、API 文档、用户说明等软件文档，再对其进行人工微调，在保持软件文档质量的同时大大减轻了开发者的负担。

5.4　代码审查

上文中，我们了解了在开发过程中，围绕代码编写、软件构建与文档编写的工作流与最佳实践。在此过程中，会产生一系列的软件制品，如源代码、构建脚本、软件文档等。除了代码本身，构建脚本与软件文档也可以看作代码，它们和代码一样进行版本控制与质量控制，共同定义了软件的行为与质量。因此，确保这些软件制品本身的正确性、合理性与高效性，也是开发者日常工作的重点之一。通常，代码审查与软件测试可用于此目的。代码审查通过同行评审的方式发现潜在问题，提升代码质量；而软件测试则通过运行代码验证其功能与性能，确保软件符合预期。

在高效的软件开发过程中，代码审查是质量控制的第一道防线。它在开发早期就可以发现代码中的可读性、设计缺陷、潜在错误及性能问题，从而减少后续的修改成本，提高代码的可维护性和一致性。因此，本节将介绍"代码审查"的概念，帮助开发者在编写代码时就关注质量，避免后续出现更多问题。

当然，仅凭代码审查并不能完全保证软件的正确性；在涉及复杂逻辑和边界情况时，仍需要通过软件测试进行验证，以模拟真实使用场景，检测程序运行时的行为，确保功能和性能满足需求。第 6 章将继续讲述软件测试，帮助开发者建立完整的质量保证体系。

5.4.1　关键要素

代码审查是指在软件开发过程中，由一名或多名开发者对他人编写的代码进行检查和评审的过程。代码审查的目的是发现代码中的缺陷、优化代码质量，并确保其符合团队的编码规范和设计原则。研究表明,代码审查可以发现代码库中约15%的问题;而应用正式、规范的代码审查,此比例甚至可能高达80%。基于"越早发现问题越好"的原则,代码审查绝对是保障软件质量的一大利器。同样,在开发者的修炼之路上,必然会经过他人(如严格的前辈)代码审查的洗礼,逐渐提升自己的开发水平;最终,也会去评审其他人的代码,促进知识共享和团队协作,从而提升团队整体技术水平和代码一致性。那么,如何开展代码审查呢?首先,需要了解代码审查的关键要素。

1. 代码风格

代码风格是代码审查中最基本但至关重要的部分。在一个开发团队中,每个成员都有不同的编码习惯,如果不遵循统一的代码风格,代码库很快会变得杂乱无章。例如,有人喜欢使用4个空格缩进,有人喜欢使用制表符(Tab);有人使用驼峰命名法(camelCase),有人则喜欢下画线命名(snake_case)。如果这些风格不统一,阅读和修改代码将变得困难,甚至影响项目的长期维护。

另一个常见的代码风格问题是命名不规范。变量、方法和类的命名应清晰、直观,能够准确表达其作用。例如,一个用于存储用户年龄的变量,userAge 就比 a 更容易理解。类似地,方法 ctp() 会让人一头雾水,而 calculateTotalPrice() 则能够清楚地表明它的功能。

除了命名,代码格式也是代码风格的一部分。例如,在 Java 代码中,团队可能规定所有花括号{}必须单独占一行(Allman 风格)。在此规定下,如果部分代码使用了紧凑格式,部分花括号没有换行(K&R 风格),就会影响代码一致性。

统一的代码风格不仅可以减少不必要的争论,还能提高团队协作的效率,使得开发者可以专注于代码逻辑,而非纠结于格式问题。因此,在代码审查时,应该严格检查代码是否遵循团队的代码风格指南,确保代码整洁、易读且一致。

2. 编程规范

编程规范比代码风格更进一步,它不仅关注代码的格式,还涉及代码的结构、变量作用域、异常处理等方面。良好的编程规范可以减少低级错误,使代码更加健壮。例如,Java 规范推荐在使用资源(如文件流、数据库连接)时,应使用 try-with-resources 语句确保资源正确关闭,否则可能会导致资源泄漏,影响系统稳定性。

另一个常见的编程规范是避免"魔法数"(Magi Numbers)。所谓魔法数,指的是代码中出现的未命名的常量。例如,在计算税率时,代码 price * 0.08 可能难以理解;另外,如果相同的数值出现在多个地方,开发者需要对它进行更新时就必须修改多个文件。相应地,使用常量可以提高代码的可读性与可维护性。例如,在上个例子中,使用 price * TAX_RATE 会更加合适。

此外,合理使用注释也是编程规范的一部分。注释的目的是帮助其他开发者理解代码。然而,过多的注释会使代码冗余,过少的注释则可能导致理解困难。实际上,最佳实践是编写"自解释代码",即通过清晰的变量名、方法名和代码结构,让代码本身就能表达意图,而不用再依赖注释。例如,方法 calculateInterest(double principal, double rate, int years) 比 calc(double p, double r, int y)更加易读直观,甚至不需要添加额外注释。

在代码审查时关注编程规范,可以有效避免代码中的隐藏错误,提高代码质量,使团队更容易维护和扩展系统。

3. 逻辑正确性

逻辑正确性是代码质量的核心之一，决定了程序能否按照预期执行。如果代码的逻辑存在错误，可能导致程序产生错误的结果，甚至引发系统崩溃。例如，在很多编程语言中，尝试访问 null 引用的对象会导致程序崩溃或抛出异常。因此，在代码审查时，审查者需要特别留意关键变量是否正确赋值，是否存在可能引用空指针的情况。数组越界也是逻辑错误中常见的类型。在处理数组、链表、字符串等数据时，程序员容易忽略边界情况，导致索引超出范围。在代码审查过程中，应该特别关注此类数据结构的访问范围，确保不会越界，同时考虑输入为空集合的情况，以防止因访问不存在的元素而导致的程序崩溃。

除了这些常见的技术性错误，代码审查还可以发现明显的业务逻辑错误。例如，在一个银行转账系统中，假设有一段代码用于在用户对外转账后更新账户余额。但如果代码在减少账户余额之后才进行余额检查，就可能导致账户余额变成负数，违背了金融系统的业务规则。同样，在订单管理系统中，如果代码在订单付款成功后才检查库存，而不是在付款前检查，可能会导致用户购买到无货商品，造成运营问题。和技术性错误不同，这类业务逻辑错误通常不容易通过编译器或静态分析工具检测出来。但是，在代码审查过程中，通过人工推理和业务理解，可以迅速发现这些问题。

读者可能会问，逻辑错误不能通过测试检查吗？为什么还需要人工审查？实际上，代码审查和测试是互补的，两者在发现逻辑错误时各有优势，能够从不同的角度保障代码质量。测试的优势在于自动化执行，能够覆盖大量输入场景，确保代码在不同情况下的行为符合预期。然而，测试只能检查已知的、预先设定的测试用例，无法发现所有潜在错误。如果某个

如何高效地进行软件开发

错误的触发条件未被测试覆盖,那么即使测试全部通过,该错误仍可能存在。相比之下,代码审查是在代码执行之前,通过静态分析发现潜在问题。代码审查的优势在于,它不仅能发现逻辑错误,还能识别代码风格、可读性、可维护性以及潜在的设计缺陷。审查者可以基于经验和直觉发现边界情况遗漏、不合理的业务逻辑或低效的实现,而这些问题往往难以通过测试自动捕获。此外,代码审查还能确保开发者遵循编码规范,使代码更清晰、一致,便于维护。

因此,代码审查和测试是相辅相成的角色。一个高效的软件开发流程应该结合两者,先通过代码审查过滤掉显而易见的问题,再用测试确保代码在各种情况下都能按照预期执行。通过这种方式,开发团队可以最大程度地减少逻辑错误,提高软件质量。

4. 非功能性审查

代码不仅要正确运行,还要高效、安全地运行。因此,在代码审查过程中,除了检查逻辑错误,还需要关注代码的性能和安全性,争取在早期发现低效或不安全的代码,避免这些问题进入生产环境。

性能优化关注的是代码的执行效率、资源消耗以及系统在不同负载下的表现。代码审查时,开发者需要检查代码中是否存在低效的算法、不必要的重复计算、未优化的数据库查询或过度使用同步锁等问题。例如,在处理大量数据时,一个时间复杂度为 $O(n^2)$ 的嵌套循环可能会严重拖慢系统响应速度,而使用合适的数据结构(如哈希表或二叉搜索树)可以将复杂度降低到 $O(n\log n)$ 或 $O(n)$,极大地提升了性能。代码审查者通常可以通过阅读代码,发现此类低效实现,并提出改进建议。

安全性主要关注系统是否存在容易被攻击的漏洞。许多安全漏洞源于不严格的输入验证,可能导致攻击者构造恶意输入,进而执行任意 SQL 语句或 JavaScript 代码。身份验证和权限控制也是安全审查的重要部分。如果代码中某个 API 允许用户访问敏感数据,但缺少适当的权限检查,攻击者可能会通过 API 直接获取或修改数据,造成严重的数据泄露。代码审查时,需要关注所有敏感操作是否经过了严格的权限校验,并避免硬编码的密码、令牌等安全凭证。

性能和安全性是软件质量的隐形基础,往往在系统规模扩大或面临攻击时才暴露出问题。一个严谨的代码审查流程,应当在代码进入测试阶段之前,就对性能和安全性等非功能性因素进行初步审查,确保代码质量的全面性。

5.4.2 工作流程

代码审查不仅是简单地浏览代码,而是一种系统化的过程。一个良好的代码审查流程通常包括以下几个阶段,每一阶段都有明确的目标和执行方式,如图 5-27 所示。

(1)代码审查的第一步是代码提交。当开发者完成一个功能、修复了一个 bug 或者进行了某项优化后,会在版本控制系统中创建一个合并请求(Pull Request,PR)或变更集(Change List,CL)。在提交代码之前,开发者应首先进行自检,确保代码符合团队的编码规范,并通过了基本的自动化测试,以减少显而易见的错误。

(2)接下来,代码需要指派审查者。在小团队中,代码通常由经验丰富的开发者或者直接负责人进行审查,大型科技公司则可能有更正式的指派流程。

(3)审查者在收到指派后,会阅读并分析代码提交。经验丰富的审查者不仅会检查代码是否能正确执行,还会考虑代码的可读性和可维护性,寻找可能的性能低下、安全漏洞、编码风格偏差以及文档缺失等问题。在代码审查过程中,一个文档不清晰,或者实现过于复杂的代码,即使没有明显漏洞,也可能不被通过,被打回修改。

(4) 在发现问题后,审查者会提供反馈。反馈可以是对具体代码片段的建议,例如,优化一个循环的写法;也可以是更高层次的建议,如对设计方案或者代码必要性的质疑。在一些团队中,代码审查不仅是发现错误的过程,也是一个重要的学习机会。经验丰富的审查者往往会在评论中解释为什么某种写法更优雅,或者提供更好的设计思路,从而帮助团队整体提升代码质量。

(5) 开发者在收到代码审查反馈后,需要对代码进行相应的修改。实际上,第 3～5 阶段通常是一个迭代过程:开发者根据审查者的建议进行调整,并提交新的版本;审查者则会继续检查修改是否达到了预期。如果意见分歧较大,团队可能会进行讨论,甚至开会决定最终方案。

(6) 当所有问题都被解决并经过审查者批准后,这项代码提交就可以正式合并至代码库。

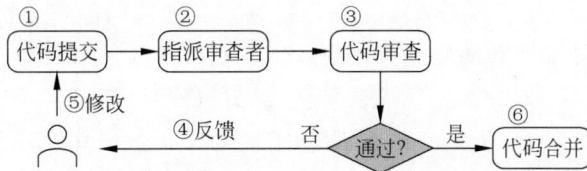

图 5-27　代码审查的一般流程

在上述通用代码审查流程的基础上,不同公司可以根据自己的团队特性与产品需求,制定更加细化的审查规则,以确保代码符合其特定的开发规范和质量要求。例如,在谷歌公司,任何代码提交都需要通过以下三方面的检查,才算完全通过代码审查[1]。

- 首先,谷歌要求每一项代码变更都必须经过正确性与理解性检查。这意味着提交的代码需要由另一位工程师审核,以确认代码实现的功能正确无误,并且逻辑清晰、易于理解。这个审查人通常是团队成员,但不限于团队内部人员。审查者在确认代码符合要求后,会给出"LGTM"(Looks Good To Me)的标记,表示代码在他们看来没有问题,可以继续进行下一步审批。

- 其次,谷歌的代码库采用了代码所有权制度,即不同代码目录由特定的"所有者"负责管理。一项代码变更就算通过了上一项检查,也依然需要得到相应代码目录所有者的批准。这些所有者通常是技术负责人或熟悉该模块的专家级工程师,他们负责确保新代码与现有代码库的架构、设计理念相匹配,并且不会影响系统的长期可维护性。只有在获得所有者批准后,代码才能被正式合并到相应的代码目录。

- 最后,谷歌还要求代码通过可读性审查,确保代码风格和最佳实践符合公司标准。此项审核由一组专门获得"可读性"资格的工程师进行。

再以 Meta 公司为例。Meta 公司的一贯理念是"Move faster"。为了加快代码审查速度,Meta 制定了一系列优化措施。例如,Meta 开发了"Next Reviewable Diff"功能,借鉴了流媒体自动播放下一集的设计理念,利用机器学习自动推荐下一个最相关的代码提交,减少了审查者在不同任务之间切换的时间,提高了审查的连贯性和专注度。结果表明,使用该功

如何高效地进行软件开发

能的工程师审查操作次数增加了 44％,整体审查效率提升了 17％。

Meta 也改进了审查者推荐系统,引入了工作时间感知和文件所有权信息,使推荐结果更加准确。此系统提高了代码审查指派的匹配度,使代码提交在 24 小时内被审查的比例上升了 1.5％。此外,Meta 还推出了 Nudgebot 机器人,专门处理长时间未被审查的代码提交,并主动提醒最合适的审查者,同时提供快速操作入口,使他们能够立即查看和处理。该工具的引入使所有代码提交的平均审查时间减少了 7％,审查时间超过三天的代码提交比例下降了 12％。

无论采取何种方式,一个良好的代码审查流程都能帮助团队减少低级错误、优化代码结构、提升代码安全性,并提高整体开发效率。可以认为,代码审查不仅是一种质量控制手段,更是团队内部沟通、知识传递和技术成长的重要机制。

5.4.3 自动化与智能化

在现代软件开发中,代码审查不仅依赖于人工检查,还广泛借助各种工具来提高效率和审查质量。其中,静态分析工具作为代码审查过程的重要自动化工具,可以在代码执行之前扫描代码,检测潜在的问题。SonarQube 作为一款广泛使用的静态分析工具,可识别漏洞、重复代码、不必要的复杂度和编码规范违规。Checkstyle 和 PMD 也是 Java 生态系统中两款常见的静态分析工具。Checkstyle 主要关注代码风格和命名规范,PMD 则更侧重代码的潜在问题,如未使用的变量、复杂的条件逻辑和性能低效的代码片段等。两款工具都提供了一套预定义的规则,并允许用户根据项目需求添加自定义的检查规则。

随着集成开发环境(IDE)的智能化发展,许多现代 IDE 已经内置了一定的静态分析能力。例如,IntelliJ IDEA 具有强大的代码检测功能,可以自动识别未使用的变量、可能导致 NullPointerException 的代码路径,以及不必要的对象创建,并建议优化方案。此外,这些 IDE 还支持通过插件引入更强大的静态分析功能,使开发者能够在编写代码的同时及时发现并修正问题,而不是等到代码审查阶段才进行修改。

除了静态分析工具,专门的代码审查平台能够帮助团队更有效地管理审查流程。GitHub、GitLab 和 Bitbucket 都集成了代码审查的功能,使开发者能够在提交拉取或合并请求时获得团队成员的反馈。在这些平台上,审查者可以直接在代码变更处添加评论,指出问题并建议改进方案。

在这些自动化工具与平台的加持下,代码审查可以整合至持续集成(Continuous Integration)的流程中(详见第 7 章)。例如,在 GitHub 平台,开发者可以配置 GitHub Actions,使每次代码提交都自动触发 Checkstyle、PMD 或 SonarQube 的检查。如果代码不符合规范或存在潜在漏洞,平台可以直接拒绝合并请求,并要求开发者进行修改。这种方法可以在代码进入审查流程之前先进行一次"预筛选",减少人工审查的工作量。

在智能化时代,开发者可以使用 AI,进一步辅助代码审查。让我们以 GitHub Copilot 为例。GitHub Copilot 包含大模型驱动的代码审查功能。通常,当用户在项目中提交代码更改并创建一个新的拉取请求后,可以选择项目成员作为代码审查者。现在,开发者又多了一个选择,即 Copilot,如图 5-28 所示。Copilot 会扫描代码更改及相关上下文,并且像人类代码审查者一样提供反馈意见,包括具体的代码修改建议。接下来,代码提交者可以像往常的代码审查流程一样,对 Copilot 的审查意见进行回复,或者采纳/拒绝其代码修改。此外,用户还可以通过自然语言描述的编码指南来定制 Copilot 的审查,以符合项目特有的编码风格和最佳实践。

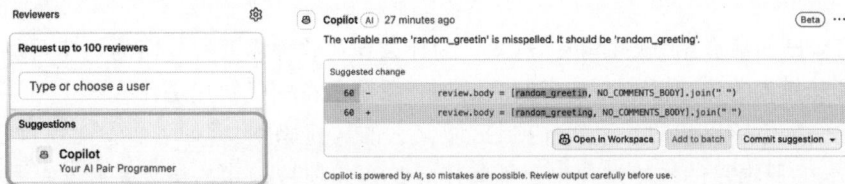

图 5-28　GitHub Copilot Code Review,大模型驱动的代码审查功能(图片来自官网)

小　　结

- AI 可以在代码补全、代码生成、代码解释、代码审查、缺陷修复、测试生成、代码优化,以及软件文档生成等方面辅助软件开发。

- 软件构建的本质是依赖管理与任务协调。其中,依赖管理对系统需要的第三方库、模块、框架、插件等制品进行下载、安装与配置;任务协调确保编译、测试、打包等任务按照正确的顺序和依赖关系执行。

- 现代构建系统需要处理源代码、测试代码、数据文件和配置信息等输入,以及第三方库与框架、工具等依赖。构建系统的输出包括可执行文件以及测试报告等软件工件,一般存储于制品仓库(Artifactory Repository)。

- 构建系统可以分成基于任务与基于制品的两种类型,前者是命令式,后者是声明式。在基于任务的构建系统中,任务是构建的基本单元,用于执行某一指定的逻辑。同时,任务的依赖对象也是其他任务。Ant、Maven 和 Gradle 等常用构建工具都属于此类型。在基于制品的构建系统中,使用者只需声明需要构建的制品、制品的依赖,以及有限的一些配置,具体的构建流程、配置、任务执行和调度则交由构建系统决定。Blaze 和 Bazel 都属于此类型。

- 语义化版本(Semantic Versioning,SemVer)使得开发者和用户可以更清晰地了解软件版本之间的差异,并且可以根据版本号的变化来判断是否需要进行更新和升级。

- 在软件设计与开发过程中,团队应注意菱形依赖、循环依赖、依赖链条过长等情况,有意识地避免“依赖地狱”的出现。

- 自动化工具 Dependabot 可以辅助开发者检测依赖的漏洞与更新,加固软件供应链的安全性。

- “构建脚本即代码”与“文档即代码”是高效软件开发的最佳实践,也是 DevOps 与 CI/CD 的基础。

- 代码审查是软件质量控制的第一道防线,也与开发效率密切相关。代码审查不仅关注代码逻辑正确性,也关注其编码规范、可读性、可维护性等方面。传统的代码审查由人工与静态分析工具执行,而现有的智能化工具也可以辅助开发者进行自动化的代码审查。

思 考 题

1. 用自己的话介绍"软件构建"过程。为什么现代软件需要有专门的构建系统？

2. 基于任务的构建系统与基于制品的构建系统各自的优缺点是什么？

3. 找一款你感兴趣的开源软件项目，阅读它的构建脚本，并回答：①此项目的构建有哪些依赖？②此项目的构建过程包含哪些任务？③此项目构建的结果是什么？另外，尝试用不同的构建工具编写构建脚本并构建此项目。

4. 找一款你感兴趣的开源软件项目，观察其版本发布历史与版本号，谈谈其版本号是否符合本章介绍的"语义化版本"？如果不符合，请指出具体问题。

5. 找一款你感兴趣的开源软件项目，用生成式 AI 为其生成不同粒度（片段、方法、类）的文档。和项目原本的文档比较，AI 生成的文档有什么优缺点？

6. "构建脚本即代码"与"文档即代码"为什么是最佳实践？谈谈你的理解。

7. 你所在的团队目前采用什么样的代码审查流程？你认为哪些方面可以优化？如果你的队友认为代码审查没什么用，甚至觉得它只是浪费时间，你会如何回应？

参 考 文 献

［1］ Winters T，Manshreck T，Wright H. Software Engineering at Google. O'Reilly Media，2020.

［2］ 乔梁. 持续交付 2.0：业务引领的 DevOps 精要［M］.北京：人民邮电出版社，2022.

［3］ Humble J，Farley D. Continuous Delivery：Reliable Software Releases through Build. Test and Deployment Automation，Addison-Wesley，2010.

［4］ Dvivedi S S，Vijay V，Pujari S L，et al. A Comparative Analysis of Large Language Models for Code Documentation Generation［M］. ArXiv，abs/2312.10349，2023.

如何保障软件质量

在当今快速发展的软件开发环境中,软件质量保障已成为企业成功的关键因素之一。随着敏捷开发和持续集成的普及,软件开发的速度不断加快,但这也带来了质量保障的挑战。第 5 章探讨了如何高效地进行软件开发,包括借助大模型生成代码,这给软件质量保障带来更大的挑战。快速交付并不意味着可以忽视软件质量的保障。相反,质量应当贯穿于开发的每一个环节,从需求定义到最终交付。

在这一背景下,现代技术的进步,尤其是人工智能(AI)和大模型的应用,为软件测试带来了前所未有的机遇。AI 驱动的测试工具能够帮助我们生成验收标准,生成测试用例或测试脚本,快速识别潜在缺陷,并提供智能化的缺陷分析。这不仅提高了测试的效率,还能在早期阶段发现问题,从而降低后期修复的成本。

因此,本章中将深入探讨如何通过有效的测试策略和先进的技术手段,保障软件质量。我们将分析不同类型的测试方法,探讨如何利用 AI 和大模型优化测试流程,并确保软件在快速迭代中保持高质量标准。通过这些新兴技术的赋能,软件开发团队能够更好地应对复杂的质量挑战,实现高效、可靠的软件交付。

6.1 深入理解软件质量

在软件开发过程中,软件质量是确保产品成功的关键因素之一。随着技术的不断进步和用户需求的日益复杂,理解软件质量及其相关属性变得尤为重要。软件质量不仅是指软件是否能够正常运行,更涵盖了多个维度,包括功能性、性能、安全性、可维护性和易用性等质量属性。这些属性共同构成了软件质量特性,影响着用户的使用体验和软件的整体可靠性。因此,在深入理解软件质量的过程中,需要全面考虑这些质量属性如何相互作用,以及它们在软件生命周期中的重要性。通过对软件质量的深入探讨,能够更好地识别和解决潜在问题,从而提升软件的质量和用户满意度。接下来,将详细分析这些概念,理解软件质量,从而为软件测试和质量保证打下坚实的基础。

6.1.1 什么是质量

随着社会生产力的进步和人们认识水平的不断深化,人们对质量的需求不断提高,对质量概念的认识也在不断地更新和发展。

1. 符合性质量的概念

在 20 世纪,传统的质量概念基本上是指产品性能是否符合技术规范,也就是将产品的质量特性与技术规范(包括性能指标、设计图纸、验收技术条件等)相比较。如果质量特性处于规范值的容差范围内,即为合格产品或质量高的产品;如果超出容差范围,即为不合格产品或次品,这就是所谓的"门柱法"(Goalpost),亦即符合性质量控制。符合性质量是最初的质量观念,即能够满足国家或行业标准、产品规范的要求[1]。

它以"符合"现行标准的程度作为衡量依据。"符合标准"就是合格的产品质量,"符合"的程度反映了产品质量的一致性。这是长期以来人们对质量的定义,认为产品只要符合标准,就满足了客户需求。"规格"和"标准"有先进和落后之分,过去认为是先进的,现在可能是落后的。落后的标准即使百分之百地符合,也不能认为是质量好的产品。同时,"规格"和"标准"不可能将客户的各种需求和期望都规定出来,特别是隐含的需求与期望。

2. 适用性质量的概念

在工业发展的初期,产品技术含量低、结构简单,符合性质量控制可以发挥其重要的质量把关作用,但对于高科技和大型复杂的产品,符合性质量控制已不能满足质量管理的要求。于是世界著名的美国质量管理大师朱兰(Joseph M. Juran)提出了产品的质量就是适用性(Fitness for Use)的观点。所谓适用性就是产品在使用过程中满足客户要求的程度。适用性质量的定义:让客户满意,不仅满足标准、规范的要求,而且满足客户的其他要求,包括隐含要求。

它是以适合客户需要的程度作为衡量的依据。从使用角度定义产品质量,认为产品的质量就是产品"适用性",即"产品在使用时能成功地满足客户需要的程度"。"适用性"的质量概念,要求人们从"使用要求"和"满足程度"两个方面去理解质量的实质。

质量从"符合性"发展到"适用性",使人们对质量认识逐渐**把客户的需求放在首位,也就是说,质量是相对客户而存在的**。客户对所消费的产品和服务有不同的需求和期望,意味着提供产品的组织需要决定服务于哪类客户,是否在合理的前提下所做的每一件事都能满足或都是为了满足客户的需要和期望。

3. 广义质量的概念

朱兰博士对质量的定义逐渐演变为国际标准化的定义。国际标准化组织总结质量的不同概念加以归纳提炼,并逐渐形成人们公认的名词术语,既反映了要符合标准的要求,也反映了要满足客户的需要,综合了符合性和适用性的含义。

ISO 9000:2015 中关于质量的定义:"质量"被描述为"满足要求的程度"。这一定义强调了质量与客户要求(需求和期望)之间的关系,指出质量不仅是产品或服务的特性,还包括其是否能够满足用户的具体需求和标准。这种定义使得质量管理的重点转向了客户满意度和持续改进,鼓励组织在其质量管理体系中关注客户的期望和反馈,以提升整体质量水平。

IEEE 在 *Standard Glossary of Software Engineering Terminology* **中给出的质量定义和 ISO 9000:2015 非常接近**,即质量是系统、部件或过程满足:

(1) 明确需求;

(2) 客户或用户需要或期望的程度不同。

在统一过程模型(Rational Unified Process,RUP)中,质量被定义为

(1) 满足或超出认定的一组需求,并

(2) 使用经过认可的评测方法和标准来评估,还

(3) 使用认定的流程来生产。

因此,质量不是简单地满足用户的需求,还得包含确定证明质量达标所使用的评测方法和标准,以及如何实施可管理、可重复使用的流程,以确保由此流程生产的产品已达到预期的质量水平。

在质量管理体系所涉及的范畴内,组织的相关方对组织的产品、过程或体系都可能提出要求。而产品、过程和体系又都具有固有特性,因此,质量不仅指产品质量,也可指过程和体系的质量。这就提出了"广义质量"的概念,**广义的质量要求产品的质量以及开发这种产品的过程、组织和管理体系的质量**。朱兰博士将广义质量概念与狭义质量概念做了比较,如表 6-1 所示。

表 6-1　广义质量概念与狭义质量概念的对比

主　题	狭义质量概念	广义质量概念
产品	有形制成品(硬件)	硬件、软件、服务和研发流程
过程	直接与产品制造有关过程	包括制造核心过程、销售支持性过程等的所有过程
产业	制造业	各行各业:制造、服务、政府等,营利或非营利
质量被看成	技术问题	经营问题
客户	购买产品的客户	所有有关人员,无论是内部还是外部
如何认识质量	基于职能部门	基于普遍适用的朱兰三部曲原理
质量目标体现在	工厂的各项指标中	公司经营计划承诺和社会责任
劣质成本	与不合格的制造品有关	无缺陷使成本总和最低
质量的评价主要基于	符合规范、程序和标准	满足客户的需求
改进是用于提高	部门业绩	公司业绩
质量管理培训	集中在质量部门	全公司范围内
负责协调质量工作	中层质量管理人员	高层管理者组成的质量委员会

从哲学角度说,量的积累才可能产生质的飞跃,量是过程(过程品)的累积,不断增加并完善过程,最终实现质的飞跃。当满足一定需求时,即达到基本的质量要求,而满足需求的程度指的即是质量的优劣。

6.1.2　软件质量属性

虽然软件质量具有质量的一些基本属性或特性,如正常使用全部所需的功能、功能强大且易用、好用,但其具体内涵是不同的,而且软件质量还必须认真地考虑安全性、扩充性和可维护性等。例如安全性,除了数据存储安全、备份等要求之外,用户的数据还需要受保护,通过设定系统合理的、可靠的系统和数据的访问权限,防止一些不速之客的闯入和黑客的攻击,以避免数据泄密和系统瘫痪,包括政府系统、银行系统、信用卡系统、军事系统等,对安全性都有非常高的要求。

GB/T25000 系列国家标准,把软件质量分为产品质量和使用质量,而之前的内部质量、外部质量并入产品质量中,但是我们认为适当区分内部质量和外部质量还是有现实意义的,更好地理解质量是如何慢慢形成的,也有利于质量的度量和治理。内部质量、外部质量、产品质量、使用质量之间(相互依赖)的关系,如图 6-1 所示,内部质量影响外部质量,外部质量影响使用质量,而使用质量依赖于外部质量,外部质量依赖于内部质量。

(1)内部质量需求从产品的内部视角来规定要求的质量级别,内部质量是针对内部质

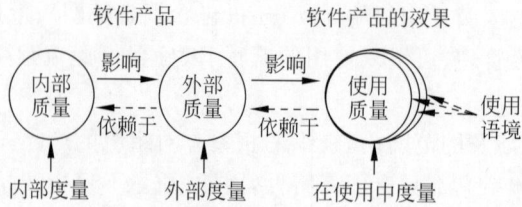

图 6-1　内部/外部质量(产品质量)、使用质量之间的关系

量需求被测量和评价,是基于内部视角的软件产品特性的总体。内部质量可以追溯到代码内部,纯内部质量包括需求的可追溯性、软件规模、代码的圈复杂度、软件信息流复杂度、代码耦合性、数据耦合性、模块化、变量命名、程序规范性等。内部质量需求可用作不同开发阶段的确认目标,也可以用于开发期间定义开发策略以及评价和验证的准则。

(2) 外部质量需求从外部视角来规定要求的质量级别,包括用户质量要求派生的需求。外部质量是基于外部视角的软件产品特性的总体,即当软件执行时,典型的是在模拟环境中用模拟数据测试时,使用外部度量所测量和评价的质量。外部质量需求用作不同开发阶段的确认目标,外部质量需求应在质量需求规格说明中用外部度量加以描述,宜转换为内部质量需求,而且在评价产品时应该作为准则使用。

(3) 使用质量是在了解内部质量和外部质量的基础上,对每个开发阶段的最终软件产品的各个使用质量的特性加以估计或预测的质量。使用质量是基于用户观点的软件产品用于指定的环境和使用语境(上下文)时的质量,即用户在特定环境中能达到其目标的程度,而不是软件自身的属性,虽然依赖这些自身的属性(外部质量和内部质量)。不同用户的要求和能力间存在着差别,以及不同硬件和支持环境间有差异,用户仅评价那些用于其任务的软件属性。

现在外部质量和内部质量合并为产品质量,包含软件的功能适应性、效率、兼容性、易用性、可靠性、安全性、可维护性和可移植性等,如图 6-2 所示。用户质量可通过使用质量和产品质量的度量,来定量地评估软件质量。通常采用迭代的软件开发方法,不断获得用户的反馈,从而持续交付给用户满意的产品。

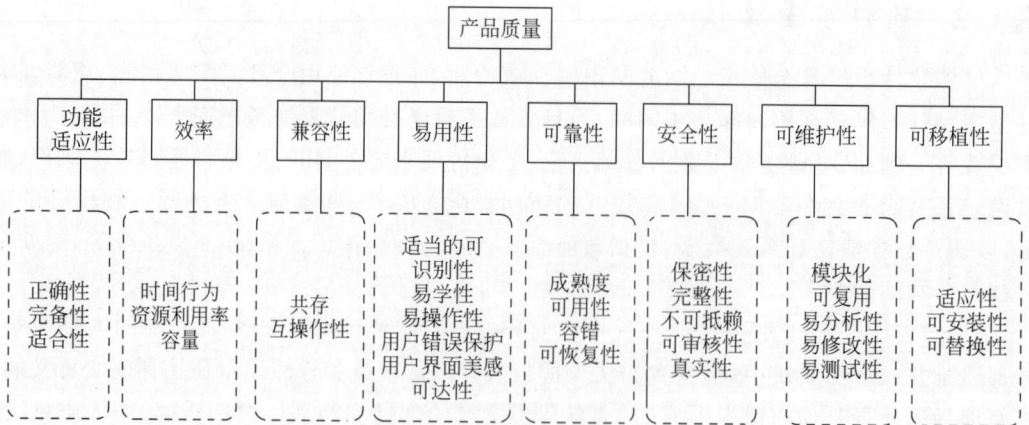

图 6-2　产品质量模型

软件系统的可靠性和性能是相互关联的,更确切地说是相互影响的,高可靠性可能降低

性能,如数据的复制备份、重复计算等可以提高软件系统的可靠性,但在一定程度上降低了系统的性能。又如,一些协同工作的关键流程要求快速处理,达到高性能,而这些关键流程可能是单点失效设计,其可靠性是不够的。

软件系统的安全性和可靠性一般是一致的,安全性高的软件,其可靠性也要求相对高,因为任何一个失效,可能造成数据的不安全。一个安全相关的关键组件,需要保证其可靠,即使出现错误或故障,也要保证代码、数据被存储在安全的地方,而不能被不适当地使用和分析。但软件的安全性和其性能、适用性会有些冲突,如加密算法越复杂,其性能可能会越低;或者对数据的访问设置种种保护措施,包括用户登录、口令保护、身份验证、所有操作全程跟踪记录等,必然在一定程度上降低了系统的适用性。

增强软件系统的安全性是完全必要的,特别是对一些数据敏感的系统(即前面所说的银行系统、信用卡系统、军事系统等)。增强系统的可靠性也是人们希望的,有时甚至是必要的。总之,对软件系统的设计,不仅要考虑功能、性能和可靠性等的要求,而且在可靠性、安全性、性能、适用性等软件质量特性方面达到平衡也是非常重要的。

从 ISO/IEC 25000 标准看,软件测试还要关注使用质量,如图 6-3 所示。在使用质量中,不仅包含基本的功能和非功能特性,如功能(有效、有用)、效率(性能)、安全性等,还要求用户在使用软件产品过程中获得愉悦,对产品信任,产品也不应该给用户带来经济、健康和环境等风险,如游戏软件不应该含有暴力、色情内容,而且不断提醒用户,长时间玩游戏有害于健康,并能处理好业务的上下文关系,覆盖完整的业务领域。

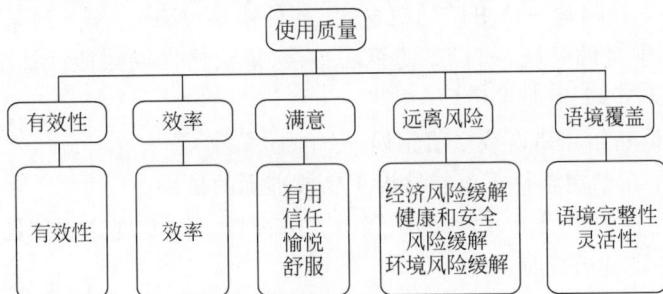

图 6-3　使用质量的属性描述

6.1.3　软件缺陷:质量的对立面

软件缺陷(Defect),常常又被叫作"Bug(臭虫)",见本节后面的故事。人们在日常使用软件的经历中,也有这样一些体验:在使用一个新软件时,弹出错误提示窗口;在使用浏览器时,打开几个网页之后,浏览器崩溃了;访问某个网站时,速度很慢,但同时访问其他网站时,速度还正常,说明不是网络连接问题,而是那个网站的性能问题。所有这些,都是软件缺陷的例子。那么什么是软件缺陷?

软件缺陷是计算机系统或者程序中存在的任何一种破坏正常运行能力的问题或错误,或者隐藏的功能缺陷或瑕疵。缺陷会导致软件产品在某种程度上不能满足用户的需要。IEEE Standard 14764 定义"缺陷"为"在软件产品中导致其未能满足要求或期望的任何缺陷或不一致之处"。这一定义强调了缺陷不仅仅是代码中的错误,还包括任何导致软件未能达到用户需求或规格的因素。再回想到之前质量被定义为"满足要求的程度",因此说明缺陷是质量对立面,一切违背质量之处都是缺陷。软件缺陷就是软件产品中所存在的问题,最终表现为用户所需要的功能没有完全实现,没有满足用户的需求。

软件缺陷表现的形式有多种,不仅体现在功能的失效方面,还体现在其他方面,例如:

- 功能、特性没有实现或部分实现。
- 设计不合理,存在缺陷。
- 实际结果和预期结果不一致。
- 没有达到产品规格说明书所规定的特性、性能指标等。
- 运行出错,包括运行中断、系统崩溃、界面混乱。
- 数据结果不正确、精度不够。
- 用户不能接受的其他问题,如存取时间过长、界面不美观。
- 硬件或系统软件上存在的其他问题。

但为了更好地判断某些问题是否是缺陷,可以从以下两个层次来看待"缺陷"。

(1) 从产品内部看,软件缺陷是软件产品开发或维护过程中所存在的错误、毛病等各种问题。

(2) 从外部看,软件缺陷是系统所需要实现的某种功能的失效或违背。

软件错误往往导致系统某项功能的失效,或成为系统使用的故障。软件的故障、失效是指软件所提供给用户的功能或服务,不能达到用户的要求或没有达到事先设计的指标,在功能使用时中断、最后的结果,或得到的结果是不正确的。

相对而言,软件缺陷是一个更广的概念,而软件错误(Error)属于缺陷的一种——内部缺陷,往往是软件本身的问题,如程序的算法错误、语法错误或数据计算不正确、数据溢出等。对于软件错误,也可以列出不少。

- 数组和变量初始化错误或赋值错误。
- 算法错误:在给定条件下没能给出正确或准确的结果。
- 语法错误:一般情况下,对应的编程语言编译器可以发现这类问题;对于解释性语言,只能在测试运行时发现。
- 计算和精度问题:计算的结果没有满足所需要的精度。
- 系统结构不合理、算法不科学,造成系统性能低下。
- 接口参数传递不匹配,导致模块集成出现问题。
- 文字显示内容不正确或拼写错误。
- 输出格式不对或不美观等。

软件缺陷的产生主要是由软件产品的特点和开发过程决定的。如软件的需求经常不够明确,而且需求变化频繁,开发人员不太了解软件需求,不清楚应该"做什么"和"不做什么",常常做不符合需求的事情,产生的问题最多。同时,软件竞争非常厉害,技术日新月异,使用新的技术,也容易产生问题。而且对于不少软件企业,"争取时间上取胜"常常是其主要市场竞争策略之一,"尽快交付功能"常常被认为比"质量"更重要,导致日程安排很紧,需求分析、设计等投入的时间和精力远远不够,也是产生软件错误的主要原因之一。

软件错误产生的原因可能还有其他一些原因,例如,软件设计文档不清楚,文档本身就存在错误,导致使用者产生更多的错误。还有沟通上的问题、开发人员的态度问题以及项目管理问题等。《微软开发者成功之路(之一)》概括为有以下 7 项主要原因。

- 项目期限的压力。
- 产品的复杂度。
- 沟通不畅。
- 开发人员的疲劳、压力或受到干扰。
- 缺乏足够的知识、技能和经验。
- 不了解客户的需求。
- 缺乏动力。

所以，软件质量保障之路任重道远，从人员、流程、技术等多个维度考量，构建出有效的质量保障体系，例如，能"招到好人、培养好人、使用好人"的制度，组织上建立有效的流程并持续改进，同时团队能够遵守流程、紧密协作，每个人具有很强的质量意识和责任心，能够做好自己的事情等，从而才能保障质量。

🔘 故事

这是一个真实的故事，故事发生在 1945 年 9 月 9 日，一个炎热的下午。当时的机房是一间第一次世界大战时建造的老建筑，没有空调，所有窗户都敞开着。Grace Hopper（第一个程序语言编译器的开发人员，后来成为海军少将）正领导着一个研究小组夜以继日地工作，研制一台称为"MARK Ⅱ"的计算机，它使用了大量的继电器（电子机械装置，那时还没有使用晶体管），一台不是纯粹的电子计算机。突然，MARK Ⅱ死机了。研究人员试了很多次还是启动不了，然后就开始用各种方法找问题，看问题究竟出现在哪里，最后定位到板子F 第 70 号继电器出错。Hopper 观察这个出错的继电器，惊奇地发现一只飞蛾躺在中间，已经被继电器打死。她小心地用镊子将蛾子夹出来，用透明胶布贴到"事件记录本"中，并注明"第一个发现虫子的实例"，然后计算机又恢复了正常。从此以后，人们将计算机中出现的任何错误戏称为臭虫（Bug），而把找寻错误的工作称为"找臭虫"（Debug）。Hopper 当时所用的记录本，连同那个飞蛾，一起被陈列在美国历史博物馆中，如图 6-4 所示。

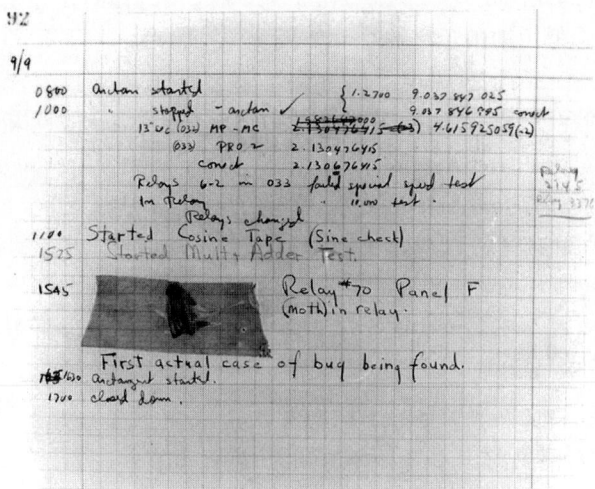

图 6-4　陈列在美国历史博物馆的记录本和飞蛾
（来源：Department of the Navy，Navy Historical Center，Washington，DC）

6.2 软件质量工程体系

在建立软件质量工程体系之前,需要先理解质量管理的基本概念和质量管理体系,然后基于质量管理体系的思想,结合软件本身的特点、系统工程思想、软件研发实践经验等,来建立软件质量工程体系,从而全面保障软件质量。

6.2.1 传统的质量管理体系

在软件质量管理的框架中,以下几个概念相互关联并共同构成了一个全面的质量管理体系。

(1) **软件质量控制**(SQC)主要关注通过检测和测量来确保软件产品符合既定的质量标准。它通常涉及软件测试,目的是发现和纠正缺陷,确保最终交付的产品满足用户需求和规格要求。SQC 是质量管理的基础,强调在产品交付前进行质量检查。

(2) **软件质量保证**(SQA)是一个更广泛的概念,涉及制定和实施过程和程序的标准,以确保软件开发过程的质量。SQA 不仅关注最终产品的质量,还关注整个开发过程的合理性和有效性。它包括制订质量保证计划、进行评审和审计等活动,确保所有开发活动符合相关标准和要求。

(3) **全面质量管理**(TQM)是一种管理理念,强调全员参与、全过程控制和全方位的质量管理。TQM 认为质量是企业生存的根本,倡导通过持续改进和预防措施来提升质量。它不仅关注产品质量,还关注组织内的每一个环节,强调团队合作和数据驱动的决策。在软件开发中,从需求开始,全过程把质量构建进去,确保需求质量、设计质量和代码质量,在第3~5 章中都有讨论。

(4) **缺陷预防**是指在软件开发的每个阶段实施根本原因分析,以识别和消除导致缺陷的根本原因。与传统的缺陷发现和修复方法不同,缺陷预防强调在开发过程中采取措施,防止缺陷的产生,从而降低后期的返工成本和时间。

(5) **零缺陷管理**是一种追求完美的质量管理理念,旨在消除缺陷,确保产品在交付时没有任何缺陷。它强调在设计和开发阶段就要考虑质量,倡导全员参与和持续改进,以实现零缺陷的目标。

这些概念之间存在着内在的联系,例如:

- 软件质量控制和软件质量保证是软件质量管理的基础,前者侧重于检测和修复,后者则关注过程的标准化和规范化。

- 全面质量管理整合了 SQC 和 SQA 的理念,强调全员参与和持续改进,形成一个系统的质量管理框架。

- 缺陷预防与零缺陷管理都是为了提升质量,前者侧重于在开发过程中识别和消除缺陷的根源,后者则是追求最终产品的完美,确保没有缺陷。

通过这些概念的结合,组织能够建立起一个有效的质量管理体系,提升软件产品的质量,满足用户的期望。

传统的质量管理体系能够帮助组织增强顾客满意,鼓励组织分析顾客要求,规定相关的过程,并使其持续受控,从而能够持续提供满足顾客要求的产品。

质量管理体系能提供持续改进的框架,以增加顾客和其他相关方满意的机会,即使质量管理过程成为一个持续改进的过程,这也是系统工程学的一个基本目标——有良好的反馈机制,即通过设定顾客满意度作为管理体系的质量目标,顾客的需求则是系统的约束条件,对系统中的资源再分配、质量功能调节等,以便寻求质量管理体系越来越优化的结构和功能。为了使组织有效地运行这个持续改进的过程,必须识别和管理许多相互关联和相互作用的过程,如图 6-5 所示,从而构成一个质量管理体系。

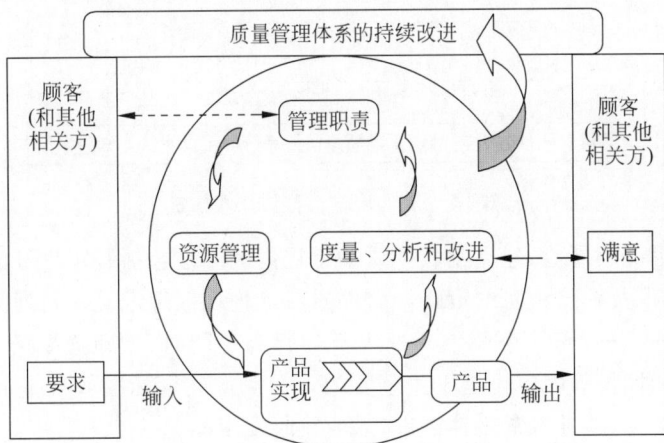

图 6-5 以过程为基础的质量管理体系

6.2.2 构建软件质量工程体系

我们参照质量管理体系,从工程的视角考虑软件开发流程、开发技术、项目管理等特点来构建软件质量工程体系,**即将软件质量管理视作一个系统,关注系统的输入、输出和外部环境,不断收集软件产品和过程的质量信息及其反馈,然后进行调控和优化。** 虽然在图 6-5 中,其输入只有客户及其相关方的需求,但在软件质量工程体系中,要关注软件项目的上下文,包括项目影响因素(如团队、预算、资源、进度、风险等)、软件产品自身特点(如行业、规模、采用的技术框架等)、软件研发环境(如组织、文化、软件开发的基础设施等)和团队已经掌握的软件研发方法和技术等。其输出是产品,对顾客有价值的功能特性或服务,让顾客及其相关方满意,同时还要考虑企业自身可持续的发展,如团队的发展、经验的积累,包括能及时减少或消除技术债务、提升产品的易维护性等,最终能够实现对软件质量进行全面、综合的系统性管理。

软件质量管理 依赖于组织的质量方针、软件质量标准和规范以及与之配套的培训体系、技术、工具、模板等,而事先定义质量标准与规范,建立良好的流程和培训体系,提供成熟的质量管理技术、工具和各种文档模板等,都是预防软件缺陷的产生,从这个意义上看,更多地体现了"软件质量保证",不过,有些技术、工具等是为了质量控制。而软件质量管理最终需要落实到项目上,因为软件产品的交付是由项目团队完成。在团队这一层更多体现质量控制,如研发团队中主要的质量活动是软件测试——属于事后检查,归为质量控制。但在项目中,也会进行过程评审、缺陷分析等活动,这些活动可以看作"质量保证"。正如 CMMI 提倡的组织、团队和个人这样的三个层次。这里将软件质量工程体系分为三个层次,如图 6-6 所示。

(1)软件质量保证主导的层次。 在软件质量方针的指导下,组织应选择或参考国际和

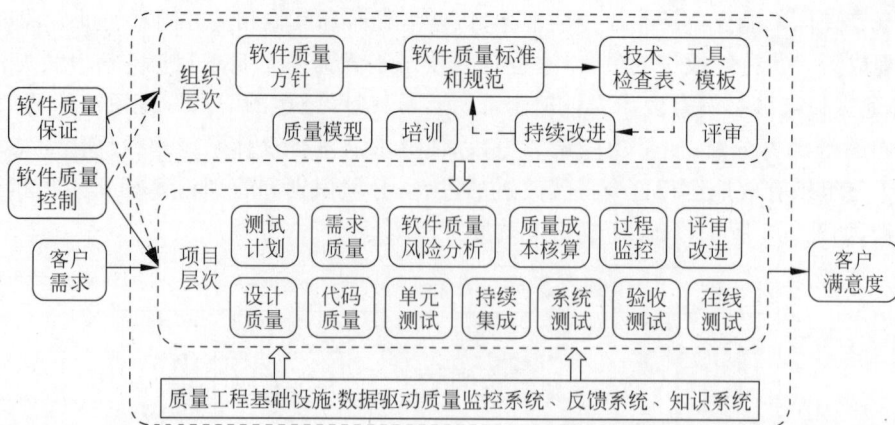

图 6-6　软件质量工程体系的层次

国内的软件质量标准和规范,建立其软件质量工程规范。这包括制定良好的研发流程、各种评审活动的准则,以及缺陷预防的策略。软件质量工程规范规定了一系列的质量活动,这些活动需遵循相应的流程,并约束软件开发人员的行为。同时,创建必要的软件质量管理技术、工具、检查表和模板等内容也是至关重要的。在执行质量标准或规范的过程中,首先要对全体员工进行培训,并进行常规性评审,以便及时发现问题并实施改进。持续改进是软件质量管理的永恒主题,可以借鉴相关的改进模型和国内外标准,从而不断优化已建立的软件质量工程规范。

(2) 软件质量控制主导的层次。在组织层次的软件质量保证基础上,需要加强项目的质量控制。依据软件质量工程规范和质量模型,重点做好软件测试、质量风险控制和过程监控等工作。通过分析影响质量的各种因素,识别潜在的质量风险并采取措施进行规避和控制。同时,过程监控应重点检查活动或阶段的入口和出口标准,以确保研发活动遵循相应的工程规范。在现代软件工程实践中,软件测试是质量控制的主要活动之一,涵盖整个生命周期,包括单元测试、集成测试、系统测试和验收测试。软件质量在很大程度上依赖于构建过程的有效性,这包括需求定义、设计以及代码质量的评估与审查。

(3) 质量工程基础设施相当于软件质量管理的平台,旨在优化软件质量的管理。与传统建筑、土木或机械工程不同,软件研发过程具有持续迭代、代码重构与复用、版本控制及配置管理等独特特性。因此,在质量工程中,如何适应快速迭代的需求以及及时获取用户反馈,是必须特别关注的方面。这就需要建立健全的软件质量工程基础设施。随着容器技术、云计算和数据可视化技术等软件技术的快速发展,可以利用这些技术提升软件研发质量管理的实时性、可视化程度和效率。同时,借助这样的平台,能够及时获得用户反馈,帮助我们迅速改进产品质量,使研发人员随时随地获取关于需求质量、设计质量、代码质量以及测试等方面的相关知识。

我们希望通过软件质量工程体系,清晰揭示质量方针、标准、策划、保证和控制之间的关系,使软件开发人员和质量管理人员明晰组织的质量框架及自身角色,并能与团队成员协同推进质量工作,以交付高质量产品。

质量目标通常较为抽象,因此需要基于产品质量模型,综合考虑影响软件质量的各种因素,并将质量目标分解为明确的具体指标。每个测试项目将根据这些指标的优先级进行筛选,确立相应的项目质量目标,从而指导质量计划和测试计划的制订。例如,明确软件质量指标及其影响因素后,可以针对性地制定对策,以消除或降低消极影响,或提升积极影响,进而提高软件质量。在整个研发过程中,执行质量计划和测试计划,并根据反馈持续调整,直到满足客户的需求。

如果无法定量确定软件产品和研发过程的质量属性,就无法设定可验证的质量目标,质量目标的实现也无从验证。从系统方法论的角度来看,系统工程学融合了结构、功能和历史方法。软件质量工程体系不仅涵盖质量管理系统的结构分析和质量功能展开,还基于历史数据建立质量预测模型,如软件可靠性评估,因此能有效管理软件质量风险。软件质量目标的定义、验证和预测模型均以软件度量为基础。由于软件是数字化产品,易于度量,这使得在质量管理体系的实施、控制和优化中,软件度量扮演着关键角色。通过软件度量,我们能够优化质量结构和组织功能,提高软件开发过程的协调性和管理能力,持续改进开发过程,确保按质按量完成项目,实现软件质量目标。

概括起来,我们从系统工程学、软件工程理论出发,沿着逻辑推理的路径,对软件质量的客户需求、影响软件的质量因素、质量功能结构、问题根源等进行分析,以建立积极的质量文化、构造软件质量模型,基于这些模型研究相应的软件质量标准和软件质量管理规范,并配以相对应的质量分析技术、工具等,把质量控制、质量保证和质量管理有效地集成在一起,降低质量成本和质量风险,从而系统地解决软件质量问题,形成质量管理工程体系(SQES),如图 6-7 所示。

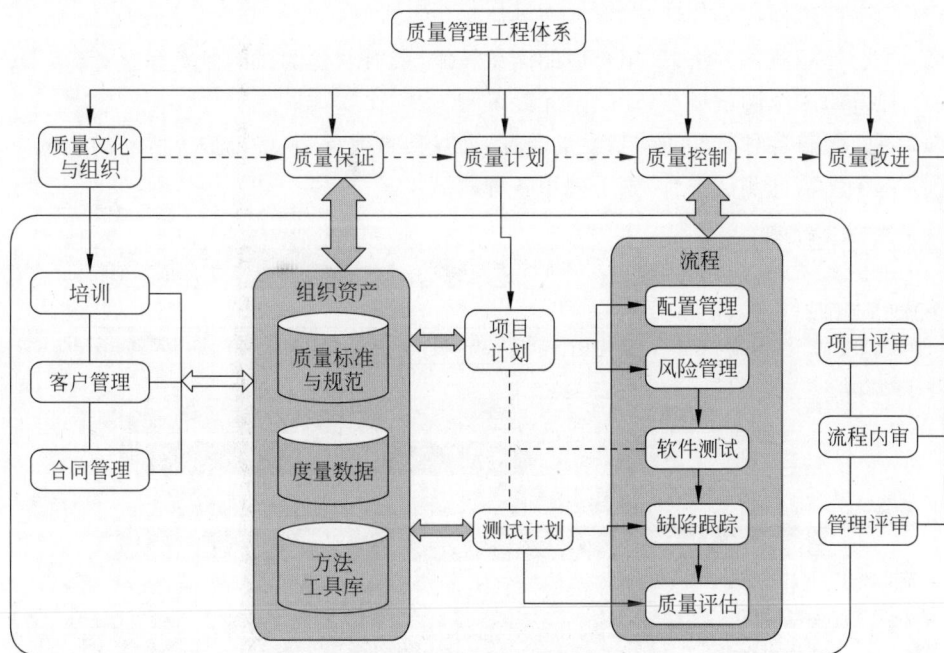

图 6-7　软件质量工程体系及其构成

6.2.3　根据上下文定制 SQES

软件质量工程体系处在不同的行业、不同的公司的软件研发环境之上,一般会具有行业特点、公司文化和组织行为模式等影响。这种影响有多大,会产生怎样的影响? 这里所说的行业特点、公司文化和组织行为模式等，可以理解为建立软件质量工程体系的上下文，上下文因素可能不局限这几个方面，还可能包括以下几方面。

- 组织规模：大型、中小型企业。
- 企业性质：国企、民企或外企等。
- 研发流程：如敏捷开发、精益开发、瀑布模型等。
- 产品类型：如性命攸关系统、使命攸关系统、一般商业系统。
- 团队能力、地域等。

上面已建立了一个通用的软件质量工程体系(SQES)，如图 6-7 所示，如何根据上下文来定制适合自己组织的 SQES？综合考虑这些上下文因素，分析哪些因素会比较显著地影响软 SQES，哪些因素影响很弱，分析哪些因素会产生积极影响、哪些因素会产生负面影响，其实简单也不简单。例如，大型组织比较复杂，更需要严格的、全面的制度和流程来提供质量保证，而小型企业可以更灵活些，更多地依赖团队沟通、协作来提高质量。技术能力强的团队，可以加强软件质量管理的基础设施的建设，通过持续集成、实时监控系统来更好地控制质量、快速提供质量反馈。

在工业界，一方面强调构建高质量的需求、设计和代码，加强业务需求评审、系统需求评审、架构设计评审、组件设计评审等；另一方面，通过构建软件测试体系来保证质量、控制质量。图 6-8 展示了 IBM 公司的软件质量工程体系，分为以下 6 个层次。

(1) 建立适合自己的、先进的软件开发流程。

(2) 加强阶段性成果的评审，保证产品质量。

(3) 综合运用测试方法，采用合适的测试技术，提升软件测试的效率和质量。

(4) 抓好每一个测试环节，让缺陷无处藏身。

(5) 不仅覆盖各种软件质量特性的验证，而且覆盖业务、软件维护等所需的测试。

(6) 部署所需的测试平台，善于使用各种测试工具。

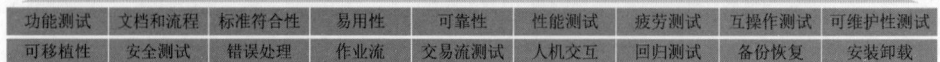

图 6-8　IBM 公司的软件质量工程体系

埃森哲(Accenture)公司根据测试左移的质量方针构建自己的软件质量工程体系，如图 6-9 所示。在整个软件开发生命周期中分为前期和后期，前期重心放在"缺陷预防"上，推动软件自身的构建质量升级,基于测试准则分析为早期阶段提供有建设性的输入,推荐更优秀的研发实践。而后期重心放在"软件测试"上,驱动团队尽早发现缺陷,并根据缺陷分析、测试过程评估和测试结果分析,不断提高测试覆盖率,更好地保证测试的充分性。在研发过程中,将质量融入测试的每一个环节,强调计划性、规范性、可管理性,具体体现在以下几个方面。

- 计划性:质量管理计划、需求计划、环境计划、测试计划等。
- 规范性:研发过程标准化、测试过程标准化、准则标准化、测试入口准则、测试退出准则、测试服务水平 SLAs。
- 可管理性:需求跟踪矩阵、变更管理、版本控制、发布管理、风险管理、测试管理、测试度量集成、持续评估、及时总结和报告等。

同时,强调借助工程技术来更好地支撑软件质量的建设,包括需求和设计转化、低耦合架构、持续集成、自动部署、自动化测试等。

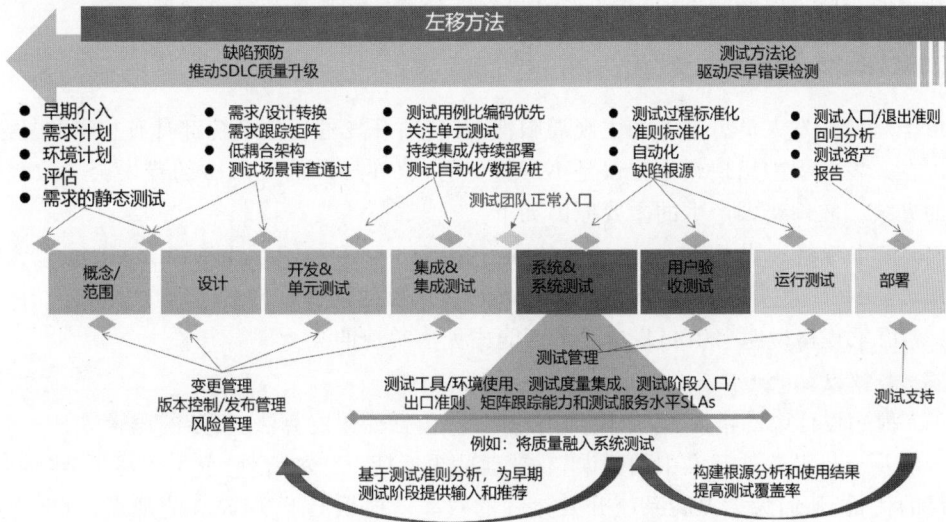

图 6-9　埃森哲公司的软件质量工程体系

6.3　软件测试目标、原则和类型

在《全程软件测试(第 3 版)》第 1 章中,从不同的视角给出了软件测试的不同定义,从而可以帮助我们全面了解什么是软件测试。我们不能仅知道"软件测试是软件质量保障的重要手段""测试就是发现错误而执行程序的过程",还要知道:

- 检查软件产品是否符合设计要求,即验证(Verify)软件产品需求、设计和实现的一致性。
- 确认(Validate)软件是否满足用户的实际需求。
- 上面两者的组合:验证和确认(Verification & Validation,V&V)。
- 狭义的软件测试:动态测试——运行程序而进行的测试,测试只是编程之后的阶段,属于对软件测试比较落后的认知。

- 广义的软件测试：动态测试＋静态测试，将需求评审、设计评审、代码评审（含代码的静态分析）等也纳入软件测试工作之中，需求、设计、代码是阶段性产品，也是软件测试的对象。
- 基于测试预言（Test Oracle）的认知：软件测试是对已知的检测和对未知的实验。
- 基于批判性思维，软件测试就是测试人员不断质疑被测系统的过程，适合探索式测试场景。
- 基于质量的认知：对软件产品质量的全面评估，并提供软件产品质量信息，适合验收测试场景。
- 基于质量风险的认知：软件测试就是不断揭示软件产品的质量风险，适合敏捷研发环境。
- 基于经济的认知，软件测试就是通过投入较低的保障性成本来降低劣质成本，帮助企业获得利润。

在全面理解了软件测试之后，下面就讨论软件测试的目标和测试类型。

6.3.1 软件测试目标

由于软件开发人员思维上的主观局限性，且目前开发的软件系统都具有相当的复杂性，决定了在开发过程中出现软件错误是不可避免的，软件过多的或严重的错误会导致程序或系统的失效。软件错误产生的主要原因如下。

（1）需求规格说明书（Requirement Specification or Functional Specification）包含错误的需求，或漏掉一些需求，或没有准确表达客户所需要的内容。

（2）需求规格说明书中有些功能不可能或无法实现的。

（3）系统设计（System Design）中的不合理性。

（4）程序设计中的错误、程序代码中的问题，包括错误的算法、复杂的逻辑等。

若能及早排除软件开发中的错误，有效地减少后期工作的麻烦，就可以尽可能地避免付出高昂的代价，从而大大提高系统开发过程的效率。根据 G. J. Myers 的观点，对软件测试的目的可以简单地概括如下。

（1）软件测试是为了发现错误而执行程序的过程。

（2）一个好的测试能够在第一时间发现程序中存在的错误。

（3）一个好的测试是发现了至今尚未发现的错误的测试。

软件测试的目标，就是为了更快、更早地将软件产品或软件系统中所存在的各种问题找出来，并促进开发人员尽快地解决这些问题，最终及时地向客户提供一个高质量的软件产品，包括软件的正确性、效率、可适用性、维护性、可扩充性、安全性、可靠性、系统性能、系统容量、可伸缩性、服务可管理性、兼容性等，使软件系统更好地满足用户的需求。概括起来，软件测试的目标如下。

- **尽发现问题**：软件测试的首要目标是尽早识别软件产品或系统中的缺陷和问题，以便开发人员能够及时修复，降低后期修复成本。
- **保障软件质量**：测试旨在确保软件在多个维度上达到高质量标准，包括正确性、效率、可维护性、安全性和可靠性等，以满足用户的需求和期望。所以，对质量的理解很重要，这是测试的基础。

- **满足用户需求**：最终目标是确保软件系统能够有效满足用户的需求，提供良好的用户体验，从而提升客户满意度。所以，要从客户、用户角度出发来进行测试。
- **支持持续改进**：通过测试结果的分析，识别改进机会，推动软件开发过程的优化，确保在未来的版本中进一步提升质量。
- **降低风险**：通过系统的测试活动，识别和控制潜在的质量风险，确保软件在实际使用中的稳定性和安全性。
- **促进团队协作**：测试活动不仅是发现问题的过程，也是促进开发团队与质量管理团队之间沟通与协作的机会，提升大家对质量的认知和意识，以共同提升产品质量。

6.3.2　软件测试的分类

分类取决于分类的方法和坐标，对于软件测试，可以从不同的角度加以分类。软件测试可以根据测试方法进行分类，也可以根据测试的层次（对象）、测试的目标（质量属性或质量特性）进行分类[3]，如图 6-10 所示。通过分类，使大家了解软件测试的全貌，对软件测试有一个完整的认识。

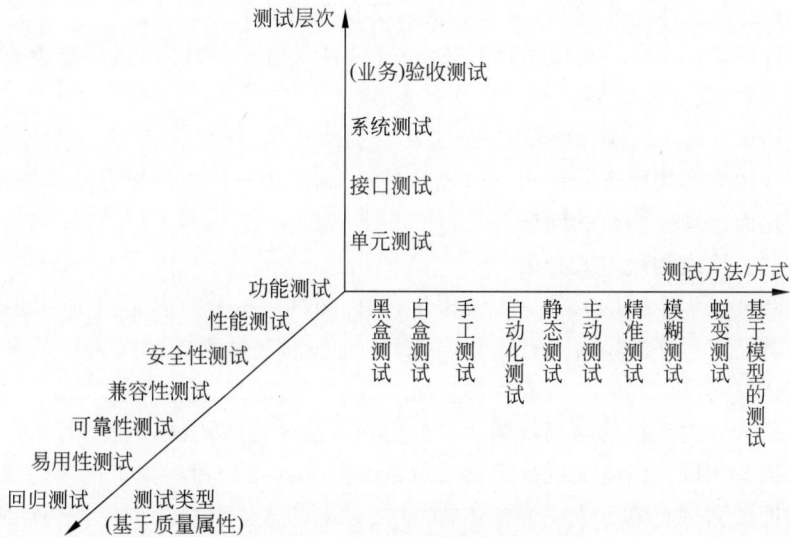

图 6-10　软件测试的三维空间

1. 按测试层次分

可以分为 4 个层次，参见 1.2.2 节对 V 模型的阐释。

（1）（代码/函数/类）底层测试：单元测试。

（2）接口层次：集成测试，完成系统内单元之间接口和单元集成为一个完整系统的测试。

（3）系统层次：系统测试，针对已集成的软件系统进行测试。

（4）用户/业务层次：验收测试，验证是否是用户真正所需要的产品特性，验收测试关注用户环境、用户数据，而且用户也参与测试过程中。

2. 按质量属性或测试目的分类

也可以称为"**测试类型**"，分为功能测试、性能测试、安全性测试和兼容性测试、可靠性测试、易用性测试等,这是基于软件产品质量模型(如图 6-2 所示)来设定的,而且测试的总体目标也可以分解为不同测试类型的子目标,通过子目标的实现最终达成测试总体目标。

- 功能测试,也称为正确性测试,验证每个功能是否按照事先定义的要求那样正常工作。

- 性能测试:评测与分析在不同负载(如并发用户数、连接数、请求数据量等)条件下的系统运行情况、性能指标等。压力测试也可以算作性能测试,侧重在高负载、极限负载下的系统运行情况,以发现系统不稳定、系统性能瓶颈、内存泄漏、CPU 使用率过高等问题。

- 安全性测试:测试系统在应对非授权的内部/外部访问、故意损坏时的系统防护能力。

- 兼容性测试:测试在系统不同运行环境(网络、硬件、第三方软件等)下的实际表现。

- 可靠性测试:检验系统是否能保持长期稳定、正常地运行,如确定正常运行时间,即平均失效时间(Mean Time Between Failures,MTBF)。可靠性测试包括健壮性测试和异常处理测试。可恢复性测试也可被归为可靠性测试,侧重在系统崩溃、硬件故障或其他灾难发生之后,重新恢复系统和数据的能力测试。

- 易用性测试:也称为用户体验测试,检查软件是否容易理解、使用是否方便和流畅、界面美观、交互友好等。

- 回归测试:为保证软件中新的变化(新增加的代码、代码修改等)不会对原有功能的正常使用有影响而进行的测试。也就是说,满足用户需求的原有功能不应该因为代码变化而出现任何新的问题。

3. **按测试方法或测试方式分类**

- 根据测试过程中被测软件是否被执行,软件测试可被分为静态测试和动态测试。动态测试是在程序或系统运行时进行测试,而静态测试无须运行程序或系统,如需求评审、设计评审、代码评审或代码分析。

- 根据是否针对系统的内部结构和具体实现算法来完成测试,软件测试可分为白盒测试和黑盒测试。白盒测试是需要了解系统的内部结构和具体实现来完成测试,黑盒测试把被测试对象看成一个整体,关注其外部的输入/输出、周围条件和限制。

- 按照测试是否由软件工具来完成测试工作分为手工测试和自动化测试。其中,手工测试是指通过测试人员手工操作来完成软件测试工作的方法;而自动化测试是通过计算机运行测试工具和测试脚本自动完成软件测试工作的方法。

- 精准测试:结合代码依赖性分析、测试覆盖率分析,基于受影响的代码进行精准的范围划定而进行最优化的回归测试。

- 模糊测试:基于模糊控制器生成数据或基于数据变异算法进行的半随机的测试,比随机测试更有效率。

- 蜕变测试是一种用来缓解"测试准则问题"的软件测试技术,从而对给出的可能缺乏预期输出的原始(源)测试用例,一个或多个用来验证系统或待实现函数的必要属性(称为蜕变关系)的后续测试用例可以被构造出来。

- 基于模型的测试(Model-based Testing,MBT)是先基于需求分析构建出测试模型,然后基于模型生成相应的测试数据或测试用例,是比较彻底的自动化测试。

6.3.3　测试的原则

原则是最重要的,方法应该在这个原则指导下进行。软件测试的基本原则是站在用户的角度,对产品进行全面测试,尽早、尽可能多地发现 Bug,并负责跟踪和分析产品中的问题,对不足之处提出质疑和改进意见。零缺陷(Zero-Bug)是一种理念,足够好(Good-Enough)是测试的基本原则。

在软件测试过程中,应注意和遵循的具体原则,可以概括为以下 10 项。

(1) **所有测试的标准都是建立在用户需求之上。** 软件测试的目标就是验证产品的一致性和确认产品是否满足客户的需求,所以测试人员要始终站在用户的角度去看问题,去判断软件缺陷的影响,系统中最严重的错误是那些导致程序无法满足用户需求的缺陷。

(2) **软件测试必须基于"质量第一"的思想去开展各项工作。** 当时间和质量冲突时,时间要服从质量。质量的理念和文化(如零缺陷的"第一次就把事情做对")同样是软件测试工作的基础。

(3) **事先定义好产品的质量标准。** 有了质量标准,才能依据测试的结果对产品的质量进行正确的分析和评估。例如,进行性能测试前,应定义好产品性能相关的各种指标。同样,测试用例应确定预期输出结果,如果无法确定测试结果,则无法进行校验。

(4) **软件项目一启动,即开始软件测试,** 而不是等程序写完,才开始进行测试。在代码完成之前,测试人员要参与需求分析、系统或程序设计的审查工作,而且要准备测试计划、测试用例、测试脚本和测试环境,测试计划可以在需求模型一完成就开始,详细的测试用例定义可以在设计模型被确定后开始。应当把"尽早和不断地测试"作为测试人员的座右铭。

(5) **穷举测试是不可能的。** 一个大小适度的程序,其路径排列的数量也非常大,因此,在测试中不可能运行路径的每一种组合。然而,充分覆盖程序逻辑,并确保程序设计中使用的所有条件是有可能的。

(6) **第三方进行测试会更客观、更有效。** 程序员应避免测试自己的程序,为达到最佳的效果,应由第三方来进行测试。测试是带有"挑剔性"的行为,心理状态是测试自己程序的障碍。同时,对于需求规格说明的理解产生的错误也很难在程序员本人测试时被发现。

(7) **软件测试计划是做好软件测试工作的前提。** 所以在进行实际测试之前,应制订良好的、切实可行的测试计划并严格执行,特别要确定测试策略和测试目标。

(8) **测试用例是设计出来的,不是写出来的,** 所以要根据测试的目的,采用相应的方法去设计测试用例,从而提高测试的效率,更多地发现错误,提高程序的可靠性。除了检查程序是否做了应该做的事,还要看程序是否做了不该做的事;不仅应选用合理的输入数据,对于非法的输入也要设计测试用例进行测试。

(9) **不可将测试用例置之度外,排除随意性。** 特别是对于做了修改之后的程序进行重新测试时,如不严格执行测试用例,将有可能忽略由修改错误而引起的大量的新错误。所以,回归测试的关联性也应引起充分的注意,有相当一部分最终发现的错误是在早期测试结果中遗漏的。

(10) **对发现错误较多的程序段,应进行更深入的测试。** 一般来说,一段程序中已发现的错误数越多,其中存在的错误概率也就越大。错误集中发生的现象,可能和程序员的编程水平和习惯有很大的关系。

6.4 智能测试分析与计划

从工程过程看,传统测试过程经过需求评审、设计评审、单元测试、集成测试、系统测试、验收测试;而从软件测试的自身工作来看,经过测试需求分析、测试计划、测试设计(测试用例)与开发(真的很脚本)、测试执行和测试评估等这样一个过程,它不一定是一个单向序列的过程,可以理解为这些环节是存在的,其中一些环节会有交织、反复或持续的过程。

- **测试需求分析**:解决"测什么"的问题,即界定项目的测试边界,明确测试范围,然后针对这个测试范围进行分解,分解成测试项、测试点或测试场景等,并分析测试项的测试风险,确定测试策略和测试项的优先级。
- **测试计划**:是为了高效地、高质量地完成测试任务而做的准备工作,它是建立在测试需求分析的基础上,完成工作量的估算、测试资源和进度安排等,最终形成测试计划书。
- **测试设计**:解决"如何测"的问题,可以分为测试方案的设计和测试用例的设计。测试方案设计,和测试计划的工作有些类似,所以测试设计和测试分析往往交织在一起,一边分析、一边设计,这里为了讲解方便,把测试分析和设计分开。
- **测试开发**:基于测试设计的基础,开发自动化测试脚本。但是,如果是手工测试,就可以理解为详细测试用例的编写。在智能软件工程中,可以借助大模型生成测试用例、生成测试脚本,但在这个过程中也离不开测试人员的引导和评审。
- **测试执行**:当测试计划、测试用例和测试脚本就绪后,就开始执行测试,包括回归测试、结果分析、缺陷报告等工作。测试执行一般分为手工执行和自动化工具执行。
- **测试评估**:测试执行结束,就需要对测试结果进行评估,如评估测试覆盖率,以了解测试是否充分;结合测试计划对测试过程进行评估,了解测试计划执行的情况和效果,及时发现测试过程中的问题,及时纠正,及时改进。

6.4.1 LLM驱动测试需求分析

我们一直持有这样的观点,测试分析是测试设计的基础,一定要做好测试分析,测试设计就水到渠成,同时,测试分析与测试设计也是难以分离,如软件的结构化分析与设计、面向对象的分析与设计,相互融合、一气呵成。测试分析的重点是通过分析明确测试目标和测试范围、分解出测试项、识别出测试风险,然后基于测试风险和业务应用场景,确定测试项的优先级、制定测试策略,并采用正确的测试方式、方法和技术。

测试范围主要依据"产品设计规格说明书"、代码所发生的变化及其影响的区域,来确定哪些功能和特性要测试,哪些功能和特性不需要测试。在确定测试范围时,主要考虑的因素如下。

- 优先级最高的需求功能。
- 新增加的功能和编码改动较大的已有功能。
- 容易出现问题的部分功能。
- 过去测试不够充分的地方。

- 经常被用户使用的功能和配置(占 20%)。

测试总是有风险的,因为测试是不能穷尽的,所以测试风险分析显得很重要,我们至少要识别出高的或严重的测试风险。有了风险,就要找对策来应对风险,即需要制定测试策略。

制定测试策略主要依据测试目标和质量指标、面对的测试风险,针对不同的测试对象、测试阶段或测试类型,我们所采取的对策,包括采用什么样的测试方式或方法、哪些要重点测、哪些可以不测,以及在规定的时间内哪些测试内容要完成、软件产品的特性或质量在哪些方面需要得到及时确认等。测试策略可以分为以下两种。

- **基于测试技术的测试策略**:根据软件系统的技术构成和层次结构,着重考虑如何分层测试、选择哪些测试工具、如何将白盒测试和黑盒测试有机地结合起来等。
- **基于测试方案的综合测试策略**:根据测试的目标和范围,着重考虑如何更好地满足测试需求,如何让功能测试、适用性测试和兼容性测试等进行有机结合,如何充分利用测试资源,如何更有效地完成回归测试等。

为了更好地制定好测试策略,要做到以下几方面。

- 全面细致地了解产品的项目信息:应用领域、测试范围、市场需求、产品特点、主要功能和技术架构。
- 基于模块、功能、系统、版本、性能、配置和安装等各个因素对产品质量的影响,客观地、全面地展开测试计划。
- 根据软件单元在系统结构的重要性差异和一旦发生故障将给客户造成的损失大小,来确定软件测试的等级、重点和先后次序。
- 需要在测试用例数和测试覆盖率上进行权衡而获得一个平衡点,以便能使用尽可能少的有效测试用例去发现尽可能多的程序错误。测试不足意味着让用户承担隐藏错误带来的危险;同时反过来看,过度测试则又会浪费许多宝贵的资源或耽误软件产品的发布时间。

现在还是以团队协作系统 TMS 为案例背景,让 OpenAI o1-mini 按上述要求,帮我们完成初步的测试分析。如果有些项分析不到位,再要求 LLM 做更深入、更细致的分析。

OpenAI o1-mini 输出

TMS 的测试需求分析

1. 测试需求分析的目标

测试需求分析的核心是解决"测什么"的问题,明确测试的边界和范围。对于 TMS(团队协作系统),需要界定测试的具体内容,包括功能、性能、安全性等方面,以确保系统能够满足用户需求并提供高质量的服务。

2. 测试边界的界定

在 TMS 中,测试边界应涵盖以下几方面。

- 功能测试:验证系统各个功能模块是否按照需求正常工作,包括团队沟通、任务管理、数据分析等。
- 性能测试:评估系统在高负载下的表现,确保其响应时间和稳定性满足用户期望。
- 安全性测试:检查系统的安全漏洞,确保用户数据和隐私得到保护。

- 兼容性测试：确保 TMS 在不同设备和浏览器上的兼容性，提供一致的用户体验。

3. 测试范围的明确

根据 TMS 的功能需求，测试范围可以分解为以下几个主要测试项。

用户沟通功能：

- 测试即时消息、群聊和异步沟通的功能是否正常。
- 验证信息提醒、消息收藏和固定功能的有效性。

任务管理功能：

- 测试任务创建、分配、状态变更和依赖关系管理的功能。
- 验证任务优先级的协调和冲突检测功能。

数据分析与报告功能：

- 测试任务完成率、个人工作量和项目健康度报告的生成与准确性。

用户体验：

- 测试用户在使用新功能（如博文协作编辑、任务拖曳等）时的可用性和易用性。

4. 测试项的分解

每个测试项可被进一步分解为具体的测试点或测试场景。例如：

即时消息功能：

- 测试用户能否成功发送和接收消息。
- 验证消息的发送延迟和丢失情况。
- 测试@功能是否能有效提醒相关人员。

任务依赖管理：

- 测试任务依赖关系的创建和修改是否正常。
- 验证循环依赖的检测和调整方案的推荐是否有效。

5. 测试风险分析

在测试需求分析中，识别和评估测试风险是至关重要的。对于 TMS，可能的测试风险如下。

- 功能缺陷风险：某些功能可能未按预期工作，导致用户体验不佳。
- 性能瓶颈风险：在高并发情况下，系统可能出现性能下降。
- 安全漏洞风险：潜在的安全漏洞可能导致用户数据泄露。

6. 测试策略的确定

根据测试需求和风险分析，制定相应的测试策略。

- 优先级测试：优先测试关键功能和高风险区域，确保核心功能的稳定性。
- 自动化测试：对重复性高的测试项（如回归测试）进行自动化，以提高测试效率。
- 用户体验测试：通过用户体验测试收集反馈，持续优化系统功能。

7. 测试项的优先级

根据功能的重要性和风险评估，确定测试项的优先级。

- 高优先级：用户沟通、任务管理功能。
- 中优先级：数据分析与报告功能。

- 低优先级：次要功能和边缘案例。

结论

    通过以上分析，我们能够清晰地界定 TMS 的测试需求，明确测试范围和测试项，识别潜在风险，并制定相应的测试策略。这将确保 TMS 在交付时能够满足用户的高质量需求，提升用户满意度。

    看到这样的分析结果，我们可能会不满意，因为还不够全面，用了"例如："这样的举例方法，我们可以把自己检查之后的反馈给大模型，让它重新生成更高质量的测试需求分析书（Test Specification），大模型可以生成更高质量的测试需求分析书，见电子材料中的"TMS 系统测试需求分析书.docx"。这里截取其中一小段，如下所示。

TMS 系统测试需求分析书（任务管理测试项部分）

4.2　任务管理功能

测试子项	具体测试点
任务创建与分配	任务创建（不同界面、标题描述截止日期格式）；任务分配（不同角色成员、通知及任务显示）；自定义任务状态（不同视图显示、状态流转）
任务进度跟踪	进度条或百分比准确性（不同完成进度、设备和页面刷新）；任务依赖关系（复杂依赖设置、展示及状态变更影响）；状态流转规则（预设规则下的状态变更）
任务右史与版本管理	任务变更记录（多种变更操作记录查看）；版本创建和回滚（手动创建、回滚效果及时数据影响）；审计日志（日志详细信息、安全性）
任务优先级管理	优先级划分和调整（不同视图排序、对任务执行影响）；优先级与依赖联动（复杂依赖下优先级调度、冲突提示及处理）

    我们可以让大模型把测试项内容转换成思维导图，结果如图 6-11 所示。

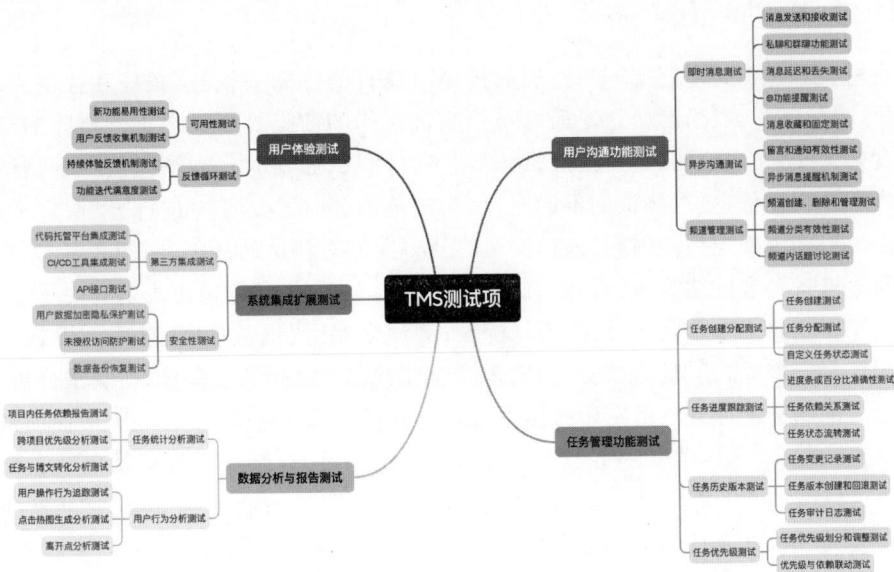

图 6-11　TMS 的测试项思维导图

如何保障软件质量

我们可以换一个大模型(如 DeepSeek R1)来评审上述测试需求分析报告,当然,测试人员也可以进行人工评审,然后把修改意见反馈给 OpenAI o1-mini 大模型,让它优化、补充这份测试需求文档。

> **DeepSeek R1 评审意见**(部分)
>
> (1)**测试项分解不够具体**:虽然文档列出了主要的测试范围(如用户沟通功能、任务管理功能等),但并未将测试项分解到不可再分的程度。例如,用户沟通功能仅提到"即时消息功能"和"异步沟通功能",但未进一步细化到具体的测试点(如消息发送、接收、延迟、丢失等)。
>
> (2)**测试风险分析不够深入**:文档虽然提到功能缺陷风险和性能瓶颈风险,但对风险的来源和应对措施的描述较为笼统。例如,功能缺陷风险仅提到"需求理解偏差"和"开发过程中的错误",但未具体说明如何通过测试活动识别和规避这些风险。
>
> (3)**测试策略缺乏可操作性**:文档提到"优先测试关键功能和高风险区域"以及"对重复性高的测试项进行自动化",但未具体说明如何确定关键功能和高风险区域,也未明确自动化测试的范围和实施细节。

为了更好地展示 LLM 驱动测试分析与设计,我们可以深入特定的功能模块(非功能性测试,见 6.6 节),这里以"任务管理"模块为例,让它细化测试项。提示词可以这样写:

> 针对任务管理功能需求,请从"功能、子功能到功能点、操作/应用场景"这样的思路细化其测试项,然后从质量保障角度分析其测试风险。

LLM 会输出这个模块测试分析的结果——"TMS 任务管理功能测试需求分析.docx"。因为文档长(见电子材料),为了体现测试分析的结果,让大模型把这个结果转换成思维导图,在这里呈现出来,如图 6-12 所示,分析得很全面,可见大模型的能力。

6.4.2　生成测试计划书

无论做什么工作,都是计划先行,然后按照所制订的计划去执行、跟踪和控制。软件测试也一样,先要制定测试计划,这是做好整个测试工作的前提。所以在进行实际测试之前,应制订良好的、切实可行的、有效的测试计划。软件测试计划的目标是提供一个测试框架,不断收集产品特性信息,对测试的不确定性(测试范围、测试风险等)进行分析,将不确定性的内容慢慢转换为确定性的内容,该过程最终使得我们对测试的范围、用例数量、工作量、资源和时间等进行合理的估算,从而对测试策略、方法、人力、日程等做出决定或安排。

测试计划主要集中在测试目标、质量标准、测试策略、测试范围、测试用例设计方法、所需资源和日程安排等,其中,测试目标、质量标准、测试策略、测试范围等,在测试分析中已讨论过了。测试用例设计方法留在后面讨论,而"所需资源和日程安排"在今天敏捷、智能开发时代的小团队而言,显得越来越不重要。但对于大型项目,资源和日程安排依旧重要,而且测试计划可以按不同的测试阶段(集成测试、系统测试等)或不同的测试类型(功能测试、安全测试、性能测试、可靠性测试等)来组织,形成若干个测试计划,再合并成一个总的测试计划。

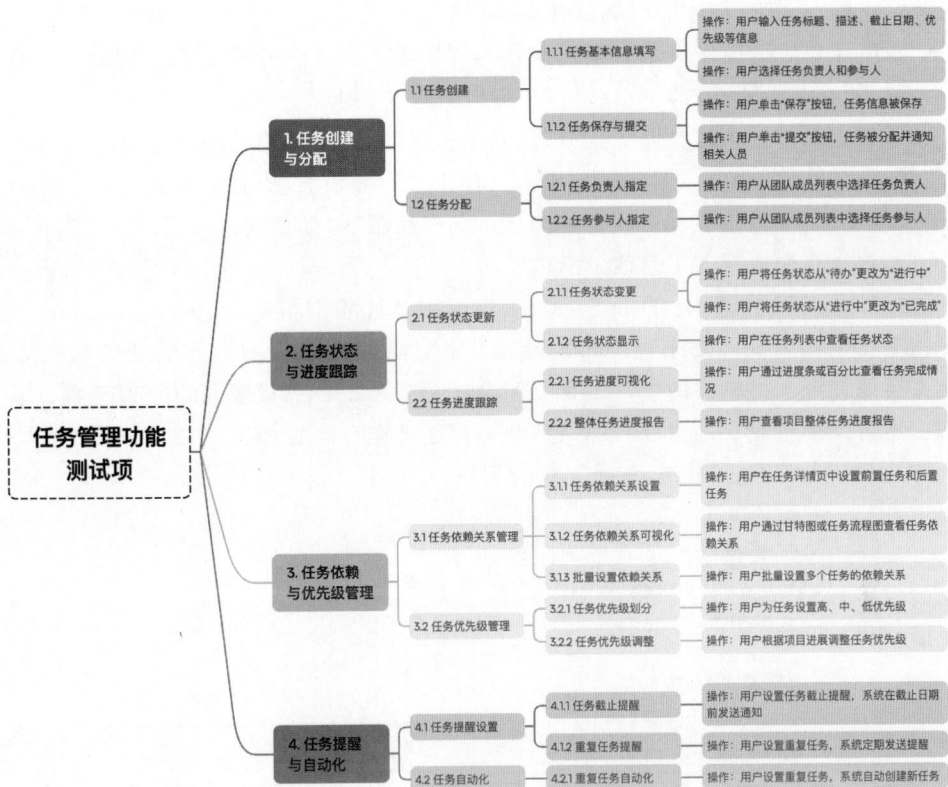

图 6-12　TMS 任务管理功能测试需求分析结果

　　为了合理、准确地安排日程,对测试工作量要进行正确的估计,可以采用功能点方法、工作分解结构表方法、历史数据类比估算法、德尔菲专家方法、敏捷中的扑克牌方法等。除了对工作量的估计之外,还要正确评估参与该项目人员的培训时间、适应过程和工作能力等。由于涉及不同的项目、不同的测试人员、不同的前期介入方式,要对每人每天能够完成的平均测试用例数目做出一个准确的估计确实很困难,但是可以根据以前一些项目测试的经验或历史积累下来的数据进行判断推理,并适当增加 10%～20% 的余量,估算结果就比较准确了。

　　在估算的基础上,再进行有效的、合理的资源安排。在不同的测试阶段人力资源的需求是不一样的,所以人力资源的计划要有一定的灵活性和动态性,形成有机的动态平衡,保证测试的进度和资源的使用效率。

　　要做好测试计划,测试设计人员要仔细阅读有关资料,包括用户需求规格说明书、设计文档等,全面熟悉系统,并建议注意以下几个方面。

- 让所有合适的相关人员参与测试项目的计划制订,特别是在测试计划早期。
- 测试所需的时间、人力及其他资源的预估,尽量做到客观、准确、留有余地。
- 测试项目的输入、输出和质量标准,应与各方达成一致。
- 建立变化处理的流程规则,识别出在整个测试阶段中哪些是内在的、不可避免的变化因素,加以控制。
- 测试项目的计划不可能一气呵成,而是要经过计划初期、起草、讨论、自我审查、会议评审等不同阶段,才能将测试计划制订好。

- 测试计划的正式评审是必不可少的环节,而且项目中的每个人(产品经理、项目经理、开发工程师等)都应当参与,并指出问题或提出建议等。

今天,我们可以让大模型基于"测试计划书模板"和之前的测试需求分析书,生成测试计划书草稿,然后在此基础上进行修改,成为比较正式的计划书,提交给团队自我审查,再把审查意见反馈给大模型,生成相对完善的测试计划书新版本,提交评审会议进行二次评审。如果有问题,再进行生成或人工修改、完善。

下面就以 TMS 为例,让 DeepSeek R1 生成测试计划书,再让 OpenAI o3-mini 进行评审之后,重新生成测试计划书。DeepSeek R1 生成测试计划书的第一页截图如图 6-13 所示,**全文存储**在电子材料中的"TMS 测试计划书-初稿.docx",**读者可以下载查看**。比较惊喜的是,连目录都生成了,而且版本号、日期等都是有模有样的,但不知为何"修订者"填上了"openAI",而不是它自己"DeepSeek"。

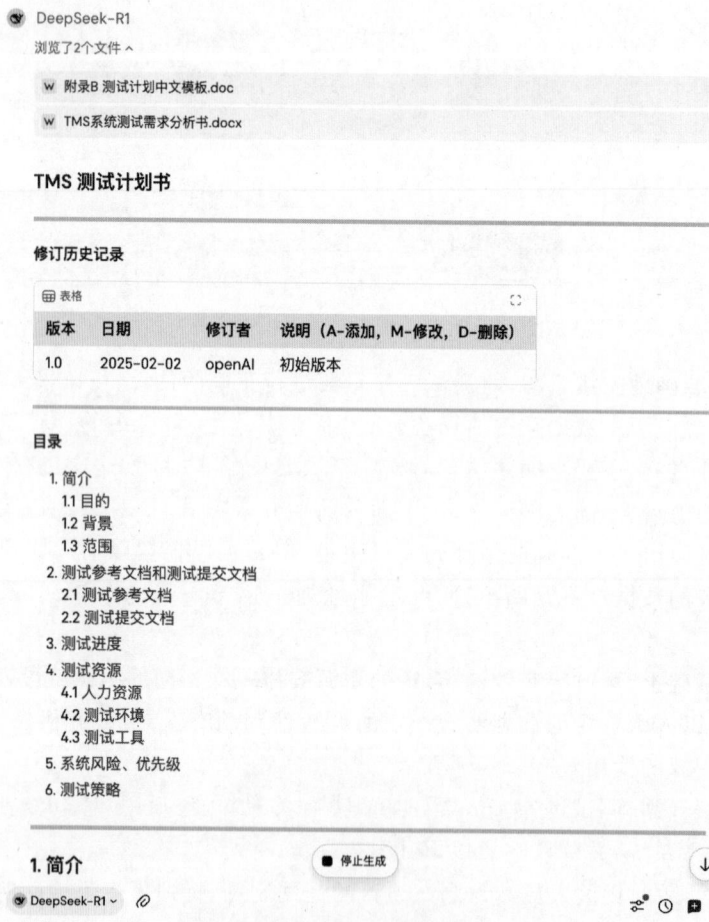

图 6-13　生成测试计划书的 UI 截图

让 OpenAI o3-mini 评审生成的测试计划书,它发现了 9 个问题,并给出相应的修改建议。为了节省篇幅,这里给出修改建议,读者就基本能知道它指出了哪些问题(后者描述比较长)。然后,再让 OpenAI o3-mini 基于改进建议,生成测试计划书的修订版,详见电子材

料中的"TMS 测试计划书-修订版.docx"。如果觉得还不够好,可以继续和 OpenAI o3-mini
进行交互,提升测试计划书的质量。

> 改进建议:
> (1) 明确测试目标:为每种测试类型提供具体的测试目标。
> (2) 详细描述测试范围:列出每个测试阶段的具体测试内容和不接受测试的功能。
> (3) 完善测试进度安排:增加实际开始日期和具体里程碑。
> (4) 明确人力资源分配:详细描述每个角色的职责和任务分配。
> (5) 提供测试工具的具体信息:列出工具名称、版本和用途。
> (6) 详细描述风险和优先级:提供详细的风险评估和应对措施。
> (7) 明确测试完成标准:为每种测试提供完成标准和成功标准。
> (8) 完善问题严重度描述:提供具体的响应时间和处理流程。
> (9) 详细列出与测试相关的任务:列出每个任务的具体步骤和责任人。

6.5　智能测试设计与开发

　　测试分析之后,测试设计算是水到渠成了。明确了具体测试项或测试点之后,让大模型
生成测试用例,或直接生成测试脚本,并不是太难的事情。为了确保达到所设定的测试覆盖
率,还是需要了解设计方法,并能对生成的测试用例进行检查,以发现生成的结果不足之处,
让大模型补充相关的测试用例,直到满意为止。

　　下面介绍软件测试设计方法,然后再利用大模型帮助我们生成测试用例和测试脚本,评
审测试用例或脚本,而且不局限于 UI 功能的测试,还包括接口测试。

6.5.1　智能测试方法概述

　　智能测试设计与开发是指利用人工智能(AI)和机器学习(ML)技术来优化测试过程,
提高测试效率和准确性。通过智能化的手段,测试团队可以更好地应对复杂的软件系统,快
速识别潜在缺陷,并自动化重复性测试任务。以下是智能测试设计与开发的一些关键方法
和技术。

1. 基于直觉和经验的方法

　　这种方法依赖于测试人员的直觉、经验和过往项目的经验数据,通常用于没有明确需求
或文档的情况下。具体方法如下。

　　(1) **Ad hoc 测试**是一种非正式的测试方法,其中,测试人员不遵循预先制定的测试用
例,而是根据自己的理解和经验自由地进行测试。Ad hoc 测试通常是探索性的、没有结构
性,测试人员可以随意决定测试的范围和深度。

　　(2) **错误猜测法**是一种基于测试人员经验的策略,测试人员根据对系统和历史故障的
理解,猜测可能的错误或缺陷,并设计相应的测试用例。

2. 基于输入域的方法

　　该方法侧重于根据输入的有效性和范围进行测试,涵盖了可能的输入情况,主要的具体
方法如下。

（1）等价类划分方法：将输入数据分为若干个等价类（又分为有效等价类、无效等价类），每个类中的数据对系统的处理结果是相同的。通过测试这些类中的一个代表性值，可以推测出该类中所有其他值的测试结果。例如，整数 Int_x 的值域是（1,10），那么它有一个有效等价类，可以在 1～10 中取一任意值（如 2、5 或 7）作为代表值（测试数据），而它有两个无效等价类：小于 1 和大于 10，即可以取−2 和 15 作为代表值（测试数据）。

（2）边界值分析方法：基于"错误通常位于边缘"的假设，旨在确保系统能正确处理边界附近的输入，所以专注于输入域边界附近的条件进行测试，通常测试边界值及其上、下界的临近值，即每一个边界测试三个值。例如，上面的整数 Int_x 有两个边界值 1 和 10，那么测试数据可以为 0,1,2,9,10,11。

（3）随机测试：随机生成输入数据进行测试，以覆盖更多的输入情况，发现潜在的缺陷。

（4）状态转换测试：根据输入的不同状态，测试系统在状态之间的转换是否符合预期。

3. 基于代码的方法

侧重于分析软件源代码的结构和逻辑，通过执行代码来验证其功能和行为是否满足预期。这种方法确保各个代码单元都经过充分的测试，并致力于识别潜在的错误和缺陷。基于代码的测试用例设计方法可以大致分为两个主要类别：逻辑覆盖（控制流覆盖）和变量定义与引用（数据流覆盖）。

（1）逻辑覆盖测试关注于代码的执行路径和控制流，确保所有逻辑条件和路径都有被测试到。具体覆盖标准如下。

- **语句覆盖**（Statement Coverage）：确认测试用例能够执行源代码中的每一条语句。语句覆盖确保代码中的每一条语句都被执行至少一次。
- **分支覆盖**（Branch Coverage）：确保测试用例能够覆盖每个分支条件的真假情况。这意味着每个逻辑分支（如 if 语句、while 循环等）都应被触发。
- **条件覆盖**（Condition Coverage）：确保判断语句中所有基本条件都得到测试，包括条件的所有可能真值。若有多条件判断 if（a＞b && c＜d），则测试用例需确保 a＞b 和 c＜d 的组合情况，如 true/false 和 false/true，即条件组合测试。但在工业界，常用的是 **MC/DC 覆盖**，即修正的条件/判定覆盖。

（2）变量定义与引用测试主要侧重于数据的定义、使用和生存期。此方法确保每个变量在使用前都被正确初始化且在用后没有未定义的引用。主要覆盖标准如下。

- **定义-使用覆盖**（Definition-Use Coverage，DU）：确认变量先定义，在被赋值后才被使用，分析从定义开始到实际使用的引用路径。
- **定义-杀死覆盖**（Definition-Kill Coverage，DK）：确保在同一作用域内，变量在某个定义后没有被修改或杀死。
- **使用-使用覆盖**（Use-Use Coverage，UU）：确保对同一变量的所有使用之间的每对引用都被检查，保持对专用或全局变量的多个使用路径的触及。

4. 组合测试方法

组合测试方法侧重于通过不同输入组合间的相互作用来验证系统行为。这种方法有效识别输入值的组合对软件功能的影响，以确保各个功能模块在不同场景下的正确性。组合测试方法可以通过多种技术实现，包括因果图法、决策表测试、Pairwise Testing（两两组合测试)以及不同强度的组合测试。

（**1**）**完全组合测试方法**，旨在检查所有可能的输入组合，特别是条件（成立、不成立）组合测试，如决策表测试、因果图法。

- **决策表**是一种用于不同输入条件（条件项）组合对输出结果（动作项）的影响的建模方法。它通过表格形式的决策表列出所有可能的输入条件，为每个输入条件定义可取值状态（如：是/否），在表格中列出所有可能的状态组合，并标明对应的输出结果。
- **因果图法**是一种用于生成测试用例的模型，处理更复杂的情况——无法一次性设计决策表，就需要借助因果图来识别输入条件（因果）和相应的输出结果（效果）之间的关系，然后再转换成决策表。

（**2**）**组合优化测试方法**，当变量比较多的而且每个变量有多个取值时，其组合数是一个非常大的数据，这时可能无法完成完全组合测试，就需要极大地降低组合数，即通过智能算法来选择最有代表性的测试用例，确保在较小的测试集内实现最大覆盖率。这类方法比较常见的具体方法有 Pairwise、t-wise 的组合优化测试。

- **Pairwise 测试**是一种有效的组合测试方法，通过只测试输入变量之间的成对组合来覆盖大多数交互效应。此方法假设大多数缺陷是由于两个输入条件组合而导致的，测试所有可能的成对组合可以有效发现这些缺陷。
- **t-wise 测试**属于多强度组合测试，基于组合数学原理，测试不同数量输入变量的组合情况。"强度"通过参数 t 表示，代表每次测试所涉及的输入变量个数的组合。$t=2$ 时，即为 Pairwise；$t=3$ 时，即为三三组合；t 最大为 6。要达到相对充分测试，一般情况下，t 取为 4 即可。

5. 基于故障模式的测试方法

故障模式测试关注于识别不同故障模式和错误类型，以确保系统能够抵御这些故障。

- 故障树分析：通过建模系统的故障原因，分析潜在故障的逻辑关系。
- 鱼骨图：通过图示法找出导致问题的主要原因和子原因。

6. 基于模型的测试方法

利用模型（如状态机模型、数据流模型）来指导测试过程和设计测试用例。

- 有限状态机（FSM）测试：根据系统的状态转换模型，对各个状态及其转换进行测试。
- UML 状态图：利用 UML 图形化工具，展示系统的各个状态及状态之间的转换关系，进行测试设计。
- 模型驱动测试（MDT）：通过构建系统的抽象模型，自动生成测试用例，确保覆盖所有可能的执行路径。
- 行为建模：使用行为模型（如 BPMN）描述系统的行为，基于模型生成测试用例。

7. 基于使用的方法

这种方法依据用户使用系统的实际情况和使用频率进行测试，以确保用户在真实场景下的使用体验。

- 用户故事分析：从用户故事出发，设计对应的测试用例，以覆盖用户在应用中可能的操作场景。

- 行为驱动开发(BDD)：使用如 Gherkin 语言等描述用户行为来编写测试用例。

8. 基于需求验证或标准验证的测试方法

验证系统是否符合相关需求文档或行业标准，以确保所有需求和规范均能够被满足。

- 需求追踪矩阵(RTM)：将测试用例与需求进行映射，确保每个需求都有对应的测试用例。

- 合规性测试：验证软件系统是否符合特定行业或法律的合规性标准。

9. 基于上下文驱动的测试方法

针对特定项目上下文来设计测试策略，强调测试设计应基于项目的实际情况和环境，上下文总是在变的。

上下文驱动测试(Context-Driven Testing)：根据项目的需要和环境动态调整测试策略与方法，灵活应对变化，这种方法适合应用于手工测试方式，特别是探索式测试。

6.5.2 基于测试需求文档生成测试用例

LLMs 凭借其强大的自然语言理解和生成能力，能够辅助或自动生成高质量的测试用例，从而提升软件测试的效率和覆盖率。让大模型生成测试用例，有以下三种路径。

（1）**基于需求文档的生成**：通过解析软件需求文档，LLMs 能够识别功能需求和非功能需求，并根据这些需求生成相应的测试用例，包括有效输入、无效输入、边界条件等多个测试场景的用例。

（2）**基于代码的生成**：LLMs 可以通过解析源代码或接口文档，理解系统的内部逻辑和接口协议，从而生成针对性的测试用例，如基于生成单元测试代码。

（3）**基于用户故事的生成**：在敏捷开发环境中，LLMs 能够根据用户故事生成相应的验收标准。

前面已完成了基于需求文档的测试需求分析，有了这个基础，可以更好地完成测试用例的生成。

提示词

有了 TMS 任务功能的测试需求分析，现在请为 TMS 任务功能的"任务状态与进度跟踪"设计测试用例，选择合适的测试用例设计方法来设计，并进行说明。

OpenAI o3-mini 输出

任务管理功能测试需求细化与决策表设计

在任务管理功能的"任务状态与进度跟踪"模块中，我们将使用**决策表测试**方法来设计测试用例。以下是条件和动作的定义，以及规范的决策表。

1. 条件和动作的定义

条件(C)：

C1：用户请求状态变更(是/否)

C2：当前任务状态(待办/进行中/已完成)

C3：用户是否有权限进行状态变更(有/无)

动作（A）：

    A1：状态变更成功

    A2：状态变更失败

    A3：显示当前状态

2. 决策表

条件/动作	C1（请求状态变更）	C2（当前状态）	C3（权限）	A1（状态变更成功）	A2（状态变更失败）	A3（显示当前状态）
1	是	待办	有	✓		✓
2	是	进行中	有	✓		✓
3	是	已完成	有	✓		✓
4	是	已完成	无		✓	✓
5	否	待办	有			✓
6	否	进行中	有			✓
7	否	已完成	有			✓

3. 测试用例设计

根据上述决策表，可以设计以下测试用例。

用例 1：用户请求将状态从"待办"更改为"进行中"

    输入：

    C1：是

    C2：待办

    C3：有

    预期结果：

    A1：状态变更成功

    A3：显示当前状态为"进行中"

用例 2：用户请求将状态从"进行中"更改为"已完成"

    ……

（每一行对应一条测试用例。为了节省篇幅，省去后面 6 条测试用例的描述。）

6.5.3 基于业务流程图生成 E2E 测试用例

观看视频

    在第 3 章中已经由大模型生成业务流程图（如图 3-2 所示），我们现在尝试通过这张业务流程图生成端到端（E2E）的测试用例。端到端（E2E）的测试用例往往能更好地保证业务无问题，而且验证效率也比较高。操作的结果如下。从生成结果看，大模型表现得不错，还考虑了不同的用户角色，因为不同的角色经过的路径是不一样的，而且给定了前置条件和预期结果，符合测试用例的规范。至于具体描述，还是需要我们检查，并将问题反馈给大模型，让它再修正、重新生成更高质量的测试用例。这个例子至少说明，这条路是可以走通的。

> **提示词**
>
> 基于这张 TMS 的业务流程图生成 E2E 的测试用例。

GPT-4o 输出

基于您提供的任务管理功能测试需求和测试风险分析,可以设计一系列端到端(E2E)测试用例。这些测试用例将涵盖从业务开始到业务完成的不同路径,确保系统在实际使用场景中的功能完整性和用户体验。

E2E 测试用例设计

1. 测试对象

用户角色:

- 系统管理员
- 组织管理员
- 项目经理
- 知识管理人员
- 访客用户

2. 测试用例列表

以下是基于业务流程的 E2E 测试用例,涵盖不同路径。

用例编号	用例名称	角色	前置条件	测试步骤	预期结果
TC1	完善任务创建与分配流程	项目经理	登录系统	1. 进入任务创建页面 2. 填写任务标题、描述、截止日期、优先级 3. 选择任务负责人和参与人 4. 单击"提交"按钮	任务成功创建并分配,相关人员收到通知
TC2	任务状态更新流程	项目经理	有待办任务	1. 进入任务列表 2. 选择待办任务 3. 将状态更改为"进行中" 4. 单击"保存"	任务状态成功更新为"进行中"
TC3	任务进度跟踪与报告流程	项目经理	有进行中的任务	1. 进入任务管理页面 2. 查看任务进度 3. 生成整体任务进度报告	任务进度成功显示,报告生成
TC4	任务依赖关系设置流程	项目经理	有待办任务	1. 进入任务详情页 2. 设置前置任务和后置任务 3. 单击"保存"	任务依赖关系成功设置并可视化
TC5	任务优先级调整流程	项目经理	有进行中的任务	1. 进入任务列表 2. 选择任务 3. 调整优先级 4. 单击"保存"	任务优先级成功调整

用例编号	用例名称	角色	前置条件	测试步骤	预期结果
TC6	任务提醒设置流程	项目经理	登录系统	1. 进入任务提醒设置页面 2. 设置任务截止提醒 3. 单击"保存"	任务截止提醒成功设置
TC7	任务自动化创建流程	项目经理	登录系统	1. 进入重复任务设置页面 2. 设置重复任务 3. 单击"保存"	系统自动创建新任务并显示在任务列表中
TC8	任务完成与反馈流程	项目经理	有已完成的任务	1. 进入任务列表 2. 选择已完成任务 3. 提交反馈 4. 单击"完成"	任务状态更新为"已完成",反馈成功提交
TC9	安全性验证流程	系统管理员	登录系统	1. 进入任务依赖关系管理页面 2. 尝试修改未授权的任务依赖关系	系统拒绝未授权用户的修改请求
TC10	用户体验验证流程	访客用户	无	1. 访问系统主页 2. 查看内容 3. 参与讨论并提交评论	评论成功提交并能在页面上显示

6.5.4 测试用例的复审

测试用例的设计是整个软件测试工作的核心,测试用例反映对被测对象的质量要求和评估范围,决定测试的效率和测试自身的质量。所以对测试用例的评审,就显得非常重要。测试用例设计完之后,要经过非正式和正式的复审和评审。在测试用例审查、评审过程中,主要检查下列内容。

- 测试用例设计的整体思路是否清晰,是否清楚系统的结构和逻辑从而使测试用例的结构或层次清晰,测试的优先级或先后次序是否合理。
- 测试用例设计的有效性,如果相应地方有缺陷,测试用例执行就必然能发现,说明测试用例是有效的,如果不能发现,就说明测试用例是无效的。**所以常常用变异测试来检验单元测试的有效性**。
- 测试用例的覆盖面,有没有考虑到产品使用中一些特别场景(Scenario)、考虑到一些边界和接口的地方。
- 测试用例的描述,前提条件是否存在、步骤是否简明清楚、期望结果(Criteria)是否符合产品规格说明书或客户需要。
- 测试环境是否准确,测试用例有没有正确定义测试所需要的条件或环境。

- 测试用例的复用性、可维护性（如可读性）和可管理性（如通过独立的用例 ID 来识别、用例的版本号等）。

测试用例的设计非常依赖测试分析，要确保测试用例的质量，做好测试需求分析是前提。测试用例在评审后，根据评审意见做出修改，继续评审，直至通过评审。在以后的测试中，如果有些被发现的缺陷，没有测试用例，应及时添加新的测试用例或修改相应的测试用例。

下面就对 6.5.3 节由 GPT-4o 生成的 E2E 测试用例进行评审，我们需要换一个大模型，如 DeepSeek R1 来评审，评审结果如下。

提示词

对上面生成的 TMS 系统的 E2E 测试用例进行评审，指出存在的问题，并补充相关的测试用例

DeepSeek R1 的评审结果

TMS 系统 E2E 测试用例评审

在对之前生成的 TMS 系统 E2E 测试用例进行评审时，以下是一些存在的问题和建议的补充测试用例。

1. 存在的问题

（1）**测试用例覆盖不全**：虽然涵盖了多个功能模块，但某些关键路径和边界情况未被充分测试，例如，任务信息填写的格式验证、任务依赖关系的复杂场景等。

（2）**缺乏负面测试用例**：目前的测试用例主要集中在正面场景，缺乏对错误输入和异常情况的测试，例如，填写不完整的任务信息、未授权用户尝试修改任务等。

2. 补充的测试用例

以下是针对上述问题的补充测试用例。

用例编号	用例名称	角色	前置条件	测试步骤	预期结果
TC13	任务创建时信息完整性验证	项目经理	登录系统	1. 进入任务创建页面 2. 不填写任务标题和截止日期 3. 单击"提交"	系统提示必填项未填写，任务未创建
TC14	任务依赖关系的复杂场景测试	项目经理	有多个任务	1. 进入任务详情页 2. 设置循环依赖关系 3. 单击"保存"	系统提示循环依赖关系错误，依赖关系未设置
TC15	未授权用户尝试修改任务依赖关系	访客用户	登录系统	1. 进入任务依赖关系管理页面 2. 尝试修改任务依赖关系	系统拒绝未授权用户的修改请求

用例编号	用例名称	角色	前置条件	测试步骤	预期结果
TC16	任务提醒的及时性验证	项目经理	登录系统,有设置了截止提醒的任务	1. 设置任务截止提醒 2. 等待截止日期前的提醒时间	系统在截止日期前发送提醒通知
TC17	重复任务设置准确性验证	项目经理	登录系统	1. 设置重复任务 2. 验证系统是否按设定周期自动创建新任务	系统成功创建新任务,且任务信息正确
TC18	高并发情况下的任务状态更新	项目经理	登录系统,有多个进行中的任务	1. 同时从多个用户账户尝试更新任务状态 2. 观察系统响应	系统在高并发情况下仍能快速响应,状态更新成功

6.5.5 生成功能测试脚本

在 3.4.4 节已经为"任务创建与分配操作"生成用户故事的、基于 BDD 的 GWT 格式的验收标准,见电子材料中"用户故事 1.1~1.5 验收标准定义.docx"。

接下来就可以基于这个文档,让 LLM 生成用户故事 1.1~1.5 的自动化测试脚本,我们可以给出上下文信息(如 Web 技术、数据库等),并提出一些输出要求(如 Java 脚本、在 Selenium 工具上执行),通过三次人机交互,o3-mini 就生成了完整的测试脚本文件 TestTaskCreate.java(读者可以下载电子版浏览)。

> **第一次的提示词**
>
> "任务创建与分配操作"功能的实现是通过 Web 技术实现,采用 MySQL 数据库存储数据,基于上传的用户故事及其 GWT 格式的验收标准,请采用数据驱动的方法和 Selenium 测试工具,生成 Java 语言的自动化测试脚本

🌐 o3-mini

浏览了1个文件 ⌄

基于您提供的用户故事和GWT格式的验收标准,我们可以使用数据驱动的方法和Selenium测试工具生成Java语言的自动化测试脚本。以下是一个示例,展示如何实现"任务创建与分配操作"功能的自动化测试。

1. 环境准备

确保您已经设置好以下环境:

- Java开发环境(JDK)
- Maven(用于依赖管理)
- Selenium WebDriver
- TestNG(用于测试框架)
- MySQL数据库(用于数据存储)

（省略了"2. Maven 依赖，在 pom. xml 中添加以下依赖"。）

3. 数据驱动测试脚本

以下是一个示例的Java自动化测试脚本，使用Selenium和TestNG进行数据驱动测试：

```java
import org.apache.poi.ss.usermodel.*;
import org.openqa.selenium.By;
import org.openqa.selenium.WebDriver;
import org.openqa.selenium.chrome.ChromeDriver;
import org.testng.annotations.AfterClass;
import org.testng.annotations.BeforeClass;
import org.testng.annotations.DataProvider;
import org.testng.annotations.Test;

import java.io.File;
import java.io.FileInputStream;
import java.io.IOException;

public class TaskCreationTest {
    private WebDriver driver;

    @BeforeClass
    public void setUp() {
        // 设置ChromeDriver路径
        System.setProperty("webdriver.chrome.driver", "path/to/chromedriver");
        driver = new ChromeDriver();
        driver.manage().window().maximize();
        driver.get("http://your-tms-url.com"); // 替换为实际的TMS系统URL
    }

    @DataProvider(name = "taskData")
    public Object[][] taskData() throws IOException {
        FileInputStream file = new FileInputStream(new File("path/to/taskData.xlsx")); // 替换
        Workbook workbook = WorkbookFactory.create(file);
```

4. Excel数据文件格式

您需要创建一个Excel文件（例如 `taskData.xlsx`），并在第一行中定义列名，后续行中填入测试数据。示例格式如下：

▦ 表格

任务标题	任务描述	截止日期	优先级	负责人
设计数据库架构	设计并优化现有数据库架构以提升性能	2025-02-15	高	张三
编写API文档	编写详细的API文档，包括所有端点和使用示例	2025-03-01	中	李四

第二次的提示词

请在此基础上补充 5 个用户故事的具体测试，即补充@Test 后面的内容，包括"// 验证任务是否在任务列表中 // 这里可以添加更多的验证逻辑，例如检查任务列表中是否包含新创建的任务 "所需要添加的脚本

🌀 o3-mini

浏览了1个文件 ∨

基于您提供的用户故事和验收标准，以下是针对每个用户故事的具体测试补充，包括在 `@Test` 后面的内容，特别是关于验证任务是否在任务列表中的逻辑。

1. 用户故事 1.1：创建新任务并指定负责人和参与人

```java
@Test(dataProvider = "taskData")
public void testCreateTask(String title, String description, String dueDate, String priority, St
    // 登录操作
    driver.findElement(By.id("username")).sendKeys("your-username");
    driver.findElement(By.id("password")).sendKeys("your-password");
    driver.findElement(By.id("loginButton")).click();

    // 访问任务创建界面
    driver.findElement(By.id("taskManagement")).click();
    driver.findElement(By.id("createTaskButton")).click();

    // 填写任务信息
    driver.findElement(By.id("taskTitle")).sendKeys(title);
    driver.findElement(By.id("taskDescription")).sendKeys(description);
    driver.findElement(By.id("dueDate")).sendKeys(dueDate);
    driver.findElement(By.id("priority")).sendKeys(priority);
    driver.findElement(By.id("assignee")).sendKeys(assignee);

    // 提交任务
    driver.findElement(By.id("saveButton")).click();

    // 验证任务是否在任务列表中
    driver.findElement(By.id("taskList")).click(); // 切换到任务列表
    boolean taskExists = driver.findElements(By.xpath("//td[contains(text(), '" + title + "')]")
    assert taskExists : "任务未成功创建并显示在任务列表中";
```

（省略了后面 4 个用户故事的脚本。）

第三次的提示词

合并前面的数据驱动部分，以及后面 5 个用户故事的脚本，形成一个完整的 java 文件

◎ o3-mini

浏览了1个文件 ⌄

以下是一个完整的Java文件，结合了数据驱动测试部分和五个用户故事的脚本。该文件使用Selenium
进行自动化测试，并采用TestNG作为测试框架。

完整的Java测试文件

```java
import org.apache.poi.ss.usermodel.*;
import org.openqa.selenium.By;
import org.openqa.selenium.WebDriver;
import org.openqa.selenium.chrome.ChromeDriver;
import org.testng.annotations.AfterClass;
import org.testng.annotations.BeforeClass;
import org.testng.annotations.DataProvider;
import org.testng.annotations.Test;

import java.io.File;
import java.io.FileInputStream;
import java.io.IOException;

public class TaskManagementTest {
    private WebDriver driver;

    @BeforeClass
    public void setUp() {
        // 设置ChromeDriver路径
        System.setProperty("webdriver.chrome.driver", "path/to/chromedriver");
        driver = new ChromeDriver();
        driver.manage().window().maximize();
        driver.get("http://your-tms-url.com"); // 替换为实际的TMS系统URL
    }

    @DataProvider(name = "taskData")
```

◎ o3-mini ⌄   🔗

第
6
章

如何保障软件质量

为了更好地保证脚本质量，可以人工来评审脚本，我们可以找一个比较强的大模型（如Gemini 2.0 Flash）来评审脚本。结果发现了好几个问题，做了改进，然后重新生成了脚本文件 TestTaskCreate-Improved.java（读者可以下载电子版浏览）。

> **提示词**
>
> 评审上面生成的 Java 测试脚本，指出问题，并修正问题，重新生成"任务创建与分配操作"自动化测试脚本

✦ Gemini 2.0 Flash

浏览了1个文件 ∨

好的，我将评审之前生成的Java测试脚本，指出存在的问题，并根据提供的上下文（包括Gherkin格式的验收标准）进行修正，重新生成"任务创建与分配操作"的自动化测试脚本。

评审现有脚本的问题

1. **缺乏对Gherkin验收标准的直接映射**：之前的脚本虽然覆盖了一些功能，但没有直接对应Gherkin场景中的步骤和预期结果，导致测试用例与验收标准之间缺乏清晰的关联。
2. **数据驱动测试不完整**：数据驱动测试仅用于创建任务，没有覆盖其他场景，如批量创建、编辑和标签管理。
3. **验证逻辑不够细致**：验证逻辑主要集中在任务列表是否存在任务，缺乏对任务详情页、标签显示、筛选功能等更细致的验证。
4. **缺乏对错误场景的测试**：没有针对错误输入、格式验证、批量导入错误数据等场景的测试。
5. **性能测试缺失**：没有考虑性能方面的测试，如批量操作的响应时间。
6. **代码可读性和维护性**：代码结构可以进一步优化，提高可读性和维护性。

6.5.6 生成 API 测试脚本

在今天微服务盛行的时代，接口测试也显得非常重要和普遍。有了大模型，只要给出正确的接口描述（包括请求和响应），大模型可以生成测试用例及其相应的测试脚本，下面就是一个示例。

先让大模型（豆包）帮我们找到一个常用的 API，给出描述，如下所示。它选取了 TMS 中 ApiController 类中的 sendChannelJenkinsMsg 方法。

```java
1  @PostMapping("channel/jenkins/send")
2  @ResponseBody
3  public RespBody sendChannelJenkinsMsg(@RequestParam("channel") String channel,
4                  @RequestParam(value = "mail", required = false, defaultValue = "false") Boolean mail,
5                  @RequestParam(value = "raw", required = false, defaultValue = "false") Boolean raw,
6                  @RequestParam(value = "debug", required = false, defaultValue = "false") Boolean debug,
7                  @RequestParam(value = "web", required = false) String web, @RequestBody String reqBody)
8
```

> **豆包大模型生成的 API（sendChannelJenkinsMsg）描述**
>
> **功能描述**
>
> 该 API 用于发送 Jenkins 任务发版状态报告到指定的频道，并根据参数决定是否发送邮件以及是否显示原始内容等。
>
> **请求方法和路径**
> - **请求方法**：POST
> - **请求路径**：/api/channel/jenkins/send

我们分别让 Gemini 2.0 Flash 和 DeepSeek R1 生成接口测试用例，Gemini 生成比较多（16 个）的测试用例，描述比较规范，涵盖了功能的正常测试、错误处理测试、边界值测试、性能测试（并发测试）、安全性测试（SQL 注入、XSS 攻击等）。而 DeepSeek R1 生成的测试用例更简洁，可以直接使用，也涵盖了功能的正常测试、边界值测试、异常测试、性能测试，详见电子材料中 sendChannelJenkinsMsg API 测试用例.docx。这里各自展示一个用例，分别如图 6-14 和图 6-15 所示。

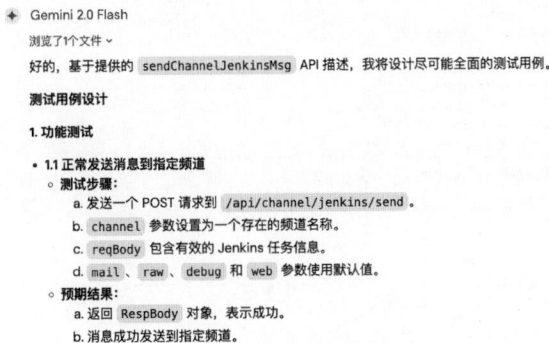

图 6-14　Gemini 2.0 Flash 生成测试用例截图

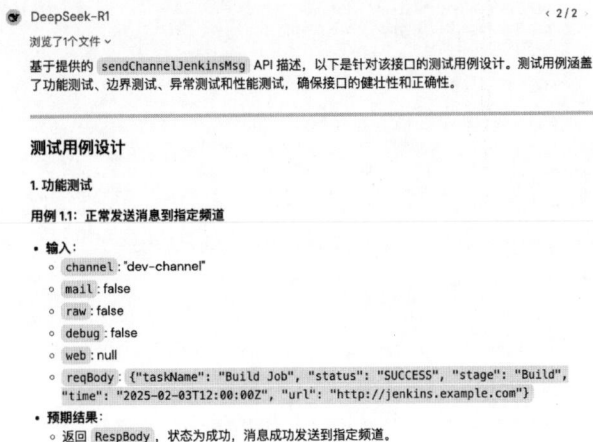

图 6-15　DeepSeek R1 生成测试用例截图

基于生成的测试用例,再让大模型(如 OpenAI o3-mini)生成测试 Java 脚本,除了性能测试,DeepSeek R1 生成的 10 个测试用例脚本,在一两分钟内就全部生成,见电子材料中的 SendChannelJenkinsMsgTest.java,这里给出边界测试三个用例的脚本,如下所示,其中还给出了说明。

代码说明

(1) **依赖注入**:使用 @InjectMocks 注解将 ApiController 注入测试类中,使用 @Mock 注解模拟 MailSender 类。

(2) **MockMvc**:使用 MockMvc 来模拟 HTTP 请求,测试 API 的行为。

(3) **测试用例**:

- **功能测试**:测试正常情况下成功发送消息、发送邮件、显示原始内容和调试信息的功能。

- **边界测试**:测试频道名称为空、请求体为空和频道名称长度超过限制的情况。

- **异常测试**:测试频道不存在、邮件发送失败和无效 JSON 格式的情况。

```java
◀ ▶  SendChannelJenkinsMsgTest.java  ×
111
112        // 边界测试
113
114        @Test
115        public void testSendChannelJenkinsMsg_ChannelEmpty() throws Exception {
116            String reqBody = "{\"taskName\": \"Build Job\", \"status\": \"SUCCESS\", \"stage\": \"Build\",
                   \"time\": \"2025-02-03T12:00:00Z\", \"url\": \"http://jenkins.example.com\"}";
117
118            mockMvc.perform(post("/api/channel/jenkins/send")
119                    .param("channel", "")
120                    .param("mail", "false")
121                    .param("raw", "false")
122                    .param("debug", "false")
123                    .contentType(MediaType.APPLICATION_JSON)
124                    .content(reqBody))
125                    .andExpect(status().isBadRequest())
126                    .andExpect(jsonPath("$.message").value("发送消息目的频道不存在! "));
127        }
128
129        @Test
130        public void testSendChannelJenkinsMsg_EmptyRequestBody() throws Exception {
131            String channel = "dev-channel";
132            String reqBody = "";
133
134            mockMvc.perform(post("/api/channel/jenkins/send")
135                    .param("channel", channel)
136                    .param("mail", "false")
137                    .param("raw", "false")
138                    .param("debug", "false")
139                    .contentType(MediaType.APPLICATION_JSON)
140                    .content(reqBody))
141                    .andExpect(status().isBadRequest())
142                    .andExpect(jsonPath("$.message").value("请求体不能为空! "));
143        }
144
145        @Test
146        public void testSendChannelJenkinsMsg_ChannelLengthExceeded() throws Exception {
147            String channel = "a".repeat(256);
148            String reqBody = "{\"taskName\": \"Build Job\", \"status\": \"SUCCESS\", \"stage\": \"Build\",
                   \"time\": \"2025-02-03T12:00:00Z\", \"url\": \"http://jenkins.example.com\"}";
149
150            when(apiController.channelExists(channel)).thenReturn(false);
151
152            mockMvc.perform(post("/api/channel/jenkins/send")
153                    .param("channel", channel)
154                    .param("mail", "false")
155                    .param("raw", "false")
156                    .param("debug", "false")
157                    .contentType(MediaType.APPLICATION_JSON)
158                    .content(reqBody))
159                    .andExpect(status().isBadRequest())
160                    .andExpect(jsonPath("$.message").value("频道名称长度超过限制! "));
161        }
162
```

我们可以进行人工的代码评审，也可以先让大模型评审一次，再进行人工评审。电子材料中提供了 Claude 3.5 Haiku 对 SendChannelJenkinsMsgTest.java 的评审意见，以及 Claude 3.5 Haiku 修改之后的测试脚本。评审意见如下。

1. 测试用例覆盖不完整，待补充的测试场景
- Web 参数的测试用例未覆盖
- 未测试 reqBody 的具体解析和处理逻辑
- 缺少对消息内容构建的验证测试
- 未测试聊天频道信息保存的场景
2. Mock 对象和依赖不够全面，建议添加的 Mock 对象
- 添加 ChannelService（用于频道存在性检查）
- 模拟 TemplateUtil（邮件模板处理）
- 模拟消息构建和保存的服务
3. 异常处理测试不够全面，补充的异常测试场景
- JSON 解析异常
- 邮件模板处理异常
- 频道信息保存失败
- 消息构建失败
4. 代码结构优化建议，优化方向
- 使用 @ParameterizedTest 减少重复代码
- 提取公共的测试方法
- 增加更详细的注释说明
5. 测试数据准备，改进建议
- 使用 @BeforeEach 统一准备测试数据
- 创建测试数据构建方法
- 使用更真实的测试数据

6.6　LLM 驱动非功能性测试

前面讨论了 LLM 驱动功能测试，下面开始讨论 LLM 驱动非功能性测试。由于篇幅所限，这里只讨论性能测试、安全性测试上应用 LLM 的实践。

6.6.1　LLM 驱动性能测试

LLM 能应对接口测试，那性能测试就不是问题。前面讨论了 sendChannelJenkinsMsg 接口，现在就让 Gemini 2.0 Flash 生成 JMeter 的 JMX 脚本文件。

观看视频

提示词

针对上述 sendChannelJenkinsMsg API 进行性能测试，请设计测试场景（如并发用户、负载模式、数据等）和测试过程等，然后描述如何在 JMeter 上进行配置，并生成 JMeter 的 JMX 脚本文件

257

第 6 章

如何保障软件质量

Gemini 2.0 Flash 输出

针对 sendChannelJenkinsMsg API,我们来设计性能测试场景,并描述如何在 JMeter 上进行配置,最后生成 JMX 脚本文件。

性能测试场景设计

1. 并发用户数

- **轻负载测试**:10～50 并发用户,用于验证接口在低并发下的基本性能。
- **中等负载测试**:100～500 并发用户,用于模拟日常使用场景,验证接口在中等并发下的表现。
- **高负载测试**:1000＋并发用户,用于模拟高峰期或突发情况,验证接口在高并发下的稳定性和性能瓶颈。

2. 负载模式

- **阶梯式负载**:从低并发开始,逐步增加并发用户数,观察接口的响应时间和吞吐量变化。
- **恒定负载**:在一段时间内维持固定的并发用户数,观察接口的稳定性和资源消耗情况。
- **峰值负载**:在短时间内施加高并发,观察接口的瞬时性能和是否出现错误。

3. 测试数据

请求体:

- 使用标准的 JSON 请求体,确保请求体的格式正确。
- 可以准备多个不同的请求体,模拟不同类型的消息。

参数:

- channel:可以使用不同的频道名称,例如 dev-channel、qa-channel、prod-channel 等。
- mail:分别测试 true 和 false。
- raw:分别测试 true 和 false。
- debug:分别测试 true 和 false。
- web:可以设置不同的 URL 或保持为空。

4. 测试过程

准备环境:

- 部署 API 到测试环境。
- 确保测试环境和生产环境配置尽可能一致。

配置 JMeter:

- 创建线程组,设置并发用户数和 Ramp-up 时间。
- 添加 HTTP 请求,配置请求路径、参数和请求体。
- 添加监听器,用于查看测试结果。

执行测试:

- 根据不同的负载模式进行测试。
- 收集测试结果,包括响应时间、吞吐量、错误率等。

分析结果：

- 分析测试结果，识别性能瓶颈。
- 根据分析结果进行优化，并重新测试。

JMeter 配置步骤

- 打开 JMeter 并创建一个新的测试计划。
- 在测试计划中添加一个线程组。

……（以下省略，略同上面的测试过程）

JMX 脚本文件示例

由于 JMX 文件是一个 XML 格式的文件，以下是 JMeter 脚本文件的一个简化示例：

（见电子材料中 sendChannelJenkinsMsg-API.jmx）

如何使用 JMX 文件

（1）**保存 JMX 文件**：将上述 XML 内容保存为 sendChannelJenkinsMsg.jmx 文件。

（2）**导入 JMeter**：在 JMeter 中，选择 File->Open，选择 sendChannelJenkinsMsg.jmx 文件。

（3）**配置测试数据**。

- 创建一个名为"test_data.csv"的 CSV 文件，并添加测试数据。以下是一个简单的示例。

```
csv
channel,mail,raw,debug,web,taskName,status,stage,time,url
dev-channel,false,false,false,,Build Job,SUCCESS,Build,2025-02-03T12:00:00Z,http://jenkins.exa
qa-channel,true,false,false,,Test Job,FAILED,Test,2025-02-03T13:00:00Z,http://jenkins.example.
prod-channel,false,true,false,https://example.com/prod,Deploy Job,SUCCESS,Deploy,2025-02-03T14
dev-channel,false,false,true,,Build Job,SUCCESS,Build,2025-02-03T12:00:00Z,http://jenkins.exam
```

- 将 CSV 文件路径配置到 CSV Data Set Config 组件的 Filename 参数中

（4）**替换 API 地址**：在 HTTP 请求中，将 your_api_domain 替换为自己的 API 地址，8080 替换为自己的 API 端口号。

（5）**执行测试**：单击 JMeter 工具栏上的 Run 按钮开始测试。

（6）**分析结果**：查看监听器中的结果，分析性能数据。

总结

以上是针对 sendChannelJenkinsMsg API 接口进行性能测试的设计方案和 JMeter 配置方法。通过以上配置，可以进行全面的性能测试，找出 API 的性能瓶颈，并进行相应的优化。记住，需要根据实际情况调整测试参数和数据，才能得到准确的测试结果。

现在挑战一下 OpenAI o3-mini，让它评审由 Gemini 2.0 Flash 生成的设计方案和脚本。

提示词

请 review 上面性能测试设计方案和脚本,指出问题,然后优化上述内容,重新生成,输出的脚本要能切实可用。

OpenAI o3-mini 发现的问题和优化的方案

- 线程组配置不明确:没有明确地设置具体的并发用户数和 Ramp-up 时间,未明确中、高负载测试。
- HTTP 请求参数配置不够灵活:没有使用变量或 CSV 数据集来动态化各个请求参数,导致缺乏变体测试。
- 缺少错误处理场景:脚本未考虑如何处理错误请求,例如,模拟 API 返回错误的情况。
- 缺少结果分析设置:只使用了部分监听器,未包括更全面的分析角度,如响应时间、错误率、吞吐量等。
- JMX 格式不完整:对于某些重要参数的配置不够清晰,可能导致不能正常运行。
- 无数据记录:没有配置将结果输出到文件,以便后续分析和追踪。

优化后的测试设计方案

1. 测试场景

- 并发用户数:轻负载(10 和 50),中负载(100 和 500),高负载(1000 和 2000)。
- 负载模式:阶梯式,设置 Ramp-up 时间,以模拟现实场景中的并发用户增长。
- 请求参数:使用 CSV 数据集配置不同的 channel、mail、raw、debug 和其他请求体。

2. 错误模拟场景

- 在执行高负载时,模拟部分请求返回错误,观察接口的响应行为。

3. 完善的结果分析以及输出

- 添加更多监听器,例如:Aggregated Report、Response Time Graph 和 Summary Report。
- 记录结果到文件中,以便进行后续分析。

优化后的 JMeter JMX 脚本

见电子材料中 sendChannelJenkinsMsg-API-improved. jmx。

OpenAI o1 发现的问题(供进一步参考)

并发用户与负载模式设计:

- 虽然提到了不同的负载模式,但没有明确的时间段或具体的指标来评估性能(如最大响应时间、平均响应时间等)。
- 应该有明确的测试目标,例如确保 95% 的请求响应时间在某个阈值内。

测试数据生成:

- 示例 CSV 数据缺乏多样性,无法有效模拟在不同情境下使用的真实数据。
- 需要更多请求体组合和不同的 channel 参数来增加活跃性。

HTTP 请求配置：

- 未明确使用的模板工具的引入，例如，直接使用 Properties 文件来加载请求参数，增加灵活性。
- 使用 User Defined Variables 或者 Parameterized Test 来动态化请求数据。

JMX 脚本的可复用性：

- 样例中没有明确的注释，难以理解不同组件的目的。
- 应添加更多说明和配置文件结构化，以便于后来用户的维护和修改。

缺少性能指标的收集：

- 监听器的设置没有明确的分析结果（如错误率、成功率等）。

6.6.2 LLM 驱动安全性测试

像 Sider、豆包等大模型工具都支持直接关联 URL，我们把专门用于 Web 安全性测试的网站（如 https://altoromutual.com/）输入给它，提示词简单写成"请扫描这个网站，从而进行针对性的、全面的 Web 安全性测试"，大模型就会指导我们如何进行测试，其中豆包指导我们如何使用专业的 Web 安全扫描工具（如 OWASP ZAP、Nessus 等）进行安全测试，以 OWASP ZAP 为例，给出了详细的操作步骤。下面展示 OpenAI o1 的具体指导内容和 Gemini 2.0 Flash 发现的安全漏洞。在电子材料中，我们提供了来自 Gemini 2.0 Flash 和 OpenAI o3-mini 生成的完整的"Altoro Mutual 网站安全性测试分析报告"。

OpenAI o1 的具体指导内容（Web 安全性测试）

1.安全性测试目标

确保网站的安全性，保护用户的个人和财务信息，防止潜在的安全漏洞和攻击。

2. 测试内容

2.1 输入验证

- SQL 注入测试：在输入字段（如登录、注册、申请表单等）中尝试注入 SQL 代码，检查系统是否能正确处理并防止 SQL 注入攻击。
- 跨站脚本（XSS）测试：在输入字段中输入 JavaScript 代码，检查网站是否能有效过滤和转义用户输入，防止 XSS 攻击。

2.2 身份验证和会话管理

- 弱密码测试：尝试使用常见的弱密码（如 "123456""password"）进行登录，检查系统是否能拒绝这些密码。
- 会话管理测试：检查会话超时设置，确保用户在长时间不活动后会话会自动过期；测试会话固定攻击，确保用户在登录后会话 ID 不会被攻击者利用。

2.3 数据传输安全

- HTTPS 检查：确保所有敏感数据（如登录凭据、财务信息）通过 HTTPS 进行加密传输，检查 SSL/TLS 配置是否安全。

- 敏感信息泄露测试：检查是否在 URL、HTTP 头或响应中泄露敏感信息（如 API 密钥、用户凭据等）。

2.4 访问控制

- 权限测试：确保用户只能访问其权限范围内的资源，测试普通用户是否能访问管理员功能或数据。
- URL 访问控制：尝试直接访问受保护的 URL，检查系统是否能正确拒绝未授权访问。

2.5 安全配置

- 安全头检查：检查 HTTP 响应头是否包含安全相关的头（如 Content Security Policy，X-Content-Type-Options，X-Frame-Options 等）。
- 软件版本检查：确保使用的服务器和应用程序软件是最新的，未使用已知的漏洞版本。

3. 测试工具

- 自动化工具：使用工具如 OWASP ZAP、Burp Suite 或 Nessus 进行自动化安全扫描，识别常见漏洞。
- 手动测试：结合手动测试，特别是在输入验证和会话管理方面，进行更深入的分析。

4. 测试过程

(1) 准备环境：确保测试环境与生产环境相似，避免对真实用户数据造成影响。

(2) 执行安全测试：按照上述测试内容逐项执行，记录发现的漏洞和问题。

(3) 分析结果：对发现的安全问题进行分类和优先级排序，制订修复计划。

(4) 报告和修复：编写详细的安全测试报告，包含发现的漏洞、风险评估和修复建议。

(5) 重新测试：在修复后进行重新测试，确保所有问题已被解决。

结论

通过上述针对性的 Web 安全性测试，Altoro Mutual 网站可以有效识别和修复潜在的安全漏洞，保护用户的个人和财务信息，确保网站的安全性和可靠性。

Gemini 2.0 Flash 发现的安全漏洞

1. 链接分析

- 在线银行链接（https://altoromutual.com/index.jsp? content = personal_savings.htm）：

  发现：链接使用 https，表明数据传输加密，但 index.jsp 页面可能存在参数注入风险。

- 房地产融资链接（https://altoromutual.com/index.jsp? content = personal_loans.htm）：

  发现：链接使用 https，数据传输加密，但 index.jsp 页面可能存在参数注入风险。

- 商业信用卡链接（https://altoromutual.com/index.jsp? content = business_cards.htm）：

  发现：链接使用 https，数据传输加密，但 index.jsp 页面可能存在参数注入风险。

- 退休解决方案链接（https://altoromutual.com/index.jsp? content ＝ business_retirement.htm）：
  发现：链接使用 https，数据传输加密，但 index.jsp 页面可能存在参数注入风险。
- 隐私政策链接（https://altoromutual.com/index.jsp? content ＝ privacy.htm）：
  发现：链接使用 https，数据传输加密，但 index.jsp 页面可能存在参数注入风险。
- 安全政策链接（https://altoromutual.com/default.jsp? content ＝ security.htm）：
  发现：链接使用 https，数据传输加密，但 default.jsp 页面可能存在参数注入风险。
- 调查链接（https://altoromutual.com/survey_questions.jsp）：
  发现：链接使用 https，数据传输加密，但 survey_questions.jsp 页面可能存在参数注入风险。

2. 输入验证

模拟用户输入：由于没有提供具体的输入表单，无法进行详细的输入验证测试。但根据链接分析，index.jsp 和 survey_questions.jsp 页面可能存在以下风险：

- SQL 注入：如果这些页面直接使用 URL 参数查询数据库，可能存在 SQL 注入风险。
- 跨站脚本（XSS）：如果这些页面直接显示 URL 参数，可能存在 XSS 风险。

3. 隐私和安全声明

- 评估：网站声明致力于保护用户隐私和安全，但没有提供具体的安全措施细节。
- 发现：缺乏具体的安全措施说明，用户可能无法充分了解网站的安全保护措施。

4. 社会工程学风险

- 评估：网站提供"赢取 Samsung Galaxy S10 智能手机"的调查链接，可能存在钓鱼攻击风险。
- 发现：如果该调查链接被恶意用户利用，可能诱导用户输入敏感信息。

6.7　智能测试评估

6.7.1　智能缺陷定位

观看视频

软件智能缺陷定位对于软件开发和维护具有重要意义，可以提高软件开发的效率。通过快速准确地定位软件缺陷，开发人员可以减少调试时间，提高开发效率，软件的质量和可靠性可以得到提高，从而减少软件故障和安全漏洞的发生。

智能缺陷定位（Intelligent Fault Localization，IFL）是软件工程中的关键环节，旨在通过自动化技术快速识别代码库中导致软件缺陷（Bug）的具体位置。传统方法依赖静态分析、动态测试覆盖或基于信息检索、聚类等机器学习算法，但面对复杂代码库时效率有限。随着大语言模型（Large Language Models，LLMs）的发展，其强大的语义理解、推理能力和上下文处理技术为缺陷定位带来了革新。

大语言模型可以对软件缺陷报告进行分析和理解，提取关键信息，如缺陷描述、出现位置、影响范围等。通过对大量缺陷报告的学习（Reinforcement learning＋Fine-Tuning，强化学习＋微调），大模型可以建立缺陷模式和特征的知识库，从而更好地理解新的缺陷报告，并为开发人员提供更准确的缺陷定位建议。例如，大模型可以对缺陷报告中的自然语言描述

263

进行语义分析,识别出其中的关键概念和实体,如函数名、变量名、错误类型等。然后,通过与源代码中的函数和变量进行匹配,找到可能存在缺陷的代码位置。此外,大模型还可以根据缺陷报告中的上下文信息,推断出缺陷的可能原因和影响范围,为开发人员提供更全面的缺陷定位信息。

代码理解大模型可以对软件源代码进行分析和理解,提取代码的结构、语义和逻辑信息。通过对大量源代码的学习,大模型可以建立代码模式和特征的知识库,从而更好地理解新的源代码。例如,大模型可以对源代码进行语法分析和语义分析,识别出其中的函数、变量、控制结构等代码元素,并建立代码的抽象语法树(AST)和控制流图(CFG)。然后,通过对 AST 和 CFG 的分析,大模型可以识别出代码中的潜在缺陷模式,如未初始化变量、空指针引用、内存泄漏等。此外,大模型还可以根据代码的上下文信息,推断出缺陷的可能原因和影响范围,为开发人员提供更全面的缺陷定位信息。

大模型在缺陷定位方面的优势如下。

- **提高定位准确性**:传统模型受限于输入长度,而大模型通过分块处理(如检索增强生成,RAG)或上下文压缩技术,能够高效处理数十万行代码的代码库,可以建立起更准确的缺陷模式和特征知识库,从而提高缺陷定位的准确性。与传统的软件缺陷定位方法相比,大模型可以更好地理解缺陷报告和源代码的语义和逻辑信息,从而更准确地找到缺陷的位置和原因。

- **提高定位效率**:大模型可以快速地对缺陷报告和源代码进行分析和理解,从而提高缺陷定位的效率。与传统的软件缺陷定位方法相比,大模型具有很强的语义理解与推理能力,能够解析代码逻辑、用户需求和缺陷报告之间的复杂关联,甚至生成对缺陷根源的解释,从而为开发人员提供更及时的缺陷定位建议。

- **提高定位的智能化水平**:大模型可以通过不断学习和优化,提高自身的智能化水平。与传统的软件缺陷定位方法相比,大模型可以更好地适应不同的软件开发环境和需求,为开发人员提供更个性化的缺陷定位建议。

应用场景与案例如下。

- **自动化测试与修复闭环**:大模型可同时完成缺陷定位、修复建议生成(如代码补丁)及测试用例生成。例如,华为盘古大模型在代码审查中实现了全流程自动化。

- **开源生态支持**:如长亭百川云的 AutoFL 框架已开源,支持开发者基于 LLM 定制缺陷定位工具。

但我们也要看到一些挑战,例如,软件智能缺陷定位需要大量的高质量数据来训练模型。然而,在实际应用中,获取高质量的数据往往是困难的,因为软件缺陷数据通常是不平衡的、噪声的和不完整的。此外,不同的软件开发项目和环境可能需要不同的数据特征和模型,这也增加了数据获取和处理的难度,或者增加了模型的开发和维护成本。

软件智能缺陷定位可以采用人机协作的方式,提高缺陷定位的准确性和效率。例如,可以让开发人员和模型进行交互和协作,共同分析和定位软件缺陷。开发人员可以提供自己的经验和知识,帮助模型更好地理解和定位软件缺陷;模型可以提供自动化的分析和建议,帮助开发人员更快地找到缺陷的位置和原因。

未来,软件智能缺陷定位可以结合多种数据源,如缺陷报告、源代码、测试用例、日志文件等,进行多模态数据融合,提高缺陷定位的准确性和效率。例如,可以将自然语言处理技术和代码理解技术相结合,对缺陷报告和源代码进行联合分析,提取更丰富的缺陷特征和模式。

未来,软件智能缺陷定位可以采用自适应模型技术,提高模型的适应性和灵活性。例如,可以采用在线学习、增量学习、迁移学习等技术,让模型能够根据不同的软件开发项目和环境进行自适应调整,提高模型的准确性和效率。

总之,软件智能缺陷定位是软件开发和维护过程中的关键环节,对于提高软件质量和可靠性具有重要意义。随着人工智能技术的发展,大模型在软件缺陷定位方面展现出了巨大的潜力。未来,软件缺陷智能定位将朝着多模态数据融合、可解释性人工智能、自适应模型和人机协作的方向发展,为软件开发和维护提供更加高效、准确和可靠的支持。

6.7.2 评估测试覆盖率

测试覆盖率评估是软件测试工作中的一项工作,因为测试总是不能穷尽的,因此测试总是有风险的,我们需要通过不断评估测试的覆盖率,客观地了解测试的覆盖情况,不断提升测试的充分性,尽可能降低测试风险。

测试覆盖率是用来衡量测试充分性的一种量化指标。测试覆盖率评估贯穿整个软件测试过程,可以在测试的每个阶段结束前进行,也可以在测试过程中某一个时间进行或持续进行,目的只有一个,即提高测试覆盖率,保证测试的质量。评估测试覆盖率可以从不同的维度去度量,例如:

- 基于代码的测试覆盖评估,是对被测试的程序代码语句、路径或条件的覆盖率分析。根据已执行的测试覆盖了多大比例的源代码来表示,工业界主要采用代码行、代码分支和 MC/DC 覆盖率。
- 基于需求的测试覆盖评估,通过对已执行/运行的测试用例所覆盖的业务需求、用户故事、功能和非功能性需求等进行核实和分析而获得,虽然带有一定的主观性,但也是有参考价值的。这类评估的准确性依赖于需求分解的颗粒度,颗粒度越细,准确度越高。

1. 大模型助力基于代码的测试覆盖评估

论文"HITS: High-coverage LLM-based Unit Test Generation via Method Slicing"提出一种程序切片的方法,将被度量的代码(焦点方法)分解为多个切片,并要求 LLM 按切片逐个地生成测试用例,目标是覆盖所有行和分支。这种方法缩小了分析范围,使 LLM 更容易覆盖每个切片中的更多行和分支,如图 6-16 所示。接着,再执行测试集中的所有测试,并将它们分为可执行和不可执行两类。对于不可执行的测试,HITS 包含一个修复器,应用三种基于规则的修复方法来修复它们。

(1) 括号平衡修复:通过模式匹配检测并修正代码中的括号缺失或不匹配问题。例如,在测试用例中自动补全缺失的闭合括号,确保代码结构完整性。

(2) 验证逻辑简化,删除非必要的断言验证逻辑。由于研究聚焦于提升代码覆盖率,优先保证测试用例的可执行性而非功能正确性验证。

(3) 常用包自动导入,自动添加缺失的标准库或框架依赖包。例如,检测到未声明的 ArrayList 时自动插入 import java.util.ArrayList 语句。

在这个方法中,数据集的构建显得更重要,研究团队构建了一个包含从现有技术方法使用的项目中收集的复杂焦点方法的数据集。另外,为了提高测试覆盖率,HITS 推断输入参数、参数和 stopAtNonOption 的多个条件组。

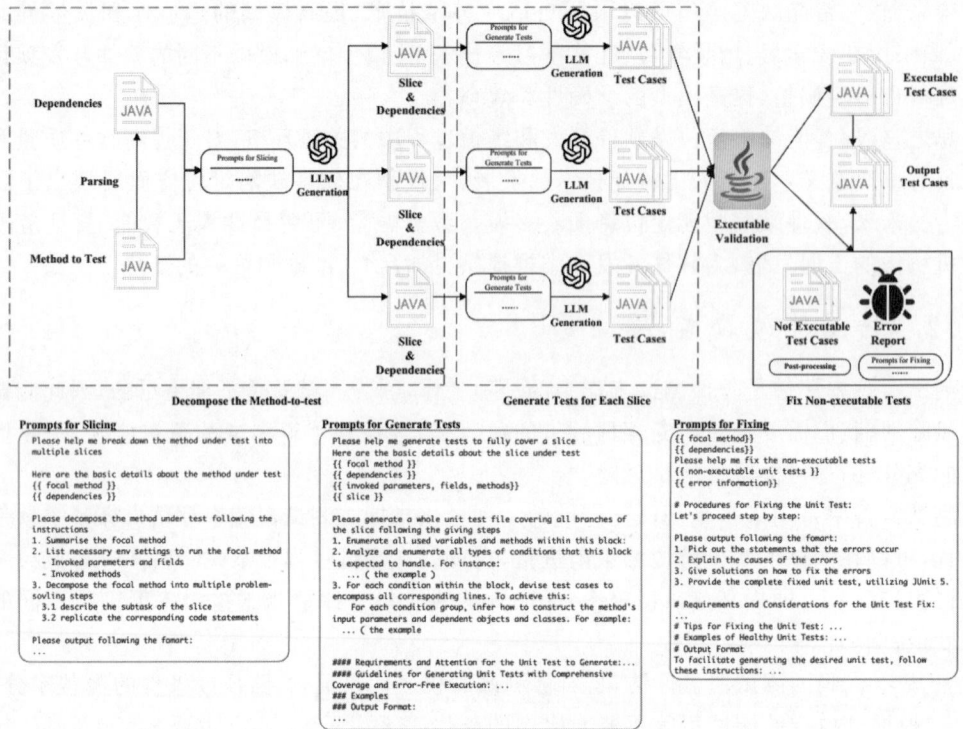

图 6-16　HITS 实现的框架示意图

实验结果表明,HITS 在行和分支覆盖率方面均显著优于当前的 LLM 测试用例生成方法和之前典型的 SBST 方法 EvoSuite,如表 6-2 所示。例如,通过为切片生成测试,HITS 构建了 ChatUniTest 遗漏的代码块的测试用例,包括 while(iterator. hasNext())中的代码块。其中,ChatUniTest 是另一种基于 LLM 的单元测试生成与修复框架,其核心思想是通过上下文语义抽取与动态错误反馈的循环优化提升测试质量。

表 6-2　HITS 与 ChatUniTest 等代码行、分支覆盖率比较

Project Abbr.	LLM Learned?	Line Coverage			Branch Coverage		
		HITS	w/o slicing	w/o slicing PE ChatUniTest+PP	HITS	w/o slicing	w/o slicing PE ChatUniTest+PP
CLI	Y	77.83%	57.67%	58.50%	73.00%	56.50%	55.17%
CSV	Y	57.67%	53.66%	42.17%	52.33%	30.33%	30.33%
GSO	Y	58.61%	59.52%	57.52%	52.90%	53.48%	51.19%
COD	Y	67.84%	65.58%	56.26%	58.63%	55.26%	50.21%
COL	Y	43.71%	46.29%	46.85%	33.64%	37.93%	38.93%
JDO	Y	43.38%	45.28%	45.80%	39.90%	42.48%	42.10%
DAT	N	54.75%	50.38%	48.50%	45.13%	42.00%	40.50%
RUL	N	24.13%	20.63%	20.13%	17.63%	15.86%	14.69%
WiN	N	52.00%	58.00%	47.00%	49.00%	47.00%	46.50%
BPG	N	71.00%	49.14%	62.86%	59.00%	45.86%	54.14%
Avg.	/	55.09%	50.61%	48.56%	48.12%	42.97%	42.38%

2. 测试大模型助力测试覆盖评估

目前已有企业通过领域数据和 SFT(有监督微调)训练出企业内部测试大模型(简称为 ET-LLM)。这样,在测试执行过程中,ET-LLM 能够实时监测代码的执行情况,精确统计每个代码块、每个功能模块的覆盖情况。ET-LLM 不仅关注代码层面的覆盖率,还会从业务功能、用户体验等多个维度进行分析。通过这种多维度的分析,能够更全面地了解测试覆盖情况,发现潜在的测试空白区域。一旦发现某个区域的覆盖率较低或模块的覆盖率不足时,会立即发出警报,提醒测试人员及时调整测试策略,增加对该区域或模块的测试用例执行。

随着业务的不断发展和变化,测试需求也在不断更新。ET-LLM 能够动态适应这些变化,根据新的业务规则和功能调整测试用例。当推出增加新功能的版本时,ET-LLM 会自动生成相关的测试用例,并实时更新测试覆盖率,确保对新业务的全面测试。

通过对历史缺陷数据的深度分析,ET-LLM 能够识别出常见的缺陷模式和高风险区域。在新版本上线前,ET-LLM 的确发现了某些 UI 部分容易出现兼容性问题,会将这些区域标记为高风险,并优先进行测试。这种针对性的测试策略能够提高发现缺陷的概率,同时也能提升测试覆盖率,确保高风险区域得到充分测试。

ET-LLM 会生成直观的可视化报告,以图表、图形等形式展示测试覆盖率的情况。这些报告能够清晰地显示哪些区域已经得到充分测试,哪些区域还需要加强。测试团队和管理层可以根据这些报告快速做出决策,调整测试资源和策略,进一步提高测试覆盖率。

6.7.3 测试报告生成

过去我们可以基于设计文档模板来生成测试报告,模板中动态内容的地方设置参数,通过参数从数据库或相关测试计划、测试日志拿到内容,填入进去。总体来看,过去的方法,属于做填空题,没有分析、洞察的能力,分析、洞察的能力还是依赖测试人员。今天,不只是做填空题,大模型还可以做分析题、理解题;我们借助大模型完成对测试过程和测试结果进行分析和洞察。如同代码是程序员的主要成果之一,测试报告和质量报告是测试人员的主要成果之一。一个好的测试报告,是建立在正确的、足够的测试结果的基础之上,不仅要提供必要的测试结果的实际数据,同时要对结果进行分析,发现产品中问题的本质,对产品质量进行准确的评估。

我们让大模型生成测试报告,要提供测试需求分析书、测试计划书和测试执行结果(可以放在 CSV 文件中),然后让大模型生成 TMS 测试报告,并要求以特定的文档格式(如"附录 E 测试报告模板")。还是以 TMS 为例,让它生成测试报告,结果见电子材料中的"TMS 系统测试报告.docx",报告内容包括引言、测试对象和概要、测试结果和发现、对软件功能的结论、分析摘要和测试资源消耗等,这里只给出第 5 部分"分析摘要"。

5.1 测试结果分析

5.1.1 对比分析

- 与前一次测试相比:高优先级缺陷大多得到修复,系统整体稳定性有所提升;低并发下无重大 Bug,新功能引入后未导致回归缺陷。
- 遗留的 4 个缺陷为罕见场景或轻微影响,开发团队决定在下一个版本中修复。

5.1.2　测试评估

- 通过本次测试，TMS 系统主要功能已较为成熟，满足需求分析书的核心要求。
- 系统仍存在少量低频缺陷，需要在后续迭代中持续跟进修复。
- 建议在上线后加强监控及反馈收集，对报表导出和权限管理等关键场景重点关注。

5.2　能力

- TMS 在任务管理、团队沟通、数据分析等核心应用功能方面已通过大部分测试验证；性能基本满足理论要求。
- 测试环境与真实运行环境相似度较高，故本次测试结果对实际运行情况具有较高参考价值。

5.3　缺陷和限制

- 已确认的未修复 Bug(4 个)均在特殊或低频使用场景下发生，不会对日常核心业务产生明显阻碍。
- 存在一定的性能和并发限制，需要在后续开发中跟进优化。

5.4　建议

- 在下一个版本重点修复或优化 4 个遗留低频 Bug。
- 针对权限管理和高并发报表导出类场景，建议在后续添加更多的自动化回归测试用例。
- 增强监控告警与日志记录，一旦线上出现异常可及时定位并处理。

5.5　评价

- 当前版本功能已较好地达到需求目标，大部分高优先级缺陷已完成修复，系统可投入试运行或小范围上线。
- 建议在上线后继续收集用户反馈，并计划在后续版本中针对遗留缺陷进行修补和性能优化。

还可以让更强的大模型对"TMS 系统测试报告"进行评审，指出问题，并生成更高质量的测试报告，结果见电子材料中的"TMS 系统测试报告(修改版). docx"，这里只给出评审意见。

【评审意见】
基于 TMS 团队评审反馈的结果，本次测试报告在原有基础上补充了关键的功能缺陷和环境配置问题，报告结构更加完整、翔实，建议项目组在后续迭代版本中尽快跟进修复未解决的缺陷，并优化环境配置以提升用户体验。

小　　结

今天，许多团队都构建了分布式软件测试平台或云计算测试服务平台，能够提供各种测试服务，包括：

- 测试计划、测试用例、测试数据等管理。

- 能开发、调试和运行自动化测试脚本。
- 执行各种测试，包括功能测试、性能测试和安全性测试。
- 呈现测试结果、缺陷和质量状态，及时了解项目的测试状态。
- 支持持续集成、持续发布，和研发流程能集成起来。
- 和运维集成起来，可以开展在线测试、日志分析，甚至收集用户的反馈。

并在此基础上整合了知识库、RAG 技术、智能体等技术，甚至训练了企业内部的测试大模型。借助 LLM 这样增强的能力，帮助我们驱动软件测试分析和设计、测试生成等。

- 利用 RAG 技术自动推荐示例和关键字，结合任务指令、配置命令、示例等，动态组装提示词，显著降低了提示词构建的人工成本；利用 RAG 技术动态生成提示词，结合知识库中的脚本片段示例，显著提高生成脚本的准确率。实时将新生成的测试数据回流到知识库，系统也能持续更新知识库，持续增强 LLM 的生成能力，支持更精准的测试分析。
- 场景测试分析：通过 LLM 识别测试场景和测试对象，提取业务关键字，生成目标测试用例。利用自然语言能力分析测试环境和需求，自动定义测试对象的边界和特性。进一步，构建测试模型或进行更深入的测试分析，挖掘应用场景，自动生成测试点，细化测试需求，提升测试覆盖率。
- 在自动化测试环境中，基于 LLM 的测试平台支持 PlantUML 及 MBT（模型驱动测试）生成，可以通过后处理和反馈循环，验证生成的脚本结果，对不理想的测试结果进行去重和优化，确保生成内容的准确性和可用性。更理想的情况，可以自动检测接口定义的规范性，确保接口文档的准确性和一致性。提供智能修复建议，自动整改接口规范性问题。
- 采用 LLM 生成测试数据和测试数据集，自动化构建复杂的测试数据组合。实施数据标准化和优化，确保测试数据的质量和覆盖率。对测试用例和脚本进行规范性整改，确保语料库的高质量。
- 构建多智能体协作机制（框架），通过多个智能体（如测试分析 agent、测试设计 agent、环境设置 agent、调用测试数据 agent、接口自动化 agent、UI 自动化 agent）的合作，基于自然语言描述的测试需求，高度自动地实现全生命周期的测试过程。
- 智能任务拆分能力。LLM 在生成复杂脚本时，无法合理拆分任务。通过智能体调用工具，将完整的命令行配置拆分成多个子任务，使 LLM 能够逐步生成有效的脚本片段，提升生成效果。
- 我们发起测试请求，系统自动完成任务接收、场景分配与测试执行。这种自主测试，需要建立在业务领域知识库的基础上，通过 AI 路由功能分配测试任务，确保合适的资源和场景覆盖，借助上述多智能体的协作机制和智能任务拆分能力，可以尝试自主的探索式测试，如结合正向和逆向遍历方法，自主遍历操作依赖图、生成测试序列并执行测试，以实现不断探索、不断发现缺陷，不断自我适应与改进，完成端到端的测试，也是完全可能的。

基于 LLM 的测试用例和脚本生成技术，通过智能任务拆分、关键字检索、动态提示词生成和知识库优化，实现了测试流程的智能化和自动化。利用 RAG 技术和向量数据库，克服了私域知识注入和提示词构建成本高的挑战，显著提升了生成脚本的准确性和效率。结合 AI 工具和持续优化机制,构建了一个高效、可靠、可扩展的智能测试设计系统,为软件测试领域带来了革命性的提升。

思 考 题

1. 如何辩证地看待质量和客户的关系?

2. 符合性质量与满意度质量如何体现在测试策略中?

3. 广义的质量概念给质量管理带来了哪些益处?

4. 软件质量控制和软件质量保证之间有何区别?

5. 软件质量工程体系的核心是什么?如何构建适合自己的软件质量工程体系?

6. 请结合软件质量工程体系,思考如何在敏捷开发环境中构建有效的缺陷预防机制,以及 AI 技术如何助力提前发现和预测潜在缺陷?

7. 如何在软件测试活动中兼顾三个质量维度?

8. 在实际项目中,如何有效地结合 AI 与人工经验来制订测试策略?并分析在哪些情况下 AI 分析可能存在局限性,需要人工干预完善?

9. 在不同类型的软件项目中,如何选择最合适的测试用例设计方法?

10. 在实施 AI 驱动的自动化测试时面临哪些主要的挑战?如何构建一个既利用 AI 优势又能保证测试可靠性的测试框架?

11. LLM 在安全测试、兼容性测试、可靠性测试等方面有哪些潜力和局限性?

参 考 文 献

[1] 朱少民,等.软件质量保证与管理[M].2 版.北京:清华大学出版社,2019.

[2] 朱少民.全程软件测试[M].3 版.北京:人民邮电出版社,2019.

[3] 朱少民.软件测试方法和技术[M].4 版.北京:清华大学出版社,2022.

[4] Wang J,Huang Y,Chen C,et al. Software testing with large language models:Survey,landscape,and vision[J]. IEEE Transactions on Software Engineering (2024).

[5] Dakhel A,et al. Effective test generation using pre-trained Large Language Models and mutation testing[J]. Inf. Softw. Technol. 171 (2024),107468.

[6] Li Y,et al. Evaluating Large Language Models for Software Testing[J]. Computer Standards & Interfaces (2024),103942.

[7] Zhang T. Software Defect Prediction and Localization with Attention-Based Models and Ensemble Learning. 2023 7th IEEE International Conference on I-SMAC,Oct. 11-16,2023.

[8] B. Maruthi Shankar. Software Defect Prediction using ANN Algorithm. 2023 7th IEEE International Conference on I-SMAC,Oct. 11-16,2023.

[9] Zejun Wang,etc. HITS:High-coverage LLM-based Unit Test Generation via Method Slicing, arXiv: 2408. 11324[cs. SE],2024.8

第 7 章　如何实现持续集成与持续交付

在历经 6 个月的需求分析、业务建模、架构设计、编码开发,以及质量控制之后,"团队协作 TMS 系统"终于来到了交付阶段。这一天,开发团队提交了最后一个小的修复,并且在开发环境通过了构建与测试。"大功告成!"开发团队击掌欢呼。接下来,软件系统正式进入交付阶段。开发团队将如下软件制品交给了运维团队。

- 软件安装程序
- 配置文件
- 数据库迁移脚本
- 部署文档

运维团队收到通知后,准备将软件先部署到试运行环境(类生产环境)。然而,在开始部署时,运维团队傻眼了:开发团队的软件、脚本及文档都是基于 Windows 的,然而试运行环境是 Solaris 集群。运维团队赶紧联系开发团队,让他们准备针对 Solaris 集群的软件交付。开发团队很无奈,但是这确实是因为他们对生产环境做了错误的假设而造成的失误。于是,开发团队开始修改交付的程序、脚本、配置与文档。

一周后,运维团队拿到更新后的交付制品,开始在试运行环境部署软件。运维团队需要根据部署文档的说明,对试运行环境进行相应的配置。配置包括对操作系统、服务器、数据库以及其他基础设施的设置。之后,运维团队将根据文档安装并运行软件。然而,在此过程中,运维团队发现开发团队提供的文档有许多不清晰、不完整,甚至错误的内容,如服务器配置的参数没有写清楚、安装步骤会出现依赖包版本不兼容的错误等。每当发现一个问题,运维团队就需要与开发团队进行沟通,沟通的过程也包括对交付制品的再次修改与更新。以上过程涉及频繁的会议、电话、邮件,以及加班。两周后,运维团队才成功地将软件在试运行环境安装并运行。

接下来,测试团队再次登场,在试运行环境中对软件进行验收。然而,测试团队发现试运行环境中的软件没有通过用户验收测试(User Acceptance Testing,UAT)。运维团队联系开发团队,后者表示他们确实是按客户的需求开发的。于是,运维团队再次联系客户,确认某些需求,并且向开发团队反馈。此过程需要大量的沟通协调。开发团队在此阶段可能也会对软件进行多次的更新,这些更新又可能引发试运行环境的调整与测试。雪上加霜的是,此时软件发布日期已经迫近,开发、测试与运维团队没有足够的时间对软件的每一次调整进行深思熟虑的设计与测试,很多修改都是在匆忙中进行的。这也为日后埋下了"技术债"的隐患。

在历经了几个不眠之夜后,团队解决了试运行环境的问题,并终于赶在预计的日期将软件部署至生产环境并且发布。运营了一段时间后,用户反映软件的响应变慢。运维团队追踪后发现,集群中的一些服务器由于自动更新了操作系统以及依赖库的版本,导致软件运行出现问题,无法正常响应用户请求。为了尽快向用户反馈,运维团队的一位"明星员工"直接在生产环境上手工修改了出现问题的配置,迅速解决了问题。由于手头的事情太多,这位员工并未对这次改动进行任何形式的记录。

接下来的两个月,TMS 的运营还算平稳。然而,在下一次对软件发布更新时,TMS 团队又再一次陷入了之前描述的混乱、紧张、困难重重的交付过程。令人欣慰的是,运维团队的这位明星员工对部署流程非常熟悉。很多团队成员在部署期间遇到问题时都喜欢直接找到这位员工解决。这位员工也不负众望,一次又一次帮助团队解决各种棘手的问题,使得更新可以顺利交付。

然而,几个月后,这位员工递交了辞呈。

上文是软件交付过程中可能遇到的典型场景[①]。可以看出,软件交付绝非"一键式"的简单过程,"软件交付"也并不等同于"大功告成"。相反,软件交付意味着对前期所有工作的整合与检验,也意味着下一个版本的开始。因此,软件交付是软件生命周期的重要节点,也是最复杂、最有风险的节点。本章将介绍软件交付过程中涉及的方法论与最佳实践。通过本章的学习,读者将了解:

- 持续集成、持续测试与持续交付的原因、理念、具体过程与最佳实践。
- 低风险发布的概念,以及蓝绿部署、金丝雀发布等常见发布策略。
- 云原生软件的基本概念与基于云原生的 CI/CD 服务。
- CI/CD 部署流水线的组成,以及云原生软件的部署流水线实例。

7.1　持续交付

本节将介绍软件交付的概念与反模式,以及持续交付的核心理念与具体实践。

7.1.1　软件交付概述

软件交付(Delivery)是软件开发生命周期中的关键阶段,涉及将编码完成的软件交予最终用户。在这个过程中,团队需要整合并且构建所有代码。为确保软件质量,交付阶段包括代码检查和测试等质量验证环节。接下来,软件将被部署到生产环境,并再次经过一系列测试,以验证其在真实场景下的功能正确性与性能稳定性。最终,当软件通过了所有测试,开发团队将它正式发布给客户。这标志着软件交付过程的完成,用户可以开始使用软件,或者享受新版本软件中新增的功能和改进。

软件交付是整个软件过程中的最终"落地"环节(当然是在不考虑下一次迭代的情况下)。它将客户的需求转化为可运行的软件,并将其交付给客户使用。交付过程不仅涉及多个任务,还需要开发团队、测试团队、运维团队与客户之间的紧密协作与沟通。由于各团队之间存在不同的交付方法和流程,软件交付具有很大的灵活性与差异性。尽管存在这些差异,软件交付仍然被广泛认为是软件开发过程中最具挑战性和压力最大的环节。

---

① 《凤凰项目:一个 IT 运维的传奇故事》(吉恩金等著)一书中对软件交付过程有着更加全面、生动的描述。

7.1.2 软件交付的反模式

回顾本章一开始描述的 TMS 的交付过程,不难发现其中一些明显的问题。我们可以将这些问题称为软件交付的反模式(Anti-patterns)[1]。上文所述的 TMS 交付过程主要包含以下 4 种反模式。

1. 反模式一:开发完成之后才向(类)生产环境部署

上文中,TMS 在开发完成后才第一次部署到类生产环境。这导致了团队在临近交付的时间节点才发现开发环境与(类)生产环境是有极大差异的。更深层次的原因,是这类反模式使得开发团队存在对生产环境的错误假设。发布的周期越长,开发团队做出错误假设的时间就越长,导致真正部署到(类)生产环境时需要修复的问题越来越多。

在此反模式下,运维团队只有当第一次部署时才真正接触到新开发的软件。由于开发环境与(类)生产环境的差异,部署时会出现各类问题。此时,运维团队与开发团队需要进行紧密的沟通与协作。然而,此类反模式使得在部署之前,开发与运维团队几乎没有协作的基础,双方对彼此的意图、假设与工作方式都不甚了解。缺乏前期沟通基础,又面临紧张的交付期限与巨大的部署压力,会导致团队互相指责、修复匆忙、交付低质量等各类问题。

2. 反模式二:过度依赖手写文档

上文中,运维团队需要根据开发团队提供的文档手工进行软件部署,这意味着文档的质量至关重要,必须详尽地记录部署步骤并且描述各类情况下的处理方法。然而,开发并维护这样一个部署文档是非常困难的。部署文档可能需要由多方参与开发的人员共同协作撰写,而协作的过程本身已经引入了诸多复杂性。例如,由不同员工撰写的文档内容、风格不一致;某些员工认为文档不重要,不愿意参与撰写等。另外,由于交付时间紧张,在交付过程中实现的修改与调整可能来不及体现在部署文档中(例如,明星运维人员手工修改配置的情况),导致部署文档的某些部分不清晰、不完整、未及时更新。最后,在整个软件生命周期中,部署文档的维护也是一项令人头疼的问题。

3. 反模式三:手工配置并管理(类)生产环境

在软件发布过程中,(类)生产环境需要进行正确地配置后才可以顺利安装并运行软件。上文中,这一过程也是大部分由运维团队手工完成。例如,运维团队需要手工对操作系统或服务器进行配置,或是手工将开发团队提供的配置文件复制到(类)生产环境。当软件使用到数据库,运维团队也需要手工配置数据库,或是手工运行并调试数据迁移脚本。当(类)生产环境不只是一台主机,而是一个集群时,手工配置意味着运维团队加倍但重复的工作量。

除了部署时的(类)生产环境配置,在软件的运营过程中还需要对(类)生产环境进行维护与管理。上文中,针对用户提出的软件响应时长问题,运维人员直接在生产环境中手工修改了配置。尽管这个处理方式也许在短期内能够快速、简单地解决用户的特定问题,但从软件长期的运营维护来看,对(类)生产环境的手工管理是一个反模式。首先,手工配置管理不利于生产环境的重建。例如,当团队需要扩大生产环境的规模,增加集群的机器时,运维团队需要回忆其对生产环境的每一个手工变更并且重复部署,这是非常容易出错的。其次,在错误出现的情况下,手工配置管理意味着问题追溯与回滚操作的难度大大增加。最后,手工配置管理加剧了开发团队与运维团队信息不一致的情况。由于开发团队不了解生产环境的变化,可能导致其后续开发过程中继续对生产环境做出错误的假设。

4. 反模式四：过度依赖少数员工

软件交付过程的复杂性使得其对团队成员的专业知识有较高的要求。上文中，软件部署中出现的难以解决的问题，都交给了运维团队的一位值得信任的核心成员。这位核心成员因此掌握了其他团队成员不知道的信息，如某个缺陷如何通过一个"临时解决方案"绕过，或是某个服务器参数设置成某个"魔数"的具体原因。考虑到发布日期紧张以及工作量，这位员工可能无法将这些信息事无巨细地记录下来。过于依赖少数员工的反模式，会导致这类核心员工成为"single point of failure"。当这类员工请假或者离职时，整个团队没有其他成员能够在短时间内接替他们的工作。

7.1.3 持续交付的理念

1. 目标

持续交付（Continuous Delivery）作为软件从开发到发布之间的一种模式或者实践，在很多真实项目中都被证明能够有效地解决上文提到的各类问题[1]。持续交付的目标在于实现短周期、高质量、低风险的交付流程。

- 短周期：周期时间从决定进行软件变更（修复缺陷、增加功能）开始，到用户能够获取变更后的软件结束。通过快速迭代和频繁交付，团队能够快速验证变更的效果并快速响应市场变化。
- 高质量：通过自动化测试和质量保证措施，确保交付的软件具备稳定性和可靠性，减少潜在缺陷的出现。
- 低风险：在交付过程中减少因变更带来的风险，降低部署成本，并通过透明的沟通、全面的测试和监控机制来快速识别和解决问题，以确保交付的系统在生产环境中持续稳定运行。

2. 核心理念

为了达到上述目标，持续交付的核心理念如下。

- 自动化：自动化是持续交付的基石。通过对构建、测试、配置、部署等关键流程的自动化，能够减少手动操作引起的错误，使得团队能够在短时间内、更频繁地进行软件交付。同时，自动化对人力资源的利用率进行优化，使得团队能够专注于创造性与有价值的工作，而不是被烦琐的重复性任务拖慢脚步。
- 端到端："端到端"意味着整个交付流程从开发到部署再到用户使用，可以实现"一键式"发布，从而形成无缝的、全流程的一体化。端到端的理念建立在高度自动化的实现上。软件交付不再需要多个团队大量的、重复的人工操作；相反，不同团队可以根据需要，轻松选择任意版本的软件部署到任意环境上。例如，运维团队可以选择已知的稳定软件版本，并将其一键部署至生产环境；测试团队可以在类生产环境一键部署最新版本的软件以测试其新功能；开发团队可以选择在开发环境中部署已发布的某一版本以修复用户报告的缺陷。
- 快速反馈：快速反馈是持续交付的重要特征之一。通过引入自动化测试、代码审查等实践，团队可以在早期发现问题，降低修复难度与成本。同时，持续集成和持续部署的快速迭代模式，使得用户的需求能够更加迅速地得到验证，并快速向开发与运维团队反馈。快速反馈不仅加速了软件的交付，也提高了团队对于项目进展的实时了解,为及时调整和优化提供了有力支持。

- 全员参与:"全员参与"强调了软件交付是整个团队的共同责任与目标。从开发人员到测试人员,再到运维人员,每个成员都应参与到持续交付的过程中。这种全员参与的理念促进了跨职能团队的紧密合作,打破交流壁垒,促使信息流畅共享,避免互相推诿,加快问题的解决,同时也提高了整个团队的协同效率。

3. 具体实践

实现持续交付核心理念的基础是版本控制和自动化测试。版本控制是确保软件开发团队能够高效地协同工作、追踪变更并有效管理代码的关键工具。通过版本控制,团队可以精确地追踪每一次修改并轻松地回滚到先前的状态,确保代码的稳定性和一致性。自动化测试则是实现快速、高质量交付的关键。通过自动化测试,团队可以迅速、准确地验证代码的功能和性能,尽快发现缺陷,降低了修复的时间与成本。在第 6 章,已经学习了软件测试的概念与实践。在 7.2 节,将进一步介绍测试在持续交付中的角色,即持续测试。

有了版本控制与自动化测试的支持,团队可以开始持续集成的实践。持续集成是指每一次提交都会触发对整个软件的构建与自动化测试;如果发现问题,开发团队应立即修复。持续集成的目标是使得软件一直处于可工作状态,并且对异常状态快速反馈。

持续交付的最终实现是一套端到端的部署流水线。部署流水线是软件从版本控制系统到最终用户的自动化过程。部署流水线从持续集成开始,以配置管理与不可变基础设施为支撑,以低风险发布和快速反馈为目标,使得团队能够通过完全自动化的过程在任意环境部署并发布任意版本的软件。7.4 节将介绍部署与发布的概念,7.5 节将介绍部署流水线。

7.2　持　续　集　成

20 世纪 80 年代,微软 Office 团队使用了一种软件开发实践——"nightly build"(每晚构建,也称为每日构建)。每晚构建是指每晚定时自动执行一次软件构建工作。构建过程包括从版本控制系统中提取最新的代码,并且进行编译、构建和测试。每晚构建可以确保在每一天结束时,开发团队能够构建、运行并测试他们的软件项目的最新版本,并及时发现与解决潜在的问题[2]。

Chrysler Comprehensive Compensation System(简称 C3 项目)是 20 世纪 90 年代初期的一个具有挑战性的软件项目。C3 项目的目标是整合、优化、最终取代众多已存在的 COBOL 遗留工资系统,改用 Smalltalk 开发,最终成为能够支持九万雇员的综合薪酬系统[2]。然而,项目的进行遭遇了显著的困难与延迟。Kent Beck 及其团队于 1996 年接手此项目。在此过程中,团队发现项目代码的集成与运行是非常困难且耗时的工作,通常需要花费一两周的时间。针对这个问题,团队逐渐提高集成频率,并发现此实践带来的好处是每次集成的时间显著减少;同时,软件问题能够更早被发现,且更容易修复。Kent Beck 在其 1996 年出版的 *Extreme Programming Explained:Embrace Change* 一书中为这类实践给出了简短的描述:"持续集成——每天多次集成和生成系统,每次都完成一个构建任务"。

随着敏捷开发与 DevOps 的发展,"持续集成"的概念也不断被人们提起并实践。2000 年,Martin Fowler 发表了一篇长博客介绍持续集成(这篇博客的最新更新日期是 2024 年 1 月 18 日)[3]。2011 年,Jez Humble 与 David Farley 出版的 *Continuous Delivery* 一书中对持续集成的过程与实践进行了详细的描述[1]。在此书基础上，乔梁于2022年出版的《持续交付2.0》对持续集成过程进行了进一步的精要[2]。总结起来，我们对持续集成给出如下定义。

> "持续集成（Continuous Integration，CI）是一种软件开发实践，指每次提交都会自动触发对整个软件的构建与测试。构建或测试中出现问题需要立即被修复。持续集成减少了每次集成的时间，使得团队能够尽早地发现并解决由代码集成引入的问题，从而使软件随时处于可工作、可运行的状态，加速软件交付过程。"

本节将具体介绍持续集成的过程、方法，以及最佳实践。

观看视频

7.2.1 过程与方法

根据上文的定义，可以将持续集成过程进一步分解成两个阶段：提交阶段与集成阶段。本节将具体介绍这两个阶段的实践过程。

1. 准备工作

在实施持续集成之前，团队需要完成下列准备工作。

- 版本控制：软件开发涉及的代码、测试、文档、配置文件、脚本等内容都应该进行版本控制。版本控制使团队能够跟踪和管理代码的演变，提供可靠的历史记录，并在出现问题时允许简单地回滚到之前的稳定状态，利于团队协同开发。版本控制的具体介绍请见附录实践部分中的第2章。

- 自动化构建：构建工具可以简化构建过程，自动处理复杂的依赖关系（详见第5章）。在实践持续集成之前，团队需要能够使用自动化构建工具或构建脚本自动执行代码编译、测试和打包等任务。自动化构建的目的是快速、可靠地生成可部署的软件产品，降低人为错误的风险，并确保构建任务实现的一致性和可重复性。

- 自动化质量验证：持续集成的触发事件是"提交"，即代码变更。每一次对代码的改动都有潜在的风险，因此需要验证软件在提交后是否依然满足（非）功能性需求。同时，质量验证应该能够自动向提交者提供快速反馈。质量验证一般包括静态检查与自动化测试等。第6章已介绍了常见的代码质量检查方式。7.4节将详细介绍自动化测试。

- 自动化配置与部署：除了代码，一个软件项目的部署还需要运行环境的正确配置以及相应的制品，如数据库脚本与部署脚本，我们称为基础设施（Infrastructure）。同代码一样，基础设施也应该纳入版本控制，以支持自动化的配置管理与软件部署。第9章将讨论不可变基础设施。

- 团队共识：持续集成要求团队成员对于集成的频率、集成的流程、版本控制策略、代码质量标准等方面取得一致意见。当每个成员都清晰理解并遵守持续集成的实践，团队才能够避免后续集成阶段可能出现的问题和冲突，提高团队协作效率，从而为项目的顺利进行奠定基础。

2. 提交阶段

假设团队已完成准备工作，对项目进行版本控制，并拥有一个主分支。当一个开发者需要对代码进行修改，如添加新功能或者修复缺陷时，他的主要工作流程如图7-1所示。我们可以将其称为"6 步提交法"[2]。

（1）从主分支拉取最新的版本至本地，并实施必要的合并。持续集成意味着主干最新版本是构建成功并通过验证的。因此，此步骤确保在进行变更时，本地的工作版本也是最新的。

（2）开发者在本地的工作版本实现代码开发任务。

（3）在开发过程中，开发者需要经常进行本地提交、构建与本地质量验证过程，如运行自动化的测试集。此步骤确保本地的修改在实现修改目标的同时（如增加新功能）不影响软件的正常运行。

（4）再次从主分支拉取最新版本至本地。由于在开发者本地工作的这段时间内，其他团队成员很可能又对主分支进行了提交，此步骤可以确保本地的修改和主分支最新的工作版本能够顺利集成。如果此步骤发现问题，如合并后测试无法通过，则开发者需要重复步骤（3），并依据经验决定是否重复步骤（4）。

（5）步骤（4）成功后，开发者可以向主分支提交代码。

（6）此次提交将触发第二阶段的集成过程。

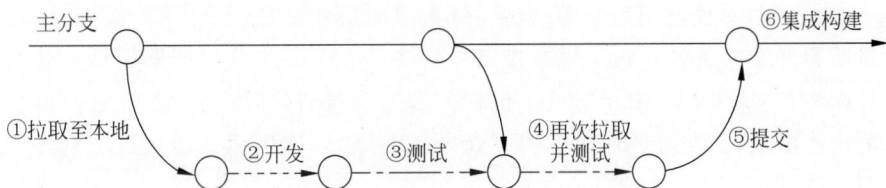

图 7-1　持续集成中的"6 步提交法"[2]

3. 集成阶段

开发者的提交将触发持续集成过程，如图 7-2 所示。此过程的参与方如下。

- 持续集成服务器（Continuous Integration Server，CI 服务器）：CI 服务器是持续集成流程的核心，负责监控版本控制系统中的代码更改，并触发整合和构建过程。流行的 CI 服务器包括 Jenkins、Bamboo、CruiseControl、TeamCity 等。
- 版本控制平台：用于管理和追踪代码的版本变更。目前常见的版本控制平台包括 GitHub、GitLab 等。
- 构建工具：负责将源代码转换为可执行的软件，常见的构建工具包括 Make、ANT、Maven、Ivy、Gradle 等。
- 代码规范检查工具：用于保持代码的一致性和规范性，如 CheckStyle、PMD 等。
- 自动化测试框架：用于验证软件（的更新）符合需求。常见的测试框架包括 JUnit、Selenium 等。

一次持续集成的过程如下。

（1）CI 服务器通过轮询等方式，判断版本控制平台是否有符合触发的操作，如新的提交。

（2）CI 服务器将更新从版本控制平台拉至专用服务器。当项目规模不大时，CI 服务器也可以作为专用服务器。

（3）CI 服务器自动运行团队预先定义好的持续集成脚本，对更新后的项目进行自动化编译、规范检查、测试、打包等操作。

（4）CI 服务器将构建好的软件自动部署至指定的环境（如类生产环境），并自动向开发团队反馈结果。如果构建过程中发现任何问题，开发团队需要尽快修复。

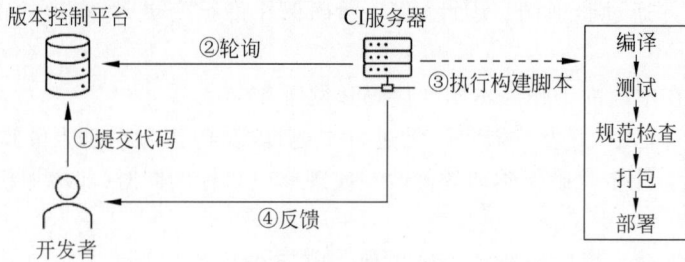

图 7-2　持续集成过程

7.2.2　最佳实践

上文介绍的持续集成过程与步骤可以认为是一个通用的框架。在此框架基础上，不同团队根据自己团队的结构与文化，以及具体项目的需求，可能对持续集成的流程进行灵活的自适应。在此过程中，团队可以借鉴一些持续集成的最佳实践。

- **将所有开发相关内容纳入版本控制系统主分支**：即主分支能够提供构建所需的所有内容。Martin Fowler 对这个最佳实践这样描述："我用一台只装有操作系统的笔记本电脑，仅通过使用版本控制仓库，就可以获取构建和运行这个软件产品所需的一切。"
- **尽可能使用文本文件定义产品和环境**：非文本文件，如二进制制品，虽然也可以进行版本控制，但是不容易获取不同版本之间的差异。相对地，文本文件方便获取版本之间的差异。因此，团队应尽可能对代码、文档、配置、脚本等制品使用文本文件。
- **提交应是频繁且自包含的**：每完成一个逻辑意义上的任务（如修复了一个 NPE 错误），就可以进行一次提交。这样的提交可以使得代码的变化更容易理解；实施回滚操作也更加容易，减少对其他代码（即其他任务）的影响。
- **构建或测试失败后立即着手修复，同时禁止提交新代码**：如果开发者提交代码后触发的构建或测试失败，应该立即着手修复。在此期间，应禁止团队成员提交新代码，避免引入其他问题或者加深问题的复杂性。

7.2.3　智能化持续集成

基于上述最佳实践，团队可以实现一个基本流畅的自动化 CI 流程。然而，此过程也存在一些挑战。例如，代码审查如何整合进自动化的 CI 流程中？如果取消代码审查，又如何能够确保代码质量？此外，快速反馈是 CI/CD 的核心理念。然而，持续集成的各个步骤（构建、测试、规范检查、部署等）都可能产生一系列的日志数据与错误信息。由 CI 服务器自动地将这些原始信息全部返回，是否能够帮助开发者快速定位问题，抑或是反而增加了开发者的工作量？这些都是开发者在实践持续集成时需要考虑的问题。

针对这些问题，一类传统的、稳妥的方案是引入人工，如由开发者进行代码审查或者反馈整合。然而，人工的引入在提升代码质量的同时会降低持续集成效率，甚至打断整个持续集成的自动化工作流。那么，在智能化时代，是否可以用 AI 代替人工的角色呢？

图 7-3 示意了 AI 在 CI 工作流中可能的整合点。首先,在 5.1 节讨论了 AI 辅助的智能代码审查。智能代码审查可以在开发者提交代码前于本地进行(图 7-3①),也可以在代码提交后的构建流程中进行(图 7-3③)。其次,5.1 节讨论了 AI 在代码调试和缺陷修复任务上的潜力,而构建过程中产生的各类数据正可以为 AI 提供此类信息。因此,持续集成中的反馈步骤(图 7-3④)可以交由 AI,不仅可以整合、分析大量构建信息,还可以给出缺陷修复建议。此时,代码审查与反馈无须人工介入,可以通过 AI 无缝接入至持续集成的自动化流程中。

接下来,构建过程中的测试阶段也可以由 AI 辅助(图 7-3③)。例如,单元测试代码可以由 AI 辅助生成(见 5.1 节)。此外,测试阶段也可以与智能反馈阶段联动。假设智能反馈时 AI 生成了代码修复建议。此建议通过了现有的测试,但是导致测试覆盖率降低。此时,AI 可以为代码修复建议生成新的测试用例,并一同反馈给开发者。

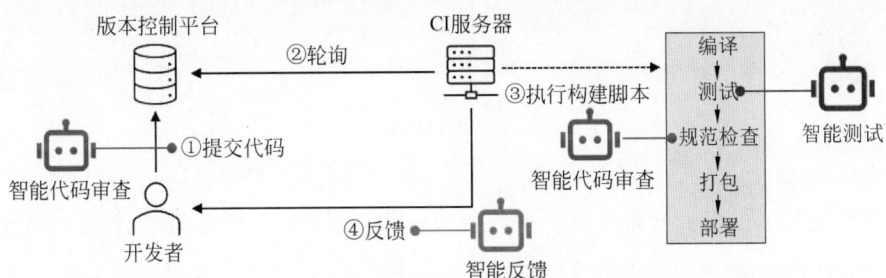

图 7-3　接入 AI 的持续集成工作流示意

7.3　持续测试

持续交付的关键是自动、快速、频繁、高质量的软件发布与交付。自动化、全流程的测试则是实现持续交付的重要支撑之一。对系统的任何改动都应该经过验证才能交付至客户手中,而自动化的测试是实现自动质量验证的主要方法,使得对于每个改动的验证都能够以一致的方式进行。另外,持续交付是一个端到端的过程,即对软件的改动需要通过验证,才能允许被提升进下一个环境(如生产环境)或者进入整个交付流程的下一个阶段。因此,测试也应该在持续交付的不同阶段执行,以针对当前阶段的软件状态进行验证。

我们将支撑持续交付的测试称为"持续测试"。持续测试符合 W. Edwards Deming 提出的质量管理的 14 条原则之一:"Cease dependence on mass inspection to achieve quality. Improve the process and build quality into the product in the first place",即在(流程)一开始就将质量内嵌于(软件)产品之中,而不是在流程最后对产品进行大量的检查[4]。在这一节,将介绍持续测试包含的测试类型,以及不同测试在持续交付过程中的具体角色与实践方式。

7.3.1　测试的分类

Brian Marick 于 2003 年最早提出"敏捷测试矩阵"的概念,将软件测试根据"面向业务专家""面向技术人员""支持编程""评判项目"分为 4 个象限。其中,"面向业务专家"象限关注测试对业务需求和用户期望的覆盖程度;"面向技术人员"象限强调从开发者的角度创建的测试；"支持编程"象限中的测试可以帮助团队检查功能需求的开发情况；"评判项目"象限则侧重于寻找系统缺陷的测试。研究者后来对 Brian Marick 的"敏捷测试矩阵"进行了完善，在每个象限中列出了具体的测试类型，并且标注了每个象限的自动与手工性质，如图 7-4 所示[5]。下面将基于此图，分别介绍不同种类的测试。

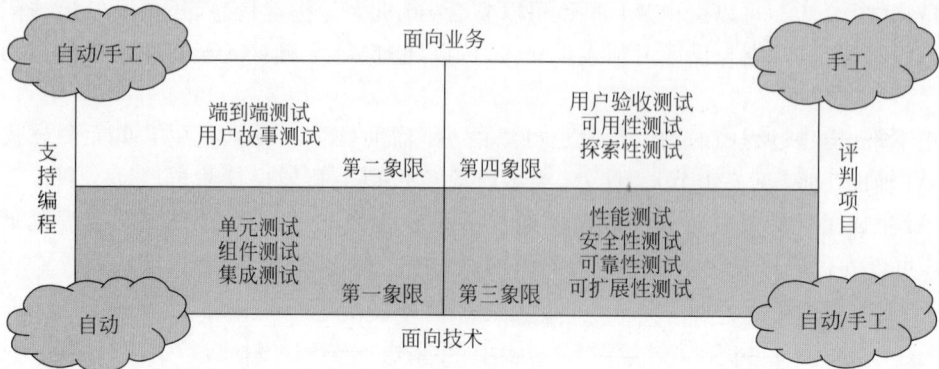

图 7-4 测试四象限[2]

1. 第一象限

这一象限的测试面向技术人员并支持编程，主要包括单元测试、组件测试与集成测试。

- 单元测试(Unit Testing)是对软件中最小的可测试单元进行测试的过程。这个最小单元通常是一个函数、方法或类。单元测试的目标是验证每个单元的功能是否按照预期工作。它关注于代码的局部性，尽量隔离被测试的单元，排除外部依赖，如单元测试通常不与外部数据库或者服务器进行交互。
- 组件测试(Component Testing)是对已经经过单元测试的软件模块(组件)进行测试的过程。组件可以是一组相关的单元，也可以是一个更大的模块或类。组件测试的目标是验证不同组件在集成到系统中时是否按照预期进行交互，以及组件之间的接口是否正确。在组件测试中，通常需要模拟或使用一些形式的测试替身(mocks)来模拟外部依赖。
- 集成测试(Integration Testing)是对已经通过组件测试的模块进行测试的过程，以验证这些模块在整个系统中的协同工作。集成测试涉及不同组件之间的接口、数据流、控制流等方面，确保模块之间的交互不会导致问题，从系统层面对功能和性能进行验证。

上述三种测试层次在软件测试中是互补的，共同构成了全面的测试策略。单元测试关注代码的每个小部分，组件测试验证组件的独立性和正确性，而集成测试则确保整个系统的协同工作。这一象限的测试可以全自动执行。

2. 第二象限

这一象限的测试支持编程并面向业务人员，即从用户的角度验收软件功能。主要包括端到端测试与用户故事测试。

- 端到端测试(End-to-End Testing)用于验证整个应用程序的各个组件和系统之间的集成，以模拟真实用户场景。这种测试涵盖了从用户界面到后端数据库的完整功能路径，确保整个系统在用户视角下的正常运行。端到端测试通常是在真实的环境中进行的,测试团队模拟用户与应用程序进行交互的全过程,包括单击按钮、填写表单、触发事件等,以捕捉系统中可能存在的交互问题、集成问题以及不同组件之间的协同工作问题。端到端测试通常使用自动化工具来执行,以确保在不同的环境中可以重复执行测试。

- 用户故事测试(User Story Testing)是敏捷开发方法中的关键实践,用于验证软件功能是否满足用户故事(User Story)中描述的需求。每个用户故事描述了一个具体的功能或特性,而用户故事测试通过在 happy path(正常路径)、alternate path(替代路径)和 sad path(异常路径)上执行测试用例,确保这些故事在不同情景下都能成功完成。一种常用的用户故事测试模型是"Given-When-Then"(GWT)模型。这一模型以三个关键词为基础,即"Given"(特定的前提条件)、"When"(用户执行的操作)和"Then"(预期的结果)。通过这个模型,测试团队可以明确在某个特定状态下用户执行某个操作时,系统的行为是否符合预期。

3. 第三象限

这一象限面向技术人员,用于评判项目并寻找缺陷。我们将划入这一象限的测试称为"非功能性测试"。与功能性测试关注软件系统是否按照规格说明执行其功能不同,非功能性测试侧重于确保系统在不同条件下表现出良好的特性。

- 性能测试(Performance Testing):评估系统在各种工作负载和性能条件下的响应时间、吞吐量和资源利用率,子类型包括负载测试与压力测试等。
- 安全性测试(Security Testing):评估系统对未经授权访问、数据泄露和其他安全威胁的防护能力。
- 可靠性测试(Reliability Testing):评估系统在长时间运行和各种环境条件下的稳定性和可靠性,如在发生故障时的数据和功能的恢复能力。
- 可扩展性测试(Scalability Testing):评估系统在处理不断增长的数据量、用户数或交易时,能够保持良好性能的能力,确保应用在不同工作负载下能够有效地实现横向或纵向的扩展,而不影响功能或响应速度。

非功能性测试中部分测试可以自动化,但是部分还需要人工介入,如安全性测试模拟中一些复杂的交互场景等。

4. 第四象限

这一象限的测试面向业务专家,目的是评判项目并寻找缺陷。主要包括用户验收测试、可用性测试、探索性测试等。

- 用户验收测试 UAT(User Acceptance Test,也称为用户可接受测试):软件开发生命周期的最终测试之一,由最终用户或业务代表执行,以验证系统是否满足业务需求。在 UAT 中,用户执行预定的测试用例,检查系统的功能、性能和用户体验,同时记录并报告任何问题。通过 UAT,可以提前发现潜在的与业务相关的问题,减少系统在实际使用中的风险。该阶段还有助于在真实环境中测试系统,提高其可靠性和稳定性。通过用户的参与,UAT 有助于确保软件项目能够满足最终用户的期望,确保软件项目成功地交付,实现业务价值。
- 可用性测试(Usability Test):评估软件系统或产品用户界面,目的是确保系统在用户操作中的易用性和用户体验。在可用性测试中,测试人员通常与最终用户进行互动,观察他们在系统中执行特定任务的过程,以评估系统的直观性、易用性和效率。这种测试用于发现潜在的用户界面问题,以改善系统的友好性和可操作性。

- 探索性测试(Exploratory Test):是一种软件测试风格,强调测试人员的思考能力和创造性。在探索性测试中,测试人员在没有明确预定的测试计划或详细测试用例的情况下,根据其经验和直觉自由地进行测试。探索性测试的主要特点包括即时的测试计划制订,根据测试过程中的实时发现调整测试方向,以及持续学习和改进测试策略。这种测试方法比较适用于面临短时间内需要快速获得质量反馈的情境,或者对系统的需求和功能不是非常清晰的情况。探索性测试有助于发现那些预计之外的问题,同时提高测试团队的创造性和适应能力。

这一象限的测试通常只能通过手工方式执行。

7.3.2 与持续交付集成的持续测试策略

持续测试作为持续交付的重要支撑,需要"快速、便捷、及时、可信"[2]。"快速"是指测试的执行速度与反馈周期要快,一般在 10min 之内,不超过 15min。"便捷"指团队中的每个成员都可以随时随地轻松地执行测试。"及时"是指测试应该对每一次系统的改变都进行及时的验证与反馈。"可信"是指测试的结果能够稳定、一致地反映出系统真实的问题。

在"快速、便捷、及时、可信"这 4 个衡量维度的指导下,团队需要合理安排不同类型测试的比例与执行时机,从而将持续测试顺利地集成到整个持续交付的流程中。首先,对于不同测试类型的比例,可以从运行时间、测试对象范围,以及自动化程度来衡量。单元测试的测试范围最小(方法或类),运行时间短,可以完全自动化;组件与集成测试的范围扩展到跨组件跨模块的交互,因此运行时间增加,基本可以自动化;用户验收测试用于从用户角度测试整个软件系统,基本需要手工执行,需要的时间最长。为了达到持续测试的"快速、便捷、及时"目标,研究者提出了如图 7-5 所示的"测试金字塔":金字塔下层由快速、高度自动化的测试组成,上层则由测试范围广、需手工进行的测试组成。下层测试的数量比例应远多于上层。测试金字塔的理念是使用高比例的下层测试(如单元测试)用于快速验证系统的基本功能逻辑,同时降低因执行时间与测试准备所带来的成本。

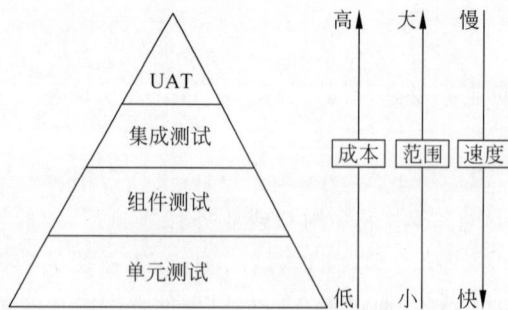

图 7-5 测试金字塔

"测试金字塔"的理念基于公司内部结构与软件架构可能有不同的实现。谷歌将自动化测试按照测试执行时长与是否访问外部数据与服务分为"小型""中型"与"大型"测试,并且依照"测试金字塔"将这三类测试按 70%、20% 与 10% 的比例划分[6]。对于使用微服务架构的系统,一种可能的测试金字塔可能在底层包含高比例的单元测试,顶层是低比例的针对整个软件服务的端到端测试。金字塔中部是组件测试以及涉及两个或以上的微服务工作流测试。

在明确了测试的比例后,团队还需要决定在持续交付的各个阶段执行何种类型的测试。一般来说,可以将测试金字塔从底层到高层的顺序看作一个持续交付的工作流程。在流程的前期会执行测试金字塔底层的自动化单元测试;流程的中期会执行金字塔中间的自动化组件测试与系统测试;金字塔顶层的需人工介入的用户验收测试则会在交付流水线的后期执行。例如,作为持续交付流程的开始,一个提交能够触发自动化单元测试的执行。由于单元测试执行时间短,因此可以快速向团队反馈提交中存在的问题。接下来的构建阶段可以执行范围更广的自动化组件测试与系统测试,验证通过后即可将系统打包生成二进制文件。构建得到的二进制文件在部署至类生产环境后,可以执行一些非功能性验收测试,如性能测试、可靠性测试等。最后,团队可以在类生产环境或者生产环境实施系统正式上线前的用户验收测试,确保系统满足需求。当然,持续测试和软件工程的其他方法一样,在具体实践中应根据公司结构、系统设计、人员组成等因素进行调整。第 8 章中将介绍一些真实的持续测试案例。

7.4　部署与发布

持续集成阶段的完成标志着代码可以编译成功,并且可以通过单元测试与集成测试。这一阶段在开发环境实施,主要由开发团队掌控节奏。然而,距离软件真正交付至客户手中并且让客户满意,还需要一段艰辛的过程。此过程包括将软件部署至生产环境并且顺利运行,以及确保运行效果符合客户的要求。我们将这一过程称为"部署与发布",作为软件交付的最后一个重要环节。请注意,"部署"(Deployment)与"发布"(Release)是两个不同的阶段。"部署"指将软件在配置好的环境中运行起来,而"发布"指的是选择部署完成的软件版本并正式发布给客户。不过,由于这两个阶段关系紧密,本节将两者合并在一起进行介绍。部署和发布过程的关键包括"高效"与"低风险"。

- 高效:团队能够及时、高频发布重要的软件功能与更新,保持用户黏性。实现"高效"的前提是对部署过程的自动化。
- 低风险:软件的更新发布不应对现有软件的功能性与可用性产生负面影响,即用户依然可以正常使用更新后的软件。

针对这两点,本节将分别介绍"自动化部署"与"低风险发布"。

7.4.1　自动化部署

在持续交付的框架中,自动化部署是确保软件系统快速、可靠地从开发环境到生产环境转移的核心环节。

1. 部署环境

每个应用程序的运行都依赖于硬件、操作系统、网络、第三方软件与外部服务等。所有这些统称为软件的环境。部署环节会涉及下列三类环境。

- 开发环境(Development Environment):开发环境是位于个人计算机上的工作环境。开发者在开发环境中进行所有的代码更新、测试、调试、提交与分支管理,确保在推向下一环境之前代码在本地能够正常工作。开发环境的主要目的是在不影响终端用户的条件下,为开发者提供灵活方便的开发和调试体验。我们可以将开发环境看作一个"沙盒":开发者在开发环境中所做的任何操作,如代码改进、数据库更新等,都不会影响终端用户软件的使用。

- 类生产环境(Staging Environment):类生产环境是一个用于模拟生产环境的测试环境,用于测试和验证应用程序在生产环境中的行为和性能。与开发环境相比,类生产环境更接近真实的生产环境,包括相似的硬件、操作系统、配置和数据等。在类生产环境中,所有的代码存储在服务器上,并连接到尽可能多的外部服务,模拟软件运行的真实场景。类生产环境与开发环境相比需要进行更加严格的测试,以在不影响生产环境的基础上发现并修复可能出现的问题。可以认为类生产环境是从开发环境到生产环境的过渡,也可以作为向客户进行系统演示的环境。

- 生产环境(Production Environment):生产环境是最终用户访问和使用软件的环境,是软件正式提供对外服务的实际运行环境。一般团队提到的项目"上线",就是指将软件部署至生产环境,并且向用户发布,允许用户访问的过程。与其他环境相比,生产环境的重要性最为突出。软件在推送向生产环境之前,必须经过开发环境和类生产环境的所有测试,以确保生产环境中的运行不存在任何致命的错误。

2. 部署流程

部署过程是将持续集成阶段通过验证的代码,在目标环境(类生产环境或生产环境)中安装、配置并运行的过程。可以将目标环境抽象为操作系统层、中间件层,以及应用程序层。部署流程按层次依次进行。

(1) 准备操作系统层:此步骤包括在目标环境安装适合版本的操作系统,并按照应用程序需求进行系统层面的配置,如网络配置、DNS 配置、防火墙设置等。

(2) 准备中间件层:中间件指应用程序运行所需要的标准化软件。假设 TMS 团队协作系统使用了微服务架构,那么它需要使用的 Web 服务器、数据库、与消息服务就属于中间件层。中间件一般可以以软件安装包的形式独立下载安装后,以独立进程的形式运行。例如,对 TMS 的中间件部署可以分别通过安装并运行 Apache Tomcat 与 MySQL 实现。

(3) 准备应用程序层:应用程序层包括需要部署的目标应用代码与数据,以及项目依赖的第三方库或者外部服务。部署过程通常包括对代码拉取、依赖拉取、数据初始化、配置与安装等。

部署流程结束后,在目标环境上应该可以运行并使用应用程序。表 7-1 是 TMS 团队协作系统的部署流程示意(具体请见 TMS 文档)。

表 7-1 TMS 部署流程

	步 骤
1	安装操作系统
2	安装 JDK 8,并进行相应的环境变量配置
3	安装 MySQL($\geqslant 5.6$ & & < 8.0)
4	MySQL 准备工作,包括创建数据库等
5	Tomcat 8 WAR 包下载,并且将 WAR 包解压到 Tomcat 的 ** webapps/ROOT/ ** 下面(解压前清空 ROOT 目录下内容)

	步　骤
6	更新 application. properties,修改包括数据库连接配置(如用户名、密码、端口号)等信息。另外,"博文导出 pdf"功能需要服务端配置 md2pdf 服务支持,其调用路径配置在 application-prod. properties 中,可以根据模块位置自行调整配置
7	部署打好的部署 WAR 包
8	测试。登录密码:super/88888888 访问 http://localhost:8090/♯/home

3. 配置管理

部署流程中每一个层次都涉及"配置"。配置指的是对软件系统的部分、整体,以及运行上下文的设置和安排,使其能够在特定环境中正确运行。可以对配置进行如下分类。

- 环境配置:环境配置对应于操作系统层,涵盖了软件系统在特定操作环境中运行所需的各种参数和选项,如操作系统版本、环境变量、地区和语言配置、网络配置、防火墙配置、数据来源地址等。

- 应用配置:应用配置对应中间件层与应用程序层,与应用程序自身的运行相关。对于中间件的配置包括数据库的连接信息、Web 服务器端口、缓存策略、最大内存等;对应用程序本身的配置包括字符集、文件格式、日志级别、主目录等。读者可以参考 Spring Boot 中对 Application properties 的详细描述。

- 业务配置:此项配置与具体业务相关。例如,对于一个在线购物平台,在"双 11"等日期时,购物车最大额度的配置以及促销配置可能有所调整。

对于不同类型的配置,其使用的阶段也不一样。在持续集成阶段,应用配置用于构建并运行软件;部署阶段,环境配置用于准备运行环境;业务配置针对于客户,因此会在软件发布后的运营阶段使用。

由于软件配置本质上是设置某个属性的具体值,因此可以将配置抽象成"键值对"的表现形式。在具体存储格式上,可以使用文本、XML 或 YAML 等格式。

4. 自动化

7.1 节列举了持续交付的反模式。其中,"手工配置并管理(类)生产环境"属于反模式之一。上文介绍的"部署流程"和"配置管理",尽管可以手工进行,如由开发团队撰写详细的部署文档,或是由运维团队手工配置环境,但是这类实践是不可重复、不可追溯的。然而,持续交付的前提就是可以重复、快速地搭建环境,并且在出现问题时,可以快速回滚。因此,在进行持续交付的实践过程中,团队需要尽可能地将部署与配置过程自动化。

部署自动化的关键原则是将全部部署脚本与配置信息以非二进制形式创建并且进行版本控制。这样做的好处之一是,任何团队成员都可以通过自动的方式从版本控制库获取任何版本的部署脚本与配置信息,即可重复搭建环境。同时,部署新版本或是将软件从一个环境迁移到新环境时,可以简单地对配置进行修改,并且在发生问题时很容易回滚到之前版本,即可追溯。

近年来,虚拟化技术的迅速发展,尤其是容器技术的普及,为软件的自动化部署带来了显著的便利。容器技术是一种虚拟化方法,它允许在单个操作系统上运行多个隔离的用户空间实例,称为容器。每个容器包含应用程序及其所有依赖项,包括库、配置文件等,使得应用程序可以在不同环境中保持一致的运行状态。Docker 是最广泛使用的容器化平台之一。

285

第 7 章

容器技术使得开发、测试和（类）生产环境高度一致,避免了"软件只有在我的计算机上才能运行(it works on my machine)"的问题。开发人员可以在本地创建容器镜像,并确保相同的镜像可以在测试和生产环境中运行,无须修改。此外,容器的轻量级和快速启动特性,加速了应用程序的部署和扩展。结合容器编排工具如 Kubernetes,团队可以自动管理容器的部署、扩展和运行。

容器技术在软件部署自动化中发挥了重要作用,同时也是持续部署(CI/CD)与云原生软件的核心技术。7.6 节将深入讨论云原生的相关内容。

5. 智能化

在软件部署过程中,AI 和大模型的应用可以使环境配置与管理更加高效和智能化。实际上,可以将配置文件(如 Dockerfile、Kubernetes YAML 文件等)当作一类代码,而 AI 能够胜任的代码任务也同样可以应用于配置文件。例如,AI 可以通过解析项目代码库和依赖文件(如 requirements.txt),自动生成适配的部署脚本。同时,AI 可以根据目标环境(如云服务提供商或本地服务器)提供调整建议,例如,添加资源限制或高可用性配置,实现配置管理。当然,当配置文件出现问题时,AI 也可以辅助开发者对配置进行调试。

在部署文档生成方面,AI 可以从代码文档、脚本以及环境中提取关键内容,生成详细且易读的部署指南,涵盖安装步骤、运行环境要求以及常见问题的解决方案。此外,AI 还可以调整配置使项目适配多种操作系统或硬件平台,并支持多语言版本,方便全球化团队协作。

7.4.2 低风险发布

软件发布是指将软件的最终版本或更新版本部署至生产环境并且运行,使用户能够访问、下载、安装并使用最新的功能。发布的版本一般应通过所有的测试、质量验证与用户验收,因此,软件发布也可以被认为是部署流水线的最后一环,用于完成软件的最终交付。本节将讨论软件发布与部署的区别与频率,并重点讨论常见的软件发布策略。

1. 发布和部署

尽管在很多场景下,"部署软件"与"发布软件"两个概念被互换使用,但是严格来说,两者之间还是存在很多差异的,主要体现在以下三个方面。

发布计划:将软件在生产环境部署并且运行是软件发布的前提。在此前提条件下,团队应该对软件发布(特别是第一次发布)制订一个详尽的计划,包括发布的流程、负责人、环境需求、错误恢复、服务模式等。例如[1]:

- 首次部署与发布需要遵循的步骤。
- 不同环境的部署与发布的负责人。
- 使用到外部系统或第三方技术的版权问题,以及出现问题时与供应商对接的流程。
- 对软件的服务级别、数据存储要求、客户对响应延迟的容忍度等问题达成共识。
- 日志记录的要求、如何对软件运行情况实施监控。
- 发生错误或重大问题时的恢复策略。
- 软件的收费模式与使用许可策略。
- 面向客户的产品文档、材料与安装包准备。
- 市场活动(网站、博客、新闻发布会等)准备。

回滚策略:软件发布是一项高风险活动。即使在经过充分的测试和质量控制之后,发

观看视频

286

布的软件版本也可能引入以下问题。

- 功能问题：新发布的软件版本可能引入功能问题，影响用户使用与业务连续性。
- 兼容性问题：某些情况下，新版本可能与特定硬件、操作系统或第三方组件不兼容。
- 性能问题：发布后可能出现性能下降或系统崩溃，影响用户体验与软件可用性。
- 用户反馈：用户可能不喜欢或不习惯新版本的功能，影响用户满意度。

因此，制定和实施回滚策略是软件发布过程中的一项关键措施，以确保在出现问题时能够快速、有效地回到一个稳定、可用的状态，减少对用户和业务的负面影响。下文将介绍常见的发布（回滚）策略。

团队参与：如果说软件部署（流水线）主要由开发团队、测试团队与运维团队合作完成，那么软件发布在此基础上更涉及客户、第三方供应商、用户、售后等角色。软件所有的干系人都应该加入软件发布计划的制定中，以便对发布过程中的重要问题达成共识。

2. 发布频率

在传统的软件工程 1.0 阶段，软件开发过程通常遵循线性的瀑布模型，被划分为几个明确定义的阶段，即需求定义、系统设计、实现、集成、测试、部署、发布与维护，每个阶段完成后才进入下一阶段。在瀑布模型下，软件发布往往是在项目的最后阶段，也就是在整个开发周期完成后才进行。具体的发布频率会受到项目规模、复杂性和行业要求等因素的影响。在此模型下，一般不会有频繁的小规模发布，而是以较大的版本为单位发布。发布的频率较低，通常可能是数月甚至更长时间一次。

软件工程 2.0 阶段强调敏捷开发与 DevOps 实践。这一阶段的核心理念是"拥抱变化"；迭代开发、自动化测试、持续集成和持续交付等实践使得团队能够更加灵活地发布新功能并修复问题，快速响应变化。因此，在软件工程 2.0 阶段，软件发布的频率显著提高。下面列举一些公司部署/发布频率的例子[2]。

- Etsy（以手工制品为主的电商公司）：2010 年前采用瀑布开发模型，部署频率低；2010 年后逐步向持续交付模式转变，2012 年每天部署 30 次；2014 年每天部署次数达到 50 次。
- Facebook：每天向网站推送多次部署，平均推送间隔 5h；每周向移动客户端和应用市场推送一次部署。同时，Facebook 每天会面向内部员工发布体验版本，面向十万用户推送 Alpha 版本，面向百万用户推送 Beta 版本。
- Amazon：2011 年，Amazon 的部署频率已达到每小时 1000 次左右；平均一万台服务器会同时收到部署请求。

表 7-2 给出了大型科技公司的部署频率表[7]。可以看出，传统企业的部署发布频率通常以"月"或"季度"为单位。然而，高度计划好的部署流程并没有提高交付软件的可靠性与用户接受度。表 7-2 中，传统软件的可靠性与用户接受度都处于中低水平。相对地，年轻的互联网公司都采用了"高频发布"的模式，软件部署/发布频率以周（Twitter）、天（Facebook）甚至分钟（Netflix、Google 与 Amazon）为单位。随着 DevOps 实践的普及与自动化部署的技术发展，今天软件发布的频率更加频繁。例如，2021 年，Netflix 采用 Spinnaker 实现企业级的自动部署与自动交付，每天的部署次数可以达到两万次[6]。反直觉的是，提高的部署频率并没有造成软件质量的下降。如表 7-2 所示，对于以周、天、分钟为单位的部署，软件的可靠性与用户接受度都处于高水平状态。研究也发现，随着代码量、提交次数与部署频率的

提升,软件中严重缺陷数量并没有提高[3]。

表 7-2　大型科技公司部署频率表

公司	部署频率	部署时间单位	可靠性	用户接受度
Amazon	23 000/天	分钟	高	高
Google	5500/天	分钟	高	高
Netflix	500/天	分钟	高	高
Facebook	1/天	小时	高	高
Twitter	3/周	小时	高	高
传统企业	每 9 个月	月、季度	中低	中低

在 DevOps 的思想、实践与技术支持日益成熟的今天,高频率的软件发布也逐渐成为一种趋势。然而,由于软件发布伴随着极大的风险,团队在追求高效率和灵活性的同时,应该采用适合的策略,最大程度地降低软件发布所带来的潜在风险,以维持软件质量的稳定性,维持业务持续、可靠地运行。下面将介绍降低软件发布风险的常见策略。

3. 发布策略

如果软件发布引入了错误或缺陷,导致软件使用问题,团队需要采用某种方法尽量在不影响用户体验的情况下修复问题。一种常用的方法称为回滚(Rollback),用于将发布的软件调整为之前可运行的、没有出现问题的版本。软件的发布策略通常包含回滚机制的实现。下面将介绍几种常见的软件发布策略,并且讨论其如何降低发布风险。

1) 重新部署

上文提到,部署流水线提供了端到端的自动化部署解决方案,使得团队可以"一键"选择任意的软件版本部署至任何的环境。在此技术的支撑下,一个最直接的回滚机制,就是选择之前一个没有问题的版本重新部署至生产环境。由于之前的版本已经经过部署流水线的各个验证环节,甚至已经在生产环境运行过一段时间,接受过真实用户使用的检验,因此在新版本软件出现问题时重新部署之前的稳定版本,可以大概率地降低风险。

重新部署策略容易实施,但是也存在一些问题。首先,重新部署需要时间,团队可能需要将软件系统停机一段时间,对软件可用性造成一定影响。其次,重新部署代表数据库也会回滚到之前的状态。如果从有问题的新版本发布到重新部署之间,系统产生了新的用户使用数据,那么这部分增量数据也需要在重新部署前进行备份或者迁移,否则会造成数据丢失。最后,重新部署的结果是以正常运行的旧版本覆盖有问题的新版本。此方式可能隐藏或弱化了问题,从而影响团队修复新版本问题的工作流程。毕竟,回滚只是暂时的解决方案;团队的主要目标仍是修复新版本的问题,并且将新版本发布给用户。

重新部署策略的一种变体,是以代码升级替代二进制回滚[2]。这种策略的实施步骤,首先是定位造成新版本问题的代码片段。其次,开发团队定位引入此代码片段的提交以及与此次提交相关联的提交,并将所有这些提交回滚。最后,开发团队将针对此次更新重新部署发布一个版本,而这个"新"版本实际上是将引入问题的相关代码删除后的版本;同时,开发团队能够有充裕的时间调试并修复问题,并且把"问题修复"包括在下一个版本的发布中。

与二进制回滚方式相比,代码升级的策略在当前新版本的基础上继续推进,因此避免了数据库回滚可能导致的数据丢失、不一致等问题。另外,代码升级策略显式地将待修复的问题纳入下一次发布计划中,使得开发团队有计划地对该问题进行处理。不过,这种策略本质上依然是再次进行一次部署,所以仍然可能需要停机执行。另外,代码升级的过程需要开发团队正确定位问题代码、受其影响的代码,以及相应的提交。此过程的前提是开发团队一直遵循"频繁且自包含"提交的最佳实践(见 7.2.2 节),同时能够借助代码分析等方式确定问题代码的影响范围,而这两点都不太容易实施。

2)零停机发布

上文所述的"二进制回滚"与"代码升级"两种策略都需要进行一次部署流程,因而通常需要数小时的停机时间以完成部署。然而,因软件升级更新而导致的停机可能会对企业造成极大的影响,试想下列几种情况。

- 一个在线购物平台需要更新其支付页面。然而,"双十一"即将到来;初创公司不能冒险发生任何停机,否则用户极可能会选择在其他平台购物。
- 一家银行需要更新其网站的安全措施。但是停机可能会影响用户正在进行的重要业务,造成用户流失。
- 一家视频通话公司希望经常进行自动软件更新,以改进软件质量,提升竞争力。然而,频繁的自动更新如果每次都需要停机,很可能会中断数百万用户正在进行的通话,造成极大的负面影响。
- 一款共享乘车应用需要进行地图功能更新。但如果因此发生停机,正在等车的用户很可能会选用其他软件服务预订车辆,而不是等待更新完成。

相对地,零停机部署(Zero Downtime Deployment)策略能够确保在更新或部署新版本时不会导致系统停机或服务中断。这意味着用户可以在系统持续运行的同时体验到新的软件功能或修复的问题,而无须停止整个应用程序或服务。从系统可用性与用户体验的角度来看,零停机是一种更好的发布策略。下文列举了常见的零停机部署方式。

3)热部署

热部署(Hot Deployment)是一种软件开发和部署的方法,允许在系统运行时更新或替换应用程序的部分,而无须停止整个应用程序或系统。这种部署方式的主要优势在于能够在不中断服务的情况下进行软件更新、修改或扩展。

美团在 2022 年发表的技术博客中指出,美团工程师每天本地重启服务 5~12 次,每次约 3~8min;每人每天向内部测试环境部署 3~5 次进行联调,单次时长高达 20~45min。由于部署频繁,每次耗时很长,因而严重影响了系统上线的效率。在使用热部署技术后,工程师在本地修改完代码之后可以进行一键增量部署,让修改"秒级"生效,从而对修改快速自测;在联调场景下,热部署可以将原本几十分钟的部署时间降到 2~10s,使部署几乎"瞬间"生效。

类加载器(Class Loader)是常见的热部署实现技术之一。Java 等语言使用类加载器来加载类文件。热部署通过新的类加载器加载更新后的类,从而避免影响正在运行的应用程序。Spring Boot Devtools 的热加载功能即采用此技术,使用了两个类加载器:一个 Class Loader 加载不会变更的类,如第三方 JAR 包;另一个 Restart ClassLoader 加载经常更新的类,如开发者自定义的类。类的更新由后台文件监听线程实现监测。当监测到类文件更新时,原来的 Restart ClassLoader 被丢弃,并重新加载新的 Restart ClassLoader。采用多个类加载器使得自定义类更新后系统只加载变动的类,不用重新加载第三方 JAR 包,从而大大缩短了加载时间。

其他热部署技术还包括字节码插桩(Instrumentation)与动态代理。字节码插桩技术指通过直接操作字节码,可以在运行时修改已经加载的类。利用动态代理机制,可以在运行时创建代理对象,从而实现对原始对象的替换。美团的热部署插件也使用了这两种技术。

一些现代的编程语言和框架支持模块化系统,允许在运行时加载、卸载和替换模块,从而实现热部署的能力。例如,Java 的 OSGi(Open Service Gateway Initiative)定义了一种机制,允许在运行时安装、卸载和更新模块(被称为 bundles)。使用 Apache Karaf 工具,可以直接将更新后的模块放在 $KARAF_HOME/deploy 目录下,从而实现热部署。

4)蓝绿部署

蓝绿部署的核心理念是通过在两个独立的生产环境中交替部署和切换来实现无缝的应用程序更新和回滚,减少系统停机时间,并降低潜在的风险。

蓝绿部署如图 7-6(a)所示。在此过程中,首先需要准备两套完全一致的运行环境。其中一套环境是当前运行的生产环境,正式对外提供服务,称为"蓝环境";另外一套则称为"绿环境",作为新版本软件的类生产环境,用于新版本软件的部署与验收测试。当绿环境中一切准备就绪,团队就可以通过负载均衡器、DNS 设置或其他流量调度工具将用户的访问流量从蓝环境切换到绿环境,实现向新版本的迁移。这个切换过程通常是迅速而平滑的,以秒为单位。此时,绿环境成为正式生产环境,使用新版本软件开始为用户提供服务。

在切换流量后,关键的一步是监控和验证新版本的应用程序在生产环境中的运行状况。如果在监测过程中发现了任何异常,可以迅速再切换到蓝环境作为生产环境;同时,在不影响用户使用的情况下,团队可以在绿环境中调试并修复问题。

值得注意的是,蓝绿部署概念中"蓝"和"绿"仅代表两个独立的部署环境,便于区分,而对哪一种颜色作为初始生产环境或者类生产环境并没有明确的规定。例如,Netflix 采用的红黑部署(Red-Black Deployment)策略其实就是蓝绿部署,只不过采用了不同的颜色代表两个不同的环境。

蓝绿部署的显著优势之一是零停机时间:通过在两个环境之间无缝切换流量,用户在切换过程中几乎感知不到服务的中断,这对于对服务可用性要求极高的应用程序而言尤其重要。另外,蓝绿部署降低了风险:通过在非正式生产环境中进行全面的测试和验证,从而有效减少新版本引入的潜在问题。在生产环境中发现异常时,也可以迅速切换到另一个环境,从而停止了问题扩散,降低对用户的潜在影响。采用蓝绿部署策略,开发团队可以灵活地在任何时候部署新版本,而不会对正在运行的业务产生负面影响。

蓝绿部署中需要注意的一点是数据库的迁移与同步。从旧环境切换至新环境时,旧环境中数据库里新的数据也需要同步迁移至新环境,否则可能造成用户数据不一致。例如,在蓝环境作为生产环境时,新用户进行了注册;在生产环境切换到绿环境后,此用户需要进行交易操作。如果绿环境的数据库没有与蓝环境同步,那么就会找不到这个用户,产生错误。另外,理想的蓝绿部署要求两个完全独立的环境副本,成本较高。在预算不够的情况下,可以采用如图 7-6(b)所示的蓝绿部署变体,即蓝环境与绿环境共享同一个数据库。在这种配置下,数据库需要能够区分新旧版本的数据。

5)滚动部署

滚动部署是指每次取出一个或者多个服务器停止服务,执行更新,并重新将其投入使用。周而复始,直到集群中所有的实例都更新至最新版本。滚动部署策略通过逐步更新应

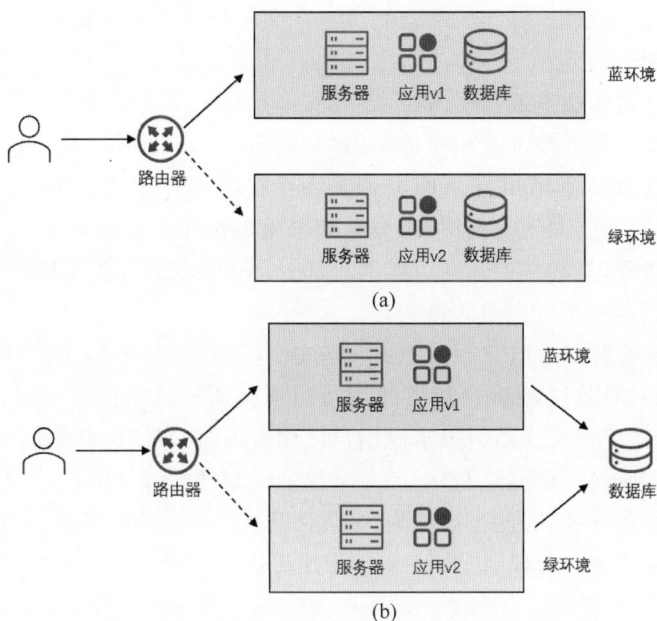

图 7-6 蓝绿部署

用程序的多个实例,以确保系统在整个部署过程中保持可用性。相对于一次性替换整个系统,滚动部署更注重逐步迭代,以减轻风险和确保系统的平稳过渡。因此,滚动部署也称为渐进部署。

在滚动部署的过程中,新版本的应用程序逐个或逐批替换当前运行的实例。例如,每次可以只取出集群的 20％实例进行升级,如图 7-7 所示。"实例"在不同技术栈中可能有不同的含义,如虚拟机、容器、进程等。例如,在 Amazon ECS 中进行滚动部署时,运行先前应用程序版本的容器将逐个被运行新应用程序版本的容器替换。

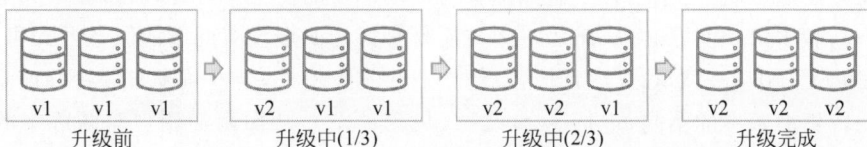

图 7-7 滚动部署

相较于蓝绿部署,滚动部署无须维护另一套完整的生产环境(如两个集群与两倍的实例数),大大降低了部署成本,节约了资源。然而,滚动部署也存在一些缺点。首先,滚动部署直接修改了生产环境,而新版本又无法像蓝绿部署一样先在一个环境经过完整的验证,潜在影响了系统的稳定性。其次,由于新版本和旧版本实例在集群中同时存在,用户流量可能被导向任何一个版本。因此,开发团队需要确保新旧版本的兼容性。滚动部署最重要的问题,是无法像蓝绿部署一样一键切换到可以正常运行的旧版本,因此在错误发生时需要进行复杂的回滚操作。可以想象这样一个场景:一次发布需要更新 100 个实例。采用滚动部署,每次更新 10 个实例。然而,当滚动部署到第 80 个实例时,系统出现了问题,需要回滚。此时,将问题定位到某一次实例的具体更新并执行回滚操作是非常困难的。

基于上述原因,监控在滚动部署中尤为重要。通过实时监测性能指标、错误率以及资源利用率等,可以及时发现潜在问题,确保新版本在实际环境中表现良好。

6）金丝雀发布

金丝雀发布指将新版本逐步引入生产环境,但只对一小部分用户或一小部分流量开放,从而降低潜在风险。这一小部分用户被称为"金丝雀"。此名称来源于 17 世纪矿工下井的实践。为了保障自身安全,矿工下井时会带着金丝雀作为有毒气体的指示器。如果矿井内的空气有问题,金丝雀会最先受到影响,提醒矿工采取措施。在金丝雀发布的场景下,如果新版本的软件有问题,只有被接入新版本的小部分用户会受到影响,从而提醒团队快速采取相应措施减少新版本发布所产生的影响。

图 7-8 是金丝雀发布的示意图。系统的新版本首先被部署到生产环境的部分服务器中。一开始只有部分用户(如 5％)能够使用新版本。用户流量控制可以使用负载均衡、代理层、应用程序设置等方式。当新版本经用户使用一段时间没有问题后,可以将更多的用户引导至新版本,直到推广至全部用户。因为金丝雀发布逐阶段平滑进行,并不是像蓝绿部署那样非黑即白的部署方式,因此也被称为"灰度发布"。企业可以根据自身业务情况决定金丝雀发布被划分为多少个阶段,以及每个阶段引入多少用户。

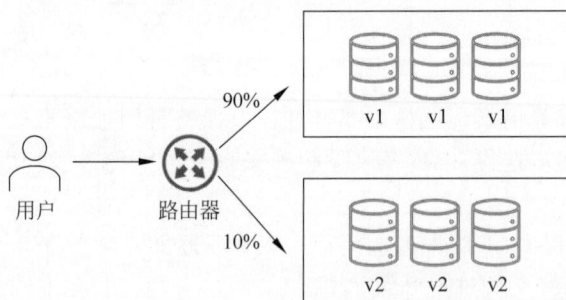

图 7-8　金丝雀发布

可以看出,金丝雀发布结合了蓝绿部署与滚动部署的优势。首先,金丝雀发布非常容易回滚。当新版本出现问题时,只需要将用户流量全部切回至没有问题的服务器即可。其次,金丝雀发布无须准备一套独立的环境,节约企业成本。另外,金丝雀发布的特性使企业很容易量化比较新旧版本的不同,进行 A/B 测试(见第 9 章),从而衡量用户对新版本的使用情况。为了说明最后一点,下面以 Netflix 公司采用的金丝雀发布流程为例(图 7-9)。此流程包含以下三个集群。

- 生产集群(Production Cluster):这个集群运行当前软件版本,不进行更新。该集群可以运行任意数量的实例,并接收大部分的用户流量。
- 基线集群(Baseline Cluster):这个集群运行与生产集群相同版本的代码和配置;通常会创建三个实例,接收一小部分用户流量。
- 金丝雀集群(Canary Cluster):这个集群运行最新版的代码或配置更改。与基线集群一样,金丝雀集群通常有三个实例,接收一小部分用户流量。

接下来,Netflix 的自动金丝雀分析系统 Kayenta,将从三个集群收集各类关键指标,以评估金丝雀版本的质量。关键指标包括响应时间、CPU 使用率、页面浏览量、滞留时间等。Kayenta 支持从 Prometheus、Stackdriver、Datadog 和 Netflix Atlas 等数据源收集并整合不同指标并自动分析,分析结果可以通过可视化图表等形式由团队人工进一步判断(图 7-10)。

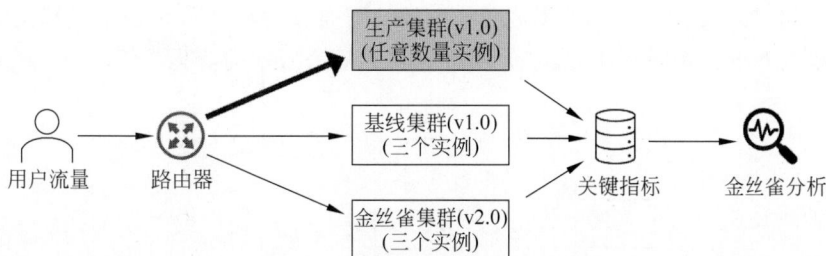

图 7-9　Netflix 的金丝雀发布流程

如果关键指标出现显著下降,金丝雀将被中止;所有流量将被导向稳定版本,以最小化新版本的负面影响。

　　Facebook 公司也曾采用金丝雀发布衡量网站新版本的表现。针对 2012 年一次首页改版,当金丝雀用户数量为 1‰时,网站的很多关键业务指标(如页面打开率)都有所下降;当金丝雀用户扩大至 10‰时,这些指标依然表现不好。Facebook 因此放弃了这次首页改版更新,以避免影响整体业务[2]。

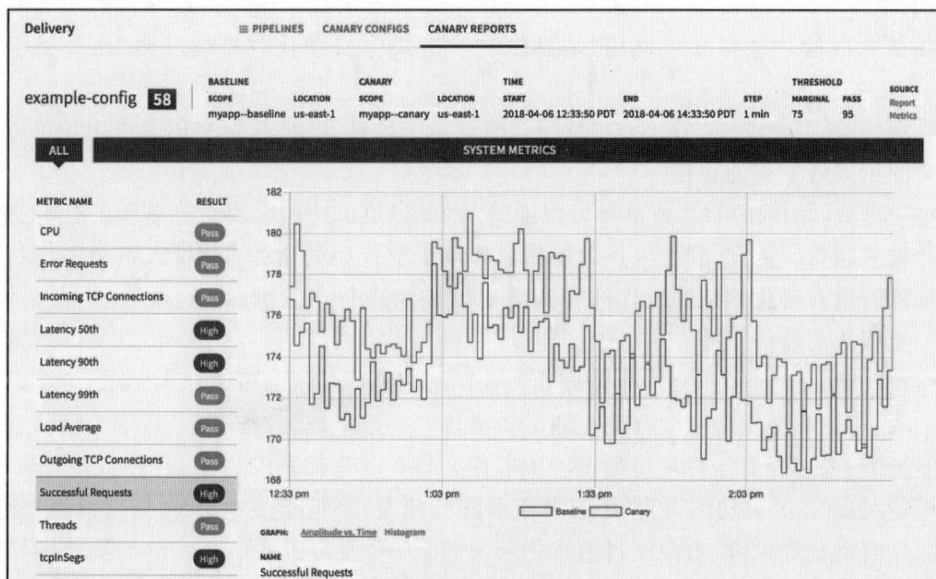

Example Canary Report

图 7-10　Netflix 的金丝雀分析报告(来源:Netflix Technology Blog)

　　暗发布(Dark Launching)策略指在正式发布软件新功能之前,先将其第一个版本部署到生产环境,供一小部分用户使用。尽管与金丝雀发布理念相同,但是暗发布针对的部分用户通常不知道他们正在使用新版本(即"暗发布"中"暗"的含义);而在金丝雀发布中,用户有时可以选择加入 beta 测试,明确知道自己正在使用新版本功能。

　　暗发布的典型应用场景是新功能需要真实的用户使用数据以进行评测。例如,我们的"TMS 团队协作系统"需要发布新的个性化博文推荐算法,但是新算法需要经过真实用户使用才能有效地评估其效果。此时,团队可以采用暗发布策略,通过"功能开关"来控制系统是采用新算法或是旧算法。功能开关可以通过代码层面的条件语句实现。当新算法开关打开时,系统采用新推荐算法;如果新算法表现不好,则通过关闭开关切换至旧算法,如图 7-11 所示。在暗发布的整个过程中,用户并不会感知到算法版本的变化。

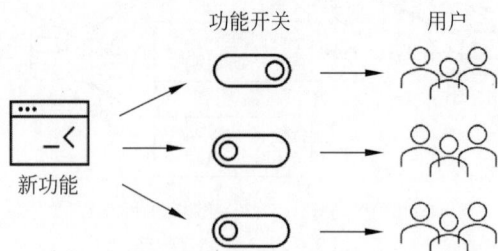

图 7-11　功能开关

7.5　部署流水线

在前面的章节中,分别介绍了持续集成、测试、部署与发布过程。将这些过程有序、自动化地整合起来,即可以成为一套端到端的自动化部署流水线。作为持续交付思想的具体实现,部署流水线的理想状态可以用"端到端""一键式""自动化""持续反馈"几个关键词来描述。

- 端到端:流水线的"起始端"是版本控制系统,"结束端"是生产环境中用户可以直接使用或者下载的软件。
- 一键式:团队的每个成员都可以通过简单的"单击按钮",对自己负责的任务进行一键式执行。例如,开发人员单击按钮即可提交代码的修改;测试人员单击按钮可以将通过自动化验证的软件部署到测试环境以进行手工测试;运维人员可以选择特定版本的软件一键发布至生产环境。
- 自动化:"一键式"的体验需要由"自动化"支撑。例如,开发人员在提交代码修改后,将自动触发构建与自动化测试步骤,即"持续集成"(7.2 节);运维人员能够一键部署,离不开对运行环境配置的版本控制与自动化部署(7.4 节)。
- 持续反馈:"自动化"提高了部署流水线的速度,降低了成本;而"持续反馈"旨在降低自动化的风险,增强交付流程的可靠性、安全性与团队信心。持续反馈同样涉及团队的每个角色。例如,开发人员可以"一键式"获取每次提交的构建与测试结果,便于调试;测试团队与运维团队同样可以轻松、及时地获取不同环境下测试与发布的结果。持续反馈为自动化的部署流水线加入了"人工调整"的环节,因而能够不断地进行自我优化。

一个理想的部署流水线应该赋予整个交付团队的任何人两种能力:一种是能看到整个软件发布全过程的能力,另一种是能进行任何任务的能力[1]。换句话说,部署流水线中的每个步骤与其产生的结果(如二进制制品、测试报告、代码规范检查报告等)都应该是可追溯并且可评估的。

本节将重点分析部署流水线的执行流程。此外,还将介绍支持部署流水线的平台架构与业界的云端实现。

7.5.1　执行流程解析

首先,通过如图 7-12 所示的序列图来了解一个部署流水线的基本流程。

- 提交阶段:部署流水线的一次执行由"提交"开始。提交阶段主要由开发团队负责;当团队对代码或配置进行了修改,如添加新功能或者修复某个缺陷时,即可进行一次提交,将修改同步至版本控制系统。
- 构建阶段:版本控制系统上的提交操作将触发自动构建、代码规范检查、单元测试等任务,目标是从技术角度断言在新的提交之后系统仍能够正常工作。如果构建或者自动化测试出现问题,部署流水线将自动向提交者(或开发团队)进行反馈。提交阶段的输出一般是构建成功并通过自动测试的二进制包,供后续阶段使用。
- 验收测试阶段:提交阶段通过后将触发验收测试阶段,主要由测试团队负责。此阶段的主要目标是将软件系统作为一个整体进行验收,确保用户的需求得以满足。从实现上,此阶段又可以进一步分成两个步骤:第一个步骤包括集成测试等自动化验证,第二个步骤包括 UAT 等手工测试。同样,任何一步出现问题,部署流水线都会及时向团队进行反馈,同时取消下一个步骤的执行。
- 发布阶段:提交阶段通过后将触发最后的部署与发布阶段,主要由运维团队负责。在这一阶段,软件将被部署到配置好的(类)生产环境中(由 7.4 节可知,环境配置与部署也可以实现自动化),并且运行冒烟测试、用户验收测试等最终验证环节。同理,每一阶段的执行结果都会自动向团队进行反馈。这一阶段的最终目标是将(更新后的)软件交付至用户手中。

可以看出,部署流水线在验证、环境、与反馈三个维度都实现了层层递进的关系。首先,部署流水线的构建-代码规范验证-单元测试-集成测试-用户验收测试步骤从代码、单元、模块,最后到软件系统整体逐步进行了检查与验收;执行环境也从开发环境逐步过渡到类生产环境与生产环境。也就是说,一次提交越执行到流水线的后期阶段,团队对此提交成功整合并发布的信心就越大,因为各类问题都会在相应的步骤被检查出来,避免进入软件系统的最终版本,影响生产环境与用户体验。

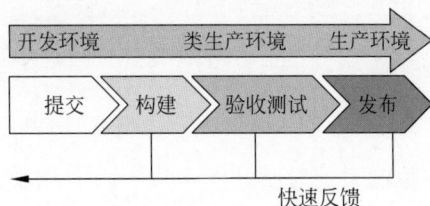

图 7-12　部署流水线

7.5.2　定制的部署流水线

上文介绍了通用的部署流水线流程。在实际生产过程中,团队通常会根据产品形态、软件架构、团队结构等因素定制适合自身的部署流水线。下文介绍了一些常见的定制化内容[2]。

测试:在通用部署流水线流程的框架下,不同团队可以根据自身情况对哪个阶段执行

如何实现持续集成与持续交付

什么类型的测试做定制。例如,GoCD 团队 2008 年的部署流水线中,在提交阶段依次执行了单元测试、集成测试,以及用于适应不同浏览器的端到端测试;在验收阶段执行 UAT 与性能测试。

发布:软件发布过程也可以根据企业自身情况与客户需求进行定制。同样以 GoCD 团队 2008 年的部署流水线为例。在发布阶段,GoCD 依次执行了"内部体验"与"外部体验"子阶段。其中,"内部体验"指将 Alpha 版本发布给内部其他团队使用,"外部体验"指将 Beta 版本发布给外部的企业用户使用。这两个子阶段用户的体验都会反馈给团队并进行必要的调整,最终再进行正式发布。

环境:在验收阶段之后,不同团队也可能在接下来环境的使用上产生分支[1]。可能的环境包括 UAT 环境、类生产环境、正式生产环境等。不同团队可能选择其中的一个或者多个,以不同顺序(如先 UAT 再正式生产环境,或者类生产环境与正式生产环境并行部署)进行流水线的下一阶段。

多组件部署流水线:当一个软件产品由多个组件组成时,每个组件可以有自己独立的代码仓库和提交构建阶段。任何一个组件的提交构建成功都会触发一个共享的集成打包阶段。集成打包阶段从共享的制品库获取每个组件的最新版本,打包成功后即会触发部署流水线后续的验证与发布阶段。

7.5.3 部署流水线平台与工具链

上文介绍了部署流水线的各个阶段与流程。在企业中真正建立部署流水线并且将其投入生产活动,还需要一系列工具链和基础设施的支撑。我们将一套完整的、可投入生产的部署流水线及其相关支撑统称为"部署流水线平台"。图 7-13 展示了一个通用的部署流水线的整体架构,包括唯一受信源、CI/CD 部署流水线与基础设施。

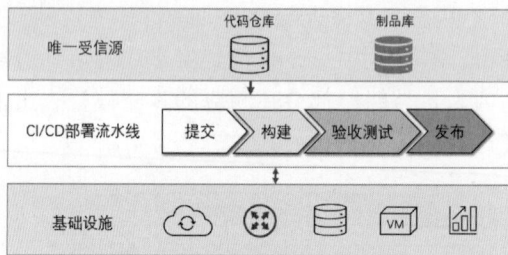

图 7-13 CI/CD 部署流水线平台与架构

唯一受信源主要由版本控制系统与制品库组成。版本控制系统中包含源代码、配置文件、需求文档等信息及其版本历史,主要工具包括 GitHub、GitLab、BitBucket 等。制品库包含部署流水线过程中产生或者依赖的二进制包。作为信息安全的重要一环,二进制包可进一步分为临时软件包、正式软件包与外部软件包。其中,临时软件包是指每次提交触发构建而生成的二进制包。此类软件包未经过质量验证,不能部署至生产环境,且需要定期清理。正式软件包则是通过层层验证,确认可以在生产环境中部署并发布的软件包。外部软件包指企业软件依赖的第三方软件。这类软件除了以二进制的形式在制品库中存储,也可以源代码或者外部链接的形式存储。制品库常用工具包括 Artifactory、Docker Hub、Amazon S3 等。

唯一受信源为部署流水线平台赋予了追溯与重建的能力。在部署流水线中任何对代码、环境、需求的修改都是可追溯的；同样，任何对二进制制品的更新都可以追溯并关联至相应的代码或需求变更。当部署或发布出现重大问题时，唯一受信源的存在也保证了团队可以快速、安全地进行回滚。

图 7-13 中流水线的部分即上文描述的内容，常用的工具包括 Jenkins、Travis CI、TeamCity 等。最后，大型公司在使用部署流水线实践大规模持续交付时，需要多种基础服务的支撑，如集群环境管理服务、部署服务、测试管理服务、监控与健康检测服务等，我们将其统称为基础设施（Infrastructure）。基础设施的搭建与管理通常由运维团队负责。第 9 章将具体介绍系统运维的内容。

7.6 云原生的 CI/CD

近年来，当我们谈论 CI/CD 时，经常会看到"云原生"（Cloud-native）一词同时出现，例如，"云原生应用的 CI/CD 流程"。那么，"云原生"究竟是什么意思？它与 CI/CD 又是什么关系呢？这正是本节将要介绍的内容。

7.6.1 "云原生"概念

云原生（Cloud Native）是指利用云计算模型的优势来构建和运行应用程序的一种方法论和实践。"云原生应用"是指按照云原生原则开发的应用程序。它们通常具有下列关键特征：

- 容器化：云原生应用通常使用容器技术，如 Docker，将应用程序和其依赖项打包为轻量级、独立的容器。这使得应用能够在不同的环境中灵活并一致地运行，提高了可移植性，并且更加有效地利用云端基础设施与计算资源。
- 微服务架构：云原生倡导采用微服务架构，将应用拆分为小型、独立的服务单元。每个服务单元都可以独立开发、部署和扩展，服务单元间通过轻量级的进程间通信机制交互（见第 4 章），提高了灵活性和可维护性。
- 弹性计算：云原生应用具备弹性，能够根据负载动态扩展或缩减资源。这意味着系统能够更好地适应变化的工作负荷并控制成本。
- 不可变基础设施：云原生强调采用不可变基础设施的概念，即将基础设施视为代码，一旦创建即不再变化。这有助于确保环境的一致性，减少配置漂移，提高可维护性和安全性。
- 持续集成与交付（CI/CD）：云原生强调自动化的运维和管理，包括自动化部署、监控、扩展和故障恢复等。Pipeline as Code（代码即流水线）的实践使得整个交付流程可以被代码化，减少手动操作，提高系统的稳定性和可靠性。通过自动化的流水线，团队可以快速且频繁地将代码从开发环境交付到生产环境。

云原生与持续交付的理念相辅相成，两者的目标都是将软件团队从重复性的手工劳动中解放，专注于业务开发，同时通过高度自动化的流程实现频繁、可靠的软件交付。可以说，CI/CD 与云原生的紧密结合，可以使得互相的潜力与优势得到更大的发挥，开发团队也因此能够更加灵活地应对变幻莫测的市场需求。为了更好地支持云原生 CI/CD，团队需要确保其持续集成与持续交付解决方案充分优化，以适应其常用的云服务。例如：

- 因为云原生应用通常采用微服务架构而非单体结构，且依赖容器进行应用程序库和进程的打包和部署，团队可以选择带有内置容器注册表的云原生 CI 工具（如 Docker Hub），以有效简化这一复杂过程。
- 云原生 CI 工具应当集成容器编排工具（如 Kubernetes），以支持添加、协调和管理多个集群，确保整个流水线的顺畅运作。
- 持续交付的无缝衔接对于云原生和微服务开发至关重要。采用高效的部署策略，如金丝雀部署，能够使云原生团队以与构建新功能相同的速度进行测试，并确保新特性的平稳发布。

接下来，将分别介绍，如何自行搭建一个云原生的 CI/CD 流水线，以及如何使用代表性云服务供应商提供的 CI/CD 服务。

7.6.2 搭建云原生的 CI/CD 工作流

图 7-14 展示了一个由 GitHub、Jenkins、Docker 和 Kubernetes(k8s)构建的典型 CI/CD 流水线。此流水线的执行过程如下。

（1）开发团队将源代码托管在 GitHub 上，使用 Git 进行版本控制。当有新的代码提交或 Pull requests 合并到主分支时，Jenkins 可以通过 Webhook 或轮询 GitHub 来检测到变更。

（2）Jenkins 通过配置文件（如 Jenkinsfile）自动执行构建任务，包括编译源代码、运行单元测试等。构建成功后，Jenkins 也可以触发其他自动化测试（如集成测试、端到端测试），确保软件质量。

（3）构建与测试成功后，Jenkins 将应用程序和其依赖项打包到 Docker 镜像中，并且把 Docker 镜像上传到 Docker Registry（如 DockerHub）或私有镜像仓库，以供后续使用。

（4）Jenkins 可以与 Kubernetes 集成，通过 Kubernetes 插件或命令行工具（kubectl）将 Docker 镜像部署到 Kubernetes 集群，实现容器编排。

这里所描述的是一个最基本的云原生 CI/CD 流水线。同样，团队可以根据自身情况对流水线进行定制。例如，在构建验证阶段，Jenkins 可以接入代码分析工具（如 SonarCube）；在部署阶段，Jenkin 可以集成 ArgoCD 或者 Ansible 用于对 Docker 和 Kubernetes 集群的管理调度。另外，Jenkins 也可以接入消息通知系统，如 Slack，用于流水线上的反馈与沟通。

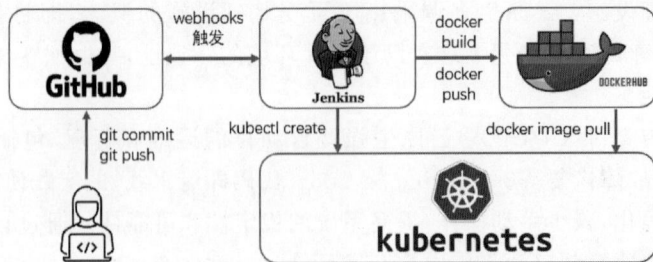

图 7-14　一个 CI/CD 流水线实例

7.6.3 智能云

云服务供应商为企业提供了广泛的云计算服务，包括云存储与数据库等基础设施，以及身份验证等软件服务。使用云服务，企业无须投入大量资金购买硬件设备，也不必过多关注基础设施管理，从而能够专注于业务逻辑开发。同时，企业可以按照实际需求灵活调整计算资源；这种付费模型降低了初始投资和运维成本，使企业能够更灵活地管理预算。

持续集成/持续交付（CI/CD）服务作为云服务的关键组成部分，自动化了软件开发流程，帮助开发人员更快地构建、测试和部署代码，加速新功能的交付并缩短发布周期，从而提高企业的竞争力。近年来，随着 AI 与大模型的飞速发展，云服务平台也开始整合各类 AI 功能，逐渐进化成"智能云"。常用的智能云服务提供商包括 AWS（Amazon Web Services）、GCP（Google Cloud Platform）、Microsoft Azure、IBM Cloud、华为云（Huawei Cloud）、阿里云等。本节将以华为云、Azure 和阿里云为例，介绍云服务供应商提供的 CI/CD 服务，以及其智能化支持。

1. 华为 CodeArts

华为 CodeArts 是一个面向开发者的云端智能 DevOps 平台，提供从代码托管、构建、测试、部署到运维的全流程工具支持，如图 7-15 所示。可以看到，从需求管理、建模，到代码托管、开发与测试，再到软件的部署、发布、洞察，华为 CodeArts 都有相应的服务支持。其中，CodeArts Pipeline 作为 CI/CD 服务，包含下列诸多功能（图 7-16）。

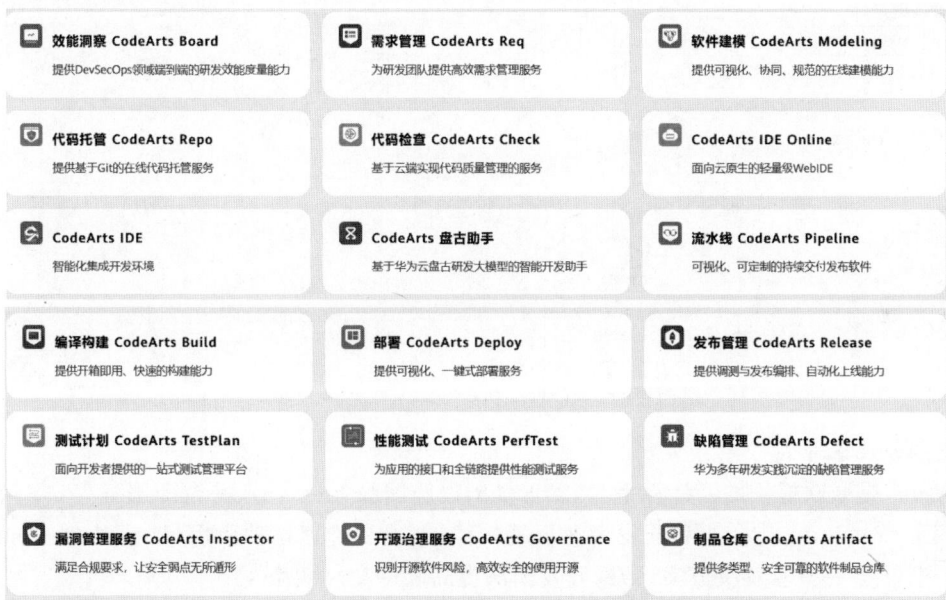

效能洞察 CodeArts Board	需求管理 CodeArts Req	软件建模 CodeArts Modeling
提供DevSecOps领域端到端的研发效能度量能力	为研发团队提供高效需求管理服务	提供可视化、协同、规范的在线建模能力
代码托管 CodeArts Repo	代码检查 CodeArts Check	CodeArts IDE Online
提供基于Git的在线代码托管服务	基于云端实现现代代码质量管理的服务	面向云原生的轻量级WebIDE
CodeArts IDE	CodeArts 盘古助手	流水线 CodeArts Pipeline
智能化集成开发环境	基于华为云盘古研发大模型的智能开发助手	可视化、可定制的持续交付发布软件
编译构建 CodeArts Build	部署 CodeArts Deploy	发布管理 CodeArts Release
提供开箱即用、快速的构建能力	提供可视化、一键式部署服务	提供调测与发布编排、自动化上线能力
测试计划 CodeArts TestPlan	性能测试 CodeArts PerfTest	缺陷管理 CodeArts Defect
面向开发者提供的一站式测试管理平台	为应用的接口和全链路提供性能测试服务	华为多年研发实践沉淀的缺陷管理服务
漏洞管理服务 CodeArts Inspector	开源治理服务 CodeArts Governance	制品仓库 CodeArts Artifact
满足合规要求，让安全弱点无所遁形	识别开源软件风险，高效安全的使用开源	提供多类型、安全可靠的软件制品仓库

图 7-15　华为 CodeArts 功能分类（图片来源：华为云官网）

- 支持多层 job 的嵌套编排，可通过多种执行策略触发任务，包括代码事件、定时、手工触发、变更触发以及子流水线等。在执行能力方面，CodeArts Pipeline 具备百万级任务并发执行，以满足大规模构建、代码检查和测试并发执行的需求。
- CodeArts Pipeline 内置了一些常用的插件，覆盖构建、检查、部署、测试，供用户在流水线编排时使用。同时，CodeArts Pipeline 也支持流水线扩展插件接入方式，让企业能够快速将已有工具链接入插件平台，或基于自身业务需求快速开发和发布插件。
- CodeArtS Pipeline 基于微服务 DevOps 变更模式，允许按需发布特性。流水线配置过程中，除了通过 CodeArts Deploy 的能力进行部署，还支持在流水线上将容器镜像部署到华为云容器应用中,并支持蓝绿升级和滚动升级等云原生发布管理特性。全流程 E2E 可追溯性确保了整个流水线执行过程的透明性,使开发者能够清晰地了解任务的执行状态。

同时,华为 CodeArts 集成了盘古助手,为开发者提供智能化编程支持。盘古助手基于大模型技术,具备代码生成、研发知识问答、单元测试用例生成、代码解释、代码注释、代码翻译、代码调试、代码检查等能力,帮助开发者提升编码效率和代码质量,使 DevOps 过程更加高效和智能化。

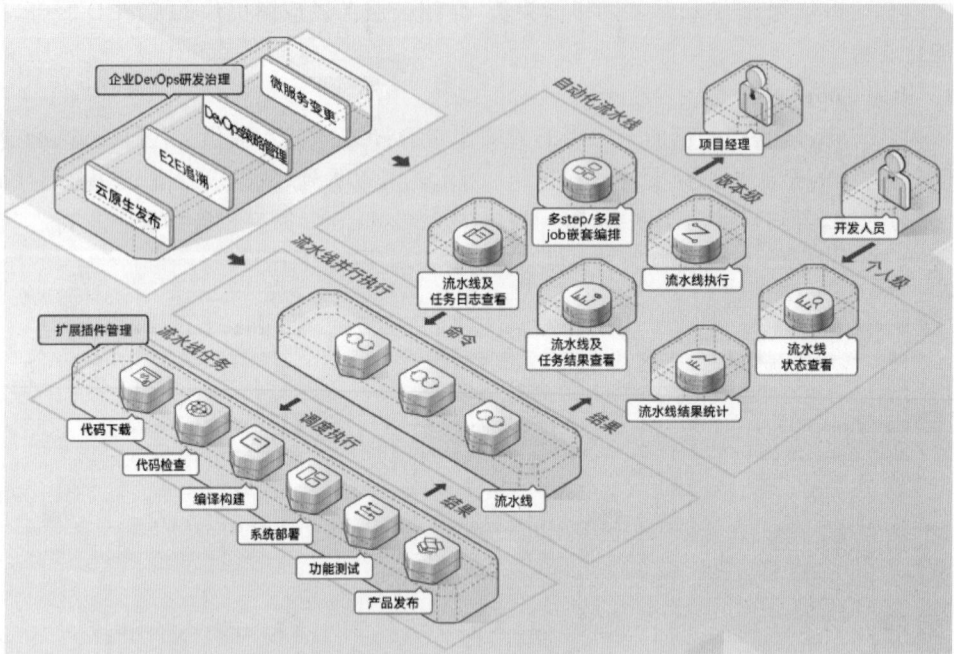

图 7-16　华为云的 CodeArts Pipeline(图片来源:华为云官网)

2. Azure 云平台

Azure 是微软提供的云计算平台,涵盖基础设施即服务(IaaS)、平台即服务(PaaS)和软件即服务(SaaS),支持企业和开发者在云端构建、部署和管理各种应用,且针对 DevOps 和 CI/CD 提供了一整套解决方案,帮助开发团队提高软件交付效率。

在 Azure 上,开发团队可以使用 Azure DevOps 进行端到端的软件开发生命周期管理。Azure DevOps 包含 Azure Repos(代码管理)、Azure Pipelines(CI/CD 自动化流水线)、Azure Test Plans(测试管理)、Azure Artifacts(包管理)和 Azure Boards(敏捷项目管理),适用于现代软件开发团队。此外,Azure 还支持 GitHub Actions,使得开发者可以在 GitHub 代码库中直接配置 CI/CD 工作流,并部署到 Azure 资源。

以 TMS 团队协作系统为例。假设该系统需要定期构建、测试,并自动部署到云端。开发者可以利用 Azure DevOps 实现完整的 CI/CD 流程。首先,开发团队在 Azure Repos(或GitHub)上管理源代码。当代码提交到主分支时,Azure Pipelines(或 GitHub Actions)会触发构建任务。CI 阶段会拉取代码,执行 Maven 或 Gradle 构建,运行单元测试,并将构建产物(JAR 或 WAR 文件)存储到 Azure Artifacts。当所有测试通过,CD 阶段会自动将应用部署到 Azure 的 App Service 或 Azure Kubernetes Service(AKS)。另外,运营阶段,团队还可以利用 Azure Monitor 进行应用性能监控,Azure Security 进行安全性检查,并借助 Azure Load Balancer 进行高可用性配置。

在上述功能的基础上,Azure 也结合 AI 技术优化了 CI/CD 流程。例如,在代码质量管理方面,Azure DevOps 与 GitHub Copilot 等工具集成,能够提供智能代码分析和优化建议。在异常检测和运维优化方面,Azure Application Insights 的 Code Optimizations 利用 AI 识别代码级别的 CPU 和内存性能问题,并提供优化建议,帮助开发者基于实时性能数据做出优化决策。

3. 阿里云"云效"

阿里云"云效"是一个面向企业级开发团队的智 DevOps 平台,提供代码托管、测试管理、制品管理、CI/CD 流水线、项目协作,以及效能洞察等 DevOps 能力,如图 7-17 所示。在智能化方面,云效 DevOps 集成了通义灵码智能编程助手,结合大模型与智能体能力,与开发者协同完成代码生成、测试生成、多模态问答、问题排查与修复等工程级编码任务。

图 7-17　阿里云"云效"智能平台 DevOps 产品类别(来源:阿里云官网)

7.7　智能化应用的 CI/CD

智能化应用在传统软件的基础上,通过集成人工智能、机器学习、自然语言处理等技术,具备了自适应、自我学习等能力,可以在不断变化的环境中处理复杂任务,提升工作效率和用户体验。例如,智能客服系统能够通过自然语言理解与用户对话,快速解答常见问题,减少人工干预;推荐系统根据用户的行为和兴趣,自动推送个性化内容,提高了内容的相关性和用户黏性。随着 AI 技术的不断发展,智能化应用已经逐步渗透到如金融、医疗、交通和

如何实现持续集成与持续交付

零售等各行各业。那么,智能化应用的 CI/CD 过程,与传统软件应用有何异同呢?

　　一方面,智能化应用作为软件的一种,其 CI/CD 过程与传统软件在基本框架上是相似的,依然需要使用版本控制工具,由源码的提交触发构建、测试和部署等一系列环节,将应用程序发布到生产环境,并通过监控和日志系统保障其运行的稳定性。这些共同点体现了智能化应用仍然遵循传统软件开发的核心流程,依赖工程化方法来实现持续交付和迭代。

　　另一方面,智能化应用的 CI/CD 过程因其依赖于数据和模型而具有显著的特殊性。首先,智能化应用不仅需要管理代码,还涉及数据集的更新和模型的训练。因此,对数据和模型的更新也应成为 CI/CD 的关键流程。其次,由于模型输出通常具有一定的不确定性,在传统的功能性测试基础上,需要引入对模型的评估机制,如准确率、召回率等。接下来,部署后的模型需要持续监控,以发现潜在的模型漂移或性能下降,必要时应该触发重新训练。最后,用户反馈在智能化应用中也尤为重要:反馈数据可以为模型提供新的训练样本,帮助其不断优化和改进。

　　与传统软件相比,智能化应用的 CI/CD 需要强调数据与模型的动态管理与迭代优化,过程更加复杂。接下来,通过两类智能化应用的例子,来讨论其可能的 CI/CD 工作流。

7.7.1　机器学习模型

　　首先,机器学习模型可以被看作一类"智能化应用"。例如,开发者可以训练一个图像分类的模型,部署后通过 RESTful API 开放给用户使用。对于这类应用,其 CI/CD 过程应包含对数据更新、模型训练、模型评估等过程。图 7-18 是一个 CI/CD 的流程示意图,包含以下步骤:

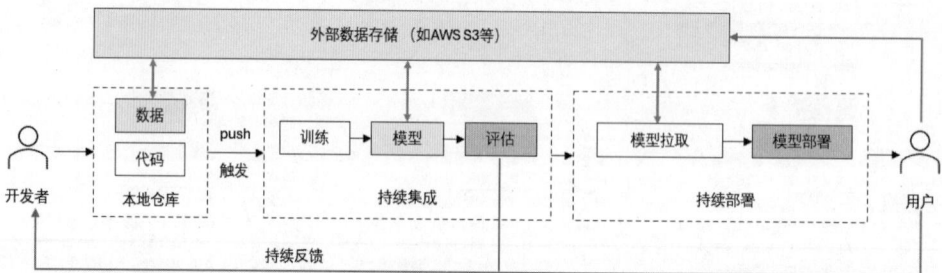

图 7-18　机器学习模型的 CI/CD 工作流

　　(1) 触发:首先,开发者对模型训练脚本、数据处理脚本或配置文件进行修改并推送(push),可以触发 CI/CD 流水线,这一点与传统 CI/CD 一致。然而,对于机器学习应用,数据的更新也应该可以触发 CI/CD 流水线,重新训练模型。一般情况下,训练数据通常体积较大,不建议直接推送到 GitHub,常见的做法是使用 DVC(Data Version Control)或类似工具将训练数据存储在外部存储服务中(如 AWS S3、Google Cloud Storage、Azure Blob Storage),同时利用 GitHub 存储数据的元信息或引用。例如,使用 DVC 管理的数据集更新时,只需将.dvc 文件的元信息推送到 GitHub,从而触发 CI/CD 工作流。

　　(2) 持续集成阶段:触发后,可自动执行训练脚本进行模型训练。训练完成后,通过评估脚本(如验证集测试)得到模型各项指标(如准确率、F1 分数)。此阶段可采用例如 CML (Continuous Machine Learning)的专门为机器学习工作流设计的工具,实现自动化模型训练与评估,管理实验日志和训练过程中的超参数记录。训练完成后,可通过评估脚本(如验证集测试)生成模型性能指标(如准确率、F1分数)。同时，CML可以将评估结果和可视化图表直接嵌入 pull request 中，快速反馈给开发者。如果模型性能达到预期，可以配置流水线，通过 dvc push 等方式自动将模型存储到外部系统。

（3）**持续部署阶段**：此阶段，可以通过 dvc 拉取即将部署的模型版本，并且执行部署脚本，将模型部署至相应平台(如 Hugging Face Spaces)。

（4）**持续反馈**：用户反馈可以来自应用日志，记录用户请求的数据分布、模型响应和运行时性能，也可以来自 REST API 中用户提交的反馈数据(如标签、正确/错误、满意度等)。如图 7-18 中从用户发起的箭头所示，用户反馈可以作为输入数据的一部分，更新至外部存储系统中，而此更新可以再次触发 CI/CD 工作流，将用户反馈整合为新的训练数据集，重新训练模型。

7.7.2 基于 LLM 的软件应用

基于 LLM 的软件应用通常将 LLM 作为系统的一个或多个模块，与其他组件协同工作，共同实现更复杂的业务逻辑。例如，在一个在线购物系统中，LLM 可能用于处理自然语言的用户问题并生成智能回复，而订单管理、用户身份验证等功能则由其他模块负责。大部分基于 LLM 的软件应用并不需要从零开始构建语言处理功能，而是通过调用现有的 LLM API 快速开发。这种方法降低了技术门槛，使开发者能够专注于业务逻辑的实现。如果需要更高的定制化，一些软件应用会利用公开数据或企业自有数据对模型进行微调，从而提高其在特定领域的表现。此外，许多应用还会整合外部知识库，与 LLM 结合形成"检索增强生成"(RAG)的能力。这类应用既保留了系统的灵活性和可扩展性，又发挥了 LLM 的优势，同时避免了完全依赖模型可能带来的不稳定性和高成本。那么，这类应用的 CI/CD 又会有什么变化呢？

以 TMS 为例。假设在现有系统基础上，想加入一个"情绪分析"的功能，用于检测团队沟通中可能的负面情绪或压力，并提供缓解建议。作为自然语言处理类任务，LLM 非常适合这个功能。因此，可以通过调用现有 LLM API(如 GPT-4o)实现此功能。可以进一步结合 RAG，将团队的历史沟通记录用作上下文，以增强情绪分析的准确性。图 7-19 展示了添加此功能后，系统 CI/CD 流程的示意图。特别地，需要做出以下几方面的改动。

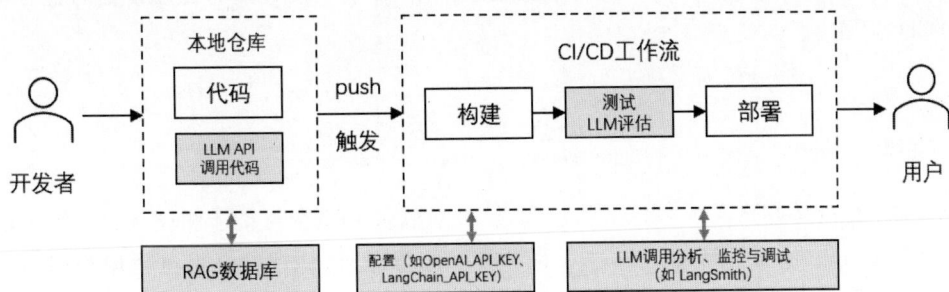

图 7-19　基于 LLM 应用的 CI/CD 工作流

（1）**RAG 数据库**：新增自定义数据库存储团队的历史消息、任务记录等，作为 RAG 上下文的信息来源。

（2）**情绪分析模块**：在原有 TMS 的基础上，可以新增 SentimentAnalysisService 与

SentimentAnalysisController 代码。前者根据输入检索 RAG 数据库得到上下文,生成提示词并调用现有 LLM API(如 OpenAI API),得到情绪分析结果;后者将用户的 REST API 请求映射至本服务。前端代码也需要加入相应的界面改动,在此不再赘述。

(3) **配置**:更新项目依赖,包括 RAG 数据库、OpenAI 等。更新密钥,如 OpenAI API Key、LangChain API Key 等,并通过环境变量或密钥管理系统传递给 CI/CD 流程(如 GitHub Actions Secrets)。

(4) **LLM 评估测试**:原有 CI/CD 中的测试步骤应新增对 LLM 表现的评估。例如,针对情绪分析功能,可以建立一个类似图 7-20 的测试数据集,并以此来测试情绪分析模块的正确性。此外,可以新增单元测试,验证 RAG 上下文检索、OpenAI API 调用等,也可以新增集成测试,验证 SentimentAnalysisService 中知识库检索与情绪分析的整体工作流程。

```json
[
    {
        "input_text": "The project is going well, great job!",
        "context": "Milestone 1 completed successfully.",
        "expected_sentiment": "Positive"
    },
    {
        "input_text": "OMG we cannot meet the deadline.",
        "context": "Milestone 2 delayed due to requirment changes.",
        "expected_sentiment": "Negative"
    }
]
```

图 7-20 情绪分析模块测试数据示例

(5) **LLM 性能监控与调试**:在原有 CI/CD 流中新增对 LLM 模块的性能监控,可以实时监控模型性能的变化,跟踪模型在不同输入条件下的表现。如果评估分数显著下降(如某些情绪分类错误增多),系统可以自动触发警报,提醒开发团队进行检查。这种性能监控机制还能够帮助开发者发现模型在特定边界场景中的弱点,例如,极端情绪或多语言输入处理不当等。此外,监控与日志功能应记录每次 LLM 评估测试的详细反馈,包括得分、生成结果与期望输出的差异,辅助开发者进行问题定位和修复。例如,开发者可以快速识别 RAG 模块引入的上下文是否对情绪分析结果产生了正面影响,从而优化上下文检索逻辑或提示设计。现有工具,如 LangSmith 等,可以辅助上述步骤,将对 LLM 的自动评估与监控集成到 CI/CD 流程中。

小　结

- 软件交付是客户需求"落地"的过程,涉及对软件的整合与整体测试,需要开发团队、测试团队、运维团队与客户之间的紧密协作与沟通,是软件开发过程中最具挑战性和压力最大的环节。

- CI/CD 的目标是端到端、低风险的一键式自动发布。其实现由持续集成(Continuous Integration,CI)与持续部署(Continuous Deployment,CD)组成。每一阶段的特点都是自动化与快速反馈,从而提高交付过程的效率与信心,并降低错误风险。

- 持续集成是指开发者的提交自动触发构建任务与测试任务,确保提交在通过质量验证后才能整合至代码仓库。开发者将代码更新提交至版本控制仓库后,触发 CI 服务器执行各类构建任务,过程中任何错误都直接反馈至开发者。此过程的输出一般包括软件系统的可执行文件与其他重要的软件工件。

- 持续部署将上一步的输出部署至目标环境,如类生产环境或者正式生产环境,并继续进行相应的测试。所有测试通过后,软件将正式发布给用户。根据软件、发布内容、用户群体特点,团队可以采用相应的发布策略以降低发布风险。常见的发布策略包括蓝绿部署、滚动部署、金丝雀发布,以及暗发布等。

- 持续集成与持续部署阶段都涉及持续测试。根据不同阶段的需求与目标,需要执行不同类型的测试。例如,持续集成的编译任务之后,一般会执行单元测试与组件测试;在持续部署的类生产环境下,一般会执行端到端测试与用户验收测试。测试可根据范围、成本、速度等维度分类。

- 将持续集成、持续测试与持续部署有序、自动化地整合起来,即可成为一套端到端的自动化部署流水线,用于"一键式"发布,实现软件的持续交付。通用的 CI/CD 流水线架构除了部署流水线,还包括唯一受信源和基础设施。其中,唯一受信源包括代码仓库与制品库,分别用于代码版本控制和制品版本管理。

- 云原生应用的特征包括容器化、微服务架构与不可变基础设施,同时强调持续集成与交付,通过高度自动化的流程实现高频且可靠的软件交付。智能云除了提供 CI/CD 流水线各个阶段的服务,还基于大模型与 AI 技术,整合了智能编程助手等功能,使 DevOps 过程更加高效和智能化。

- 智能化软件应用可以分为"机器学习模型"与"基于 LLM 的应用"两类,两者的 CI/CD 工作流也与传统的 CI/CD 有所不同。前者强调"模型训练-评估-反馈-训练"的工作流,后者则强调对 LLM 模块的自动评估与监控。

思 考 题

1. CI/CD 与传统的软件开发流程相比,存在哪些优势? 请举例说明 CI/CD 如何减少软件开发、部署和交付过程中的瓶颈。

2. 分析 CI/CD 在不同规模的企业中的适用性。例如,大型企业和初创公司在实施 CI/CD 时可能会遇到哪些不同的挑战?

3. 列举持续集成实践中常用的工具,探讨持续集成对代码质量和团队生产力的影响。

4. 持续测试在部署流水线如何实施? 不同类型的测试在流水线的不同阶段可以发现哪种类型的缺陷?

5. 如何确保软件发布过程中用户体验的连续性? 谈谈常见的软件发布策略及其在风险管理中的作用。

6. 讨论容器化技术如何支持云原生应用的开发和部署。微服务架构在其中扮演了什么角色?

7. 结合前面几章的内容,谈谈 AI 能够在哪些方面辅助 CI/CD?

参 考 文 献

［1］ Humble J，Farley D. Continuous Delivery：Reliable Software Releases through Build，Test and Deployment Automation［M］. Addison-Wesley，2010.

［2］ 乔梁. 持续交付 2.0：业务引领的 DevOps 精要［M］.北京：人民邮电出版社，2022.

［3］ Rossi C，et al. Continuous deployment of mobile software at Facebook（showcase）［M］.FSE，2016.

［4］ Deming William E. Out of the Crisis［M］. MIT Press，2018.

［5］ Crispin L，Gregory J，Agile Testing：A Practical Guide for Testers and Agile Teams［M］. Addison-Wesley，2009.

［6］ Winters T，Manshreck T，Wright H. Software Engineering at Google［M］. O'Reilly Media，2020.

［7］ 吉恩金，等.凤凰项目：一个 IT 运维的传奇故事［M］.北京：人民邮电出版社，2009.

第8章　下一个版本如何开始

　　软件版本的发布或交付标志着阶段性任务的完成。对于用户来说,他们能够真正开始使用这个软件;对于开发者来说,他们完成了从计划到设计,再到实现与构建,以及测试与发布的流程,即 DevOps 环的左半部分。那么,这样就大功告成了吗?当然不是。DevOps 环的右半部分,虽然是以"Ops"即运维为主,但是别忘了 DevOps 的理念是开发者与运维人员的互相理解与共同协作。因此,这一部分也需要开发者的持续参与协助。第 7 章介绍了"Ops 环"的部分内容,在第 9 章也将继续深入讨论系统运维。

　　在运维的过程中,团队可以监测用户的软件使用情况,也经常会收到来自用户的反馈,反馈的内容可能五花八门。例如,用户在使用软件的过程中遇到了某个奇怪的错误,希望开发者可以修复;或者用户非常喜欢这个软件,同时表示"如果能增加×××功能就更好了"。根据监测报告与用户反馈,团队会希望修复、改进软件,并发布一个更新、更好的版本。此时,开发者将着手于他们的下一个任务,即开始软件的下一个版本。

　　下一个版本的开发流程与第一个版本并无本质上的不同。正如 DevOps 的环状结构所示,运维监测后的下一个阶段又是"计划",作为下一个版本的开始。不过,由于下一个版本是在上一个版本的基础上进行开发,因此大部分都属于"增量开发",即在原有的代码基础上实施改进,而非从零开始实现。因此,通常用"软件维护"这一术语来代表软件交付发布之后的常规开发活动。软件维护本质上就是不断修改软件以达到用户期望的一个过程;维护的阶段性结果是新版本的发布,而新版本的发布又标志着下一阶段维护的开始。如果此过程持续几年,或者几十年,那么软件的最新版本大概率与软件的最初版本差异巨大。我们用"软件演化"这一术语来表示软件不断的、长期的变更。可以想象,在增加"时间"这一维度后,软件的复杂度将会大大增加,同时也会出现一些短时间内观察不到、只有长期演化才会出现的问题。

　　本章将集中探讨"软件维护"与"软件演化"的内容。在学习本章之后,读者将:

- 理解软件维护的概念、基本类型以及可维护性指标。
- 理解软件腐化与技术债的概念。
- 了解"代码异味"与基本的代码重构类型。
- 理解软件演化的概念及其重要性。
- 了解遗留系统与遗留代码的概念。
- 了解"软件再工程"与"架构重构"的基本方法。
- 理解软件弃用的概念与策略。

8.1 软件维护

软件维护是软件交付或发布之后,开发团队对软件进行修正、改进和优化的活动,其目的是确保软件能够持续满足用户需求,适应软件与硬件的环境变化,并保持高效运行。

软件维护在软件的整个生命周期中占据重要的部分。图 8-1 展示了软件生命周期中不同活动的成本。其中,软件维护占 67%,远远高于其他活动(如代码实现或测试)的成本。这一结果其实是可以预见的:如需求分析、设计等工作,基本都在第一个版本开发过程中打下基础;基础代码与测试也基本都在第一个版本完成。然而,软件维护是一个持续的过程:它从软件第一个版本交付开始,持续地对软件进行变更,直到软件的整个生命周期结束。因此,软件维护是确保软件长期成功和高效运行的关键。

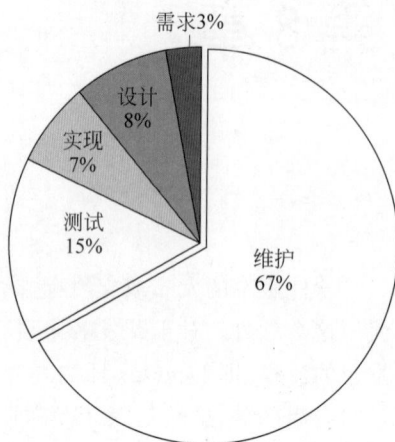

图 8-1 不同软件开发活动的成本

8.1.1 软件维护的类型

根据 ISO/IEC 14764 规范,软件维护通常包含纠错性维护、适应性维护、完善性维护和预防性维护 4 种主要类型。

1. 纠错性维护

纠错性维护是软件维护中最基本且最重要的一环,主要目的是修复软件中的错误或缺陷,以确保软件在预期条件下能够正常运行。错误的发现通常来源于多种途径,包括用户报告、自动化测试、系统监控和日志分析等。用户报告是最常见的来源:当用户在使用软件过程中遇到问题时,会通过客户服务、在线论坛或反馈系统等途径提交错误报告。错误通常分为严重错误、一般错误和轻微错误。严重错误(如系统崩溃、数据丢失)需要立即修复,因为它们会严重影响用户体验和系统的正常运行。一般错误(如某些功能异常)虽然不会导致系统崩溃,但仍需要及时处理。轻微错误(如用户界面的小问题)则可被安排在后续版本中修复。

在纠错性维护阶段,开发团队需要详细分析错误报告、重现问题、找到错误的根源,并实施修复方案。修复完成后,需要进行严格的测试和验证,以确认错误已被成功修复,且不会影响已有功能的正常运行。在 CI/CD 流水线中,开发者会将纠错性修复提交成一个"补丁",这个补丁会自动地在流水线中经过层层验证,最终被部署到生产环境中。

2. 适应性维护

适应性维护的主要目的是使软件能够适应外部环境的变化,确保软件在新的技术和运行环境下仍然能够稳定、高效地运行。环境变化包括以下几个方面。

- 操作系统升级:操作系统的更新可能改进安全性、修复现有的漏洞,或者增加新功能,但也可能导致原有软件的兼容性问题。例如,某些 API 可能被弃用或行为发生变化,因此需要开发团队对软件进行相应的调整。

- **硬件更换**:硬件设备的更新,如服务器、存储设备、输入/输出设备等,可能需要软件进行相应的优化和调整。例如,更换为新型号的打印机或扫描仪,可能需要更新驱动程序或修改软件配置以支持新设备。
- **外部接口变动**:软件往往需要与其他系统或服务进行交互,如数据库、网络服务、第三方 API 等。当这些外部系统发生变动时,软件需要进行相应的修改以保持兼容。例如,第三方 API 版本更新或接口规范变更,可能需要软件修改相应的调用方式。
- **法规和标准的变化**:随着法律法规和行业标准的更新,软件也需要进行适应性调整以确保合规。例如,数据隐私保护法规的更新可能要求软件增加新的数据保护功能或改进现有功能。

3. 完善性维护

完善性维护对软件进行改进和增强,目标是提升其功能、性能和用户体验。完善性维护一般包括以下几个方面。

- **增加新功能**:随着用户需求的变化和市场竞争的加剧,软件需要不断引入新的功能以满足用户的期望和需求。例如,为电子商务平台增加新的支付方式、优化购物车功能或引入 AI 驱动的推荐系统等。同时,团队也需要改进现有功能,提升软件的整体价值。例如,团队可以改进搜索功能的算法、优化数据处理流程等。
- **改善用户界面**:一个友好、直观的用户界面不仅能够提高用户的满意度,还能增加软件的易用性和可操作性。例如,团队可以改进界面的布局和设计、增加交互元素、优化界面的响应速度和流畅度,以提高用户体验。
- **提升软件性能**:高性能的软件不仅能够提供更好的用户体验,还能降低系统的运行成本和资源消耗。例如,团队可以优化数据库查询和存储过程,并改进缓存机制,以提高数据的访问速度和系统的响应效率。
- **增强安全性**:随着网络攻击和安全威胁的不断增加,软件需要不断提升其安全性以保护用户数据和系统的安全。例如,团队可以增加多因素认证机制、改进数据加密和传输协议、加强系统的漏洞扫描和修复,以确保系统的安全性和可靠性,有效应对各种安全威胁和攻击。

4. 预防性维护

预防性维护通过主动的措施来预防潜在问题的发生,以提升软件的稳定性、可维护性和使用寿命。与纠错性维护和适应性维护相比,预防性维护更具有前瞻性,着重于在问题发生之前采取行动,减少未来可能的维护成本和运行风险。

代码重构是预防性维护中的一种,目的是通过优化代码结构,提高代码的可读性、可维护性和可扩展性,而不改变软件的外部行为。定期的代码重构可以使软件系统始终保持在一个高质量的状态,减少技术债务和未来维护的难度。定期检查并更新软件的依赖项与技术栈也作为预防性维护的一种,不仅可以获取依赖最新的功能改进和安全修复,避免未来潜在的问题,还能使开发团队保持对最新技术的敏锐度和掌握度。此外,数据备份和恢复也是预防性维护的一个重要环节。通过定期备份和可靠的恢复机制,团队可以有效应对数据丢失和系统故障的风险。

下一个版本如何开始

8.1.2 可维护性指标

相比于难以维护的软件，开发者当然更希望接手易于维护的软件。那么，如何评估一个软件的"可维护性"呢？

正如第 6 章所介绍的，当我们希望量化地评估软件的某种性质时，可以设计相应的指标，以对此性质进行合理的度量。细心的读者可以发现，第 6 章提到的一些指标，如软件的代码行数（Line of Code，LoC）、圈复杂度（Cyclomatic Complexity）等，其实在一定程度上也能够（片面地）反映软件的可维护性。例如，规模越大、圈复杂度越高的代码，可能越难以维护。当然，我们不能完全依赖指标的绝对数值得出结论，而是需要结合多个指标、多种度量方式，具体问题具体分析。例如，可维护性指标（Maintainability Index，MI）综合考虑了 Halstead 复杂度（V）、圈复杂度（G）、代码行数（L）以及代码注释的比例（C），以下面的公式计算出代码的可维护性。根据此公式，复杂度越小、代码量越少、注释比例越高的软件，可维护指标越高。这一点也是基本符合直觉的。

$$\mathrm{MI} = \max\left(0, 100 \times \frac{171 - 5.2\ln V - 0.23G - 16.2\ln L + 50\sin\sqrt{2.4C}}{171}\right)$$

表 8-1 进一步列举了度量软件可维护性的不同角度，每一角度包含多个度量指标。

- 可测试性（Testability）：软件可测试性是指软件系统或组件在多大程度上能够方便地进行测试。高可测试性的软件可以更容易地进行测试，发现并修复问题，从而提高软件质量，简化软件维护。常用的评估软件可测试性的指标包括代码覆盖率、功能覆盖率、缺陷检测率、测试执行时间等。

- 结构简单性（Structural Simplicity）：是指软件系统的设计和架构保持简单、清晰、易于理解和维护的特性。简单的设计可以减少复杂性带来的问题，降低开发和维护成本，提高开发效率和软件质量。复杂度指标（如圈复杂度）可以在一定程度上反映系统的结构简单性。Chidamber 与 Kemerer 提出的面向对象指标，如 CBO（Coupling Between Object Classes，类间耦合）、LCOM（Lack of Cohesion in Methods，缺乏内聚）等，也可以用于评估系统的结构与设计。此外，重复代码的比例也可以直接或间接地反映系统的设计是否简单、合理。

- 可理解性（Understandability）是指开发者能够轻松地理解软件系统的设计、结构和行为的程度。高可理解性的软件不仅可以加快开发和维护速度，还能减少错误，提高协作效率和软件质量。衡量结构简单性的大部分指标也适用于衡量可理解性，因为结构简单、清晰的系统一般更容易理解。此外，注释密度（注释行数/总代码行数）也能够衡量可理解性，较高的注释密度通常表明代码包含足够的解释和说明（当然，过多的注释也可能表明代码过于晦涩、复杂）。

表 8-1 度量软件可维护性的不同角度与指标

	指　　标
可测试性	代码覆盖率、功能覆盖率、缺陷检测率、测试执行时间等
结构简单性	圈复杂度、耦合度、内聚度、代码重复率等
可理解性	注释密度、代码长度等

8.1.3 软件腐化

随着时间的推移,软件系统的质量和可维护性可能会逐渐下降。我们将这种现象称为软件腐化(Software Decay)或代码腐化(Code Decay)。软件腐化的原因可能有很多种。例如,软件长期经历频繁的缺陷修复和功能添加。这些对代码的改动可能未经充分的考虑,导致代码质量下降。一个具体的例子就是"紧急修复"。由于时间压力,开发者做出的修复可能是次优的。这种在开发过程中采取的"权宜之计",在长时间的累积下,逐渐导致软件质量,特别是可维护性下降。此现象还有一个形象的名称,称为"软件技术债",形容开发者为了快速交付而采取的临时、低质量的解决方案像是债务,不断累积,而未来对其重构或维护而付出的成本,即团队为欠下的技术债付出的"利息"。另一种形成技术债的原因,可能是企业的某个商业决策。如 Stack Overflow 的案例所示,某些商业决策可能在当前的时间点是合理的,但是长期看却是次优的。这种情况下的技术债不可完全避免。

此外,在长时间的软件生命周期内,软件原有的设计可能无法适应新的需求和技术变化,导致原有设计与当前需求不匹配,维护成本增加。同时,开发团队成员的频繁变动也会导致知识流失,代码一致性下降,加速软件腐化。

案例研究:Stack Overflow 的技术债

Stack Overflow 是全球最大的编程问答社区。2016 年,一位 Web 开发者参与了 Stack Overflow Talent(前 Stack Overflow Careers)登录界面的重设计工作,希望将左侧的界面修改实现成右侧的界面,以简化登录流程、提高用户体验。对于这位开发者来说,这是一项简单的任务,不会花费很多时间。然而,在真正实现的过程中,开发者意识到这项工作并非看上去这么简单。他面临的挑战是如何处理陈旧的登录页面和复杂的后台系统,以及一些匪夷所思的设计。例如,原系统负责登录和注册的代码属于两个不同的代码库;用户的邮箱信息存储在两个不同的数据库里,导致用户无法使用新邮箱来重置密码。而这些阻碍开发的问题,正是 Stack Overflow 多年积累下来的技术债所导致。

技术债的起因可以追溯到 Stack Overflow 早期的技术决策。2008 年,Stack Overflow 上线时采用了 OpenID 作为用户身份验证的方式。OpenID 允许用户使用一个通用的身份登录多个网站,减少了管理多个用户名和密码的麻烦。然而,随着时间的推移,这种方式的局限性显现出来。大多数网站开始采用更简单的 OAuth 协议,导致 OpenID 的使用逐渐减少。

当 Stack Overflow Careers 于 2009 年推出时,它作为一个独立的网站存在,需要自己的登录机制。为了简化雇主的登录过程,团队开发了一个名为 CareersAuth 的内部 OpenID provider,允许用户通过用户名和密码登录。这在当时可以算是合理的决策,因为雇主可能不具备程序员的技术背景,使用 OpenID 可能会带来不便。CareersAuth 的引入使得雇主能够通过更加熟悉的用户名和密码登录。然而,随着时间的推移,这种架构逐渐暴露出问题。首先,CareersAuth 应用和数据库与主应用分离,导致系统复杂且维护困难。其次,用户无法在登录后更改密码,必须通过"忘记密码"功能重置。此外,用户更改邮箱地址后,CareersAuth 数据库不会更新,导致密码重置邮件无法发送到新邮箱。过时的技术和框架使得维护和更新变得困难,增加了技术债务的成本。

下一个版本如何开始

2011 年，Stack Overflow Q&A 主站最终开始支持用户名和密码登录，成为一个独立、完整的 OpenID provider。主站的 OpenID provider 并没有重用或扩展 CareersAuth，而是采取了一个全新的实现，以避免破坏 Careers 的登录功能。然而，这也意味着公司需要维护两个 OpenID providers。

可以看出，技术债并非一朝一夕形成的。Stack Overflow 这位开发者遇到的技术债，是多年间不同的商业决策逐渐累积，间接导致的结果。

（来源：https://techdebtguide.com/case-study-stack-overflow）

尽管软件腐化是团队不愿意看到的，但是，随着软件生命周期的延续，时间带来的复杂度是不可避免的。因此，团队需要对技术债、软件腐化等现象进行监控、控制与管理，减轻其负面影响。例如，一些指标可以用于反映系统的"健康度"，同时监测系统是否存在开始腐化的迹象。由于腐化是随时间推移而出现的缓慢过程，因此这类指标都包含时间因素。以图 8-2 为例。图中的 X 轴代表时间，Y 轴可以是以下任一种数值。

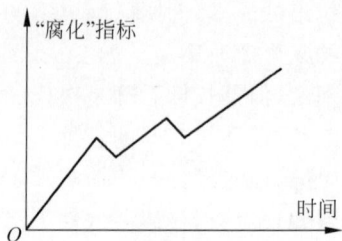

图 8-2　软件腐化指标

- 纠错性维护请求数量：当纠错性维护请求数量随时间增加时，可能表明系统中引入的错误多于在维护过程中修复的错误，或是新错误的引入速度超过了修复速度。这种现象可能表明系统已经开始有腐化的迹象。

- 实现一个变更请求的平均时间：变更请求包括问题修复、增加新功能等。开发者需要改动代码并提交。随着时间的推移，如果改动代码越来越困难、所需时间越来越长（就像 Stack Overflow 那位开发者所遇到的情况一样），那么系统可能在慢慢腐化，导致可维护性下降。

- 变更影响分析的平均时间：软件变更影响分析是评估软件系统中某一变更可能对其他部分造成影响的过程。它通过识别和分析依赖关系、数据流以及代码结构，确定变更所影响的模块和组件，目的是在变更前预见潜在问题，减少引入错误的风险。随着时间推移，如果变更影响分析越来越困难，所需时间越来越长，那么这可能意味着系统的耦合越来越高，依赖越来越复杂，导致一个变更"牵一发而动全身"。这一个指标和上一个指标相似，都表明实施变更的难度增加，可维护性降低，系统开始腐化。

当团队发现软件出现开始腐化的迹象时，需要采取一系列手段减缓腐化并降低其长期的负面影响。代码重构则是对抗软件腐化的利器之一，8.1.4 节将详细介绍。

8.1.4　代码重构

试想我们的 TMS 团队协作系统经历了成功的前几年。然而，最近针对于变更请求的抱怨越来越多。例如，开发者发现一个看似简单的变更请求在实现上花费了多于预期几倍的时间。由于这个实现直接或间接地影响了很多其他的代码，开发者为了避免引入新的问题，不得不对代码进行大幅调整，并且增加更多的测试。当越来越多的开发者遇到类似的问题时，团队负责人意识到，代码已经开始"腐化"，团队需要将"代码重构"提上日程，以减缓系统由于日积月累的变更而退化的过程，同时提升系统的结构与质量，降低维护成本。

在此系统运营的几年内，团队的人员也经历了持续的重组。此时，团队里一位新入职的成员向团队负责人提出了一个问题："请问，您说的代码重构具体是指什么呢？"对此问题，团队负责人给出了以下答案，这也是代码重构的一般定义。

> 代码重构：重构是改进代码的过程，目的是降低软件复杂性，使程序更易于理解与维护。重构的特点是"不改变代码的外部行为，只改善其内部结构"。具体来说，添加新功能与修改外部接口都不在重构的范围内，因为这两种修改都改变了代码的外部行为，直接影响用户的使用。相反地，重构是对代码内部结构的修改与完善，对外部不可见。

新员工似懂非懂，随即又提出了另一个问题："那么，我们应该在什么时候开始重构呢？"

"好问题。"项目负责人点点头，"重构其实是一个贯穿系统整个生命周期的、持续的过程。我们并不会将重构的工作限定于某个特定的时间节点，如六月的最后一周进行为期5天的重构。我们不推荐这样的方式。相反地，我们希望大家将重构当作你们日常开发的一部分。当你们觉得有必要重构的时候，就可以直接开始。当然，为了避免对其他成员的手头工作造成影响，我们可以为重构单独创建一个分支进行。"

"可是，什么算是'有必要重构的时候'呢？"新员工追问，希望得到一些更具体的要求。

"嗯……更多的是靠一种感觉。"正当项目负责人斟词酌句时，一位在创业初期就在团队里的老员工加入了讨论，"就我个人来讲，一般我遇到三种情况时会考虑开始重构代码。"

（1）当第三次重复做某件事情时。例如，你第一次写某段判断逻辑的代码时，一切正常；过了一段时间后，你发现你又开始写同样逻辑的代码，这时你需要开始留意了；当你第三次发现自己在写同样的代码时，你基本可以开始重构了，因为一个易于维护的软件系统不应该有太多的重复性代码。

（2）当添加新功能比你的预期困难许多时：（当然，我们假设你对项目有一定的开发与维护经验，基本可以根据变更需求预估其工作量）这种情况可能说明系统中有一些多余的依赖与隐藏的假设，而新功能的增加会影响到这些依赖。在这种情况下，与其强行添加新功能（甚至在原本就有问题的系统之上添加更多的依赖与假设），不如先花一些工夫进行代码重构，简化或优化系统结构。

（3）当调试或缺陷修复遇到困难时：当你发现很难追踪到某个缺陷的具体原因时，先进行代码重构也许可以带来惊喜。当然，我们不排除这个缺陷本身就很难以调试的情况。但除此之外，另一种可能原因是代码本身太过复杂、结构混乱，此时你读懂代码就已经很困难了，更别提找到代码里的缺陷了。所以，此时进行重构可以降低代码复杂性，提高其可读性，从而让缺陷追踪更加容易。

听着老员工的回答，新员工频频点头，深以为然。项目负责人见状，正准备开始下一个议程，另一位员工战战兢兢地举起了手，"不好意思，我还有最后一个关于重构的问题。"这位员工来到公司两年左右，对项目的开发与维护已经积累了一定经验。对于代码重构，他开始意识到其重要性，自己也实现过一些重构，但是实现的方式都是"凭感觉"。此时，他希望能借这个机会，询问一下老员工代码重构的具体方法。他是这样说的："我自己在开发过程中进行过一些重构。但是我不确定这些重构的方法是否是正确的。有时我甚至不觉得自己是在重构,就是凭直觉认为代码应该这样或那样改,结构会更好一些。所以,我想问一下,代码重构有没有一些普适的方法论呢？例如,针对某种特定类型的代码,需要实现某种特定类型的重构。"

"有的。"老员工回答,"存在一些固定模式的代码,可以通过特定类型的重构加以改进。我们一般将这类代码称为'code smell',直译是'代码异味'（显然直译有些奇怪）,意思就是你感觉这个代码不对劲、不给力,需要改进。你所说的'直觉'就是这种情况,即'this code doesn't smell good',或者'this code doesn't feel right'。我们可以列举一些 code smell 与相应重构方法的例子。"

臃肿的代码（Bloaters）：指过于冗长的方法、类,或者方法参数列表。这类代码通常不是一个新手开发者一次写出来的,更有可能是多个开发者在漫长的软件生命周期中,慢慢累积下的结果。例如,开发者 A 写了一个很紧凑短小的方法 foo。两个月后,另一位开发者希望增加一个小功能,一两行代码就可以完成。这位开发者觉得没有必要再创建一个新方法,因此就在 foo 的基础上添加了两行。三个月后,一位新入职的员工又向这个方法添加了 5行代码……三年后,foo 方法变成了 200 多行的冗长代码,再也没人能完全看懂它了；这又导致开发者更加不敢轻易修改这个方法,只能往其中添加新的代码,久而久之形成恶性循环。

有多种重构方法可以改善臃肿的代码。例如,图 8-3 采用了"提取方法/提炼函数"（Extract Method）重构,将冗长代码中重复或复杂的片段提取到一个新的、独立的方法中。这种重构方法可以使代码的结构更加清晰,增加可读性、可扩展性和可维护性。图 8-4 是针对冗长参数列表的"以方法调用取代参数"方法。这种重构方法将原先在方法调用之前准备的参数 fees 和 discount 移到 getDiscountPrice 方法内部进行调用与计算,以此移除冗余的参数,简化方法调用。

```
void printTaskAssignments() {
    printUser();

    System.out.println("task name:" + task);
    System.out.println("task desc" + description);
}
```

```
void printTaskAssignment() {
    printUser();
    printTask();
}

void printTask() {
    System.out.println("task name:" + task);
    System.out.println("task description" + description);
}
```

图 8-3 "提取方法"重构

```
double basePrice = itemPrice * quantity;
double fees = this.getFee();
double discount = this.getDiscount();
double finalPrice = getPayment(basePrice, fees, discount);
```

```
double basePrice = itemPrice * quantity;
double finalPrice = getDiscountPrice(basePrice);
```

图 8-4 "以方法调用取代参数"重构

滥用面向对象（OO Abusers）：指在面向对象编程中不恰当地使用或过度滥用面向对象特性,如封装、继承和多态,导致代码设计不良、可维护性差或扩展性差。试想有一个 Animal 类,包含 legs 字段；又有一个 Dog 类继承 Animal 类,从而继承其 legs 字段。从面向对象的角度来说,这个继承关系是合理的。然而,假设一个初学者新建了一个 Chair 类。他觉得椅子也有椅子腿,而 Animal 也有这个字段,因此将 Chair 类也设计成 Animal 的子类。显然,这种设计是对面向对象特性的一种滥用,而导致的后果就是 Chair 类会被迫继承 Animal 其他的属性与方法,如 age、eat()、sleep() 等。可以预见,当复杂系统中出现这类设计时，将会对软件的可维护性造成极大的负面影响。

改善 OO Abusers 的重构方法也有很多。图 8-5 采用了"以委托取代继承"的重构方法。简单来说，Child 继承 Sanitation 是一种面向对象滥用。为了使 Child 可以调用 Sanitation 类里的 washHands() 方法，更合理的方式是将 Sanitation 作为 Child 的一个字段。在 Child 需要 washHands 时调用此字段的方法即可，即"委托"Sanitation，而非继承它。

```java
public class Sanitation {
    public String washHands(){
        return "hands cleaned";
    }
}

class Child extends Sanitation{

}
```

```java
public class Child {
    private Sanitation sanitation;

    public Child{
        sanitation = new Sanitation();
    }

    public String washHands(){
        return sanitation.washHands();
    }

}
```

图 8-5　"以委托取代继承"重构

"老顽固"代码（Change Preventers）：这类代码异味直译过来是"变化的阻碍者"。不过，作者更倾向于"老顽固"这个形容，因为"老顽固"是很难改变的。当我们形容一个代码"顽固"时，就代表它非常难以进行修改。为什么难以修改呢？原因在于，为了实现这个修改，开发者必须要改动许多其他的代码。可想而知，"老顽固代码"的可维护性差，且代价高昂。

图 8-6 是一个老顽固代码的例子。假设开发者希望将 this.balance<MIN_BALANCE 修改成 this.balance<＝MIN_BALANCE，那么他需要修改三处代码。如果这个条件判断分散出现在系统的不同地方，那么开发者需要对代码进行大量的修改，即使这些修改本质上都是相同的。"霰弹枪手术"（Shotgun Surgery）是对这种代码的形象描述：因为霰弹枪有大量、发散性的子弹，所以中弹后的手术需要一个一个地处理每个子弹的伤口。

处理"老顽固"代码也有多种重构方式。针对图 8-6 的例子，可以使用上文提到的"提取方法/提炼函数"（Extract Method）方法，将 this.balance ＜ MIN_BALANCE 的判断提取成一个独立的方法，供使用者调用。重构之后任何对此判断逻辑的变更都可以只修改这一个方法。

```java
public class Account {
    public void withdraw(double amount){
        if(this.balance < MIN_BALANCE){
            notifyUser();
        }
        // code for withdraw money
    }

    public void deposit(double amount){
        // code for deposit

        if(this.balance < MIN_BALANCE){
            notifyUser();
        }
    }

    public void transfer(Account to, double amount){
        if(this.balance < MIN_BALANCE){
            notifyUser();
        }
        // code for transfer money
    }
}
```

```java
public class Account {

    public void checkBalance(){
        if(this.balance < MIN_BALANCE){
            notifyUser();
        }
    }

    public void withdraw(double amount){
        checkBalance();
        // code for withdraw money
    }

    public void deposit(double amount){
        // code for deposit
        checkBalance();
    }

    public void transfer(Account to, double amount){
        checkBalance();
        // code for transfer money
    }
}
```

图 8-6　针对 Change Preventers 的一种重构

"耦合怪"（Couplers）：指不同类或者模块之间过度耦合的情况。过度耦合阻碍了代码

下一个版本如何开始

使用的灵活性,迫使多个实体"共进退",开发者无法选择性地修改或者复用其中某一个实体。"耦合怪"和"老顽固代码"概念类似,因为过度耦合是导致代码难以修改、难以维护的元凶之一。不过,"耦合怪"更注重于代码之间的耦合方式。例如,图 8-7 展示了 Contact 和 Phonebook 类。其中,Phonebook 类中的 toString 方法中,调用了多个 Contact 类的方法;纵观整个 Phonebook 类,其对 Contact 类的成员的使用甚至比对自身成员的使用还多得多。换句话说,Phonebook 类与 Contact 类是高度耦合的。这类耦合称为"依恋情节"(Feature Envy),即某一类过度"依恋"或"嫉妒"不属于自己的类成员。针对这个例子,可以使用"移动方法"(Move Method)的重构方法,将 toString 方法从 Phonebook 类移动到 Contact 类,实现解耦。重构后,任何对 Contact 格式或字段的修改都可以在 Contact 类中进行,Phonebook 不受影响。

除了 Feature Envy,还有其他类型的过耦合。

- "不恰当的亲密关系"(Inappropriate Intimacy):表示两个类对彼此过于了解和依赖,甚至直接访问对方的私有字段或方法。

- "消息链"(Message Chains):表示一个对象通过一系列的方法调用链来调用另一个对象的方法。这种代码异味表明对象之间的耦合度过高,违反了"迪米特法则"(Law of Demeter)。

- "中间人"(Middle Man):表示一个类的方法大多数只是简单地调用其他类的方法。此时,这个类就成了一个"中间人",没有实际的功能。这样的代码降低了系统的透明度,并增加了维护的复杂性,建议通过重构移除。

```java
public class Contact {
    String name;
    String phone;
    String email;

    public Contact(String name, String phone, String email) {
        this.name = name;
        this.phone = phone;
        this.email = email;
    }

    public String getName() {
        return name;
    }

    // other getters......

}
```

```java
public class Phonebook {
    List<Contact> contactList;

    public Phonebook() {
        this.contactList = new ArrayList<Contact>();
    }

    public String toString(){
        String result="";
        for(Contact contact:contactList){
            result += contact.getName() + ": ";
            result += " " + contact.getPhone() + "\n";
            result += contact.getEmail() + "\n";

        }
        return result;
    }
}
```

图 8-7 过度耦合的代码

非必要的代码(Dispensables):这类代码可有可无;更多时候,它的存在反而会对代码的整洁和可读性带来负面的影响。dead code(在程序中存在但从未被执行或调用的代码片段)就是一个例子。尽管当下智能 IDE 能够准确识别 dead code 并给出提醒,但是某些开发者可能抱着"花了这么大力气写出来的代码,直接删了怪可惜的,也许之后还会用到呢"的想法,没有及时清除它。然而,长此以往,这段代码会导致系统可读性的下降,并且给新入职的成员带来疑惑与困难。所以,从软件维护的角度看,这类代码应该被及时移除掉。

"游手好闲的类"(Lazy Class)也属于非必要代码。这种类几乎没做什么事,开发者甚至可能很少注意到它。这种情况可以通过重构将其移除,以简化代码。值得一提的是,"游手好闲的类"一般也并非一下子出现的。也许在系统开发初期它还是一个具有完整功能的类。但是,随着软件的不断进化,这个类也经历了多次重构与迭代,不知不觉间变得越来越小巧、单薄。开发者,特别是刚刚加入团队的新成员,可能因为不了解它的作用而不敢对其进行修改或者删除,导致这个类就一直在系统中留存了下来。

"大概就是这些。"眼见这次讨论已经远远超过预期时间,老员工在项目负责人的示意下匆匆结束了介绍。看着新员工对自己愈加崇拜的目光,老员工连忙补充,"当然,这些内容并非都是我独创的。如果想对代码异味与代码重构进行进一步了解与系统性的学习,大家可以阅读 Martin Fowler 的 *Refactoring：Improving the Design of Existing Code* 一书,或者去看看 refactoring.guru 这个网站。"

8.1.5 智能维护和升级

软件维护是确保软件长期成功的关键。然而,这项活动也面临着许多挑战,其根本原因就是"时间",即软件维护是一项长期的、不间断的、持续的过程。时间的累计意味着系统复杂性的增加、技术债的堆积、腐化程度的加深。同时,"时间"也使得系统维护人员往往不是系统最初的开发者,进一步增加了系统理解与维护的难度。另外,软件维护带来的成就感可能没有新开发一个系统或者功能带来的成就感高。因此,很多软件维护的工作也都被外包给了其他公司。

幸运的是,增加软件复杂性并导致软件老化的因素经过不断地研究,被提炼为代码异味和重构模式。规则和模式的存在就意味着这项任务很大可能被自动化。实际上,自动代码重构是软件工程研究领域的一个重要分支。很多常见 IDE 也已经内置了基于规则和代码静态分析的重构功能。然而,基于规则的自动重构对于一些规模稍大、逻辑更复杂的代码异味可能表现不佳,自动重构后的代码也并不符合开发者的意图。

近年来,随着大规模语言模型(LLM)和深度学习技术在各领域的广泛应用,软件维护与升级逐步迈向智能化,更有效地应对上述挑战。软件的智能维护和升级,主要表现在自动监控、历史数据学习与依赖关系解析等关键环节。

1. 主动监控与非结构化数据挖掘

软件产品及其生态系统生成了大量的非结构化数据,如用户论坛、社交媒体、技术博客等。现有研究和实践表明,利用 LLM 及 NLP 技术对这些数据进行自动化监控,可以在以下方面发挥作用。

- 热点问题与用户反馈识别。利用情感分析和文本挖掘技术,模型能够实时检测讨论中暴露的问题。例如,2023 年的若干论文已展示如何挖掘用户反馈中的隐含信息,并给出改进建议;相关综述论文也总结了情感分析在软件维护中的应用效果。
- 自动整合改进建议。通过对多源数据(论坛留言、缺陷报告等)的聚合与语义理解,LLM 能对潜在缺陷进行早期预警,并提供可量化的改进报告。IBM 和微软等企业已经在其日志分析与监控系统中嵌入机器学习模块,借助自动化工具捕获安全隐患与性能瓶颈。这些成果为构建智能化监控系统提供了有效支撑,使开发团队能够提前预判问题走向,有效降低因版本升级带来的风险。

2. 历史数据学习与上下文追踪

软件升级涉及对以往版本的修正和改造,如何避免重复性的错误和冗余工作一直是研发重点。最新的研究与实践正通过深度学习对历史数据进行分析,达到知识迁移和自动建议的效果。

- 自动化补丁生成与代码重构。例如,2023 年推出的"DeltaFix"方法利用 LLM 自动分析代码变更历史,定位缺陷并生成维护补丁。同时,相关研究如"LLM-Assisted Code Refactoring for Seamless Upgrades"提出,利用模型检测和重构代码中的反模式能够极大地降低升级复杂度。
- 项目历史与上下文信息的综合利用。通过对 Git 提交记录、代码审查和缺陷报告的深度解析,LLM 可以识别出共性问题,并根据以往经验提出改进建议。

上述技术的发展使得软件维护工作中的判错和决策更为精准,同时也为自动化与智能化软件升级提供了助力。微软与 Facebook 等公司的内部工具链已经开始集成这类智能功能,有效加速了版本演进过程。

3. 依赖关系解析与安全性能提升

软件系统通常由多个模块和依赖构成(见第 5 章),升级过程中对依赖关系的精确解析至关重要。近期的研究和应用实践主要集中在以下几方面。

- 智能化依赖关系建模与风险评估。2024 年的一项研究("LLM-Driven Dependency Analysis for Secure Software Updates")提出,通过对项目依赖历史和模块交互进行知识建模,LLM 可以自动预估依赖变更可能引发的风险,并给出防范建议。
- 安全与性能优化。借助自动化工具进行依赖关系分析,系统不仅能在升级过程前识别潜在风险,还能在升级过程中实施回滚策略和自动化测试,以确保改进措施不会破坏现有功能。5.2 节介绍的 GitHub Dependabot 即是这一领域的知名实践,通过自动扫描和修复依赖漏洞,起到了极大的安全保障作用;谷歌和亚马逊等企业也在各自的 CI/CD 流水线中集成了类似智能化工具,确保版本更新的安全与性能。

4. 企业实践

近年来,不少科技企业已经将智能化软件维护与升级付诸实践,一些案例如下。

- GitHub Copilot:在 2023—2024 年的迭代中,Copilot 不仅在代码补全方面表现出色,还延伸到了识别代码潜在问题、推荐重构策略和支持版本升级的场景,为开发者提供了实时且高效的辅助功能。
- 微软 Azure DevOps:微软在 Azure DevOps 平台中不断嵌入 LLM 及自家 Turing 模型训练的智能工具,通过分析项目历史数据和实时监控,自动检测版本升级中的风险,并智能推荐补救措施,显著提升了版本管理效率。
- 谷歌内部工具:依托自研的 AI 工具,谷歌在内部 CI/CD 体系中实现了对依赖关系、模块交互和风险评估的全流程智能化管理,确保版本升级过程中提前发现并修正潜在问题。

可以看到,基于 AI/LLM 的技术正逐渐与软件版本维护和升级过程整合。从自动监控,到历史数据学习,再到依赖关系的深入解析与风险控制,智能化技术均显示出极大的应用前景和实用价值。随着相关研究和企业实践的不断推进,未来软件维护的发展方向如下。

- 融合多模态数据(如代码、文本、图表、配置文件)整合信息,提升系统整体感知能力。
- 实现持续学习与领域适应,让 LLM 在面对不断演进的开发语言和框架时,保持高效运作。

- 强调人机协同,通过 AI 辅助技术支持开发者决策,推动软件维护及升级全过程的智能化发展。

8.2 软件演化

软件演化(Software Evolution,又称为"软件进化")指软件系统在交付之后,为了满足变更的需求并持续创造价值,而不断改进的过程。例如,Microsoft Word 的第一个版本于1983 年问世,之后经历了近 40 年的不断演化与新版本发布,直到今天也在为全世界的用户服务。当然,软件演化并非像如图 8-8 所示的图标变化这么简单。软件的生命周期越长,演化的过程就越长,新版本与最初版本从设计到实现的差别就可能越大。

图 8-8　Microsoft Word 演化历史(图片来源网络)

软件演化与软件维护的概念类似。两者本质上都是描述软件交付后为了适应需求、环境的变化,而不断适应与进化的过程。实际上,这两个概念经常被一起提起,有些时候也可以交换使用。如果一定要对两者进行区分的话,软件维护包含各种类型的变更,如纠错性维护、适应性维护、完善性维护和预防性维护(8.1.1 节),而"软件演化"这个概念更注重"适应性维护"和"完善性维护",即新功能的添加以及对新环境、新需求的适应。本书不在两者的定义上做过多纠结,主要介绍软件演化中两个有趣的问题:遗留系统和 API 弃用。在这一节,将分别介绍这两个问题的起因、影响,以及应对策略。

案例研究:Netflix Data Pipeline 的演化

　　Netflix Data Pipeline 是 Netflix 用于在云规模上收集、聚合、处理和传输数据的核心基础设施,几乎每个 Netflix 应用程序都依赖这个系统。Netflix Data Pipeline 每天处理约 5000 亿个事件,总数据量达到 1.3 PB;高峰时每秒处理约 800 万个事件,数据量达到 24 GB。此系统处理的视频观看活动、用户界面活动、错误日志、性能事件以及故障排除和诊断事件,涵盖了 Netflix 运营的各个方面。

　　这套系统最初的 V1.0 版本,称为 Chukwa 管道,主要用于聚合和上传事件到Hadoop/Hive 进行批处理。其架构也相对简单:Chukwa 收集事件并以 Hadoop 序列文件格式将其写入 S3,然后由大数据平台团队进一步处理这些 S3 文件,最后将其写入Hive。这个版本的系统端到端延迟最多可达 10min。这个延迟在当时对于以每日或每小时频率扫描数据的批处理任务来说已经足够。

第 8 章

下一个版本如何开始

随着实时分析需求的增长,Netflix 在 V1.5 版本中对管道的架构进行了改进,在保持原有 S3/EMR 批处理功能的基础上,增加了实时分支,将约 30% 的事件流分支到 Kafka 进行实时处理。路由器是这一版本的核心,负责将 Kafka 的数据路由到 Elasticsearch 或二级 Kafka 等接收端,使用户能够进行实时流处理。

接下来,面对复杂的操作和管理挑战,Netflix 推出了 V2.0 版本的 Keystone 管道。这个版本简化了架构,通过前置 Kafka 提高了数据持久性和可操作性。Keystone 管道提供两种数据摄取方式:直接使用 Java 库写入 Kafka,或通过 HTTP 代理写入 Kafka。Kafka 不仅作为持久消息队列缓冲下游接收端的临时中断,还负责将数据从 Kafka 转移到 S3、Elasticsearch 和二级 Kafka 等接收端。

Netflix 的数据管道从 V1.0 的简单批处理系统,发展到 V1.5 增加实时处理能力的复杂架构,再到 V2.0 的 Keystone 管道,每次演化都显著提升了系统的性能、灵活性和用户自由度,满足了 Netflix 不断增长的数据处理需求。(资料来源:Netflix 官方技术博客 netflixtechblog.com)

8.2.1 遗留系统

遗留系统(Legacy System)是指在企业、组织中已经使用了较长时间(几年或更长)但仍然在运行的计算机系统、应用程序或技术。这些系统通常是在较早的技术平台上或者基于过时的软硬件开发的。尽管这类系统可能已经不再适用于现代技术或平台,但由于它们在企业的日常运营中发挥着关键作用,因此仍然被继续使用,而且不能轻易替换或者升级。一些遗留系统的例子包括[1]:

- 微软的 Internet Explorer(IE)。微软于 2020 年 1 月停止支持所有低于 11 版本的 Internet Explorer。对 IE11 的支持于 2022 年 6 月结束。但是 IE 仍在被大量的用户使用。
- 尽管自 2014 年 4 月起已停止支持,但 Windows XP 在 ATM 操作系统软件等领域仍在持续使用。
- 2011 年,MS-DOS 仍然在一些企业中用于运行遗留应用程序。
- 政府部门的各类业务系统,如图 8-9 所示。

遗留系统可进一步分为遗留硬件(Legacy Hardware)与遗留代码(Legacy Code)。遗留硬件是指那些已经过时但仍在使用的计算机硬件组件,如 PS/2 和 VGA 接口,以及使用老旧指令集的 CPU;这些硬件通常与现代操作系统或设备不兼容。遗留代码通常采用了老旧的编程语言、框架或技术。COBOL 编程语言就是这样一个例子。COBOL 从 20 世纪 60 年代到 20 世纪 90 年代是主要的商业开发语言,在金融、银行和政府部门的软件中广泛使用。据估计,目前商业系统中仍有超过 2000 亿行 COBOL 代码在运行。

8.2.2 风险与挑战

对遗留系统的描述,千言万语可以化成一个字:"老"。一个"老"系统在工作中会有很多问题,而这些问题的影响往往是巨大的。

- 2017 年,美国国税局(IRS)发生系统故障,导致近 500 万美国人的电子报税无法处理。

Table 1: The 10 Most Critical Federal Legacy Systems in Need of Modernization					
Agency	System name[a]	Age of system, in years	Age of oldest hardware, in years	System criticality (according to agency)	Security risk (according to agency)
Department of Defense	System 1	14	3	Moderately high	Moderate
Department of Education	System 2	46	3	High	High
Department of Health and Human Services	System 3	50	Unknown[b]	High	High
Department of Homeland Security	System 4	8 – 11[c]	11	High	High
Department of the Interior	System 5	18	18	High	Moderately high
Department of the Treasury	System 6	51	4	High	Moderately low
Department of Transportation	System 7	35	7	High	Moderately high
Office of Personnel Management	System 8	34	14	High	Moderately low
Small Business Administration	System 9	17	10	High	Moderately high
Social Security Administration	System 10	45	5	High	Moderate

图 8-9　遗留系统数据(资料来源 https://www.gao.gov/assets/gao-19-471.pdf)

- COVID-19 期间,美国的失业率急剧上升。然而,大多数州的失业系统已有 40 多年历史,且运行在 COBOL 语言上,这些遗留系统无法处理占美国劳动力 13% 的失业请求。缺乏 COBOL 程序员使得情况更加糟糕。
- 苏格兰皇家银行(RBS)因使用遗留系统而面临许多 IT 问题,如账户访问受阻和支付处理故障。该银行的古老 IT 基础设施是在移动银行时代之前建造的。因此,RBS 使用的 IBM 大型计算机在客户需求的压力下"摇摇欲坠"。
- 在零售业,将近 58% 的 IT 预算用于维护遗留系统。零售业务使用遗留软件的主要原因是销售终端使用了 Intel 286 计算机。

可以看出,遗留系统会为系统的维护带来极大的挑战。首先,遗留系统不会从其开发者那里获得技术支持或更新,因此需要 IT 团队进行持续、长期的维护,导致昂贵的费用。其次,遗留系统可能导致性能下降、资源消耗增加以及故障和崩溃频繁发生,严重影响使用。另外,由于遗留系统依赖于过时的安全措施或补丁来防止漏洞,这使得它们容易受到数据泄露与安全性的攻击。

数据孤岛也是遗留系统带来的一个重要问题。数据孤岛是指无法与业务不同部门集成或共享的数据库。许多遗留软件系统无法与新软件、新技术、新环境集成,这意味着存储在企业内部旧系统中的数据无法与使用较新技术的其他部门共享。维护遗留系统还会阻碍企业利用新技术的优势,可能削弱其与现代化竞争对手的竞争优势。

尽管有诸多(严重的)问题,但是遗留系统仍在各种企业或组织中被广泛地使用。图 8-10 是对企业技术现状的一个调查结果,指出仍有近三分之一的系统是遗留系统。那么,是什么在阻碍企业更新或替换遗留系统呢?

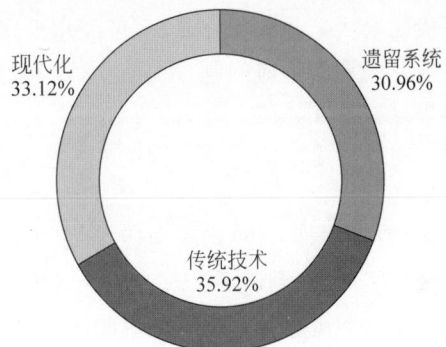

现代化 33.12%
遗留系统 30.96%
传统技术 35.92%

图 8-10　企业技术占比

下一个版本如何开始

案例研究：替换遗留系统

（本案例出自 Ian Sommerville 的《软件工程》第 9 章）

一家企业使用了超过 150 个遗留系统来支撑其业务。由于遗留系统带来的种种问题，该企业决定将这些大大小小的遗留系统替换成一个集中维护的 ERP（Enterprise Resource Planning）系统，用于统一管理日常业务活动。然而，在花费了 1000 万英镑后，新 ERP 系统中只有一小部分可以运行，其运行甚至比替换前的遗留系统更加低效。同时，由于一系列业务和技术原因，新系统中可运行的部分无法和原系统集成。用户还是继续使用原来的老系统。

一个简单的回答就是：太昂贵且风险太大。尽管"旧的不去新的不来"这一概念很吸引人，直接用新系统代替旧系统听上去也挺简单，但真正实施起来却有几块巨大的"绊脚石"。首先，缺少规格说明或者系统文档是遗留系统的一个主要问题。很多遗留系统是在几十年前开发的，当时的开发团队可能没有对系统功能与使用的充分、规范的说明。随着时间的推移，原始开发人员可能已经离开公司或退休，新一代的工程师很难全面理解和维护这些系统。如果在以前的开发过程中，开发者根据当下的情况做出了一些假设或者临时解决方案，这些"隐式"的知识在缺乏详细的文档记录的情况下对新开发者是很不友好的，因为他们很难推断出几年或者几十年前某个开发者是怎么想的，这大大增加了系统维护的难度与风险。

其次，遗留系统通常缺少全面的测试。在现代软件开发实践中，测试作为确保系统稳定性和可靠性的重要步骤是不可或缺的。然而，许多遗留系统是在测试规范、工具和实践还不完善的时代开发的。遗留系统的测试覆盖率可能很低，测试方法也相对简单，大部分系统甚至没有测试。缺乏充分测试使得系统在面对新的需求和变化时更容易出现故障和不兼容的问题，导致业务中断和客户满意度下降。

最后，业务过程与遗留系统的强耦合也是一个显著问题。许多企业在过去几十年中围绕遗留系统构建了复杂的业务流程，这些流程深深嵌入在旧系统中。试图替换或升级遗留系统可能会对这些业务流程产生重大影响，导致生产力下降和业务中断。因此，企业往往对这种大幅度的变化持谨慎态度，因为他们无法承受业务长时间中断带来的损失。

另外，新系统开发本身的风险也不容忽视。虽然替换遗留系统可能带来长期的效益，但开发和实施新系统的过程充满了不确定性。正如我们整本书的主题，一个全新软件系统的开发需要大量时间和资源，且可能超出预算或时间表。此外，新系统上线初期可能会遇到各种技术问题和适应问题，影响正常业务运营。企业在权衡替换遗留系统的决定时，必须充分考虑这些潜在风险。

将遗留系统的一切推倒重来风险太大。那么，是否能够在保留使用遗留系统的同时，对其进行改进，提高其质量呢？这当然是一种方案。但是，在执行此方案之前，企业应该意识到，遗留系统是一个"颤颤巍巍"的老系统。老系统由过时的编程语言实现，通常缺乏现代开发最佳实践，如测试不全或者缺少文档，并且在多年的演化中结构慢慢腐化，这些特征都会使得系统的维护异常困难。因此，开发者对遗留系统进行改进或维护时需要特别小心翼翼，因为每一次微小的改动都可能带来极大的风险或严重的后果。

那么，企业应该怎样应对遗留系统带来的问题呢？

8.2.3　遗留系统管理策略

我们可以使用对遗留系统的改动幅度来刻画对遗留系统的不同管理策略。

策略一：彻底弃用。这个策略对遗留系统实施的改动程度为零，因为企业准备彻底放弃使用这个系统。

策略二：常规维护。这个策略对遗留系统实施小范围、小幅度的改动。这些改动也基本是被动而非主动的。当用户提出需求时，团队会实施相应的维护工作；否则不会主动去改进系统。可以认为，这个策略是仅实施维护系统平稳运行与满足用户需求的最小改动。

策略三：替换部分系统或整个系统。在成本允许的情况下，使用更新、更好的现有系统（硬件或软件）替换遗留系统的部分组件或者全部组件。这个策略对遗留系统本身实施的改动较大，因为要将遗留系统与被替换的部分实施整合。据 IEEE 报道，自 2010 年以来，全世界范围内至少有 2.5 万亿美元用于尝试替换旧的 IT 遗留系统，而其中约有 7200 亿美元被浪费在失败的替换工作上。由此可见，替换策略带来的风险也较大。

策略四：现代化。这个策略对遗留系统实施主动的、大幅度的（甚至激进的）改造，目标是改善项目的整体质量，并使其适应现代的技术、开发环境与最佳实践。现代化的手段包括代码重构（见 8.1.4 节）、架构重构（re-architecting）、软件再工程（re-engineering）等，第 9 章中将详细介绍。

那么，对于某个遗留系统，究竟应该采用哪种管理策略呢？Ian Sommerville 在其《软件工程》一书中提出同时从系统质量和业务价值两个方面对遗留系统进行评估。第 6 章介绍了软件系统质量及其衡量标准。系统质量越高，其维护所需的工作量与风险就越小。系统的业务价值指系统能为企业带来的收益、利润、用户群、投资回报率等。系统的业务价值越高，对遗留系统的维护投入也应该更大。图 8-11 示意了以下 4 类不同的遗留系统。

（1）低质量、低业务价值的遗留系统：这类系统没有为企业创造太多价值（低业务价值），但是因为其质量问题导致维护的成本又非常高。对于这类系统，企业一般采用策略一，即彻底弃用。

（2）低质量、高业务价值的遗留系统：虽然这类系统质量堪忧，但是它们仍为企业带来很大的回报。因此，企业需要持续使用它们，并且尽全力保持这类系统的正常运转。此时，一种方式是采用策略三，即找到更好的（部分）系统以代替现有的。如果此方法不可行（如找不到合适的替代品），那么企业需要采取策略四，即对遗留系统进行大幅度的改进。注意，对于这类低质量的遗留系统，策略二的常规维护往往是不够的。低质量的系统在代码、架构、技术栈等方面通常有较大问题，日常的维护是无法解决的。

（3）高质量、低业务价值的遗留系统：这类系统质量方面问题不大，因此只需要进行常规日常维护即可（策略二）。如果维护成本太高，因为此类系统的业务价值较低，企业也可以考虑弃用此类系统（策略一）。

（4）高质量、高业务价值的遗留系统：这类系统可能是企业最中意的系统了。首先，这类系统具有高业务价值，依然为企业带来不错的回报。同时，此类系统质量问题不大，企业无须投入大量资源对其进行大刀阔斧的改进，只需要进行常规维护即可（策略二）。

8.2.4　现代化与再工程

遗留系统现代化是指采用先进的技术和解决方案改进遗留系统的过程。此过程可能涉

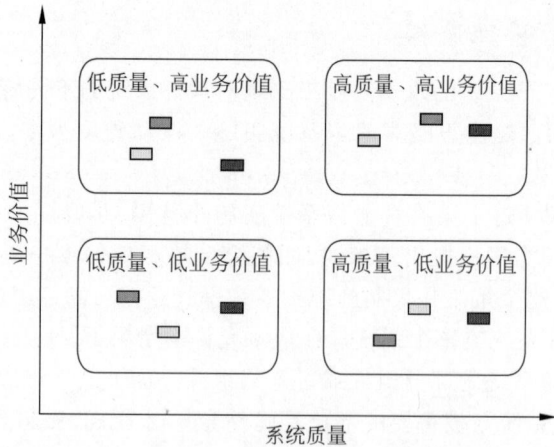

图 8-11 不同类型遗留系统的管理策略

及对系统的代码、架构、制品、平台与环境,甚至团队工作方式的迁移或改革。在上文中,我们了解了遗留系统的主要问题包括:

- 代码质量差。
- 架构混乱。
- 缺乏文档与测试。
- 数据质量问题与读取效率低。
- 缺乏规范、高效、自动的开发流程。

因此,现代化的过程也可以根据上述某一个或者多个问题,有针对性地进行。

针对代码质量差与架构混乱的问题,企业可以采用多种策略实施改进(详见第 4 章与第 6 章)。通常,可以使用封装(Encapsulation)、迁移(Rehost)、平台切换(Replatform)、重构(Refactoring)、重架构(Re-architecting)、替换(Replace)与重新开发(Rebulid)等策略对遗留系统进行现代化。下面分别介绍每一种策略。

1. 封装

封装策略通过将遗留系统的功能封装在服务接口(如 API 或 Web 服务)内部,使其能够与现代应用程序和服务进行交互。例如,一家保险公司使用基于 COBOL 的遗留系统进行保险索赔。通过封装此索赔功能并将其对外暴露为 RESTful API,新的移动应用和网页应用能够直接调用此功能,无须直接与遗留系统进行交互。封装策略不需要对遗留代码进行大规模修改,在保留系统核心功能的同时,为新的外部用户提供了一个访问层。

2. 迁移

迁移策略将遗留系统迁移到新的硬件或云基础设施上,而不改变其代码或架构。这种策略主要是为了利用现代硬件或云服务的性能和可扩展性优势。例如,某公司将一个在物理服务器上运行的遗留 ERP 系统容器化,并迁移到 AWS 或 Azure 等云平台上,利用云平台的弹性计算和存储资源来提高系统的性能和可靠性。

3. 平台切换

平台切换策略涉及对遗留系统进行较少的代码修改,以适应新的平台或操作环境。这通常包括从一个数据库、服务器或者中间件平台迁移到另一个更现代的选择。例如,公司将一个使用旧版数据库(如 Oracle 10g)的应用程序迁移到最新版本的数据库(如

PostgreSQL），或者将笨重的 WebLogic 服务器切换到轻量级的 Tomcat。这个策略在保持遗留系统核心逻辑不变的同时，利用新平台的性能和功能优势实现现代化。

4. 重构

如 8.1.4 节所介绍，重构策略通过修改代码内部结构，但不改变其外部行为，来提高代码的可维护性和性能。例如，在一个使用大量重复代码的遗留系统中，可以通过重构，将重复代码提取成共享函数或类，减少冗余，提高代码的可读性和可维护性。

5. 重架构

重架构策略是对遗留系统的架构进行重大修改，以更好地适应现代技术和业务需求。在第 4 章中介绍了各种类型的软件架构，重架构即将一类架构修改成另一类架构。例如，企业可以将一个庞大的单体电商遗留系统转换成微服务架构，使得每个服务可以独立开发、部署和扩展。第 9 章将具体介绍重架构的策略。

6. 替换

替换策略是完全用新的系统替换旧的(部分)遗留系统，和 8.2.3 节提到的策略三类似。例如，一家制造公司决定用一个现代化的 ERP 系统(如 SAP S/4HANA)替换其老旧的自定义 ERP 系统，以利用新系统的先进功能，提供更好的用户体验。这个过程可能涉及重新评估业务需求，设计和开发新旧系统的"胶水"用于整合，并逐步迁移旧系统的数据和功能。

7. 重新开发

重新开发策略即从头开始重建整个系统，同时保留其核心业务逻辑。这个过程通常结合了最新的开发技术和最佳实践，以创建一个更高效、可维护的新系统。例如，一家金融机构决定，与其花费极大的成本修复遗留的贷款处理系统，不如重新开发一个新的贷款处理系统。新系统在保留原系统独特的业务规则和逻辑的同时，可以利用最新的云原生技术和微服务架构，以提高系统的性能、可扩展性和灵活性。

上述策略并非互斥的。它们可以灵活地进行组合、排序并运用到系统的不同模块。企业在选择现代化策略时，也需要综合考虑不同策略的成本、风险和收益。如图 8-12 所示，封装的成本与风险都比较小，但收益也不高；重架构与重新开发的收益很高，但是相应的投入成本也高，同时也存在较高的风险。总结来说，这三个衡量指标都是与系统的改动程度成正比的。改动越小，成本与风险越小，但收益也不大；改动越大，成本与风险就越高，但收益也会更加明显。和软件工程中的大部分问题一样，企业需要根据自身的业务规划选择合适的策略或者策略组合。

针对遗留系统缺乏文档与测试的问题，团队可以逐步补充并完善文档与测试用例。针对遗留系统在数据质量上面临的问题，如数据不一致、重复数据、错误数据以及数据缺失，企业则需要耗费大量的时间和资源进行纠正，以确保数据的准确性和可用性，另外，随着数据量的增加和访问需求的变化，遗留系统的数据存储格式或者数据库结构可能无法高效支持新的需求。因此，企业可能需要使用现代化的数据库工具并重新定义数据库模式。这一过程不仅需要确保数据的完整性和一致性，还需要尽量减少系统停机时间，以保证业务的连续性。当上述多个改造策略被系统性、有计划地应用于某个遗留系统时，可以用"软件再工程"这一术语来描述此过程，如图 8-13 所示。软件再工程的输入是一个遗留系统，输出是一个改造或进化后的系统。软件再工程通常包含三个主要步骤：逆向工程、系统转变，以及正向工程。

逆向工程：逆向工程的目的是在缺乏文档或源代码的情况下，深入了解一个复杂系统

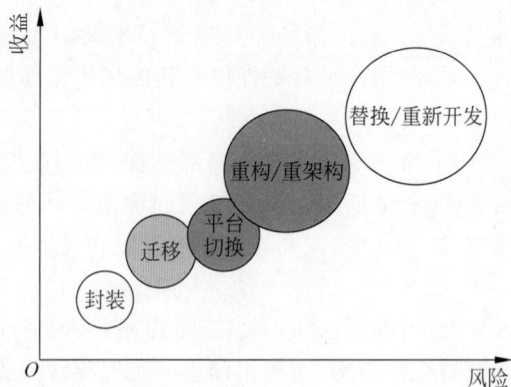

图 8-12　不同策略的风险、收益与成本（圆形面积）

的内部工作原理和结构，并重现其需求与设计思路。可以认为，逆向工程是我们所学习的软件开发过程的一个逆向过程。软件开发过程是从需求分析开始，逐步实现一个软件系统。而在逆向工程的上下文中，这个系统已经存在了，就是我们的遗留系统。遗留系统的特点就是它在开发过程中应该留存的信息与制品大部分都缺失了。而逆向工程的目的，正是从遗留系统本身出发，复原这些信息。如图 8-13 所示，逆向工程的输入是遗留系统的具体代码实现，输出则是设计、需求等对系统的高层次描述。

系统转变："转变"一词特指由旧到新的变化，这一变化可以在软件系统的多个层次进行。如图 8-13 所示，转变可包括由旧需求向新需求的转变，以及旧的设计向新的设计的转变。这两类转变都是在对系统的高层次或抽象层进行的。在系统的具体实现层则包括上文介绍的重构、重架构，以及重新开发这三种转变。另外，这一层的转变也包括文档的重建或重构和数据库的重建或重构。

正向工程：正向工程正是本书所探讨的、一般性的软件开发过程。在"再工程"的上下文中，正向工程的输入是经过系统转变后的新需求或者新设计，并由此出发按照一般的开发流程进行开发，最终得到改造后的新系统。

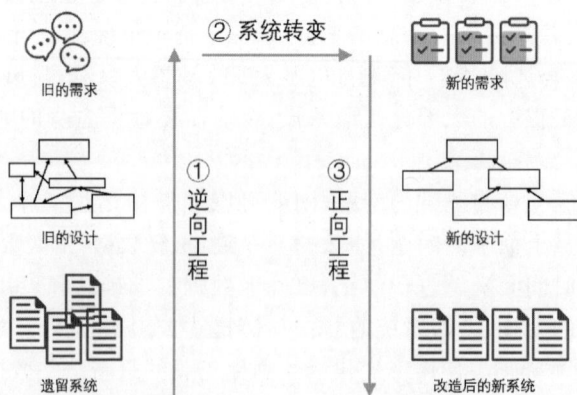

图 8-13　软件再工程

8.2.5　架构重构

第 4 章介绍了各种不同的软件架构。这些架构大致可以被分成两类：单体架构与微服务架构。例如,客户端/服务器架构(C/S)和浏览器/服务器架构(B/S)都属于单体架构。所以,从 C/S 到 B/S 的重架构过程仍保留其单体的特性。另外,单体架构与微服务架构之间的转变是不同大类别间的转变,因此可以被认为是改动程度最大、最复杂,同时风险最高的重架构过程。本节将对单体架构到微服务架构的重架构过程展开讨论。

首先,让我们来看一看由单体架构转变成微服务架构的一些案例。

- Twitter(现在的"X")最初通过一个单一的 Ruby-on-Rails 应用程序("Monorail")运行其公共 API。当时,这个单体应用程序曾一度发展成为全球最大的 Rails 代码库之一。然而,随着用户的增长与软件系统规模的扩大,更新变得越来越困难。2014年,Twitter 选择了微服务的路线,将单体 API 服务转换成一组 14 个微服务中。
- Netflix 在早期采用一个紧密集成的单体应用架构。随着用户基础的扩大,随着视频流服务需求的增长,这种架构在可扩展性、灵活性和故障隔离方面成为瓶颈。2009 年,Netflix 决定迁移到基于云的微服务架构。通过将单体应用程序分解成更小、更专门的服务,Netflix 达到了单体架构无法实现的灵活性、可扩展性和持续部署水平。如今,Netflix 拥有超过 1000 个微服务。
- 2018 年,由于 Jira 和 Confluence 面临的扩展挑战,Atlassian 从单体系统转向基于微服务的多租户、无状态云应用程序架构。这次迁移作为 Atlassian 有史以来最大的基础设施项目,不仅提升了部署速度和灾难恢复能力,还促进了企业内部 DevOps 文化的发展。

尽管新的架构能够为企业带来灵活性、可扩展性等优势,但是对重架构投入的成本是非常高的。同时,企业需要认识到此过程可能是非常漫长的,也并非一下就能带来直观的收益。Amazon.com 对其单体进行重架构的过程就持续了很多年。在此过程中,企业需要把控每一次改动的风险。因此,与其大刀阔斧地修改原有系统,业界更推荐"循序渐进"或"增量演进"的方式。Martin Fowler 将其称为"绞杀者"方式(Strangler Fig)。这个形容来自自然界的绞杀榕树。它们在树的上层枝干上萌发,然后逐渐向下生长,直到在土壤中扎根。经过多年的生长,绞杀榕树形成了奇特而美丽的形状,同时也会慢慢杀死作为它们宿主的植物。在重架构的上下文中,可以将需要改造的单体架构看作宿主植物。一开始,企业需要基于单体架构,慢慢构建微服务。这些微服务可能是"榕树"自身的产物,即新的需求,也可能是从宿主植物上获取的,即从单体架构中分解而来的。随着时间的推移,微服务越来越多,而单体架构越来越小。最终,单体架构完全被微服务架构取代,正如宿主植物最终成为绞杀榕树一般。图 8-14 描述了此重架构过程。

那么,将单体架构转换为微服务架构的过程中,具体可以采用哪些策略呢? Chris Richardson 在《微服务架构设计模式》一书中,总结了以下三种策略。

- 策略 1:将新功能实现为服务。
- 策略 2:前后端分离。
- 策略 3:将业务逻辑提取为服务。

让我们以 TMS 团队协作系统为例,来具体了解每一种策略的应用。目前,TMS 采用单体架构,即所有的业务功能代码,包括前端页面代码,都集中在同一个代码库中,并使用同一个数据库存储数据。现在,假设 TMS 的用户希望系统能够智能地推荐自己感兴趣的博文。针对这个新需求,应用策略 1,可以新搭建一个"推荐服务",并使其尽可能独立于 TMS

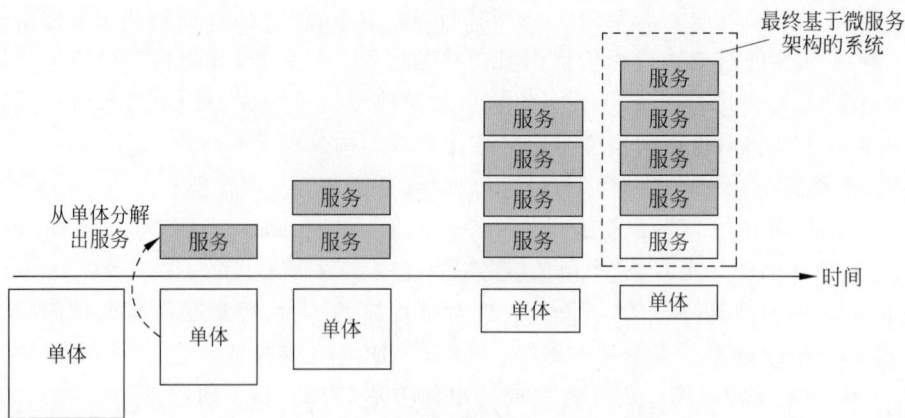

图 8-14 Strangler 模式单体到微服务重架构过程

的单体代码。这种策略避免将新功能再次添加到单体代码中,从而避免单体架构的进一步扩大。同时,将新功能实现为服务,也能够加速从单体向微服务架构的过渡。

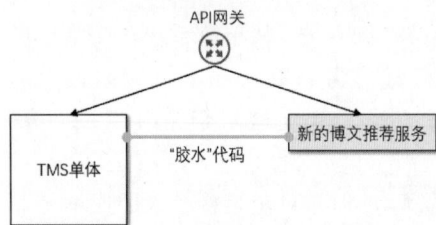

图 8-15 "将新功能实现为服务"策略

在应用策略 1 时,可以添加必要的组件对新服务与原单体架构进行整合。如图 8-15 所示,可以通过添加 API 网关将对新推荐功能的请求路由到新的服务,将其他请求依旧路由到单体应用。另外,可以通过"胶水代码",让新的推荐服务可以使用单体的数据或者调用单体的功能(例如,推荐服务需要使用历史博文的内容与标签)。

然而,仅应用策略 1 只能阻止单体架构的规模继续扩大,而重架构的最终目的是将单体架构转换成微服务架构。因此,还需要使用另外两种策略:前后端分离、将业务逻辑提取为服务。读者可能会问,在 TMS 项目中,前端代码都在 resources 里,已经和后端代码分离了呀?确实,TMS 的项目结构已经将前端代码(如 HTML 文件)与后端代码分开存储在不同的包里,实现了一定程度的分隔。不过,两者依旧在同一个代码库中,这意味着两者任意一方的改动都需要整个项目重新部署。例如,前端页面会对颜色、排版有频繁的改动。虽然这些改动不影响后端的业务逻辑,但是因为两者在同一个代码库中,因此每次前端的微小改动都会牵连后端一起部署,导致每次部署上线的成本较高。所以,尽管目前的 TMS 使用的是分层架构,但仍然属于单体架构。而策略 2 所说的前后端分离,是指前端和后端分离成单独的应用并使用独立的代码库,如图 8-16 所示。后端可以将业务逻辑封装成 REST API,供前端远程调用。分离后带来的优势是前后端作为单独的应用可以独立开发、测试、部署,而不影响其他服务。

当前后端分离后,前端和后端各自又成为一个单体。此时,可以继续使用策略 3,从单体中拆分出独立的业务逻辑,并将其提取为独立的服务。这个

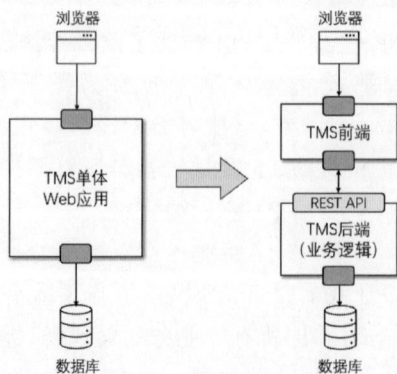

图 8-16 "前后端分离"策略

过程可能是三个策略中最复杂的,因为服务相关的代码可能分散在项目的各个部分。开发者不仅需要准确定位到这些代码,还需要处理这些代码的所有依赖,包括其数据依赖。此外,开发者还需要将数据库中与此服务相关的数据独立出来,这意味着数据库模式也需要进行重构。

依然以 TMS 项目为例。假设 TMS 的聊天功能非常受欢迎。为了能够不断更新聊天功能,又不影响其他模块,我们希望将聊天业务单独提取成一个服务。然而,聊天业务涉及用户群组、频道,并且可以关联到具体博文,因此与聊天业务相关的代码分散在很多不同的类中,如 ChannelController、BlogController 等。我们需要定位到所有这些业务相关代码,如图 8-17 阴影部分所示。

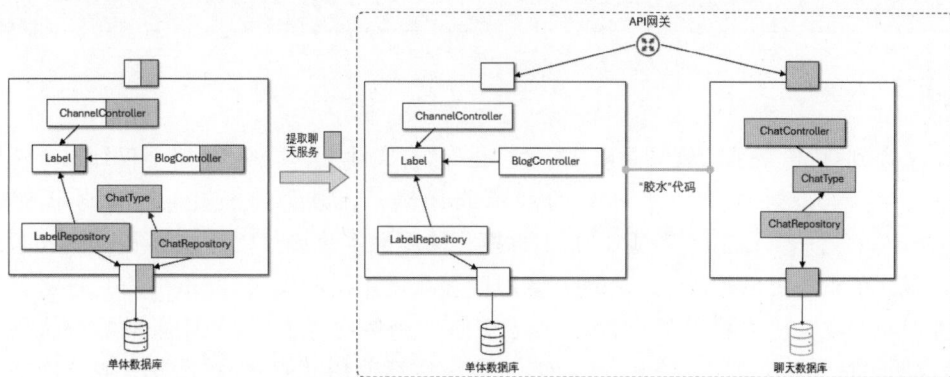

图 8-17 "将业务逻辑提取为服务"策略

聊天业务也依赖于 entity. Label、pojo. Enum. ChatType、util. DataUtil 等代码。有些只被聊天业务依赖的代码,如 pojo. Enum. ChatType,可以一起被提取到聊天服务,不影响其他功能。而诸如 entity. Label、util. DataUtil 等代码同时也被其他类(如跟博文相关的类)使用。此时,可以将其封装成对外接口,供聊天服务调用。

最后,聊天服务的数据不仅涉及聊天数据,还涉及用户群组数据、博文标签数据等。因此,需要对原先单体的数据库模式进行重构,同时还需要处理数据访问相关的代码,如 repository. ChatRepository、repository. GroupRepository、repository. LabelRepository 等,将其提取至新的聊天服务,或者在原先的单体架构中提供相关对外接口。

值得一提的是,"重架构"的根本目标是使用适合业务场景和需求的架构,而并非盲目追随"最流行"的架构。尽管近几年微服务架构是热门趋势,本书也使用了大量篇幅对其进行介绍,但是这并不意味着所有单体架构应用都适合转换成微服务架构。亚马逊的首席技术官 Werner Vogels 认为:"没有一种架构模式可以适用于所有场景。我的经验法则是,每当系统规模增长一个数量级时,你都应该重新审视你的架构,判断它是否仍能支持下一个数量级的增长。"

案例研究:从微服务架构回归到单体架构

最初,Amazon Prime Video 基于无服务器架构的微服务来处理视频流,如将音视频流分割成视频帧或解密的音频缓冲区,并使用机器学习算法检测各种流缺陷。然而,Prime Video 的工程团队发现,微服务架构虽然理论上允许独立扩展每个服务,但在实践

下一个版本如何开始

中会遇到严重的扩展性瓶颈,如高操作成本和状态转换频繁导致的高读取/写入 S3 存储的问题。工程团队尝试优化各个组件,但效果不显著。

2023 年,Amazon Prime Video 决定放弃微服务和无服务器架构,重新采用传统的单体架构,并在 Amazon EC2 和 Amazon ECS 上运行。迁移到单体架构后,Prime Video 的基础设施成本降低了 90％以上,可扩展性也得到了提升。如今,他们能够处理数千个流,并且仍有进一步扩展的能力。

Amazon Prime Video 重回单体架构这一转变在云原生计算社区引发了热烈的讨论。许多资深开发者并不感到意外。他们指出,微服务架构在某些情况下会带来不必要的复杂性和运营成本,有时会使得团队陷入"杀鸡用牛刀"的误区。[2]

观看视频

8.2.6 弃用

上文提到,遗留系统的管理策略之一是"替换"。实际上,"替换"策略不仅针对于遗留系统或遗留代码,也可以应用于过时的系统或代码。在软件工程中,通常使用"弃用"(Deprecation)这一术语描述从过时的、不再推荐使用的系统或代码逐步被其替代方案所取代的过程。值得一提的是,一个系统的"老旧"(存在使用的时间长)并不代表它一定要被弃用。弃用与否取决于多种因素。例如,当老旧系统仍然稳定运行,且性能满足当前业务需求,没有明显的性能瓶颈或稳定性问题时,可以被继续使用。或者,如果没有明显优于老旧系统的替代品,那么此系统依然可以继续使用,无须弃用。

案例研究:"老旧"系统一定需要被弃用吗?

LaTeX 是一种广泛使用的排版系统,早在 20 世纪 80 年代就已经发布了。尽管 LaTeX 是一个"老"系统,但它高质量的排版能力、稳定性和成熟性,使其在处理复杂文档排版、数学公式和参考文献时具有无可比拟的优势。这些特点使 LaTeX 成为撰写学术论文、书籍和技术文档的标准工具,在学术界和出版业中有着重要地位。

LaTeX 的优势不仅体现在其卓越的排版能力上,还包括其广泛应用的生态系统和可扩展性。经过几十年的发展,LaTeX 已经非常稳定和成熟,并拥有庞大的用户社区和丰富的文档资源。同时,LaTeX 还具备大量的宏包,这些包大大扩展了其功能,使用户能够根据需求定制文档格式和功能。这种灵活性和可扩展性进一步巩固了 LaTeX 在专业排版领域的地位。

LaTeX 的学习曲线较陡,初学者可能会觉得难以入门。因此,从用户体验和易用性的角度来说,现代化的所见即所得的编辑器(如 Markdown)可能更具优势。不过,在需要高质量排版、复杂公式和严格文档格式的场景中,LaTeX 仍然是最佳的选择,弃用的可能性不大。

弃用过程并非只是"移除旧系统"再"启用新系统"这么简单。根据 Hyrum's Law,"系统的用户越多,用户以意外和不可预见的方式使用它的概率就越高"(the more users of a system, the higher the probability that users are using it in unexpected and unforeseen ways)[3]。过时的系统一般已经被使用了很长时间,积累了很多用户,因此它很可能具有很

多显式的、隐式的依赖。在这种情况下,"一刀切"地移除旧系统是不可行的,会为系统运行带来极大的风险。另一方面,用新系统替换旧系统的过程也面临着很大的挑战,原因之一是新系统与旧系统的功能、接口、设置等方面并非严格一一对应的。开发团队需要将每一个旧功能、旧接口适应为新的替代者,这里的工作量与困难都是不可小觑的。因此,企业需要制定适合的策略以进行有序、顺利的弃用。

本节将探讨"弃用"的常见策略。我们将讨论重点放在"代码弃用"上,即对 API 层面(类、方法等)的弃用。针对 API 弃用,常见的策略包括依赖发现、预警标志,以及日落期。

依赖发现(**Dependency Discovery**):API 弃用会直接影响所有依赖于此 API 的组件。因此,在弃用 API 之前,需要充分了解其所有依赖,做好影响分析。依赖发现策略正是让团队全面掌握系统的依赖关系,从而为 API 的弃用做好准备。静态分析是依赖发现的重要工具之一。通过静态分析工具,可以扫描代码库,确定哪些方法在直接或间接调用被弃用的API。静态分析的优势在于它不需要实际运行程序,因此可以快速、全面地分析代码库中的所有调用关系。这对于大型代码库特别有用,因为手动查找这些依赖关系几乎是不可能完成的任务。

日志记录(Logging)是另一种有效的依赖发现方法。通过在 API 中添加日志记录,可以监控实际运行时哪些部分的代码在调用即将被弃用的 API,并且收集到调用该方法的所有请求信息,包括调用时间、调用者以及调用参数等。这种方法的优势在于它可以捕捉到动态调用情况,尤其是那些在静态分析中难以发现的依赖关系。这些信息可以帮助我们了解系统在实际运行中的使用情况,从而为 API 的弃用提供依据。

预警标志(**Warning Flags**)是对受 API 弃用潜在影响的用户的提示。例如,在 Java 语言中,可以使用 @ Deprecated 注解(annotation)标记即将弃用的方法、类或字段。@Deprecated 注解是 Java 标准库的一部分。当开发者试图调用这些被标记的 API 时,IDE和编译器会发出警告,一些静态代码分析工具也可以配置成对此类注解发出警告(图 8-18)。此策略可以在代码编写和审查的早期阶段自动检测到对弃用 API 的使用,减少了人为错误和疏忽,并避免这些问题在后期才被发现和修复。

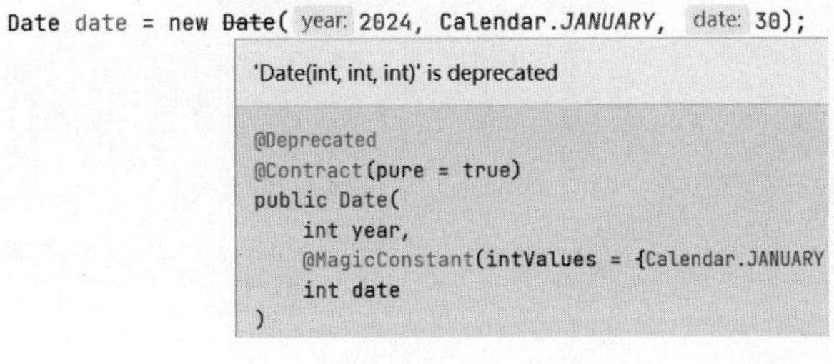

```
Date date = new Date( year: 2024, Calendar.JANUARY, date: 30);
```
```
'Date(int, int, int)' is deprecated

@Deprecated
@Contract(pure = true)
public Date(
    int year,
    @MagicConstant(intValues = {Calendar.JANUARY
    int date
)
```

图 8-18 Deprecated 注解

日落期(**Sunsetting**)策略是指在弃用 API 时,给 API 的使用者与开发者提供一个充足的过渡时间,以便他们有足够的时间逐步淘汰旧 API 或升级到新版本。在此期间,API 仍然可以使用,但其支持和功能会逐步减少。日落期可以分为以下两个阶段。

- 完全功能支持阶段(Fully Functional and Supported Phase):在这个阶段,API 仍然完全可用,并且开发团队继续提供全面的技术支持。这一阶段的长度通常为 6 个月。API 使用者在这一阶段内可以继续正常使用旧 API。同时,开发团队会向他们

下一个版本如何开始

提供迁移到新 API 的建议和帮助。

- 部分功能支持阶段(Functional with Limited Support Phase)：在第二阶段，API 依然可用，但技术支持会减少甚至完全停止。这一阶段通常也为 6 个月。在这一阶段，开发团队不再提供新的功能或修复旧 API 的问题，鼓励用户尽快完成迁移。

图 8-19 示意了日落期策略的具体过程。在 API v2 可用时，API v1 准备被弃用，进入日落期的第一阶段，状态变为 Obsolete，但是仍具有全面的技术支持。6 个月后，API v1 进入日落期的第二阶段，仍然可用，但是不再提供功能修复、更新与其他技术支持。6 个月之后，API v1 正式被弃用。

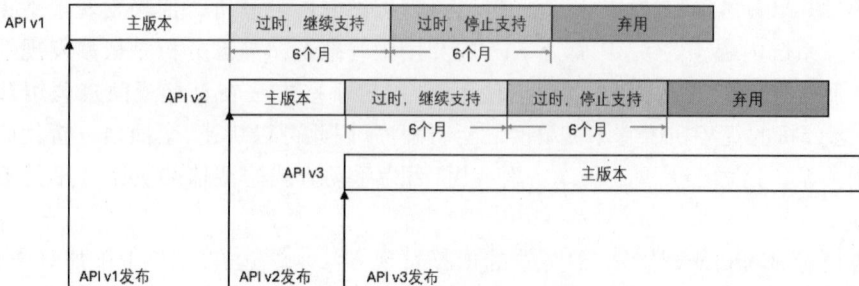

图 8-19 "日落期"过程示意

日落期策略使得 API 使用者有充分的时间来调整他们的应用程序，以适应新的 API 版本或其他替代方案。系统级别的弃用也广泛采用此策略。例如，图 8-20 是微软官方网站在 2024 年 5 月的公告，通知用户为 Windows 10 提供的支持将于 2025 年 10 月终止。公告还包括新旧系统的对比、迁移指南、常见问题与解决方案等。

为 Windows 10 提供的支持将于 2025 年 10 月终止

2025 年 10 月 14 日之后，Microsoft 将不再为 Windows 10 提供安全更新或技术支持。你的电脑仍可正常工作，但我们建议你迁移到 Windows 11。

图 8-20 Windows 10 弃用"日落期"

当然，"弃用"的本质依然是对系统进行变更。因此，对软件系统进行质量控制的通用方法，如代码审查与测试等，在"弃用"场景同样适用。例如，在弃用 API 之后，可以运行现有测试来判断是否引入新的问题。

8.3　向智能化软件演进

随着软件版本的不断更新,现代软件逐渐变得更加智能。本节将从开发任务、软件功能,以及软件过程三个方面来讨论软件如何向智能化演进。

8.3.1　任务智能化

在软件的整个生命周期中,开发者肩负着多个任务。在开发阶段,开发者需要编写源码、文档、测试用例、配置文件等,还需要对代码进行调试与修复。如 5.1 节所述,随着智能化技术的飞速发展,此阶段的很多任务都可以使用 AI 辅助,提高效率。因此,在软件版本的不断更新过程中,开发者可以逐步引入智能化工具,辅助开发任务。

在软件维护阶段,开发者的主要任务包括代码重构等。8.1.5 节描述了基于规则的自动重构方法的不足之处。那么,人工智能是否能够为复杂的代码重构任务提供进一步的辅助呢? 本质上,代码重构是一个“code-to-code generation”(输入代码-生成代码)的问题,研究也表明大语言模型 LLM 在此问题上的潜力。例如,EM-Assistant 是研究者提出的一款 IntelliJ IDEA 插件。这个插件基于 LLM,专门针对“Long Method”的复杂代码异味进行 “Extract Method”的重构。结果表明,EM-Assist 插件 60.6％ 的重构建议是正确的,超过了基于机器学习模型的重构方法(54.2％)与基于静态分析工具的重构(52.2％)。同时,EM-Assist 的召回率为 42.1％,大大超过同类工具(6.5％)。此外,研究者还对 20 位开发者进行了调查,81.3％ 的受访者同意 EM-Assist 提供的重构建议[4]。

代码重构的本质是在不改变代码语义与功能的前提下,优化代码的结构、可读性、性能等属性。除了有规则可循的重构模式,也有的代码重构规则并不明确。例如,软件性能作为软件质量的一项指标,也是软件维护和演化的重要议题。那么,如何在保留代码语义的同时,重构代码以优化代码的性能? 这个问题不仅仅停留在语法规则,也涉及代码深层次的语义。现有的重构工具难以解决此问题。不过,研究者发现,大模型在以性能优化为重构目标的任务上也表现不俗。2024 年的一篇论文调查了 Code Llama、GPT-3.5 和 GPT-4 在大型 C++代码数据集上的性能优化表现[5]。结果表明,大模型实现了平均 6.86 倍的速度提升,超过了人类程序员平均能达到的性能优化水平(3.66 倍)。同时,大模型性能提升上限达到了 9.64 倍,也超过了程序员提交的最快结果(9.56 倍)。

除了进行以代码重构为主的软件维护,AI 在软件演化过程中也能够助开发者一臂之力。本质上,软件演化是不断更新软件的过程;第 5 章中介绍的 AI 辅助的软件开发,包括代码与文档生成等任务,实际上都在为软件演化助力。此外,本章所介绍的特殊软件演化案例,如对遗留系统的演化,也可以由 AI 辅助完成。例如,可以使用 AI 对遗留代码进行“逆向工程”,提取出系统的原本设计与需求,即如图 8-13 所示的软件再工程步骤 1;接下来,也可以使用 AI 将旧的需求、设计,以及代码转换为新的版本,即图 8-13 的步骤 2。Domino 数据科学公司的一个案例,就是使用大模型将客户遗留的 SAS 数据分析代码自动转换成更现代化的 Python 或者 R 代码。

不过,AI 在软件演化任务中可能存在一个天然的“弱点”:软件演化的目标是将旧代

下一个版本如何开始

码、旧技术转换为新的版本。然而，AI 的"知识"大部分来源于旧数据，即其训练数据；而对于新代码、新技术的训练数据则相对匮乏，影响 AI 在软件演化任务上的表现。例如，研究表明，大模型在代码生成任务中大量使用已经弃用的 API(Deprecated API)，原因之一就是大模型的数据与训练无法跟上代码库的更新迭代速度[6]。对于这类问题，开发者可能需要对大模型使用新的代码数据进行微调；或者在其输出的基础上进行后处理，如将弃用的 API 映射到最新的 API 上。

8.3.2 功能智能化

新功能的添加是软件版本更新的重要驱动之一。近年来，越来越多的软件将大模型与 AI 相关功能融合，逐渐向智能化软件演变。例如：

- Microsoft 365 于 2023 年引入 Copilot，集成在 Word、Excel、PowerPoint 等应用中，利用 AI 技术支持自动内容生成、数据分析、创建演示文稿等，提高生产力与效率。
- Zoom 于 2023 年的更新版本中推出了智能助手功能(Zoom AI Companion)，全面集成在其会议、聊天和邮件平台中。Zoom AI Companion 可以自动生成会议摘要，实时提供智能聊天建议，并基于会议内容创建任务列表，为用户提供高效协作和自动化支持。
- JetBrains 于 2023 年推出了智能编程助手 JetBrains AI Assistant，提供代码补全、文档生成、提交消息建议等功能。用户可通过 AI 聊天窗口与助手互动，获取代码解释、重构建议等支持。此外，AI Assistant 还可以协助解决版本控制冲突，生成终端命令，增强测试生成等，帮助开发者更高效地完成任务。
- Canva 于 2023 年推出 Canva Magic Design 的生成式 AI 功能。通过 Magic Design，用户输入简单描述或上传图片即可自动生成个性化设计模板，如社交媒体帖子、演示文稿和品牌宣传素材，使非专业设计者也能轻松创建高质量、富有创意的设计作品。
- 知乎于 2024 年 3 月发布了"发现·AI 搜索"的新功能。此功能结合传统搜索、实时问答和追问机制，基于知乎社区内的高质量内容，为用户提供结构化答案和相关问题拓展，提高知识探索的深度和连贯性。
- 微博于 2023 年 12 月推出基于大模型的 AI 机器人，活跃于评论区，与用户进行互动，以提高用户活跃度和积极参与感，提升用户黏性。

可以看出，现代软件的下一版本正全面拥抱人工智能和大语言模型，从工具型应用向智能化助手演变。这一趋势显著改变了用户与软件的交互方式，使得许多传统操作流程更加高效直观。同时，AI 的引入不再局限于辅助功能，而是深度嵌入核心流程，帮助用户从内容生成、任务自动化到多领域知识扩展，实现更高效的工作方式。

8.3.3 过程智能化

智能化新功能通常由机器学习模型或者 LLM 驱动，这些功能与传统的系统组件在设计和实施上有着明显的差异。传统的软件组件大多是基于预定义规则和逻辑进行开发和部署，而智能化功能则需要通过不断学习和调整来适应用户需求和变化的环境。那么，智能化新功能的加入，会对开发团队的工作流程产生什么影响呢？

实际上，7.7节已经讨论了软件应用在加入机器学习模型或者 LLM 功能之后，对 CI/CD 工作流产生的影响。根据功能的具体性质，CI/CD 工作流不仅要处理代码的构建、测试和部署，还需要加入模型的数据准备、训练、评估等模块，以确保智能化功能的有效性与适应性。当软件不断迭代更新，智能化功能将逐渐成为软件本身。这种变化使得传统的软件开发生命周期发生了转变，并且要求开发团队能够处理模型开发、数据管理、算法调整和效果评估等多个维度的工作。同时，随着机器学习和大语言模型功能的不断发展，CI/CD 流程中的智能化部分需要逐步进行优化和自动化，确保模型的稳定性和效果。

长期来看，AI 模型的工作流必然会逐步融入软件的开发过程中，形成独特的新型软件过程。例如，人们现在经常谈论的 MLOps、LLMOps 与 AIOps，实际上都是在描述智能时代下的软件过程。其中，MLOps 作为管理机器学习模型生命周期的工作流，涵盖数据获取、模型训练、验证、部署和监控等环节，通过自动化和 CI/CD 提高机器学习模型的开发、部署和维护效率，确保模型在生产环境中的稳定性。LLMOps 可以看作 MLOps 的一个特定领域，专注于大语言模型的操作和管理。与 MLOps 相比，LLMOps 关注于自然语言任务特有的挑战，如多语言支持、文本预处理和情感分析等，依赖高质量的语言数据和标注，并且使用诸如 BLEU 等特定指标进行模型评测。AIOps 则更侧重于运维领域，应用人工智能和机器学习技术，分析海量数据、预测系统故障并自动化运维任务，从而提高运维效率，减少运维团队的负担。第 9 章将对 AIOps 进行介绍。

小　　结

- 软件维护是软件交付或发布之后，开发团队对软件进行修正、改进和优化的活动。软件维护在软件的整个生命周期中占据重要的部分，是确保软件长期成功和高效运行的关键。
- 软件系统的可维护性或者腐化程度可以用不同指标进行量化。
- 遗留系统是指在企业、组织中已经使用了较长时间但仍然在运行的计算机系统、应用程序或技术。根据遗留系统的质量与业务价值，可以采用不同的策略对其进行管理。
- 对遗留系统的现代化改造包括代码重构、重架构等策略。其中，代码重构针对不同类型的代码异味采用不同的重构方法，而重架构则对系统的架构进行重新设计与转换。当多个策略被系统性、有计划地应用于某个遗留系统时，可以用"软件再工程"这一术语来描述此过程。
- 弃用是指过时的、不再推荐使用的系统、组件、API，或者代码逐步被其替代方案所取代的过程。常见的弃用策略包括依赖发现、预警标志，以及日落期等，目标是降低弃用对系统的影响与风险，并且确保用户在弃用过程中能有足够的时间进行适应和迁移。
- AI 可以用于代码重构与代码转化等任务。不过，AI 对新代码、新框架以及新技术的知识欠缺，可能影响其在软件演化任务中的表现。
- 现代软件的下一个版本会积极拥抱 AI 技术，整合智能化功能，而这一趋势也将改变软件过程，发生从 DevOps 向 MLOps、LLMOps 的转变。

思 考 题

1. 如何判断一个软件系统是否开始腐化？列举并解释三种常见的软件腐化的表现形式。

2. 技术债产生的常见原因是什么？如何权衡技术债的短期收益和长期成本？

3. 软件的可维护性、软件腐化和软件技术债三者之间的关系是什么？

4. 简述 CI/CD 对提高软件可维护性的贡献。

5. 在遗留系统的重构或重架构过程中可能会遇到哪些挑战？有哪些应对策略？

6. 在什么情况下，一个功能或组件会被弃用？简述常见的弃用策略。

7. 观察你喜爱的软件应用。它们的新版本是否包含智能化功能？这类新功能如何影响你的使用？

参 考 文 献

［1］ Charette R N. INSIDE THE HIDDEN WORLD OF LEGACY IT SYSTEMS. How and why we spend trillions to keep old software going［J］. IEEE Spectrum，2020.

［2］ Jennings R. Best of 2023: Microservices Sucks — Amazon Goes Back to Basics［J］. DevOps. com. 2023.

［3］ Winters T，Manshreck T，Wright H，Software Engineering at Google［J］. O'Reilly Media，2020.

［4］ Pomian D，Bellur A，Dilhara M，et al. Together We Go Further: LLMs and IDE Static Analysis for Extract Method Refactoring［J］. ArXiv，abs/2401. 15298，2024.

［5］ Madaan A，Shypula A，Alon U，et al. Learning Performance-Improving Code Edits［J］. ArXiv，abs/ 2302. 07867，2023.

［6］ Chong W，Kaifeng H，Jian Z. et al. How and Why LLMs Use Deprecated APIs in Code Completion? An Empirical Study［J］. arxiv. org，2024.

第 9 章　如何更好地支持系统运维

在前述章节中，深入探讨了人工智能在软件需求、设计、编程和测试等多方面的应用与发展，从软件开发过程中的需求文档生成、代码生成到测试生成，人工智能的融入为提升软件质量和开发效率带来了新的契机。而在软件交付后的实际运行过程中，系统运维同样至关重要，它关乎软件系统能否稳定、高效地持续提供服务。这一章将围绕"如何更好地支持系统运维？"这一主题展开讨论，侧重讨论软件运维阶段的智能监控与问题处理。

首先讨论基础设施的维护与验证，包括其核心的"基础设施即代码，一切是 API"理念。随后，深入介绍系统运维过程中不可或缺的工具，包括智能的配置管理工具和监控工具等，它们在保障系统稳定运行方面发挥着重要作用。此外，还会探讨如 A/B 测试、AIOps 等前沿系统运维技术，这些技术为优化系统性能提供了有力手段。最后，聚焦于持续反馈（Continuous Feedback）机制，它在整个系统运维流程中起到关键的调节作用，确保运维策略能不断优化。通过对这些内容的阐述，全面探索如何更好地支持系统运维，为软件系统的稳定运行筑牢根基，也为我们在软件工程领域的实践提供更全面、深入的指导。

9.1　基础设施维护与验证

第 7 章已经探讨了自动化部署、部署流水线及其平台、工具链等内容，为系统运维奠定了一定的基础。在这一节，将聚焦于系统运维的基石——基础设施的维护与验证，我们会将 DevOps 的思想付诸行动，将开发的能力赋能基础设施的运维——即通过"基础设施即代码"的理念实现系统的自动化部署和管理，并讨论如何对基础设施进行验证，这是保障基础设施符合预期设计与功能要求的必要手段。最后，将介绍系统运维的工具，从而帮助我们实现高效运维管理。通过这些主题的深入探讨，将全面揭示如何科学地维护与验证基础设施，为系统的稳健运行筑牢根基。

9.1.1　基础设施即代码

在今天的测试基础环境中，一些硬件也已被"云资源"的概念所代替，以物理基础架构实现"云化"（如同人们常说的"软件定义硬件"）。按 AWS（Amazon Web Services，亚马逊云计算、云平台服务）术语来说，它们可以是 EC2 实例、ELB（负载均衡器）、Lambda 函数和 S3 存储桶等资源。

因为使用工具进行手工操作必然会成为快速部署和运维配置等步骤的瓶颈，所以"基础设施即代码"（Infrastructure as a Code，IaaC）这个概念被提出来了，将基础设施以配置文件的方式纳入版本管理,实现更灵活和更快捷的操作。这种通过类似代码的方式自动地完成所有运维操作,也可以理解成一切皆为 API,如图 9-1 所示。

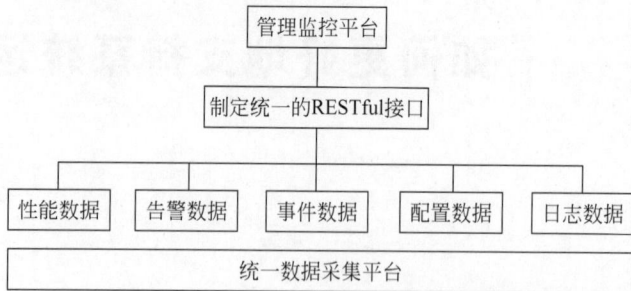

图 9-1　基于统一的 RESTful 接口完成测试平台的管理

为了区分普通的 CI/CD 工具,可以将这种 IaaC 类工具的特征概括为以下三点。

(1) 版本控制:这显然是将基础结构、配置、容器和管道持久化作为代码最重要的部分。该工具的配置文件应具有可读性和版本控制性的语法,所以不能采用大型虚拟机镜像那样的二进制文件。

(2) 模块化:最好的代码是可复用的,所以支持"模块化"的工具也要具备复用性,且能实现模块的参数化。

(3) 可实例化或可部署:该工具必须能够将代码(它可以是管道、配置的实例、容器或对云基础架构的更改)输入并部署到环境中,这样的工具必须是纯脚本的,而且是全自动的,不需要手工操作或配置。

从这个角度来过滤工具,只有下列这些工具符合 IaC 类工具。

- "基础架构即代码"工具,适用于基础架构流程,如 Terraform、CloudFormation 等。
- "配置即代码"工具,用于配置管理,如 Chef、Puppet、Ansible 和 SaltStack。
- "容器即代码"工具,用于应用程序容器化,如 Docker、Kubernetes 等。
- "管道即代码"工具,用于持续集成和交付,如 Drone. io 和 ConcourseCI。

9.1.2　对基础设施进行验证

Testinfra 是一个功能强大的库,可用于编写测试以验证基础设施的状态。为了提高测试基础设施的运维效率,Testinfra 和 Molecule、Serverspec 等类似,可以通过与工具无关的描述方式来验证基础设施的正确性,并能与 Ansible、Nagios 或 unittest 集成,这样,基于 Testinfra 这类工具的自动化测试(如直接从 Nagios 主控节点上运行测试),不仅是流行的系统监控解决方案,能够及时捕获意外并触发监控系统上的警报,还能实现 IaaC(架构即代码)验证的解决方案。

Testinfra 可以使用 Molecule 开发 Ansible 角色过程中添加测试关键组件,也可以和虚拟机管理工具 Vagrant、CI 工具 Jenkins/KitchenCI 等集成起来,轻松完成 DevOps 模式下的全自动化流水线式的验证。下面是一个简单的 Testinfra 脚本示例。

```
1    import testinfra
2
3    def test_same_passwd():
4        a = testinfra.get_host("ssh://a")
5        b = testinfra.get_host("ssh://b")
6        assert a.file("/etc/passwd").content == b.file("/etc/passwd").content
7
```

这里 Testinfra 连接 SSH 服务器,还可以增加配置和身份识别,例如:

```
$ py.test -- ssh-config = /path/to/ssh_config -- hosts = 'ssh://server'
$ py.test -- ssh-identity-file = /path/to/key -- hosts = 'ssh://server'
$ py.test -- hosts = 'ssh://server?timeout = 60&controlpersist = 120'
```

如果未通过-ssh-identity-file 标志提供 SSH 身份文件,那么 Testinfra 将尝试使用 ansible_ssh_private_key_file 和 ansible_private_key_file,并使用具有 ansible_ssh_pass 变量的 ansible_user 来确保安全的连接。Testinfra 还为 Ansible 提供了可用于测试的 API,这使得我们能够在测试中运行 Ansible 动作,并且能够轻松检查动作的状态,如可以报告 Ansible 远程主机上执行动作时所发生的变化。

```python
1  def check_ansible_play(host):
2      """
3      Verify that a package is installed using Ansible
4      package module
5      """
6      assert not host.ansible("package", "name=httpd state=present")["changed"]
7
```

Testinfra 还可以连接 Docker,示例如下。

```
$ py.test -- hosts = 'docker://[user@]container_id_or_name'
```

下面展示了 Testinfra 支持脚本参数化的处理过程。

```python
1   import pytest
2
3   @pytest.mark.parametrize("name,version",[
4       ("nginx", "1.6"),
5       ("python", "2.7"),
6   ])
7   def test_packages(host, name, version):
8       pkg = host.package(name)
9       assert pkg.is_installed
10      assert pkg.version.startswith(version)
11
```

同时,Testinfra 也支持和单元测试框架(如 unittest)的集成,脚本示例如下。

```python
1   import unittest
2   import testinfra
3
4   class Test(unittest.TestCase):
5
6       def setUp(self):
7           self.host = testinfra.get_host("paramiko://root@host")
8
9       def test_nginx_config(self):
10          self.assertEqual(self.host.run("nginx -t").rc, 0)
11
12      def test_nginx_servie(self):
13          service = self.host.service("nginx")
14          self.assertTrue(service.is_running)
15          self.assertTrue(service.is_enabled)
16
17  if _name_ == "_main_":
18      unittest.main()
19
```

9.1.3　系统运维工具

系统运维涉及保障系统稳定运行、高效管理等多个方面,需要用到多种类型的工具,包括部署工具、自动化编排与配置管理工具、日志管理与监控工具、安全审计工具等。例如,部署工具,除了 Jenkins 之外,还有其他一些部署工具,我们也会做简单的介绍,但不做详细介绍。其次,本书尽量侧重开源工具的介绍。再者,工具毕竟是变化比较快的,大家平时要多关注其变化,包括 Gartner 发布的这方面工具的四象限排位,从而有利于做出正确的选择。

1. 部署工具

帮助将应用程序或软件快速、准确地部署到目标环境中,提高部署效率和可靠性。部署工具,除了 Jenkins 之外,还有下列一些工具可供选择。

- GitHub Actions:作为 GitHub 的原生 CI/CD 工具,与 GitHub 代码仓库无缝集成,使用 YAML 文件定义工作流,易于上手,特别适合开源项目和小型团队。
- GitLab CI:与 GitLab 代码仓库紧密集成,提供强大的 CI/CD 功能,使用 YAML 文件定义 Pipeline,功能丰富,适合中大型团队。
- Jpom:一款 Java 开发的简单轻量的低侵入式在线构建、自动部署、日常运维、项目监控软件,具有节点管理、项目管理、SSH 终端、在线构建、在线脚本、Docker 管理、用户管理、项目监控、Nginx 配置及 SSL 证书管理等功能,适用于中小企业开发团队和运维团队。
- Argo CD:开源的 Kubernetes 原生 GitOps CD 工具,用于 Kubernetes 的声明式部署,可与多种 CI 工具集成。
- Flux:另一款流行的 Kubernetes GitOps 工具,与 Argo CD 类似,但更加轻量级。
- Spinnaker:Netflix 开源的多云持续交付平台,功能强大,但配置复杂,适合大型企业。

2. 自动编排与配置管理工具

这类工具用于自动化编排和管理服务器及软件的配置,确保环境的一致性和可重复性。

- Ansible 是一款开源的自动化配置管理工具,基于 Python 开发。它采用 SSH 协议进行通信,无须在被管理节点上安装额外的客户端软件。Ansible 使用简单的 YAML 格式编写剧本(Playbooks),可以轻松定义和执行复杂的配置任务,如图 9-2 所示。例如,通过编写一个剧本,能够批量地在多台服务器上安装软件包、修改配置文件、启动或停止服务等。它的模块丰富,涵盖了系统管理、网络配置、云计算等多个领域,并且支持与其他工具集成,广泛应用于各种规模的企业环境中。

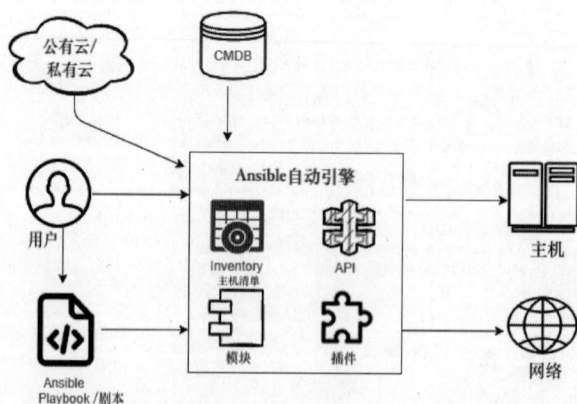

图 9-2 Ansible 配置管理架构示意图

- Puppet:一款成熟的配置管理工具,使用声明式语言定义系统配置,只需描述系统应该达到的最终状态,Puppet 会自动调整系统以实现该状态;拥有丰富的模块社区,用户可以共享和复用各种配置模块,支持多种操作系统。

- Chef:另一款流行的、具有 C/S 分布式的配置管理工具,使用 Ruby 语言定义系统配置,可以实现复杂的自动化逻辑,具有较高的灵活性和扩展性。通过菜谱(Cookbooks)组织配置代码,每个菜谱包含多个资源(Resources),资源是对系统中各种元素(如文件、服务、包等)的抽象,便于模块化开发和复用。它和 Puppet 的历史都比较悠久,社区成熟,适合大型复杂、异构的环境的管理,但学习曲线相对较陡峭。

- Kubernetes(K8S):专门用于容器化应用的自动化部署、扩展和管理,能够自动处理容器的调度、负载均衡、故障恢复等任务。通过声明式配置文件定义应用的期望状态,K8S 会自动调整集群状态以满足配置要求,简化了应用的管理过程。K8S 拥有庞大的生态系统,支持各种插件和扩展,如网络插件、存储插件等,可与其他工具集成,实现更强大的功能。在云原生环境中,对于基于容器的微服务架构应用的自动化运维,K8S 是首选工具。

- SaltStack:基于 Python 开发的配置管理工具,速度快,易于扩展,适合需要高性能的场景,但生态相对较小。

- Terraform:开源版本是 HashiCorp 的社区项目,作为基础设施即代码工具,用于基础设施的配置管理,并允许用户使用声明式的配置文件来定义和管理云基础设施资源,如虚拟机、存储、网络等。通过编写 Terraform 配置文件,可以轻松地创建、修改和删除云资源,并且能够跟踪资源的状态变化,支持多种云平台,可以在不同的云环境中实现资源的统一管理和自动化部署。

- CFEngine:一款轻量级的配置管理工具,资源占用少,适合嵌入式设备和小型服务器。

3. 日志管理与监控工具

主要用于收集、存储、分析和可视化系统和应用程序产生的日志信息,帮助管理员快速定位和解决问题,以及实时监测系统的各项指标,如 CPU 使用率、内存占用、网络流量等,及时发现并预警潜在的问题。

- ELK Stack 是一套组合工具,由 Elasticsearch、Logstash 和 Kibana 三个组件组成。Logstash 负责收集、过滤和转换来自不同来源的日志数据;Elasticsearch 是一个分布式搜索和分析引擎,用于存储和索引大量的日志数据;Kibana 则提供了一个可视化界面,允许用户通过直观的图表和报表来分析和展示日志数据。9.3.1 节有详细的介绍。

- Fluentd:是一款开源、轻量级的日志管理工具,支持多种数据源和格式,能够从不同类型的应用程序、系统和设备收集日志,如容器日志、系统日志等。它可以将收集到的日志进行统一处理和转换,方便后续分析。拥有大量的插件生态系统,可用于数据过滤、转换、存储等操作。Fluentd 能高效地处理大规模的日志数据,适用于高并发的 SaaS 和 PaaS 环境,并与 Kubernetes 等容器编排系统集成良好。

- Graylog 能提供强大的实时搜索功能,能够快速定位和分析日志数据。支持复杂的查询语法,可以根据不同的条件进行日志筛选和聚合。同时,具有直观的 Web 界面,可创建各种仪表盘和报表,将日志数据以可视化的方式展示,方便运维人员快速了解系统运行状况。Graylog 支持细粒度的权限管理,可对不同用户或用户组分配不同的访问权限,保障日志数据的安全性。

- Loki:Grafana Labs 开源的日志聚合系统,专门为云原生环境设计,与 Kubernetes 和 Grafana 集成良好。
- Nagios 是一款功能强大的开源监控系统,可对服务器、网络设备、应用程序等进行全面监控。它能够实时监测系统的各种状态信息,当监测到异常情况时,会通过邮件、短信等方式及时通知管理员。Nagios 支持多种插件,可以根据不同的需求扩展监控功能,例如,监控数据库的连接状态、Web 服务的响应时间等。它还具备强大的可视化界面,方便管理员查看系统的整体运行状况和历史数据。
- Prometheus+Grafana:Prometheus 采用拉取模型收集指标数据,具备多维度数据模型和灵活的查询语言 PromQL。Grafana 强大的可视化工具,提供丰富的可视化组件,如柱状图、折线图、仪表盘等,可创建高度定制化的监控界面,支持连接多种数据源。9.3.3 节和 9.3.4 节将有详细介绍。
- Zabbix:支持多种监控方式,如 SNMP、IPMI、JMX 等,可监控服务器、网络设备、虚拟机等多种资源。具备分布式监控架构,通过 Zabbix Proxy 可以对大规模、跨地域的设备进行监控。提供丰富的模板和插件,方便快速搭建监控系统,同时支持自定义监控项和触发器。

4. 安全审计工具

- Nessus 是一款广泛使用的漏洞扫描工具,可对网络设备、服务器、应用程序等进行全面的安全审计。它拥有庞大的漏洞数据库,能够检测出各种类型的安全漏洞,如操作系统漏洞、Web 应用程序漏洞等。Nessus 会生成详细的扫描报告,包括漏洞的描述、风险等级和修复建议,帮助管理员及时采取措施修复安全隐患。
- OpenVAS:拥有庞大的漏洞特征库,能检测操作系统、应用程序等存在的各种安全漏洞,包括已知的网络服务漏洞、配置错误等;支持用户根据不同的需求自定义扫描策略,例如,设置扫描的范围、深度、频率等,还能对特定的端口、服务进行针对性扫描。
- Wireshark 是支持数千种网络协议的网络数据包分析工具,能够捕获和分析网络中的数据包,帮助运维人员深入了解网络通信的细节,包括协议分析、数据内容查看等。既可以实时监控网络流量,及时发现异常的网络行为,也可以将捕获的数据包保存下来进行离线分析,便于后续深入研究。
- Lynis:专注于对操作系统和应用程序进行安全审计,检查系统的配置、文件权限、服务状态等方面是否存在安全风险。支持多种安全标准和合规性框架,如 PCI-DSS、HIPAA 等,可帮助企业确保系统符合相关法规和标准的要求。Lynis 占用系统资源少,安装和使用简单,审计结果以清晰易懂的报告形式呈现。

9.2 A/B 测试

在互联网企业中,当开发了一个系统的新功能,我们并不知道新功能会带来怎样的市场效果,这时最好的做法是开展 A/B 测试:把新、旧两个版本同时推送给不同的客户,通过对比实验进行科学地验证，从而判断这些变化是否产生了更积极、符合预期的影响力，为下一步的决策或改进提供依据。A/B测试的目的是帮助企业提升产品的用户体验，实现客户增长或者收入增加等经营目标。

关于A/B测试的市场成功案例有很多。先来看看其中一个小的改动带来明显效果的例子，以帮助理解什么是A/B测试。Fab是一家在线电商，原来的购物车造型是一个购物车的图案，和我们今天线上购物的体验一样，用户浏览商品时可以通过单击购物车把商品放进去。这家公司的产品经理设计了两个新的方案B1、B2，把购物车的图形改成不同的文字，期望新的方案能够提高商品加入购物车的转化率。

公司把实现了两个新方案的软件版本都发布到了线上和老版本同时运行，等价、随机地把同一地区的用户分流到这三个版本上，然后在线监控该地区用户转化率。运行一段时间后，得到的结果是：相比老版本A，新的版本B1和B2都不同程度地提升了转化率，B1提升49％，B2提升了15％。因此，Fab公司最终选择了方案B1，向所有用户发布集成了B1的软件版本。今天在其网站上看到的购物车的样子就是纯文字"Add To Cart"的设计方案，如图9-3所示。

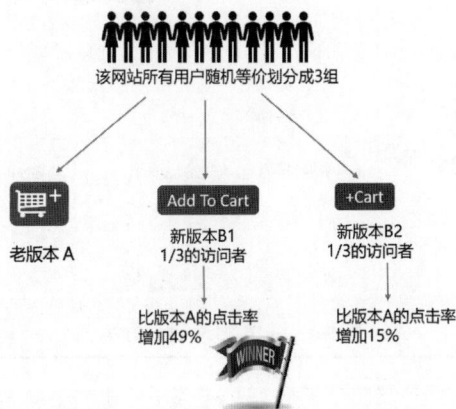

图 9-3 购物车的 A/B 测试案例

目前A/B测试在互联网行业的产品迭代周期中得到了广泛深入的应用，用来验证新的算法、客户端界面的改动，以及新的运营策略。在Google的搜索页面，广告位左移几个像素，都很有可能会带来营收增长。虽然不能用理论解释，但也更加证实了A/B测试的价值。只有A/B测试才能告诉我们，产品新功能上线后究竟会有怎样的影响，并且用事实帮助人们做出正确的业务决策。

9.2.1　A/B 测试设计

A/B测试是一个持续的实验过程——快速轻量地进行迭代，每次尽量不要做复杂的大量改动的测试，这样便于追查原因，进行快速优化，然后再迭代、再优化，不断提高用户体验，不断增加公司的营利。A/B测试的实验过程如图9-4所示。

（1）**确立优化目标**。根据现有的业务指标，设立"可以落实到某一个功能点的、可实施的可量化的目标"，也就是通常说的"可验证性"，如"通过优化购物流程以提高10％的订单转化率"。

如何更好地支持系统运维

（2）**分析数据**。通过数据分析，可以找到现有产品中可能存在的问题，这样可有针对性地提出相应的优化方案。

（3）**提出假设**。A/B 测试的想法是以假设的方式提出的，例如，把购物车的图样从图形改成文字能促进转化率提升。在假设阶段往往会针对某个功能点提出多个假设以供选择，如表 9-1 所示。

（4）**重要性排序**。我们在假设阶段往往会针对某个功能点提出多个想法，但由于开发资源、环境、市场等因素的制约，需要根据待解决问题的严重程度、潜在收益、开发成本等因素对所有想法进行优先级的排序，并选择最重要的几个想法进行 A/B 测试。

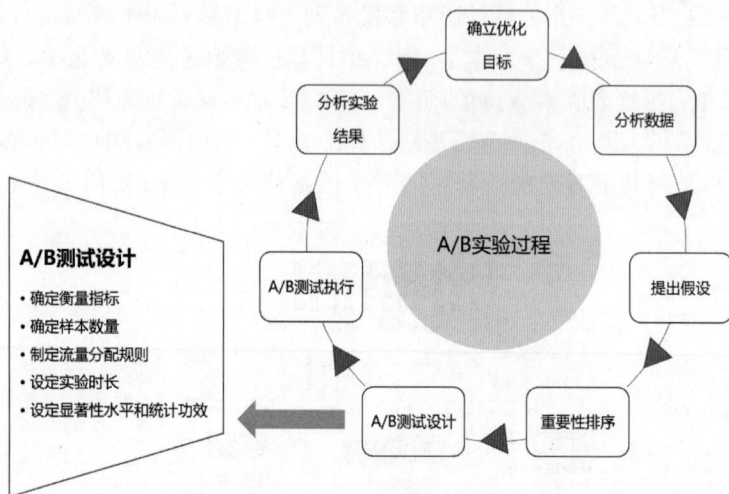

图 9-4　A/B 实验过程

表 9-1　**A/B 测试假设方案**

测试假设	不参与测试的用户	测试版本 A	测试版本 B	测试版本 C
把购物车的图样从图形改成文字能促进转化率提升	采用现有实现方案的用户	现有的实现方案	改为文字"Add To Cart"	改为文字"＋Cart"
把"结算"按钮改为"领券结算"能促进转化率提升	采用现有实现方案的用户	现有的"结算"按钮	"领券结算"按钮	N/A
向用户发送购物车内商品的降价提醒能促进转化率提升	购物车为空的用户	不发送降价提醒	发送降价提醒	N/A

（5）**A/B 测试设计**。合理并完善的测试设计是实验成功的保证，在实验前需要计划如何确定衡量指标、配置实验参数、实验运行多长时间等方面。

（6）**A/B 测试执行**。根据设计方案在生产环境中进行 A/B 测试的实验，在 A/B 测试平台中设定实验运行时的配置并运行实验。

（7）**分析实验结果**。根据实验数据分析测试结果是否证实了假设对选定指标的提升达到了预期的目标。实验结果的分析包括两部分：统计学分析和业务分析。即从统计学的角度分析结果是否可信，并且从业务角度分析各项衡量指标是否符合预期。如果没有达到预期目标，是否需要调整实验方案重新运行。

A/B测试设计主要需要考虑以下几个方面。

- **确定衡量指标**。A/B测试不能只衡量单一指标,如虽然某个改动的目标是提高订单转化率或者日活跃用户数,但也要跟踪对其他系统指标和用户体验指标的影响,如请求错误率、搜索耗时等。

- **确定样本数量**。A/B测试本质上是统计学中的假设检验,用筛选出的样本来验证假设,从而判断假设对于总体是否成立。样本量对于实验的有效性有着重要影响,需要结合预期提升效果选取合适的样本量。样本量越小,实验偏差会越大,通过A/B测试就不能得出科学的结论。

- **制定流量分配规则**。确保样本的一致性、平衡性、随机性和独立性。一致性是指同一客户多次进入同一个实验时访问到相同的版本。平衡性指的是各版本之间的流量规模一致。随机性指的是某个版本的样本选择是随机的。独立性指的是当有多个测试运行时,各个测试之间不会相互干扰。

- **设定合理的实验时长**。虽然A/B测试的意义在于快速验证、快速决策,但单个实验需要足够长的时间才能保证结果具有统计意义。如果实验只持续一两天,数据的提升不能排除是由于用户的新鲜感造成的。根据业务需要进行一两个星期,甚至更长时间的实验,一是保证收集到足够的样本量,二是避免在实验时间段内用户行为的特殊性,三是保证实验结果的稳定性。

- **设定假设检验的显著性水平(α)和统计功效($1-\beta$)**。所有的实验,在概率统计学上都是存在误差的,一般来说,如果A/B实验结果达到95%的置信度($1-\alpha$)以及80%~90%的统计功效时,才是有意义的、可以作为决策参考的。

9.2.2 A/B测试平台与测试执行

要保证A/B测试实验结果的科学性,需要好的A/B测试工具的支持,目前开源的A/B测试工具有谷歌提供的Google Optimize,推荐和统计工具Google Analytics组合使用。中小企业可以选择开源工具,或者使用第三方的A/B测试服务,如AppAdhoc、Optimizely等,将不同的方案通过第三方平台发布给用户,根据数据反馈分析方案的好坏。通过购买服务的方式让自己快速具备A/B测试能力。对于大型互联网企业来说,通常会开发自己的A/B测试平台,作为公司基础架构的重要组成部分支持频繁和高并发的A/B测试实验。

一个A/B测试平台应该具备统计分析、用户分组、用户行为记录分析、业务接入、多个实验并行执行和管理等能力。在技术实现上有多种方式,要根据需要进行的A/B测试的种类,打造适合自身业务需要的测试平台。

- **用户分流模块**。根据各种业务规则,通过分组算法实现将流量均匀、随机地分配给各实验版本,需要支持用户、地域、时间、版本等多种维度的分流方式。

- **实验管理模块**。创建实验及实验场景,设置实验的分流规则和数据指标,并管理并查看实验报表的A/B实验操作平台。

- **数据统计分析模块**。负责收集用户行为日志并统计分析实验版本之间是否存在统计性显著差异。

- **业务接入模块**。让业务系统和A/B测试平台实现对接。一般通过提供一个A/B测试SDK或者Restful接口的形式供业务系统调用。

一个针对移动端的 A/B 测试实验平台框架如图 9-5 所示。

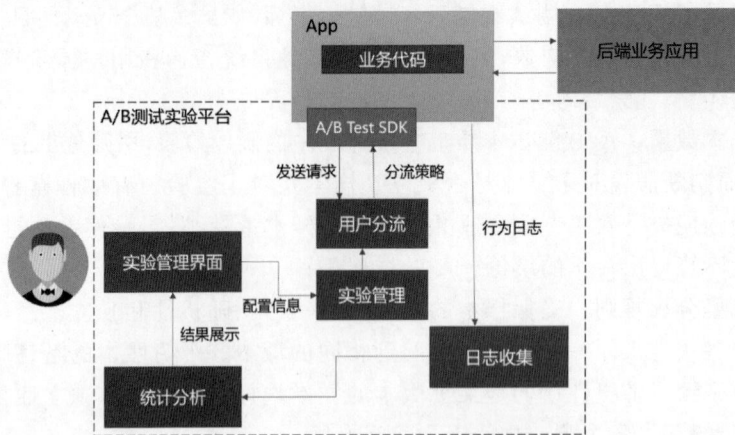

图 9-5　A/B 测试实验平台框架

一个 A/B 测试的执行过程如下。

（1）A/B 测试实验管理员通过 A/B 测试平台的管理界面创建一个新的实验，并配置实验参数，制定分流策略。

（2）当用户通过业务系统的客户端访问系统，包含分流模块的 A/B 测试引擎把分流策略下发给 App 端的 AB Test SDK，SDK 根据策略把客户分配到不同的测试版本。

（3）数据统计分析模块采集日志信息和系统指标数据并进行统计分析，根据事先定义的数据指标生成实验报告并同步到看板。同时需要实时监控新版本造成的影响，如发现负面影响，应提早结束实验，为用户尽早恢复到之前的版本。

（4）实验结果和结论通过面板展示出来。根据事先定义的数据指标和统计分析结果同步到可视化看板。

9.2.3　关于用户体验度量

很多人认为产品的用户体验是无法度量的，因为用户使用产品时的个人体验是一种主观感受。而《用户体验度量：收集、分析与呈现》(第 2 版)提出：用户体验是可以度量的，即具有可测试性，并且度量是建立在一套可靠的测试体系之上。用户体验度量可以揭示用户和产品之间交互的有效性(是否能完成某个任务)、效率(完成任务时所需要付出的努力程度)或满意度(操作任务时，用户体验满意的程度)。在选择合适的度量方法时，操作绩效和满意度是要考虑的两个主要方面。通常有 4 种用户体验的度量类型，如表 9-2 所示。

表 9-2　用户体验度量类型

度量类型	说　　明	收集的测试数据
绩效度量	针对用户使用产品制定一个特定任务，对任务完成情况进行度量	• 用户完成任务的情况，如每个任务的成功率 • 完成任务需要的时间 • 用户在任务过程中出现的错误数 • 完成任务的效率，如页面点击次数 • 产品的易学性，熟练使用产品所需要的时间

度量类型	说　明	收集的测试数据
可用性度量	对产品可用性方面出现的问题进行度量	• 特定可用性问题的发生频率 • 每个参加者遇到的问题数量 • 遇到某个问题的参加者百分比 • 不同类别中出现问题的频次,如导航类的问题数量,功能类的问题数量
自我报告度量	通过口头、书面或在线调查的形式收集、分析用户的直接反馈	• 对单个任务的难易程度、产品可用性进行评分 • 对产品的有效性、满意度、易用性和易学性等方面进行评分
行为和生理度量	通过眼动追踪、情感测量(皮肤电、面部表情和脑电波)等技术测量用户行为和情感	• 参与者的视线在某个兴趣区的停留时间、注视点数量、浏览顺序、重访次数、命中率等。 • 测量参与者的情感投入。 • 反映紧张或者其他负面反应的生理指标:心率变异性、皮肤电反应数据

　　有两种常用的方法用来根据收集到的原始可用性数据生成可用性度量指标,一种是将一个以上的度量合并为单一的可用性测试指标;另一种是将现有的可用性数据与专家观点或理想的结果进行比较。

　　A/B测试的主要目的是帮助提升产品的用户体验,可以在本书里找到评估实验效果的度量方法。企业根据度量结果获得关于用户体验的可靠信息,如用户会推荐这个产品吗?和产品老的版本相比,新版本的用户体验如何?和竞品相比,我们的产品用户体验更好吗?然后根据这些信息做出合理的决策。

9.3　监控告警系统

　　在大型分布式系统中,有大量的软件及硬件一起协作,节点之间依靠网络通信,任何节点出现问题都可能导致整个业务系统的故障。随着DevOps的推行,软件应用的持续部署带来的持续变更是给系统的可靠性带来挑战。要想保证一个分布式系统能够正常运行,当出现故障时能够快速发现并定位问题,监控告警系统已经成为必不可少的组件之一,同时也是自动化运维的核心组成部分。监控告警系统对IT基础设施以及业务系统中的大量数据进行收集处理,监测系统运行状况,通过可视化面板展示系统及服务的运行状态、资源使用情况,当异常发生时及时报警,并帮助运维人员迅速定位问题。

　　虚拟化、微服务、云原生的现代架构思想要求监控系统不断地与时俱进,这其中包括:如何实现对虚拟机及容器集群的监控,如何收集处理复杂多样的实时监控数据,如何追踪服务之间复杂的调用关系等。

　　一个监控告警系统可以对分布式系统进行多个维度地监控。按照系统架构来划分,从下至上如下所示。

　　(1) **基础设施监控**:指的是对各种IT系统基础设施进行监控,包括对硬件设备、操作系统、服务器、虚拟机、容器、网络等。可以监控CPU、内存和磁盘等资源使用情况和网络通信情况。

（2）**中间件监控**：包括数据库中间件、MQ（消息队列）、Web 服务器等系统的监控，如在一段时间内的请求量、响应时间等指标，以及访问日志信息。

（3）**应用监控**：是指对企业自己开发的业务应用的监控，这里需要监控的内容就有很多，如服务依赖关系和接口性能监控。

（4）**业务监控**：业务指标不仅反映公司的经营状况，而且可以用来诊断系统是否在稳定运行。如果系统出现了故障，最先受到影响的往往是业务指标，如一段时间内的用户访问量、交易金额、订单数量等出现不正常的波动，都有可能是系统错误或者性能问题影响了用户的正常使用。

（5）**用户体验监控**：是指对影响用户体验的指标进行监控，如用户从客户端访问时的卡顿率、加载时长等。

另外，按照需要收集、处理的数据来划分，监控告警系统可以分为三类，分别是：基于日志（Logs）分析的监控系统，基于系统指标（Metrics）的监控系统，以及基于调用链（Tracing）分析的监控系统。其中，系统指标数据是指 IT 系统中反映网络、内存、CPU、磁盘、内核、数据库、应用等运行状况的一段时间内的统计指标，如 CPU 占用率、网络带宽使用率、数据库连接数、应用在某段时间内的请求访问量等。

而无论是哪种类型的监控告警系统，从功能上来说都包括三个核心模块：数据收集、数据处理、数据应用。

（1）**数据收集**：根据监控系统自定义的内容从分布式系统中的各个节点采集信息数据。

（2）**数据处理**：对收集来的原始数据进行整理，包括数据过滤、聚合处理，传输并存储到监控系统数据库中。有的监控系统将监控数据保存在 MySQL 中，有的监控系统将数据保存在 MongoDB、OpenTSDB、InfluxDB 等时序数据库中。

（3）**数据应用**：包括对数据的展示、检索、告警等应用场景。把处理后的数据在监控面板上以曲线图、饼状图、仪表盘等方式直观地展示出来，同时根据事先设定的阈值和报警规则监控各项指标和数据的状态，当某个监控项符合告警规则，系统通过邮件、短信等形式通知研发和运维人员，达到告警的目的。另外，对于各种类型的数据，监控系统应该提供多维度的数据查询，如异常日志的上下文查询，监控指标数据的查询等。

9.3.1 日志分析及 Elastic Stack 的使用

日志（Logs）用来记录系统中硬件、软件和系统的信息，以及在特定时间发生的事件，是以结构化的形式记录并产生的文本数据。线上会产生各种各样的日志信息，有操作系统输出的日志、应用程序的日志、数据库的日志等。还可以获得记录用户行为数据的行为日志、服务请求和响应的日志等。在大型分布式系统中日志是典型的大数据，大多数互联网应用每天产生的日志量就有上百 GB，而且日志文件要求留存一定时间，阿里巴巴的《Java 开发手册》中的日志规约规定"所有日志文件至少保存 15 天，网络运行状态、安全相关信息、系统监测、管理后台操作、用户敏感操作需要留存相关的网络日志不少于 6 个月。"这些海量的数据分散在不同的主机节点上，需要专业的日志分析解决方案从每个节点收集日志，进行过滤、聚合、存储、统计等处理，并将数据通过可视化面板展示出来，帮助企业进行系统故障诊断及业务决策。

日志分析的作用总结起来大致有以下两类。

第一类，通过对行为日志进行分析获得大量有价值的用户数据，如用户访问 App 时使用的终端硬件信息、软件版本信息、位置信息、行为数据等，帮助企业有效地改善产品的用户体验和提升转化率。

大家都已经习惯使用在线 App 购物，当我们在 App 中搜索过某类商品，当再次进入 App 时，页面上呈现的往往是搜索过的同类商品。在背后发挥作用的是**个性化推荐系统**。推荐系统的核心就是利用大数据处理系统对用户的行为数据进行监测、收集和分析。用户对商品的点击、浏览、收藏、加购物车和购买等行为在用户与商品之间形成行为数据，这些都记录在行为日志中，对日志数据进行分析并结合用户的个人信息(性别、年龄、喜好等)，就能够了解用户的个人偏好及购物习惯，然后筛选出符合条件的商品，通过一定的排序呈现给用户。

第二类，通过日志分析监控系统运行状态，检测异常，辅助开发或运维进行问题定位。

日志可以记录系统在任意时间的运行状态，包括系统各节点的运行错误和异常，又因为它是结构化的文本，因此很容易通过某种格式进行检索，帮助发现系统异常并排查故障。

在大型系统中实时产生的日志数量巨大，需要借助工具来处理和分析。目前有多种日志分析工具可供选择，包括 Splunk、ELK、Graphite、LogAnalyzer 等。开源的日志分析和监控系统首选 ELK，由 Elasticsearch、Logstash、Kibana 组合而成的技术栈，分别实现了自动搜索与索引、日志收集、可视化展现等功能。

不过 Logstash 进程在数据量大的时候比较消耗系统资源，会影响业务系统的性能。因此，近几年引入 Beats 代替 Logstash 作为轻量级的数据收集器，优点是占用系统资源很少。ELK 家族最新的名字是 Elastic Stack，由原来的三个组件加上 Beats 组成。Beats 支持多种数据源，其中，Filebeat 用于日志数据采集，从分布式环境中的主机节点上采集数据发送给 Logstash，由 Logstash 负责解析、过滤后，再将数据发送到 Elasticsearch 并编入索引，最后由 Kibana 进行可视化。Filebeat 也可以直接把数据发送至 Elasticsearch 或者经过消息队列，系统架构如图 9-6 所示。Kafka 作为消息队列在日志收集里具有存储加缓冲的功能，防止瞬间流量爆发导致的系统崩溃。

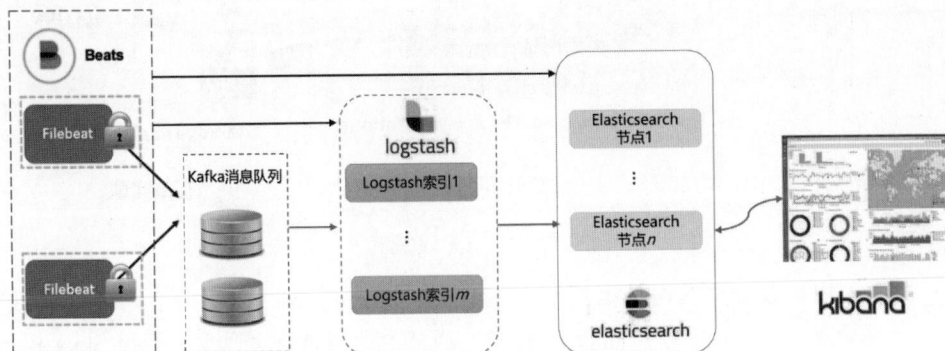

图 9-6　Elastic Stack 日志分析解决方案

9.3.2　调用链分析及 Skywalking 的使用

调用链分析技术是对监控系统中日志和系统指标监控的重要补充。在微服务架构的分布式系统中,当客户端发起一个请求,往往会调用多个服务,涉及多个中间件,系统又分布在多台服务器上,因此当系统出现问题时,故障诊断就变得非常复杂。调用链分析也被称为分布式链路追踪,把每次请求的调用路径完整地记录下来,还原调用链各个环节的依赖关系并记录请求与响应的性能数据,实现对系统性能的监控以及故障的快速定位。

调用链分析技术起源于谷歌在 2010 年发表的论文"Dapper,a Large-Scale Distributed System Tracking Infrastructure",其中阐述了调用链分析技术的基本原理。其后很多调用链分析工具都是在该论文的基础上诞生的,目前已经形成了比较成熟的调用链分析和应用性能监控解决方案,包括 Zipkin、Jaeger、Skywalking、Elastic APM、PinPoint 等。

在第 6 章介绍过 PinPoint,这里介绍另一款国内开源的工具 Skywalking。Skywalking 提供了一个分布式系统的直观的观测平台,用于从服务和云原生基础设施收集、处理及可视化数据,通过监控、告警、可视化、分布式追踪等功能为微服务、分布式,以及容器化的系统架构提供了可观测性(Observability)。它可以观测横跨不同云的分布式系统,而且从 Skywalking 6 开始支持下一代的分布式架构 service Mesh。

同为优秀的开源 APM 工具,PinPoint 和 Skywalking 都是采用无侵入式的字节码注入的方式实现链路追踪。但是,Skywalking 的优势在于支持 OpenTracing 提供的标准 API,并且在大流量的情况下对业务系统的性能损耗低,支持的存储方式更丰富。而 PinPoint 不支持 OpenTracing,并且只支持 HBase 的存储方式,对系统性能损耗较高。

Skywalking 在架构上分为 4 部分,如图 9-7 所示。

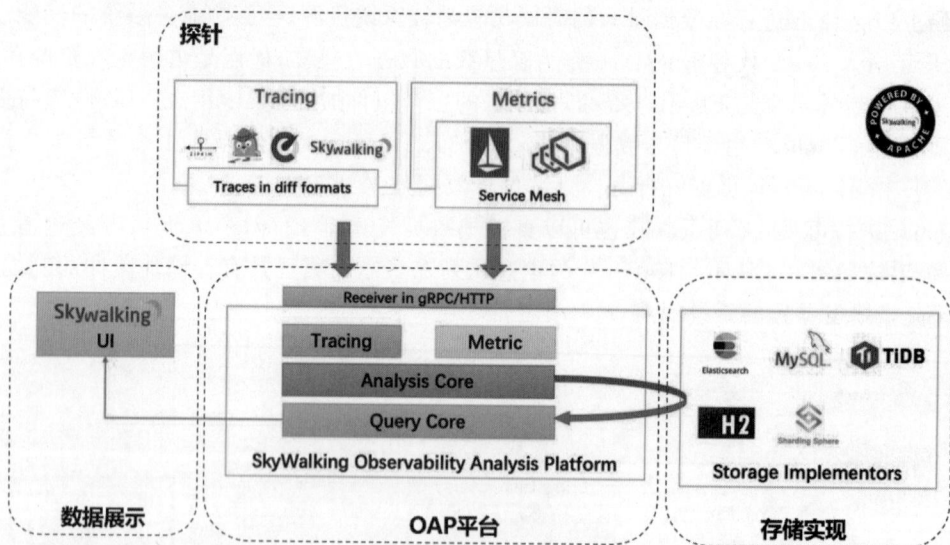

图 9-7　Skywalking 架构图

- 探针:用来收集并发送数据到归集器。Skywalking 探针在使用上是无代码侵入的自动埋点,基于 Java 的 JavaAgent 技术。当某个调用链路运行至已经被 Skywalking 代理过的方法时,Skywalking 会通过代理逻辑进行这些关键节点信息的收集、传递和上报,从而还原出整个分布式链路。
- OAP 平台(Observability Analysis Platform):用于数据聚合、数据分析以及驱动数据流从探针到用户界面的流程的后台,由兼容各种探针的 Receiver、流式分析内核和查询内核三部分构成。

- **存储实现**（Storage Implementors）：OAP Server 支持多种存储实现，并且提供了标准接口。
- **数据展示**：是一个 Web 可视化平台，进行统计数据查询和展现，并允许用户通过定制管理数据。在 Skywalking 9.1 的 UI 界面中，提供仪表盘、拓扑图、追踪及告警信息的可视化信息。

Skywalking 生成的服务调用关系拓扑图如图 9-8 所示。拓扑图中主要显示存在流量关系的服务间的调用关系，根据线条流向，可以获知调用关系，如服务存在请求失败的情况，则显示为红色节点。

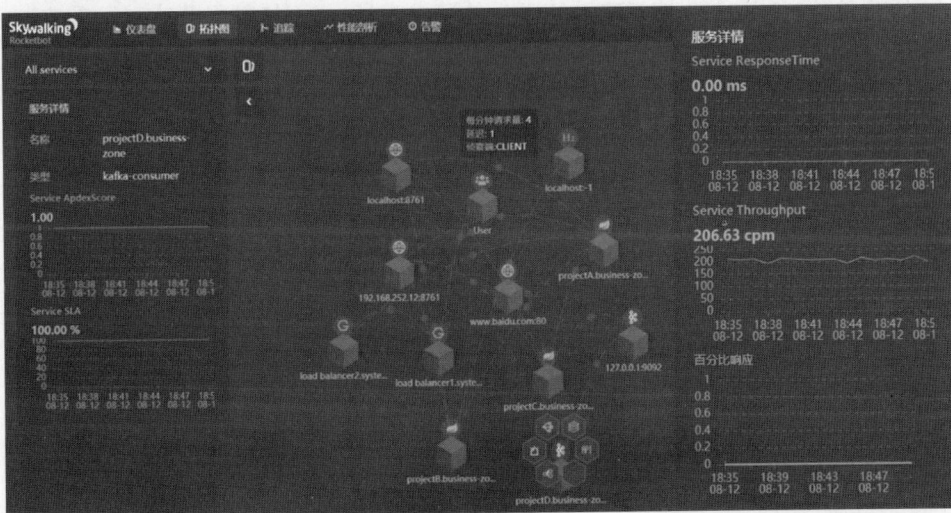

图 9-8　Skywalking UI 界面：分布式系统的服务调用关系拓扑图

通过追踪界面可以获取方法级别的调用关系，可以按照追踪 id 查询相关接口，并且可以切换不同的调用链展现形式，如图 9-9 所示。

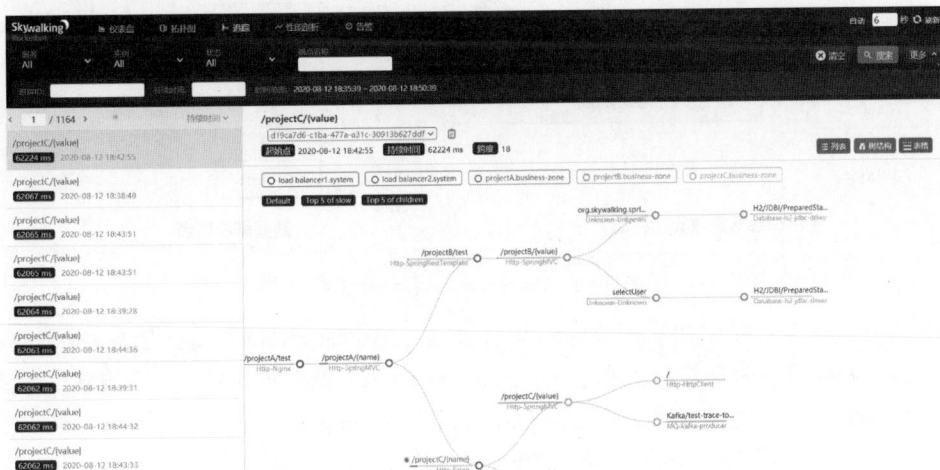

图 9-9　Skywalking UI 界面：链路追踪

如何更好地支持系统运维

9.3.3 指标监控及 Prometheus 的使用

指标数据记录系统在一段时间内的某个维度的数值,包括反映业务状况、用户体验及系统运行状况的指标等。通过指标监控可以直观地观测到整个系统的运行状况,根据某项指标的波动排查系统出现的问题。同时,还可以通过指标数据了解到产品上线之后的真实效果,为业务决策提供支持。

谷歌针对分布式系统提出了在服务层面需要监控的 4 个黄金指标(Four Golden Signals),分别是延迟、通信量、错误和饱和度,成为通用的系统监控指标。

- 延迟(Latency):记录用户服务请求的响应时间。
- 通信量(Traffic):监控当前系统发生的请求流量,用于衡量服务的容量需求。
- 错误(Errors):监控当前系统发生的错误请求数量,衡量错误发生的速率。
- 饱和度(Saturation):监控能够影响服务状态的受限资源的利用率,如 CPU 的使用率、内存使用率、磁盘使用率等。

Prometheus 是 2015 年发布的一套开源的系统监控报警框架,Prometheus 能抓取或拉取应用程序导出的时间序列数据,适用于指标监控维度,要用于日志监控和分布式链路追踪还有待完善。其系统架构如图 9-10 所示。

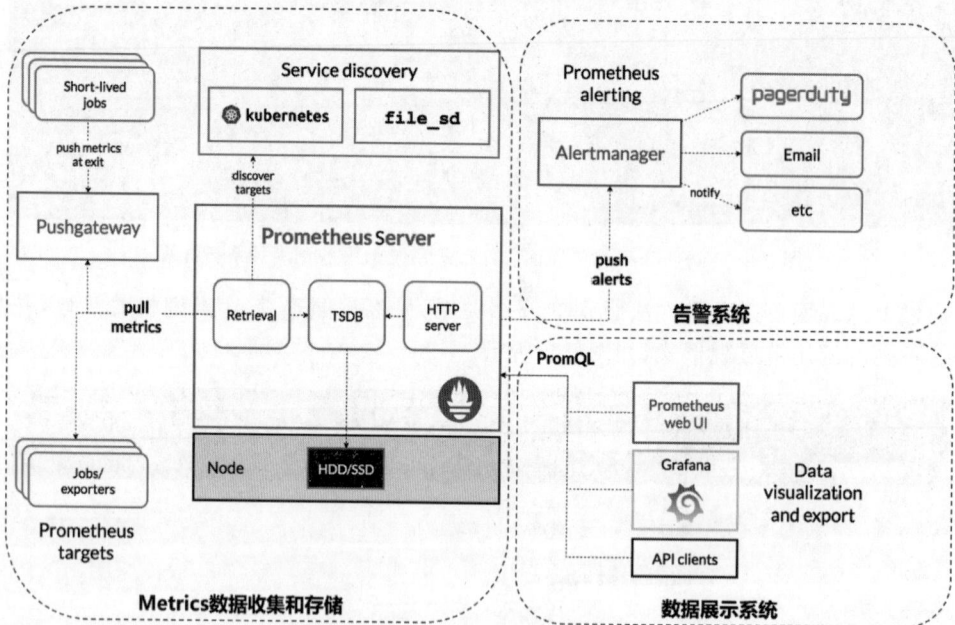

图 9-10 Prometheus 架构示意图

Prometheus Server 定期从配置好的 jobs 或者 exporters 中拉取指标信息,或者接收来自 Pushgateway 发过来的指标信息。Prometheus Server 把收集到的信息存储到时间序列数据库中,并运行已经定义好的 alert.rules,向 Alertmanager 推送警报。Alertmanager 根据配置文件,对接收的警报进行处理,发出告警。Prometheus 通过 Prometheus web UI 进行可视化展示。不过,Prometheus 自带的展示功能比较弱,界面不够美观,因此更推荐和 Grafana 结合实现数据展示。

Prometheus 自带时间序列数据库进行数据存储,支持独有的 PromQL 查询语言。因为采用拉数据的方式,所以对业务的侵入性最小,比较适合 Docker 封装好的云原生应用,如 Kubernetes 默认就采用了 Prometheus 作为监控系统。

Prometheus 提供了对 OpenStack 云计算、Docker 容器、Kubernets 等的监控支持,并对微服务的运行状态进行监控。在基于指标数据的监控方面,Prometheus 在实时性和功能方面体现出强大的优势。图 9-11 展示了 Prometheus 结合 Grafana 对微服务请求和响应指标进行监控的可视化界面。

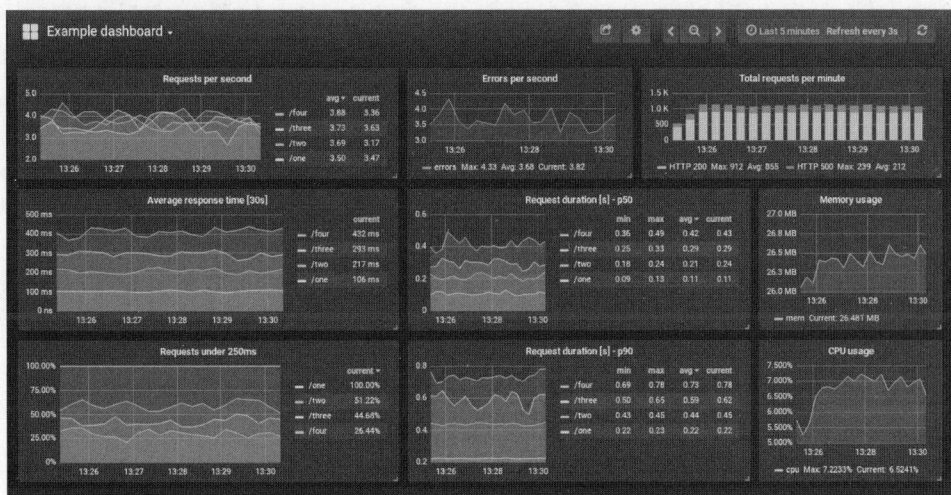

图 9-11　Prometheus 结合 Grafana 实现微服务监控可视化

9.3.4　监控系统解决方案

在数字化程度日益加深的当下,监控告警系统已成为保障各类复杂信息系统稳定、高效运行的关键一环。为搭建完备且适配业务需求的监控系统,有诸多优秀工具可供选择,它们既能够单独发挥作用,也可灵活组合,构建出功能强大的监控体系。

1. 数据收集

1) Filebeat＋Logstash 组合

Filebeat 作为 Elastic Stack 家族中的轻量级数据搜集器,在数据收集阶段扮演着至关重要的角色。它针对文件数据收集进行了专门优化,具备高效、低资源消耗的特性。通过配置,Filebeat 能够实时监测指定文件目录或文件的变动,迅速捕捉新增数据,并以轻量级的方式将这些数据发送出去。在一个大型电商网站的监控场景中,Filebeat 可以部署在各个服务器节点上,快速收集网站的访问日志、交易日志等文件数据。

而 Logstash 则是 Elastic Stack 家族的服务器端数据处理管道。它拥有强大的数据处理能力,在与 Filebeat 配合时,能接收 Filebeat 发送过来的数据。Logstash 支持对数据进行丰富的处理操作,例如,利用 grok 过滤器从非结构化的日志数据中提取出结构化信息,将 IP 地址解析为地理坐标以实现更精准的数据分析,还能对敏感数据进行匿名化处理,确保数据安全合规。之后,Logstash 会将处理后的数据传输至指定的存储系统,如 Elasticsearch,为后续的分析和展示做好准备。

2）Telegraf＋InfluxDB 数据采集与初步存储

Telegraf 专注于各类指标数据的收集,支持众多常见的数据源,无论是系统性能指标(如 CPU 使用率、内存占用、磁盘 I/O 等),还是应用程序特定的指标(如 Web 服务器的并发连接数、数据库的查询响应时间等),Telegraf 都能高效采集。它具有轻量级、资源占用少的特点,非常适合在各种服务器和设备上运行。

InfluxDB 作为开源的分布式时序、时间和指标数据库,在接收 Telegraf 采集的数据方面表现出色。由于监控数据大多具有时间序列的特性,InfluxDB 针对这类数据进行了优化,能够快速存储和查询大量的时间序列数据。它支持丰富的数据类型,为后续对指标数据的分析和可视化提供了良好的基础。在一个在线游戏平台的监控中,Telegraf 可以实时收集游戏服务器的各项性能指标,如玩家在线人数、游戏延迟等,并将这些数据存储到 InfluxDB 中,方便后续分析游戏服务器的性能趋势。

2. 数据处理与存储

采用 InfluxDB＋Elasticsearch 组合,完成数据的存储与分析。

- InfluxDB 在时间序列数据存储方面具有独特优势,能够高效处理和存储大量与时间相关的监控数据,如系统性能指标随时间的变化。它针对时间序列数据的查询进行了优化,能够快速响应基于时间范围、时间间隔等条件的查询请求。

- Elasticsearch 则在数据的检索和复杂分析方面表现卓越。它不仅能存储监控数据,还支持对大容量数据进行近实时的搜索和分析操作。在监控系统中,Elasticsearch 可以存储日志、监控指标以及调用链关系等多种数据。借助其丰富的聚合函数,能够对数据进行复杂的分析,例如,统计特定时间段内不同类型错误的出现频率,或者分析某个服务在不同地区的性能差异等。将 InfluxDB 与 Elasticsearch 结合使用,可以充分发挥两者的优势,InfluxDB 负责高效存储时间序列数据,Elasticsearch 负责对各类监控数据进行灵活检索和深入分析。

3. 数据展示

1）Grafana＋InfluxDB＋Elasticsearch 可视化方案

Grafana 作为强大的数据可视化工具,集成了丰富的数据源。它与 InfluxDB 和 Elasticsearch 搭配使用时,能够将存储在这两个数据库中的监控数据以直观、专业的方式展示出来。通过简单的配置,用户可以从 Grafana 的众多可视化模板中选择适合的样式,或者根据自身需求自定义可视化面板。

对于 InfluxDB 存储的时间序列数据,Grafana 可以生成各类趋势图、柱状图、仪表盘等,清晰展示系统性能指标随时间的变化趋势,帮助运维人员快速发现性能波动和异常。而对于 Elasticsearch 中的数据,Grafana 可以展示复杂分析后的结果,如通过对日志数据的分析生成错误类型分布图表,或者对调用链数据进行可视化展示,呈现系统各个服务之间的调用关系和性能表现。

2）Kibana＋Elastic Stack 深度集成展示

Kibana 是 Elastic Stack 家族的重要成员,专门用于对存储在 Elasticsearch 中的数据进行搜索、分析和可视化展示。它与 Elastic Stack 的其他组件(如 Logstash、Beats、Elasticsearch)深度集成,能够无缝对接。

Kibana 支持对日志、指标和调用链三种主要监控数据类型进行展示。在日志展示方面,它可以对海量日志数据进行实时搜索和过滤,通过设置不同的查询条件,快速定位到特定的日志记录,并以清晰的格式展示出来。对于指标数据,Kibana 可以将 Elasticsearch 中的指标数据转换为直观的图表,如折线图展示系统资源使用率的变化趋势。在调用链展示方面,Kibana 能够呈现分布式系统中各个服务之间的调用关系和调用耗时,帮助运维人员快速定位性能瓶颈和故障点。

4. 综合组合方案

1) 基于 Elastic Stack 的全链路监控方案

将 Elastic Stack 的各个组件(Logstash、Beats、Elasticsearch、Kibana)有机结合,可以构建一套全面的全链路监控方案。Beats 负责从各种数据源(如文件、网络、系统指标等)收集数据,Logstash 对收集到的数据进行处理和转换,Elasticsearch 存储处理后的数据,Kibana 则用于数据的可视化展示和分析。

在一个大型金融系统中,Filebeat 可以收集各个业务模块产生的日志文件,Packetbeat 负责捕获网络流量数据,Metricbeat 收集系统性能指标数据。这些数据经过 Logstash 的处理后存储到 Elasticsearch 中。通过 Kibana,运维人员可以实时查看系统的运行状态,对日志进行深度分析,挖掘潜在的安全风险;通过对指标数据的可视化,监控系统性能瓶颈;借助调用链数据的展示,了解各个服务之间的交互情况,快速定位故障点,保障金融业务的稳定运行。

2) Prometheus＋Grafana＋InfluxDB 指标监控优化方案

Prometheus 在系统指标监控方面具有强大的能力,它通过拉取式的方式收集指标数据,并提供了功能强大的查询语言 PromQL。Grafana 作为优秀的可视化工具,能够与 Prometheus 无缝集成,将 Prometheus 收集到的数据以直观的图表形式展示出来。而 InfluxDB 则可以作为 Prometheus 数据存储的补充,提升时间序列数据的存储和查询性能。

在一个云计算平台的监控场景中,Prometheus 负责采集各个云服务器、容器以及服务的性能指标数据,如 CPU 使用率、内存消耗、网络流量等。Grafana 从 Prometheus 获取数据后,生成各种可视化面板,展示系统的实时状态和性能趋势。同时,将部分重要的时间序列数据存储到 InfluxDB 中,利用 InfluxDB 对时间序列数据的优化存储和查询能力,进一步提升指标数据的分析效率。当系统出现性能问题时,运维人员可以通过 Grafana 的可视化界面快速发现问题,借助 PromQL 进行深入的查询分析,并结合 InfluxDB 中存储的历史数据进行对比,找出问题的根源。

3) Skywalking＋Elasticsearch＋Kibana 分布式系统监控方案

Skywalking 是一款优秀的开源应用性能监控(APM)工具,特别适用于分布式系统的监控。它支持调用链分析、日志分析以及系统指标监控。Elasticsearch 作为后端存储系统,为 Skywalking 提供了强大的数据存储和检索能力。Kibana 则用于对存储在 Elasticsearch 中的 Skywalking 数据进行可视化展示和分析。

在一个分布式电商微服务架构中,Skywalking 可以对各个微服务之间的调用关系进行追踪,收集调用链数据,同时采集各个服务的性能指标和日志信息。这些数据存储到 Elasticsearch 后,通过 Kibana 可以展示出整个分布式系统的拓扑结构,清晰呈现各个微服务之间的调用链路和依赖关系。当某个微服务出现性能问题时,运维人员可以通过 Kibana 查看调用链数据,快速定位到问题所在的服务节点,并结合日志分析和指标监控,深入了解问题的原因,及时采取措施解决问题,保障电商系统的稳定运行。

搭建监控告警系统时,应根据业务特点、系统架构以及预算等因素,灵活选择合适的工具和组合方案。这些工具和组合方案相互配合,能够为复杂信息系统提供全面、深入的可观测性,确保业务安全、稳定、高效、持续地运行。

9.4 安全性监控

在当今数字化时代,软件系统的安全性至关重要,关乎企业的核心利益、用户数据安全以及业务的可持续发展。安全性监控贯穿于软件系统的整个生命周期,不仅在研发阶段要通过多种手段排查安全隐患,产品上线后的实时监控与漏洞修复更是保障系统稳定运行的关键环节。

在研发阶段,代码的静态分析、安全性功能验证以及渗透测试等手段能有效发现代码和系统级别的安全漏洞。然而,产品上线后,通过监控和检查及时发现并修正系统的安全性漏洞同样不可或缺。这一阶段的工作类似系统安全性的在线测试,旨在运用各类技术手段,实时收集软件系统运行时的状态信息、数据的危险变更情况、用户操作活动等,以便进行集中记录、深入分析并及时报警,确保软件系统操作的合规性以及数据的安全性。

9.4.1 安全监控与审计框架

要实现高效的在线安全监控,建立一套完备的运维安全监控与审计框架是核心任务,如图 9-12 所示。该框架通常涵盖监控、审计、预防、恢复和支撑等功能模块,各模块紧密协作,形成一个有机整体,为系统安全保驾护航。

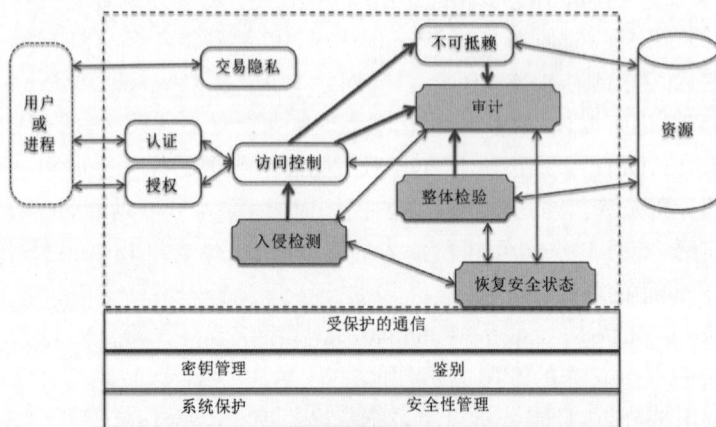

图 9-12 系统运维安全监控与审计框架图

(1) 身份认证、授权、访问控制与审计的持续强化:身份认证、授权和访问控制是保障系统安全的基础防线,它们在软件系统内部已经初步构建并经过前期的安全性功能测试和渗透测试。在运维环境中,需要通过"审计"机制进一步验证这些安全措施的有效性。审计工作主要针对用户名、访问时间、操作行为以及访问的资源地址等关键信息进行详细记录和深入分析,以此判断这些信息是否符合既定的规范和要求,是否存在越权访问或其他不安全的资源访问行为。例如,在金融系统中,对每一笔资金交易的操作主体进行严格的身份认证和授权,同时详细记录交易时间、操作内容以及涉及的账户信息等,通过审计确保交易行为的合规性和安全性。通过持续的审计,可以及时发现潜在的安全风险,如异常的登录行为、频繁访问敏感资源等,并采取相应措施进行防范。

(2)**入侵检测与实时响应**:入侵检测是安全性监控的重要环节,主要用于监测是否有用户绕过访问控制机制非法进入系统内部。通过对访问者的 IP 地址、用户名、访问时间和访问频率等多维度信息进行实时监测,及时发现异常访问行为。当检测到异常情况,如短时间内频繁登录失败、来自陌生 IP 地址的大量访问请求等,系统会立即发出警报,并根据预设策略暂时冻结该用户的访问权限,阻止潜在的攻击行为进一步蔓延。例如,在电商系统中,通过实时监测用户的登录行为和访问频率,如果发现某个 IP 地址在短时间内进行大量商品抢购操作,远远超出正常用户的行为模式,系统会触发入侵检测机制,发出警报并采取临时封禁措施,保护系统和其他用户的正常权益。入侵检测系统还需要具备不断学习和更新的能力,以适应日益复杂的网络攻击手段。

(3)**整体检验与安全态势感知**:整体检验是对系统安全性的综合评估,它结合审计结果、入侵检测信息、资源访问日志等多源数据进行全面分析,从而判断当前系统整体的运行安全性。当系统检测到不安全因素时,会及时发出通知并启动安全保护模式。在安全保护模式下,系统可能会采取一系列措施,如限制部分非关键业务的访问、加强数据加密、暂停高风险操作等,以降低安全风险,保障系统核心功能的正常运行。例如,在云计算平台中,通过对多个租户的资源访问日志、入侵检测信息以及审计结果进行综合分析,当发现某个租户的资源使用模式出现异常,可能存在安全威胁时,系统会立即向管理员发出通知,并启动安全保护模式,对该租户的相关操作进行限制和隔离,同时对整个平台的安全态势进行全面评估和调整,确保其他租户的业务不受影响。

除了上述核心功能模块,**安全性监控还涉及受保护的通信、密钥管理、安全性管理和系统保护等多方面**。受保护的通信确保数据在传输过程中的保密性和完整性,防止数据被窃取或篡改;密钥管理负责对系统中的加密密钥进行安全的生成、存储和使用管理,保障数据加密的有效性;安全性管理则从整体上规划和协调系统的安全策略、流程和措施,确保安全工作的有序开展;系统保护涵盖对系统硬件、软件和网络环境的全方位防护,防止恶意软件、病毒和其他安全威胁对系统造成损害。

随着网络技术的不断发展和安全威胁的日益多样化,安全性监控需要不断引入新的技术和理念。例如,利用人工智能和机器学习技术对大量的安全数据进行分析和挖掘,实现对潜在安全威胁的智能预测和精准识别;采用零信任架构,打破传统的网络边界信任模型,对每一次访问请求进行严格的身份认证和权限验证,确保即使在内部网络环境中也能有效防范安全风险。

9.4.2 智能安全监控

在当今数据爆炸的时代,安全数据的规模和复杂性不断增加。传统的安全分析方法往往难以应对如此庞大的数据量和复杂的安全威胁。而人工智能和机器学习技术具有强大的数据分析和模式识别能力,可以从大量的安全数据中自动发现潜在的安全威胁模式,实现对潜在安全威胁的智能预测和精准识别。例如,在网络安全领域,通过对网络流量数据、系统

如何更好地支持系统运维

日志等安全数据的分析,可以及时发现异常流量和恶意行为,提高网络安全防护能力。目前智能安全监控主要应用如下。

（1）异常检测：通过对安全数据进行建模,利用机器学习算法可以自动检测出与正常模式不同的异常数据。例如,在网络流量监测中,可以利用聚类算法将网络流量数据分为不同的类别,然后通过检测与正常类别差异较大的异常类别,实现对网络攻击的检测。

（2）威胁预测：利用机器学习算法对历史安全数据进行分析,可以建立安全威胁预测模型。例如,通过对网络攻击的历史数据进行分析,可以预测未来可能发生的网络攻击类型和时间,提前采取防范措施。

（3）恶意软件检测：人工智能和机器学习技术可以通过对恶意软件的特征进行学习,实现对恶意软件的自动检测。例如,利用深度学习算法对恶意软件的代码特征进行学习,可以快速准确地检测出未知的恶意软件。

例如,许多企业已经开始采用机器学习技术来加强网络安全防护。例如,一些企业利用机器学习算法对网络流量数据进行分析,实时监测网络中的异常流量和恶意行为。通过对大量的网络流量数据进行学习,机器学习模型可以自动识别出新型的网络攻击模式,提高网络安全防护能力。

另外,一些安全厂商也推出了基于机器学习技术的网络安全产品,如智能防火墙、入侵检测系统等。这些产品可以自动学习网络中的正常行为模式,对异常行为进行实时监测和拦截,有效提高了网络安全防护水平。

最近几年,大模型在安全监控和漏洞检测方面的应用取得了显著进展,效果更好。例如：

（1）360 安全大模型实现了自动化告警研判、攻击链路绘制、威胁情报比对等功能,支持实时分析安全事件并生成处置建议,大幅缩短响应时间；而且,它支持自适应任务编排,在自动化威胁狩猎、安全报告生成等场景中显著提升效率。

（2）微软 Security Copilot 结合 GPT-4 与专有安全数据,可自动分析恶意脚本,生成安全事件报告,并辅助威胁狩猎。

（3）腾讯安全威胁情报 Agent 基于混元大模型,支持自然语言查询威胁实体（如 IP、域名、CVE）,结合 BinaryAI 引擎实现端到端威胁研判。

（4）Google Sec-Palm2 结合 VirusTotal 提供代码行为分析功能,无须逆向工程即可快速识别潜在恶意代码。

（5）**基于 GPT 的漏洞检测**：论文"Large Language Model for Vulnerability Detection: Emerging Results and Future Directions"指出,大型预训练语言模型（LLMs）在各种任务中展现出了卓越的少样本学习能力,但在软件漏洞检测方面的有效性尚待探索。该论文通过探索 GPT-3.5 和 GPT-4 在不同提示下的表现,发现 GPT-3.5 能达到与先前最先进的漏洞检测方法相当的性能,而 GPT-4 则始终优于最先进的方法。这表明大模型在漏洞检测方面具有巨大潜力。

（6）**事件日志分析**：论文"Using Large Language Models for Template Detection from Security Event Logs"研究了大语言模型在无结构安全事件日志中进行模板检测的应用。该方法将检测到的模板表示为事件日志中的事件类型,为下游的在线或离线安全监控任务准备日志。这表明大模型可以在安全事件日志分析中发挥重要作用,为安全监控提供支持。

（7）**安全评估**：论文“Research on Security Assessment and Safety Hazards Optimization of Large Language Models”研究了主流大型语言模型在中文安全生成任务中的性能，探讨了大型语言模型可能存在的安全风险，并提出了改进策略。该研究开发了多维安全问答（MSQA）数据集和多维安全评分标准（MSSC），比较了三种模型在 6 个安全任务中的性能。实验结果表明，不同的模型在不同的安全评估方面表现出色，如 ERNIE Bot 在意识形态和伦理评估中表现良好，ChatGPT 在谣言和虚假信息以及隐私安全评估中表现良好，Claude 在事实错误和社会偏见评估中表现良好。同时，该研究还指出所有模型都存在安全风险，建议国内外模型都应遵守各自国家的法律框架，减少 AI 幻觉，不断扩大语料库，并进行相应的更新和迭代。

9.5　智　能　运　维

IT 运维负责在软件产品生命周期的各个阶段维护 IT 系统的安全稳定运行，不仅负责业务系统上线后的运行环境，还负责研发阶段中的各种开发、测试环境，包括各类基础设施（机房、网络、服务器、虚拟机、容器、云平台等）的部署、各类软件应用的维护升级，以及在生产环境中的应用部署、实时监控、故障处理等工作。

9.5.1　从自动化运维到智能运维

观看视频

早期的 IT 运维主要面向机房、服务器及业务系统的上线部署、监控，由运维人员手工完成。随着互联网的迅速发展，企业所承担的业务愈发复杂，逐渐过渡到依赖各种工具的自动化运维，越来越多的运维操作通过编写的脚本自动、重复执行，因此运维效率得到很大提升。而最近几年由于虚拟化技术和 DevOps 的兴起，逐渐发展成一套完整的 DevOps 工具链促进了自动化运维的进一步发展，其中具有代表性的技术是支持基础设施即代码和 CI/CD 的自动化 DevOps 平台、日志分析系统，以及性能、安全监控平台等。

自动化运维虽然在很大程度上提高了运维效率以及业务系统的可用性，但是，正如 9.4 节所介绍的，愈发复杂的大型分布式系统在生产环境中的各种故障越来越难以预测、难以避免，自动化运维中的各种监控工具虽然使得系统运行状态的可见度有较大提升，但是当遇到运维故障时，面对海量监控数据和庞大复杂的系统，仍然依赖运维人员迅速做出运维决策，这显然是巨大的挑战。

而智能运维（AIOps）通过 AI 赋能相当于给 IT 运维系统配置了一个大脑，通过在线监控收集到各种数据，结合机器学习算法捕捉数据中的异常并快速进行降噪处理、故障定位，并且实现故障的实时处理和修复。因此，相对于自动化运维，智能运维在各种运维场景中进一步实现了自动决策，通过海量的数据利用算法来训练机器识别和分析故障的能力，实现自动准确地判断。

智能运维主要围绕三个方面展开：质量保障、成本管理和效率提升。在成本管理方面的应用场景包括资源优化和容量规划等，如对现有业务情况进行分析，预测未来所需要的资源使用情况，并且实现免干预的容量扩/缩容。在质量保障方面的基本应用场景包括异常检测、故障诊断、故障预测、故障自愈等。智能运维系统如图 9-13 所示。

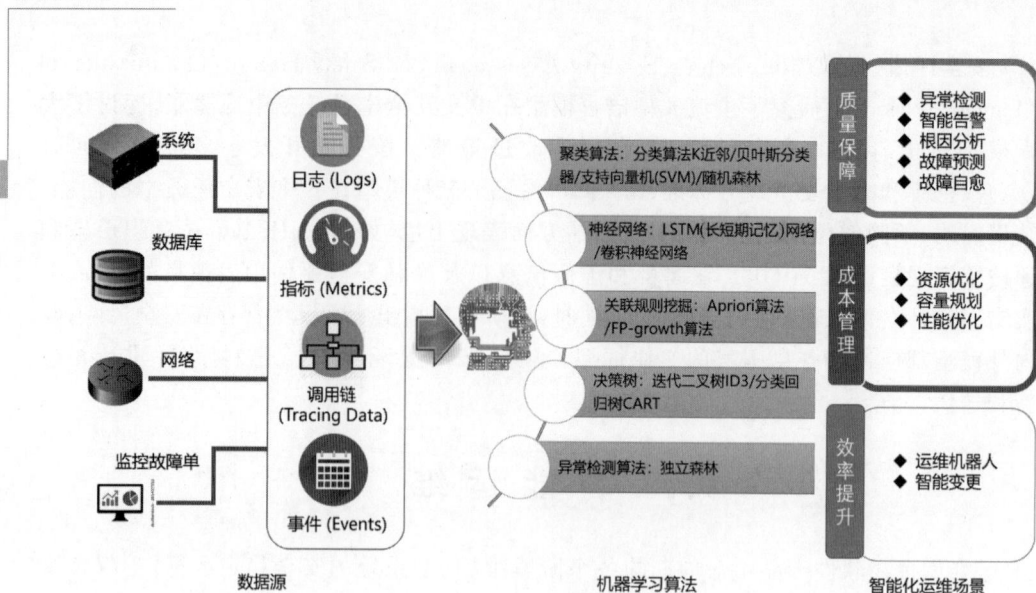

图 9-13　智能运维系统

　　智能运维的本质是数据和算法结合实现的运维服务,因此首先需要对生产环境中海量的各类实时数据进行采集,经过聚合或关联处理生成的数据存储到后端的时序数据库中。海量及多种数据来源的数据是智能运维的基础,如 IT 系统数据、网络通信数据、服务调用链数据等。

9.5.2　智能运维的典型场景

　　自动化测试离不开强大的 IT 基础设施的支持,在研发阶段,智能运维能够提供更加可靠的 CI/CD 环境、自动化测试平台和 IT 运维服务。在生产环境中,通过智能的异常检测、故障定位和自愈,实现线上测试的智能化。下面列举一些在质量保障方面智能运维可以帮助实现的典型场景。

- 异常检测:通过机器学习代替传统的基于规则设定阈值的方案,从时间序列类型的数据指标中发现与大部分对象不同的离群对象,即异常波动。异常检测为随后的告警、根因分析、故障告警压缩等提供决策依据。异常检测的有效性可以通过异常检测准确率和报警时效性等指标来衡量。
- 故障智能告警:可以实现对告警事件的收敛和聚合,通过将告警聚合成关联事件,如数据库故障、网络故障等、合并重复告警、故障自动恢复等策略减少报警事件和故障误报。自动恢复策略就是将告警和相应的干预手段联合起来,根据告警触发一些干预动作,如自动扩容、系统重启、服务降级等,这样可以直接消除告警,减少人工干预。
- 故障根因分析:也可以称为故障定位,通过关联规则、决策树等算法对检测到的异常指标进行分析,快速、准确地定位引起故障的根因点。传统的故障定位技术需要较多的人工参与和根据经验进行判断,如对告警事件进行分析,查看监控面板的指标,以及对日志进行检查分析等。而 AIOps 通过事件关联和日志分析可以自动发现故障告警之间的关联,快速准确地定位到故障根源。例如,关联规则是一种无监督学习的机器学习算法,用于发现事件、错误、告警数据之间的强规则。当一个故障发生时,用关联规则可以判断是独立的告警事件还是关联的告警事件,告警事件 A 是否必然会引发告警事件 B,从而确定故障的根源。根因分析的有效性可以用故障定位时间、线上事故覆盖率等指标来衡量。智能水平较高的 AIOps 系统可以达到秒级的故障定位以及 95％以上的线上事故覆盖率。

- 故障预测:通过对 IT 历史数据和历史告警信息的分析,通过 AI 算法生成故障出现前的数据模型,用于预测未来一段时间内发生某类故障的概率,因此可以提前规划故障处理的窗口,避免对业务的影响。目前相对成熟的故障预测是通过神经网络算法或支持向量机(SVM)算法对磁盘故障进行预测。

智能运维的落地会受到算法本身的成熟度、数据量、算法与业务领域结合的深度等因素的影响,在未来还有很大的提升空间,但不可否认的是,从自动化运维向智能运维的迈进一定是提高系统质量、降低运维成本和提升效率的必然趋势,除此之外,智能运维在数据驱动业务方面能够帮助企业实现本质的提升,因此是企业进行数字化转型的必备能力之一。

小　　结

本章围绕系统运维的关键支持技术展开,从基础设施维护到智能化实践进行了系统梳理。首先强调基础设施即代码(IaaC)在自动化管理中的作用,结合工具化验证和高效运维工具(如 Terraform、Ansible),为稳定运行提供基础保障。同时,通过 A/B 测试的设计与执行优化用户体验,结合监控告警体系(包括 Elastic Stack 日志分析、Prometheus 指标监控、调用链追踪等)实现系统状态的全方位感知与快速响应。安全性监控则从威胁检测、智能审计等维度完善运维框架,形成覆盖风险预防、实时监测与应急恢复的全流程防护能力。本章还探讨了智能运维(AIOps)的演进路径,从自动化到智能化的转型中,通过机器学习与数据分析实现故障预测、资源优化等典型场景,为复杂系统的高效管理奠定了基础。

随着人工智能技术的突破,智能运维(AIOps)将进入更深层次的实践。大语言模型(LLM)的崛起为运维领域带来了全新可能:一方面,LLM 可快速解析日志与告警信息,提炼关键线索并生成解决方案建议,显著缩短故障排查时间;另一方面,通过自然语言交互,运维团队可直接用自然语言指令生成脚本、配置规则甚至设计监控策略,降低技术门槛并提升效率。此外,LLM 还能基于历史数据构建动态知识库,辅助智能决策,例如,结合业务指标预测容量需求或模拟攻击路径优化安全策略。这些能力将推动运维从"事后响应"向"主动预防"跨越,同时在多云协同、边缘计算等复杂场景中提升全局管理能力。

未来,AIOps 与 LLM 的深度融合将重新定义运维范式。运维系统的"自愈"能力有望增强,例如,通过实时分析日志数据自动触发修复流程,或结合强化学习动态调整资源分配。LLM 在跨团队协作中的作用也将凸显——自动化生成技术文档、多语言支持与智能问答将打破部门壁垒。然而,这一进程仍需解决数据隐私、模型可解释性及伦理风险等问题,尤其在安全监控领域需平衡自动化响应与人工干预的边界。总体而言,智能运维的最终目标并非取代人力,而是通过人机协同释放团队创造力,让运维从"琐碎重复"转向"策略创新",为业务持续增长提供坚实支撑。

思 考 题

1. 假设我们需要为一家同时使用多云(AWS/Azure)和 Kubernetes 的企业制定运维策略,应如何选择运维工具?请结合具体场景,说明各自的优势与局限。

2. A/B 测试中常见的误区包括样本量不足或选择偏差。以某电商平台的"推荐算法优化"为例,若实验结果未达预期,可能需要从哪些维度(如用户分群、指标定义、实验周期)重新设计测试流程?请列举改进步骤。

3. 本章提到 Elastic Stack 主要用于日志分析,Prometheus 用于指标监控。若要构建一个融合日志、指标、调用链的统一监控体系,如何协调这些工具之间的数据流?请基于实际运维需求(如快速故障定位),设计工具的集成方案与技术选型依据。

4. 结合"智能安全监控"理念,说明如何通过 LLM 或异常检测算法增强现有工具的能力?可围绕"动态威胁识别"或"攻击路径预测"展开分析。

5. 尽管智能运维(AIOps)提出了自动根因分析、故障自愈等愿景,但在实际落地中常因数据质量差或模型误判而失败。请从技术(如特征工程)、流程(如人工复核机制)两个角度,提出降低 AI 误判风险的可行策略。

6. 假设团队需要基于用户提交的自然语言工单,用 LLM 生成可执行的 Terraform/Kubernetes 配置,请分析这一过程中可能存在的技术挑战(如意图歧义、安全约束)及应对方案。

参 考 文 献

[1] 工业和信息化部. GB/T 51314—2018 数据中心基础设施运行维护标准[S]. 北京:中国计划出版社,2019.

[2] 陆兴海,彭华盛. 运维数据治理:构筑智能运维的基石[M]. 北京:机械工业出版社,2022.

[3] [美]布莱恩布莱希(Brian Brazil). Prometheus 学习手册[M]. 宋佳洋,薛锦译. 北京:中国电力出版社,2020.

[4] 高俊峰. 高性能 Linux 服务器运维实战[M]. 北京:机械工业出版社,2021.

[5] 钱兵等. 智能运维之道:基于 AI 技术的应用实践[M]. 北京:机械工业出版社,2022.

[6] Xin Zhou, etc. Large Language Model for Vulnerability Detection: Emerging Results and Future Directions, arXiv: 2401.15468[cs. SE], 2024.1

[7] Risto Vaarandi, etc. Using Large Language Models for Template Detection from Security Event Logs, arXiv: 2409.05045[cs. CR], 2024.9

第 10 章　智能化浪潮下软件工程的未来

大模型、生成式 AI 的出现给各行各业都带来了巨大的冲击。那么,在这股智能化浪潮下,软件工程将会受到怎样的影响? 作为软件工程的学生与相关从业者,我们又应该如何在学习与工作中合理利用 AI,并从容应对其带来的挑战呢? 在这一章中,将对智能化浪潮下软件工程的现状与未来进行探讨。

10.1　现　　状

代码是软件的核心,编写代码也是软件工程中最重要的环节之一。5.1 节详细介绍了 AI 在"编程"这一环节可以如何辅助开发者。基本上,AI 在编程相关任务上已经有很多成功的落地应用(如微软的 Copilot),取得的效果是令人惊叹的。正因如此,关于"程序员是否会被 AI 取代"的话题一直受到广泛关注,并持续引发激烈的争论。

然而,在学习本书之后,读者们应该了解,除了编程,软件的生命周期还包含其他重要环节。那么,在这些环节中,AI 能够起到什么作用呢? 图 10-1 列举了大模型在不同环节的应用比例。接下来,让我们按照此图的数据,并按照本书的章节顺序,依次介绍。

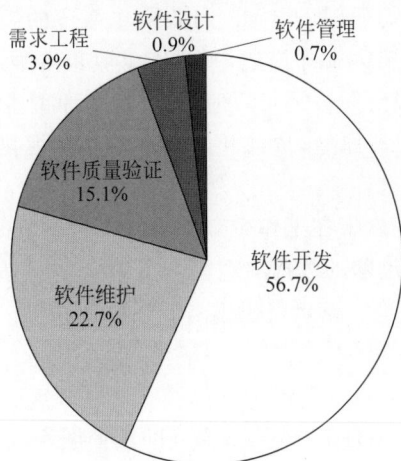

图 10-1　大模型在软件工程不同阶段的应用[1]

10.1.1　需求

软件需求涉及大量的自然语言信息,而大模型与生成式 AI 最初大放异彩的也正是自

364

然语言处理领域。因此,大模型在软件需求阶段的应用也主要体现在对需求文本的自然语言处理上[1],例如:

- 代词歧义与共指检测:在软件需求中,代词歧义可能导致不同读者对同一需求产生多种理解,进而影响后续开发阶段的效果。同时,由于需求由不同利益相关者撰写且不断演变,术语上的差异和不一致可能导致概念混淆。大模型在处理歧义与共指检测方面表现出色,显著提高了需求的清晰度和准确性,有助于减少需求理解上的不确定性。
- 需求分类与术语识别:软件需求通常以自然语言文档的形式出现,需要进行有效分类以便项目早期识别关键需求,如安全需求等。大模型可以辅助对需求的自动分类。同时,大模型也可以辅助识别项目需求中的关键术语。
- 可追溯性自动化:软件系统的可追溯性涉及在需求、设计、代码和测试用例等软件工件之间建立和维护关系。可追溯性确保所有相关文档和代码都紧密关联,对于产品的查询、开发和维护至关重要。在大型复杂项目中,需求、设计、实现和测试工件数量庞大且相互关联。大模型驱动的可追溯性自动化工具能够高效地管理这些复杂关系,确保软件开发过程中的每一步都有清晰的记录和关联,使得问题排查、回溯和审计变得更加容易。当需求变更时,大模型辅助的自动化可追溯性工具能够快速识别受影响的组件,确保所有相关工件同步更新,从而减少潜在的漏洞和缺陷。

除此之外,大模型被应用于需求分析与评估、规范生成、规范形式化和用例生成等领域。同时,在第8章也讨论过大模型用于遗留系统的逆向工程,恢复其需求的可能性。不过,总体来说,目前大模型在需求工程中的应用相对其他应用来说还是非常少的,占比3.9%(图10-1)。

10.1.2　设计

在4.4节探索了大模型如何辅助 TMS 团队协作系统的架构设计。初步尝试表明,大模型的确能够生成有意义的架构设计描述,并且能够辅助开发者进行 UML 设计图的自动生成。此外,大模型在软件设计阶段还可以应用于"快速原型生成"。例如,研究者曾使用大模型快速生成移动应用的 GUI 原型,帮助开发人员快速可视化并迭代软件设计,并确保与用户需求一致。

但是,软件架构师或者开发者在工作中真的会使用大模型提供的回答进行架构设计吗?目前的数据与研究并未提供足够的数据与观察。图10-1进一步表明,大模型在软件设计上的应用是极少的,占比不到1%。读者可以思考一下原因。

10.1.3　实现

AI 在代码实现阶段的应用是最广泛、最深入的。如图10-1所示,超半数的对于大模型在软件工程中的研究关注于代码实现与开发阶段。此外,AI 辅助开发有很多成功的落地应用,拥有大量的真实用户,也确实改变了开发者的工作习惯。StackOverflow 2024 年的开发者调查显示,62%的开发者在软件开发过程中使用了 AI,14%的开发者计划使用 AI[6]。一项 2024 年的研究指出,Copilot 的用户31%的代码都是由 AI 辅助生成的[2]。同时,此研究对 AI 在软件开发实现阶段的应用给出了更细粒度的调研结果,如 GitHub 开发者在使用

AI 时最成功的案例如下（×表示频率）。

- 生成重复性代码（78x）：如模板代码、数据库 CRUD 代码等。
- 生成逻辑简单的代码（68x）：如排序、文件操作等。
- 自动补全（28x）。
- 测试生成（21x）。
- 概念验证（20x）：辅助开发者快速验证模糊的想法。
- 学习（19x）：辅助开发者学习新的编程语言或者库。
- 回忆（19x）：帮助开发者快速回忆不熟悉的语法或者 API 用法。
- 提高效率（18x）。
- 生成文档（6x）。
- 代码风格（4x）：辅助开发者保持统一的代码格式与风格。

此研究还指出，目前对大模型的应用非常依赖用户的输入（如提示词）。开发者经常使用的输入策略包括：①使用非常清晰的解释；②将指令分解；③在输入中添加代码上下文；以及④提供符合命名规范的代码。

10.1.4　质量管理

软件质量管理是一个涵盖软件生命周期各个阶段的系统性过程，目标是确保软件产品符合预期的质量要求。大模型在软件质量管理过程中的应用主要体现在对缺陷、漏洞的定位以及对测试的生成与自动化。例如，通过学习大量的漏洞数据，大模型能够识别常见的安全漏洞，如 SQL 注入、跨站脚本（XSS）等，发现潜在的安全风险。同理，通过学习大量的代码和错误报告，大模型能够快速、自动定位代码中的缺陷，减少开发人员的调试时间。

5.1 节简单介绍了 AI 在测试生成方面的应用。其实，测试正是软件质量管理的重要环节，而学术界与工业界在使用 AI 辅助软件测试方面的尝试也是非常多的，如使用 AI 辅助单元测试、GUI 测试，以及测试输入的生成。同时，研究也表明，使用特定大模型生成的测试在代码覆盖率以及缺陷覆盖率等方面都表现不俗。另外，大模型也可以辅助常用的自动化测试方法，如变异测试与模糊测试等。

另外，代码审查也是软件质量管理的一部分。5.1 节中介绍过大模型在"代码解释"等任务中的应用。这类应用都可以辅助开发者更好地理解代码、审查代码。

可以看出，大模型在软件质量管理过程中具有不少的应用，占全部应用的 15%（图 10-1）。

10.1.5　维护与演化

在第 8 章中介绍了软件维护的几种类型。大模型目前的应用主要集中在纠错性维护类型上，即自动程序修复（Automated Program Repair，APR）。正如 5.1 节所提到的，自动程序修复是软件工程中的一个"经典"问题，而大模型的出现对此问题产生了革命性的突破。相关研究表明，仅仅是直接使用基础的大模型，就已经可以在所有数据集上超越其他的自动程序修复方法[3]。可以想象，如果在基础大模型上进一步应用诸如提示工程等特定策略，它的表现可能会更加亮眼。

除了纠错性维护，大模型还可以应用于预防性维护。例如，大模型可以进行代码克隆检测，帮助减少系统中的重复性代码，增加可维护性。第 8 章中指出，大模型还可以辅助进行

智能化浪潮下软件工程的未来

代码层面的重构,优化代码结构,从而提升软件系统的可维护性。另外,在完善性维护和适应性维护类型中,也都能发现大模型的身影。例如,5.1 节中提到的代码优化就属于完善性维护。另外,代码转换是大模型的一类应用,可以将输入代码根据某种要求转换成新的代码。在适应性维护中有很多这类转换要求,例如,由于技术栈的更新,某段代码需要适应新的 API,甚至转换为另一种编程语言。这类代码转换特别是在遗留系统的维护与演化过程中非常重要。Dora 2024 年的 DevOps 调查指出[7],45% 左右的开发者在"语言转换"和"现代化代码库"等软件演化任务中使用过 AI。

如图 10-1 所示,大模型在软件维护中的应用仅次于在开发过程中的应用,达到了 22.7%。

上文涵盖了大模型与生成式 AI 在软件生命周期中的热门应用。可以看出,这些热门应用集中在 DevOps 环的左半部分,即 Dev 部分。在这一部分,AI 应用又进一步集中于"编码"阶段。而在 DevOps 环的"Ops"部分,也就是在软件进入部署与运营阶段后,AI 的已知应用大大减少。此现象的原因留给读者思考。

10.2 挑　　战

大模型与生成式 AI 在软件工程领域的应用日益广泛,特别是在代码生成、错误检测、自动修复等任务中展示了前所未有的潜力。尽管如此,大模型在软件工程实际应用中仍面临诸多挑战。如何有效地克服这些挑战并充分发挥大模型的优势,正是当前软件工程研究和实践中的一个重要课题。因此,在结束了激动人心的 10.1 节后,本节将深入"硬币的另一面",探讨大模型在软件工程实际应用中的挑战。

10.2.1 大模型在软件工程任务上的局限性

1. 抽象能力欠缺

上文指出,相对于 AI 在编程相关任务上层出不穷的应用,AI 在软件需求环节上的应用是非常少的。这一现象非常有意思。因为软件需求涉及大量的自然语言信息,而大模型与生成式 AI 最初大放异彩的也正是自然语言处理领域。因此,将 AI 应用于软件需求的分析与处理看上去似乎很有前景。但实际上,对 AI 的应用还是集中在编程任务上。这可能是什么原因呢?

可以思考一下,软件需求分析接下来的步骤是什么,按照本书前文的介绍,软件需求分析结果是用于之后的软件设计的,而软件设计是对软件高层次的描述,需要具备对问题抽象化的能力。然而,研究表明,目前的 AI 虽然在具体的任务(如写代码)上可以取得不错的效果,但是在面对需要高度抽象思维的任务时,表现往往不尽如人意。因此,AI 虽然可以对软件需求做一些分析,但是这些分析只局限于需求本身,并不能辅助需求至设计的转换。这可能是 AI 鲜少应用于软件需求以及架构设计的原因之一。

2. 创造力不足

大模型的生成能力高度依赖于训练数据中的模式和框架。因此,它们擅长在已有的编程范式和设计模式中工作,而缺乏"创造力"。在面对需要全新思维的任务时,大模型往往表现不佳。

然而,软件开发通常被认为是一项高度创造性的工作。特别是在前期设计阶段,软件从业者需要针对不确定、模糊的需求,提出独特、突破性的架构方案或者令客户眼前一亮的界面设计。而大模型对现有数据的依赖使得它们很难胜任创新性的任务。

现有研究用"Accelaration over exploration"(加速优先于探索)概括了此现象[2]。在"加速"模式下,开发者对任务具有明确的了解,并在此基础上使用 AI 加速任务的完成。例如,在"代码补全"任务中,开发者已经明确需要实现的代码,而 AI 辅助的"代码自动补全"可以帮助开发者更快地完成任务。相反地,在"探索"模式下,开发者并不清楚自己应该如何开始任务,而使用 AI 的目的正是想探索各种可行的解决方案。大模型的原理使其在有明确指示的情况下表现更加稳定。同理,研究也发现开发者相比于"探索"模式,更多、更倾向使用 AI 的"加速"模式辅助自己明确的开发任务。

3. 问题规模与复杂度受限

前面介绍了大模型最成功的用例包括生成重复性代码与逻辑简单的代码,这类代码一般限于一个或多个方法或者类。但是,正如在本书一开始提到的,软件工程中的很多问题是在软件规模增加、复杂度增加的情况下特有的。因此,在应用大模型于软件工程领域时,问题的规模与复杂度是非常重要的考虑因素。换句话说,当大模型能够很好地解决大规模的复杂软件问题时,我们才更有信心可以将其真正整合到软件生命周期中。

然而,尽管大模型在许多软件工程任务中展示了其强大的能力,但在解决大规模、复杂软件问题时,其表现仍然不尽如人意。首先,大模型在处理长代码段和复杂的系统架构时,往往难以保持整体的上下文理解和一致性。这种局限性导致它们在面对跨模块的依赖关系和复杂的业务逻辑时,容易产生误判或错误修复。例如,在一个包含数百万行代码的大型项目中,大模型可能无法有效地追踪和理解不同模块之间的交互,从而难以提供准确的修复建议。其次,LLMs 的知识主要来自其训练数据集,而这些数据集通常缺乏特定领域的深度知识和最新的技术动态。对于一些高度专业化和技术前沿的项目,大模型往往无法像人类专家那样进行全面分析和权衡,并提供有价值的见解。例如,在金融科技领域开发高频交易系统时,大模型可能缺乏对复杂算法和市场行为的深刻理解,导致其无法有效优化或修复相关代码;针对一个具有高安全性要求的医疗软件时,大模型也无法充分理解各种安全标准和用户隐私需求,导致其生成的解决方案存在漏洞和隐患。

近期的研究也表明了同样的担忧。例如,2024 年的一项研究发现,尽管大模型在常见软件缺陷数据集(如 Defect4J)上取得了优异的效果,但是针对作者基于 GitHub 建立的最新缺陷数据集,无论是最先进的专有大模型还是研究者微调的大模型,都只能解决最简单的问题;同时,就算是表现最好的大模型也仅能解决数据集中 1.96% 的问题[4]。Stack Overflow 2024 年的开发者调查也显示,45% 的开发者认为 AI 在复杂问题上表现不佳[6]。

4. 难以适应软件的动态、长期演化

通过本书的学习,我们知道,软件的生命周期是一个不断变化和演进的过程。从短期看,开发者每时每刻都会提交代码变更;从长远看,项目需求、业务逻辑、系统架构、技术栈等都会随着时间推移而发生变化。而这种动态、长期的演化对大模型的应用会造成很大的挑战。

首先,大模型的训练数据和模型参数通常是静态的。尽管可以通过持续学习和更新模型来部分缓解这一问题,但这种更新往往滞后于实际的需求变化。例如,在持续集成和持续

智能化浪潮下软件工程的未来

部署(CI/CD)场景下,开发团队会频繁进行代码提交和版本更新,同时需要快速响应和修复新出现的问题。大模型若不能及时学习这些变化,就可能提供过时或不适用的解决方案。

其次,大模型缺乏对软件长期演化过程的深入理解。软件演化不仅涉及代码的修改和扩展,还包括架构重构、技术栈迁移和性能优化等复杂任务。在第 8 章提到了 Amazon 与 Netflix 等系统都经历了从单体架构向微服务架构的转变。这种架构转变不仅涉及代码重写,还需要对服务之间的通信、数据一致性等问题进行全面考虑。大模型在处理这些复杂演化任务时,往往难以提供全面且准确的支持。

此外,大模型在面对动态需求和长期演化时,缺乏灵活性和适应性。人类开发者可以根据新的业务需求和技术趋势进行创新和调整,而大模型通常只能在已有的框架和模式下工作。例如,在面对新兴的区块链技术或量子计算技术时,大模型可能无法及时掌握和应用这些新技术,从而限制了其在前沿项目中的应用。

5. 可用性问题

在软件工程的生成式任务中,大模型的结果可用性问题也是业内关注的焦点。2024 年的一项研究对 410 位开发者进行了大模型编程辅助的可用性调研[2]。此项研究中,54% 的参与者提到大模型生成的代码未能满足某些功能或非功能需求;48% 的参与者表示使用大模型的最大挑战是无法确定输入的哪部分影响了输出;34% 的参与者指出 AI 工具未能提供有帮助的建议。

一些参与者表示生成的代码难以理解,主要原因包括输出代码使用不熟悉的 API、代码过长难以快速阅读、代码包含过多的控制结构,以及代码未能执行预期操作等。38% 的参与者表示需要花费大量时间修改或调试大模型生成的代码。此外,参与者还表达了对 AI 编程助手相关问题的担忧。46% 的参与者担心 AI 编程助手生成的代码侵犯知识产权,41% 的参与者担心这些工具会访问自己的代码。

可以看出,AI 并非如一些标题党所说,可以"一键生成""一劳永逸"地解决任何软件开发问题。其中,对 AI 输出的后续、迭代处理,使得其输出真正可用,其实需要耗费开发者的大量精力。

6. 泛化能力有限

大模型在软件工程领域的应用也受到其有限的泛化能力的制约。泛化能力指模型在未见过的任务、数据集或领域中表现出一致性和准确性的能力。在软件工程领域,不同任务在代码、语义、上下文、领域知识等方面的差异可以非常大,这可能导致大模型难以有效泛化到新的环境中。研究显示,在仅替换输入变量名称后,CodeBERT 在不同软件开发任务上的性能就已经出现了显著下降。那么,如果再引入复杂的代码逻辑或特定领域术语,模型的泛化表现可能更加糟糕。

7. 缺乏上下文信息

通过本书的学习,我们了解到软件开发过程中的很多决策,本质上都是一个"权衡利弊、妥协取舍"的过程。决策时需要大量的上下文信息,如修复一个缺陷,要求什么时候上线、影响到多少模块、当前负责员工的工作优先级是什么等这些因素,都会影响到最终修复的实际实现。很多情况下,"最优的实现"并不一定是"最合适的实现"。

然而,AI 对项目上下文信息的掌握是有限的。例如,对于缺陷修复任务,一般提供给 AI 的信息只包括缺陷代码与缺陷描述,AI 给出的修复结果也自然缺乏对项目上下文信息的考量。当然,用户可以将所有上下文信息提供给 AI。但是,这一方面增加了用户使用 AI 的难度,一方面提高了任务的复杂度。如上文所述,复杂任务可能导致 AI 的表现下降。

8. 过度依赖提示

目前,大模型的常见使用方式是输入提示词。使用过大模型的读者可能体会到,大模型很多时候都无法"一步到位",而是需要使用者追加更明确的指令或者提供更多的上下文信息。同样,在软件工程的相关任务中,大模型的表现也非常依赖于提示词的设置及轮数。在很多研究工作中,大模型都是在多轮提示后才达到了最好的效果。例如,在"测试生成"的任务中,追加"方法描述""异常信息",以及"错误行为描述"等提示词可以显著提高测试生成结果[3]。

大模型对于提示词的依赖使得人类开发者需要全程参与到此过程中,而这与端到端、自动化的现代软件工程理念是相悖的。因此,如何将 AI 与大模型无缝嵌入现代化软件过程中仍具有很大的挑战。

9. 另一层复杂性

基于上述原因,目前 AI 在软件工程过程的应用仍处于初级阶段。开发者仍需要全程介入,配置 AI、与 AI 交互,甚至为 AI 的错误买单。对此,部分开发者担心,AI 反而会作为另一个需要学习、维护并包含各种 Bug 的软件,为目标软件的开发过程带来另一层复杂性与更多额外的工作(如审查并调试 AI 生成的代码)。

10.2.2　计算资源与基础设施

近年来,大语言模型的发展飞速,从 GPT-1 的 1.17 亿参数,到 GPT-2 的 15 亿参数,再到 GPT-3 的 1750 亿参数,这一连串数字的跃升,不仅标志着人工智能领域的一次次重大突破,也伴随着存储、内存及计算能力的巨大挑战。以 2019 年问世的 CodeBERT 为例,该模型拥有的 1.25 亿参数及 476MB 的体积,尽管在今日看来规模不大,却已然超出了普通个人计算机的处理范畴。而更为先进的 Codex 和 CodeGen,其参数数量已攀升至 10 亿以上,模型容量也超过了 100GB[1]。

如此庞大的体量,对软件系统的存储与计算能力,特别是训练与推理过程中的资源需求带来了巨大的挑战。对于资源有限的个人开发者及小型团队而言,这类挑战尤为严峻,因为他们往往缺乏必要的高性能硬件,如 GPU 和 TPU。除了硬件投资,训练大型模型所需的时间成本也令人咋舌。据 Hugging Face 团队估算,要完成拥有 1760 亿参数的 BLOOM 模型的训练,需耗费 1 082 880GPU 小时。即便是规模较小的 GPT-NeoX-20B,其 20 亿参数的模型,训练时也需配置 8 台价值逾 6000 美元的 NVIDIA A100-SXM4-40GB GPU,且耗时长达 76 天[1]。如此天文数字般的资源消耗,对多数小型开发团队而言,无疑是难以承受之重。

计算资源的稀缺使得很多初创公司转向计算供应商。然而,计算供应商提供的硬件、集群与服务质量往往参差不齐,为团队带来无法想象的困难。

- 集群可靠性问题:不同计算供应商提供的集群在可靠性方面差异很大。一些集群会出现硬件问题,如电缆问题和 GPU 硬件故障,导致节点频繁失效。这些问题需要花费时间和精力进行修复,有些集群甚至无法使用。同理,因为在实际使用前很难预测所获得的硬件质量和稳定性,这对项目规划和资源分配也带来极大困难。

- 节点稳定性问题：即使是同一供应商的不同集群，其节点的稳定性也可能有显著差异。一些集群虽然节点较稳定，但可能存在其他问题如 I/O 性能差、文件系统不稳定，这些问题会导致保存检查点时发生超时或长时间等待。
- 模型浮点运算效率（Model Flop Utilisation，MFU）不一致：不同集群的 MFU 存在差异，尤其是当集群存在硬件问题或文件系统性能较差时，训练效率会大幅下降。文件系统性能差的系统在进行大规模数据传输时，MFU 会显著降低，浪费大量计算资源。
- 软件兼容性问题：某些计算资源需要特定的软件环境，有可能不兼容开发团队现有的代码库，因此需要额外的迁移成本和时间来调整代码和实验。
- 服务延迟：计算供应商有时会延迟硬件交付，这可能会导致项目停滞，并在短期内无法从其他来源获取替代资源。
- 数据丢失风险：某些供应商可能会意外删除用户的检查点数据，导致工作成果的丢失。

曾任职于特斯拉与 OpenAI 的人工智能专家 Andrej Karpathy 表示："成熟的公司有专门的团队维护集群。随着规模的扩大，集群已经脱离了工程学的范畴，变得更加生物化。因此，需要专门负责'硬件健康'的团队。"在实际操作中，大模型的训练过程常常伴随着各种意外情况的发生，如硬件故障、网络问题、节点闲置、GPU 过热、I/O 性能下降等。因此，负责硬件健康或基础设施的团队需要持续监控训练过程中的各项指标，包括损失函数的变化、数值稳定性、计算吞吐量、训练性能、梯度范数以及策略熵等。一旦有任何异常，团队就需要立即行动，对问题进行诊断与修复。否则，任何延迟都可能导致大量昂贵的计算资源被浪费。

为了应对这些挑战，一些注重人工智能的大型科技公司通常会投入大量资源来构建专用工具和基础设施，以支持其 AI 研究团队的工作。例如，AI 公司 Reka 自行构建了监控、高效检查点和各种优化工具，并且实现了自定义文件系统，以支持可扩展的数据存储[5]。然而，对于小型初创公司而言，在起步阶段就构建类似的复杂基础设施是一项艰巨的任务。这不仅需要持续的资金投入，还需要专业的人才队伍来维护和支持。然而，初创企业通常面临着资源有限的问题，包括资金、人力和时间。因此，如何有效地管理和优化现有的资源，以最小的成本达到最佳的训练效果，成为小型初创公司在 AI 应用上面临的重大挑战之一。

10.3　未　来

2024 年 3 月，全球首个 AI 程序员 Devin 诞生；同一时间，微软也推出了 AutoDev，能够自主完成复杂的软件工程任务。相信在本书正式出版之前，还会有更多令人惊叹的 AI 在软件工程中的应用出现。

当然，新事物的诞生通常会伴随着各种声音，包括正面的评价、负面的批评以及来自不同角度的怀疑、分析和预测，每一位读者也可能持有自己不同的观点。本书不在此做过多的讨论。不过，我们依然可以分析最先进的 AI 应用，找出它们的共性，从而总结出未来 AI 在软件工程中成功应用的关键因素。

10.3.1 自然的人机交互

本书介绍了很多软件工程中的工具。这些工具中有非常成功并被广泛使用的(如 git)，也有还未出生就"胎死腹中"的(如 g3doc 推出之前 Google 的内部文档工具)。而开发工具成功与否的关键之一，就是它们是否能够自然、无缝地整合到开发者熟悉的开发环境与流程中。同理，AI 工具如果要被广泛应用于软件工程中，也需要能和开发者进行自然、流畅的人机交互。自然的人机交互可进一步分成"交互环境"与"交互语言"两个方面。

- 交互环境：包括开发环境与工具。目前比较成功的 AI 工具都和开发者熟悉的工具整合，如 ChatGPT 的交互环境是浏览器，微软 Copilot 的交互环境是开发者常用的 IDE。开发者无须花费大量精力学习新的工具或者新的工作流程。因此，未来 AI 技术的引入也应该使得开发者与开发环境和工具的人机交互变得更加直观和自然。
- 交互语言：包括编程语言与配置语言。传统的软件开发过程中，开发者掌握编程语言与配置语言复杂的语法结构和概念，同时需要进行烦琐的环境搭建和配置步骤。未来，开发者可以通过简单的自然语言描述他们的需求，并使用 AI 工具生成相应的代码，简化配置流程，从而降低技术门槛，同时提高开发效率。

10.3.2 端到端工作流

目前，AI 已经在代码实现的相关任务中取得了重大突破，包括代码补全、代码生成、缺陷修复等。我们可以进一步将 AI 的应用扩展到 DevOps-Dev 环中的各个步骤，例如：

- 由开发者编写或 AI 生成的代码在自动提交后，AI 系统可以基于现有的代码风格指南和最佳实践自动检测潜在的问题点，如冗余代码、安全漏洞等，并提出修改建议。
- AI 可以智能地优化构建脚本，并通过分析依赖树来确定最优的构建顺序，从而加快构建速度。
- AI 可以自动生成测试用例，并且模拟用户行为，自动创建针对关键功能的测试场景，覆盖不同的边界条件和异常情况。

然而，在实际软件 DevOps 周期中，Ops 也是非常重要的部分。未来，随着人工智能技术的不断进步，AI 应不仅局限于帮助开发人员编写更高质量的代码，还要能深入软件开发的各个环节，特别是软件的部署与维护等，形成一个完整的端到端工作流解决方案，例如：

- 在部署过程中，AI 能够生成部署脚本，优化部署策略，确保每次发布都能平滑过渡到生产环境。
- 在运维阶段，AI 可以根据实时的流量数据，动态调整服务器资源，从而保证应用的性能和稳定性。
- AI 还可以监控系统的运行状态，预测潜在的故障并提前采取措施，减少停机时间。

10.3.3 隔离环境

未来，越来越多的软件开发开始采用 AI 辅助。为了保证这些软件的可靠性和安全性，最佳的做法是在隔离环境中搭建并执行 AI 生成的软件。隔离环境是指一个独立且受控的计算环境。在隔离环境中搭建 AI 生成的软件，可以有效地隔离开发、测试和生产系统。例如，如果 AI 生成的一个应用程序被部署在一个隔离的测试服务器上，开发者可以在该环境中进行全面的功能测试和负载测试,而不必担心对外部系统造成影响。即使生成的软件存在潜在的漏洞或错误,也不会直接影响到生产环境中的其他系统或数据。这种做法类似于沙盒技术,对 AI 提供了一层额外的防护,使得问题能够在受控的环境中被发现和解决。此外,隔离环境还可以防止 AI 生成的软件意外接触到敏感数据或外部网络,进一步减少安全风险。微软的 AutoDev 就采用 Docker 作为隔离环境,运行并测试 AI 生成的项目。

上文提到,目前 AI 在软件需求分析过程中的应用非常少。然而,在传统的软件开发流程中,需求分析是确保软件质量的重要环节。在 AI 生成软件的过程中,需求分析的作用则更加突出。例如,在隔离环境中,团队可以设置模拟真实世界的数据集和场景,通过这些模拟数据来验证 AI 生成软件是否符合最初的设计要求。另外,团队也可以将需求转换为精确的规格说明,用来描述软件期望的行为;随后使用形式化方法来验证软件是否确实按照这些规格说明执行。

10.3.4　自学习与自适应

前面提到,生成式 AI 由于对训练数据的依赖,在不同任务、数据和领域的迁移和泛化上存在很大的局限性。未来,如果 AI 将全方位整合至软件开发中,这类局限性也是首要需解决的问题。

目前,最先进的 AI 开发工具主要采用 AI 代理(Agent)的方式提高 AI 处理不同任务的能力。例如,AutoDev for Intellij 工具[5]采用了多个 AI 代理处理不同类型的任务。

- AutoCRUD:自动生成 Spring 框架 Model-Controller-Service-Repository 模式的代码。
- AutoSQL:自动生成 SQL 代码。
- AutoPage:自动生成 React Web 应用代码。
- AutoArkUI:自动生成 HarmonyOS ArkUI 代码。

多个 AI 代理可以使用调度器(Scheduler)进行调度和编排,用于与用户和其他模块交互。未来,调度器会更加智能,甚至“融合”所有 Agent,进化成一个“无所不能”的 AI,而这正是 AI 应用的最终形态。

除了结合不同 AI Agent,提高 AI 的泛化性与迁移能力的另一种方法,则是让其不停地从成熟的代码库学习、自主查找缺陷并修复缺陷。SWE-bench 数据集于 2024 年发布,用于测试 AI 系统自动解决 GitHub 问题的能力。该数据集从 12 个流行的 Python 仓库中收集了 2294 对问题-拉取请求(Issue-Pull Request)[4]。SWE-bench 同时还维护一个排行榜。在本章写作之际,排行榜上第一名的 AI 已能够解决 19.27% 的 GitHub 问题。

通过解决大量成熟系统的真实问题,AI 实际上也在不断学习。由此出发,未来的 AI 可以通过类似的学习实时补足自己的知识和能力短板,并且发展出自适应和自学习的超强能力,自行训练或微调自己的 AI 模型,适应软件的多样性与动态演化。

小　结

目前,AI 在软件工程中的应用集中在 DevOps 环的 Dev 部分,即代码实现的相关任务,如代码补全、代码生成、缺陷修复、测试用例生成等。然而,Dev 部分中,与需求和设计相关的 AI 应用非常少,这可能与 AI 抽象力与创新力欠缺有关。同时,AI 在 Ops 环,即软件系统的部署与运维中也鲜少有应用。其根本原因可能还是 AI 应用尚未成熟,对软件可靠性与安全性等的影响未知,因此无法直接应用于软件部署或运维等高风险、直面用户的场景中。

在智能化浪潮下,未来 AI 会逐渐渗透软件工程的方方面面。短期内,从业者关注的重点是 AI 的可用性,包括 AI 是否"无缝"嵌入熟悉的软件开发工作流中(如工具链或者 CI/CD 过程),自然地与开发者交互。长期内,从业者关注的重点是 AI 的可靠性,包括 AI 参与开发的软件是否能够经受规模与时间带来的考验,为用户提供正确、稳定、安全的服务。

思 考 题

1. 在软件的 DevOps 生命周期中,AI 在软件实现阶段的应用远远超过在其他阶段的应用。请讨论此现象的原因。

2. 你在日常软件开发中有使用过 AI 辅助吗?体验如何?结合自己日常开发经验讨论 AI 应用的利与弊。

3. 你认为 5 年后的软件工程是什么样的? AI 在软件工程中会扮演什么样的角色?

参 考 文 献

[1] Hou X,Zhao Y J,Liu Y,et al,Large Language Models for Software Engineering:A Systematic Literature Review. ACM Trans[J]. Softw. Eng. Methodol. ,33,8,Article 220,November 2024.

[2] Liang J T,Yang C,Myers B A. A large-scale survey on the usability of AI programming assistants:Successes and challenges[J]. Proceedings of the 46th IEEE/ACM International Conference on Software Engineering,2024.

[3] Xia C S,Wei Y,Zhang L. Automated program repair in the era of large pre-trained language models[J]. 2023 IEEE/ACM 45th International Conference on Software Engineering (ICSE),May 2023.

[4] Jimenez C E,Yang J,Wettig A,et al,Swe-bench:Can language models resolve real-world GitHub issues?[J]. arXiv preprint arXiv:2310.06770,2023.

[5] Yi T. Training great LLMs entirely from ground up in the wilderness as a startup[J]. Online,2024.

[6] Stack Overflow 2024 Developer Survey[J],Online,2024.

[7] 2024 DORA Accelerate State of DevOps report[J],Online,2024.

第1章实验教程

Teedy 是一个开源的、轻量级的文件管理系统(https://github.com/sustech-cs304/Teedy)。本书的实验部分都将基于 Teedy 介绍软件工程的各类工程实践。每次实验都包含教程和任务两部分。教程结合当前章节内容,以 Teedy 为实例进行扩展与深入介绍;实验任务鼓励学生在真实项目上动手实践。

实验任务

为了开展之后的实验内容,首先要将 Teedy 在本地运行起来。步骤如下。

(1) 从 GitHub 上将 Teedy 项目(https://github.com/sustech-cs304/Teedy)fork 至自己的账户,并克隆至本地。

(2) 按照 Teedy 的 Readme,手动安装。

(3) 安装成功后,按照 Teedy 的 Readme,运行 Teedy。

(4) 浏览器中访问 localhost:8080,可以看到 Teedy 的登录界面。

学生可以注册新账户,或者以 admin 作为用户名和密码,登录 Teedy,熟悉网站操作。

课程项目

本课程的课程项目是小组项目。每个小组由 4～5 人组成。小组将合作完成一个中等规模的软件系统,包括但不限于:

- 图书馆管理系统
- 课程管理系统
- 作业评估系统
- 校园活动管理系统
- 宿舍管理系统
- 二手交易系统

请学生自行组队,并讨论项目主题。

第2章实验教程

版本控制系统(Version Control System,VCS)是软件开发的重要工具,用于跟踪和管理代码的变更,并协调团队合作。VCS 可以记录每个文件的修改历史,支持回溯到之前的版本,并允许多人同时编辑不同的部分。同时,VCS还支持分支和合并功能,使得新功能开发和错误修复可以在独立的环境中进行,而不影响主代码库。

git 是目前主流的分布式版本控制系统。本书涉及的项目也都基于 git,包括托管在 Gitee 的 TMS 项目,以及托管在 GitHub 的 Teedy 项目。关于 git 的使用,官方网站上有着非常详细的介绍,市面上也有很多相关教程与工具书。因此,本书不再赘述相关内容,由学生自行学习 git 的使用,主要包括:

- git 的架构,包括本地仓库与远程仓库的概念,以及本地仓库中工作目录和暂存区的概念。
- git 的工作流,包括各种 git 命令,以及每个命令的意义。结合 git 架构进行理解。
- git 分支的创建与合并操作。
- 与托管系统相关的操作和概念,如 fork 与 upstream 等。
- 使用 git 的最佳实践,例如"早提交,勤提交"等。

实验任务

在第 1 章实验中,已经将 Teedy 项目 fork 至自己账户并克隆至本地。本次实验,将使用 Teedy 熟悉各类 git 操作,包括:

(1) 在 GitHub 展开 Teedy 项目的提交历史,查看部分 commit,学会如何查看 commit diff。

(2) 在 Teedy 的 Readme 中添加自己的学号后,commit 并 push 至自己账户的 Teedy 仓库。

(3) 在 Teedy 的登录页,Teedy 的 logo 下方添加自己的学号,使得运行 Teedy 后在浏览器上能够看到更新后的登录页。同时,commit 并 push 这个变更至自己账户的 Teedy 仓库,注意给出详细的 commit message。

课程项目

为小组项目在 Gitee 或者 GitHub 上创建一个 git 仓库,并添加所有小组成员。接下来,创建一个 Readme 文件,文件内容如下。

- 项目概述:包括项目的目的,以及目标用户等。
- 功能介绍:应至少包括 5 个不同的功能。功能的粒度应类似"用户管理""选课""聊天"等。而类似"注册新用户"的功能则粒度太细,不算一个完整的功能。

对于 Readme 文件创建与修改应使用 git 的 commit 与 push 操作。同时,当多人协作修改此文件时,合理使用 git 的 pull 和 merge 等操作。

第 3 章实验教程

在课程项目中,学生将采用 Scrum 过程进行软件开发,而 Scrum Board(Scrum 看板)是 Scrum 的重要组成部分。因此,本次教程将以 GitHub 为例,介绍如何创建并使用项目看板。

- 在小组项目 repo 中,单击 Projects->New project。
- 在创建项目的界面,可以根据自己项目的需要选择合适的看板模板。同时,可以在"设置"中添加自定义的字段。

- 在创建好的 Backlog tab 中，可以创建三个 Backlog，分别命名为"Todo""In Progress"和"Done"。
- 在每个 Backlog 中，可以创建新的 issue(注意此 issue 与项目 issue 相同)，并给 issue 添加描述。每个 issue 可以对应一个开发任务，我们可以将它分配给某个组员(assignee)，也可以设置任务的优先级，以及开始与结束时间。

GitHub 的 Project 还有一些其他项目管理的相关功能，请学生自行摸索。

实验任务

本章学习了软件需求。请学生列举出 Teedy 的功能性需求与非功能性需求。为了更好地完成此任务，学生可以阅读 Teedy 的文档，运行 Teedy，并且亲自使用 Teedy，理解 Teedy 的功能。

接下来，学生将以开发者的视角，选择 Teedy 的至少三个主要功能：

(1) 将这些功能分解为用户故事。

(2) 在 Teedy 仓库中创建一个 GitHub 项目看板，并将所有用户故事添加到看板的 User Story 一列中

(3) 将每个用户故事进一步分解为可执行任务列表，并将这些任务添加到看板的 Todo 一列中。

作为 Teedy 的开发者，此时可以使用此看板，管理项目的开发进度。

课程项目

课程项目的第一个 sprint 开始。请学生为这个 sprint 创建项目看板，包括以下内容。

- Product Backlog：所有的用户故事，以及其优先级和预计工作量。
- Tasks：将用户故事分解为可执行任务，并设置优先级、开始时间、结束时间，以及相关组员。
- Sprint Backlog(Todo)：即本次 sprint 需要解决的任务。

在接下来的开发过程中，小组成员需要按照这个看板推进，并及时更新看板的 In Progress 和 Done 栏目，实时追踪正在进行和已经完成的开发任务。同时，小组应使用 git 进行协作，并基于学习的 git 最佳实践，活学活用。

第 4 章实验教程

本章介绍了软件的设计原则和理念。UML(统一建模语言)是软件设计的重要工具，用于对软件系统的结构、行为和交互进行可视化表示。UML 提供了一组标准化的图形表示法，帮助开发团队在不同开发阶段表达系统的不同视角。通过使用类图、用例图、序列图等，UML 使得复杂系统的设计和沟通更加直观和一致。UML 的教程与学习资料非常多，本书也不再赘述，由学生自主学习此部分内容。

本章还详细介绍了软件架构设计的内容。此外，用户界面(User Interface，UI)设计也是软件系统设计中重要的一环。用户界面涉及美学、心理学、人机交互等领域知识，甚至形成一个独立的专业与研究领域，超出了本书的范围，感兴趣的读者可以自行研究。另外，有很多工具可以辅助 UI 设计。例如，线框图(Wireframe)可以用于创建产品设计的早期概念和布局，以展示界面结构和元素位置，而不需要详细的视觉设计。这些工具能够帮助设计师

和开发者快速迭代和沟通想法。

实验任务

在本次实验中,学生的任务是理解 Teedy 项目的设计,包括其主要模块及其交互。学生可以使用任意 IDE 打开 Teedy 项目源码,下面以 IntelliJ IDEA 为例。

(1) 通过左侧的 Project Explorer 快速了解 Teedy 的模块与包组成。

(2) 使用 IDE 的 UML 功能,为 Teedy 的每个包生成 UML 图表。

(3) 阅读每个图表,理解其意义,包括不同的类以及它们之间的关系。

通过本次实验,学生应当对 Teedy 的设计结构有更深刻的理解。

课程项目

完成小组项目的架构设计与 UI 设计。系统架构设计应包括以下内容。

- 图表:任何类型的图表都可以,只要能够清晰地说明架构即可(例如,组件、每个组件的角色、组件间的交互等)。
- 自然语言描述:给出必要的架构解释(例如,为什么选择这种架构、图表的描述等)。

UI 设计针对软件系统的主要功能,如选课界面、二手商品浏览界面、活动预约界面等。学生不必提供诸如用户登录页面等常见界面的设计。小组应在报告中包含作为用户界面设计的图像或文档。学生可以使用任何工具来完成这项工作。不过,我们建议学生积极探索下列工具。

- 广泛被专业 UI/UX 设计师使用的线框图工具。
- PlanUML 工具。学生可以使用 AI 辅助生成 PlanUML 代码。

第 5 章实验教程

本章介绍了与高效软件开发相关的 AI 辅助编程、软件构建和软件文档内容。相应地,我们的实验将分别对这三部分内容介绍常用的工具。

- AI 辅助编程:Copilot 是目前应用最广泛的是 AI 辅助编程工具。Copilot 通过理解上下文代码语境来提供建议,能够自动完成代码片段,帮助开发者提高编程效率,并且适用于多种编程语言和开发环境。学生可以在 IDE 上安装 Copilot 并熟悉其使用。
- 软件构建:Apache Maven 是一个流行的基于任务的构建工具,主要用于 Java 项目的自动化构建、依赖管理和项目信息管理。本章介绍了 Maven 的基本概念,实验部分请学生熟悉 pom. xml 格式,并动手实践 Maven 的各个命令。
- 软件文档:学生自行学习软件文档的常用工具,如 JavaDoc 和 Swagger 等。

实验任务

本次实验将对 Teedy 的构建脚本进行修改,使其在构建过程中也同时生成 JavaDoc 文档。Teedy 包含三个模块,每个模块有自己的 pom. xml,同时项目有一个全局 pom. xml。

(1) 基于本章学习的知识,阅读每个 pom. xml 的结构与语义,理解各个任务与构建顺序。

(2) 思考:如何将"生成 JavaDoc 文档"任务加入 Teedy 的构建过程中,使得 Maven 构建结束后也能生成 JavaDoc 文档?

（3）在上述过程中，可以使用 Copilot 辅助任务。

课程项目

第一个 sprint 结束。小组进行 Sprint Retrospective（回顾），并提交文档。

第二个 sprint 开始。小组应更新项目看板，包括本次 sprint 需要解决的任务、任务分配，以及预计工作量。本次 sprint 的交付成果应包含项目的文档与构建脚本。

在接下来的 sprint 中，小组可以使用 Copilot 辅助代码与文档开发。小组可以配置 Dependabot 用于追踪管理项目依赖的更新。同时，小组仍应合理使用 git 进行团队协作，如适当使用分支、"早提交，勤提交"、提供详细的 commit message 等。

第 6 章实验教程

本章介绍了软件质量的度量方法。业界有很多软件质量管理的工具，能够自动对软件系统进行质量度量计算，帮助开发者从多个角度理解系统的代码质量与可维护性。同时，这些工具也可以自动检测代码中的漏洞、bug 和代码异味，检测架构腐化迹象、确保代码遵循设计原则，并提供持续的代码质量监测与改进建议。常见工具包括 SonarQube 与 JArchitect 等，学生可在 Teedy 项目中使用这类工具，并基于工具的输出，评估 Teedy 的代码质量与可维护性。

测试是评估软件质量的重要方法。Teedy 项目使用 JUnit 5 进行单元测试（JUnit 5 是 Teedy 构建的依赖项，见 pom.xml）。学生可以基于 Teedy 每个模块中的测试代码学习 JUnit。另一方面，测试覆盖率是衡量测试的重要指标。可以通过 JaCoCo 等工具，自动计算不同粒度的测试覆盖率。

用户通过浏览器访问 Teedy 并进行一系列操作。为了保证操作的可靠性与正确性，除了代码测试，UI 界面测试也是软件测试重要的一环。学生可以使用开源工具 Selenium，自动化 Web 浏览器操作，模拟真实用户与 Web 应用交互的过程，从而进行前端界面测试。

实验任务

本次实验的目的是改进 Teedy 的测试。

（1）Teedy 的三个模块有各自的测试。请学生探索，如何使用 Maven 在构建过程中运行所有测试、运行某一类测试，或者跳过某些测试？

（2）在运行测试之后，运行 mvn surefire-report：report 生成 Surefire 测试报告。观察此报告并回答：Teedy 现有测试运行的成功率与效率如何？

（3）为了进一步了解 Teedy 的测试覆盖率，请将 JaCoCo 作为 Maven plugin 加入 pom.xml。接下来，运行 jacoco：report，生成 target/site/jacoco/index.html，即测试覆盖率报告。观察报告，并评估 Teedy 各模块/类/方法的测试覆盖率。

（4）选择一个测试覆盖率较低的类。修改 Teedy 的测试代码以提高这个类的测试覆盖率。可以使用 Copilot 辅助此任务。任务完成后重新运行 JaCoCo，确认测试覆盖率是否提高。

课程项目

在小组项目中加入自动化测试，包括单元测试与 UI 测试等。同时，使用相应工具计算测试的代码覆盖率等数据，并评估测试的有效性。

在小组项目上使用代码质量工具,计算各类指标,并以此分析小组项目的软件质量。结果以文档形式记录。

第 7 章实验教程

本章介绍了 CI/CD 的基本概念。实验部分,将使用两个常用的 CI/CD 工具: Jenkins 和 GitHub Action,加深对 CI/CD 过程的理解。

Jenkins 是一款开源的 CI/CD 服务器,广泛应用于软件开发过程中的自动化构建、测试和部署任务。它提供了一个易于使用的图形界面,支持插件扩展机制,能够满足复杂的工作流需求。Jenkins 的基本使用步骤如下。

(1) 安装 Jenkins:可以通过下载 Jenkins 安装包,或使用 Docker 等工具安装。

(2) 配置 Jenkins:通过浏览器访问 Jenkins 的管理界面,进行初始配置。

(3) 新建任务:在 Jenkins 主界面中单击"新建任务",选择"流水线"任务类型。

(4) 配置任务:设置源码管理(如此流水线关联的 GitHub repo URL)、构建触发器(如定时构建、SCM 变化触发)等。

在配置好 CI/CD 任务后,项目的每个提交将触发 Jenkins 流水线任务。流水线的各个步骤可以在项目的 Jenkinsfile 中指定。

GitHub Actions 是 GitHub 自带的持续集成工具。开发者可以在项目的根目录中创建.github/workflows/configure.yml 文件,并且在 yml 文件中指定构建流水线步骤与各项配置。开发者提交后可以在 GitHub Actions 界面检查流水线各个步骤的执行状态。

实验任务

本次实验将分别使用 Jenkins 和 GitHub Actions 为 Teedy 项目设置持续集成流水线。

(1) 在 Jenkins 中创建一个 Teedy 流水线。在流水线配置选择 Pipeline script from SCM,并填写自己 Teedy repo 的 URL。

(2) 在 Teedy repo 的根目录下创建 Jenkinsfile。按照 Jenkinsfile 的语法设置流水线,流水线需包括 Maven 构建、PMD 代码检查、运行测试、生成测试报告、生成 JavaDoc 项目文档。构建的输出结果应包括可执行文件(.jar)、测试报告(.html)与 JavaDoc 文档(.jar)。

(3) 在 Teedy 项目中进行一次 commit,验证是否能正确地触发 Jenkins 流水线。可以在 Jenkins 管理界面的 Teedy 任务中查看流水线每个步骤的执行状态。

接下来,使用 GitHub Action 为 Teedy 创建同样的 CI 流水线,并通过 commit 验证结果。

课程项目

第二个 sprint 结束。最后一个 sprint 开始。同样,小组需要更新本次 sprint 的看板。最后一次 sprint 的交付成果应该包括项目的测试、容器化与部署脚本,以及 CI/CD 流水线。

为小组项目配置持续集成流水线,使得每个组员进行提交后,可以自动触发构建、代码检查、单元测试等步骤,并且生成可执行文件与各类相关制品(如测试报告与项目文档等)。

第 8 章实验教程

第 7 章介绍了容器的概念,以及其在 CI/CD 流水线以及云原生软件中的作用。本次实验,将学习使用容器化工具 Docker,了解其基本操作,并将其整合至 CI/CD 流水线中。Docker 是一个广泛应用的开源容器引擎,它允许开发者将应用程序及其依赖项打包成轻量级、可移植的容器。这些容器可以在任何安装了 Docker 的机器上运行而无须额外配置,极大地简化了开发、测试和部署流程。Docker 的基本操作如下。

- 安装 Docker:在目标操作系统上安装 Docker 引擎。
- 构建镜像:使用 Dockerfile 定义镜像的内容,并使用 docker build 命令构建自定义镜像。
- 运行容器:使用 docker run 命令启动一个容器。
- 推送镜像:使用 docker push 将本地镜像推送到 Docker Hub 或私有仓库。
- 拉取镜像:使用 docker pull 命令从 Docker Hub 或其他镜像仓库下载镜像。

Docker 通过容器化技术提供了高效的资源隔离和应用封装能力,被广泛应用于开发环境搭建、服务部署及微服务架构中。

实验任务

本次实验任务是将 Teedy 容器化,并且将容器化过程整合至项目的 CI/CD 流水线中。

(1) 首先,Teedy 项目本身已经提供 Dockerfile。请阅读 Dockerfile,理解容器化流程。

(2) 使用 docker build 命令构建 Teedy 项目的 Docker 镜像(image)。

(3) 使用 docker run 命令运行此镜像。学习 docker run 命令的 detach 模式(-d 参数),以及端口指定参数(-p 参数),使得 Teedy 可以运行在 8888 端口。

(4) 使用 docker push 命令将此镜像 push 到 DockerHub 上。

在上述任务中,通过手动方式执行 docker 命令。接下来,将上述步骤添加到 Teedy 的 Jenkins CI/CD 流水线中。在上一次实验的基础上,请修改 Teedy 的 Jenkinsfile,在之前流水线的基础上增加下列步骤。

(1) 构建 Docker 镜像。

(2) 将 Docker 镜像 push 到 DockerHub。

(3) 在 8888 端口运行 Teedy 镜像。

最后,为了验证流水线,在 Teedy 项目上进行一个 commit。若 Jenkins 流水线设置正确,此提交应该触发上一次的构建任务,并且自动构建 Docker 镜像并上传,最后运行镜像。我们应该可以在流水线结束后,在 8888 端口直接访问 Teedy 应用。

课程项目

为小组项目创建 Dockerfile,使其可以通过容器化的方式进行部署。同时,更新小组项目的 CI/CD 流水线,将 Docker 镜像的构建、上传与运行加入进来。

第 9 章实验教程

第 8 章介绍了 Docker 的应用。当系统规模增大时,团队需要使用容器集群进行部署,并对其进行调度与管理。我们将此任务称为"容器编排"。本次实验将介绍容器编排的工具 Kubernetes。Kubernetes 是一个开源的容器编排平台,用于自动化部署、扩展和管理容器化应用。Kubernetes 的架构由主节点和工作节点组成。主节点负责管理集群,包含 API 服务器、调度器和控制器管理器等关键组件。API 服务器处理集群请求,调度器分配工作负载,控制器管理器维护集群的期望状态。工作节点运行实际的容器,每个节点包含 kubelet 进程,负责与主节点通信和执行容器任务。Pods 是 Kubernetes 中的最小部署单元,一个 Pod 可以包含一个或多个容器。Kubernetes 利用 etcd 存储集群状态,通过声明式配置和自动化管理实现高可用性和弹性扩展。

同时,Kubernetes 也可以与 CI/CD 工具,如 Jenkins,进行集成。Jenkins 可以利用 Kubernetes 的动态环境能力来优化 CI/CD 流程,例如,动态创建构建节点、部署应用到 Kubernetes 集群中等。

实验任务

在之前的实验中,我们了解了 Teedy 项目的架构,评估了其软件质量,改进了其测试覆盖率,并且为 Teedy 设置了完整的 CI/CD 流水线,使其每次提交都能自动触发一系列的构建任务,并最终使用容器化。本次实验将完成最后一个步骤,即项目部署。我们将使用 Kubernetes 进行部署,并将部署步骤整合至 Jenkins 的 CI/CD 流水线中。具体步骤如下。

(1) 安装 minikube 和 kubectl。minikube 用于在本地机器上快速创建和运行单节点的 Kubernetes 集群,方便开发和测试。kubectl 是 Kubernetes 的命令行工具,用于与 Kubernetes 集群交互和管理集群资源。

(2) 运行 minikube start 命令创建一个集群。

(3) 使用 kubectl create deployment xxx -image=yyy 命令为 Teedy 项目创建一个部署实例。其中,yyy 为自己 Teedy 项目的 repo/版本号。使用 kubectl expose deployment xxx 命令为此实例设置外部端口。

(4) 运行 minikube service xxx 命令启动此部署实例。通过访问 minikube 命令行给出的端口使用 Teedy。

(5) 更新 Teedy 的 Jenkinsfile,将 Kubernetes 部署步骤加入 CI/CD 流水线中。

课程项目

项目的最后一个 sprint 结束。小组提交项目,项目应包括:

- 完整源代码、测试代码与文档。
- 构建、容器化、部署、CI/CD 等脚本。
- 其他要求的软件制品,如测试报告、软件质量分析、sprint 回顾等。

同时,请小组收集项目的真实用户反馈。

第 10 章实验教程

课程项目的小组汇报。

图书资源支持

感谢您一直以来对清华版图书的支持和爱护。为了配合本书的使用，本书提供配套的资源，有需求的读者请扫描下方的"书圈"微信公众号二维码，在图书专区下载，也可以拨打电话或发送电子邮件咨询。

如果您在使用本书的过程中遇到了什么问题，或者有相关图书出版计划，也请您发邮件告诉我们，以便我们更好地为您服务。

我们的联系方式：

清华大学出版社计算机与信息分社网站：https://www.shuimushuhui.com/

地　　　址：北京市海淀区双清路学研大厦 A 座 714

邮　　　编：100084

电　　　话：010-83470236　　010-83470237

客服邮箱：2301891038@qq.com

QQ：2301891038（请写明您的单位和姓名）

资源下载： 关注公众号"书圈"下载配套资源。

资源下载、样书申请　　　图书案例

书圈　　　　　清华计算机学堂　　　　　观看课程直播